Stefan Gralapp · Fritz Guther · Franz-Josef Heinrichs
Jürgen Klement · Josef Sander

Praxis der Gasinstallation

Der Kommentar zur Technischen Regel für Gasinstallationen; DVGW-TRGI 2008

Sonderausgabe für TRGI-Schulungen

DVGW-Fachbuchreihe Praxis

Bibliografische Information der Deutschen Nationalbibliothek

Die Deutsche Nationalbibliothek verzeichnet diese Publikation in der Deutschen Nationalbibliografie; detaillierte biografische Daten sind im Internet über http://dnb.d-nb.de abrufbar.

ISBN 978-3-89554-174-2

Herausgeber:
DVGW Deutsche Vereinigung des Gas- und Wasserfaches e. V.
Technisch-wissenschaftlicher Verein
Josef-Wirmer-Straße 1–3, 53123 Bonn
Telefon: (0228) 9188-5, Telefax: (0228) 9188-990
Internet: www.dvgw.de, E-Mail: info@dvgw.de

Zentralverband Sanitär Heizung Klima
Rathausallee 6, 53757 St. Augustin
Telefon: (02241) 92 99-0, Telefax: (02241) 21 351 oder 21 131
Internet: www.wasserwaermeluft.de, E-Mail: info@zentralverband-shk.de

Autoren des Fachbuches:
Stefan Gralapp, Fritz Guther, Franz-Josef Heinrichs, Jürgen Klement, Josef Sander

Redaktion:
Dr. Susanne Hinz DVGW, Bonn

Satz:
Druck & Grafik Siebel, Lindlar

Druck:
Offzin Andersen Nexö Leipzig GmbH
Spenglerallee 26–30, 04442 Zwenkau
Telefon: (034203) 37-800, Telefax: (034203) 37-650
Internet: www.oan.de, E-Mail: info@oan.de

Titelbild:
Engelke Picture

Verlag und Vertrieb:
wvgw Wirtschafts- und Verlagsgesellschaft Gas und Wasser mbH
Josef-Wirmer-Str. 3, 53123 Bonn
Telefon: (0228) 9191-40, Telefax: (0228) 9191-499
Internet: www.wvgw.de, E-Mail: info@wvgw.de

Vorwort

Die Technische Regel für Gasinstallationen (DVGW-TRGI 2008) ist im April 2008 als DVGW-Arbeitsblatt G 600 erschienen. Veränderungen und Anpassungen an die technischen Weiterentwicklungen im Installationsbereich sowie Veränderungen der baurechtlichen Grundlagenverordnungen erforderten eine umfassende Überarbeitung der TRGI.

Die neue DVGW-TRGI 2008 enthält somit zahlreiche Neuerungen und Änderungen auf dem neuesten Stand der Technik, die auch eine vollkommene Neufassung des TRGI-Kommentars notwendig machten. Das Autorenteam, das an der Erstellung der TRGI maßgeblich mitgewirkt hat, legt mit diesem Kommentar eine zusätzliche Anwenderhilfe mit praxisorientierten Erläuterungen und Beispielen vor. Autoren sind die Obleute der DVGW Technischen Komitees „Gasinstallation", Fritz Guther, „Bauteile und Hilfsmittel – Gas", Jürgen Klement und Josef Sander von der DVGW-Hauptgeschäftsführung sowie die Vertreter der beiden Handwerkssparten im TK „Gasinstallation", Stefan Gralapp für den Bundesverband des Schornsteinfegerhandwerks – Zentralinnungsverband (ZIV) und Franz-Josef Heinrichs für den Zentralverband Sanitär Heizung Klima (ZVSHK).

Die Autoren vermitteln wichtige Hintergrundinformationen über das „Warum und Wieso". Sie kommentieren alle bedeutsamen Aussagen der DVGW-TRGI 2008 und geben vor allem Fachleuten im Installationshandwerk, im Netzbetrieb und im Schornsteinfegerhandwerk, den Ausbildern in Gewerbe- und Berufsschulen, den Sachverständigen, den Planern sowie Mitarbeitern in Behörden umfangreiche praktische Hinweise für die Umsetzung der überarbeiteten Technischen Regel für Gasinstallationen.

Die Gliederung dieses Fachbuches entspricht dem Inhaltsverzeichnis der DVGW-TRGI 2008, so dass die einzelnen Themen schnell aufgefunden und gegenübergestellt werden können. Zusätzlich helfen Stichworte in der Randspalte und die Nennung des jeweiligen Unterabschnittes der DVGW-TRGI 2008, schnell den Bezug im Arbeitsblatt zu finden. Ein Stichwortverzeichnis im Anhang – mit noch zusätzlichen Begriffen gegenüber den in der TRGI aufgeführten Stichworten – sowie eine Liste der verwendeten Abkürzungen sollen die Handhabung dieses Kommentars für den Anwender zusätzlich erleichtern.

DVGW und ZVSHK unterstreichen mit der gemeinsamen Herausgabe dieses Fachbuches dessen Bedeutung als Kommentar und wichtige Schulungsunterlage.

Bonn, im August 2008

DVGW
Deutsche Vereinigung des
Gas- und Wasserfaches e. V. –
Technisch wissenschaftlicher Verein

ZVSHK
Zentralverband
Sanitär Heizung Klima

Die Autoren des Fachbuches

Stefan Gralapp	Bezirksschornsteinfegermeister Sommerfelder Weg 48 04329 Leipzig
Fritz Guther	Ingenieurbüro für Gastechnik Bergmannstraße 18 a 83734 Hausham
Franz-Josef Heinrichs	ZVSHK Zentralverband Sanitär Heizung Klima Stellvertretender Geschäftsführer Technik und Referent Sanitärtechnik Rathausallee 6 53757 St. Augustin
Jürgen Klement	Ingenieurbüro für Versorgungstechnik Elsa-Brändström-Straße 6 51643 Gummersbach
Josef Sander	DVGW Deutsche Vereinigung des Gas- und Wasserfaches e. V. Technisch-wissenschaftlicher Verein Josef-Wirmer-Straße 1–3 53123 Bonn

Inhalt

Kapitel IV Gasgeräteaufstellung 245

Kapitel I Allgemeines, Begriffe

1 Geltungsbereich und Allgemeines

1.1 Geltungsbereich

Vorgaben für den „Betrieb" gehören dazu

Der Geltungsbereich dieser DVGW-TRGI 2008 unterscheidet sich in zwei Punkten von der Vorfassung. Die Hauptbedeutung liegt selbstverständlich weiterhin auf „Planung, Erstellung, Änderung". Die bereits beinhaltete ebenso wichtige „Instandhaltung" findet jetzt noch die Erweiterung um „Betrieb". Damit ist die deutliche Aussage verbunden, dass diesem Arbeitsblatt auch die Aufgabe zukommt, eindeutige Vorgaben hinsichtlich der Information an die Nutzer/Betreiber der technischen Anlage über deren „ordnungsgemäßes Betreiben der Gasinstallation auf Dauer" zu vermitteln.

„Gasinstallation" statt „Gasanlage"

Eine weitere Änderung ist die Begriffseinschränkung und Verdeutlichung von bisher „Gasanlage" auf jetzt „Gasinstallation" mit der beabsichtigten zukünftigen Regelungszuordnung auf Gasinstallationen mit häuslicher oder vergleichbarer Nutzung.

Fußnote 1 Erfassung der Industrie durch andere Arbeitsblätter

Die Fußnote 1 in der TRGI verweist eindeutig auf das DVGW-Arbeitsblatt G 614 für „Freiverlegte Gasleitungen auf Werkgelände hinter der Übergabestelle" und auf die Gasinformation Nr. 10 für die „Erdgasanlagen auf Werkgelände und im Bereich betrieblicher Gasanwendung" mit darin gegebenen Hinweisen auf das gesamte weitere dazu relevante DVGW-Regelwerk. **Bild 1.1** zeigt diese Abgrenzung der wesentlichen Regelwerke in einfacher Schemadarstellung.

Erdgasanlage auf Werkgelände mit betrieblicher Gasverwendung

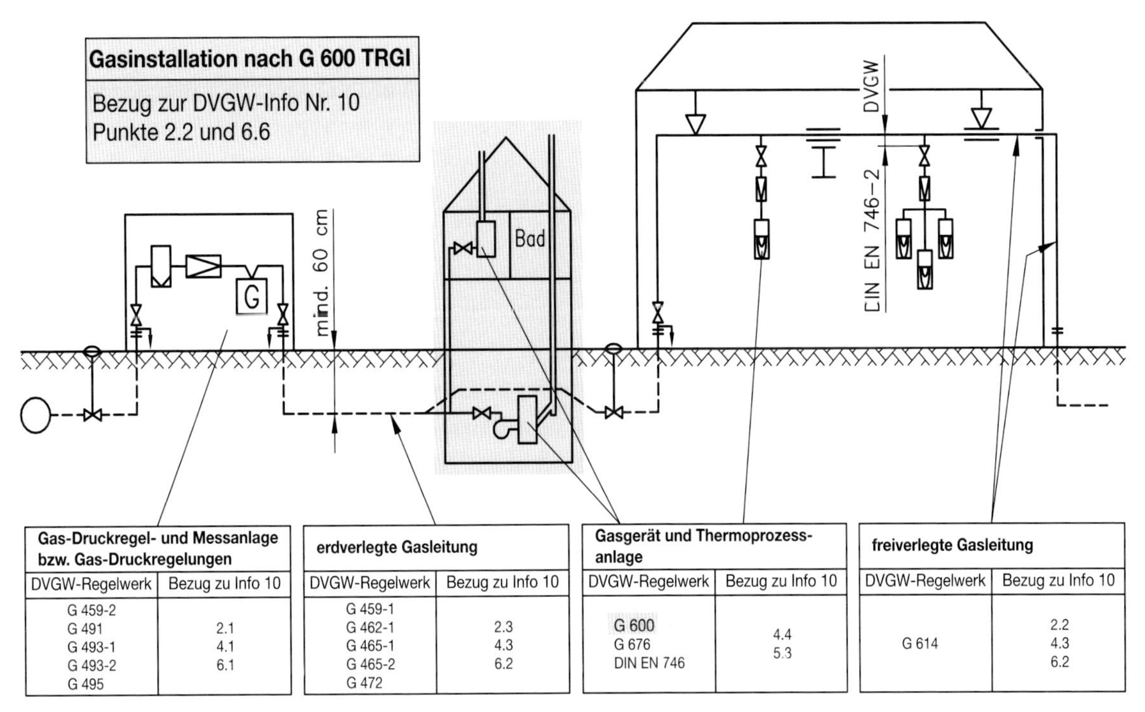

Gas-Druckregel- und Messanlage bzw. Gas-Druckregelungen	
DVGW-Regelwerk	Bezug zu Info 10
G 459-2 G 491 G 493-1 G 493-2 G 495	2.1 4.1 6.1

erdverlegte Gasleitung	
DVGW-Regelwerk	Bezug zu Info 10
G 459-1 G 462-1 G 465-1 G 465-2 G 472	2.3 4.3 6.2

Gasgerät und Thermoprozess-anlage	
DVGW-Regelwerk	Bezug zu Info 10
G 600 G 676 DIN EN 746	4.4 5.3

freiverlegte Gasleitung	
DVGW-Regelwerk	Bezug zu Info 10
G 614	2.2 4.3 6.2

Bild 1.1 – Darstellung der Abgrenzung wesentlicher Regelwerke

Thematik der Bestandsbehandlung

Um den immer wieder auftretenden Fragen aus der Anwendungspraxis zuvor zu kommen, sei an diesem Kommentaranfang bereits auf die Thematik eingegangen, wann/wo/für welche Teile die hier fortgeschriebenen Regelungen relevant sind bzw. angewendet werden müssen. Selbstverständlich gelten die hier festgeschriebenen Anforderungen für alle Neuerrichtungen, Änderungen, Erweiterungen von Gasinstallationen sowohl in Neuobjekten als auch in bestehenden Gebäuden.

Pauschalfestlegungen zum Bestandsschutz durch das Technische Regelwerk nicht möglich

Die oft erbetene oder geforderte generelle Regelung der Bestandsschutzsituation ist zum einen aufgrund der sehr differenzierten, jeweils praxisabhängigen Entscheidungsfälle nicht möglich und zum anderen dem DVGW als technischem Regelsetzer auch nicht gestattet. In diesen Fällen geht es um die notwendige Konfliktabschätzung zwischen dem Eigentumsrecht einerseits und der Verpflichtung des Staates zur Gefahrenabwehr in Situationen, in denen der Selbstschutz des Betroffenen oder die Sicherheit Dritter in Frage steht, andererseits. Es geht somit dabei immer um den Konflikt zweier unterschiedlicher Rechtsbereiche.

Bestandsschutz für regelkonform erstellte in Betrieb befindliche Gasinstallationen

Für bauliche Anlagen hat die Rechtsprechung unter dem Stichwort „Bestandsschutz" im Grundsatz erkannt, dass der Eigentümer in einem gewissen Umfang die Befugnis hat, eine in materiell-legaler Eigentumsnutzung errichtete Anlage auch dann noch unverändert zu nutzen, wenn sie nach inzwischen geänderter Sach- und Rechtslage materiell-illegal geworden ist. Der Bestandsschutz erlischt jedoch mit der Zerstörung oder Beseitigung der Anlage und kann keinesfalls mehr deren Wiederaufbau oder Neuerrichtung umfassen.

Der Bestandsschutz einer materiell-legal (nach den anerkannten Regeln der Technik) errichteten Anlage erlaubt somit im Regelfall deren unveränderte Weiternutzung. Der Bestandsschutz endet erst dort, wo die Beachtung neuer Anforderungen zur Abwehr von erheblichen Gefahren für bedeutende Rechtsgüter unerlässlich erscheint und zugleich eine Nachrüstung das am wenigsten einschneidende Mittel zu deren Beseitigung darstellt. Dieser Grundsatz hat seinen Niederschlag auch in einer Reihe von Rechtsvorschriften gefunden, die für das Gasfach besonders relevant sind. So heißt es etwa zu § 2 Abs.1 Satz 1 der 2. Durchführungsverordnung zum Energiewirtschaftsgesetz (noch Vorfassung des EnWG von 1987) in der Begründung des Bundesrates:

Begründung des Bundesrates zum EnWG von 1987 zum Bestandsschutz

> „Die Neufassung stellt klar, dass der betreffende technische Standard in Übereinstimmung mit der bisherigen Regelung, die sich bewährt hat, grundsätzlich nur bei der Errichtung bzw. Anschaffung einer Anlage erfüllt sein muss. Eine spätere Anpassung an einen neueren technischen Standard, die mit unverhältnismäßig hohen Kosten verbunden sein kann, sollte wie bisher grundsätzlich auf Fälle beschränkt bleiben, in denen die Anpassung zur Beseitigung schwerwiegender Gefahren unbedingt erforderlich erscheint".

keine Nachrüstung an bestehenden Gasinstallationen aufgrund der neuen DVGW-TRGI 2008

Die gesamte Fortschreibung der TRGI hat sehr wohl im Zuge der permanenten Weiterentwicklung verbesserte, neuartige und neue Techniken eingeführt. In keinem Falle musste dabei jedoch Vorhandenes als unsicher oder gefährlich eingestuft werden, so dass die fortgeschriebene Regelung allein für Neuerrichtungs- oder Ergänzungsarbeiten zutrifft und greift. Die

Belegung dieser neuen TRGI mit etwa einer rückwirkenden Geltung (d. h. mit einer Aussage zur Nachrüstpflicht) ist und war sowohl durch das kompetente technische Erarbeitungsgremium als auch durch die Länderinstitution „Fachkommission Bauaufsicht" außerhalb jeder Fragestellung oder Diskussion.

Aufhebung des Bestandsschutzes bei wesentlichen Änderungen oder Erneuerungen

Praktisch drückt sich dies in der folgenden verbindlichen Endformel aus: Die Regelungen dieser TRGI finden Anwendung bei jeder Neuerrichtung, Änderung oder Ergänzungsarbeit. Reparaturarbeiten sind – soweit möglich und zugelassen – mit neuen oder noch beziehbaren bzw. entsprechend geprüften „Originalteilen" durchzuführen. Mit einer wesentlichen Änderung oder Erneuerung der Gasinstallation oder eines Anlagenteiles gelten dann die neuen Regelungen.

In der Praxis stellt sich hierbei vor allem die Frage, wie tiefgreifend die Maßnahmen von Änderungs-, Instandhaltungs- und Reparaturarbeiten dabei in Bezug auf die Gesamtinstallation oder auf die Funktionseinheit des Teiles der Gasinstallation im Einzelfall beurteilt werden müssen, um daraus unterschiedliche Konsequenzen rechtfertigen zu können. Wie vorne dargestellt, kann die Rechtsprechung dazu **einen** oder **den pauschalen Lösungsweg nicht beschreiben.**

„wesentliche Änderung" als fachmännisch verantwortliche Auslegungssache

Bei der „wesentlichen Änderung" greift der Bestandsschutz nicht mehr. Die Grenze zur wesentlichen Umgestaltung wird von der Rechtsprechung mit der Frage gezogen, ob die zu reparierende Anlage als solche noch funktionsgerecht nutzbar ist. Während für die Reparaturen selbst meist die neuen Vorschriften zu Grunde gelegt werden, bleibt der Bestandsschutz für den von Reparaturarbeiten nicht unmittelbar tangierten Teil der Anlage im Grundsatz erhalten, soweit diese insgesamt noch funktionsgerecht nutzbar ist.

Hierfür sei ein exemplarischer Praxisfall genannt, der auch in ähnlicher Themenstellung vor Jahren bereits in gerichtlicher Bewertung wie nachfolgend dargestellt beschieden wurde.

berechtigte separate Betrachtung von Funktions-Anlagenteilen

Der Austausch eines Gas-Kombiwasserheizers gleicher Leistung an dem bestehenden Schornstein ist bezüglich des Funktionssystems der ordnungsgemäßen Abgasabführung (die anderen Abgaswerte der neuen Feuerstätte erfordern eine Bemessungs- und Nutzbarkeitsbeurteilung hinsichtlich der Abgasanlage) wie eine Geräteneuinstallation zu behandeln. Zudem sind die Gasgeräte seit der Ausgabe TRGI '86/96 im Rahmen der HTB-Anforderung für die gesamte Gasinstallation mit einer thermisch auslösenden Absperreinrichtung (TAE), meist in Verbindung mit der Geräteanschlussarmatur am Installationsleitungsende, zu versehen. Dies kann sich für diesen Fall ebenfalls als notwendig erweisen. Der gesamte weitere Funktionskomplex, also die Leitungsanlage bis zur Geräteanschlussarmatur, bleibt jedoch von dieser Anlagenveränderung unberührt und genießt somit Bestandsschutz. Konkret ist somit nach DVGW-TRGI 2008 mit dieser Anlagenänderung grundsätzlich keine GS-Nachrüstungspflicht verbunden, wobei dieses jedoch fallweise zu empfehlen ist.

zudem Beachtung von eventuellen Bewertungen/ Interpretationen der Bundesländer

Zu dieser Thematik ist also immer der „Fachmann“ vor Ort gefragt und in der Verantwortung, die Entscheidung hinsichtlich der „wesentlichen Änderung“ und daraus folgender Konsequenz zu treffen. Wie oben dargelegt wurde, sind dem technischen Regelsetzer dazu keine Pauschalvorgaben als Vorgehensempfehlung oder -verpflichtung möglich.

DVGW G 260 (A)

Der Geltungsbereich bestimmt mit dem Hinweis auf Gase nach dem DVGW-Arbeitsblatt G 260 – außer Flüssiggas – die für die Gasinstallation in Frage kommenden und durch die TRGI erfassten Verteilungsgase. Für die im DVGW-Arbeitsblatt G 260 als 3. Gasfamilie beschriebenen Flüssiggase in gasförmiger Phase werden die Installationsfestlegungen in den „Technische Regeln Flüssiggas TRF“ beschrieben.

2. Gasfamilie mit Gruppen H und L

Nachdem die Stadtgase entsprechend der 1. Gasfamilie spätestens seit den abgeschlossenen Umstellungen in den neuen Bundesländern und in West-Berlin ab 1996 in Deutschland nicht mehr relevant sind, handelt es sich heute nur noch um die Gase der 2. Gasfamilie. Diese sind methanreiche Gase, wie die hauptsächlich aus natürlichen Vorkommen stammenden Gase, synthetische Erdgase (SNG) sowie deren Austauschgase wie z. B. Biomethan und Klärgase. Letztgenannte Austauschgase werden heute bereits eingesetzt und sind in Zukunft verstärkt erwartbar. Diese 2. Gasfamilie ist in die Gruppe L (low = niedriger Wobbe-Index) und H (high = höherer Wobbe-Index) unterteilt.

unveränderter Gasgeräte-Nennanschlussdruck

Ausgangsdruck Gas-Druckregelgerät = 23 mbar

Konformität mit DIN EN 437

Der Nennanschlussdruck für die Gasgeräte war und ist durch G 260 mit 20 mbar festgelegt. Die zulässige Untergrenze beträgt unverändert 18 mbar. Die Obergrenze ist für G 260 per Fachveröffentlichung im Jahre 2004 von 24 mbar auf 25 mbar hochgesetzt worden. Damit ist dem geänderten, für die TRGI heute erforderlichen, Ausgangssollwert des Gas-Druckregelgerätes von 23 mbar bereits Rechnung getragen. Diese Daten stehen selbstverständlich im Einvernehmen mit Druckbereich und Druckgrenzen, die der für die korrekte Gasgeräteeinstellung bereits seit den 80er Jahren bestehenden europäischen Norm DIN EN 437 „Prüfgase, Prüfdrücke, Gerätekategorien“ zu Grunde liegen.

neu hinzugekommener GS verlangt sensiblere Einrichtungen und Einstellungen

Im Hinblick auf die in dieser DVGW-TRGI 2008 neu hinzugekommene sensible Einrichtung, Gasströmungswächter (GS) muss

- den Herstellern der GS für die Gasinstallation,
- den Herstellern der Gas-Druckregelgeräte für die Gasinstallation,

  den Netzbetreibern als deren Verwendern und Betreibern in den Kundenanlagen und
- den Gasgeräteherstellern (Ausführung der Steuergeräte hinsichtlich Überschwingverhalten und Einstellgrenzen für Störabschaltungen)

mit Nachdruck die strikte Einhaltung aller für die Betriebsfunktion der Gasinstallation relevanten Regelungs- und normativen Anforderungen nahegelegt werden.

Selbstverständlich können in Sonderfällen auch andere Anschlussdrücke als 20 mbar angewendet werden. Hierfür ist aber eine Abstimmung und Klärung hinsichtlich der Versorgungsbedingungen, der Gasgeräteausführungen und der Aufstellbedingungen erforderlich.

von DVGW G 260 (A) abweichende Gasqualitäten

In diesem Rahmen stellt sich oft die Frage der Anwendbarkeit der TRGI über deren Geltungsbereich hinaus bei der Verwendung von anderen, im DVGW-Arbeitsblatt G 260 nicht enthaltenen Gasen. Ist beispielsweise die Direktverwendung von Deponie-, Klär- und Biogasen mit ihren stark unterschiedlichen Hauptbestandteilen und Gasbegleitstoffen beabsichtigt, so kann dieses Problem in jedem Einzelfall nur unter Einbeziehung aller Beteiligten (z. B. Gaserzeuger, Gasverteiler, Gasgerätehersteller, Baubehörden und eventuell einer DVGW-Forschungsstelle) sinnvoll gelöst werden. Es muss sichergestellt sein, dass

- jeder mit Gas in Berührung kommende Teil einer Gasanlage gegen dieses Gas unter Betriebsbedingungen beständig ist,
- eine einwandfreie Verbrennung dieses Gases gewährleistet wird und
- die Abgasabführung unter besonderer Beachtung des Immissionsschutzes sicher funktioniert.

technische Gase

Eine weitere Fragestellung bezieht sich auf die Anwendbarkeit der TRGI für technische Gase, wie z. B. Sauerstoff, medizinische Gase und weitere. Hierfür kann das DVGW-Regelwerk keinen Regelungsanspruch übernehmen. Höchstenfalls sind solche Situationen bekannt, dass eine zuständige Institution mangels eigener spezifischer Regelungen, für z. B. Verlegeanforderungen, auf Festlegungen der TRGI zurückgreift. Dieses muss und kann jedoch ausschließlich in deren alleiniger Verantwortungsübernahme geschehen.

Fußnote 3

keine Zuständigkeit der PED

Der Geltungsbereich hinsichtlich der einsetzbaren Betriebsdrücke verbleibt weiterhin bis 1 bar. Die Überschreitung von 0,5 bar als Untergrenze der Anwendbarkeit der EG-Druckgeräterichtlinie, (PED, 97/23/EG), bringt dabei für die „Gasinstallation“ eindeutig noch keine Auswirkung mit sich. Bei durchgehender Anforderungserfassung in Konformität mit der TRGI (und auch der DIN EN 1775) ist „die gute Ingenieurpraxis“ ohne Frage erfüllt. Für Leitungsanlagen mit Rohren DN > 25 wird die als Grenze geltende Druck-Volumen-Beziehung für eine Einteilung in Kategorie I der PED nicht erreicht.

DVGW G 685 (A)

Grenzwert 30 mbar für Verfahrensgebiet 1

Bei der möglichen Druckführung bis 1 bar in Gebäuden und auf Grundstücken sind im Zusammenhang mit der thermischen Abrechnung von Gas nach dem DVGW-Arbeitsblatt G 685 zusätzlich Mindestanforderungen zur Erfassung von Druck und Temperatur zu beachten. Der eingestellte Ausgangsdruck des dem Gaszähler vorgeschalteten Gas-Druckregelgerätes muss z. B. auf 30 mbar beschränkt werden, wenn druckseitig das Verfahrensgebiet 1 nicht überschritten werden soll.

Da im Druckbereich > 100 mbar bis 1 bar die Armaturen – nicht jedoch Gaszähler und Gasgeräte – bei der kombinierten Belastungsprüfung und

Nenndruck (MOP) der Armaturen muss mindestens dem Prüfdruck entsprechen

Dichtheitsprüfung einem Prüfdruck von 3 bar ausgesetzt werden, dürfen nur Armaturen und Bauteile mit entsprechendem Nenndruck (MOP) verwendet werden. Soll der Betriebsdruck innerhalb des Nenndruckbereiches bis 1 bar voll ausgenutzt werden, muss auch der Gaszähler mindestens der Nenndruckstufe MOP 1 entsprechen. Ist der maximale Betriebsdruck verträglich durch entsprechende Einstellung der Sicherheitsabsperreinrichtung (SAV) in der Gas-Druckregelung auf einen kleineren Wert begrenzt, ist auch die Verwendung von Gaszählern kleinerer Nenndruckstufen, z. B. MOP 0,2 bzw. 0,5, möglich.

Geltungsbereich schließt Erfordernis der „sicheren Abführung der Abgase ins Freie“ ein

Entsprechend dem formulierten Geltungsbereich „Sie gelten für den Bereich hinter der Hauptabsperreinrichtung (HAE) bis zur Abführung der Abgase ins Freie.“ definiert sich die Gasinstallation, beginnend hinter der HAE, aus Leitungsanlage, Gasgeräten, Verbrennungsluftversorgung sowie der Abgasanlage/Abgasabführung.

Die Leitungsanlage kann dabei auch aus erd- und freiverlegten Außenleitungen auf Betreibergelände bestehen. Die herauszuhebende und notwendig einzuhaltende Funktion der Verbrennungsluftversorgung bewog dazu, diesen Teil besonders zu betonen.

Kommen Gasgeräte Art A und damit keine „materiellen Abgasanlagen“ zum Einsatz, so regelt die TRGI trotzdem alle erforderlichen Sachverhalte für die sichere „Abführung der Abgase ins Freie“.

Fußnote 4

eventueller Leitungsteil zwischen HAE und Gas-Druckregelgerät

Die Fußnote 4 greift die möglichen Anschlusssituationen auf, dass die Gasinstallationen aus dem Netz mit Drücken > 1 bar und bis zu 5 bar versorgt werden. Entsprechend DVGW-Arbeitsblatt G 459-2 ist für diesen Fall die Gas-Druckregelung in der Betreiberanlage „zwingend nahe der Hauseinführung“ anzuordnen. Sollte dies, z. B. wegen ungünstiger baulicher Situation vor Ort, nur mit einem zwischengeschalteten Leitungsteil machbar sein (die ebenfalls genannte Außenleitung kann eventuell der Situation, z. B. gasversorgter Krankenhauskomplex, zuzuordnen sein), so gelten für diese Leitungsabschnitte die genannten Anforderungen der der „Gasverteilung“ zuzuordnenden DVGW-Arbeitsblätter. Die Verantwortlichkeit und Betriebsaufsicht für diesen Leitungsabschnitt ist ebenfalls dem Netzbetreiber (NB) zuzuordnen.

andere Regeln beachten

Mit „Unberührt bleiben ...“ ist gemeint, dass die konkret oder pauschal genannten Gesetze, Verordnungen oder Regeln, die unter „einschlägige Rechtsvorschriften“ zusammengefasst sind, vorrangig zu beachten sind.

Beispiel Dampfkesselanlage

Das Beispiel der Aufstellung einer Dampfkesselanlage bietet die Möglichkeit zur Erklärung der sehr misslichen Doppelterfassung durch zwei unterschiedliche Rechtsbereiche. Die Gasinstallation, einschließlich der „üblichen“ häuslichen/kleingewerblichen Gasgeräte, ordnet sich dem Energierecht unter. In § 49 Abs. 2 EnWG drückt der Gesetzgeber die Vermutungswirkung der eingehaltenen erforderlichen Sorgfalt und ausreichenden Sicherheit zu Gunsten der Anwendung des DVGW-Regelwerkes aus. Die Dampfkesselanlage dagegen stellt aufgrund § 2 Abs. 7 des Geräte- und Produktsicherheitsgesetzes (GPSG) und der danach erlassenen Betriebssicherheitsverordnung

(BetrSichV) eine überwachungsbedürftige Anlage nach dem Gewerbe- und Arbeitsschutzgesetz dar. Hierfür greift „noch" die TRD 412 mit teils über die TRGI hinausgehenden und die TRGI eingrenzenden Regelungen. Dies betrifft die Vorgabe an Verbindungsherstellungen (geschweißtes Stahlrohr; bei Kupfer ist die Pressverbindung nicht genannt) und die Vorschrift der erforderlichen zusätzlichen Absperreinrichtung außerhalb des Aufstellraumes des Dampfkessels. Angesichts dieses Status quo kann es daher fallweise empfehlenswert sein, die tatsächliche technische Ausführung der Dampfkesselinstallation z. B. mit der Gewerbeaufsichtsbehörde, eventuell dem Anlagenbetreiber und dem NB vorab zu klären.

1.2 Allgemeines

1.2.1
keine Gefährdung der Gasinstallation durch die Nutzung der Gebäude und Grundstücke und umgekehrt

Selbstverständlich muss jede technische Installation im Kundenbereich der Nutzung von Grundstück und Gebäude Rechnung tragen. Als Beispiel ist auf dem stark befahrenen Fuhrparkgelände die freiverlegte Außenleitung auf jeden Fall so zu verlegen oder zu schützen, dass sie durch den Fahrzeugverkehr nicht gefährdet werden kann. Bei dieser Gelegenheit muss selbstverständlich aber auch die Umkehrsituation genauso als notwendige Forderung angesprochen und erhoben werden. So gilt gleichermaßen die Aussage des Abschnittes 1.2.1 mit leicht umgestellter Wortanordnung wie folgt:

> „Gasinstallationen sind so zu erstellen, dass durch sie die Gebäude und Grundstücke sowie deren Nutzung nicht gefährdet werden."

Dies ist oberstes Anliegen für die Erstellung der Leitungsanlage als auch für die Aufstellung der Gasgeräte, deren Betriebsweise, Instandhaltungsvorgaben und -möglichkeiten. Aus der Existenz einer Gasinstallation in einem Gebäude darf nicht die Notwendigkeit für Zusatzmaßnahmen oder Absicherungen an Bausubstanz oder Gebäudestruktur resultieren. Die etwa für ein gasversorgtes Gebäude mit häuslicher oder vergleichbarer Nutzung zu fordernde explosionsgeschützte Bauausführung oder explosionssichere Ausführung der Elektroinstallation stellt einen Widerspruch in sich dar und kann nicht als Inhalt einer zurzeit beratenen europäischen Norm DIN EN 1991-1-7 akzeptiert werden.

1.2.2
technisch sicherer Betrieb der Gasinstallation auf Dauer

Alle notwendigen Voraussetzungen zur Bewerkstelligung von Gasinstallationen für einen „technisch sicheren" Betrieb auf Dauer werden sichergestellt durch:

- die in Deutschland bewährte Verknüpfung gesetzlicher Direktiven des Energierechts und des Bauordnungsrechts mit
- der eigenverantwortlichen Umsetzung der Zielvorgaben in durch die Fachöffentlichkeit kontrollierten Expertengremien des DVGW und deren Ergebnisdokumentierung in den allgemein anerkannten Regeln der Technik.

Die europäische Norm DIN EN 1775 Oktober 2007 als bislang funktionale Empfehlung zu „Gasleitungsanlagen für Gebäude; maximal zulässiger

Betriebsdruck ≤ 5 bar" nennt die Zeitdauer von mindestens 50 Jahren als einen gebräuchlichen Ansatz für die anzustrebende oben genannte „Dauer" in Übereinstimmung mit der erwarteten Lebensdauer von Gebäuden.

So sichern die Anforderungen an die Qualifikation der Anlagenersteller sowie an die Qualität der zu verwendenden Materialien und der Verarbeitungsausführungen vor Ort das ausreichende Sicherheitsniveau ab. Die Absicherung dieses Niveaus auf Dauer ist dabei selbstverständlich auf die „ordnungsgemäße Behandlung" der technischen Anlagen durch den Nutzer, den Eigentümer und/oder Betreiber angewiesen. Qualifikations-, Beschaffenheits- und Ausführungsanforderungen werden in den Kapiteln I bis IV dieser TRGI im Detail beschrieben. Auf die vorauszusetzende „bestimmungsgemäße" Verwendung wird insbesondere in dem zusätzlichen Kapitel V „Betrieb und Instandhaltung" eingegangen. Erläuterungen dazu sind jeweils in diesem Kommentar, den einzelnen Kapiteln und Abschnitten zugeordnet, gegeben.

bestimmungsgemäße Verwendung

DVGW-, DIN-DVGW- oder CE-Kennzeichnung als Verwendbarkeitsnachweis

Die hohe Sicherheit aller einzusetzenden Rohre, Bauteile und die „Idiotensicherheit" der Gasgeräte – Bedienungsfehler dürfen nicht zu Gefahrenzuständen führen – wird durch die Anforderung nach zertifizierten Produkten sichergestellt. Dem Regelwerksanwender ist die CE-Kennzeichnung für Gasgeräte, mit allen Konsequenzen der damit noch verbundenen notwendigen Selbstabsicherung über die tatsächlich vorhandene Eignung für Deutschland, bereits durch die Vorgängerfassung TRGI '86/96 bekannt. Heute gilt zunehmend auch für Produkte der Leitungsanlagen die Verwendbarkeitsdokumentierung durch die CE-Kennzeichnung anstelle der bisherigen DVGW- bzw. DIN-DVGW-Kennzeichnung. Die Praxis und das Erkennen der Verwendbarkeitseignung der Gasgeräte sind in diesem Kommentar zu Abschnitt 8.1.1 „Gasgeräte" der TRGI nochmals ausführlich erläutert.

ggf. erfordert die CE-Kennzeichnung noch die spezifische Überprüfung hinsichtlich der Einsatzverbindlichkeit

Hinsichtlich der Praxisumsetzung zur Einheits-Verwendbarkeitsanzeige und der Einheits-Einsatzmöglichkeit für ganz Europa von z. B. Rohren und Installationsbauteilen muss zum heutigen Zeitpunkt eingestanden werden, dass sich noch Einiges im Versuchsfeld abspielt und dieser Weg bis zum Optimum einer einheitlichen und eindeutigen Marktpräsenz und Einsatzanforderung für alle EU-Mitgliedstaaten noch über mehrere Jahre andauern wird.

Die CE-Kennzeichnung ist einerseits ein Freihandelszeichen und andererseits ein Konformitätszeichen. So gekennzeichnete Produkte dürfen grundsätzlich im gesamten EU-Bereich frei gehandelt und „verwendet" werden. Der Hersteller dokumentiert damit, dass die grundlegenden Anforderungen der anwendbaren EG-Richtlinien eingehalten werden.

Die CE-Kennzeichnung allein sagt somit in der Handhabung für den Anwender zunächst nur aus, dass ein Produkt in Europa verwendbar ist, aber nicht wofür. Dies geht erst aus Zusatzkennzeichnungen und/oder den Herstellerunterlagen hervor. Der Installateur muss also der Auswahl der Produkte, die er verwenden will, und ihrer Kennzeichnung auf dem Typschild bzw. in den Herstellerunterlagen zukünftig noch viel mehr Bedeutung beimessen als bisher. Dort, wo z. B. die CE-Kennzeichnung mit Bezug auf eine bestimmte

EG-Richtlinie die notwendige Beschaffenheitsqualität aller sicherheitsrelevanten Eigenheiten und Funktionen des Produktes nicht ausreichend abdeckt, wird entweder weiterhin – in Absprache mit den obersten Bauaufsichtsbehörden der Länder – die DVGW-Zertifizierung den notwendigen Übereinstimmungsnachweis liefern oder es kommt eine nationale Zusatzkennzeichnung neben der bereits existierenden CE-Kennzeichnung für das Produkt in Frage.

Entbindung des Anwenders von zusätzlicher Beweispflicht

Sind also Leitungsteile, -bauteile und Gasgeräte mit der DIN-DVGW- bzw. DVGW-Zertifizierung versehen oder tragen eine zutreffende CE-Kennzeichnung, so ist der Benutzer grundsätzlich von der Beweispflicht, dass diese Bauteile nach den anerkannten Regeln der Technik hergestellt sind, entbunden.

Sonderausführungen bedürfen der Zusatzabsicherung

Die Anwendungsregel TRGI will selbstverständlich weitere technische Entwicklungen oder z. B. durch anzutreffende vor-Ort-Situationen sich anbietende Sonderausführungen keineswegs generell unterbinden. Es ist dann jedoch der bessere oder mindestens gleichwertige Sicherheitsstand nachzuweisen. Als Nachweisführungen sind denkbar:

- die Verantwortungsübernahme durch das qualifizierte Personal beim NB
- die Verantwortungsübernahme durch das Vertragsinstallationsunternehmen (VIU)
- die vorherige Abklärung und Bestätigung einer Ausführung durch das DVGW-Technische Komitee „Gasinstallation" und/oder Nachweisführung an einem DVGW-Prüflaboratorium
- die Herstellerbestätigung
- die vor-Ort-Abklärung und Zustimmung eines TRGI-Sachverständigen.

Nicht gekennzeichnete Teile, deren Eignung in der TRGI ausdrücklich genannt sind, bedürfen selbstverständlich keiner zusätzlichen Nachweisführung.

Anleitungen der Hersteller beachten

Vorne Genanntes stellt die Ordnungsgemäßheit der Produkte mit CE-Kennzeichnung teils in Frage. Durch die verschärfte Produkthaftung der Hersteller als auch der Anwender verstärkt sich die Bedeutung der ernsthaften Befassung mit den Herstelleranleitungen und deren Beachtung bei allen Erstellungsarbeiten und Anlagenausführungen.

1.2.3 Vermutungswirkung

Die Eingangsaussage in Abschnitt 1.2.3 ist eine Wiedergabe der Vermutungsäußerung zu Gunsten des DVGW-Regelwerkes aus dem Gesetz. § 49 des Energiewirtschaftsgesetzes, EnWG (siehe Anhang 1 der TRGI) macht folgende Aussage:

„(1) Energieanlagen sind so zu errichten und zu betreiben, dass die technische Sicherheit gewährleistet ist. Dabei sind vorbehaltlich sonstiger Rechtsvorschriften die allgemein anerkannten Regeln der Technik zu beachten.

(2) Die Einhaltung der allgemein anerkannten Regeln der Technik wird vermutet, wenn bei Anlagen zur Erzeugung, Fortleitung und Abgabe von

2. Gas die technischen Regeln der deutschen Vereinigung des Gas und Wasserfaches e. V.

eingehalten worden sind."

bei Abweichungen vom Regelwerk

Hiermit wird aus dem EnWG hinsichtlich der „Fortleitung und Abgabe von Gas", also der Gasverwendung, – und mit dem Bezug auf die Niederdruckanschlussverordnung (NDAV) (siehe Anhang 2 der TRGI) – die TRGI als das zuständige Regelwerk für die Gasinstallation eindeutig zugeordnet und bestätigt. Von der TRGI-Festlegung abweichende Ausführungen müssen daran gemessen werden und für den Praxiseinsatz die mindestens gleichwertige Qualität aufweisen.

TRGI-Sachverständige nach DVGW G 648 (A)

Bezüglich der für solche Situationen aufzuwendenden Abklärungen und Nachweisführungen kann auf obige Ausführungen zu Abschnitt 1.2.2 verwiesen werden. Als weitere seit dem Jahre 2000 geschaffene Institution kann mit dieser DVGW-TRGI 2008 nun für solche Aufgaben auf den TRGI-Sachverständigen nach DVGW-Arbeitsblatt G 648 zurückgegriffen werden.

notwendige Kompetenz in der Gasinstallation beim NB

Als die wichtigste Einrichtung im Zusammenhang mit oftmals notwendigen vor-Ort-Abklärungen und -Entscheidungen ist jedoch immer noch der Gasversorger, heute NB, gefragt. In Zeiten des liberalisierten Marktes (erfolgtes Unbundling) ist jedem NB um so mehr und um so notwendiger nahezulegen bzw. klarzumachen, dass die technische Kompetenz und die entsprechende personelle Besetzung auf dem Gebiet der Gasinstallation nicht – wie leider oftmals nicht nur tendenziell erkennbar – aufgegeben werden darf. Um die Anforderungen an die Qualifikation und die Organisation von Unternehmen (siehe TSM und das DVGW-Arbeitsblatt G 1000) zu wahren, muss die technische Kompetenz mit größerer Anstrengung verantwortungsbewusst ausgefüllt werden.

1.2.4 neues Arbeitsblatt DVGW G 1020 (A)

Die verantwortungsgerecht ausgefüllten Anforderungen und Aufgabenbereiche durch alle Beteiligten, einschließlich der Betreiber der Gasinstallation, stellen die zu erstrebende Qualitätssicherung dar. Deren erforderliche Inhalte sind in dem neu erarbeiteten DVGW-Arbeitsblatt G 1020 „Qualitätssicherung für Planung, Ausführung und Betrieb von Gasinstallationen" festgehalten. Für die Wahrnehmung seiner Verkehrssicherungspflicht bedarf der Betreiber der Unterstützung durch NB, ggf. Messstellenbetreiber (MSB), VIU und BSM. Dieses Zusammenwirken ist Bestandteil der Eigenverantwortlichkeit des Gasfaches für eine sichere Gasversorgung.

Ablösung der Arbeitsblätter DVGW G 665 (A) und DVGW G 666 (A)

Das DVGW-Arbeitsblatt G 1020 beschreibt somit die Zusammenarbeit und die Schnittstellen (Anforderungen und Aufgaben) sowie die Verantwortlichkeiten im Bereich der Kundenanlage zwischen Betreiber (Gaskunde), NB, MSB, VIU und BSM. Es ist in dieser Funktion auch Nachfolgeblatt der beiden veralteten DVGW-Arbeitsblätter G 665 und G 666 aus dem Jahre 1972.

Zusammenarbeit mit dem Schornsteinfegerhandwerk

Mit dem Hinweis auf die Inhalte in diesem neuen DVGW-Arbeitsblatt G 1020 wird der verstärkten Bedeutung der intensiven Zusammenarbeit mit dem Schornsteinfegerhandwerk Rechnung getragen.

Dies gilt insbesondere im Zusammenhang mit den geänderten und zum Teil verschärften Bedingungen sowie der Anwendung neuer Verfahren:

- bei der Abführung von Abgasen der Gasgeräte
- bei der einwandfreien Verbrennungsluftversorgung in Verbindung mit der Funktion der Abgasanlage
- bei der Stellungnahme für die Erteilung von Ausnahmegenehmigungen, vorzugsweise in der Altbaumodernisierung
- bei der Überprüfung der Abgasverluste

Anmeldeverfahren kann unterschiedlich sein

Der technische und formale Ablauf entsprechend DVGW-Arbeitsblatt G 1020 bei der Erstellung oder Änderung von Gasinstallationen kann in den einzelnen Gebieten verschiedener Netzbetreiber sehr unterschiedlich sein.

- Der NB hat das Recht zur Überprüfung der Regelkonformität der erstellten Anlagen.
- Der BSM und eventuell die Baubehörde werden nach den Landesbauordnungen für eine sichere Benutzbarkeit der Abgasanlage mit einbezogen.

Leitfaden für Vertragsabschlüsse

Im Interesse einer partnerschaftlichen und reibungslosen Zusammenarbeit bei der Planung, Erstellung und Änderung von Gasinstallationen zwischen dem NB, dem VIU und dem BSM ist eine frühzeitige Kontaktaufnahme und eine umfassende Information notwendig. Im DVGW-Arbeitsblatt G 1020 sind Richtlinien für die Zusammenarbeit erfasst. Darüber hinaus sollte der vom BGW (heute BDEW) in Abstimmung mit den Landesinstallateurausschüssen sowie den Installateur- und Industrieverbänden ZVSHK und BHKS vereinbarte

> „Leitfaden zur Anwendung der Richtlinien für den Abschluss von Verträgen mit Installationsunternehmen“

beachtet werden.

1.2.5
NDAV, § 13 Abs. 2

Vertragsinstallationsunternehmen (VIU)

Rechte und Pflichten

Voraussetzung für die gemäß § 13 Abs. 2 „Gasanlage“ der NDAV erforderliche Eintragung eines Installationsunternehmens in das Installateurverzeichnis eines NB als VIU ist der Abschluss eines Vertrages mit dem für seinen Betriebssitz zuständigen NB nach den „BGW/BHKS/ZVSHK-Richtlinien für den Abschluss von Verträgen mit Installationsunternehmen zur Herstellung, Veränderung, Instandsetzung und Wartung von Gasinstallationen vom 3. Februar 1958 in der Fassung vom 1. März 2007“. Dort sind die gegenseitigen Rechte und Pflichten von zwei gleichberechtigten Vertragspartnern geregelt.

gebietsübergreifende Tätigkeiten

Mit der Verpflichtung, sich vor Beginn seiner Tätigkeit bei dem jeweils zuständigen NB zu melden, ist ein VIU berechtigt auch in allen Gebieten anderer Netzbetreiber Installationsarbeiten auszuführen. Dazu muss das VIU ein bestehendes Vertragsverhältnis nachweisen und sich an die jeweils gültigen örtlichen Bestimmungen halten. Vor allem bei derartigen gebietsübergreifenden Tätigkeiten ist jedoch sicherzustellen, dass die entsprechenden Arbeiten unter der Aufsicht des verantwortlichen Fachmannes nur von zuverlässigen fachlich ausgebildeten eigenen Mitarbeitern ausgeführt werden.

Weiten sich gebietsübergreifende Tätigkeiten von VIU, die normalerweise auf Einzelfälle beschränkt sind, zum Regelfall aus, sollte mit dem zuständigen NB zusätzlich ein Vertrag geschlossen werden, damit das VIU in das entsprechende Installateurverzeichnis aufgenommen werden kann. Somit erhält das VIU sämtliche gebietsspezifischen Informationen und kann an entsprechenden Schulungsmaßnahmen teilnehmen.

Wie den Formulierungen aus NDAV § 13 Abs. (2) zu entnehmen, zählt das Gasgerät zur Gasanlage und ist damit ebenfalls im Verantwortungsbereich durch den Betreiber. Der DVGW hat immer schon über die TRGI für den Bereich der Wartungsarbeiten an Gasgeräten die zusätzliche Möglichkeit geschaffen, dass spezifisch diese Arbeiten außer durch den NB und das VIU nur von Wartungsunternehmen ausgeführt werden, die den Festlegungen des DVGW-Arbeitsblattes G 676 „Qualifikationskriterien für Gasgeräte-Wartungsunternehmen" entsprechen. Dieses Arbeitsblatt verlangt in Übereinstimmung mit der NDAV die Vorlage des Qualifikationsnachweises beim jeweiligen NB. Allen Gasgeräteherstellern sowie auch weiteren Firmen, die ausschließlich Wartung und Instandhaltung an Gasgeräten ausführen, wird damit die Sicherheit gegeben, dass ihre Instandhaltungstätigkeit an dem in der Kundenanlage eingebauten Gasgerät in Übereinstimmung mit oben genannten gesetzlichen Forderungen geschieht.

1.2.6
alleinige Verantwortung des VIU

In diesem Zusammenhang wird darauf hingewiesen, dass die alleinige Verantwortung für die Gesamtheit einer Gasinstallation, dem NB gegenüber, ausschließlich beim VIU als dem alleinigen Partner des NB liegt. Dies gilt besonders dann, wenn mehrere Gewerke direkt oder indirekt an der Erstellung einer Gasinstallation beteiligt sind. Der Alleinverantwortliche ist und bleibt derjenige, der den Antrag zur Inbetriebsetzung und Versorgung mit Gas unterschrieben hat – und das ist das VIU. Grundsätzlich darf mit den Arbeiten durch das VIU erst begonnen werden, wenn die Gasversorgung sichergestellt und der NB mit den vorgesehenen Baumaßnahmen einverstanden ist.

hinsichtlich der europäischen Installateurqualifikation geben die EG-Dienstleistungsrichtlinie und die EG-Qualifizierungsrichtlinie noch keine verlässliche Antwort

Auf die Frage, unter welchen Voraussetzungen deutsche Fachunternehmen der verschiedensten Berufsbilder, unter Berücksichtung der novellierten Handwerksordnung, in das oben genannte Installateurverzeichnis eingetragen und somit nach der NDAV im Geltungsbereich der TRGI tätig werden können, wird in diesem Kommentar **nicht eingegangen**. Ebenso kann hinsichtlich der europäischen Absichten, dass Fachunternehmen aus den Mitgliedstaaten als Installationsunternehmen (IU) in Deutschland nach dem Geltungsbereich der TRGI mit Arbeiten an Gasinstallationen tätig werden können – siehe dazu die diskutierten EG-Richtlinien zur Harmonisierung der Dienstleistungen und der Qualifizierungsvoraussetzungen im Binnenmarkt – an dieser Stelle **noch keine zuverlässige Antwort gegeben werden**.

1.2.7
Abstimmung mit Bauaufsicht vollzogen

Die bewährte wechselseitige Mitarbeit sowohl des Deutschen Instituts für Bautechnik (DIBt) in den DVGW-Gremien als auch von Mitarbeitern der DVGW-Hauptgeschäftsführung in dem relevanten bauaufsichtlichen Arbeitskreis [heute „Technische Gebäudeausrüstung (TGA)", vorher „Haustechnische Anlagen"] und viele Einzelberatungen und Abstimmungen über die neu eingeführten Techniken in dieser DVGW-TRGI 2008 – siehe u. a. die Zulassung der Gasinnenleitungen aus Kunststoff – bürgen für den Status, dass die TRGI generell als allgemein anerkannte Regel der Technik gilt und keiner separaten bauaufsichtlichen Einführung in den einzelnen Länderverordnungen bedarf.

2 Begriffe

2.1 Gasinstallation

Umbenennung von Gasanlage auf Gasinstallation

Anstatt Gasanlage wurde die neue Begriffsdefinition Gasinstallation für den Geltungsbereich der TRGI gewählt.

Mit dieser Umbenennung wurde zum einen dem Titel der TRGI „Technische Regel für Gasinstallationen" Rechnung getragen und zum anderen eine Vereinheitlichung der vergleichbaren Regel TRWI „Technische Regeln für Trinkwasser-Installationen" erreicht.

genauere Abgrenzung zwischen Kundenanlage und gesamter Gasanlage

Hiermit soll auch deutlicher die Unterscheidung zwischen Gasinstallation mit häuslicher oder vergleichbarer Nutzung gegenüber industriellen Installationen und einer komplexen Gasanlage, zu der auch die öffentliche Gasversorgung gehört, erzielt werden.

Schnittstelle HAE

In Fließrichtung des Gases beginnt der Geltungsbereich der TRGI an der HAE.

Verantwortungsübergang

An dieser Schnittstelle endet die Verantwortung des Netzbetreibers und es beginnt die Verantwortung des Anschlussnehmers bzw. Anschlussnutzers (im Folgenden „Betreiber" genannt).

NDAV § 13

In der NDAV § 13 Gasanlage wird diese Stelle der Verantwortungsübertragung genau beschrieben.

Ende der Gasinstallation

Die Gasinstallation endet mit der Abführung der Abgase ins Freie.

Diese Abführung der Abgase ins Freie muss durch Abgasleitungen, Lüftungsvorkehrungen (Fenster oder mechanisch beim Gasherd) oder durch die Aufstellung von z. B. Haushaltsgeräten, Grill oder Strahler im Freien gewährleistet sein.

Erstellung

Mit Erstellung ist in der Regel die Neuinstallation, also die Montage, die Prüfung und Inbetriebsetzung bis zur Übergabe an den Auftraggeber zu verstehen.

Änderung

Änderungen werden an bestehenden Gasinstallationen notwendig, wenn Gasgeräte nachgerüstet oder durch bauliche Maßnahmen Veränderungen der Leitungen, Verbrennungsluftversorgung oder Abgasabführung notwendig werden.

Instandhaltung

Nach DIN EN 13306 ist die Wartung ein Teilaspekt der präventiven Instandhaltung, die nach DIN 31051 die Begrifflichkeiten Inspektion, Wartung, Instandsetzung und Verbesserung umfasst.

Die Maßnahmen

Instandhaltung

- der Instandhaltung von Gasinstallationen dienen der Verzögerung des Abbaues des vorhandenen Abnutzungsvorrats,

Inspektion und Wartung

- der Inspektion und Wartung der vorgenannten Anlagen dienen der Feststellung und Beurteilung des Ist-Zustandes einer Betrachtungseinheit einschließlich der Bestimmung der Ursachen der Abnutzung und dem Ableiten der notwendigen Konsequenzen für eine künftige Nutzung,

Instandsetzung

- der Instandsetzung als Folge der Prüfergebnisse aus Inspektion und Wartung dienen der Rückführung einer Betrachtungseinheit in den funktionsfähigen Zustand, mit Ausnahme von Verbesserungen.

Die Arbeits- bzw. Prüfschritte sind entsprechend den spezifischen Merkmalen einer Betrachtungseinheit nach DIN 31051 durchzuführen.

„Verbesserung" im Sinne DIN 31051

Die Maßnahmen zur „Verbesserung" von Gasinstallationen gehen über den TRGI-Bereich hinaus. Sie dienen in Kombination mit allen technischen und administrativen Maßnahmen sowie Maßnahmen des Managements der Steigerung der Funktionssicherheit einer Betrachtungseinheit, ohne die von ihr geforderte Funktion zu ändern.

Sichtkontrolle

Neben den vorgenannten Normbegriffen von DIN EN 13306 und DIN 31051 ist für die Gasinstallation auch noch die Sichtkontrolle durch den Betreiber ein wichtiges Kriterium. Nur diese Aufgabe darf der Betreiber selbst durchführen, während die anderen Tätigkeiten der Instandhaltung ausschließlich durch die Unternehmen entsprechend Abschnitt 1.2.5 der TRGI ausgeführt werden dürfen.

2.2 Gebäudeklassen (nach MBO 2002, auszugsweise)

Gebäudeklasse GK 1 – GK 3

Die Gebäude der Gebäudeklassen (GK) 1 – 3 entsprechen den bisherigen Gebäuden geringer Höhe. In brandschutztechnischer Hinsicht bestehen für GK 3 bereits schärfere Anforderungen.

Gebäudeklasse GK 4

Die Gebäudeklasse 4 beschreibt die bisherigen Gebäude mittlerer Höhe, jedoch nur bis 13 m Höhe. Dies wurde erforderlich, da zwischen den Feuerwiderstandsfähigkeiten F 30 und F 90 ein mittleres Risiko für Gebäude dieser Gebäudeklasse gesehen wurde und andererseits damit auch mehrgeschossige Holzrahmenbauweisen möglich sind.

Gebäudeklasse GK 5

Die Gebäude dieser Gebäudeklasse 5 entsprechen den bisherigen Gebäuden mittlerer Höhe jedoch von > 13 bis 22 m und zusätzlich den bisherigen Hochhäusern Höhe > 22 m.

Sonderbauten

Sonderbauten fallen je nach Höhe und Fläche der Nutzungseinheiten in eine der fünf Gebäudeklassen der Musterbauordnung (MBO) (die meisten in die GK 5).

Sonderbauten sind Anlagen und Räume besonderer Art oder Nutzung, die einen der nachfolgenden Tatbestände erfüllen:

- Hochhäuser (Gebäude mit einer Höhe nach Absatz 3, Satz 2 von mehr als 22 m)
- bauliche Anlagen mit einer Höhe von mehr als 30 m
- Gebäude mit mehr als 1600 m^2 Grundfläche des Geschosses mit der größten Ausdehnung, ausgenommen Wohngebäude
- Verkaufsstätten, deren Verkaufsräume und Ladenstraßen eine Grundfläche von insgesamt mehr als 800 m^2 haben
- Gebäude mit Räumen, die einer Büro- oder Verwaltungsnutzung dienen und einzeln eine Grundfläche von mehr als 400 m^2 haben
- Gebäude mit Räumen, die einzeln für die Nutzung durch mehr als 100 Personen bestimmt sind
- Versammlungsstätten
  a) mit Versammlungsräumen, die insgesamt mehr als 200 Besucher fassen, wenn diese Versammlungsräume gemeinsame Rettungswege haben
  b) im Freien mit Szenenflächen und Freisportanlagen, deren Besucherbereich jeweils mehr als 1000 Besucher fasst und ganz oder teilweise aus baulichen Anlagen besteht
- Schank- und Speisegaststätten mit mehr als 40 Gastplätzen, Beherbergungsstätten mit mehr als 12 Betten und Spielhallen mit mehr als 150 m^2 Grundfläche
- Krankenhäuser, Heime und sonstige Einrichtungen zur Unterbringung oder Pflege von Personen
- Tageseinrichtungen für Kinder, behinderte und alte Menschen
- Schulen, Hochschulen und ähnliche Einrichtungen

- Justizvollzugsanstalten und bauliche Anlagen für den Maßregelvollzug
- Camping- und Wochenendplätze
- Freizeit- und Vergnügungsparks
- fliegende Bauten, soweit sie einer Ausführungsgenehmigung bedürfen
- Regallager mit einer Oberkante Lagerguthöhe von mehr als 7,50 m
- bauliche Anlagen, deren Nutzung durch Umgang oder Lagerung von Stoffen mit Explosions- oder erhöhter Brandgefahr verbunden ist
- Anlagen und Räume, die nicht aufgeführt und deren Art oder Nutzung mit vergleichbaren Gefahren verbunden sind

MLAR

In Sonderbauten und allen Gebäuden ab GK 3 sind bei der Leitungsführung und Durchführung durch Decken und Wände die jeweiligen Brandschutzanforderungen einzuhalten.

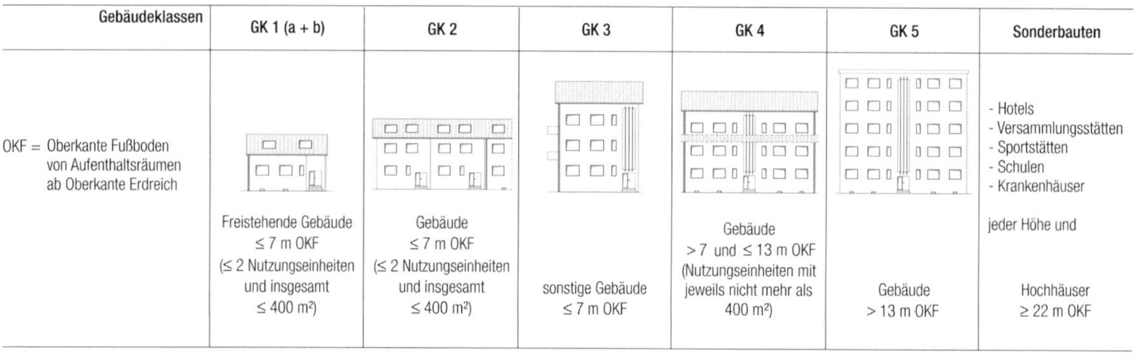

Gebäudeklassen	GK 1 (a + b)	GK 2	GK 3	GK 4	GK 5	Sonderbauten
OKF = Oberkante Fußboden von Aufenthaltsräumen ab Oberkante Erdreich	Freistehende Gebäude ≤ 7 m OKF (≤ 2 Nutzungseinheiten und insgesamt ≤ 400 m^2)	Gebäude ≤ 7 m OKF (≤ 2 Nutzungseinheiten und insgesamt ≤ 400 m^2)	sonstige Gebäude ≤ 7 m OKF	Gebäude > 7 und ≤ 13 m OKF (Nutzungseinheiten mit jeweils nicht mehr als 400 m^2)	Gebäude > 13 m OKF	- Hotels - Versammlungsstätten - Sportstätten - Schulen - Krankenhäuser jeder Höhe und Hochhäuser ≥ 22 m OKF

Bild 2.1 – Darstellung der Gebäudeklassen

Definition Aufenthaltsräume

Aufenthaltsräume sind Räume, die zum nicht nur vorübergehenden Aufenthalt von Menschen bestimmt oder geeignet sind.

Die Definition der Aufenthaltsräume ist im Hinblick auf die Festlegung von notwendigen Fluren eine wichtige Größe. Notwendige Flure sind nur erforderlich, wenn an diesen ein Aufenthaltsraum angeordnet ist oder Rettungswege aus anderen Bereichen durch diese Flure geführt werden. Ein vorübergehender Aufenthalt von Menschen ist bei regelmäßiger Aufenthaltsdauer von bis zu 2 Stunden täglich gegeben (Definition in Anlehnung an die Arbeitsschutzbestimmungen). Bei Fluren, die keine notwendigen Flure sind, werden in der MLAR und den Landesbestimmungen keine Anforderungen an die Begrenzung der Brandlast gestellt (z. B. bei den meisten Fluren in Kellergeschossen sowie den Treppenabgängen von der Haustür zum Kellergeschoss).

2.3 Leitungsanlage

2.3.1 Leitung

Die zu dem jeweiligen Rohrwerkstoff zugehörigen Formstücke, wie z. B. Winkel, T-Stücke, Übergangsverbindungen sowie die eventuell notwendigen Zubehörstoffe zur Herstellung der Verbindung, sind Bestandteil der Leitung.

2.3.2 Leitungsanlage

Als Teil der Gasinstallation beinhaltet die Leitungsanlage sowohl die frei- und erdverlegten Außenleitungen als auch die frei bzw. zugänglich und verdeckt verlegten Innenleitungen.

2.3.3 Außenleitung hinter HAE

Die freiverlegte Außenleitung ist die, welche außerhalb von Gebäuden meist der Witterung ausgesetzt ist.
Die erdverlegte Außenleitung ist die, die außerhalb von Gebäuden im Graben verlegt und mit Erde überdeckt ist.
Die Außenleitung kann beispielsweise die vor der Fassade verlegte Leitung sein, die Verbindungsleitung von Vorder- zu Hinterhaus oder die aus dem Gebäude herausgeführte Leitung zum Anschluss von Gasgeräten zur Verwendung im Freien.

2.3.4 Innenleitung hinter HAE

Die Innenleitung kann eine verdeckt, beispielsweise in einem Wandschlitz oder Schacht, sowie eine frei bzw. zugänglich vor Wänden oder an Decken verlegte Leitung sein.

2.3.5 Innenleitung und Außenleitung

Sowohl die Innen- als auch die Außenleitung können in die vorgegebenen Teilstrecken bzw. Fließwege des Gases aufgeteilt sein.

2.3.5.1 Einzelzuleitung

Die Einzelzuleitung ist der direkte Fließweg von der HAE bis zu einem Gasgerät. Bei dem Bemessungsverfahren kann hierfür das vereinfachte Diagrammverfahren angewendet werden.

2.3.5.2 Verteilungsleitung

Diese Begriffsdefinition beinhaltet weiterhin die Teilstrecke des ungemessenen Gases, jedoch nicht mehr bis zum jeweiligen Zähleranschluss. Dies wurde erforderlich aus Gründen der neuen Aufteilung der Fließwege bei der Bemessung der Leitungsanlagen als Leitungsteil zu mehreren Gaszählern.

2.3.5.3 Steigleitung

Die Steigleitung kann sowohl senkrecht nach oben oder nach unten führen und ungemessenes oder gemessenes Gas führen. Bei der Bemessung wird die Steigleitung in Verteil- und Verbrauchsleitungen hinsichtlich der Druckverlustberücksichtigungen unterschiedlich behandelt.

2.3.5.4 Verbrauchsleitung

Aus Gründen der neuen Aufteilung der Fließwege bei der Bemessung der Leitungsanlage ist dies nun der Leitungsteil beginnend ab Abzweig von der Verteilungsleitung oder ab Ende Verteilungsleitung bzw. ab HAE bis zu den Abzweigleitungen.

2.3.5.5 Abzweigleitung

Die Abzweigleitung ist bei der Bemessung der Leitungsanlage nach dem Tabellenverfahren anzulegen. Eine T-Stück-Installation ist hierbei immer die Grundlage.

2.3.5.6 Geräteanschlussleitung

Die Geräteanschlussleitung kann sowohl starr oder biegsam sein.

2.3.5.7 fester Anschluss

Der feste Anschluss an einem Gasgerät bedeutet nicht, dass diese Verbindung nur zerstörend zu trennen wäre, sondern mittels einer Verschraubung oder einem Flansch mit einem Werkzeug zu lösen sein muss.

2.3.5.8 lösbarer Anschluss

Die von Hand lösbaren Anschlüsse sind nur in Kombination von Sicherheits-Gasschlauchleitungen und Sicherheits-Gasanschlussarmaturen beispielsweise nach DIN 3383-1 zu verwenden. Der geräteseitige Anschluss der Gasschlauchleitung mit Gewinde muss durch ein VIU erstellt werden.

2.3.5.9 von Hand lösbare Gasschlauchleitung

Im Gegensatz zum „lösbaren Anschluss" kann hier auch der geräteseitige Anschluss vom Kunden selbst erstellt werden. In diesem Fall endet die Verantwortung des VIU mit dem Setzen der Gassteckdose und der Unterweisung des Betreibers.

Die Sicherheits-Gasschlauchleitung nach DVGW-VP 618-1, mit einer von Hand lösbaren Rändelmutter zum Anschluss am Gasgerät, ist grundsätzlich mit einem Gasströmungswächter im Steckerteil zum Anschluss an eine Gassteckdose nach DIN 3383-1 ausgestattet.

DVGW VP 618-1 (P) und DVGW VP 618-2 (P)

Im Unterschied zur Sicherheits-Gasschlauchleitung mit Nippelverbindung nach DVGW-VP 618-1 (Ausführung „M" nach DIN 3383-1) ist die Sicherheits-Gasschlauchleitung nach DVGW-VP 618-2 (Ausführung „M" oder „K" nach DVGW-VP 635-2) mit einem anderen Steckersystem passend zur Sicherheits-Gasanschlussarmatur nach DVGW-VP 635-1 und am Nippel mit einer Rändelmutter versehen.

2.3.5.10 Leitungen zur Atmosphäre

Diese Leitungen sind nur kurzzeitig gasführend, z. B. beim Ansprechen eines Sicherheitsausblaseventils (SBV), so dass nach Regelabschaltungen größerer Gasgeräte knapp über dem Ausgangsdruck des Gas-Druckregelgerätes die SAV nicht ansprechen sollen, oder im Störungsfall.

2.3.6 Hauptabsperreinrichtung (HAE)

Im Unterschied zu einer Absperreinrichtung (AE), z. B. am Ende einer erdverlegten Außenleitung, erfüllt die HAE zwei Aufgaben, nämlich die technische Absperrfunktion und die juristische Schnittstelle zur Kundenanlage.

2.3.7 Isolierstück

Die einbaufertigen Isolierstücke werden in die Hausanschlussleitung möglichst unmittelbar an der Hauseinführung eingebaut und dienen zur Unterbrechung der elektrischen Längsleitfähigkeit einer Rohrleitung.

Das Isolierstück ist eine elektrisch nicht leitende Rohrverbindung.

Anforderungen und Prüfungen sind in DIN 3389 enthalten.

2.3.8 Gas-Druckregelgerät

Die Gas-Druckregelgeräte – wie z. B. Haus-Druckregelgeräte und Zähler-Druckregelgeräte – sind Eigentum der NB oder des MSB und werden von diesen eingebaut oder zur Verfügung gestellt.

Die Einstelldrücke sind insbesondere bei Niederdruck-Gasinstallationen mit Geräteanschlussdrücken von 20 mbar mit einem Nenn-Ausgangsdruck von 23 mbar voreingestellt. Bei Abweichungen sind Absprachen zwischen NB und VIU zu treffen.

2.3.9 thermisch auslösende Absperreinrichtung (TAE)

Nach der Muster-Feuerungsverordnung § 4 „Aufstellung von Feuerstätten, Gasleitungsanlagen" müssen alle Gasentnahmestellen mit einer Vorrichtung ausgerüstet sein, die im Brandfall die Brennstoffzufuhr selbsttätig absperrt.

Dies kann durch ein Brandschutzventil (TAE) nach DIN 3586 sichergestellt werden.

2.3.10 Gasströmungswächter (GS)

Gasströmungswächter (GS) werden eingesetzt, um bei Eingriffen an Gasinstallationen von Unbefugten Gefahren zu minimieren bzw. zu verhindern. Außerdem stellen sie bei dem Einsatz von Kunststoffleitungen den Brand- und Explosionsschutz sicher.

Hinsichtlich der zusätzlichen Sicherheit wird diesem Bauteil in Zukunft eine besondere Bedeutung zugemessen.

2.3.11 Gassteckdose (GSD)

Neben der traditionellen Gassteckdose (GSD) nach DIN 3383-1 ist die Gasanschlussarmatur nach DVGW-VP 635-1 grundsätzlich mit einem integrierten Gasströmungswächter versehen, der bei metallenen Gasinnenleitungen verwendet werden muss. Bei Kunststoff-Innenleitungen wird je nach Verlegesituation auf diesen Gasströmungswächter verzichtet.

2.3.12 stillgelegte Leitungen

In diesen Abschnitten werden die Leitungen **nicht** nach ihrer Aufgabe und der Verlegungsart, sondern nach ihrem **Betriebszustand** definiert.

Die beschriebenen drei Betriebszustände:

- stillgelegt, d. h. auf – längere – Dauer außer Betrieb gesetzt,

2.3.13 außer Betrieb gesetzte Leitungen

- wegen Arbeitsdurchführung vorübergehend außer Betrieb gesetzt,

2.3.14 kurzzeitige Betriebsunterbrechung

- kurzzeitig im Betrieb unterbrochen

sind wichtige Unterscheidungsmerkmale, auf die beim Einlassen von Gas nach den Abschnitten 5.7.1.2, 5.7.1.3 und 5.7.1.4 Bezug genommen wird.

2.3.15 allgemein zugänglicher Raum

Für diesen neuen TRGI-Begriff ist indirekt der Aufbau von Schranken und Hemmschwellen gegen einen Manipulationseingriff in Wohngebäuden durch Unbefugte, außenstehende Dritte oder Gelegenheitstäter verantwortlich. „Allgemein zugänglich" im vorstehenden Sinne kann damit nicht die Wohnung oder das Eigenheim, das Ein- und Zweifamilienhaus sein. „Allgemein zugängliche Räume" sind dagegen im Mehrfamilienhaus relevant. Diese sind z. B. dort, wo der Gasanschluss mit Zählergalerie über das Treppenhaus ungehindert erreicht werden kann. Zum Treppenhaus des Mehrfamilienhauses kann sich eine außenstehende dritte Person oftmals auf leichtem Wege anonym und unkontrolliert Einlass verschaffen.

In öffentlichen Einrichtungen, wie z. B. Schulen, Verwaltungsgebäuden usw., sind Gasinstallationen meist in abgetrennten Räumen oft nur mit Zutrittsmöglichkeit durch den Hausmeister untergebracht, so dass dort kaum Relevanz für zukünftige Neuerungen hinsichtlich eines Schutzes gegen Eingriffe Unbefugter bestehen dürfte. Ebenso kann der Bereich der Gasanwendung in Gewerbe und Industrie nicht unter der hier betrachteten Aufgabe einer erzielbaren zusätzlichen Sicherheit erfasst sein. Bei eventueller Gefahrenerkennung in diesem Bereich des Gaseinsatzes ist in erster Linie das Gewerberecht gefordert.

Bild 1
schematische Darstellungen für Leitungsanlagen (keine Ausführungsanweisung)

Die Grundinstallationsmöglichkeiten sind im Bild 1 mit den Schemata A, B und C dargestellt. Insbesondere sind in den Darstellungen die geänderten Belegungen der Leitungsbegriffe sowie die jetzt zusätzliche Installation des Gasströmungswächters zu erkennen. Selbstverständlich muss die Installation nach Abschnitt 5 ausgeführt werden. Dieses Bild ist lediglich eine schematische Darstellung und keine Ausführungsanweisung.

2.4 Gasgeruch

Gase der öffentlichen Gasversorgung nach DVGW-Arbeitsblatt G 260 müssen einen hinreichenden Gasgeruch (Warngeruch) haben. Sofern sie diesen nicht aufweisen, wie es bei Erdgas der Fall ist, müssen sie odoriert werden.

Die Odorierung ist in erster Linie eine Sicherheitsmaßnahme für den Gaskunden, d. h. für die breite Öffentlichkeit und damit für den gastechnischen Laien. Odoriertes Gas, das aus undichten Hausinstallationen oder unbeabsichtigt aus Gasgeräten entweicht, soll durch seinen charakteristischen Geruch (besser: Gestank) erkannt werden.

Die Odorierung kann nur eventuell auch zum frühzeitigen Erkennen von Undichtheiten an erdverlegten Leitungen beitragen. Im DVGW-Arbeitsblatt G 280-1 wird ausdrücklich darauf hingewiesen, dass die Odorierung keine verlässliche Sicherheitsmaßnahme für die Gasverteilung bedeutet, da der Erdboden Odoriermittel sorbieren kann.

Bei Gasgeruch ist in jedem Fall der NB zu informieren.

Siehe weitere Hinweise in den Kommentierungen zu Abschnitt 5.6.4.3 über Prüfungen an Leitungsanlagen und zu Kapitel „Betrieb und Instandhaltung“.

2.5 Gasgeräte

2.5.1 Gasgerät

Der Oberbegriff „Gasgerät“ für Gasgeräte ohne oder mit Abgasanlage ist unverändert geblieben und soll auch so verwendet werden. Dass im amtlichen Text der europäischen Gasgeräterichtlinie (90/396/EWG) noch der früher übliche Oberbegriff „Gasverbrauchseinrichtung“ verwendet wird, hat formaljuristische Gründe. Die AVBGasV benutzte noch den Begriff „Gasverbrauchseinrichtungen“, während die Nachfolgeverordnung NDAV nun ebenfalls von „Gasgeräten“ spricht.

Gasfeuerstätte

Gasgeräte, deren Abgase über eine Abgasanlage ins Freie geführt werden, sind unter dem Unterbegriff Gasfeuerstätten zusammengefasst. Da die MBO und dementsprechend auch die Muster Feuerungsverordnung (MFeuV) nur Regelungen für Feuerstätten trifft, sei hier auf die Ausnahme für Haushalts-Gaskochgeräte (Gasherd) hingewiesen, die unter Abschnitt 2.5.4.9 näher erläutert werden.

2.5.2 Gasgeräte-Arten

CEN Technischer Report 1749

Die Einteilung der Gasgeräte nach ihrer Bauart sowie nach ihrer Abgasabführung und ihrer Verbrennungsluftversorgung bzw. Verbrennungsluftzuführung entspricht dem CEN/TR 1749 (TR 1749). Hiernach ist die Klassifizierung von Gasgeräten sehr detailliert in „Typen“ vorgenommen worden.

Unterscheidung nach Abgasabführung und Verbrennungsluftversorgung

Der europäische Begriff „Type“ wird in der TRGI wie bisher mit „Art“ übersetzt, weil im deutschen Regelwerk und in deutschen Rechtsvorschriften der Begriff Typ bereits anders belegt ist.

neue Gasgeräte-Arten

In der DVGW-TRGI 2008 sind im Vergleich zu den TRGI ’86/96 weitere Arten von Gasgeräten genannt und beschrieben. Diese sind zusätzlich zu den bereits bekannten Arten in den TR 1749 aufgenommen worden. Es sind die Arten B_4 und B_5; und im neuen Entwurf des TR 1749 die Art C_9.

nicht gebräuchliche Gasgeräte-Arten

In der Palette aller möglichen Gasgeräte-Arten finden sich auch Gasgeräte, die in Deutschland nicht erlaubt sind (wie z. B. Geräte Art C_2) oder nicht gebräuchlich sind (wie z. B. Art C_7) und für die es daher keine Aufstellregeln gibt. Dieses wird in den nachfolgenden Ausführungen zu diesen Gasgeräte-Arten noch näher textlich erläutert.

selten vorkommende Gasgeräte-Arten

Andererseits sind Gasgeräte-Arten, die in den TGRI ’86/96 noch als „in deutschen Aufstellregeln nicht erfasst“ benannt waren, nun in der DVGW-TRGI 2008 ausgefüllt. Dies ist erforderlich, weil es einige derartige Geräte in Europa gibt und diese somit auch in Deutschland gehandelt (und, wie z. B. bei Gasgeräten Art C_7, eventuell nur unter zusätzlichen Auflagen als baurechtliche Ausnahme, eingesetzt) werden können. Der mit der Aufstellung oder Überprüfung befasste Fachmann sollte diese Geräte-Art und Hinweise zur Installation dann auch in der TRGI finden. Die Gasgeräte Art C_{31} wurde schon in den Ergänzungen zu den TRGI ’86/96 aufgenommen. Die Art B_{21} gibt es z. B. bei Großküchengeräten unter Dunstabzugsanlagen.

Schemadarstellung jetzt direkt bei Begriffsbestimmung

Die bisher im Anhang 3 der TRGI ’86/96 angeordneten schematischen Darstellungen aller bis dahin europäisch festgelegten Geräte-Arten wurden um die neu in TR 1749 aufgenommenen Geräte-Arten ergänzt. Sie sind jetzt zusammen mit den Erklärungen der Begriffe im Abschnitt 2.5.2 der TRGI zu finden.

Es sind alle Geräte-Arten aufgeführt, auch solche, für die es in Deutschland keine Aufstellregelungen gibt. Es besteht ja die Möglichkeit, dass derartige Geräte aus anderen europäischen Ländern nach Deutschland gebracht werden.

Systematik der Unterteilung der Gasgeräte

Art A: Gasgerät ohne Abgasanlage; das Abgas wird über die Raumlüftung abgeführt

Art B: raumluftabhängig mit Abgasanlage

Art C: raumluftunabhängig mit Abgasanlage

Bedeutung der Indexziffern

Durch zusätzliche Ziffern, die als Index tiefgestellt werden, wird eine weitere Unterteilung der Gasgeräte vorgenommen.

erste Ziffer

Mit der ersten Ziffer wird eine Angabe zur Art und Weise der Abgasabführung und bei Gasgeräten Art C zur Art und Weise der Abgasabführung und der Verbrennungsluftzuführung gemacht (entfällt bei Art A).

So sind

- Gasgeräte Art B_1: Gasgerät Art B mit Strömungssicherung
- Gasgeräte Art B_2: Gasgerät Art B ohne Strömungssicherung
- Gasgeräte Art B_3: Gasgerät Art B ohne Strömungssicherung einschließlich Luft-Abgas-Verbindungsstück, bei dem alle unter Überdruck stehenden Teile des Abgasweges verbrennungsluftumspült sind, zum Anschluss an eine eigene oder eine gemeinsame Abgasanlage (Unterdruckbetrieb)
- Gasgeräte Art B_4: Gasgerät Art B mit Strömungssicherung und mit zugehöriger Abgasleitung und Windschutzeinrichtung (System)
- Gasgeräte Art B_5: Gasgerät Art B ohne Strömungssicherung und mit zugehöriger Abgasleitung und Windschutzeinrichtung (System)

zweite Ziffer

Mit einer zweiten Indexziffer, ohne Abtrennung durch einen Punkt geschrieben, wird gekennzeichnet,

- ob die Gasgeräte mit einem Gebläse (als Gebläse wird dabei auch ein Ventilator bezeichnet) ausgerüstet sind
  - Ziffer 1 bedeutet, dass kein Gebläse vorhanden ist
- und ob sich dieses Gebläse
  - hinter dem Wärmetauscher als Abgasventilator (Ziffer 2) oder
  - vor dem Brenner als Verbrennungsluftgebläse (Ziffer 3)

befindet.

Bei Geräten Art A entfällt die erste Indexziffer (da es keine Abgasabführung gibt), so dass nur diese zweite Indexziffer allein steht.

Beispiele

Beispiele:

Gerät Art A_1:
Gasgerät ohne Abgasanlage (A)
ohne Gebläse A_1

Gerät Art B_{11}: (gesprochen „B eins, eins“, nicht „B elf“)
raumluftabhängige Feuerstätte (B),
mit Strömungssicherung (B_1),
ohne Gebläse B_{11}

Gerät Art C_{32}: (gesprochen „C drei, zwei“, nicht „C zweiunddreißig“)
raumluftunabhängige Feuerstätte (C)
mit Verbrennungsluftzu- und Abgasabführung senkrecht über Dach (C_3)
mit Gebläse hinter dem Wärmetauscher C_{32}

schematische Darstellung der Gasgeräte-Arten

Die Abbildungen in der TRGI zeigen eine schematische Darstellung der in dem TR 1749 aufgenommenen Gasgeräte-Arten. Es sind die Gasgeräte mit den, ggf. zu den Gasgeräten gehörenden (mit diesem gemeinsam als System zertifizierten), Abgasanlagen und ggf. Verbrennungsluftzuführungen dargestellt. In den Bildern vorhandene Schächte sind jeweils Bestandteil der Gebäude und gehören **nicht** zu den Gasgeräten.

Es wird besonders darauf hingewiesen, dass es sich bei diesen Bildern um schematische Darstellungen handelt. Es sind keine konkreten Aufstellanforderungen dargestellt. Diese sind in Abschnitt 8 bis 10 der TRGI detailliert geregelt und werden an diesen Stellen ausführlich kommentiert.

2.5.2.1 Art A

Gasgeräte Art A „entnehmen“ keine Raumluft

Eigentlich „entnehmen“ Gasgeräte Art A dem Raum keine Verbrennungsluft. Sie nutzen den Sauerstoff der Raumluft zur Verbrennung und erhöhen dabei den CO_2-Anteil in der Raumluft. Sie führen aber, im Gegensatz zu Gasgeräten Art B, keine Raumluft aus dem Raum ab.

Gasgeräte Art A

A_1: ohne Gebläse, z. B. Gasherd, Hockerkocher

A_2: mit Gebläse hinter dem Brenner oder hinter dem Wärmetauscher

Diese Geräteart ist nicht weit verbreitet, sondern wird nur in bestimmten gewerblich genutzten Geräten eingesetzt. Es bietet sich dann in der Regel auch eine mechanische Abgasabführung über z. B. eine Dunstabzugsanlage an.

A_3: mit Gebläse vor dem Brenner
Auch hierbei handelt es sich um gewerbliche Geräte, z. B. Brenner für Glasbläser, Schmiedefeuer. Bei Schmiedefeuern sollten die Abgase über eine Haube mit einem Ventilator und eine Abgasleitung für Überdruck abgeführt werden.

Zusatzkennzeichnung „AS“ befreit nicht von Aufstellanforderungen nach 8.2.1 TRGI

In diesem Zusammenhang ist nochmals darauf hinzuweisen, dass Gasgeräte Art A mit der Zusatzkennzeichnung „AS“ nicht von den Aufstellanforderungen nach Abschnitt 8.2.1 der TRGI befreit sind. Diese Abgasüberwachung des Typs „AS“ verhindert nicht mit Sicherheit, dass die Kohlenmonoxid-Konzentration im Aufstellraum 30 ppm überschreitet, siehe dazu auch die Kommentierung zu Abschnitt 2.7.

2.5.2.2 Art B

Gasgeräte Art B_1

Gasgeräte Art B_1 haben eine Strömungssicherung.

Art B_{11}

Die Art B_{11} ist das klassische und am weitesten verbreitete Gasgerät mit Strömungssicherung. Bei Aufstellung in Aufenthaltsräumen ist es mit einer Abgasüberwachung zu versehen. Dabei ist die in den TRGI ’86/96 noch vorhandene Einschränkung, dass dies nur bei einer Nennleistung über 7 kW zutrifft, nicht mehr aktuell. Neu ist auch die Möglichkeit der Absicherung mit einer Abgasüberwachung des Typs „AS“. Siehe dazu auch die Erläuterungen zu Abschnitt 8.2.2.4.3 der TRGI.

Art B_{12}

Das Gasgerät Art B_{12} ist sicher nur von theoretischer Bedeutung. Die Begründung ist aus dem Bild ersichtlich: Die Bauart des Gerätes muss sicherstellen, dass der Restförderdruck bis zur Strömungssicherung abgebaut ist.

Die dargestellte Ausführung „Gebläse hinter dem Wärmetauscher" ist daher schwer zu realisieren.

Art B_{13}

Das Gasgerät Art B_{13} – Gebläse/Ventilator vor dem Brenner – kann entweder die seit einigen Jahren auch in Deutschland verbreitete Ausführung von B-Geräten mit Strömungssicherung und ventilatorunterstütztem atmosphärischen Brenner (Vormischbrenner zur NOx-Reduzierung) oder auch ein kleiner konventioneller Gebläsebrenner sein. Auch hier muss der Restförderdruck bis zur Strömungssicherung abgebaut sein. Gasgeräte Art B_{13} und Gasgeräte mit atmosphärischem Brenner Art B_{11} dürfen also gemeinsam an eine Abgasanlage angeschlossen werden.

Bezüglich der Aufstellung von Gasgeräten Art B_{13} und ihrer Abgasabführung gelten die gleichen Bedingungen wie für Gasgeräte Art B_{11}.

Art B_{14}

Für Gasgeräte Art B_{14} – Gebläse hinter der Strömungssicherung als Bestandteil des Gerätes – gibt es zwei Möglichkeiten der Abgasabführung. Um die Abgase über eine Abgasanlage für Unterdruck abführen zu können, muss der eventuell vorhandene Überdruck beim Eintritt in den senkrechten Teil der Abgasanlage abgebaut sein. Ansonsten ist eine Abgasabführung über eine Abgasleitung für Überdruck erforderlich. In der Praxis sind derartige Geräte bisher nicht bekannt. Praxisrelevanter sind wahrscheinlich solche Gasgeräte, bei denen der Gerätehersteller die gesamte Abgasanlage mitliefert und Gerät und Abgasanlage „systemzertifiziert" sind (siehe Ausführungen zu Art B_{44}). In diesem Fall sind die Aufstellbedingungen für Deutschland sowohl für Unterdruck- als auch für Überdruckbetrieb ausreichend geregelt.

Ist das Gebläse nicht Bestandteil des Gerätes, sondern als Saugventilator an der Mündung der Abgasanlage angeordnet, sind die DVGW-Arbeitsblätter G 626 „Mechanische Abführung von Abgasen für raumluftabhängige Gasfeuerstätte in Abgas- bzw. Zentralentlüftungsanlagen" oder G 660 „Abgasanlagen mit mechanischer Abgasabführung für Gasfeuerstätten mit Brennern ohne Gebläse; Installation" zu beachten. In diesen Fällen handelt es sich aber dann wieder um die Geräteart B_{11}.

Gasgeräte Art B_2

Gasgeräte Art B_2 haben keine Strömungssicherung und benötigen daher in aller Regel ein Gebläse. Ausnahmen gibt es z. B. bei Großküchengeräten. Im DVGW-Arbeitsblatt G 634 „Installation von Gasgeräten in gewerblichen Küchen in Gebäuden" ist die Gasgeräte Art B_{21} genannt.

Art B_{21}

Die Geräteart B_{21} wurde in die Aufzählung aufgenommen. Die Einschränkung „zurzeit keine Erfassung in deutschen Aufstellregeln" gibt es nicht mehr. Die Aufstellung ist durch die TRGI in Zusammenhang mit Arbeitsblatt G 634 geregelt. Dabei handelt es sich ausschließlich um Gasgeräte, die unter Dunstabzugsanlagen aufgestellt werden. Mit einem Rückstrom, der die Verbrennung negativ beeinflussen kann, ist unter Dunstabzugsanlagen nicht zu rechnen.

Art B_{22}

Bei Gasgeräten Art B_{22} werden die Abgase in der Regel im Überdruck abgeführt. Diese Geräteart ist häufig bei Brennwertgeräten anzutreffen. Die Abgasleitungen für Überdruck können in einem hinterlüfteten Schacht oder außen am Gebäude angeordnet sein. Hinsichtlich Planung und Aufstellung wird auf die Passagen zu Abgasabführung unter Überdruck im Abschnitt 10.1.1 der TRGI hingewiesen.

Bei Abgasleitungen, die außen am Haus hochgeführt werden, ist zusätzlich von Bedeutung, dass keine Vereisung auftritt. Deshalb ist der Bemessung der Abgasleitung bzw. einer zusätzlichen Wärmedämmung besondere Beachtung zu schenken.

Art B_{23}

Bei Gasgeräten Art B_{23} (Gebläsebrenner) gibt es zwei unterschiedliche mögliche Versionen der Abgasabführung. Aus diesen resultieren unterschiedliche Anforderungen an die Aufstellung und an die Abgasabführung.

bei Brennwertgeräten meist Überdruckabgasanlage

Brennwertgeräte besitzen einen Restförderdruck am Abgasstutzen, der in der Regel für den Abtransport der Abgase ins Freie benötigt wird. Zur Abgasabführung muss daher grundsätzlich eine Überdruck-Abgasleitung benutzt werden. Wenn für diese Abgasleitung kein besonderer Nachweis der Dichtheit geführt wurde (bisher gilt dies beispielsweise bei durchgängig dicht geschweißten Leitungen als erfüllt) und sie innerhalb des Aufstellraumes nicht hinterlüftet (bzw. verbrennungsluftumspült) ist, muss der Raum eine ins Freie führende Lüftungsöffnung von mindestens 150 cm^2 oder 2 x 75 cm^2 besitzen. Der Schacht ist zu hinterlüften. Deshalb wird hinsichtlich Planung und Aufstellung auf die Passagen zu Abgasabführung unter Überdruck im Abschnitt 10.1.1 der TRGI hingewiesen.
Der Vollständigkeit halber wird darauf hingewiesen, dass unter bestimmten Bedingungen (siehe Ausführung zu Abschnitt 10.1.1 TRGI) auch mehrere Abgasleitungen in einem Schacht angeordnet sein dürfen.

Die Abgasabführung kann auch über eine für feuchten Betrieb geeignete Abgasleitung im Unterdruck (früher als feuchteunempfindlicher Schornstein bezeichnet) erfolgen. Dann muss der Überdruck aber am Eintritt in den senkrechten Teil der Abgasanlage abgebaut sein.

bei Gaskessel mit Gebläsebrenner, Überdruck am Abgasstutzen abgebaut

Konventionelle Kessel mit Gebläsebrenner bauen den Überdruck bis zum Abgasstutzen ab und geben das Abgas druckneutral über ein Verbindungsstück in eine Abgasleitung für Unterdruck oder einen Schornstein. Hierfür muss nur das Schutzziel 2 erfüllt sein.

Zusatzkennzeichnung „P“

Ist die Abgasabführung bei Gasgeräten Art B_2 bestimmungsgemäß im Überdruck vorgesehen, werden die Gasgeräte mit der Zusatzkennzeichnung „P“ versehen. Werden die Abgase im Überdruck abgeführt, ist für die Abgasanlage der entsprechende Absatz im Abschnitt 10.1.1 zu beachten.

Sonderreglung bei gasbeheizten Haushalts-Wäschetrocknern bis 6 kW

Bei gasbeheizten Haushalts-Wäschetrocknern (siehe Begriffe 2.5.4.13) ist der Abluftanteil im Abluft-/Abgas-Gemisch so hoch, dass hier in Abstimmung mit den Bauaufsichten der Länder eine Ausnahme festgelegt ist. Das Abluft-Abgas-Gemisch (feuchte Trocknungsluft mit Abgasanteilen) wird über die vom Hersteller gelieferte bzw. beschriebene Leitung ins Freie abgeführt. An diese Leitung werden nicht die Anforderungen wie an Abgasanlagen gestellt. Die Geräte sind mit der Zusatzkennzeichnung D – für

„drier" englisch „Trockner" – versehen (B_{22D} oder B_{23D}). Siehe dazu auch Abschnitt 10.6 der TRGI.

Gasgeräte Art B_3

Gasgeräte Art B_{32} und B_{33} entsprechen der bis zum Erscheinen der TRGI '86/96 in Deutschland eingeführten Art $D_{3.1}$, d. h. es sind raumluftabhängige Feuerstätten ohne Strömungssicherung mit Ventilator, bei denen alle unter Überdruck stehenden Teile des Abgasweges verbrennungsluftumspült sind und die an einen Schornstein oder eine Abgasleitung im Unterdruckbetrieb – auch mehrfach belegt nach DVGW-Arbeitsblatt G 637-1 „Anschluss von Gasfeuerstätten mit mechanischer Abgasabführung ohne Strömungssicherung an Hausschornsteine; Gasgeräte Art $D_{3.1}$ und/oder $D_{3.2}$" – angeschlossen werden.

In diesem Arbeitsblatt werden noch die Arten $D_{3.1}$ und $D_{3.2}$ verwandt. Danach ist die Belegung von bis zu 5 Gasgeräten Art B_3 übereinander an einem Schornstein bzw. einer Abgasleitung für Unterdruck unter bestimmten Voraussetzungen möglich. Hinsichtlich der Verbrennungsluftversorgung muss Schutzziel 2 erfüllt sein.

Gasgeräte Art B_4

Die Gasgeräte Art B_4 wurde neu in den TR 1749 aufgenommen. Bei diesen Geräten handelt es sich um raumluftabhängige Gasfeuerstätten mit Strömungssicherung, bei denen die Abgasleitung und die Windschutzeinrichtung mit dem Gasgerät als System zertifiziert und Bestandteil der Lieferung des Geräteherstellers ist.

Es entfällt die Berechnung der Abgasanlage. Formteile der Abgasleitung, Querschnitt, maximale Länge und Anzahl der möglichen Umlenkungen werden in der Installationsanleitung des Herstellers beschrieben.

In der Praxis dürften solche Systeme dann von Vorteil sein, wenn durch die Abgasanlage in Gebäuden keine Geschosse bzw. keine Nutzungseinheiten überbrückt werden, also Dach gleich Decke ist. Anderenfalls ist eine Feuerwiderstandsdauer von 90 bzw. 30 Minuten gefordert. Diese hat die Abgasanlage nicht. Das bedeutet, dass sie in einem Schacht mit entsprechender Feuerwiderstandsdauer verlegt werden muss.

Art B_{44}

Die Gasgeräte Art B_{44} hat den Vorteil, dass das Abgas mit Hilfe des Ventilators bis ins Freie gefördert werden kann. Damit kann auch bei Gasfeuerstätten mit Strömungssicherung, bei denen der thermische Auftrieb in der Abgasanlage wegen einer sehr kleinen Leistung oder niedrigen Abgastemperatur nicht ausreicht, das Abgas sicher ins Freie abgeführt werden. Die Abgasabführung wird dann in der Regel im Überdruck erfolgen. Dabei ist die Zusatzkennzeichnung „P", also B_{44P}, zu verwenden.

In den Systemzeichnungen der TRGI ist auch die Abgasabführung durch die Außenwand dargestellt. Bei Abgasabführung im Überdruck besteht bei entsprechender Auslegung des Ventilators diese technische Möglichkeit. Voraussetzung ist, dass diese Ausführung vom Hersteller vorgesehen, in der Installationsanleitung genannt und somit bei der Prüfung von der Prüfstelle auch geprüft ist.

Abgasabführung über Außenwand bedarf baurechtlicher Ausnahme

Zu beachten ist jedoch, dass die Abgasabführung von raumluftabhängigen Gasgeräten durch die Außenwand in Deutschland der baurechtlichen Ausnahme im Einzelfall bedarf. Dies gilt auch bei kleinen Leistungen (unter 11 kW zur Beheizung und unter 28 kW zur Warmwasserbereitung), für die bei raumluftunabhängigen Gasgeräten (Art C) bereits eine baurechtliche Ausnahme in der MFeuV und der TRGI (Abschnitt 10.4.2.1) gegeben ist.

Gasgeräte Art B_5

Die Gasgeräte Art B_5 wurde auch neu in den TR 1749 aufgenommen. Bei diesen Geräten handelt es sich um raumluftabhängige Gasfeuerstätten ohne Strömungssicherung bei denen die Abgasleitung und die Windschutzeinrichtung mit dem Gasgerät als System zertifiziert und Bestandteil der Lieferung des Geräteherstellers ist.

Es entfällt die Berechnung der Abgasanlage. Formteile der Abgasleitung, Querschnitt, maximale Länge und Anzahl der möglichen Umlenkungen werden in der Installationsanleitung des Herstellers beschrieben.

Wie bei Art B_4 gilt, dass solche Systeme dann von Vorteil sind, wenn durch die Abgasanlage in Gebäuden keine Geschosse bzw. keine Nutzungseinheiten überbrückt werden, also Dach gleich Decke ist. Anderenfalls ist eine Feuerwiderstandsdauer von 90 bzw. 30 Minuten gefordert. Diese hat die Abgasanlage nicht. Das bedeutet, dass sie in einem Schacht mit entsprechender Feuerwiderstandsdauer verlegt werden muss.

Art B_{52}, B_{53}

Bei den Gasgeräten Art B_{52}, B_{53} wird die Abgasabführung in der Regel im Überdruck erfolgen. Dabei ist die Zusatzkennzeichnung „P“, also B_{52P}, B_{53P}, zu verwenden.

In den Systemzeichnungen der TRGI ist auch die Abgasabführung durch die Außenwand dargestellt. Bei Abgasabführung im Überdruck besteht bei entsprechender Auslegung des Ventilators diese technische Möglichkeit. Voraussetzung ist, dass diese Ausführung vom Hersteller vorgesehen, in der Installationsanleitung genannt und somit bei der Prüfung von der Prüfstelle auch geprüft ist.

Abgasabführung über Außenwand bedarf baurechtlicher Ausnahme

Zu beachten ist auch, dass die Abgasabführung von raumluftabhängigen Gasgeräten durch die Außenwand in Deutschland der baurechtlichen Ausnahme im Einzelfall bedarf. Dies gilt auch bei kleinen Leistungen (11 kW zur Beheizung und 28 kW zur Warmwasserbereitung), für die bei raumluftunabhängigen Gasgeräten (Art C) bereits eine baurechtliche Ausnahme in der MFeuV und der TRGI (Abschnitt 10.4.2.1) gegeben ist.

Abgasabführung im Überdruck

Auch bei Gasgeräten Art B kann die Abgasabführung im Überdruck erfolgen. Die bei Gasgeräten Art C bekannte Kennzeichnung mit „x“ gibt es hier jedoch nicht und ist auch nicht zu diskutieren. Es ist Folgendes zu beachten:

- Gasgeräte Art B_1 und Art B_2 sind definitionsgemäß Gasgeräte mit Abgasstutzen zum Anschluss an eine zum Gebäude gehörende Abgasanlage, für die auch weiterhin die bekannten Anforderungen an die Konstruktion ausreichend sind.

- Gasgeräte Art B_3 erfüllen die Anforderungen bereits per Definition und müssen daher nicht extra gekennzeichnet werden.

- Gasgeräte Art B_4 und B_5 haben eine zugehörige Abgasleitung und Windschutzeinrichtung. Bei Abgasabführung im Überdruck ist für die Abgasanlage der entsprechende Absatz im Abschnitt 10.1.1 zu beachten.

2.5.2.3 *Art C*

neue Definition in MFeuV

In der MFeuV wurde der Begriff „raumluftunabhängige Feuerstätte" neu aufgenommen. In der TRGI wird unter 2.5.2.3 diese Definition zitiert und kommentiert. Bei Gasgeräten, die die Anforderungen der DIN EN 483 „Heizkessel des Typs C mit einer Nennleistung gleich oder kleiner als 70 kW" an die Dichtheit erfüllen, also bei einem Überdruck von 50 Pa gegenüber der Umgebung die vorgegebene Leckrate nicht überschreiten, kann die Erfüllung der Anforderungen der MFeuV angenommen werden.

wichtig – Zusatzkennzeichnung „x"

Für die Aufstellung von Gasgeräten Art C mit Gebläse, bei denen Abgase unter Überdruck gegenüber dem Aufstellraum abgeführt werden, ist es in Deutschland daher auch wichtig, dass alle unter Überdruck stehenden Teile des Abgasweges verbrennungsluftumspült sind oder die besondere Dichtheit durch die Bauart gewährleistet ist (MFeuV § 7, (8)). Dies wird durch einen weiteren Index „x" gekennzeichnet. Dieser ist zurzeit eine nationale Festlegung. Wenn bei Gasgeräten Art C, deren Abgase unter Überdruck abgeführt werden, dieser Indexbuchstabe „x" fehlt, muss der Aufstellraum belüftet sein (siehe dazu Abschnitt 8.2.3.1 der TRGI).

Art C ohne Gebläse benötigt kein „x"

Gasgeräte Art C ohne Gebläse (zweite Indexziffer 1, z. B. C_{11}) haben kein „x", da bei ihnen die Abgase im Unterdruck abgeführt werden. D. h., es gibt keine unter Überdruck stehenden Teile des Abgasweges.

Die unterschiedlichen Ausführungsmöglichkeiten für Gasgeräte Art C werden zu Abschnitt 2.5.2.3 noch kommentiert.

Die Bedeutung der ersten Indexziffer bei Gasgeräten Art C für die unterschiedlichsten Ausführungen der Verbrennungsluftzu- und Abgasabführung wird am besten durch die schematischen Darstellungen in der TRGI bzw. den Ausführungen zu diesen im Kommentar verdeutlicht.

Für die Gasgeräte mit jeweils getrennt angeordneter Verbrennungsluft- und Abgasabführungsleitung wird zwar davon ausgegangen, dass sie die verschärften Anforderungen nach der DIN EN 483 einhalten, es gibt aber keine Aussage zur Dauerhaltbarkeit der Dichtungen. Deshalb wurde diesen Gasgeräten keine „x"-Qualität (d. h. „durch die erfüllten erhöhten Dichtheitsanforderungen können Abgase auf Dauer nicht in Gefahr drohender Menge austreten") zugeordnet.

neue Gasgeräte Art C_9

Die Aussagen zur Verbrennungsluftzu- und Abgasabführung bei Gasgeräten Art C wurden in der TRGI um Festlegungen für die Gasgeräte Art C_9 ergänzt. Siehe dazu die Ausführungen zu Gasgeräte Art C_9 in diesem Kommentar.

Gasgeräte Art C_1 jetzt auch Abgasabführung über Dach

In der TRGI sind gegenüber den TRGI ’86/96 zur Beschreibung Art C_1 die Worte „oder über Dach“ eingefügt. Kriterium für C_1 ist die horizontale Verbrennungsluftzu- und Abgasabführung, nicht die Abgasabführung durch die Außenwand.

Dabei ist zu beachten, dass die Abgasabführung über Dach (egal ob horizontale oder senkrechte Ausmündung) die Regelabgasabführung nach MBO und MFeuV darstellt. Die Abgasabführung durch die Außenwand ist eine baurechtliche Ausnahme, die nur unter bestimmten Voraussetzungen zulässig ist (siehe dazu auch Abschnitt 10.4.2 der TRGI).

Die schematischen Darstellungen von Gasgeräten Art C_1 zeigen nur „echte“ Außenwandgeräte. Im Bild 22 der TRGI wird auch ein Gasgerät mit horizontaler Verbrennungsluftzu- und Abgasabführung über Dach dargestellt. Bezüglich der Aufstellbedingungen wird auf Abschnitt 8.2.3.1 und bezüglich der Abgasabführung auf Abschnitt 10.4.1 und 10.4.2 der TRGI und den zugehörigen Erläuterungen in diesem Kommentar verwiesen.

Es wird nochmals darauf hingewiesen, dass bei Gasgeräten Art C_1 mit Gebläse (Art C_{12}, C_{13}) ohne Zusatzkennzeichnung „x“ die Aufstellräume eine ins Freie führende Lüftungsöffnung von mindestens 150 cm^2 (bzw. 2 x 75 cm^2) haben müssen.

Gasgeräte Art C_2

Die Darstellung zeigt ein Schachtsystem in einschenkeliger Bauweise, in dem die Verbrennungsluft zugeführt und die Abgase in dem gleichen Schacht abgeführt werden. In den neuen Bundesländern hatten die kombinierten Luft-Abgas-(KLA)Schornsteine in der Regel die dargestellte Verbrennungsluftzuführung durch einen unterhalb des Luft-Abgas-Schachtes angeordneten horizontalen Kanal. Das Problem dieses Systems besteht darin, dass der Abgasanteil in der Verbrennungsluft von Gerät zu Gerät zunimmt (wenn die Geräte betrieben werden) und damit die Verbrennungsgüte negativ beeinflusst wird. Dies kann bis zum Abheben der Flammen führen.
Nach § 7 (10) der MFeuV sind Luft-Abgas-Systeme zur Abgasabführung daher nur noch zulässig, wenn sie getrennte Luft- und Abgasschächte haben.

Somit sind Gasgeräte Art C_2 – die z. B. im „Vereinigten Königreich“ weit verbreitet sind, weil die beliebten offenen Kamine einen raumluftabhängigen Betrieb von Gasfeuerstätten erschweren – nach den geltenden deutschen baurechtlichen Bestimmungen nicht mehr zulässig.

Für bestehende Anlagen (diese dürfte es kaum noch geben) gilt das DVGW-Arbeitsblatt G 627 weiter, obwohl es formal zurückgezogen wurde, um Diskrepanzen zwischen Baurecht und DVGW-Regelwerk zu beseitigen.

Gasgeräte Art C_3

Gasgeräte Art C_3 sind die am häufigsten installierten raumluftunabhängigen Gasgeräte.

Die in früheren deutschen Normen enthaltene Begrenzung der Länge der Abgasab- und Verbrennungsluftzuführung auf maximal 4 m ist schon seit vielen

Jahren entfallen. Damit gilt aber ggf., dass die Abgasleitung in einem Schacht mit einer Feuerwiderstandsdauer von 90 bzw. 30 Minuten (L 90 bzw. L 30) zu führen ist und auch die Deckendurchführung entsprechend ausgebildet sein muss, wenn Geschosse überbrückt werden. Die Verbrennungsluftumspülung allein kann die baurechtlichen Anforderungen innerhalb des Gebäudes nicht erfüllen. Ein formbeständiges Schutzrohr ist nur dann ausreichend, wenn sich über der Decke nur die Dachkonstruktion befindet; Abschnitt 10.1.1 der TRGI. Auf die neuen Erleichterungen bei Gebäuden der Gebäudeklassen 1 und 2 sei schon hier hingewiesen. Siehe dazu den Kommentar zu Abschnitt 10.1.1 der TRGI.

Außerdem wird auf die Erleichterung bei der Aufstellung für raumluftunabhängige Gasgeräte bei $\dot{Q}_{Lmax} \leq 50$ kW hingewiesen, für die die Mündung der Abgasab- und Verbrennungsluftzuführung nur 40 cm von der Dachfläche entfernt sein muss. 40 cm von der Dachfläche entfernt bedeutet, dass dieser Abstand senkrecht (also im 90° Winkel) zur Dachfläche gemessen wird (siehe dazu auch Bild 22 der TRGI). Dabei ist es unbedeutend, ob die Leitungen „klassisch" konzentrisch oder parallel geführt werden.

Die sonstigen Bestimmungen für Gasgeräte ohne die Zusatzkennzeichnung „x" bleiben unberührt.

Gasgeräte Art C_4

Das dargestellte Luft-Abgas-System (LAS) erfüllt die baurechtlichen Anforderungen von getrennten Luft- und Abgasschächten. An Gasgeräte Art C_{42} und C_{43} werden Bauartanforderungen gestellt, damit sie für die Betriebsweise an LAS geeignet sind.

Anschluss nach vereinfachten Verfahren möglich

Wenn das LAS vom DIBt allgemein bauaufsichtlich zugelassen ist und das dementsprechende Übereinstimmungszeichen trägt, kann der Anschluss der Gasgeräte nach einem vereinfachten standardisierten Verfahren erfolgen. Die DVGW-Merkblätter G 635 „Gasgeräte für den Anschluss an ein Luft-Abgas-System für Überdruckbetrieb (standardisiertes Verfahren)" und G 636 „Gasgeräte für den Anschluss an ein Luft-Abgas-System für Unterdruckbetrieb (standardisiertes Verfahren)" regeln die Zuordnung der Gasgeräte Art C_4 zu Abgaswertegruppen.

bessere Vergleichbarkeit der Gasgeräte verschiedener Hersteller

Dies ermöglicht die Anwendung der vereinfachten standardisierten Anschlussmöglichkeit an die oben genannte LAS, wenn diese in ihren allgemeinen bauaufsichtlichen Zulassungen diese Abgaswertegruppen berücksichtigen. Damit werden die Installation und der Austausch von Gasgeräten Art C_4 wesentlich erleichtert. In den allgemeinen bauaufsichtlichen Zulassungen der LAS werden nicht mehr bestimmte Hersteller und Gerätetypen, sondern mögliche Abgaswertegruppen und die mögliche Anzahl der Gasgeräte je System genannt.

Geräte Art C_4 können sowohl an einen Neubau-LAS als auch an Bestands-LAS angeschlossen werden, wenn der Hersteller die entsprechenden Anschlussstücke als baumustergeprüfte Teile zur Verfügung stellt.

Bei Altbau-LAS werden die Züge vorhandener Schornsteine sowohl für die Abgasabführung als auch für die Verbrennungsluftzuführung verwendet.

Gasgeräte Art C_5

Bei Gasgeräten Art C_5 befinden sich die Mündungen der Verbrennungsluftzu- und Abgasabführung nicht im gleichen Druckgebiet. Das erfordert Maßnahmen im Gerät, um die Beeinflussung der Verbrennung durch Druckunterschiede in Folge von Luv/Lee-Wirkungen zu verhindern. Deshalb ist die Art C_{51}, d. h. ohne mechanische Luft und/oder Abgasführung und dann meistens auch ohne Anschluss elektrischer Hilfsenergie, in der Praxis nicht vorstellbar.

Für Gasgeräte Art C_{52} und C_{53} ist ebenfalls als Mündungshöhe über Dach ein Abstand von 40 cm über der Dachfläche ausreichend (bis $\dot{Q}_L \leq 50$ kW).

Die mit dem Doppelrohr im Aufstellraum und der Abgasleitung an der Außenwand dargestellte Variante bietet zwei Vorteile. Erstens kann das Gasgerät in einem Aufstellraum (ohne Öffnungen ins Freie) aufgestellt werden. Zweitens kann die Abgasleitung außen am Gebäude verlegt und trotzdem eine relativ große Länge realisiert werden. Da die kalte Außenluft nur die kurze horizontale Strecke die Abgasleitung umspült, ist die Einfriergefahr geringer als bei Zuführung der Verbrennungsluft von der Mündung (wie bei Art C_3) und damit vollständiger Verbrennungsluftumspülung der Abgasleitung über die ganze Länge. Zusätzlich kann der senkrechte Teil der Abgasleitung mit Wärmedämmung ausgeführt werden.

Gasgeräte Art C_6

Bei Gasgeräten Art C_6 ist die Abgasanlage nicht Bestandteil des Gerätes. Es ist praktisch die Grundversion einer raumluftunabhängigen Gasfeuerstätte. Im TR 1749 wird empfohlen, dass die Hersteller in der Installationsanleitung und auf dem Geräteschild angeben sollen, für welche Installationsarten dieses spezielle Gasgerät Art C_6 geprüft und damit geeignet ist, z. B. C_{63} (C_{13}, C_{33}). Dies bedeutet, dass das Gasgerät mit einer separat gelieferten Zuluft-/Abgasleitung als Gasgeräte Art C mit horizontaler oder senkrechter Verbrennungsluftzu- und Abgasabführung installiert werden kann.

In der Regel geben die Hersteller in der Installationsanleitung und auf dem Geräteschild aber mehrere Gasgeräte-Arten an, für die das Gasgerät geprüft ist, z. B. B_{33}, C_{13}, C_{33}, C_{43}, C_{63} und C_{83}. Dies bedeutet, dass dieses spezielle Gasgerät sowohl mit als auch ohne zugehörige Abgasleitung geprüft und zertifiziert ist. Der Installateur hat dann die Wahl, ob er das Gasgerät als ein System mit Abgasleitung in einer der genannten Arten (also auch raumluftabhängig als Art B_{33}) oder als Art C_6 installiert. Die separate Abgasleitung kann einer harmonisierten europäischen Norm, einer allgemeinen bauaufsichtlichen Zulassung oder einer europäischen Zulassung entsprechen. Sie ist entsprechend den vom Hersteller des Gasgerätes vorgegebenen Wertetripeln (Gerätedaten), die im Rahmen der Baumusterprüfung auch kontrolliert werden, hinsichtlich Material, Querschnitt, Länge und Anzahl der Umlenkungen sowie der Verlegungsart auszuwählen und an das Gerät anzupassen. Diese Geräteart ist in Deutschland etwas aus der Mode gekommen. Sie hat aber den Vorteil, dass die Abgasleitung bei Austausch des Gasgerätes verbleiben kann, wenn sie sich noch in einem ordnungsgemäßen Zustand befindet und durch den rechnerischen Nachweis die Tauglichkeit für das neue Gasgerät (dieses muss auch wieder ein Gerät Art C_6 sein) nachgewiesen wird.

Art C_{61}

Die Geräteart C_{61} ist keine gängige Variante. Die Abgasabführung und Verbrennungsluftzuführung muss in diesem Fall durch die Thermik in der Abgasleitung realisiert werden. Dies erfordert sehr hohe Abgastemperaturen.

Dagegen sind die Ausführungen C_{62X} und C_{63X} in der dargestellten Installationsart in Deutschland geläufig; z. B. Brennwertkessel mit Gebläseunterstützung nach DIN EN 483 „Heizkessel des Typs C mit einer Nennleistung gleich oder kleiner als 70 kW" (dabei ist es unerheblich, ob die Art C_{62} oder C_{63} vorliegt), die raumluftunabhängig betrieben werden, indem die Verbrennungsluft aus dem Schacht der hinterlüfteten Abgasleitung entnommen wird.

Ein raumluftunabhängiger Betrieb von Gasgeräten, bei denen die Abgasanlage unter Überdruck stehen kann, erscheint nur sinnvoll, wenn die Gasgeräte „x"-Qualität haben, denn anderenfalls benötigt der Aufstellraum eine Lüftungsöffnung von 150 cm^2 oder 2 x 75 cm^2.

Gasgeräte Art C_7

Gasgeräte Art C_7 haben außerhalb des Aufstellraumes sowohl abgas- als auch luftseitig eine Ausgleichsöffnung, über die Verbrennungsluft zum Gerät geführt und ggf. Tertiärluft angesaugt und dem Abgas beigemischt wird. Diese Ausgleichsöffnung ähnelt in ihrer Funktion einer Strömungssicherung. Für diese Gasgeräte-Art trifft die Definition der raumluftunabhängigen Feuerstätte eigentlich nicht zu. Die Verbrennungsluft wird der Feuerstätte nicht nur durch Leitungen direkt vom Freien zugeführt. Sowohl Abgasabführung als auch Verbrennungsluftzuführung sind zum Dachboden hin offen.

Da diese Ausführung in Deutschland bislang nicht gebräuchlich war, gibt es hierfür auch keine Erfassung in deutschen Aufstellregeln. Die Gasgeräte sind der Vollständigkeit halber gemäß CEN/TR 1749 und zur Erläuterung dargestellt.

Nach aktuellen Informationen wird diese Geräteart von britischen Herstellern vertrieben, soll jedoch in Zukunft nicht mehr hergestellt werden. Es ist daher von einer Streichung in der nächsten Ausgabe des TR 1749 auszugehen.

Im Bedarfsfall sind die Aufstellbedingungen mit der zuständigen Bauaufsicht abzustimmen. In der Regel wird sich eine baurechtliche Ausnahme erforderlich machen. Hierbei ist zu berücksichtigen, dass die Verlegung der Abgasleitung nicht in einem Schacht möglich ist (sonst wäre die Ausgleichsöffnung wirkungslos). Außerdem ist zu beachten, dass das Gasgerät im Aufstellraum raumluftunabhängig betrieben wird, obwohl es bezogen auf den darüber liegenden Raum raumluftabhängig ist. Es sind also besondere Anforderungen an den Bodenraum über dem Aufstellraum zu stellen. Sinngemäß sind für diesen Raum Schutzziel 1 und 2 zu beachten. Da diese Geräte nicht mit einer Abgasüberwachungseinrichtung (AÜE) ausgerüstet sind, ist auf jeden Fall eine Lüftungsöffnung zum Freien erforderlich, die gleichzeitig als Verbrennungsluftöffnung dienen kann.

Gasgeräte Art C_8

Bei Gasgeräten Art C_8 handelt es sich um eine deutsche Geräteausführung, deren Aufstellung und Abgasabführung im DVGW-Arbeitsblatt G 637-1 geregelt ist. Die frühere nationale Bezeichnung (die auch noch im DVGW-Arbeitsblatt G 637-1 verwandt wird) lautete „Geräte Art $D_{3.2}$“.

Die Bestimmungen für die Lüftung des Aufstellraumes bei Geräteausführungen ohne „x“-Kennzeichnung sind zu beachten.

Zu beachten ist auch, dass die möglichen Anschlusszahlen an Abgasanlagen abhängig von der Ausführung und lichten Weite der Abgasanlage nach wie vor in DVGW-Arbeitsblatt G 637-1 geregelt sind und dieses Arbeitsblatt nicht an die neuen Gasgeräte-Art-Bezeichnungen angepasst wurde. In diesem Arbeitsblatt werden noch die Arten $D_{3.1}$ und $D_{3.2}$ verwandt.

Gasgeräte Art C_9

Die Gasgeräte Art C_9 wurden neu in den TR 1749 aufgenommen. Bei diesen Geräten handelt es sich um raumluftunabhängige Gasfeuerstätten, bei denen die mit dem Gasgerät als System zertifizierte einschalige Abgasleitung in einen bauseits vorhandenen Schacht eingebaut wird. Die Abgasleitung ist also Bestandteil der Lieferung des Geräteherstellers. Die Verbrennungsluft wird dem Gasgerät als eine, die Abgasleitung umspülende, Gegenströmung im Schacht zugeführt.

ursprünglich typische Installation Art C_6

Betrachtet man die Entwicklungsformen zu dieser neuen Gasgeräte-Art in Deutschland, so war diese Installation ursprünglich die typische Ausführungsart von Brennwertgeräten der Gasgeräte Art C_6 mit einer allgemein bauaufsichtlich zugelassenen Abgasleitung. Gasgerät und Abgasleitung wurden von unterschiedlichen Herstellern geliefert. Die Abstimmung von Gasgerät und Abgasleitung erfolgte mittels Wertetripel des Geräteherstellers über ein Querschnittsberechnungsprogramm. Die einschalige Abgasleitung wurde frei im Aufstellraum und dann im vorhandenen Schacht verlegt.

Doppelrohr im Schacht auch weiterhin Art C_3

Eine Alternative zu dieser Ausführung ist die Verlegung der Verbrennungsluftzu- und Abgasabführung von C_3 Geräten im vorhandenen Schacht. Dies hat den Vorteil, dass ggf. noch vorhandene Verschmutzungen im Schacht (wenn dieser vorher als Schornstein genutzt wurde) nicht in das Gasgerät gelangen. Der Schacht hat in diesem Fall lediglich die brandschutztechnische Funktion der Vermeidung einer Brandübertragung von Geschoss zu Geschoss. Nachteilig sind aber die höheren Kosten für das Doppelrohr.

Verbrennungsluftleitung nicht vom Hersteller geliefert

Einige Hersteller ließen sich Gasgerät und eine einschalige Abgasleitung, die in einen vorhandenen Schacht eingebaut werden soll, als System zertifizieren. Diese Ausführungsart wurde ebenfalls als Gasgerät Art C_3 bezeichnet. In Abschnitt 5.6.2 der TRGI ’86/96 war jedoch ausgesagt, dass die Leitungen für die Verbrennungsluftzuführung und Abgasabführung bei Gasgeräten Art C_1, C_3, C_4, C_5 und C_8 Bestandteile der Feuerstätten sind und hierfür nur Originalteile des Herstellers verwendet werden dürfen. Als Leitung für die Verbrennungsluftzuführung wurde aber der bauseits vorhandene Schacht verwendet.

Dieser Widerspruch wurde scheinbar gelöst, indem die beschriebene Installation vom DVGW als Sonderform Art C_3 bezeichnet wurde. Mit der Aufnahme der Gasgeräte Art C_9 ist diese Installationsart jetzt deutlich und ohne Widersprüche beschrieben (siehe die Eingangsabsätze zu Abschnitt 2.5.2.3).

Da es sich um eine systemzertifizierte Einheit von Gasgerät, Abgasleitung und Mündungs-Windschutzeinrichtung handelt, sind die Ausführung der Abgasleitung und die maximal mögliche Länge in der Installationsanleitung des Herstellers beschrieben. Zusätzlich muss die Einbauanleitung des Herstellers Aussagen zum Schacht (Mindestquerschnitt, Schachtqualität – eventuelle Reinigung vor dem Einbau der Abgasleitung notwendig) und zur Verlegung der Leitung im Schacht enthalten.

2.5.3 Gerätekategorien

Gasgerätekategorien sagen aus, für welche Gasfamilien und Gasgruppen ein Gasgerät geprüft und dementsprechend geeignet ist.

Die römische Ziffer gibt an, ob es sich um:

- Kategorie I – eine „Einfachkategorie", geeignet für Gase einer Gasfamilie – früher „Eingasgerät",
- Kategorie II – eine „Zweifachkategorie", geeignet für Gase zweier Gasfamilien – früher „Mehrgasgerät", oder
- Kategorie III – eine „Dreifachkategorie", geeignet für Gase dreier Gasfamilien – früher „Allgasgerät" handelt.

Die arabische Ziffer im Index gibt an, ob der Betrieb mit der:

- Gasfamilie 1 – Stadtgas,
- Gasfamilie 2 – Erdgas oder
- Gasfamilie 3 – Flüssiggas geprüft wurde und zulässig ist.

Die DIN EN 437 „Prüfgase, Prüfdrücke, Gasgerätekategorien" enthält Angaben dazu, welche Gasgerätekategorien entsprechend der nationalen Besonderheiten in welchem Land eingesetzt werden dürfen.

Nachdem Stadtgas in Deutschland nicht mehr verteilt wird, macht eine Dreifachkategorie keinen Sinn mehr. Es ist aber nicht auszuschließen, dass solche Gasgeräte noch angetroffen werden.

In Deutschland können **nur** Gasgeräte verwendet werden, die mit einer der nachfolgend genannten Kategorien gekennzeichnet sind.

I – Einfachkategorien:

- I_{2ELL} – Gasgerät, das für die 2. Gasfamilie nach DVGW-Arbeitsblatt G 260 geeignet ist.
- I_{2E} – Gasgerät, das **nur für H-Gas** nach DVGW-Arbeitsblatt G 260 geeignet ist.

- I_{2N} – Gasgerät mit Selbstanpassung der Wärmebelastung und Verbrennungsgüte des Gerätes an den Wobbe-Index-Wert des verteilten Gases. Das Gasgerät kann ohne Umrüstung oder Eingriff beim festgelegten Anschlussdruck mit allen Gasen der 2. Gasfamilie betrieben werden.

- I_{2R} – Gasgerät mit Gebläsebrenner, der vor Ort mittels Druckregler eingestellt wird, und das somit mit allen Gasen der 2. Gasfamilie betrieben werden kann.

- $I_{3B/P}$ – Gasgerät, das für alle Gase der 3. Gasfamilie nach DVGW-Arbeitsblatt G 260 geeignet ist.

- I_{3P} – Gasgerät, das nur für den Betrieb mit Propan geeignet ist (die Gasgeräte sind nur dort einsetzbar, wo sichergestellt ist, dass die Versorgung nicht mit einer Propan/Butan-Mischung aus einer Campingflasche erfolgt).

- I_{3R} – Gasgerät mit Gebläsebrenner, der vor Ort mittels Druckregler eingestellt wird, und das somit mit allen Gasen der 3. Gasfamilie betrieben werden kann.

II – Zweifachkategorien:

- $II_{2E3B/P}$ – Gasgerät, geeignet für H-Gas und für die 3. Gasfamilie nach DVGW-Arbeitsblatt G 260.

- $II_{2ELL3B/P}$ – Gasgerät, geeignet für alle Gase der 2. und 3. Gasfamilie nach DVGW-Arbeitsblatt G 260.

- II_{2R3R} – Gasgerät mit Gebläsebrenner, der vor Ort mittels Druckregler eingestellt wird, und das somit mit allen Gasen der 2. und 3. Gasfamilie betrieben werden kann.

Zur Verdeutlichung noch einmal eine Gegenüberstellung der Gasgerätekategorien „früher/heute“.

früher	heute
III	für Deutschland nicht mehr erforderlich
II_{2HL3}	$II_{2ELL3B/P}$
I_{2HL}	I_{2ELL}
I_3	$I_{3B/P}$

2.5.4 *Unterscheidung der Gasgeräte nach dem Verwendungszweck*

Wegen der zunehmenden Bedeutung wurden weitere Begriffe in die TRGI aufgenommen. Im Unterschied zu den TRGI ’86/96 werden bei der Erläuterung der Gasgeräte nach dem Verwendungszweck in der DVGW-TRGI 2008 die gebräuchlichen bzw. die in Europa bekannten Gasgeräte-Arten (Art A, B oder C) mit genannt. Nachfolgend wird bei einigen wenig bekannten Arten auf Vor- und Nachteile hingewiesen.

2.5.4.1 Gas-Durchlaufwasserheizer, grundsätzlich Art B oder C

Für Gas-Durchlaufwasserheizer (DWH) ist theoretisch auch die Installation als Art A möglich, da im europäischen Regelwerk solche Feuerstätten auch ohne Abgasanlage beschrieben werden. In Deutschland gibt es jedoch genug Erfahrungen, die nachweisen, dass eine solche Aufstellung unnötige Gefahren in sich birgt. Auf weitere Experimente sollte daher verzichtet werden. In der MFeuV und der TRGI sind besondere Bedingungen an die Aufstellung solcher Geräte geknüpft. Im Abschnitt 8.2.1 der TRGI und in der zu diesem Abschnitt gehörenden Kommentierung wird darauf näher eingegangen.

2.5.4.2 Gas-Vorratswasserheizer

Gas-Vorratswasserheizer (VWH) sind direkt gasbeheizte Warmwasserspeicher. Sie sind preiswert, aber aus energetischen Gründen umstritten. Zukünftig müssen sie in Art B_1 grundsätzlich (unabhängig von der Nennleistung) eine Abgasüberwachung haben, soweit sie in Aufenthaltsräumen aufgestellt sind.

Die europäische Norm DIN EN 89 „Gasbeheizte Vorrats-Wasserheizer für den sanitären Gebrauch" behandelt neben der Geräteart B_{11BS} auch die Gerätearten C_{11} bis C_{51}, d. h. raumluftunabhängige Geräte mit atmosphärischen Brennern ohne Ventilatorunterstützung. Geräte, die wahlweise als Art C_{11} oder C_{31} installiert werden können, sind auf dem europäischen Markt bereits vorhanden und wurden auch schon in deutschen Prüfstellen geprüft. Um eine ausreichende Verbrennungsluftzuführung und die sichere Abgasabführung zu gewährleisten, sind sehr hohe Abgastemperaturen erforderlich.

2.5.4.3 Gas-Kombiwasserheizer

Beim Gas-Kombiwasserheizer (KWH) wird das durchlaufende Trinkwasser während des Durchlaufs durch das Gerät direkt erwärmt. Die Trinkwassererwärmung ist im Vorrang vor der Erwärmung des Heizungswassers geschaltet.

2.5.4.4 Gas-Heizkessel/Gas-Umlaufwasserheizer

Beim Gas-Heizkessel (HK) wurde klargestellt, dass auch mit diesem Trinkwasser erwärmt werden kann. Dies geschieht jedoch indirekt, in der Regel mittels Warmwasserspeicher. Der Gas-Umlaufwasserheizer findet keine Erwähnung mehr, da man europäisch nur noch von Heizkesseln (stehend oder wandhängend) spricht.

2.5.4.5 Gas-Brennwertgerät

Durch Gas-Brennwertgeräte kommen die Vorteile der Energie Erdgas besonders gut zum Ausdruck: besonders hohe Nutzungsgrade und damit verbunden geringe Schadstoffemissionen.

Abgasleitungen aus Kunststoff und in den meisten Fällen ein zulässiger Betrieb ohne Neutralisation des Kondensates gestalten den Einsatz umweltfreundlich und kostengünstig, so dass die Brennwerttechnik nicht nur verfügbar, sondern im Neubau zur Selbstverständlichkeit geworden ist.

2.5.4.6 Gas-Raumheizer

Auch beim Gas-Raumheizer (RH) wurde die Gasgeräte Art A bewusst mit aufgeführt. Derartige Feuerstätten sind zurzeit in der Norm EN 14829 bis zu einer Nennbelastung von 6 kW europäisch genormt. Es ist also durchaus denkbar, dass solche Geräte auch in Deutschland auftauchen. Aus diesem Grund wird schon an dieser Stelle durch die Fußnote 8 auf die besonderen Aufstellbedingungen hingewiesen. Es gelten die gleichen Anforderungen wie bei Gas-Durchlaufwasserheizern Art A – also Abschnitt 8.2.1 der TRGI.

In wärmeren Ländern hat der Raumheizer nach wie vor seine Berechtigung. In Deutschland erfreut er sich ebenfalls noch einer gewissen Beliebtheit. In einigen Fällen ist der Außenwand-Raumheizer (Art C_{11}), als mögliche baurechtliche Ausnahme, die günstigste Art der Beheizung eines einzelnen Raumes mit Gas. Die Jahresbegrenzung für eine Montage unter dem Fenster (bei schadstoffarmer Verbrennung) besteht in der DVGW-TRGI 2008 nicht mehr.

2.5.4.7 *Gas-Warmlufterzeuger*

Gas-Warmlufterzeuger (WLE) sind in Deutschland zur Wohnungsbeheizung nicht sehr verbreitet, während sie im Gewerbe als stationäre und ortsveränderliche WLE häufiger zum Einsatz kommen. Sie werden insbesondere in Räumen eingesetzt, die nur zeitweise genutzt werden und schnell aufgeheizt werden sollen.

2.5.4.8 *Gas-Heizstrahler*

Gas-Heizstrahler (HS) dienen zur energiesparenden Beheizung von Freiflächen, hohen Hallen, Räumen mit hohem Luftwechsel, Teilflächenbeheizungen großer Hallen u. Ä.

Sie werden unterteilt in

- Hellstrahler (Strahlertemperatur > 500 °C) und
- Dunkelstrahler (Strahlertemperatur in der Regel zwischen 200 und 400 °C), die es als Einzelgeräte (15–70 kW) und als größere Zentralanlagen gibt.

Bei der Installation sind die DVGW-Arbeitsblätter G 638-1 „Heizungsanlagen mit Heizstrahlern ohne Gebläse (Hellstrahlern)“ bzw. G 638-2 „Heizungsanlagen mit Dunkelstrahlern“ zu beachten. Während Hellstrahler aufgrund ihrer Bauweise ohne Abgasanlage installiert werden, stellt die Abgasabführung über Dach die Regelinstallation bei Dunkelstrahlern dar.

2.5.4.9 *Gas-Heizherd*

Gas-Heizherd (HH) ist eine Kombination aus konventionellem Gasherd mit meist kleinerem Backofen und einem integrierten Raumheizerteil mit Abgasanschluss. Bei lösbarem Gasanschluss ist wegen der erforderlichen Dichtheit des Abgasanschlusses auf einen sicheren Stand (Befestigung an Wand oder Fußboden) zu achten.

2.5.4.10 *Gasherd*

Der Gasherd (H) ist per Definition ein Gasgerät Art A. In der MBO wird er aber bewusst wie eine Feuerstätte betrachtet, damit die MFeuV bauordnungsrechtliche Aufstellbedingungen festlegen kann (siehe Abschnitt 8.2.1 der TRGI).

2.5.4.11 *Gas-Kühlschrank*

Gas-Kühlschränke finden derzeit wohl am ehesten bei der Ausrüstung von Campingfahrzeugen (bei Flüssiggas) eine Anwendung.

2.5.4.12 *Gas-Wärmepumpe*

Gas-Wärmepumpen (WP) haben bisher noch nicht den Marktdurchbruch erreicht, den man erwartet hatte. Die Technik ist für Kompressionswärmepumpen verfügbar. Die optimale Abstimmung der einzelnen Komponenten zu handelsüblichen Kompakteinheiten wurde nicht weiterentwickelt, weil niedrige Energiekosten keinen ausreichenden Anreiz für die relativ hohen Investitionen gaben.

2.5.4.13 Gas-Saunaofen

Gas-Saunaöfen (SO) sind besonders in öffentlichen Bädern anzutreffen. Die Wärme wird in der Regel über Strahlrohre (ähnlich Dunkelstrahlern) an den Raum abgegeben.

2.5.4.14 gasbeheizter Haushalts-Wäschetrockner

Der gasbeheizte Haushalts-Wäschetrockner (WT) ist eine Möglichkeit, Wäsche mit geringem Energieeinsatz zu trocknen. Aufgrund der geringen Nennleistung, des hohen Anteils an abgeführter Trockenluft im Vergleich zum entstehenden Abgas und der geringen Temperaturen des Abluft-/Abgasgemisches kann dieses über die vom Hersteller gelieferte oder beschriebene Abluftleitung abgeführt werden, (es handelt sich um keine Feuerstätte im Sinne der MFeuV). Siehe dazu auch Abschnitt 10.6 der TRGI. Trotz dieser Vorteile konnte sich der WT noch nicht erfolgreich im Markt etablieren.

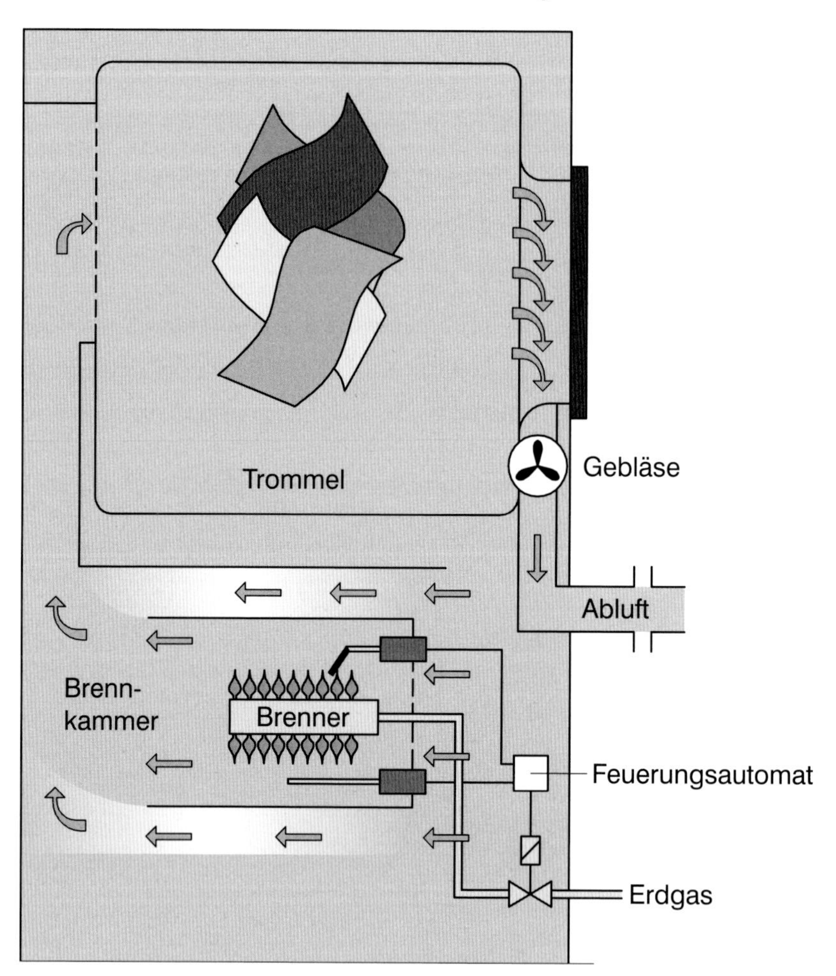

Bild 2.2 – Gasbeheizter Haushalts-Wäschetrockner

2.5.4.15 Gasgrill

Der Gasgrill (G) ist zum Einsatz im Freien bestimmt.

2.5.4.16 Gaslaterne

Die Gaslaterne (L) ist ein eher selten anzutreffendes Gasgerät.

2.5.4.17 Gas-Terrassenstrahler

Mit Gas-Terrassenstrahlern (TS) (manchmal auch als „Säufersonnen" bezeichnet) wird die Freisitzsaison in vielen Lokalen verlängert. Wegen der umstrittenen Umweltfreundlichkeit (nicht unbedingt erforderliche Verwendung hochwertiger Energie) sind diese bereits in einigen Gebieten mit Aufstellungsverboten belegt.

2.5.4.18 dekorative Gasfeuer für offene Kamine

Die dekorativen Gasfeuer für offene Kamine, europäisch genormt in der DIN EN 509 „Dekorative Gasgeräte mit Brennstoffeffekt", haben sich weiter verbreitet. Sie sind zwar dekorativ, jedoch keinesfalls energiesparend und daher auch nicht umweltfreundlich. Aufgrund des offenen Feuerraumes und der damit in Deutschland im Allgemeinen notwendigen Verbrennungsluftversorgung durch Leitungen von außen sind sowohl an die Aufstellung als auch an die Einrichtungen zur Abgasüberwachung besondere Anforderungen gestellt. Siehe dazu Abschnitt 8.2.2.4.2.1 letzter Absatz, Abschnitt 8.2.2.4.3 dritter und vierter Absatz, Abschnitt 9.2.1 zweiter Absatz, dritter Aufzählungspunkt.

2.5.4.19 Gas-Klimagerät

Gas-Klimageräte haben als kleine kompakte Einheiten bisher noch nicht den Marktdurchbruch erreicht. Die optimale Abstimmung der einzelnen Komponenten zu handelsüblichen Kompakteinheiten wurde nicht weiterentwickelt, weil niedrige Energiekosten keinen ausreichenden Anreiz für die relativ hohen Investitionen gaben. In größeren Einheiten (für große Gebäudekomplexe mit entsprechend großem Energieeinsparpotenzial) werden sie verstärkt eingesetzt.

2.5.4.20 Brennstoffzellen-Heizgerät

Als neue Technologie werden Brennstoffzellen erprobt, bei denen in einem chemischen Prozess aus Wasserstoff Gleichstrom und Wärme erzeugt wird (Umkehr der Elektrolyse). Der Wasserstoff wird aus Erdgas gewonnen. Die restlichen Bestandteile des Erdgases werden verbrannt. Bei diesen Brennstoffzellen-Heizgeräten entsteht also auch Abgas, das über Abgasanlagen abgeführt werden muss. Dabei kann, bei entsprechender Auslegung, dieses Abgas auch gemeinsam mit dem Abgas, z. B. einer Brennwertfeuerstätte (die eventuell als Feuerstätte für die Spitzenlast funktioniert), abgeführt werden. Das DVGW-Arbeitsblatt G 640-2 „Aufstellung von Brennstoffzellen-Heizgeräten" enthält einige Hinweise zur Aufstellung.

2.5.5 Gasbrenner

Bauart und Ausrüstung (mit oder ohne Gebläse) beeinflussen wesentlich die Eigenschaften des Brenners. Dies sind z. B. Geräusch- und Schadstoffemissionen.

2.5.6 Klein-BHKW

Ein Blockheizkraftwerk (BHKW) erzeugt Strom und Wärme, die als Nahwärme eingesetzt wird. Das Klein-BHKW ist ein anschlussfertiges Bauteil. Zur Aufstellung und Abgasabführung sind im DVGW-Hinweis G 640 „Aufstellung von Klein-BHKW" Anforderungen und Festlegungen enthalten.

2.5.7 Erdgas-Kleintankstelle

Mit der Erdgas-Kleintankstelle (ETS) können Erdgasfahrzeuge über die häusliche Gasinstallation (in der Garage) betankt werden.

2.6 Strömungssicherung

Die Wirksamkeit der Strömungssicherung von Gasgeräten Art B_1 und Art B_4 muss bei der Baumusterprüfung beurteilt werden. Sie ist vom Hersteller der Gasgeräte mitzuliefern.

Das bemaßte Bild einer trichterförmigen Strömungssicherung wurde in die europäische Norm DIN EN 746-2 aufgenommen. Diese Strömungssicherungen haben sich seit Jahrzehnten gut bewährt, so dass die DIN EN 746-2 daher eine gute Hilfe für die Hersteller ist. Denn nur so können sie die Einhaltung aller sicherheitstechnischen Anforderungen für einen Industrieofen eigenverantwortlich nach der Maschinenrichtlinie über die CE-Kennzeichnung bestätigen.

2.7 Abgasüberwachung

AÜE bisher nur bei $\dot{Q}_{NL} > 7$ kW

Eine Abgasüberwachung ist ein zusätzliches Bauteil bei Gasfeuerstätten mit Strömungssicherung. Es soll verhindern, dass Abgase in Gefahr drohender Menge in den Aufstellraum austreten können.

AÜE jetzt auch bei $\dot{Q}_{NL} < 7$ kW

In der MFeuV September 2007 ist das Erfordernis einer Abgasüberwachung für Gasfeuerstätten nicht mehr genannt. Dies bedeutet allerdings nicht, dass Gasfeuerstätten mit Strömungssicherung keine Abgasüberwachung mehr haben müssen. Im Gegenteil! **Es entfällt die Ausnahme für Gasfeuerstätten mit Strömungssicherung bis 7 kW.** Die Forderung nach einer Abgasüberwachung ergibt sich aus Anhang 3.4.3 der EG-Gasgeräterichtlinie. Dort wird sinngemäß ausgesagt, dass raumluftabhängige Gasfeuerstätten so hergestellt sein müssen, dass bei nicht normaler Zugwirkung keine Verbrennungsprodukte **in gefährlicher Menge** in den Aufstellraum ausströmen können. Diese Forderung wird bei Gasfeuerstätten mit Strömungssicherung (Art B_1) in der Regel durch Abgasüberwachungen erfüllt. In Abschnitt 8.2.2.4.3 der TRGI wird daher bei der Aufstellung von Gasfeuerstätten mit Strömungssicherung (Art B_1 und B_4) in Aufenthaltsräumen grundsätzlich eine Abgasüberwachung gefordert.

thermische Abgasüberwachungseinrichtungen (AÜE) „BS“

Die europäische Zusatzkennzeichnung BS erfolgt wie oben angegeben im Kurzzeichen für die Geräteart, z. B. B_{11BS}. Bei Heizgeräten mit automatischen Brennern darf nach Ansprechen der AÜE nach frühestens 10 Minuten Wartezeit ein erneuter Startversuch erfolgen. Wegen einer kurzzeitigen Störung in der Abgasabführung soll kein Totalausfall der Heizung mit der Gefahr des Einfrierens im Winter eintreten. Bei einer dauerhaften Störung in der Abgasanlage kann es daher aber zu einem ständigen Takten des Gerätes über lange Zeiträume kommen. Deshalb haben einige Hersteller die Zahl der Wiederanlaufversuche auf maximal 3 begrenzt.

Bei teilautomatischen Brennern kommt es automatisch zu einer Verriegelung, da die AÜE über eine Thermoweiche auf die Zündsicherung wirkt.

nach DVGW G 626 (A) Verriegelung nicht mehr zwingend gefordert

Für Gasgeräte, die an mechanische Entlüftungsanlagen nach DIN 18017-3 angeschlossen sind, musste nach DVGW-Arbeitsblatt G 626 November 1971 „Technische Regeln für die Abführung der Abgase von Gaswasserheizern über Zentralentlüftungsanlagen nach DIN 18017 Blatt 3" zwingend eine Verriegelung erfolgen. In der neuen Ausgabe des DVGW-Arbeitsblattes G 626 Oktober 2006 „Mechanische Abführung von Abgasen für raumluftabhängige Gasfeuerstätten in Abgas- bzw. Zentralentlüftungsanlagen" sind auch andere Möglichkeiten der Absicherung genannt. Weitere Aussagen zum geänderten Arbeitsblatt G 626 stehen im Kommentar zum Abschnitt 10.3.5 der TRGI.

Raumluftüberwachungseinrichtung „AS"

Neu aufgenommen wurde die Abgasüberwachung Art AS (Raumluftüberwachungseinrichtung, auch als Atmosphärenwächter bekannt) für Gasfeuerstätten mit Strömungssicherung. Damit folgt die TRGI der europäischen Normung, die diese Möglichkeit ebenfalls vorsieht.

bei Gasgeräten Art A wird die Forderung der MFeuV ***nicht*** *eingehalten*

Der Atmosphärenwächter spricht an, wenn der CO_2-Gehalt in der Verbrennungsluft so hoch wird, dass die Zündflamme abhebt. Die Flammenüberwachungseinrichtung kann dann das Flammensignal nicht mehr erkennen und bewirkt die Abschaltung des Gasgerätes. Dadurch wird die Anreicherung der Raumluft mit CO_2 über einen vorgegebenen Grenzwert hinaus verhindert. Die Anreicherung mit CO_2 hätte zwangsläufig eine Verringerung des Sauerstoffes in der Raumluft, d. h. in der Verbrennungsluft zur Folge. Zu wenig Sauerstoff bedeutet unvollständigere Verbrennung, also Anstieg des CO-Gehaltes im Abgas. So wird indirekt, über die Begrenzung des CO_2-Gehaltes in der Raum-(Verbrennungs-)luft, der CO-Gehalt im Abgas begrenzt. **Mit diesem Verfahren ist es aber bisher nicht möglich die Überschreitung von 30 ppm CO in der Raumluft mit Sicherheit zu verhindern.** Diese Abgasüberwachung wird in der europäischen Normung sowohl für Gasgeräte Art A als auch für Gasgeräte Art B_1 und B_4 beschrieben.

AS bei Gasgeräten Art A ersetzt nicht ausreichende Lüftung

Die Sicherheit beim Betrieb von Gasgeräten ohne Abgasabführung ins Freie wird durch Abgasüberwachungen Art AS erhöht. Sie geben aber keine Sicherheit gegen unvollkommene Verbrennung durch Überlast oder Verschmutzung. Sie erfüllen auch nicht die Anforderungen des Abschnitts 8.2.1 TRGI. Diese Abgasüberwachung verhindert die Überschreitung von 30 ppm CO in der Raumluft nicht mit Sicherheit. **Daher ist der Betrieb von Gasraumheizern oder Gas-Wasserdurchlauferhitzern ohne Abgasanlage in Aufenthaltsräumen", auch wenn die Geräte mit einem Atmosphärenwächter „AS" versehen sind, nur bei ausreichender Lüftung zulässig.**

Begriff in TRGI nicht mehr enthalten
ASTB schützt vor zu hohen Temperaturen in der Abgasleitung

Abgas-Sicherheits-Temperaturbegrenzer (ASTB)
Wenn Abgasanlagen aus brennbaren Baustoffen verwendet werden, musste die Feuerstätte in der Anfangszeit der Kunststoff-Abgasleitungen mit einem ASTB ausgerüstet sein, der bei Überschreiten der zulässigen Abgastemperatur die Feuerstätte abschaltet und verriegelt. Dieser ASTB kann auch unmittelbar hinter dem Abgasstutzen des Gerätes in die Abgasleitung (als bauteilgeprüfte Einheit) installiert werden. Hierbei ist darauf zu achten, dass kein Eingriff in den Sicherheitskreis des Gasgerätes erfolgt. Der nachträgliche Einbau eines ASTB in die Abgasleitung erfordert also entsprechende freie Anschlussklemmen am Gasfeuerungsautomaten o. Ä.

Wird durch die Beschaffenheit der Feuerstätte sichergestellt, dass sowohl im Betriebs- als auch im Störungsfall keine unzulässig hohe Abgastemperatur auftreten kann (was durch die Baumusterprüfung nachgewiesen sein muss), kann auf den Einbau eines ASTB verzichtet werden. Dies ist heute allgemein üblich.

Begriff in TRGI nicht mehr enthalten, Abgaswächter

Abgaswächter sind Sicherheitseinrichtungen bei Mehrstoffkesseln, die verhindern, dass ein gleichzeitiger Betrieb des Gasbrenners und des Feuerstättenteiles für feste Brennstoffe mit Nennleistung möglich ist. Er kann auch bei gemeinsamem Anschluss eines Festbrennstoffkessels und eines Gaskessels an einen Schornstein verwendet werden, wenn der Querschnitt des Schornsteines für den gleichzeitigen Betrieb beider Feuerstätten nicht geeignet ist. Er überwacht die Abgastemperatur im Verbindungsstück beim Betrieb mit festen Brennstoffen. Da diese Feuerstätten nicht automatisch zu- oder abgeschaltet werden können, führt das Ansteigen der Temperatur über einen Sollwert zur Abschaltung des Gaskessels (bzw. verhindert, dass dieser anläuft) und das Absinken der Abgastemperatur unter den Sollwert zur Freigabe der Zündung des Gaskessels, so dass dieser bei Wärmebedarf automatisch anläuft.

2.8 Umstellung und Anpassung, Erdgaseinstellung

Verteilungsgase entsprechend DVGW G 260 (A)

Gasgeräte-Kennzeichnung nach DIN EN 437

Zum bestimmungsgemäßen und sicheren Betrieb der Gasgeräte müssen deren Ausrüstung und Einstellung jeweils so gewählt sein, dass die Gasversorgungsbedingungen, der Gasdruck und die Gasqualität im Bestimmungsland, d. h. in dem Mitgliedsstaat, in dem das Gasgerät aufgestellt ist und betrieben wird, erfüllt sind. Die in Deutschland möglichen und verteilten Gasqualitäten einschließlich der zugeordneten Nennqualitäten und Nenndrücke sind im DVGW-Arbeitsblatt G 260 „Gasbeschaffenheit" und die für die Gasgeräteausrüstung und -einstellung erforderlichen Prüfanforderungen in DIN EN 437 „Prüfgase, Prüfdrücke, Gerätekategorien" geregelt. Ändert sich nun in dem existierenden Kunden-Versorgungsgebiet die Qualität des Verteilungsgases, so kann daraus die Erfordernis zur Umstellung oder Anpassung resultieren.

2.8.1 Umstellung

Stadtgas kein Thema mehr

In Deutschland ist die Umstellung von der 1. Gasfamilie „Stadtgas" auf die 2. Gasfamilie „Erdgas" der Gruppe L oder der Gruppe H inzwischen abgeschlossen. Flächendeckende Umstellmaßnahmen im Sinne des DVGW-Arbeitsblattes G 680 durch spezielle Umbauunternehmen nach DVGW-Arbeitsblatt G 676-Beiblatt kommen daher nicht mehr vor. Die Umstellung einzelner Gasgeräte durch VIU oder die vorgenannten Unternehmen, z. B. von Flüssiggas auf Erdgas oder umgekehrt, fällt aber auch unter diesen Begriff und ist noch relevant.

2.8.2 Anpassung

Abhängig von dem Fördergebiet und von dem Bezugsland kommen in Deutschland die beiden Gruppen der 2. Gasfamilie zur Verteilung. Im Rahmen der Liberalisierung sowie aufgrund zusätzlicher Marktöffnungen und zunehmender europäischer Einflüsse werden Änderungen der Gasqualität in bestimmten Versorgungsgebieten und damit eben auch die Anpassungen weiterhin relevant sein.

Düsenwechsel kann notwendig sein

Während das bisherige Technische Regelwerk fast ausschließlich die Anpassung von L-Gas auf H-Gas in Betracht zog, sind seit den letzten Jahren durchaus auch Anpassungen von H auf L möglich und kommen zur Durchführung. Es zeigte sich dabei, dass auch bei der Anpassung in bestimmten Fällen ein Austausch von Düsen und Steuerungsbauteilen durchaus angebracht ist und notwendig sein kann.

Die Antwort der Gasgerätehersteller auf die oben beschriebenen Erfordernisse der möglichen wechselnden Gasqualitäten sind die Gasgeräte der Kategorie I_{2N}. Dies sind Gasgeräte, die ausschließlich für Gase der 2. Gasfamilie bei festgelegtem Anschlussdruck (= 20 mbar) geeignet sind. Sie passen sich automatisch allen Gasen der 2. Gasfamilie an, z. B. Gasgeräte mit Scott-System bei deutschen Herstellern.

2.8.3 Erdgaseinstellung

Die früher häufig praktizierte Kennzeichnung mit EE (= **E**rdgas-**E**instellung) und meist der mit Bindestrich nachgestellten Angabe des Wobbe-Indexes, bei dem gerade die Nennbelastung erreicht wird, beispielsweise EE-15,0 (= Wobbe-Index von 15,0 kWh/m³), ist heute kaum mehr geübte Praxis. Gasgeräte mit Gerätekategorie I_{2E} besitzen eine solche Festeinstellung und Ausstattung, mit der sie für den gesamten Bereich der deutschen Erdgasgruppe H und noch für den oberen Bereich der Erdgasgruppe L ohne Anpassung geeignet sind. Bei Mehrfachkategorien, d. h. Gasgeräten der Gerätekategorie $II_{2E\ 3B/P}$, die nach Umrüstung und Neueinstellung sowohl für Erdgas als auch für Flüssiggas verwendbar sind, oder beispielsweise bei der Gerätekategorie I_{2ELL}, muss die Einstellung durch den Hersteller bzw., wenn davon abweichend durch das VIU zusätzlich – für jeden Fachmann deutlich als dauerhafte Typschild-Ergänzung erkennbar – am Gasgerät angegeben werden.

Einstellung werkseitig oder vor Ort in deutlich erkennbarer und dauerhafter Form am Gasgerät angeben

Kategorie I_{2R} muss auf örtliche Gegebenheiten angepasst werden

Bei Gasgeräten der Kategorie I_{2R} handelt es sich um Gasgeräte, die für alle Gase der 2. Gasfamilie und/oder für Gase, die der 2. Gasfamilie zugeordnet sind, geeignet sind. Sie sind mit einem Druckregler ausgerüstet, der manuell eingestellt werden kann, um mit den verschiedenen Gasen einer Gruppe der 2. Gasfamilie unter den örtlichen Versorgungsbedingungen betrieben zu werden, z. B. Gasgeräte mit Gebläsebrenner.

Gasgeräte zur Selbstinbetriebnahme und mit Steckdosen-Anschluss benötigen werksmäßige Erdgaseinstellung

Die für den Betreiber erkennbare deutliche Kennzeichnung über eine werksmäßige Erdgaseinstellung müssen solche Haushalts-Erdgasgeräte mit Gerätekategorie I_{2E} oder I_{2ELL} aufzeigen, die entsprechend Abschnitt 8.1.3.5.2 der TRGI vom Betreiber selbst über die Gassteckdose angeschlossen – und auch „erst in Betrieb genommen" – werden dürfen. Hierbei handelt es sich um Herde, um den Haushaltswäschetrockner und um Geräte, wie beispielsweise Grill, Gartenlaterne zum Betrieb im Freien.

2.9 Aufstellräume von Gasgeräten

bei Gas- und Ölfeuerstätten keine Heizraumanforderungen mehr

Seit der M-FeuVO vom 24. Februar 1995 gibt es bei der Aufstellung von Feuerstätten für gasförmige und flüssige Brennstoffe keine Heizraumanforderungen mehr. Heizräume, die besondere bauaufsichtliche Anforderungen – vor allem bezüglich Feuerbeständigkeit, Rauminhalt, lichte Höhe, Verbindung mit Aufenthaltsräumen und Treppenräumen, Ausgängen, Türen,

Lüftungsleitungen – erfüllen müssen, gibt es nur noch für feste Brennstoffe. Demzufolge sind die den Heizraum betreffenden Anforderungen bereits in den TRGI '86/96 nahezu ersatzlos entfallen.
Nicht entfallen war mit dem Wegfall der Heizraumanforderungen jedoch die Grenze von 50 kW Gesamtnennleistung $\Sigma\dot{Q}_{NL}$ aller Feuerstätten in einem Raum. Bezüglich der Qualität des Raumes, also u. a. der Nutzung, Ausstattung und Einhaltung besonderer bauaufsichtlicher Anforderungen, wurde nunmehr bei gasförmigen und flüssigen Brennstoffen nicht mehr zwischen Heizraum und Aufstellraum, sondern zwischen Aufstellraum und Aufstellraum mit Gesamtnennleistung $\Sigma\dot{Q}_{NL}$ aller Feuerstätten von über 50 kW unterschieden. Diese Grenze wurde mit der MFeuV September 2007 auf über 100 kW Gesamtnennleistung ausgedehnt. Dies spiegelt sich nun auch in der TRGI wider.

Grenze für „eigenen Aufstellraum" jetzt bei 100 kW Gesamtnennleistung

Sieht man davon ab, dass Aufstellräume mit Öffnungen ins Freie nicht als Aufenthaltsräume genutzt werden dürfen, werden für Aufstellräume mit einer $\Sigma\dot{Q}_{NL}$ aller Feuerstätten bis 100 kW grundsätzlich keine Nutzungseinschränkungen oder besondere Ausstattungen gefordert. Dagegen gilt für Aufstellräume mit einer $\Sigma\dot{Q}_{NL}$ aller Feuerstätten von mehr als 100 kW zusätzlich der Abschnitt 8.1.4.2 der TRGI. Diese Grenze hat besondere Anforderungen an die Nutzung und Ausstattung des Raumes zur Folge.

bei Wärmepumpen, BHKW und Motoren spezielle Grenzen

Bei gasbetriebenen Wärmepumpen und Blockheizkraftwerken liegt die Grenze, ab der ein „eigener Aufstellraum" gefordert wird, jetzt bei 50 bzw. 35 kW. Bei gasbetriebenen ortsfesten Verbrennungsmotoren ist immer (unabhängig von der Leistung) ein „eigener Aufstellraum" gefordert. Hier ist Abschnitt 8.1.4.3 der TRGI zu beachten.

drei Gruppen von Aufstellräumen

Die in den TRGI '86/96 neu aufgenommene Unterteilung der Aufstellräume in drei Gruppen bleibt erhalten, wird aber etwas geändert. Bezüglich der Möglichkeiten der Verbrennungsluftversorgung raumluftabhängiger Feuerstätten bleibt die Grenze der Gesamtnennleistung bei 35 kW je Aufstellraum. Bezüglich der besonderen Anforderungen an den Aufstellraum verschiebt sich die zweite Grenze der Gesamtleistung aller Feuerstätten von 50 auf 100 kW.

Die Grenze von **35 kW** bezieht sich **ausschließlich auf die Möglichkeiten der Verbrennungsluftversorgung** und hat keine Auswirkungen auf Anforderungen an den Aufstellraum.

Bezüglich dieser Grenze von 35 kW sei hier darauf hingewiesen, dass der Begriff Aufstellraum nicht bedeutet, dass je Raum innerhalb einer lüftungstechnisch verbundenen Nutzungseinheit (z. B. Wohnung o. Ä.) max. 35 kW installiert sein dürfen. Deutlicher müsste es heißen, Gesamtnennleistung aller in den Räumen einer Nutzungseinheit befindlichen raumluftabhängigen Feuerstätten. Dies lässt sich aus dem Begriff „Gesamtnennleistung" (2.15.8) ableiten.

Es gibt nun:

erster Gesamtnennleistungsbereich

Aufstellräume bei einer $\Sigma\dot{Q}_{NL}$ aller raumluftabhängigen Feuerstätten **bis** 35 kW *zweiter Gesamtnenn-leistungsbereich*

Aufstellräume bei einer $\Sigma\dot{Q}_{NL}$ aller raumluftabhängigen Feuerstätten **über** 35 kW

dritter Gesamtnenn-leistungsbereich

Aufstellräume bei einer $\Sigma\dot{Q}_{NL}$ aller Feuerstätten von mehr als 100 kW

Entsprechend der neuen Gliederung der TRGI werden die leistungsbezogenen Unterscheidungskriterien bezüglich der Anforderungen an die Aufstellräume in den Abschnitten 8.1.4.2 und 8.1.4.3 behandelt.

Die leistungsbezogenen Unterscheidungskriterien bezüglich der Verbrennungsluftversorgung raumluftabhängiger Gasfeuerstätten sind im Abschnitt 9.2 genannt. Auf die Möglichkeiten der Verbrennungsluftversorgung wird an den entsprechenden Stellen in diesem Kommentar noch umfassend eingegangen.

Aufgrund einer Anfrage des Bundesverbandes des Schornsteinfegerhandwerks (ZIV) bezüglich der Anforderungen an die Qualität eines Raumes in Verbindung mit der früheren Grenze von 50 kW Gesamtnennleistung $\Sigma\dot{Q}_{NL}$ aller Feuerstätten ist der für die MFeuV zuständige Arbeitskreis Haustechnische Anlagen der Fachkommission Bauaufsicht der ARGEBAU in seiner 78. Sitzung zu folgendem verbindlichen Beratungsergebnis gekommen:

Aussage zu Aufstellräumen in TRGI '86/96

„Die Anforderungen an die Qualität des Raumes, in dem die Feuerstätten aufgestellt sind, ergeben sich aus der Gesamtnennleistung aller in diesem Raum aufgestellten Feuerstätten. Ist die Gesamtnennleistung der Festbrennstofffeuerstätten größer als 50 kW, so ist in jedem Falle, unabhängig von der Nennleistung der anderen Feuerstätten ein Heizraum gemäß § 6 M-FeuVO vorzusehen.

Ist die Nennleistung der Festbrennstofffeuerstätte kleiner als 50 kW, die Gesamtnennleistung der Öl- und/oder Gasfeuerstätten jedoch größer als 50 kW, so ist lediglich ein Aufstellraum gemäß § 5 M-FeuVO vorzusehen.

Ein Aufstellraum gemäß § 5 M-FeuVO ist auch dann vorzusehen, wenn jeweils die Nennleistung der Festbrennstofffeuerstätten und die Nennleistung der Öl- und/oder Gasfeuerstätte den Wert von 50 kW nicht überschreiten, die Gesamtnennleistung aller Feuerstätten jedoch größer als 50 kW ist.

Übersteigt bei gemeinsamer Aufstellung von Feuerstätten für feste, flüssige und gasförmige Brennstoffe die Gesamtnennleistung aller Feuerstätten nicht den Wert von 50 kW, so ist weder ein Aufstellraum gemäß § 5 noch ein Heizraum gemäß § 6 erforderlich.“

nach DVGW-TRGI 2008 gilt für den Aufstellraum

Bezogen auf die TRGI bedeutet dieses Beratungsergebnis für die Anforderungen an die Qualität des Aufstellraumes:

Die Gesamtnennleistung $\Sigma\dot{Q}_{NL}$ der Feuerstätten ist nach Abschnitt 2.15.8 der TRGI zu ermitteln.

$\Sigma\dot{Q}_{NL}$ aller Feuerstätten mehr als 100 kW

Beträgt die $\Sigma\dot{Q}_{NL}$ aller Feuerstätten mehr als 100 kW,

- ist ein Heizraum nach § 6 MFeuV vorzusehen, wenn die $\Sigma\dot{Q}_{NL}$ der Feuerstätten für feste Brennstoffe allein mehr als 50 kW beträgt – also völlig unabhängig von der $\Sigma\dot{Q}_{NL}$ der Feuerstätten für gasförmige und/oder flüssige Brennstoffe

- ist nur ein „eigener Aufstellraum" nach Abschnitt 8.1.4.2 der TRGI vorzusehen, wenn die $\Sigma\dot{Q}_{NL}$ der Feuerstätten für feste Brennstoffe nicht mehr als 50 kW beträgt

$\Sigma\dot{Q}_{NL}$ aller Feuerstätten nicht mehr als 100 kW

Beträgt die $\Sigma\dot{Q}_{NL}$ aller Feuerstätten nicht mehr als 100 kW,

- ist ein Heizraum nach § 6 MFeuV vorzusehen, wenn die $\Sigma\dot{Q}_{NL}$ der Feuerstätten für feste Brennstoffe allein mehr als 50 kW beträgt – also völlig unabhängig von der $\Sigma\dot{Q}_{NL}$ der Feuerstätten für gasförmige und/oder flüssige Brennstoffe

- sind an den Aufstellraum keine Anforderungen bezüglich weiterer Nutzung und Dichtheit gestellt, wenn die $\Sigma\dot{Q}_{NL}$ der Feuerstätten für feste Brennstoffe nicht mehr als 50 kW beträgt

gasbetriebene Wärmepumpen, Blockheizkraftwerke und ortsfesten Verbrennungsmotoren

Sind in dem Raum auch gasbetriebene Wärmepumpe, Blockheizkraftwerke und ortsfeste Verbrennungsmotoren aufgestellt, ist Abschnitt 8.1.4.3 der TRGI zu beachten. Bei der Aufstellung ortsfester Verbrennungsmotoren wird immer ein „eigener Aufstellraum" gefordert, ansonsten bereits bei 35 bzw. 50 kW Gesamtnennleistung dieser Anlagen.

bei Grenze $\Sigma\dot{Q}_{NL} > 100$ kW egal ob raumluftabhängige oder raumluftunabhängige Feuerstätten

Bei den oben genannten Festlegungen spielt es absolut keine Rolle, ob es sich um raumluftabhängige oder raumluftunabhängige Feuerstätten handelt – denn die Festlegungen beziehen sich ja nur auf die Qualitätsanforderungen an den Aufstellraum.

Dagegen ist für die Verbrennungsluftversorgung die Gesamtnennleistung $\Sigma\dot{Q}_{NL}$ nur der **raumluftabhängigen** Feuerstätten nach Abschnitt 2.15.8 der TRGI zu ermitteln und entsprechend Abschnitt 9.2 der TRGI zu verfahren.

Beispiele für Zuordnung der Aufstellräume

Zur Verdeutlichung dienen folgende Beispiele, wobei in jedem einzelnen Beispiel alle Gasgeräte in einem Raum aufgestellt sind.

keine Anforderungen an Aufstellraum – Verbrennungsluftversorgung über Luftverbund möglich

1. Beispiel

$\Sigma\dot{Q}_{NL}$ Gasgeräte Art B 30 kW
$\Sigma\dot{Q}_{NL}$ Gasgeräte Art C 28 kW
Keine Verriegelung – gleichzeitiger Betrieb aller Gasfeuerstätten möglich

$\Sigma\dot{Q}_{NL}$ aller Gasfeuerstätten 58 kW < 100 kW
$\Sigma\dot{Q}_{NL}$ Gasgeräte Art B 30 kW < 35 kW

Aufstellung der Gasgeräte Art B nach Abschnitt 9.2.2 der TRGI möglich *keine Anforderungen an Aufstellraum – Verbrennungsluftversorgung über Luftverbund nicht möglich*

2. Beispiel
$\Sigma\dot{Q}_{NL}$ Gasgeräte Art B 37 kW
$\Sigma\dot{Q}_{NL}$ Gasgeräte Art C 42 kW
Keine Verriegelung – gleichzeitiger Betrieb aller Gasfeuerstätten möglich

$\Sigma\dot{Q}_{NL}$ aller Gasfeuerstätten 79 kW < 100 kW
$\Sigma\dot{Q}_{NL}$ Gasgeräte Art B 37 kW > 35 kW

Aufstellung der Gasgeräte Art B nach Abschnitt 9.2.3 möglich – jedoch nicht nach Abschnitt 9.2.2

„eigener“ Aufstellraum erforderlich – VL daher nur über Öffnung ins Freie möglich

3. Beispiel
$\Sigma\dot{Q}_{NL}$ Gasgeräte Art B 30 kW
$\Sigma\dot{Q}_{NL}$ Gasgeräte Art C 80 kW
Keine Verriegelung – gleichzeitiger Betrieb aller Gasfeuerstätten möglich

$\Sigma\dot{Q}_{NL}$ aller Feuerstätten 110 kW > 100 kW
$\Sigma\dot{Q}_{NL}$ Gasgeräte Art B 30 kW < 35 kW

Es ist ein Aufstellraum entsprechend Abschnitt 8.1.4.2 erforderlich. Die Verbrennungsluftversorgung der Gasgeräte Art B ist nach Abschnitt 9.2.2.3 möglich – dies ist eine Verbrennungsluftöffnung ins Freie von nur 150 cm^2 freien Querschnitts.

2.10 Abgasverdünnung und Verbrennungsluftversorgung

Begriffe nur für raumluftabhängige Feuerstätten

Während der Abschnitt 2.9 sowohl auf raumluftabhängige als auch auf raumluftunabhängige Feuerstätten zutrifft, bezieht sich Abschnitt 2.10 auf Begriffe, die ausschließlich bei der Abgasverdünnung und Verbrennungsluftversorgung raumluftabhängiger Feuerstätten relevant sind.

In der TRGI werden erstmals die Schutzziele 1 und 2 direkt im Regelwerk erläutert. Bisher war dies nur im Kommentar der Fall.

2.10.1 Schutzziel 1

Mit der Erfüllung des Schutzzieles 1 wird erreicht, dass kurzzeitig in den Aufstellraum austretendes Abgas soweit verdünnt wird, dass es zu keiner Gefährdung kommt. Die Abgasverdünnung kann durch ein ausreichend großes Luftvolumen im Aufstellraum (ggf. unter Einbeziehung direkt angrenzender Nebenräume) oder durch eine gesicherte Durchlüftung des Aufstellraumes erreicht werden. Nähere Ausführung dazu findet man im Abschnitt 8.2.2.4 der TRGI.

2.10.2 Schutzziel 2

Die Sicherstellung einer ausreichenden Verbrennungsluftversorgung ist eine der wichtigsten Voraussetzungen für den sicheren Betrieb raumluftabhängiger Gasfeuerstätten. Von ihr hängt nicht nur die „saubere“ Verbrennung des Gases, sondern auch die sichere Abgasabführung ab. Wenn nicht genug Luft in den Aufstellraum einströmen kann, kann auch das entstehende Abgas nicht vollständig abgeführt werden. Siehe dazu Abschnitt 9.2 der TRGI.

2.10.3 Zuluft

Die dem Aufstellraum zuzuführende Zuluft kann aus mehreren Komponenten bestehen. Dies sind:

- Verbrennungsluft für die raumluftabhängigen Feuerstätten,
- Luft, die nachströmen muss, damit die Abluftanlagen von Heizräumen Abluft abführen können, und
- Luft, die nachströmen muss, damit Raumluft absaugende Anlagen wie Abluftwäschetrockner und Dunstabzugsanlagen Luft aus dem Raum abführen können.

Bei der Aufstellung raumluftabhängiger Feuerstätten (Art B) zusammen mit Raumluft absaugenden Anlagen ist eine ausreichende Zuluft Voraussetzung für den sicheren Betrieb der Gasfeuerstätten. Siehe dazu im Besonderen Abschnitt 8.2.2.3.

2.10.4 Abluft

Die über Abluftanlagen und Raumluft absaugende Anlagen abgeführte Luft ist Abluft. Der im Abgas der von Feuerstätten enthaltene Luftüberschuss ist keine Abluft, sondern Teil des Abgases.

2.10.5 Verbrennungsluft

Als Verbrennungsluft zählt die Luft, die bei der Verbrennung in das Gasgerät einströmt.

2.10.6 Verbrennungsluftraum

Als Verbrennungslufträume können solche Räume genutzt werden, in die durch Fugen Luft von außen einströmen kann.

2.10.7 Verbundraum bleibt immer Verbundraum

Speziell zum Abschnitt 9 der TRGI wird bereits an dieser Stelle nachdrücklich darauf hingewiesen, dass im Rahmen des **mittelbaren Verbrennungsluftverbundes** ein Verbundraum immer ein Verbundraum bleibt – auch wenn er ein Fenster, das geöffnet werden kann, oder eine Tür ins Freie hat. Er führt dann wohl dem Gasgerät Art B „wie ein Verbrennungsluftraum" zusätzlich Verbrennungsluft zu und wird bei der Ermittlung der anrechenbaren Wärmeleistung $\dot{Q}_{Lanr}$ nach Abschnitt 9.2.2.2 mit einbezogen – jedoch seine primäre Funktion als Verbundraum bleibt unangetastet. Im Gegensatz zu einem Verbrennungsluftraum, der mit einem Aufstellraum bzw. Verbundraum nach allen 4 Kurven – vorzugsweise Kurven 1–3 – des Diagramms 7 der TRGI verbunden werden darf, muss ein Verbundraum mit einem **Aufstellraum bzw. Verbundraum nach Kurve 4 des Diagramms 7, d. h. einer Öffnung von 150 cm²**, verbunden werden. Siehe dazu auch 9.2.2.2.

unmittelbarer Luftverbund

Beim unmittelbaren Luftverbund wird die Verbrennungsluft eines oder mehrerer Verbrennungslufträume direkt, über gemeinsame Wände oder Türen, dem Aufstellraum zugeführt.

mittelbarer Luftverbund

Beim mittelbaren Luftverbund wird die Verbrennungsluft eines oder mehrerer Verbrennungslufträume nicht direkt, über gemeinsame Wände oder Türen, sondern über einen diese Räume mit dem Aufstellraum **verbindenden** Raum, dem **Verbundraum** zugeführt.

2.10.8 Verbrennungsluftverbund

Trotz eines immer größer werdenden Angebots raumluftunabhängiger Gasfeuerstätten (Gasgeräte Art C) ist die Verbrennungsluftversorgung raumluftabhängiger Gasfeuerstätten (Gasgeräte Art B) über den Verbrennungsluftverbund sowohl für Neuanlagen, aber vor allem für den Weiterbetrieb unzähliger vorhandener Anlagen von großer Bedeutung.

2.10.9 Außenfugen

Durch Außenfugen kann je nach Art der Dichtungen eine unterschiedlich große Luftmenge in den Aufstellraum eindringen. Frühere Fenster, in der Regel ohne Dichtungen, hatten einen hohen Luftdurchlass. Heutige Fenster haben je nach Art der Dichtung einen geringen bis sehr geringen Luftdurchlass. Je größer dieser Luftdurchlass, umso größer ist der Luftwechsel des Raumes.

2.10.10 Außenluft-Durchlasselemente

In der TRGI werden erstmals Anforderungen an Außenluft-Durchlasselemente (ALD) gestellt, wenn diese für die Verbrennungsluftversorgung angerechnet werden sollen. In Abschnitt 9.2.2 und 9.2.3 sind diese besonderen Anforderungen beschrieben. Wesentlich ist die bei einem Unterdruck von 4 Pa dem Verbrennungsluftraum zuströmende Luftmenge.

2.10.11 Verbrennungsluftleitung – für raumluftabhängige Feuerstätten

Als Verbrennungsluftleitung werden die Leitungen bezeichnet, die Gasfeuerstätten Art B und anderen raumluftabhängigen Feuerstätten Luft vom Freien zuführen. Dabei ist es unerheblich, ob die Leitung an der Wand des Aufstellraumes oder dicht beim Brenner der Feuerstätte endet.

2.11 Abgasabführung und Luft-Abgas-Anlagen

2.11.1 Abgasanlage

Abgasanlage ist der Oberbegriff für alle Einrichtungen, die Abgase von Feuerstätten ins Freie abführen.

Nach der MFeuV werden weder die Abgasanlage noch der Schornstein oder die Abgasleitung als Begriff definiert, sondern für den jeweiligen Verwendungszweck der Abgasanlage Anforderungen festgelegt. Die TRGI orientiert sich daher bei den Begriffen an der Norm für Abgasanlagen, der DIN V 18160-1.

Hausschornstein gibt es nicht mehr

Der früher geläufige Begriff „Hausschornstein" wird nicht mehr verwandt. Hausschornsteine waren Abgasanlagen, an die sogenannte „Regelfeuerstätten" für feste, flüssige und gasförmige Brennstoffe (mit einer maximalen Abgastemperatur von 400 °C) angeschlossen werden durften. In Hausschornsteinen durften die Abgase nur im Unterdruck abgeführt werden. Eine Kondensation der Abgase im Hausschornstein war nicht zulässig.

jetzt senkrechter Teil der Abgasanlage

In der DIN V 18160-1 spricht man vom „senkrechten Teil der Abgasanlage". Dies ist der vom Baugrund oder von einem Unterbau oder von einer Konsole ins Freie führender Teil der Abgasanlage. Dieser kann entweder ein Schornstein oder der senkrechte Teil einer Abgasleitung sein.

2.11.2 / 2.11.7 Schornstein oder Abgasleitung

Schornsteine werden nur noch für Feuerstätten für feste Brennstoffe gefordert. Die Abgase von Öl- und/oder Gasfeuerstätten dürfen generell über Abgasleitungen abgeführt werden.

2.11.2 Schornstein nur bei festen Brennstoffen gefordert

Beim Anschluss von Feuerstätten für feste Brennstoffe kann ein Rußbrand nicht ausgeschlossen werden. Aus diesem Grund müssen Schornsteine rußbrandbeständig sein. Das bedeutet, dass auch bei einem Rußbrand von dem Schornstein keine Gefahren für das Gebäude ausgehen dürfen. Dies ist durch das Bauprodukt (das Material muss die thermischen Belastungen von über 1000 °C im Innern des Schornsteines vertragen) und durch den Einbau (es werden in der Regel größere Abstände zu brennbaren Bauteilen gefordert) gesichert. Schornsteine sind in der Regel nicht für den feuchten Betrieb geeignet. Dies bedeutet, dass das Abgas bei bestimmungsgemäßem Betrieb im Schornstein nicht kondensieren darf. Es gibt allerdings inzwischen auch Schornsteine, die für den feuchten Betrieb geeignet sind.

Gasfeuerstätten an Schornsteinen zulässig

An Schornsteine können selbstverständlich auch Gasfeuerstätten angeschlossen werden, wenn die sichere Abgasabführung nachgewiesen wird. Wenn keine Gemischtbelegung mit Festbrennstofffeuerstätten vorliegt, müssen aber beim Einbau nur die Anforderungen an Abgasleitungen eingehalten werden (z. B. geringere Abstände zu brennbaren Bauteilen). Die vom Material her als Schornstein geeignete Abgasanlage kann jedoch dann nur noch als Abgasleitung genutzt werden.

sogenannte „Universalschornsteine“

Sogenannte „Universalschornsteine“ sind Abgasanlagen (meist mit keramischen Innenschalen), die entweder als Schornstein – für Feuerstätten für feste Brennstoffe und trockene Betriebsweise – oder als Abgasleitung – für Feuerstätten für Öl oder Gas und feuchten Betrieb –, eingesetzt werden können.

mögliche Verwendung ergibt sich aus dem Bauprodukt und dem Einbau

Die möglichen Verwendungszwecke sind aus der Kennzeichnung der Abgasanlage ersichtlich und werden letztendlich meist durch den Einbau bestimmt. Ein „Universalschornstein“, der in dem Dachdurchgang an einem Balken anliegt, kann z. B. aufgrund des fehlenden Abstandes nur noch als Abgasleitung genutzt werden.

Diese etwas verwirrende Aussage, dass ein Schornstein nicht immer ein Schornstein zu sein braucht, erfordert vom BSM besondere Sorgfalt bei der Prüfung, ob an einen vorhandenen, mit einer Gasfeuerstätte belegten (ehemaligen) Schornstein (Unterdruckbetrieb) wieder eine Festbrennstofffeuerstätte angeschlossen werden kann, weil dieser möglicherweise zwischenzeitlich (z. B. durch anliegende Einbaumöbel oder die Verkleidung mit brennbaren Baustoffen) nur noch die Anforderungen an Abgasleitungen erfüllt.

2.11.3 eigene Abgasanlage

Unter entsprechenden Voraussetzungen (z. B. Verriegelung, gemeinsames Verbindungsstück) können auch mehrere Gasfeuerstätten als eine gezählt und an eine eigene Abgasanlage angeschlossen werden.

2.11.4 gemeinsame Abgasanlage

An gemeinsame Abgasanlagen sind mehr als eine Feuerstätte für den gleichen Brennstoff angeschlossen.

2.11.5 gemischt belegte Abgasanlage

An gemischt belegte Abgasanlagen sind mehrere Feuerstätten angeschlossen, die nicht alle mit dem gleichen Brennstoff betrieben werden.

gemischt belegter Schornstein

Der gemischt belegte Schornstein ist nur eine besondere Art der gemischt belegten Abgasanlage, bei der die Abgase einer Feuerstätte für feste Brennstoffe gemeinsam mit denen einer Gas- (und/oder Öl-) Feuerstätte abgeführt werden.

Unterscheidung nach gestellten Anforderungen oder nach Belegung

Da Abgase von Feuerstätten für gasförmige und flüssige Brennstoffe nicht mehr in eine Abgasanlage in Schornsteinqualität eingeführt werden müssen, sind wie oben angegeben nur Anforderungen an eine Abgasleitung zu erfüllen. Das äußert sich im Begriff „gemischt belegte Abgasanlage". Wenn diese die Anforderungen für Schornsteine erfüllt, könnte man zwar auch von einem gemischt belegten Schornstein sprechen. Hiervon wird aber abgeraten, um deutlich herauszustellen, dass die materiellen Anforderungen an einen Schornstein nicht erfüllt sein müssen, wenn keine Festbrennstofffeuerstätte angeschlossen ist.

2.11.6 Verbindungsstück

Der Begriff „Verbindungsstück" ist eindeutig definiert. Es handelt sich also nicht nur bei einem sogenannten „Abgasrohr" um ein Verbindungsstück.

Durch den verstärkten Einsatz von Abgasleitungen, besonders bei Brennwertgeräten, ergaben sich in der Praxis häufig Fragen, ob der waagerecht zum Gerät geführte Teil der Abgasleitung auch ein Verbindungsstück ist, weil es nicht in einen Schornstein führt und sowohl mit Unterdruck als auch mit Überdruck betrieben wird.

Seit den TRGI '86/96 ist dies begrifflich eindeutig so festgelegt worden, dass dieser (in der Regel liegend mit Gefälle) geführte Teil der Abgasleitung ein Verbindungsstück ist.

Eine direkt auf ein Gasgerät Art C_3 aufgesetzte senkrechte Abgasleitung hat allerdings kein Verbindungsstück.

2.11.7 Abgasleitung

Da die Abgase von Feuerstätten für gasförmige (und flüssige) Brennstoffe generell auch in Abgasleitungen geführt werden können, ist hier klargestellt, dass die Abgasleitung nicht als Besonderheit von Brennwertgeräten, Wärmepumpen, BHKW o. Ä. betrachtet werden kann. Kriterium der Unterscheidung zwischen Schornstein und Abgasleitung sind nicht Temperatur oder Druck, sondern einzig die Rußbrandbeständigkeit. Der **Schornstein muss**, die **Abgasleitung muss nicht** (aber kann) **rußbrandbeständig sein**.

Der Vollständigkeit halber wird darauf hingewiesen, dass Abgasleitungen nicht nur in Gebäuden, sondern auch außen an Gebäuden geführt sein können.

2.11.8 Luft-Abgas-System (LAS)

Die Kurzbezeichnung LAS, die früher eigentlich für „Luft-Abgasschornstein-System" galt, ist dem Sprachgebrauch angepasst. Es ist für den Anschluss von Gasgeräten Art C_4 geeignet. Die Verwendung von Gasgeräten Art C_2 zum Anschluss an einen gemeinsamen Schacht für Luft und Abgas – in der Literatur auch als U- und SE-duct bzw. KLA-Schornstein bezeichnet – ist nach der MFeuV in Deutschland nicht mehr zulässig. Das DVGW-Arbeitsblatt G 627 wurde zurückgezogen. Für eventuell noch in Betrieb befindliche

Anlagen gilt Bestandsschutz. Dies gilt auch für die „KLA-Schornsteine“ in den neuen Bundesländern.

Als LAS kommen heute ausschließlich neue Systeme zum Einsatz. Die Verwendung von zwei oder drei vorhandenen Schornsteinzügen, als sogenanntes „Bestands-LAS“, wird bei der Errichtung neuer Anlagen nicht mehr praktiziert. Die Gültigkeit der allgemeinen bauaufsichtlichen Zulassung ist abgelaufen.

In der Praxis wird der Begriff LAS häufig auch falsch verwendet: Der raumluftunabhängige Betrieb eines Gasgerätes, dem die Verbrennungsluft über den Ringspalt zur Hinterlüftung einer Abgasleitung, die in einem Schacht verlegt ist, zugeführt wird, ist kein LAS, sondern eine kombinierte Luft-Abgas-Anlage.

2.11.9 Abgas-Absperrvorrichtung

Thermische gesteuerte und mechanisch betätigte Abgasklappen müssen als Verwendbarkeitsnachweis ein CE-Zeichen nach EG-Gasgeräterichtlinie tragen. Thermisch gesteuerte Abgasklappen müssen für das Gasgerät, insbesondere bezüglich der Abgastemperatur, geeignet sein.

handbetätigte Abgas-Absperrvorrichtungen grundsätzlich nicht zulässig

Handbetätigte Abgasklappen sind in Abgasanlagen von Gasfeuerstätten nicht zulässig. Ausgenommen, allerdings unter Einhaltung der entsprechenden Vorgaben, sind dekorative Gasfeuer für offene Kamine. Siehe dazu auch Abschnitt 10.5.1 der TRGI.

2.11.10 Nebenluftvorrichtung

Nebenluftvorrichtungen können der Senkung des Wasserdampf-Partialdruckes im Abgas und somit der Senkung des Taupunktes dienen. Erkennbar an der Änderung (Senkung) des CO_2-Gehaltes bzw. (Erhöhung) des O_2-Gehaltes im Abgas.

Insbesondere bei Gas-Heizkesseln mit Brenner mit Gebläse können Nebenluftvorrichtungen darüber hinaus für einen annähernd gleich bleibenden Unterdruck am Abgasstutzen und somit zu einer besseren Verbrennung beitragen.

Sie sind grundsätzlich im Aufstellraum der Feuerstätte anzuordnen.

2.11.11 Abgas-Drosselvorrichtung

In Abgasanlagen von Gasfeuerstätten sind Abgas-Drosselvorrichtungen grundsätzlich nicht zulässig. Einzige Ausnahme sind Abgasabführungen nach DVGW-Arbeitsblatt G 626. Bei diesen Abgasanlagen werden die Abgase mittels einer Absaugeanlage an der Mündung abgeführt. Diese erzeugt an den Abgasstutzen der angeschlossenen Feuerstätten in den einzelnen Etagen unterschiedliche Unterdrücke. Um etwa gleiche Abgasmassenströme zu erreichen, werden diese mit den Abgas-Drosselvorrichtungen eingestellt.

2.11.12 Absaugeanlage

Bei mechanischer Abgasabführung nach den DVGW-Arbeitsblättern G 626 und G 660 ist besonders auf die in diesen Arbeitsblättern beschriebenen Sicherheitseinrichtungen zu achten.

Mit Absaugeanlagen können in bestimmten Fällen ungünstige Konstellationen bei der Abgasabführung gelöst werden.

Die gemeinsame Abführung von Abluft und Abgas über Lüftungsanlagen nach DIN 18017-3 bzw. über Verbundschachtanlagen ist durch den Einfluss der gleichzeitigen Abführung von Abluft sehr störanfällig. Mit dem Einsatz einer Absaugeanlage an der Mündung kann die sichere Abgasabführung und gleichzeitig eine kontrollierte Lüftung hergestellt werden. Beim Austausch von Gas-Durchlaufwasserheizern in innen liegenden Bädern gibt es aufgrund der in der Regel dann niedrigeren Abgastemperaturen häufig Probleme mit der sicheren Abgasabführung.

Bei nicht ausreichendem Querschnitt einer gemeinsamen Abgasanlage (z. B. bei Wechsel von Gas-Durchlaufwasserheizern gegen Gas-Kombiwasserheizer mit entsprechend höherem Gleichzeitigkeitsfaktor) kann die Verwendung eines Absaugeventilators nach DVGW-Arbeitsblatt G 626 eine Lösung darstellen.

2.11.13 Schacht für Abgasleitungen

Abführung der möglichen Leckrate

Schächte für Abgasleitungen können aus mehreren Gründen gefordert sein.

Bei einschaligen Abgasleitungen im Überdruck ist ein zugehöriger hinterlüfteter Schacht aus Gründen der sicheren Funktion erforderlich. In diesem kann die Verbrennungsluft der Feuerstätte im Gegenstrom zugeführt werden (bei raumluftunabhängigen Feuerstätten) oder die Abgasleitung im Gleichstrom umspülen. In beiden Fällen wird aus der Abgasleitung austretendes Abgas abgeführt (entweder zur Feuerstätte oder ins Freie), bevor eine gefährliche Konzentration eintreten kann. In der Regel hat der Schacht gleichzeitig eine brandschutztechnische Funktion.

Schutz gegen Brandübertragung von Geschoss zu Geschoss

Nach MFeuV müssen Abgasleitungen in eigenen Schächten angeordnet sein, wenn sie Geschosse überbrücken. Dies trifft auch für Abgasleitungen im Unterdruck und für doppelwandige Verbrennungsluft-/Abgasleitungen mit Verbrennungsluftumspülung zu. Der Schacht gehört dann bauordnungsrechtlich nicht zur Abgasleitung. Anforderungen an die Schächte und Ausnahmen von der Forderung sind in Abschnitt 10.1.1 der TRGI und den entsprechenden Teilen des Kommentars beschrieben.

2.11.14 Lüftungsanlage

Bei Abgasabführung über Lüftungsanlagen müssen die Lüftungsanlagen die Anforderungen an Abgasanlagen erfüllen.

2.12 Wärmewert

2.12.1 Wärmewert (H)

Zur Auslegung der Gasleitung sowie zur Einstellung der Gasgeräte muss selbstverständlich der im Gas enthaltene Energieinhalt, d. h. der Wärmewert, ausgedrückt durch Brennwert oder Heizwert bekannt sein. Hinsichtlich des notwendigen Bezuges (der Menge des Gases) kann in der praktischen Anwendung nicht mit der eindeutigen Gasmasse gearbeitet werden. Dieser Bezug muss notwendigerweise das Gasvolumen sein (siehe den notwendigen Gasvolumenstrom zur Leitungs- und Düsenauslegung). Daher sind jeweils klare Vereinbarungen über die Bezugsbedingungen (Referenzbedingungen) angesagt und erforderlich:

Norm(al)zustand

- Der **Normzustand** (besser: Norm(al)zustand) wird durch den tiefgestellten Index „n" (kleines n) gekennzeichnet und bezieht sich auf die Temperatur T_n = 273,15 K (0 °C) und den Druck p_n = 1013,25 mbar.

Standardzustand (Standard = Norm)

- Der ebenfalls verwendete **Standardzustand** (Standard = Norm) wird oft durch den tiefgestellten Index „s" (kleines s) gekennzeichnet und bezieht sich auf die Temperatur T_s = 288,15 K (15 °C) und den Druck p_s = 1013,25 mbar. Die Verwendung der Standardbedingungen ist z. B. charakteristisch bei Bezügen auf Prüfbedingungen im Laboratorium, um die Normanforderungen zu verifizieren.

An dieser Stelle sei somit darauf hingewiesen, dass jeweils den Referenzbedingungen bei eventuellen Vergleichsvornahmen erhöhte Aufmerksamkeit gewidmet werden muss.

Weitere verwendete tiefgestellte Indizes sind:

S = Brennwert

- **S** für Brennwert
  „S" steht für superior (englisch) bzw. supérieur (französisch) d. h. ober/höher. Dies entspricht dem früheren Index o für oberer Heizwert = Brennwert.

und

I = Heizwert

- **I** für Heizwert
  „I" steht für inferior (englisch) bzw. inférieur (französisch), d. h. geringer/niedriger. Dies entspricht dem früheren Index u für unterer Heizwert = Heizwert.

2.12.2 Brennwert ($H_{S,n}$)

Der Brennwert drückt die bei vollständiger Verbrennung freiwerdende Wärmemenge mit Einbezug der – rückgewonnenen – Kondensationswärme des H_2O-Inhaltes im Verbrennungsgas bzw. Abgas aus. D. h. das Abgas wird bis unter den H_2O-Taupunkt abgekühlt. Verbrennungsprodukte sind somit wasserdampffreies Abgas und flüssiges Wasser.

Mit historischem Bezug auf die ursprüngliche Bestimmung des Brennwertes durch Messung mit Kaloriemeter ist als identischer Temperaturzustand für die Reaktionspartner, die Anfangs- und Endprodukte, die thermodynamische Bezugstemperatur 25 °C vereinbart. Dadurch wird die wesentliche Anforderung aus der heutigen Norm DIN EN ISO 6976 erfüllt, dass nur der Reaktionswärmeinhalt des zu verbrennenden Gases zum Brennwert beiträgt und etwa die Wärmekapazität von zugeführtem Gas und dem Verbrennungsmittel Luft oder Sauerstoff unberührt bleibt.

2.12.3 Betriebsbrennwert ($H_{S,B}$)

Praktisch gewann der Brennwert an Bedeutung mit dem Einzug der Brennwerttechnik bei den Gasgeräten. Außerdem wird der Brennwert bei der thermischen Abrechnung verwendet ($H_{S,B} = H_{S,n} \cdot Z$). Die Ermittlung und Umrechnung ist im DVGW-Arbeitsblatt G 685 festgelegt.

2.12.4 Heizwert ($H_{I,n}$)

Der Heizwert ist die bei vollständiger Verbrennung freiwerdende Wärmemenge, wobei als Verbrennungsprodukte nur Abgase einschließlich dem gasförmigem Wasserdampf vorliegen. Da insbesondere der Heizwert auch heute noch den hauptsächlichen Bezugswert für die Belastungsangabe und damit auch für den Einstellwert der Gasgeräte darstellt (siehe die nachfolgenden Abschnitte 2.15 und 2.20), ist in der TRGI an dieser Stelle die Ermittlung des Betriebsheizwertes $H_{I,B}$ als Berechnungsbeispiel im Detail erklärt. In dem Beispiel werden als Ist-Werte (= Betriebszustände) die Temperatur 15 °C (Temperatur im Keller als hauptsächlichen Aufstellort des Gaszählers), der Umgebungsdruck p_{amb} = 994 mbar und der Fließdruck 23 mbar (geregelter Gas-Überdruck im Gaszähler) angesetzt. Der Betriebsheizwert $H_{I,B}$ dient zur Berechnung des Einstellwertes V_E (siehe Abschnitt 2.20) für die volumetrische Einstellung der Belastung eines Gasgerätes. Dazu sind, wie im Beispiel gezeigt, für die Zustandswerte im Gaszähler die Regelbedingungen einzusetzen. Als $H_{I,B}$ und für den mittleren regionalen Luftdruck können keine momentanen Messwerte gelten, sondern hierfür sind langjährig gültige Mittelwerte und der von dem Gaslieferanten bestätigte Nennwert für den $H_{I,n}$ zu Grunde zu legen. Anderenfalls müssten bei jeder, auch nur kurzfristigen Änderung dieser Werte alle volumetrisch eingestellten Gasgeräte neu einjustiert werden.

2.12.5 Betriebsheizwert ($H_{I,B}$)

fiktiver Betriebsheizwert

Mit Bezugnahme auf versorgungsspezifisch mögliche, entweder vom Gaslieferanten für die nahe Zukunft angekündigte oder beabsichtigte Änderungen der Gasbeschaffenheit (siehe die Anpassungsaktion, wie in Abschnitt 2.8.2 der TRGI beschrieben) kann die Notwendigkeit zur Verwendung von fiktiven Betriebsheizwerten gegeben sein. Für diesen Fall werden vom NB den im betroffenen Versorgungsgebiet tätigen VIU für deren volumetrische Belastungseinstellung der Gasgeräte noch mit dem alten Betriebsgas solche fiktiven $H_{I,B}$ als Bezugsgrößen an die Hand gegeben, so dass nach dem „Schalten", dem tatsächlichen Wechsel der Gasqualität im Versorgungsnetz, keine unzulässigen Betriebszustände an den Gasgeräten auftreten können. Es kann somit bei vorhandener Gasqualität mit einer bestimmten Gasdichte eine solche Gasgeräteeinstellung im Voraus vorgenommen werden, die bereits die gas- und verbrennungsspezifischen Werte der kommenden anderen Gasqualität in ausreichendem Maße berücksichtigt. Die Möglichkeiten für solche Methoden mit Handhabung des fiktiven $H_{I,B}$ und deren naturgemäße Einschränkungen orientieren sich an notwendig einzuhaltenden Grenzpunkten von Verbrennungsstabilität, Verbrennungshygiene und bereitzustellender Mindestleistung am Gasgerät.

2.13 Wobbe-Index

Gasgeräteeinstellung über Düsendruckeinstellmethode

Neben der oben beschriebenen Möglichkeit der Belastungseinstellung der Gasgeräte mit „volumetrischer Methode" – über Ablesen am Gaszähler und der Verwendung von $H_{I,B}$ und daraus ermitteltem Einstellwert – dient der hier beschriebene Wobbe-Index dazu, diese Belastungseinstellung über die „Düsendruckeinstellmethode" vornehmen zu können.

Die Berücksichtigung des Effektes der unterschiedlichen Gasdichten bei eventuell wechselnder Gasbeschaffenheit (siehe die Ausführungen zum fiktiven Betriebsheizwert in der Kommentierung zum Abschnitt 2.12) ist bei dieser Methode hinfällig, da der Wobbe-Index den Dichteeinfluss bereits kompensiert. Auf die trotzdem zu beachtenden verbleibenden Effekte der Auswirkung wechselnder Gasqualität auf die Verbrennungsstabilität und

Verbrennungsgüte (Rückschlagen, Abheben) muss jedoch auch bei dieser Methode hingewiesen werden.

2.14 Wärmemenge, Wärmestrom

Zur Vervollständigung der Begrifflichkeiten sind in Abschnitt 2.14 die Wärmemenge und der Wärmestrom als die Wärmemenge pro Zeiteinheit definiert und deren verwendeten Einheiten zugeordnet. Im deutschen Gasfach hat sich die Einheit Ws für die Wärmemenge und kW für den Wärmestrom durchgesetzt. In der Wissenschaft und im europäischen Ausland wird teils vorzugsweise die SI-Einheit J bzw. J/s (J = Joule) verwendet.

2.15 Belastung und Leistung

Bei den im Sinne dieser TRGI gehandhabten Belastungen und Leistungen gilt jeweils der Bezug auf das bzw. die zu versorgenden Gasgeräte. Mit Hinsicht auf das klassische Gasgerät handelt es sich somit weiterhin entsprechend dem Begriffsgebrauch in den TRGI '86/96 um die Wärmebelastung und Wärmeleistung. In der vorliegenden DVGW-TRGI 2008 ist hier lediglich bei jeweils identischen Bedeutungs-Übernahmen (einzige Ausnahme ist die neu hinzugekommene „Streckenbelastung" in 2.15.5) eine Begriffsabkürzung entsprechend der neuen MFeuV, September 2007 vorgenommen worden. Die Feuerungsverordnung passte die Begriffe von zum Beispiel „Nennwärmeleistung" auf „Nennleistung" an, um im Wesentlichen den technologischen Weiterentwicklungen und den gemeinschaftsrechtlichen Vorgaben (vergleiche EG-Wirkungsgradrichtlinie) Rechnung zu tragen. So stellt beispielsweise bei dem Klein-BHKW die Nennleistung die Gesamtleistung, also die Summe von abgegebener elektrischer Generatorleistung und abgegebener thermischer Wärmeleistung des Gerätes, dar.

2.15.1 Belastung ($\dot{Q}_B$)

Die Bedeutungserklärung des Begriffs „Belastung" in Abschnitt 2.15.1 der DVGW-TRGI 2008 weist bereits zwei unterschiedliche Bezüge hinsichtlich des mit der Belastung korrelierenden Gasdurchflusses auf. In Deutschland selbst existiert heute ein Umbruch in dieser Angelegenheit. Allgemein kann auf die generell anzutreffenden unterschiedlichen Bezüge innerhalb Europas hingewiesen werden. Mehrheitlich trifft für das übernommene technische Verständnis und für die praktische Handhabung in Deutschland noch

Bezug auf Heizwert als Regelfall

der Bezug auf $H_{I,B}$ zu, wenn von der angegebenen Gasgeräte-Belastung auf den dem Gasgerät zuzuführenden Energiestrom, den Gasdurchfluss (Gas-Input) in m^3/h geschlossen werden soll. So ist es auch in Abschnitt 2.19 „Anschlusswert" dargestellt und als TRGI-Begriff definiert. Unverkennbar ist jedoch die verständliche teils praktizierte abweichende Behandlung bei Gas-Brennwertgeräten und das Herstellerbekenntnis bei Haushalts-Gasherden durch die Dokumentierung in der derzeit neu erscheinenden überarbeiteten Herdnorm DIN EN 30.

2.15.2; 3; 4
größte Belastung $\dot{Q}_{Bmax}$
kleinste Belastung $\dot{Q}_{Bmin}$
Nennbelastung $\dot{Q}_{NB}$

Von größter Praxisbedeutung für den Anwender, das VIU, ist die Nennbelastung. Sie wird z. B. bei Heizkesseln unter Berücksichtigung des für die Aufstellsituation festgestellten Wärmebedarfs innerhalb des vom Hersteller vorgegebenen Belastungsbereiches zwischen kleinster und größter Belastung fest eingestellt und auf einem Ergänzungsfeld zum Typschild auf dem

Gasgerät vom VIU dokumentiert. Der Wärmebedarf entspricht dabei der benötigten Nennleistung (Wärme-Output), siehe dazu die Begriffsdefinitionen zu den Abschnitten 2.15.6 und 2.15.7.

2.15.5
Streckenbelastung $\dot{Q}_{SB}$

Die Streckenbelastung ist ein bei der Bemessung der Leitungen zu ermittelnder und zu beachtender Wert und ist in diesem Kommentar in der Bezugnahme auf die Abschnitte 7.2 und 7.3 der TRGI näher erläutert.

2.15.6; 7; 9
Leistung $\dot{Q}_L$
Nennleistung $\dot{Q}_{NL}$
Nennleistungsbereich

Die Leistung ist der vom Gasgerät unter Berücksichtigung des Geräte-Wirkungsgrades nutzbar abgegebene Wärmestrom in kW.

2.15.8
Gesamtnennleistung
($\Sigma\, \dot{Q}_{NL}$)

Die Gesamtnennleistung ist die maßgebende Größe für die Anforderungen an die Aufstellung der Feuerstätten. Sie ist die Leitgröße für wesentliche Festlegungen in der MFeuV. Die Summe $\dot{Q}_{NL}$ aller raumluftabhängigen Feuerstätten, die in einem Raum, einer Wohnung oder einer sonstigen Nutzungseinheit aufgestellt und gemeinsam betreibbar sind, ist ausschlaggebend für die Maßnahmen der Verbrennungsluftversorgung. Ausführliche Detailerläuterungen zu dem Gesamtkomplex Gesamtnennleistung und Aufstellräume für Gasgeräte sind in diesem Kommentar zum TRGI-Abschnitt 2.9 gegeben.

2.15.10 Feuerungsleistung

Bei Gasbrennern mit Gebläse (klassische Gebläsebrenner) wurde früher von der Leistung des Brenners gesprochen, obwohl eigentlich eine Belastung gemeint war. Der Begriff „Feuerungsleistung" ist zeitweilig vom Gesetzgeber für alle Brennstoffe im Sinne von Wärmebelastung verwendet worden.

2.16 Volumen

Hinsichtlich Gasvolumenstrom sowie Handhabung der Gasmenge wird auf die Eingangsbemerkungen in diesem Kommentar zu Abschnitt 2.12 verwiesen. Das medium-unabhängige Volumen definiert sich, d. h. wird für die Anwendung erst eindeutig, durch die klare Zuordnung von Zustandsgrößen. Diese sind die Gastemperatur, der Gasdruck und die Gasfeuchte. Das Erdgas, wie es als Verteilungsgas in die Kundenanlage, die Gasinstallation, geliefert wird, ist von relativer Feuchte $\varphi = 0$, also trocken.

2.17 Druck

2.17.1 Gasdruck (p)

Bei allen Gasdruck-Angaben und den Handhabungen der Gasdrücke im Bereich der Gasinstallation geht es um Überdrücke gegenüber dem jeweiligen Atmosphärendruck.

2.17.2 Ruhedruck
2.17.3 Fließdruck

Von Bedeutung für den Betrieb der Gasinstallation ist nicht der an einer Stelle der Leitungsanlage, z. B. an einem Stutzen, gemessene Ruhedruck, sondern der Fließdruck. Allein der festgestellte Fließdruck bei Abnahme des Gases an den End-Verwendungsstellen, den Gasgeräten, welcher einen Mindestwert nicht unterschreitet, sichert die ordnungsgemäße(n) Betriebsfunktion(en) der Gasinstallation ab (hinsichtlich der Absicherung gegen einen unerlaubten zu hohen Gasdruck wird auf die Kommentierung zu Abschnitt 5.4 der TRGI verwiesen). So handelt es sich auch bei den in Abschnitt 2.17 noch folgend aufgeführten Druckdefinitionen, außer 2.17.5, 2.17.6 und 2.17.12, um den Fließdruck. Dieser wird üblicherweise an identischen Stellen in der Gasinstallation mit gleichem Verfahren wie bei dem Ruhedruck gemessen/bestimmt und stellt somit physikalisch den statischen Druckanteil des „fließenden" Gases dar.

2.17.4 Versorgungsdruck

Selbstverständlich muss der Versorgungsdruck durch den NB so nachhaltig durch die adäquate Bemessung und Auslegung des Verteilungsnetzes bereitgestellt werden, dass der Nenndruck von 23 mbar bei maximal möglicher Gasabnahme in der Kundenanlage als Ausgangsdruck hinter dem Gas-Druckregelgerät bzw. am Beginn der Gasinstallation abgesichert ist.

2.17.5 Niederdruck

2.17.6 Mitteldruck

In der DVGW-TRGI 2008 wird an dieser Stelle auf die klassischen Druckeinteilungen für die Gasinstallation in ihren bekannten nationalen Benennungen „Niederdruck" und „Mitteldruck" noch eingegangen. In den folgenden Regelungsabschnitten sind die Bereiche nur noch mit ihren Druckangaben direkt angesprochen. Dieses trägt zum einen dem national übernommenen europäischen Normungsstand Rechnung, zum anderen ist auch mit der nationalen „Verordnung über die allgemeinen Bedingungen für den Anschluss und dessen Nutzungen für Gasversorgungen im Niederdruck (NDAV)" heute eine Situation geschaffen, in der die klassische Niederdruckbezeichnung nicht mehr mit der Bedeutung im Titel des Verordnungstextes übereinstimmt (siehe die Kommentierung zu Anhang 2 der TRGI).

2.17.7 Betriebsdruck (OP)

2.17.8 maximal zulässiger Betriebsdruck (MOP)

Als Betriebsdruck (OP) und maximal zulässiger Betriebsdruck (MOP) sind die Definitionen und Abkürzungen aus der europäischen Normung übernommen worden. In Ergänzung dazu wird in Abschnitt 5.4.3.2 der TRGI noch zusätzlich der „maximale Druck, dem eine Leitungsanlage für kurze Zeit ausgesetzt wird, begrenzt durch Sicherheitseinrichtungen" (= maximaler Störungsfall-Druck, MIP) erklärt. Es sei an dieser Stelle darauf hingewiesen, dass – in etwas strapazierter Weise – für die bisher als Produktzuordnungen national gehandhabte Nenndruckstufe (PN) in europäischen Produktnormen ebenfalls die Kurzbezeichnung MOP benutzt wird.

2.17.9 Ausgangsdruck

Zum Ausgangsdruck des Gas-Druckregelgerätes (p_d) wird in diesem Kommentar bei den Erläuterungen zu Abschnitt 5.4.3 der TRGI näher eingegangen.

2.17.10 Geräteanschlussdruck

Die Sicherstellung des Geräteanschlussdruckes als dem Fließdruck am Gasanschluss des betriebenen Gasgerätes stellt selbstverständlich die wesentliche Aufgabe für die Bemessung der Leitungsanlage (siehe Abschnitt 7 der TRGI) dar.

2.17.11 Düsendruck

Die Einstellung der Belastung von Gasgeräten über den Düsendruck hat viele Vorteile (siehe DVGW-Arbeitsblatt G 682 bzw. G 613), so dass der Düsendruck eine wichtige Angabe in den Herstellerunterlagen für die Einstellung der Nennbelastung der Gasgeräte ist. Die Hersteller geben in Düsendrucktabellen in Abhängigkeit des Wobbe-Indexes die Düsendrücke für die Einstellung der Nennbelastung an. Entsprechend dem DVGW-Arbeitsblatt G 260 wird für Erdgas der Gruppe H der Wobbe-Index W_S = 15,0 kWh/m^3 und für Erdgas der Gruppe L W_S = 12,4 kWh/m^3 vorgegeben. Davon abweichende Einstellungen sind für neue Gasgeräte nur in Ausnahmefällen zulässig. Die Wärmebelastung werkseitig eingestellter Gasgeräte kann schnell und bequem über den Düsendruck kontrolliert werden.

2.17.12 Prüfdruck

Der Prüfdruck wird als Ruhedruck gemessen. Die jeweils erforderlichen Prüfdrücke sind in Abschnitt 5.6 der TRGI behandelt.

2.18 Dichte

Die relative Dichte entspricht dem früheren Begriff „Dichteverhältnis".

2.19 Anschlusswert

Der jeweilige Anschlusswert der Gasgeräte stellt die wesentliche Ausgangsgröße zur Bemessung der zu den Gasgeräten hinführenden Leitungen dar. Das mit dieser DVGW-TRGI 2008 eingeführte, gegenüber den vorherigen TRGI-Ausgaben abgeänderte Bemessungsverfahren zur Leitungsanlagenauslegung hat den Anschlusswert bereits unter Berücksichtigung des Bezugsheizwertes für L-Gas in den Berechnungsvorgaben so umgesetzt, dass dem Anwender, den VIU, als Eingabewert für den Bemessungsarbeitsgang entsprechend Abschnitt 7 der TRGI direkt die Gerätebelastung bzw. die Streckenbelastung (siehe 2.15 der Begriffsdefinitionen der TRGI) angeboten werden kann.

2.20 Einstellwert

Gasgeräte-Einstellung nach volumetrischer Methode erfordert den Einstellwert

Sind die Düsendrücke nicht bekannt, nicht vom Hersteller vorgegeben (ältere Bestandsgasgeräte) oder ist die Einstellung nach Düsendruckmethode aufgrund der Brennerbauart nicht anwendbar, so muss die Nennbelastungseinstellung durch das VIU vor Ort über die volumetrische Methode erfolgen. Hier wird der Einstellwert in l/min benötigt. Dieser errechnet sich wie vorgegeben aus der Nennbelastung des Gasgerätes dividiert durch den Betriebsheizwert mit weiteren Umrechnungsfaktoren, ausgehend von dem Betriebsheizwert in MJ/m^3 (mögliche europäische Angabe) oder in kWh/m^3 (in Deutschland üblich).

3 Verwendete Symbole und Kurzzeichen

Tabelle 1 Verwendete Symbole und Kurzzeichen

Symbole und Kurzzeichen dienen in zeichnerischen Darstellungen als Verständigungsmittel zwischen Planern und ausführenden Fachbetrieben.

Analog der Normen für die Trinkwasser-Installation DIN EN 806-1 sowie DIN ISO 14617 Grafische Symbole für Schemazeichnungen in den derzeit 12 Teilen wurden die Symbole und Kurzzeichen festgelegt.

Weitere neue für die Gasinstallation benötigte grafische Symbole und Kurzzeichen wurden in der Tabelle festgelegt. In Ausführungs-, Montage- und Revisionszeichnungen sollten diese vereinheitlichten Symbole und Kurzzeichen Verwendung finden.

Ebenso sollten in technischen Bemessungsprogrammen der Softwareanbieter diese Bezeichnungen eingepflegt werden.

4 Verwendete Einheiten

Einheiten des Drucks Tabelle 2
Einheiten der Wärmemenge (Arbeit, Energie) Tabelle 3
Einheiten der Wärmeleistung (Leistung, Energiestrom, Wärmestrom) Tabelle 4

In den Tabellen 2 bis 4 sind die Umrechnungsfaktoren für die immer noch in der Praxis verwendeten aber auch in Bestands-Kennzeichnungen vorhandenen unterschiedlichen Einheiten, z. B. auf Druckanzeigegeräten oder auf Gasgeräten, zum Nachschlagen für die Anwender aufgeführt.

Kapitel II Leitungsanlage

5 Leitungsanlage

5.1 Allgemeines

Produktanforderungen

qualifizierte Ausführung

Dass die zu verwendenden Rohre und Bauteile die Anforderungen für den sicheren und funktionsfähigen Betrieb in einer Gasinstallation erfüllen, wird in den Produktanforderungen in Form von DVGW-Arbeitsblättern und -Prüfgrundlagen sowie in DIN- oder DIN EN-Normen festgelegt. Für die Installation gilt, dass diese nur von qualifizierten VIU ausgeführt werden dürfen. Damit wird sichergestellt, dass vor Inbetriebnahme die Gasinstallation einschließlich aller Bauteile auf Dichtheit und Funktion für einen bestimmungsgemäßen Gebrauch überprüft wird.

bestimmungsgemäßer Gebrauch

Als Weiteres wird der Betreiber mit dieser Anforderung in die Pflicht genommen, die Gasinstallation bestimmungsgemäß zu gebrauchen. Hierzu erhält er von dem installierenden Fachbetrieb Betriebs- und Wartungsanleitungen, in denen die Pflichten des Betreibers aufgeführt sind. Mit diesen Regelwerksanforderungen werden sowohl die Herstellung der Rohre und Bauteile, deren Installation als auch der ordnungsgemäße Betrieb der Gasinstallation auf Dauer festgelegt.

Betriebs- und Brandsicherheit

Brand- und Explosionssicherheit

Dieser Abschnitt „Allgemeines" drückt somit als Grundsatzanforderung an die Leitungsanlage aus, dass diese bei bestimmungsgemäßem Gebrauch auf Dauer gefahrlos und damit sicher betrieben werden kann. Die technischen Regeln des DVGW konkretisieren seit jeher die baubehördlichen Anforderungen der „Betriebs- und Brandsicherheit" und setzen diese mit den im Folgenden erhobenen Festlegungen um. Von der Gasinstallation einschließlich des Gasgerätebetriebes und deren Abgasabführung darf keinerlei Gefahr oder etwa ein Brand ausgehen. Mit den TRGI '86/96 war seinerzeit zusätzlich die Anforderung der „Brand- und Explosionssicherheit" – bei äußerer Brandeinwirkung darf die Gasanlage nicht zu einer Explosionsgefahr führen – in das technische Regelwerk aufgenommen worden und wird seit dieser Zeit auch konsequent in den fortgeschriebenen technischen Anforderungen, d. h. neben dem DVGW-Regelwerk auch in DIN- und EN-Normen, und somit für die praktischen Ausführungen, umgesetzt. Die Rohrleitungen einschließlich ihrer Verbindungen sowie aller weiterer Bauteile müssen so beschaffen sein und installiert werden, dass von ihnen auch bei äußerer Brandeinwirkung keine Explosionsgefahr ausgeht. Sie sind **h**öher **t**hermisch **b**elastbar: sie besitzen **HTB**-Qualität.

HTB-Qualität

Das Kriterium für höhere thermische Belastbarkeit (HTB-Qualität) orientiert sich an der Zündtemperatur von Erdgas in Luft von ca. 620 – 640 °C. Unterhalb dieser Temperatur darf im Brandfall an keiner Stelle im Gebäude Gas in Gefahr drohender Menge austreten. Es muss verhindert werden, dass durch temperaturbedingte Undichtheiten der Leitung ein raumausbreitendes Gas/Luft-Gemisch in zündfähigem Bereich entstehen kann und dieses dann durch unkontrollierte Zündung zur Explosion gelangt. Eine kontrollierte Entzündung von austretendem Gas (d. h. direkt an der Leckstelle steht die ausreichende Zündenergie, eine Temperatur von > 650 °C, zur Verfügung) kann im Brandfall jedoch akzeptiert werden.

Brandverstärkung ist akzeptiert

Dagegen würde die explosionsartige Durchzündung die Gebäudestabilität auf einen Schlag aufheben oder zumindest stark einschränken, so dass Menschen-Rettungsmaßnahmen oft nicht mehr möglich wären. Als „nicht Gefahr drohende Menge" konnte aufgrund der jahrelangen Erfahrungen für Bauteile die maximale Leckrate über den Zeitraum von 30 Minuten von 150 l/h und für neue Rohrverbindungen, die maximale Leckrate über 30 Minuten von 30 l/h als unkritisch erkannt und bestätigt werden.

Den aktuellen Stand der Anforderung zur Brand- und Explosionssicherheit gibt die Formulierung der MFeuV, September 2007 § 4

Anforderung aus MFeuV Brand- und Explosionssicherheit

„Aufstellung von Feuerstätten, Gasleitungsanlagen" (Absatz 5) wie folgt wieder:

- *„(5) Gasleitungsanlagen in Räumen müssen so beschaffen, angeordnet oder mit Vorrichtungen ausgerüstet sein, dass bei einer äußeren thermischen Beanspruchung von bis zu 650 °C über einen Zeitraum von 30 Minuten keine gefährlichen Gas/Luft-Gemische entstehen können.*

- *Alle Gasentnahmestellen müssen mit einer Vorrichtung ausgerüstet sein, die im Brandfall die Brennstoffzufuhr selbsttätig absperrt.*

- *Satz 2 gilt nicht, wenn Gasleitungsanlagen durch Ausrüstung mit anderen selbsttätigen Vorrichtungen die Anforderungen nach Satz 1 erfüllen."*

In einer sehr komprimierten Form findet sich in Satz 1 und Satz 2 dieses Absatzes das Ergebnis aus dem damaligen gemeinsam von DIBt und DVGW beauftragten Forschungsvorhaben „Brandverhalten von Gasinstallationen, Gasfeuerstätten und Gasgeräten in Wohngebäuden" im Jahre 1993 wieder. Darin ist für die Gasleitungsanlage mit **metallenen Rohrleitungen** die durchgängige

metallene Gasleitung bietet ausreichende Sicherheit

„primäre Brand- und Explosionssicherheit" bestätigt worden. Die wenigen damals festgestellten „Schwachstellen", wie beispielsweise die

- Sicherheits-Gasschlauchleitung der Ausführung K

- der Gasfilter

- die Glattrohrverbindung nach DIN 3387 mit Elastomerabdichtung

sind bereits mit den TRGI '86/96 durch Einsatzeinschränkung bzw. durch verpflichtende Zusatzanforderungen für den Einsatz im Innenbereich ausgeräumt worden. Die Brand- und Explosionssicherheit wird hier – bei metallenen Leitungen – durch die HTB-Qualität (höhere thermische Belastbarkeit) der Gasleitungen einschließlich deren Verbindungsherstellungen und der

HTB-Qualität durch Primärmaßnahmen

Leitungsbauteile in einer „primären Schutzzielerfüllung“ dargestellt. Der Nachweis der HTB-Qualität über primäre Maßgaben kann durch zwei unterschiedliche Verfahren erbracht werden. Diese sind:

- die Ofenprüfung mit Dichtheitsanforderungen mit maximal erlaubten Leckraten für Bauteile von 150 l/h und für Verbindungen von 30 l/h bei 650 °C über 30 Minuten (Beispiele sind Gaszähler sowie neue Verbindungstechniken)

  oder

- das Festschreiben von Anforderungen an Werkstoff und Konstruktion wie Materialdicke, Passungsmaß (Beispiele sind Rohrleitungen, metallene Schlauchleitung, Absperrarmatur mit Nenndruck MOP = 1bar)

TAE als direkt wirkende Sekundärmaßnahme

Die an den Leitungsenden der metallenen Leitungsanlage angeschlossenen Gasgeräte erfüllen aufgrund ihrer nach EG-Gasgeräterichtlinie erlaubten Ausstattung (Gasgeräte-Steuerteil aus Aluminiumguss oder aus Zinklegierung) diese oben dargestellte Anforderung der „HTB-Qualität aus primären Maßnahmen“ nicht. Daraus resultiert der notwendige Einbau einer „thermisch auslösenden Absperreinrichtung“ (TAE) als Sekundärmaßnahme unmittelbar vor dem Gasgerät. Der Text der MFeuV drückt dies mit Satz 2 aus. „Alle Gasentnahmestellen (= Leitungsende zum Anschluss eines Gasgerätes) müssen mit einer Vorrichtung ausgerüstet sein, die im Brandfall die Brennstoffzufuhr selbsttätig absperrt (= TAE, welche bei Temperaturerhöhung auf 95 °C ± 5 K durch Selbstauslösung die Gaszufuhr zum Gasgerät bleibend verriegelt).“

Kunststoff-Gasleitung

GS als indirekte Sekundärmaßnahme

Satz 1 mit der Aussage zu dem Zeitraum von 30 Minuten und Satz 3 sind geprägt von den aktuellen Diskussionen und Erfahrungen sowie zunehmend auch von den europäischen Eindrücken der letzten 10 bis 13 Jahre. Das existierende Mandat M 131 „Rohre und Zubehörteile“ der EG-Bauproduktenrichtlinie ermöglicht heute bereits die Normung von Leitungen aus nichtmetallenem Material, d. h. Rohrleitungen aus Kunststoff oder Kunststoff/Metall/Kunststoff-Verbundrohr mit CE-Kennzeichnung für deren Einsatz als Gasleitungen innerhalb von Gebäuden. Als Ergebnis der intensiven nationalen Diskussion zu dieser Thematik eröffnet bereits der Verordnungstext mit Satz 3 die Option auch zu dieser Installationsvariante. Hierin wird ausgesagt, dass die Schutzzielanforderung des Satzes 1, die Brand- und Explosionssicherheit, auch durch andere selbsttätige Vorrichtungen als die TAE, d. h. auch z. B. durch die indirekt wirkende Sekundärmaßnahme Gasströmungswächter (GS) erfüllt werden kann. Hierzu werden in der Kommentierung des Abschnittes 5.3.8 noch weitergehende Erklärungen gegeben.

Abschließend lässt sich die Schutzzielaussage der MFeuV zur Brand- und Explosionssicherheit der Gasinstallation als Anforderungen in der folgenden Kurzform zusammenfassen:

Im Brandfall darf das Gas erst dann in Gefahr drohender Menge (Konvention: > 30 l/h bzw. > 150 l/h, je nach Leitungsteil) austreten, wenn

- es sich an der Austrittsstelle sicher entzündet (> 650 °C)

  oder

- die Zeitdauer von 30 Minuten sicher überschritten ist.

Alle diese Anforderungen müssen vom System, von der Gasinstallation selbst, erfüllt sein.

geprüfte, zertifizierte und gekennzeichnete Produkte verwenden

Sind Materialien und Gasgeräte mit der (zutreffenden) CE-Kennzeichnung, z. B. „CE-00xx“, oder dem DIN-DVGW- bzw. DVGW-Zertifizierungszeichen gekennzeichnet, so ist der Anwender grundsätzlich von der Beweispflicht entbunden, dass die Produkte und Gasgeräte nach den anerkannten Regeln der Technik hergestellt sind.

5.2 Anforderungen an Rohre, Form- und Verbindungsstücke sowie Bauteile

DVGW-Arbeitsblätter
DVGW-Prüfgrundlagen
DIN-Normen
DIN EN-Normen

Die hier genannten technischen Regelwerke bieten die Grundlage für die Anforderungen und Prüfungen sowie für die mit dem DVGW- bzw. DIN-DVGW-Zertifizierungszeichen, ggf. auch mit GS-Zeichen oder DVGW-Qualitätszeichen, zu versehenden Produkte der Gasversorgung und -verwendung.

DVGW- bzw. DIN-DVGW-Zertifizierung und CE-Kennzeichnung

Außerdem werden CE-Kennzeichnungen auf der Grundlage der EG-Bescheinigungen gem. der EG-Bauproduktenrichtlinie (89/106/EWG) und der EG-Druckgeräterichtlinie (97/23/EG) nach diesen Regelwerken erteilt.

Nach den EG-Richtlinien können die für das Führen der CE-Kennzeichnung erforderlichen Konformitätsbewertungsverfahren bei allen europäischen, nach den jeweiligen Richtlinien benannten Stellen, den sogenannten „Notified Bodies“, durchgeführt werden. Alle diese Zertifizierungsstellen sind verpflichtet, Informationen über die von ihren durchgeführten Konformitätsbewertungsverfahren (Baumusterprüfung oder Einzelprüfung und -überwachung) untereinander auszutauschen.

DVGW-Zertifizierungsstelle ist akkreditiert und bei der EG-Kommission notifiziert

Die DVGW-Zertifizierungsstelle ist von den zuständigen Stellen für die Zertifizierung von Produkten und die Genehmigung von Qualitätssicherungssystemen im Sinne der vorgenannten Richtlinien akkreditiert und von der Bundesregierung hierfür bei der Europäischen Kommission benannt und dort notifiziert worden. Sie erfüllt hierfür die Kriterien der Normen DIN EN ISO 45011 und DIN EN ISO 45012 und bietet die Zertifizierung von Qualitätssicherungssystemen im Sinne der genannten EG-Richtlinien den Unternehmen, die Erzeugnisse für die Gasverwendung und Gasversorgung herstellen, an.

0085 = Kennnummer des DVGW bei CE-Kennzeichnungen

Die CE-Kennzeichnung mit der Kennnummer 0085, das DIN-DVGW- bzw. DVGW-Zertifizierungszeichen, auch in Verbindung mit dem GS-Zeichen, auf Produkten und Gasgeräten lässt erkennen, dass diese vom DVGW nach den anerkannten Regeln der Technik geprüft sind und überwacht werden. Es kann daher davon ausgegangen werden, dass von den Aufsichtsbehörden die gesetzlichen Bestimmungen als erfüllt angesehen werden.

Normen mit Kennzeichnung (*) sind im DVGW-Regelwerk eingeführt und die darin geregelten Produkte müssen DIN-DVGW-zertifiziert sein

Normen, die mit der Kennzeichnung (*) versehen sind, wie z. B. DIN 3383-1 (*), DIN 3376 (*) oder 3384 (*), sind in das DVGW-Regelwerk aufgenommen, so dass die Produkte auf dieser Grundlage auch eine DIN-DVGW-Zertifizierung erhalten.

Wenn die Europäische Kommission für eine EN-Norm ein Mandat erteilt und diese Norm aufgrund der Auflistung im Europäischen Amtsblatt harmonisiert ist, hat sie damit die Anforderungen und die entsprechenden Konformitätsbewertungen gesetzlich geregelt. Diese Normen sind durch die Hersteller verpflichtend anzuwenden, wenn sie damit übereinstimmende Produkte oder Geräte bei den europäischen Mitgliedsstaaten in Verkehr bringen.

CE-Kennzeichnung zuzüglich DVGW oder DIN-DVGW-Kennzeichnung

Neben der CE-Kennzeichnung können nationale Zusatzkennzeichnungen oder Hinweise im Baumusterprüfbescheid erforderlich sein, wenn nicht alle nationalen Anforderungen hinsichtlich der Sicherheits-, der spezifischen Nutzungs- oder Qualitätsanforderungen in den mandatierten Normen mit den CE-Kennzeichnungen erfüllt werden.

Auflistung der gängigsten Rohre und Verbindungen

Bei den aufgelisteten Rohren und Verbindungen handelt es sich um die in der Praxis am häufigsten verwendeten Materialien.

Innovationen für neue Rohrwerkstoffe oder Verbindungen sind nicht ausgeschlossen

Diese Aufzählung schließt jedoch nicht weitere für die Verwendung in der Gasinstallation geeigneten Materialien aus, wenn die Eignung durch Anforderungen und Prüfungen in DIN-, DIN EN-Normen oder DVGW-Regelwerken nachgewiesen wird.

5.2.1 Freiverlegte Außenleitungen

nur metallene Werkstoffe geeignet

Als freiverlegte Außenleitungen sind derzeit nur die metallenen Rohr- und Verbinderwerkstoffe aus Stahl, nichtrostendem Stahl und Kupfer zugelassen.

als freiverlegte Außenleitungen sind Kunststoffwerkstoffe nicht geeignet

Kunststoffrohre und -verbinder dürfen freiverlegt als Außenleitung nicht verwendet werden. Der Grund hierfür ist, dass die Kunststoffwerkstoffe, die als Gasrohre zur Erdverlegung oder in der Gasinstallation verwendet werden, nicht bzw. nur eingeschränkt UV-beständig und deshalb für diesen Zweck nicht geeignet sind.

5.2.1.1 Stahlrohre

In diesem Abschnitt sind die gängigen in der Praxis verwendeten Stahlrohrnormen aufgeführt. Das heißt jedoch nicht, dass nicht auch andere Stahlrohre nach anderen Normen, wenn sie für die Gasverwendung geeignet sind, ebenfalls verwendet werden können.

DIN EN 10255 Werkstoffnummer 1.0026 Kurzname S 195T

Die europäische Norm DIN EN 10255 ersetzt vollständig die bisherigen nationalen Normen DIN 2440 und DIN 2441 für die Rohrfertigungsverfahren nahtlos oder geschweißt.

Diese Norm stellt Anforderungen an kreisförmige Rohre aus unlegiertem Stahl mit Eignung zum Schweißen und Gewindeschneiden.

Die Rohre sind zum Schmelztauchverzinken nach DIN EN 10290 geeignet.

Für die schwere Reihe (H) und die mittlere Reihe (M) sind folgende Maße festgelegt.

aus DIN EN 10255 Auszug aus Tabelle 2

Tabelle 5.1 – Maße und Durchmesser-Grenzabmaße

				Schwere Reihe (H)	Mittlere Reihe (M)
Nennaußendurchmesser	Gewindegröße	Außendurchmesser		Wanddicke	Wanddicke
mm		max. mm	min. mm	mm	mm
17,2	3/8	17,5	16,7	2,9	2,3
21,3	1/2	21,8	21,0	3,2	2,6
26,9	3/4	27,3	26,5	3,2	2,6
33,7	1	34,2	33,3	4,0	3,2
42,4	1 ¼	42,9	42,0	4,0	3,2
48,3	1 ½	48,8	47,9	4,0	3,2
60,3	2	60,8	59,7	4,5	3,6
76,1	2 ½	76,6	75,3	4,5	3,6
88,9	3	89,5	88,0	5,0	4,0
114,3	4	115,0	113,1	5,4	4,5
139,7	5	140,8	138,5	5,4	5,0
165,1	6	166,5	163,9	5,4	5,0

Biegefähigkeit

Mit geeigneten Biegewerkzeugen sind diese Rohre entsprechend der Nenndurchmesser und entsprechender Biegeradien kalt biegbar. Selbstverständlich können diese Rohre auch warm gebogen werden.

aus DIN EN 10255 Tabelle 4

Tabelle 5.2 – Nennaußendurchmesser D und entsprechender Biegeradius für kalt oder warm gebogene Rohre, Maße in mm

D	17,2	21,3	26,9	33,7	42,4	48,3	60,3
Biegeradius	50	65	85	100	150	170	220

Verzinkte Stahlrohre dürfen weder kalt noch warm gebogen werden.

Diese Stahlrohre werden in der Praxis am häufigsten angewendet.

Die anderen Stahlrohre der benannten Normen sind qualitativ höherwertig und werden aus Kostengründen in der normalen Gebäudeinstallation kaum angewendet.

Form- und Verbindungsstücke

Die hier aufgeführten Form- und Verbindungsstücke können für Gasleitungen verwendet werden. Nur bei den Gewindefittings aus Temperguss nach DIN EN 10242 gibt es für die Verwendung eine Einschränkung.

nur Design-Symbol A verwenden

Das für Deutschland festgelegte Qualitätsniveau muss dem Design-Symbol A der DIN EN 10242 entsprechen.

Mit dem Design-Symbol wird die Tempergusswerkstoffsorte mit W 400-05 oder B 350-10 aus Qualitätsgründen festgelegt.

Gewindeart der ***Anschlussgewinde*** *Innengewinde „R_P“ Außengewinde „R“*

Diese Fittingausführung hat ein zylindrisches Innengewinde „R_P“ und ein kegeliges Außengewinde „R“ nach ISO 7-1 bzw. DIN EN 10226-1 aufzuweisen (ehemals DIN 2999-1).

Nur diese Gewindepaarungen sind für Anschlussgewinde zulässig.

Befestigungsgewinde *Überwurfmuttern von Verschraubungen*

Befestigungsgewinde nach ISO 228-1 sind nur bei Gewinden von Überwurfmuttern und deren Gegengewinden zulässig.

Kennzeichnung von Gewindefittings nach DIN EN 10242

Für den deutschen Anwender dieser Norm für Tempergussfittings sind besonders die Bezeichnungen wichtig, z. B.:

Beispiel ***Winkel***

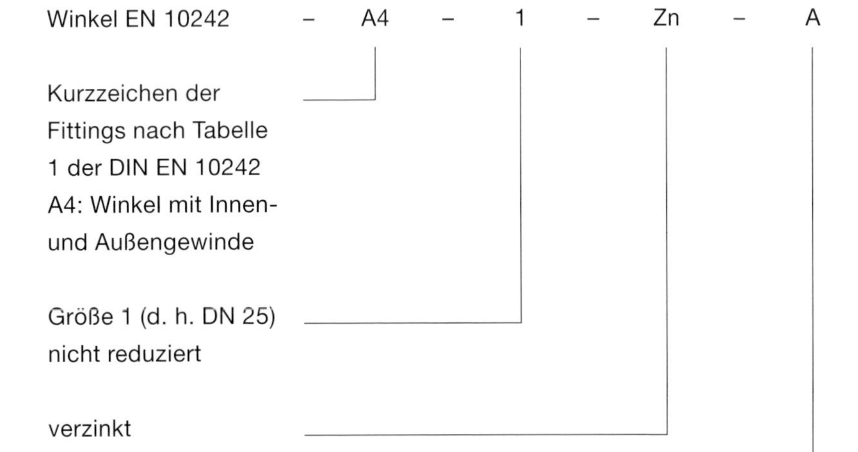

T EN 10242 - B1 - 1x ½ x ¾ - Zn - A

*Beispiel **T-Stück***

- T-Stück → B1
- reduziert im Durchgang von Größe 1 auf ¾ und Abzweig (Angabe nach Methode „a“). → 1x ½ x ¾
- verzinkt → Zn
- Design – Symbol A → A

5.2.1.2 Rohre aus nichtrostenden Stählen DVGW GW 541 (A)

In diesem DVGW-Arbeitsblatt sind für geschweißte und nahtlose Leitungsrohre aus molybdänhaltigen austenitischen Stählen Anforderungen für die Verwendung in Gasinstallationen mit einem maximalen Betriebsdruck von MOP 5 bar festgelegt.

neuer Werkstoff DVGW-Beschluss Nr. 4/2008 des TK „Innenkorrosion“

Der Werkstoff 1.4521 als lasergeschweißtes Rohr mit den unten aufgeführten ergänzenden Angaben ist aus korrosionschemischer Sicht dem Werkstoff 1.4401 gleichwertig:

- Mo-Gehalt ≥ 2,0 %
- Cr-Gehalt ≥ 17,5 %
- $\sum$(C + N)-Gehalt ≤ 0,040 %
- Stabilisierung mit Niob und Titan gemäß DIN EN 10088-2

dünnwandige Rohre Rohrreihe 1 dickwandige Rohre Rohrreihe 2

Aus der Norm DIN EN 10312 sind für die Rohrabmessungen im DVGW-Arbeitsblatt GW 541 „dünnwandige“ Rohre der Rohrreihe 1 und „dickwandige“ Rohre der Rohrreihe 2 ausgewählt worden. Vom Außendurchmesser DN 15 bis DN 108 können diese beiden Rohrreihen mit Pressverbindungen nach der DVGW-VP 614 geprüft und zertifiziert werden.

Pressverbinder nach DVGW VP 614 (P)

Als Pressverbinder für die Rohre aus nichtrostenden Stählen im Verwendungsbereich der TRGI sind ausschließlich nur Pressverbindungen DVGW-zertifiziert nach DVGW-VP 614 zugelassen.

Bild 5.1 – Viega Sanpress Inox G Pressverbinder aus nichtrostendem Stahl für Gas

Kompatibilität

Pressverbindungen nach DVGW-VP 614 sind kompatibel mit den dünnwandigen und dickwandigen Rohren nach dem DVGW-Arbeitsblatt W 541.

Alle Rohre sind bis zum Außendurchmesser 28 mm mit geeigneten Biegegeräten bei einem Biegeradius von mindestens 3.5 x d (d = Außendurchmesser) biegbar.

5.2.1.3 Kupferrohre DIN EN 1057 mit CE-Kennzeichnung zzgl. DVGW-Kennzeichnung nach DVGW GW 392 (A)

Ab dem 01.03.2009 werden Kupferrohre nach der DIN EN 1057 mit einem CE-Zeichen gekennzeichnet.
Damit die nationalen Anforderungen hauptsächlich hinsichtlich der Nennweiten und Wanddicken erhalten bleiben, werden die Kupferrohre neben der CE-Kennzeichnung auch eine DVGW-spezifische Kennzeichnung und/oder einen Hinweis im Baumusterprüfbescheid tragen.

zukünftig zusätzliche neue Wanddicken zulässig

Mit der Überarbeitung des DVGW-Arbeitsblattes GW 392 werden dünnere Wanddicken bei den folgenden Abmessungen zugelassen werden:

28 x 1,0
35 x 1,2
42 x 1,2
54 x 1,5

Form- und Verbindungsstücke
DVGW GW 2 (A) enthält Verbindungsverfahren sowie geeignete Lötmaterialien

Im DVGW-Arbeitsblatt GW 2 sind die zugelassenen Verbindungen für Kupferrohrinstallationen aufgeführt.

Diese sind:

- Schweißverbindungen
- Hartlötverbindungen
- Pressverbindungen
- Klemmverbindungen
- Flanschverbindungen

DVGW VP 614 (P) Pressverbindungen gilt nicht für erdverlegte Leitungen

Die DVGW-VP 614 gilt für Pressverbindungen, die in Gas-Rohrleitungen der Rohraußendurchmesser d ≤ 108 mm und bis zu Nenndrücken von 5 bar (PN 1 oder PN 5) eingesetzt werden. Für den Anwendungsbereich der Gasinnenleitungen nach DVGW-Arbeitsblatt G 600 (TRGI) und TRF müssen sie thermisch erhöht belastbar sein. Diese VP gilt nicht für Pressverbinder, die für erdverlegte Leitungen eingesetzt werden. Die Unzulässigkeit für die Erdverlegung leitet sich für den TRGI-Bereich daraus ab, dass keine Eignungsüberprüfung für Hauseinführungen entsprechend den umfänglichen Anforderungen nach G 459-1 besteht.

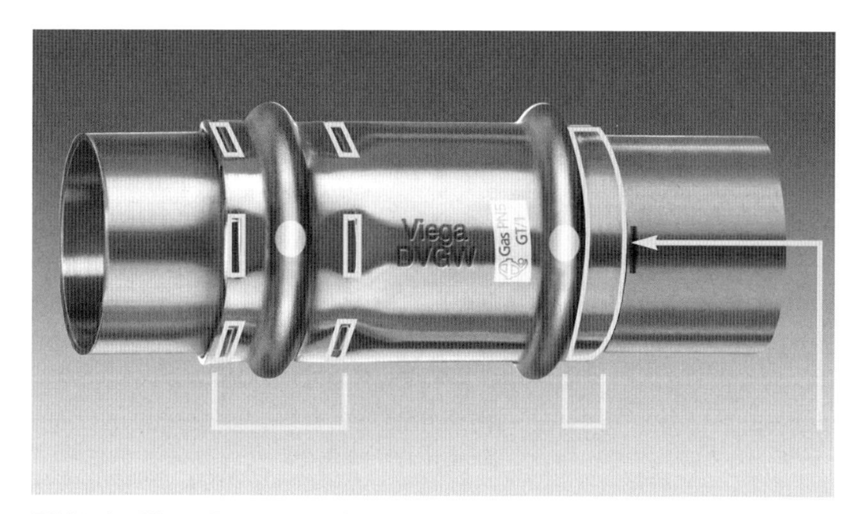

Bild 5.2 – Viega Profipress G Kupferpressverbinder für Gas

Kompatibilität

Geprüfte und DVGW-zertifizierte Kupferrohre nach DVGW-Arbeitsblatt GW 392 sind kompatibel mit allen DVGW-geprüften und -zertifizierten Verbindern.

Nach dem DVGW-Arbeitsblatt GW 392 sind Kupferrohre des Materialzustands R 250 (halbhart) mit handelsüblichen Biegegeräten entsprechend der Tabelle 4 kalt biegbar.

Tabelle 5.3 – Außendurchmesser und kleinster Biegeradius

Außendurchmesser (Nennmaß) ∅ mm	Kleinster Biegeradius Radius der neutralen Achse mm
12	45
15	55
18	70
22	77
28	114

5.2.2 Erdverlegte Außenleitungen

metallene Rohre und Verbinder des Abschnitts 5.2.1

Die in Abschnitt 5.2.1 angeführte Kommentierung gilt auch für diesen Abschnitt.

Ausnahme Stahlrohre nach DIN EN 10255 Mittlere Reihe

Stahlrohre nach DIN EN 10255 (Mittlere Reihe) können nur mit Schweißverbindungen oder Glattrohrverbindungen nach DIN 3387-1 verwendet werden, weil hierbei keine Schwächung der Rohrwand wie beim Gewindeschneiden erfolgt.

Kupferleitungen für Erdverlegung Ausnahme Pressverbindungen

Erdverlegte Pressverbindungen, z. B. bei Kupferleitungen, sind unzulässig; ausgenommen in Leitungen zum Anschluss von Gasgeräten im Freien.

Bei Hausein- oder -ausführungen sind Ausziehsicherungen oder Festpunkte entsprechend DVGW-Arbeitsblatt GW 459-1 einzusetzen. Ausgenommen davon ist die Ausführung von Leitungen zum Anschluss von Gasgeräten im Freien.

Kunststoffrohre aus Polyethylen PE 80 Kennzeichnung gelb
PE 100 Kennzeichnung orange-gelb

Druckrohre aus Polyethylen für erdverlegte Gasleitungen müssen nach DIN 8074 verwendet werden und müssen Durchmesser/Wanddickenverhältnisse von SDR 17,6 (nur Rohre mit Außendurchmesser $d_n > 63$ mm) und SDR 11 für PE 80 sowie SDR 11 und SDR 17,0 (nur Rohre mit Außendurchmesser $d_n > 63$ mm) für PE 100 aufweisen.

Kunststoffrohre aus PE-Xa
- *peroxidvernetzem Polyethylen, Kennzeichnung gelb*
- *PE-Xb silanvernetztes Polyethylen, Kennzeichnung gelb*
- *PE-Xc elektronenstrahlvernetzt, Kennzeichnung gelb*

Diese Druckrohre aus Polyethylen PE-X für erdverlegte Gasleitungen müssen DIN 16893 entsprechen und das Durchmesser/Wanddickenverhältnis SDR 11 aufweisen.

Als Verbinder können metallene Klemmverbinder nach DIN 8076-1, Werkstoffübergangsverbinder und Pressverbinder nach DVGW-VP 600 verwendet werden, wenn diese Verbinder ein DVGW-Zertifizierungszeichen haben.

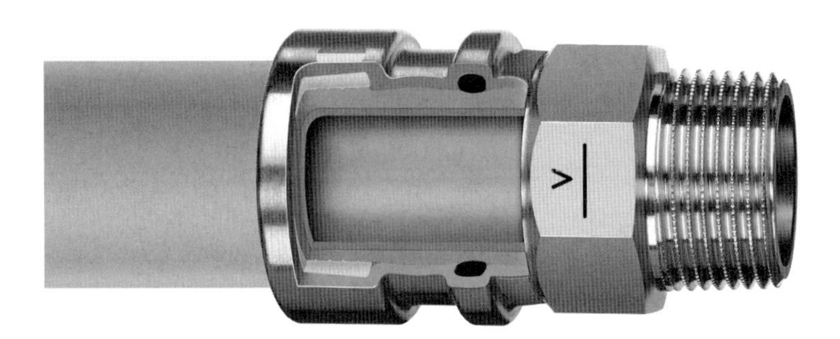

Bild 5.3 – Viega Geopressverbinder für erdverlegte Grundstücksleitungen

Die Rohre PE 80 und PE 100 können auch durch Herstellung von Heizelementstumpfschweißung, Heizelementmuffenschweißung und Heizwendelschweißung nach dem DVS-Merkblatt 2207 Teil 1 verbunden werden. Die vernetzten PE-Rohre können nur durch Heizwendelschweißungen verbunden werden.

DVGW G 472 (A)

Für die Verlegung dieser Gasleitungen aus Kunststoff ist das DVGW-Arbeitsblatt G 472 „Verlegen von Gasleitungen" zu beachten.

5.2.3 Innenleitungen

metallene Rohre und Verbinder des Abschnitts 5.2.1

Die in Abschnitt 5.2.1 angeführte Kommentierung gilt auch für Innenleitungen.

besondere Anforderungen an Verbinder nach DIN 3387-1

Für Innenleitungen müssen diese Glattrohrverbinder zugfest, d. h. widerstandsfähig gegen die möglichen Längskräfte und thermisch erhöht belastbar sein.

5.2.3.1 Präzisionsstahlrohre
nahtlose, geschweißte und geschweißte maßgewalzte Rohre

Diese Rohre haben gleiche Maße und Grenzmaße und sind deshalb mit den Verbindern nach DIN 3387-1 und DIN 3387-2 gleichermaßen zu verwenden. Eine Auswahl der Mindestwanddicken entsprechend den Abmessungen wurde festgelegt.

Einsatzbereich

In der Regel werden diese Präzisionsstahlrohrsysteme bei Geräteanschlüssen oder Druckregelanlagen und deren Steuerleitungen in galvanisch verzinkter Ausführung eingesetzt. Das Biegen ist nur mit geeignetem Biegewerkzeug – beim Rohrhersteller erfragen – möglich.

5.2.3.2 Wellrohrleitungen aus nichtrostendem Stahl für Betriebsdrücke bis 100 mbar

Nach DIN EN 15266 erhalten diese Wellrohre eine CE-Kennzeichnung.

DVGW GW 354 (A)

Für die Verwendung erfordern diese Wellrohre nach dem DVGW-Arbeitsblatt GW 354 eine DVGW-spezifische Kennzeichnung und können in der Trinkwasser- und Gasinstallation verwendet werden.

DVGW VP 616 (P) nur für Gasinstallation

Für die Verwendung erfordern diese Wellrohre nach der DVGW-VP 616 eine DVGW-spezifische Kennzeichnung. Sie sind ausschließlich für die Gasinstallation verwendbar und gelb umhüllt.

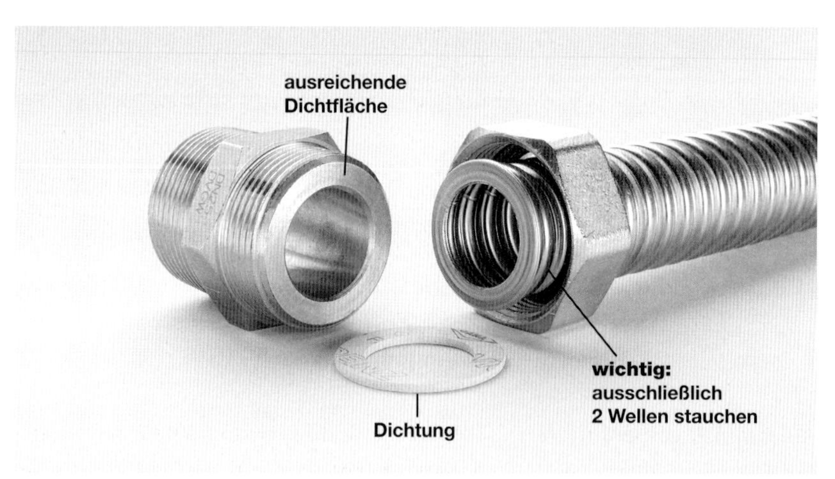

Bild 5.4 – Wellrohr und Verbinder

Über die Festlegungen in DIN EN 15266 hinaus enthalten die DVGW-Regelwerksblätter auch Vermaßungsanforderungen an die Wellengeometrie, so dass die notwendige Kompatibilität der Wellrohrsysteme untereinander und die Übergangsmöglichkeit zu allen anderen Innenleitungen nach Abschnitt 5.2.3 gegeben ist.

Kompatibilität

Die Nennweiten und die zugehörigen Maße und zulässigen Abweichungen sind identisch für Rohre nach den Anforderungen des DVGW-Arbeitsblatts und der Prüfgrundlage, so dass mit den gleichermaßen zugehörigen Verbindern eine Kompatibilität sichergestellt wird.

Der Unterschied zwischen den Anforderungen des DVGW-Arbeitsblattes GW 354 und der DVGW-VP 616 ist im Wesentlichen bei den Werkstoffen der Rohre begründet, die aus Gründen des korrosionschemischen Verhaltens in der Trinkwasser-Installation anderen Beanspruchungen ausgesetzt sind.

Verbindungen

Die Verbindungen der Wellrohre sind so festgelegt, dass eine Kompatibilität zu den unterschiedlichen DVGW-zertifizierten Wellrohren gegeben ist. Übergänge auf andere Rohrwerkstoffe müssen mit den Verbindungen ebenfalls möglich sein.

Dichtungen

Die Dichtungen müssen für die Gasinstallation geeignet sein. Je nach Hersteller können „Gas-Dichtungen" auch Dichtungen aus dem Wasserbereich sein.

Verlegeanleitung der Hersteller

Die Druckverluste für die Bemessung und die Verlegekriterien sind von den Herstellern in der Einbauanleitung anzugeben und durch die Anwender einzuhalten.

5.2.3.3 Leitungen aus Kunststoffen für Betriebsdrücke bis 100 mbar

Als Kunststoffrohre gelten vernetzte Polyethylenrohre- (PE-X) und Mehrschichtverbundrohre aus Kunststoff/Al/Kunststoff.

Brand- und Explosionssicherheit durch Gasströmungswächter und vorleckfreien Bruch der Rohrverbinder

Gegenüber den konventionellen metallenen Gasleitungen stellt dieses nichtmetallene Leitungsmaterial die HTB-Qualität nicht bereits von sich aus („Primärer Brandschutz") dar. Bei der hier beschriebenen nicht erhöht temperaturbeständigen Gasleitung sind zur Erfüllung der geforderten Brand- und Explosionssicherheit zusätzliche Sekundär-Sicherheitseinrichtungen erforderlich. Aus der Notwendigkeit des sicheren Zusammenwirkens mit diesen Sekundäreinrichtungen (Gasströmungswächter) folgern selbstverständlich auch spezifische Produktanforderungen an die Kunststoffrohre und deren Verbinder/Verbindungen. Das bedeutet, dass die Verbinder ein „vorleckfreies Bruchverhalten" aufweisen müssen. Die detaillierte Kommentierung zu Zusammenhängen und resultierenden Anforderungen ist in Abschnitt 5.3.8 gegeben.

Mehrschichtverbundrohre für Gas und Trinkwasser nach DVGW VP 632 (P)

Diese Rohre haben bereits eine DVGW-Zertifizierung auf der Grundlage des DVGW-Arbeitsblatts W 542 für Trinkwasser-Installationen und müssen mit dieser DVGW-VP 632 die zusätzlichen Anforderungen für die Verwendung in der Gasinstallation erfüllen.

Diese Mehrschichtverbundrohre sind damit universell einsetzbar.

nach DVGW VP 656 (P) nur für Gasinstallation

Auf Verlangen einiger Hersteller, die ausschließlich Rohre nur für die Gasinstallation vom DVGW zertifiziert haben möchten, werden diese vollständigen Anforderungen und Prüfungen in die DVGW-VP 656 aufgenommen.

Diese Rohre müssen vollflächig über die Außenfläche gelb (nach DIN 2403 für Erdgas) eingefärbt sein.

zugehörige Verbinder erfüllen Anforderungen für Gas und Trinkwasser DVGW W 534 (A) und DVGW VP 625 (P)

Die Verbinder für die Rohre nach DVGW-VP 632 und DVGW-VP 656 müssen die Anforderungen für Trinkwasser nach dem DVGW-Arbeitsblatt W 534 und die gasspezifischen Anforderungen und Prüfungen nach der DVGW-VP 625 erfüllen.

Herstellersysteme

Die Mehrschichtverbundrohre und die Verbinder sind grundsätzlich als Herstellersystem geprüft und erhalten eine Systemzertifizierung. Das bedeutet, dass nur die Rohre mit den Verbindern kombiniert werden dürfen, die auch miteinander die Prüfungen nach den DVGW-Anforderungen erfüllt haben und auf dem Zertifizierungsbescheid des DVGW aufgeführt sind.

Dichtungen

Falls bei den Rohrverbindungen Dichtungen verwendet werden, sind für Gasinstallationen andere Dichtungen als bei Trinkwasser-Installationen Bestandteil der DVGW-Zertifizierung.

vernetzte Polyethylenrohre (PE-X) DVGW W 544 (A) und DVGW VP 624 (P)

Der Rohrwerkstoff vernetztes Polyethylen nach dem DVGW-Arbeitsblatt W 544 erfüllt auch die Anforderungen für die Verwendung in der Gasinstallation. Genau wie bei Mehrschichtverbundrohren haben diese Rohre bereits eine DVGW-Zertifizierung für die Verwendung in der Trinkwasser-Installation. Zur Verwendung in der Gasinstallation müssen diese Rohre zusätzlich auch die Anforderungen nach DVGW-VP 624 erfüllen.

Diese vernetzten Polyethylenrohre sind universell einsetzbar.

nach DVGW VP 655 (P) nur für die Gasinstallation

Genau wie bereits bei den Mehrschichtverbundrohren beschrieben sind diese vollständig gelb eingefärbten Rohre nur für die Gasinstallation verwendbar.

PE-X Rohr

Verbundrohr

Bild 5.5 – REHAU Rohr und Verbinder für die Gasinstallation

UV-Beständigkeit

Die DVGW-VP 655 verlangt, dass der Nachweis der UV-Beständigkeit – hier die ausreichende UV-Resistenz für die Verwendung als Innenleitung – geführt wird. Das bedeutet, dass diese Rohre bei zugänglich verlegten Innenleitungen nicht besonders, z. B. durch Umhüllungen, gegen UV-Licht geschützt werden müssen.

zugehörige Verbinder erfüllen Anforderungen für Gas und Trinkwasser DVGW W 534 (A) und DVGW VP 626 (P)

Hier gilt das Gleiche wie bei Mehrschichtverbundrohren, beide Anforderungen, sowohl die für Gas als auch für Trinkwasser, müssen erfüllt werden.

Kompatibilität

Anders als bei Mehrschichtverbundrohren können vernetzte Polyethylenrohre mit DVGW-zertifizierten Verbindern auch außerhalb der Hersteller-Zertifizierungen kompatibel sein. Die Zustimmung des Rohr- und Verbinder-Herstellers muss vorliegen.

Rohrzertifizierung und Hersteller-Zertifizierung mit Rohr und Verbinder möglich

Die Rohrhersteller können auf der Grundlage des DVGW-Arbeitsblatts oder der VP eine Zertifizierung nur für das Rohr oder eine Systemzertifizierung für Rohr und Verbinder erhalten.

DVGW-Prüfprotokoll beachten

Aber auch für vernetzte Polyethylenrohre und Verbinder gilt wie für Mehrschichtverbundrohre, dass nur das, was miteinander geprüft wurde, bedenkenlos untereinander kombiniert werden kann.

Dichtungen

Wie bereits bei Mehrschichtverbundrohren beschrieben, sind Verbinderdichtungen unterschiedlich für die Gas- und Trinkwasser-Installation.

5.2.4 Gasgeräteanschlussleitung

starre und biegsame Anschlüsse zulässig

Gasgeräte dürfen mit starren oder biegsamen Rohren, Form- und Verbindungsstücken nach Abschnitt 5.2.3 oder/und mit „biegsamen Geräteanschlussleitungen" entsprechend diesem Abschnitt angeschlossen werden.

Betriebsdruck bis 1 bar DIN 3384 Nenndruckstufe 16 bar

Anwendungsbereich Gewerbe und Industrie

Bei „biegsamen Gasgeräteanschlussleitungen" im Mitteldruckbereich bis 1 bar können Gasschlauchleitungen, bestehend aus einem flexiblen Wellschlauch, wobei der gasführende Teil aus nichtrostendem Stahl sein muss, nach DIN 3384 verwendet werden. Der Gasschlauch kann zum Schutz vor unzulässiger Dehnung eine Umflechtung und zum Schutz des Gasschlauches oder der Umflechtung eine Ummantelung haben, die gegen äußere Beschädigung oder Verschmutzung schützt. Diese Gasschlauchleitungen aus nichtrostendem Stahl werden vorwiegend in Gewerbe und Industriebetrieben mit rauen Betriebsbedingungen, z. B. bei ausschwenkbaren oder in der Einbaulage verfahrbaren Brennern, eingesetzt.

Betriebsdrücke bis 100 mbar DIN 3383-1 Sicherheitsgasschlauchleitungen und Gasanschlussarmaturen

Im Haushalts- und Kleingewerbebereich für Anschlussdrücke bis 100 mbar werden überwiegend Sicherheits-Gasschlauchleitungen nach DIN 3383-1 verwendet.

Diese bestehen aus

- dem Schlauchteil, d. h. dem gasführenden, dichten Innenschlauch

  und

- der Bewehrung, die den Schlauchteil längs- und querschnittstabil hält sowie ihn gegen Überbiegen schützt; sie muss aus metallenen Werkstoffen bestehen.

Installation durch VIU

Man unterscheidet den

- Ganzmetallschlauch, bei dem der Schlauchteil und die Bewehrung aus Metall bestehen müssen (Ausführung M)

  und den

- Schlauch mit nichtmetallenem gasführendem Schlauchteil, bei dem die Bewehrung aus nichtrostendem Stahl oder korrosionsgeschützt mit zusätzlicher (weißer PVC-) Ummantelung ist (Ausführung K)

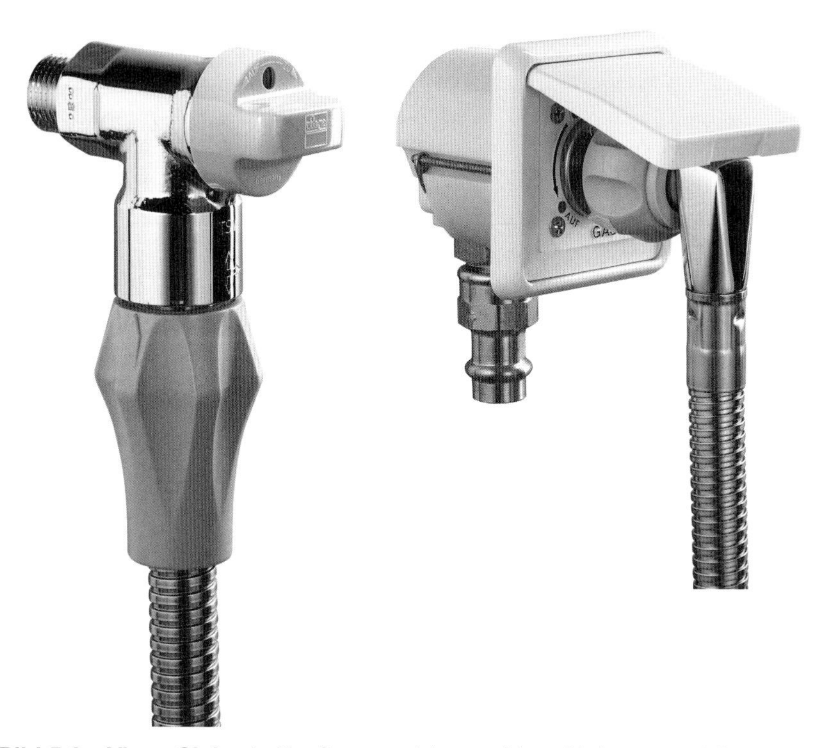

Bild 5.6 – Viega Sicherheits-Gasanschlussschlauchleitung und Anschlussarmatur nach DIN 3383-1

Ganzmetallschlauchleitung

Bei der Ganzmetallschlauchleitung muss das Schlauchteil aus mindestens 0,13 mm starkem nichtrostendem Stahl bestehen. Dieses Schlauchteil ist als Wellrohr ausgebildet und bedarf der Bewehrung, da Wandstärken von 0,13 mm zwar eine ausreichende Elastizität bewirken, aber keinen ausreichenden Schutz gegen Verformung und Abknicken darstellen.

Schlauchleitung mit nichtmetallenem Schlauchteil

Die Schlauchleitung mit nichtmetallenem Schlauchteil muss eine Dauertemperaturbeständigkeit von 135 °C und kurzzeitig von 200 °C haben. Wenn der Schlauch nicht mit einer Kunststoffummantelung versehen ist, d. h. wenn er durch eine Bewehrung aus nichtrostendem Stahl äußerlich von dem Ganzmetallschlauch nur schwer zu unterscheiden ist, muss er eindeutig gekennzeichnet sein.

Sicherheitsschlauchleitungen

DIN 3383-2 fester Anschluss

Sicherheitsschlauchleitungen nach DIN 3383-1 haben an einem Ende eine Gewindemuffe und am anderen Ende einen Sicherheits-Anschlussstecker zum lösbaren Anschluss in Verbindung mit einer Sicherheits-Anschlussarmatur (Gassteckdose). Schlauchleitungen nach DIN 3383-2 für festen Anschluss sind baugleich mit Sicherheits-Gasschlauchleitungen nach Teil 1, sie haben nur statt des Anschlusssteckers ein Bundstück mit Überwurfmutter nach DIN 3292-1.

Vorsicht vor zu starker Erwärmung

Alle Schlauchleitungen nach DIN 3383 dürfen nicht übermäßig hoch erwärmt werden, d. h. nicht im Bereich von Flammen, heißen Abgasen oder hoher Strahlungswärme liegen, da auch der an sich temperaturbeständige Ganzmetallschlauch Wärme zu den temperaturempfindlichen Dichtungen im Anschlussteil leitet und diese dadurch beschädigt werden können. Diese Beschädigung führt aber nicht zu einem Versagen, das die Aussage in Abschnitt 5.1 in Frage stellt, wonach dadurch keine Explosionsgefahr auftreten darf.

Ammoniumdämpfe in Stallungen gefährden Kupfer

In diesem Zusammenhang wird generell darauf hingewiesen, dass in der Tierhaltung die Einwirkung von Ammoniumverbindungen auf Gasinstallationen nicht auszuschließen ist, so dass die Verwendung von Messing, Kupfer etc. nur bedingt, d. h. nur mit Korrosionsschutz, möglich ist. Dies kann besonders in Tieraufzuchtsstellen mit höhenverstellbaren Infrarotstrahlern relevant werden. Die TRF (Technische Regeln Flüssiggas) empfiehlt in diesen Fällen z. B. einen Schutzanstrich wie für Außenleitungen.

DVGW VP 618-1 (P) Sicherheits-Gasschlauchleitung mit Nippel und Rändelmutter Anschluss an Gasarmaturen nach DIN 3383-1 Anschluss durch Anwender

Diese Sicherheits-Gasschlauchleitungen mit Nippel und Rändelmutter (bei entsprechendem Verbindungsteil am Gasgerät) zum Anschluss an Sicherheits-Gasschlaucharmaturen nach DIN 3383-1 sind für die vereinfachte Aufstellung von Gas-Haushaltskleingeräten im Hausinnenbereich und für den häuslichen Außenbereich (z. B. Terrasse) durch den Anwender selbst geeignet.

Bild 5.7 – Witzenmann, Sicherheitsschlauchleitung mit Rändelmutter

nicht kompatibel mit Gasanschlussarmatur nach DVGW VP 635-1 (P)

Damit der Anwender bei der Verbindungsherstellung oder -lösung die Sicherheit nicht gefährdet, ist zum Schutz gegen versehentliches erstes Lösen der Nippelverbindung durch den Nutzer im Steckerteil der Schlauchleitung grundsätzlich ein Gasströmungswächter nach DVGW-VP 305-1 (Typ K) integriert.

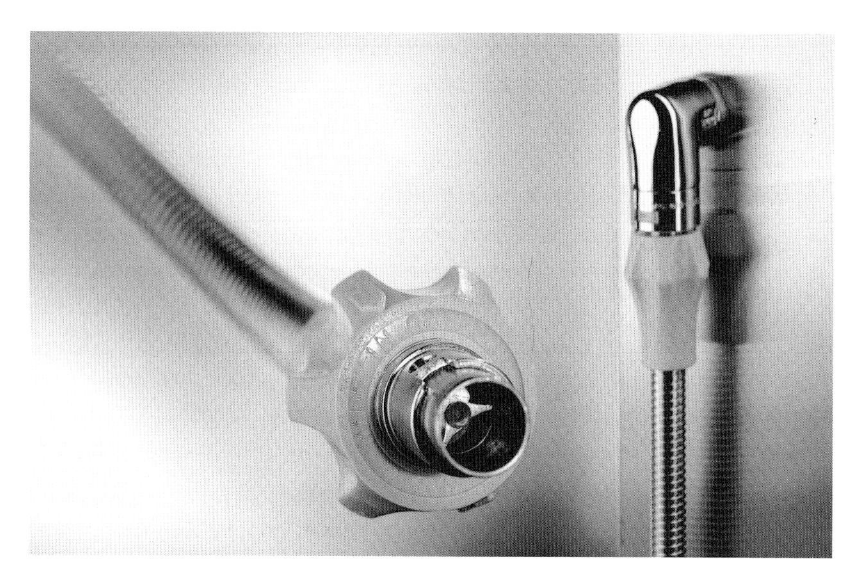

Bild 5.8 – Witzenmann, Sicherheitsschlauchleitung mit integriertem Strömungswächter im Steckerteil

Außerdem enthält der Nippel dieser Schlauchleitung mit Rändelmutter eine doppelte O-Ring-Anordnung. Passend zum Nippel der Schlauchleitung ist an dem Gasgerät das werkseitig montierte Verbindungsteil vorhanden. Die so ausgeführten Schlauchleitungen bieten somit die Voraussetzung für eine vereinfachte Handhabung der Aufstellung und Erstinbetriebnahme von bestimmten Gasgeräten, wie z. B. Gasherd, Gas-Wäschetrockner oder auch Gasgeräten im Freizeitbereich wie Gasgrill oder Gas-Terrassenheizstrahler, siehe dazu auch die Kommentierung zu Abschnitt 8.1.3.5 dieser TRGI. Die „Nippelverbindung mit Rändelmutter" hat den Zweck, mit einfachem Zusammenstecken und Arretieren durch eine von Hand zu betätigende Rändelmutter, d. h. ohne installationsfachliche Fertigkeiten – eine dichte Verbindung zwischen Gasgerät und Sicherheits-Gasschlauchleitung herzustellen.

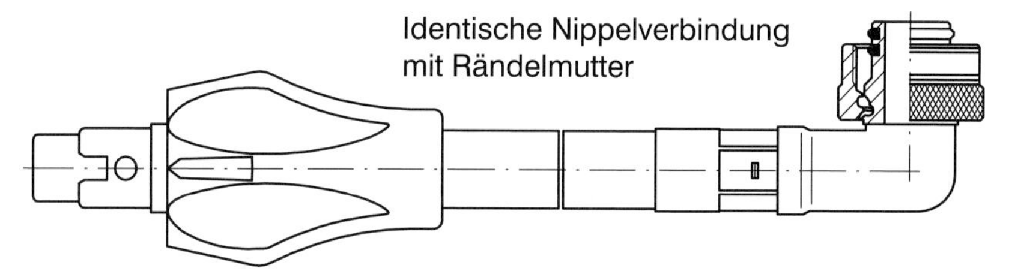

Bild 5.9 – Schlauchleitung nach DVGW-VP 618-1

DVGW VP 618-2 (P)
Sicherheits-Gasschlauchleitung mit Nippel mit Rändelmutter
Anschluss an Gasarmatur nach DVGW VP 635-1 (P)
Anschluss durch Anwender

Im Unterschied zur Sicherheits-Gasschlauchleitung mit Nippelverbindung nach DVGW-VP 618-1 [Ausführung „M" (Metall) nach DIN 3383-1] ist die vorliegende Sicherheits-Gasschlauchleitung nach DVGW-VP 618-2 [Ausführung „M" (Metall) oder „K" (Kunststoff) nach DVGW-VP 635-2] mit einem anderen Gassteckdosensystem passend zur Sicherheits-Gasanschlussarmatur nach DVGW-VP 635-1 versehen.

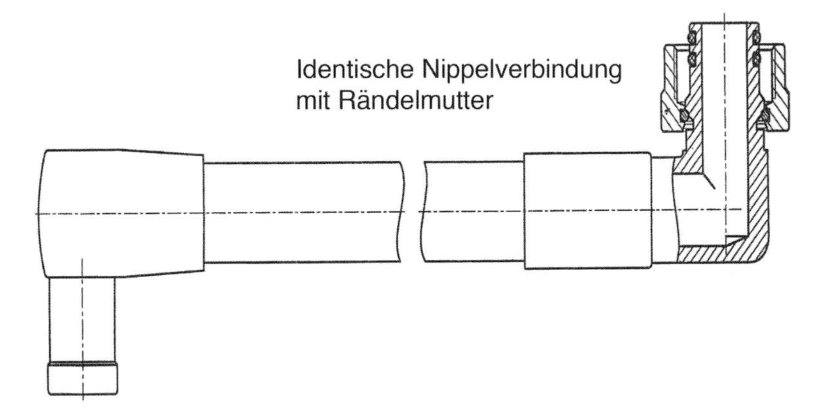

Bild 5.10 – Schlauchleitung nach DVGW-VP 618-2

Bei diesem Sicherheits-Gasschlauchleitungssystem nach DVGW-VP 635-1 und 2 ist der Gasströmungswächter nicht – wie oben beschrieben – im Steckerteil, sondern in der Gasanschlussarmatur integriert.

nicht kompatibel mit Gasanschlussarmatur nach DIN 3383-1

Bild 5.11 – Mertik Maxitrol Schlauchleitung nach DVGW-VP 618-2

DVGW VP 635-2 (P) Sicherheits-Gasschlauchleitungen für Sicherheits-Gasanschlussarmaturen

Diese Sicherheits-Gasschlauchleitungen Typ (M) mit einem gewellten Metallschlauch und Typ (K) mit einem Gummi- oder Kunststoffschlauch weisen gegenüber solchen nach DIN 3383-1 unter anderem ein unterschiedliches Steckersystem auf, welches grundsätzlich auf Sicherheits-Gasanschlussarmaturen nach DVGW-VP 635-1 abgestimmt ist.

DVGW VP 635-1 (P) Sicherheits-Gasanschlussarmaturen für metallene und/oder nichtmetallene Gasschlauchleitungen

Diese Sicherheits-Gasanschlussarmaturen sind entweder für metallene Gasschlauchleitungen entsprechend dem Anwendungsbereich der TRGI und der TRF für den Betrieb mit Gasen nach dem DVGW-Arbeitsblatt G 260 (außer Flüssiggas in der Flüssigphase) oder für nichtmetallene Gasschlauchleitungen zur Anwendung im Freien ausgeführt.

Sicherheits-Gasanschlussarmaturen nach dieser DVGW-VP sind grundsätzlich mit einem integrierten Gasströmungswächter vom Typ K (ohne Überströmöffnung) entsprechend der DVGW-VP 305-1 versehen, es sei denn, der Gasanschluss ist nur zur Verbindung mit nichtmetallenen Gasinnenleitungen nach DVGW-VP 624 oder DVGW-VP 632 geeignet.

DVGW G 621 (A) Gasanlagen in Laborräumen und naturwissenschaftlich technischen Unterrichtsräumen – Installation und Betrieb

Für Gasinstallationen nach DVGW-Arbeitsblatt G 621 „Gasanlagen in Laborräumen und naturwissenschaftlich-technischen Unterrichtsräumen" ist eine generelle Ausnahme sinnvoll und auch entsprechend Regelwerk vorgeschrieben. In Laboratorien arbeiten Fachkräfte oder unterwiesene Personen und in Unterrichtsräumen muss immer eine aufsichtsführende Lehrkraft anwesend sein, wenn Gasgeräte benutzt werden, so dass es zulässig ist, Laborbrenner (Bunsenbrenner) nach DIN 30665-1 mit DIN-DVGW-Zertifizierung zu verwenden, die

- nicht mit Flammenüberwachungseinrichtung (= Zündsicherung) ausgerüstet sind

- mit Schläuchen nach DIN 30664-1 (Laboratoriumsschläuche ohne Ummantelung und Armierung) oder mit „Schläuchen für Gasbrenner, Laboratorien; Schlauchleitungen mit und ohne Bewehrung mit Endmuffen" nach VP 501 angeschlossen sind.

Diese Laboratoriumsschläuche müssen mit dem DIN-DVGW- bzw. mit dem DVGW-Zertifizierungszeichen gekennzeichnet sein.

5.2.5 Andere Rohre und Zubehörteile

Zulassung von neuen Materialien

Mit diesem Abschnitt soll der Hinweis darauf gegeben werden, dass nach Veröffentlichung dieser TRGI die Entwicklungen weitergehen und es in Zukunft weitere Rohre, Verbinder oder Zubehörteile geben wird, die aktuell nicht aufgeführt sind. Damit nicht die TRGI bei jeder neuen Entwicklung überarbeitet werden muss, wurde dieser Abschnitt aufgenommen.

Nachweis der Verwendbarkeit CE-Kennzeichnung DVGW- oder DIN-DVGW-Zertifizierung

Das heißt, dass auch neue Materialien, die noch nicht in dieser TRGI aufgeführt sind, angewendet werden dürfen, wenn sie für den Verwendungsbereich der TRGI geeignet sind. Von einer Eignung kann ausgegangen werden, wenn eine DVGW- bzw. DIN-DVGW-Zertifizierung oder eine zutreffende CE-Kennzeichnung (siehe dazu auch die Kommentierung zu Abschnitt 5.2) vorliegt.

5.2.6 Rohrverbindungen

Die Rohrverbindungen werden in unlösbare und lösbare Verbindungen, zugehörig zu den jeweiligen Rohrwerkstoffen, unterschieden. Des Weiteren erfolgt eine Zuordnung hinsichtlich der erforderlichen Qualifikationen der ausführenden Fachkräfte für bestimmte Verbindungsarten, bei denen die handwerklichen Fähigkeiten nachgewiesen werden müssen.

5.2.6.1 Unlösbare Verbindungen

stoffschlüssig, mechanisch oder Gewindeverbindung

Eine unlösbare Verbindung kann stoffschlüssig, z. B. durch Schweiß- oder Lötverbindungen, oder mechanisch durch Pressverbinder hergestellt werden. Auch eine Gewindeverbindung gehört zu den unlösbaren Verbindungen, weil ein Auseinanderschrauben zwischen zwei Gewindeverbindungen nur durch Auseinanderschneiden des Rohres möglich wird, wenn nicht eine lösbare Verbindung, z. B. Verschraubung oder Flansch, dazwischen vorhanden ist.

Gewindeverbindungen bei Stahlrohr *nur bis DN 50 erlaubt*

Entsprechend der DIN EN 1775 „Gasleitungen in Gebäuden" sind Gewindeverbindungen bei Stahlrohren nur bis DN 50 erlaubt. Damit soll ausgeschlossen werden, dass die gesamte Leitung größer als DN 50 mit Gewindeverbindungen hergestellt wird. Das Schneiden der Gewinde unter Baustellenbedingungen, das Einhanfen und das Einschrauben von größeren Gewinden als DN 50 wird als problematisch angesehen. Deshalb soll die Regelverbindung bei Gewinden bei DN 50 enden.

davon ausgenommen Geräte und Armaturen-anschlüsse

Einzelne Gewindeverbindungen, die aus Gründen von z. B. Geräte- und Armaturenanschlüssen größer als DN 50 ausgeführt werden müssen, sind von dieser Einschränkung nicht betroffen. Zudem können für Bestandssituationen z. B. Reduzierstücke mit werksmäßig geschnittenem Gewinde zum Übergang von dem existierenden Anschluss > DN 50 benutzt werden.

konisch/zylindrische Gewindepaarung R/P_R-Gewinde sind zulässig

Im Gewinde dichtende Anschlussgewinde müssen entsprechend DIN EN 10226-1 (ehemals DIN 2999) mittels eines zylindrischen Innengewindes „R_P" und eines kegeligen Außengewindes „R", welche mit Hanf als Dichtmittelträger und einem nicht aushärtenden Dichtmittel entsprechend DIN EN 751-2 mit einem Werkzeug, z. B. Rohrzange, verschraubt werden.

PTFE-Bänder bis DN 50 Typ GRp und Rp Kennzeichnung

Auch PTFE-Bänder der Klasse GR_P und Zusatzkennzeichnung R_P entsprechend DIN EN 751-3 können bei konisch/zylindrischen Gewinden bis zur Nennweite DN 50 verwendet werden.

aushärtende Dichtmittel eingeschränkt zulässig

Aushärtende Dichtmittel nach DIN EN 751-1 sind nur für industrielle Fertigungen von Gasarmaturen oder Gasgeräten, nicht jedoch für die allgemeine Gasinstallation zugelassen.

Rückdrehen und Ausrichten muss möglich sein

In der praktischen Anwendung müssen einzelne Rohrgewinde in einem bestimmten Winkel 45° rückdrehbar und ausrichtbar sein, dies ist mit aushärtendem Dichtmittel nicht zu realisieren.

Dichtmittel mit DIN-DVGW-Zeichen,

Alle Dichtmittel müssen DIN-DVGW-zertifiziert sein.

Rohre für Gewinde benötigen entsprechende Wanddicken,

Nur die bezeichneten Rohre sind für Gewindeverbindungen zu verwenden, weil diese die erforderliche Wanddicke zum Gewindeschneiden besitzen.

Kunststoffgewinde sind unzulässig

Kunststoffgewinde, die im Gewinde dichten, sind nicht zulässig, weil ein Überdrehen und damit ein Abscheren nicht ausgeschlossen werden kann.

Stahlschweißverbindungen

In der Aufzählung der Normen sind die Stahlrohre aufgenommen, die für die Schweißverfahren geeignet sind. Die Qualifizierung für die angewendeten Schweißverfahren ist in Abschnitt 5.2.6.4 aufgenommen.

Hartlöt- und Schweißverbindungen an Kupferrohren

Im DVGW-Arbeitsblatt GW 2 sind Anforderungen an die Durchführung dieser Verbindungen beschrieben.

Hartlötverbindungen

Hartlöten beginnt bei einer Liquidustemperatur oberhalb von 450 °C. Bei Verwendung normgerechter Rohre und Fittings sind unter der Voraussetzung, dass die Rohrenden kalibriert sind, keine besonderen Bestimmungen in Bezug auf die Lötspaltbreiten zu beachten.

Lötspaltbreite

Beim Löten ist die maximale Lötspaltbreite für Rohre bis DN 50 auf 0,3 mm und über DN 50 auf 0,4 mm begrenzt.

Mindest-Überlappungslängen bei handwerklich hergestellten Muffen

Bei Hartlöten beträgt die Mindest-Überlappungslänge bei Muffen das 3-fache der Wanddicke, mindestens aber 5 mm. Die praktischen Erfahrungen haben gezeigt, dass die optimale Überlappungslänge 7 mm bis einschließlich DN 40 und darüber hinaus 10 mm beträgt.

nur industrielle T-Stücke zulässig

T- und Schrägabgänge sind mit Lötfittings auszuführen.

Tabelle 5.4 – Hartlote nach DIN EN 1044

geeignete Hartlote

Hartlote nach DIN EN 1044	DIN EN ISO 3877	Vormals DIN 8513	Schmelzbereich (°C)	Flussmittel
CP 203 [2]	B-Cu94P	L-CuP6	710–890	ohne Flussmittel [1]
CP 105 [2]	B-Cu92AG	L-Ag2P	645–825	
Ag 106	B-Cu36AgZnSn	L-Ag34Sn	630–730	mit Flussmittel
Ag 104	B-Ag45CuZnSn	L-Ag45Sn	640–680	
Ag 203	B-Ag44CuZn	L-Ag44	675–735	

1) Wenn Fittings und Armaturen aus Messung oder Rotguss hartgelötet werden, können phosphorhaltige Hartlote CP 203 und CP 105 nur in Verbindung mit Flussmittel verwendet werden.
2) Diese Lote sind für den Einsatz in Tierzuchtbetrieben nicht zulässig.

Hartlötflussmittel

Für das Hartlöten sind Hartlötflussmittel nach DIN EN 1045 FH 10 entsprechend DVGW-Arbeitsblatt GW 7 zu verwenden.

Lötverbindungen Kupfer an Kupfer können mit den Loten CP 105 und CP 203 ohne Flussmittel ausgeführt werden.

Lote und Flussmittel

Lote und Flussmittel müssen dem DVGW-Arbeitsblatt GW 7 entsprechen und eine DVGW-Zertifizierung haben.

Qualifizierung von Fachbetrieben für Kupferlöten

Qualifizierungen von Fachkräften sind in den DVS-Richtlinien 1903-1 und -2 – Löten in der Hausinstallation – Kupfer enthalten.

Schweißverbindungen

Das Schweißen ist für Rohrverbindungen mit und ohne Schweißfittings zulässig.

Rohrwanddicke mindestens 1,5 mm

Für Schweißverbindungen ist eine Rohrwanddicke von mindestens 1,5 mm erforderlich.

Qualifizierung

Gasschutz- und Schutzgasschweißverfahren können von qualifizierten Fachkräften angewendet werden.

Schweißzusätze

Schweißzusätze nach DIN 1733-1
SG-CuAg 1070 – 1080 °C
SG-CuSn 1020 – 1050 °C

Flussmittel

Flussmittel nach DIN EN 1045
Typ FH21 und FH30

Kupferrohre in korrosiver Atmosphäre

Bei Kupferinstallation in Räumen mit korrosiver Atmosphäre (z. B. landwirtschaftlich genutzte Gebäude) ist zur Vermeidung von Korrosionsschäden durch ammoniak- und/oder schwefelwasserstoffhaltige Dämpfe generell ein Silberlot einzusetzen. Installation und Verbindungsstellen müssen gegen Außenkorrosion geschützt werden.

Pressverbindungen für Kupfer- und nichtrostende Stahlrohre

für Kupferrohr HTB-Anforderung 1 bar

Pressverbindungen für Kupferrohre nach DVGW-Arbeitsblatt GW 392 und nichtrostende Stahlrohre nach DVGW-Arbeitsblatt GW 541 müssen die Anforderungen des DVGW-Arbeitsblatts GW 534 (Trinkwasserverbinder) und der DVGW-VP 614 für die Verwendung in der Gasinstallation erfüllen. Die heute beziehbaren Pressverbindungen sind für Kupferrohre mit HTB-Anforderungen bei Betriebsdrücken bis zu 1 bar anwendbar.

Dichtelement geeignet für Gas

Derzeit gibt es unterschiedliche Dichtelemente für Trinkwasser und für Gas.
Deshalb ist auf die unterschiedliche Kennzeichnung auf den Verbindern für den Verwendungsbereich Gas zu achten.

Einstecktiefe

unverpresst undicht

Auf eine ordnungsgemäße Einstecktiefe der Verpressung ist zu achten. Aufgrund der höheren Sicherheit sollten nur Pressverbinder zum Einsatz kommen, die unverpresst bei der Dichtheits- und Belastungsprüfung auch als undicht und unverpresst erkannt werden können.

Presskonturen unterschiedlich

Die Presskonturen der verschiedenen Hersteller sind unterschiedlich.
Für dauerhafte Dichtheit ist die Verpressung deshalb immer mit der zum Verbinder passenden Presskontur der Pressbacke durchzuführen.

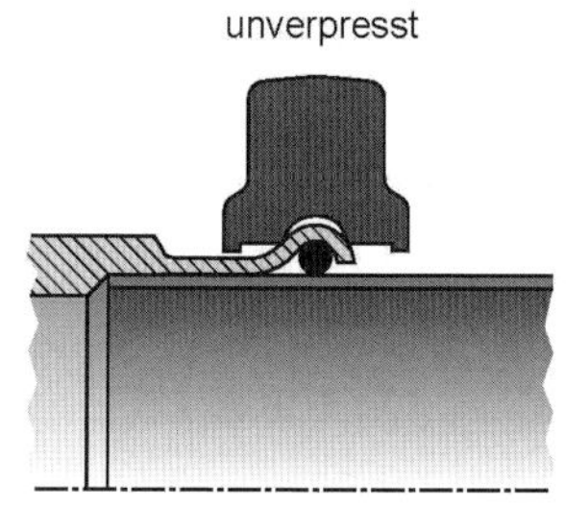

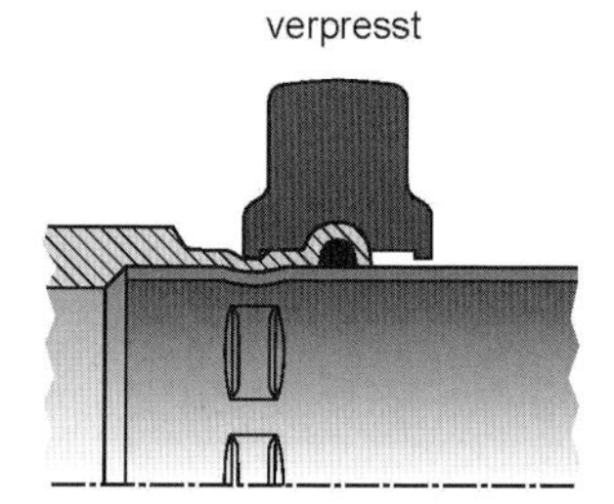

Bild 5.12 – Presskonturen

Pressbacken

Pressbacken sind wartungsbedürftig, deshalb sind die Wartungszyklen der Hersteller der Pressbacken einzuhalten, damit die Verbindung dauerhaft dicht bleibt.

Presswerkzeug

Auch die Presswerkzeuge müssen in regelmäßigen Wartungszyklen auf ordnungsgemäße Funktion vom Hersteller überprüft werden.
Einige Hersteller bieten Presswerkzeuge an, die eine erforderliche Wartung anzeigen bzw. bei Überschreitung des Wartungsintervalls sogar ganz abschalten.

Rohrverbinder und -verbindungen für Kunststoffleitungen

Hierzu gehören Verbinder für die neuen Gasinnenleitungen und die Verbinder für die traditionellen erdverlegten Leitungen, meist Hausanschlussleitungen.

Innenleitungen

Die Verbinder nach DVGW-VP 625 und DVGW-VP 626 sind für Innenleitungen anwendbar und erfüllen gleichzeitig auch die Anforderungen für Trinkwasser-Installationen nach den Vorgaben des DVGW-Arbeitsblattes W 534. Die derzeitigen Verbinder mit DVGW-Zertifizierung sind entweder Pressverbinder (radiale Pressung) oder Schiebehülsenverbinder (axiale Pressung).

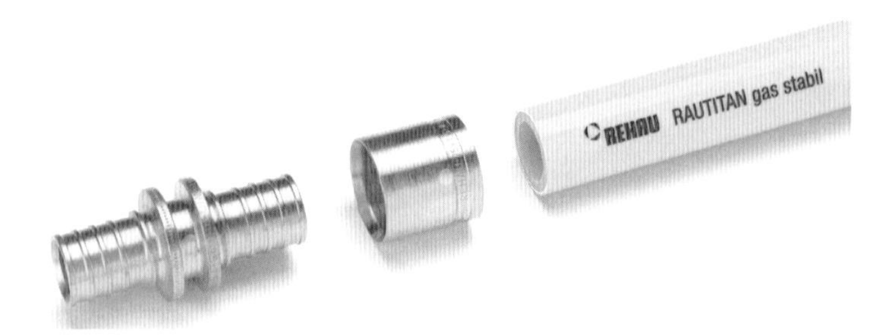

Bild 5.13 – REHAU Schiebehülse und Verbinder

Rohre und Verbinder sind Herstellersysteme, d. h. nur das, was miteinander geprüft und eine DVGW-Zertifizierung besitzt, darf auch miteinander verbunden werden.

PE-Schweißverbindungen und Übergangsverbinder

Diese Verbindungen werden nur mit zugehörigen Polyethylen-Rohren bei erdverlegten Leitungen verwendet.

Hierzu wurde bereits unter dem Abschnitt 5.2.2 „Erdverlegte Außenleitungen" eine ausführliche Kommentierung gegeben.

5.2.6.2 Lösbare Verbindungen

Verschraubungen
Flanschen
Glattrohrverbinder
Klemmverbindungen für PE- und PE-X-Rohre

Mit einer lösbaren Verbindung kann zerstörungsfrei mittels eines Werkzeugs, wie z. B. Rohrzange oder Montageschlüssel, eine Rohrleitung getrennt werden.

Zu den lösbaren Verbindungen gehören z. B. Verschraubungen, Flansche und Glattrohrverschraubungen.

nichtmetallene Dichtungen müssen zugänglich sein

Lösbare Verbindungen mit nichtmetallener Dichtung müssen bei Innenleitungen leicht zugänglich, d. h. keine Verlegung unter Putz oder in Installationsschächten und -kanälen, installiert werden. Ausnahmen davon können höchstenfalls Reparaturverbinder sein.

Auch lösbare Verbindungen mit metallener Dichtung sollten im Normalfall nicht unter Putz verlegt werden; es ist aber in Sonderfällen eben nicht völlig ausgeschlossen.

keine fortlaufende Verbindung

Lösbare Verbindungen – auch die Glattrohrverbindung mit metallener Dichtung – sollen in einer Rohrleitung nicht fortlaufend an jedem Formstück, wie z. B. Winkel, T-Stück oder Längsverbinder, verwendet werden. Dies stellt eine Verschärfung gegenüber den TRGI '86/96 dar und findet seine Begründung in dem heute zu Grunde liegenden zusätzlichen Schutzzielgedanken der Manipulationsabwehr.

Bei Innenleitungen müssen die Rohrverbindungen zugfest sein.

Anschluss von Geräten und Armaturen

Lösbare Verbindungen dienen in der Regel zum Anschluss der Rohrleitung an Geräte und Armaturen.

Langgewinde nicht mehr zulässig

Bei der Installation von neuen Gasleitungen sind Langgewinde nicht mehr zulässig. Bei Gebrauchsfähigkeitsprüfungen bestehender Anlagen wird häufig festgestellt, dass die Langgewinde mit der Zeit undicht werden können.

in Altanlagen undichte Langgewinde ausbauen

Werden bei Prüfungen im Bestand undichte Langgewinde festgestellt, so wird empfohlen, diese nicht wieder neu einzudichten, sondern durch andere lösbare Verbindungen, z. B. Verschraubungen, zu ersetzen.

Verschraubungen

Bei Rohrverschraubungen nach DIN EN 10242 und DIN EN 10241 mit metallener Kegeldichtung versteht es sich von selbst, dass diese Verschraubungen allein aufgrund ihrer metallenen Pressung dichten sollen. Das teilweise in der Praxis geübte Verfahren, zusätzliche Dichtmittel und Dichtmittelträger einzubringen, ist nicht erforderlich, unfachmännisch und **nicht zulässig**. Da bei diesen Verschraubungen zum Trennen der Leitung ein gewisses Längsspiel erforderlich ist, muss im Einzelfall kritisch geprüft werden, ob sie als lösbare Verbindung uneingeschränkt geeignet sind. Im Zweifel sind Verschraubungen mit Bunddichtung vorzuziehen.

Verschraubungen (mit oder ohne Dichtung, je nach Ausführung der Abdichtung) sollten nur als vollständige Baueinheiten verwendet werden, da von verschiedenen Herstellern gefertigte Einzelteile oder vom gleichen Hersteller gefertigte Einzelteile für verschiedene Verschraubungsarten nicht zwangsläufig beliebig kombinierbar sind.

Dichtungen für Verschraubungen

Die Auswahl der richtigen Dichtung ist abhängig vom Einsatzzweck vom Fachmann zu bestimmen.

Auch die Dichtungen sollten zugehörig zu der Verschraubung vom gleichen Hersteller wie die Verschraubung sein.

Dichtungen in Verschraubungen müssen innerhalb von Gebäuden temperaturbeständig nach DIN 3535-6 sein. In DIN 3535-6 werden Anforderungen und Prüfungen von Flachdichtungswerkstoffen auf Basis synthetischer Fasern, Graphit oder PTFE für Gasarmaturen, Gasgeräte und Gasleitungen für Betriebstemperaturen bis 150 °C festgelegt.

DIN EN 1092-1 bis -3

Diese Normenreihe DIN EN 1092 legt die Flanschtypen und ihre Dichtflächenformen, Maße, Toleranzen, Gewinde, Schraubengrößen, Oberflächenbeschaffenheit der Dichtflächen der Flanschverbindung, Kennzeichnung, Werkstoffe, Druck/Temperatur-Zuordnungen und ungefähre Flanschgewinde fest.

Flansche aus Stahl Gusseisen Kupferlegierungen

Für Flanschverbindungen zu Kupferrohren sind Lötflansche aus Rotguss oder mit Vorschweißbördeln aus Kupfer und losem Flansch aus Stahl zulässig. Handwerklich umgebördelte Rohrenden als Flanschbord sind unzulässig.

Dichtungen für Flanschverbindungen

Bei Flanschverbindungen muss die Dichtung in Abhängigkeit der Verwendung gewählt werden, weil die Dichtung nicht gekammert ist. Das Brandschutzgutachten der TU München (siehe die Erwähnung bereits zu Abschnitt 5.1 dieses Kommentars) hat eindeutig bestätigt, dass Elastomer-Dichtungen bei Flanschverbindungen die HTB-Forderung nicht erfüllen. Deshalb muss **innerhalb von Gebäuden** eine **temperaturbeständige Dichtung nach DIN 3535-6 bei Flanschverbindungen** gewählt werden.

5.2.6.3 Andere Verbindungen

Wie bereits zu Abschnitt 5.2.5 „Andere Rohre und Zubehörteile“ kommentiert, können zukünftig neu entwickelte Verbindungen verwendet und eingesetzt werden, wenn sie eine CE-Kennzeichnung oder eine DVGW- bzw. DIN-DVGW-Zertifizierung haben.

5.2.6.4 Ergänzende Bestimmungen für den Zusammenbau

Neben den Anforderungen an die Rohre und Verbindungen sind für einige der Werkstoffe und Verbindungen auch noch Qualifikationsanforderungen an das ausführende Personal festgelegt.

Schweißverbindungen Vorgaben und Erleichterung der DIN EN 1775

In der europäischen Norm DIN EN 1775 wurde für den Anwendungsbereich in der Gasinstallation das Gasschweißen differenziert hinsichtlich der Qualifikation und der Qualität je nach den verwendeten Betriebsdrücken kleiner oder gleich 100 mbar und größer 100 mbar und je nach Wanddicke aufgenommen.

TRGI differenziert auf der Grundlage der DVS-Richtlinie 1902-1 und -2

Dieser Sachstand wurde bereits mit der Ausgabe der TRGI ‘86/96 auf der Grundlage der DVS-Richtlinie 1902-1 und -2 berücksichtigt.

Die Forderung nach einem qualifizierten Schweißer bleibt jedoch für beide Druckbereiche bestehen.

***Gasschmelzschweißen nach** DVS 1902-1 für haustechnische Anlagen*

Betriebsdrücke bis ≤ 100 mbar und einer Wanddicke < 4,0 mm

In der DVS-Richtlinie 1902-1 „Schweißen in der Hausinstallation – Stahl – Anforderungen an Betrieb und Personal“ wird die Qualitätssicherung von Schweißarbeiten als Gasschmelzschweißen an haustechnischen Anlagen festgelegt. Diese Anforderungen an die Qualifikation der Personen berücksichtigen die in der Berufsbildung im Handwerk erworbenen fachlichen Kenntnisse und Fertigkeiten, die in Berufs- und Meisterschulen, überbetrieblichen Ausbildungsstätten und in Betrieben bei der täglichen Arbeit vermittelt werden.

Anforderungen an den Betrieb

Schweißaufsichtspersonal

Es werden Anforderungen an den Betrieb gestellt, in dem die Einrichtungen für das sachgerechte Gasschmelzschweißen vorhanden sein müssen. Aufgrund der Meisterausbildung ist der ausgebildete Meister die Schweißaufsichtsperson, die die ordnungsgemäße Ausführung von Schweißarbeiten beurteilen kann.

Schweißpersonal sind Gesellen

Schweißarbeiten in der Hausinstallation dürfen nur von Fachkräften (Gesellen) ausgeführt werden, welche die dazu notwendigen Fertigkeiten und Kenntnisse erworben haben. Die Schweißaufsichtsperson des Betriebes überzeugt sich – mindestens in halbjährlichen Abständen – eigenverantwortlich anhand von Sicht- und Bruchproben von der Handfertigkeit des Schweißpersonals und dokumentiert dieses.

Beurteilung von Schweißverbindungen

Schweißverbindungen werden in der Regel durch äußere Inaugenscheinnahme geprüft. Sie müssen den Erfordernissen des jeweiligen Bauteils und seiner betrieblichen Funktion gerecht werden (beispielsweise Dichtheit bei Belastungs- und Dichtheitspüfung).

DVS-Richtlinie 1902-2

In der DVS-Richtlinie 1902-2 „Schweißen in der Hausinstallation – Stahl – Rohre, Schweißprozesse; Befund von Schweißnähten“ werden für das Gasschmelzschweißen die Geräte und das Zubehör, die Arbeitsweisen Nach-Links-Schweißen und Nach-Rechts-Schweißen, Schweißzusätze, Befund von Schweißnähten, Nahtvorbereitung und Arbeitsschutz beschrieben.

geeignete Rohrwerkstoffe für das Gasschweißen

In der Tabelle 1 der Richtlinie 1902-2 ist eine Übersicht über die in der Hausinstallation eingesetzten Rohre aus Stahl, die sich für dieses Gasschmelzschweißverfahren eignen, aufgenommen.

Schweißen ***bei Betriebsdrücken > 100 mbar oder Wanddicken ≥ 4,0 mm***

Für diese Schweißarbeiten bei Betriebsdrücken > 100 mbar oder Wanddicken ≥ 4,0 mm müssen die Schweißer entsprechend den zutreffenden Schweißverfahren, die die Techniken, Werkstoffgruppen und Abmessungen abdecken, qualifiziert sein. Die Schweißer müssen im Besitz eines gültigen Zertifikates sein.

Eine Kopie des entsprechenden Schweißzeugnisses ist auf Verlangen vorzulegen.

Die Schweißerqualifikation sollte nach EN 287-1 durchgeführt werden oder nach anderen geeigneten nationalen Normen, sofern EN 287-1 nicht anwendbar ist. Nach EN 287-2, Abschnitt 8 sollten die Bewertungskriterien abhängig vom maximalen Betriebsdruck der Leitung und der Art des Schweißverfahrens definiert werden.

In der DIN EN 1775 sind die Anforderungen an die Prüfer für die Schweißnahtqualität, an das Prüfpersonal, an die Qualitätskontrolle und an die Dokumentation beschrieben.

weitere geeignete Schweißverfahren

In der DIN EN 1775 sind die weiteren geeigneten Schweißverfahren wie z. B. Lichtbogenschweißen, Metall-Lichtbogenschweißen, Schutzgas-Metall-Lichtbogenschweißen und Gas-Metall-Lichtbogenschweißen benannt.

Schweißen von ***Kupferrohren***

Das Schweißen von Kupferrohren hat in der Gasinstallation praktisch nur theoretische Bedeutung. Geprüfte Schweißer nach DIN 8561 (bisher) oder DIN EN 287-3, zurzeit Entwurf, für Kupfer sind bisher außerordentlich selten, da Hartlöten zuverlässig und einfacher durchzuführen ist.

Schweißen von ***Polyethylen-Rohren***

Schweißarbeiten an Rohren aus Polyethylen sind nach DVGW-Arbeitsblatt GW 330 oder nach DVS-Richtlinie 2207 durch geprüfte Schweißer mit einem Zertifikat durchzuführen.

Empfehlung für VIU: Klemmverbinder verwenden

Für die meisten VIU sind diese Arbeiten daher mit zu großem Aufwand verbunden, zumal auch die Schweißgeräte einer wiederkehrenden Prüfung unterzogen werden müssen, wenn die Schweißqualität dauerhaft gewährleistet sein soll. Für VIU empfiehlt sich daher ein Ausweichen auf geeignete Klemmverbinder, wenn erdverlegte Außenleitungen aus Polyethylen verlegt werden sollen (siehe die Kommentierung zu Abschnitt 5.2.2).

Dichtmittel für Gewindeverbindungen DIN EN 751-2 nicht aushärtende Dichtmittel

Dichtmittel für Gewindeverbindungen in der Gasinstallation müssen der DIN EN 751-2 „nicht aushärtend" entsprechen und DIN-DVGW-zertifiziert sein.

Dichtmittel, die sowohl in der Gasinstallation als auch in der Trinkwasser-Installation eingesetzt werden können, müssen die hygienischen Anforderungen der DIN 30660 erfüllen.

Dichtmittel und Dichtmittelträger

Dichtmittel werden meist zusammen mit einem Dichtmittelträger (Hanf, Flachs oder Vliesbänder aus Kunstfasern) entsprechend den Verarbeitungsanleitungen der Hersteller oder auch als Flüssigprodukt ohne Dichtmittelträger verwendet. Ist das Dichtmittel bereits fertig auf einen Dichtmittelträger aufgebracht, z. B. bei beschichteten Dichtbändern, tritt das Problem, dass zu viel Dichtmittelträger, d. h. Hanf, aufgebracht wird, bei der Verarbeitung nicht so stark auf. Gewindeverbindungen nach DIN EN 10226-1 erreichen die Dichtheit bereits durch metallene Pressung zwischen kegeligem Außengewinde und zylindrischem Innengewinde. Voraussetzung dafür ist, dass die zulässigen Gewindetoleranzen nicht überschritten werden. Dem Dichtmittel bleibt dann alleine die Aufgabe, Unregelmäßigkeiten der Gewindeoberflächen auszugleichen.

Rückdrehbarkeit um 45° und Ausrichten nach dem Einschrauben

In der europäischen DIN EN 751-2 sind mehrere Klassen der Gewindedichtungen enthalten. Für Deutschland besteht die Forderung der Rückdrehbarkeit um 45° und des Ausrichtens der Gewinde nach dem Einschrauben. Diese Anforderungen der Nichtaushärtung und der Rückdrehbarkeit erfüllt nur die Klasse ARp der DIN EN 751-2.

Es gibt weitere Klassifizierungen mit den nachfolgenden Abkürzungen:

A: Verwendung mit Dichtmittelträger für Trinkwasser-, Gas- und Heizungsinstallationen

B: Dichtmittel, die innerhalb von Gasgeräten ohne Dichtmittelträger verwendet werden

C: Dichtmittel nur für Gase der 3. Gasfamilie

Rp: begrenztes Zurückdrehen kegelig/zylindrischer Gewindeverbindungen ist möglich

aushärtende Dichtmittel nach DIN EN 751-1

In DIN EN 751-1 sind Anforderungen für „Aushärtende Gewindedichtmittel“ festgelegt. Während andere europäische Länder (z. B. das Vereinigte Königreich) aushärtende Dichtmittel auch in der Installation einsetzen, bleibt es für Deutschland bei der Einschränkung, dass diese nur vom Hersteller von Gasgeräten oder Armaturen für Gas bei der industriellen Fertigung für Verbindungen verwendet werden dürfen, z. B. Öffnungen, die nur zu Fertigungszwecken dienen, jedoch von VIU auch zu Wartungszwecken oder bei Instandsetzungsarbeiten nicht gelöst werden müssen.

DIN EN 751-2 Klasse ARp und DIN 30660 universell einsetzbar

Deshalb sollte darauf geachtet werden, dass nur Dichtmittel verwendet werden, die der DIN EN 751-2 mit der Zusatzkennzeichnung ARp und DIN 30660 für den Einsatz in der Hausinstallation Gas und Wasser entsprechen, damit die Verwechslungsgefahr ausgeschlossen wird.

PTFE-Bänder nach DIN EN 751-3

Gewindedichtbänder aus ungesintertem PTFE (Polyetrafluorethylen) und die Prüfanforderungen werden in DIN EN 751-3 beschrieben und festgelegt.

Klasse FRp und GRp

Auch für Dichtbänder aus PTFE sind Klassen festgelegt worden:

F: für DN ≤ 10

G: für DN >10 ≤ 50

FRp/GRp: begrenztes Zurückdrehen kegelig/zylindrischer Gewindeverbindungen (R/Rp)

Erfahrungsgemäß sind PTFE-Dichtbänder – auch in der heutigen dickeren Ausführung – im rauen Baustellenbetrieb weniger gut geeignet, weil die Gewinderauigkeit bei verzinkten Rohren so groß sein kann, dass beim Zurückdrehen der Gewindeverbindung das Dichtband zerstört wird. Dass sich dies bei Dichtbändern nach DIN EN 751-3 anders verhält, erscheint unwahrscheinlich.

Deshalb gilt unverändert, dass PTFE-Dichtbänder mit besonderer Sorgfalt anzuwenden sind und sich besonders für Laborzwecke oder vorgefertigte Installationen eignen.

DVGW VP 402 (P)

In der DVGW-VP 402 sind die zusätzlichen Anforderungen zu den Dichtmitteln nach DIN EN 751-2 Klasse ARp und DIN EN 751-3 Klasse FRp oder GRp für eine DVGW-Zertifizierung zusammengestellt.

Gewindedichtfaden aus PTFE

Neben den Dichtbändern gibt es auch Dichtschnüre aus PTFE, die eine DVGW-Zertifizierung für die Anwendung in der Gas- und Trinkwasser-Installation nach DIN EN 751-2 oder DIN EN 751-3 je nach Herstellerfabrikat haben. Diese Dichtfäden werden anstatt Hanf und Dichtmittel als Faden über die Gewinde gewickelt und verschraubt.

Anwendbar sind sie bei allen drei Gasfamilien bis 5 bar und Trinkwasser bis 16 bar und 95 °C.

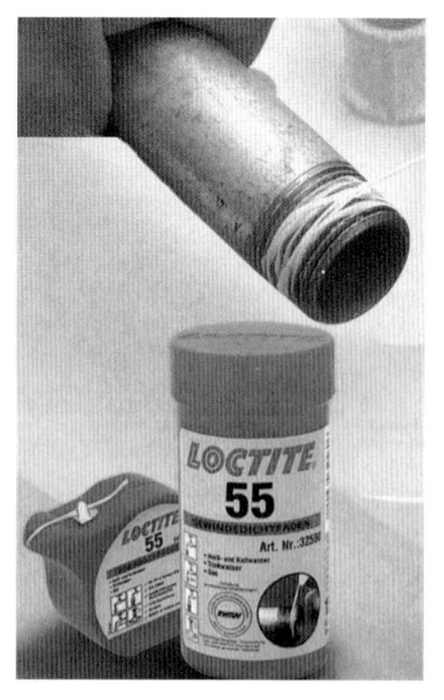

Bild 5.14 – Loctite 55 Dichtfaden

Tabelle 5, 6 und 7 für den Praktiker, Einsatzbereiche von Rohren und Verbindern

In den Tabellen 5, 6 und 7 der TRGI sind die in den vorhergehenden Abschnitten festgelegten Einsatzbereiche für Rohre sowie Form- und Verbindungsstücke, unlösbare und lösbare Rohrverbindungen für den Praktiker übersichtlich auf einen Blick zusammengestellt.

5.2.7 Äußerer Korrosionsschutz

DIN 50929 Korrosionswahrscheinlichkeit metallener Werkstoffe bei äußerer Korrosionsbelastung

Die Festlegungen der Norm DIN 50929-1 bis -3 dienen zur Abschätzung der Korrosionswahrscheinlichkeit von metallenen Werkstoffen in einem Korrosionsmedium, das eine wässrige Elektrolytlösung enthält, die ständig oder nur zeitweise auf die Außenflächen des Bauteils einwirkt. Dabei kann es sich um Installationsbauteile in Gebäuden oder um Behälter, Rohre und Konstruktionsteile außerhalb von Gebäuden handeln, die der Korrosion durch Erdböden, Grund- und Oberflächenwässer ausgesetzt sind.

Teil 1 Allgemeines
Teil 2 Installationsteile innerhalb von Gebäuden
Teil 3 Rohrleitungen und Bauteile in Böden und Wässern

Die Korrosionswahrscheinlichkeit einer Installation oder eines Bauteils wird sowohl durch die Eigenschaften des Werkstoffs und des Korrosionsmediums als auch durch fremde äußere elektrochemische oder konstruktive Einflussgrößen bestimmt. Da diese nicht immer ausreichend bekannt oder vorhersehbar sein können – wie es für eine sichere Aussage erforderlich wäre – kann über das voraussichtliche Korrosionsverhalten im Regelfall nur eine Wahrscheinlichkeitsaussage gemacht werden.

Bei Beachten der technischen Regeln und der erörterten Schutzmaßnahmen ist das Auftreten von Korrosionsschäden wenig wahrscheinlich. Sie sind nur bei Zusammentreffen mehrerer ungünstiger Faktoren, die insbesondere die Wirksamkeit der Schutzmaßnahmen betreffen, möglich.

Abschätzung der Korrosionswahrscheinlichkeit durch Korrosionsfachleute

Die Korrosionswahrscheinlichkeit wird nach DIN 50 929-2 und -3 bestimmt. Untersuchung sowie Beurteilung der Ursachen von Korrosionswahrscheinlichkeiten im Sinne dieser Norm sind nicht so einfach, dass ohne fachliche Erfahrung und wissenschaftliche Ausbildung erwartet werden dürfte, nur auf die Norm gestützt sogleich richtige Ergebnisse zu erhalten.

Werkstoffe mit Korrosionswahrscheinlichkeiten

In DIN 50929 wird das Korrosionsverhalten der folgenden Werkstoffe beschrieben:

- unlegierte und niedriglegierte Eisenwerkstoffe
- hochlegierte nichtrostende Stähle
- feuerverzinkte Eisenwerkstoffe
- Kupferwerkstoffe

Definition Korrosion

In der DIN 50900-1 „Korrosionsschutz der Metalle; Begriffe“ ist die Korrosion als Summe von Reaktionen eines metallenen Werkstoffs mit einem korrosiven Mittel seiner Umgebung definiert, die zu messbaren Veränderungen (Beeinträchtigung der Eigenschaften) am Werkstoff führen. Dabei handelt es sich meistens um eine elektrochemische Reaktion durch die Anwesenheit von Wasser (Elektrolyt). In allen Elektrolyten (wie z. B. im Erdboden, Spritzwasser, Kondenswasser) gehen bei der Korrosionsreaktion Atome des Metalls als elektrisch geladene Teilchen (Ionen) in Lösung. Dadurch wird die Metalloberfläche mehr oder weniger rasch abgetragen; so wie bei der bekannten Zink-Kohle-Batterie, bei der ein Potenzialunterschied von 1,5 V nutzbar gemacht werden kann. Hierbei wird das Zink abgetragen, bis die Batterie „ausläuft".

keine Innenkorrosion

Weil Gase der öffentlichen Gasversorgung nach DVGW-Arbeitsblatt G 260 nicht aggressiv sind, sind für den inneren Korrosionsschutz von Gasleitungen keine besonderen Maßnahmen erforderlich.

Eisenoxidbildung (Rost)

Bei der Außenkorrosion von Stahlrohren bildet sich in Gegenwart von Sauerstoff und Wasser Eisenoxid (Rost). Dieses Eisenoxid bildet mit Eisen in Gegenwart von Wasser ebenfalls ein galvanisches Element.

passiver Korrosionsschutz

Deshalb bedeutet Außenkorrosionsschutz von Rohrleitungen vor allem Fernhalten von Wasser/Feuchtigkeit als „passiver" Schutz.

Korrosionsmedien

Als Korrosionsmedien werden für Außenanlagen genannt: Erdboden sowie Grund-, Niederschlags-, Oberflächenwasser; für Installationen in Gebäuden, die bestimmungsgemäß nicht mit wässrigen Korrosionsmedien in Berührung kommen: Möglichkeiten der Feuchtigkeitseinwirkung (eingedrungene Niederschläge, Feuchtigkeit im Mauerwerk, Kondenswasser, Spritzwasser, Reinigungs- und Desinfektionsmittel).

Korrosionsarten
a) bis f)
freie Korrosionsarten

Als Korrosionsarten werden unterschieden:

a) freie Korrosion ohne Elementbildung

Diese kommt praktisch bei Gasinstallationen nicht vor.

Konzentrationselemente

b) Korrosion durch Konzentrationselemente (unterschiedliche Belüftung)

Diese kommt sehr häufig vor. Es entstehen:

- anodische Bereiche unter den Bedingungen:
  - unbelüftet
  - hoher Salzgehalt
  - niedriger pH-Wert
  - starke Nässe

- kathodische Bereiche unter den Bedingungen:
  - gut belüftet
  - geringer Salzgehalt
  - hoher pH-Wert
  - mäßige Nässe (vorzugsweise Wasser/Luft-Wechselbereich)

Dabei haben anodische Bereiche ein negativeres Potenzial als kathodische.

Kontaktkorrosion

c) Kontaktkorrosion, Elementbildung mit Fremdkathoden

Hierzu zählen Elementbildungen mit unterschiedlichen Werkstoffen, z. B. Stahl/Kupfer, sowie gleichartige Werkstoffe bei sehr unterschiedlichen umgebenden Medien (z. B. Wasser, Erdboden und Zementmörtel oder Beton). Dabei löst sich bekanntlich das in der Spannungsreihe „unedlere" Metall auf. Deshalb müssen z. B. bei Kupferleitungen Stahlschellen gegen das Kupfer elektrisch isoliert werden.

Bei in Beton eingebettetem Stahl wird in der Regel durch das Calciumhydroxid eine korrosionsschützende, passivierende Oxidschicht ausgebildet. Wenn diese aber z. B. durch Karbonisierung (Aufnahme von CO_2 aus der Umgebung) zerstört ist, kommt es bei entsprechender Feuchtigkeit zu starker Korrosion.

Die Korrosionsgeschwindigkeit richtet sich nach der räumlichen Verteilung der Elementstromdichte, worauf vor allem die Flächenverteilung einen großen Einfluss hat. Bei Fehlstellen in einem aufgebrachten Korrosionsschutz (Poren, Verletzungen) kann es zu einer schnell ablaufenden Lochkorrosion mit einem Materialabtrag von mehreren mm pro Jahr, d. h. in wenigen Monaten zum Wanddurchbruch der Rohrleitung kommen. Durch den nach DIN VDE 0100-540 vorgeschriebenen Potenzialausgleich, in den der Stahl im Beton einbezogen werden muss, wird in diesen Fällen eine schnelle Korrosion sogar gewährleistet, d. h. man kann nicht mehr im Sinne der Norm von „Korrosionswahrscheinlichkeit" sprechen.

Temperatureinflüsse

d) Temperatureinflüsse

Ist z. B. die Rohrleitung kälter als die Umgebung, kommt es bei hoher Luftfeuchtigkeit zur Kondenswasserbildung.

mechanische Spannungen

e) mechanische Spannungen

Zur Spannungsrisskorrosion kann es bei niedriglegiertem Stahl kommen, wenn Nitrate und Ammoniumsalze, die in Düngesalzen vorkommen, einwirken, während bei Kupfer die Einwirkung von Nitriten sowie Ammoniak und seinen Verbindungen schädlich ist. Hierzu wird besonders darauf hingewiesen, dass in manchen Haushaltsreinigungsmitteln Ammoniakverbindungen enthalten sind und ebenfalls in landwirtschaftlichen Betrieben sowie in Mauern mit „Salpeterfraß" diese korrosiven Medien auftreten.

Streuströme

f) Streuströme aus fremden Gleichstromanlagen

Streuströme können vorwiegend im Erdreich im Bereich von Straßenbahnen etc. auftreten; da sich diese vorwiegend im Innenstadtbereich befinden, wo eine Vielzahl metallener Leitungen im Erdboden liegt, die eine große Oberfläche haben, sind im Allgemeinen nur begrenzte Schadensfälle aufgetreten. Mit zunehmender Verlegung von Kunststoffrohren sind die restlichen metallenen Rohrleitungen besonders gefährdet. Bei Verrohrungen in Neubaugebieten ist deshalb ein besonderes Augenmerk auf diese Korrosionsquelle zu richten. Innerhalb von Gebäuden kommen sie als Korrosionsursache praktisch nicht vor.

Korrosionswahrscheinlichkeit

In DIN 50929-2 ist die Korrosionswahrscheinlichkeit für Installationsteile in Gebäuden erläutert.

Zu den Korrosionsmedien in Gebäuden zählen neben dem schon erwähnten (bestimmungsgemäß nicht vorhandenen) Wasser sowohl alkalische als auch neutrale oder schwach saure sowie passivitätszerstörende Medien.

alkalische Korrosionsmedien

Alkalische Korrosionsmedien liegen bei durchnässtem Kalk- und Zementmörtel sowie in Beton vor (hierauf wurde schon hingewiesen). Ergänzend können passivitätszerstörende Korrosionsmedien, wie z. B. Chloride, hinzukommen. Chloride können in chlorhaltigen Desinfektionsmitteln, aber auch in Abbindeverzögerern oder Abbindebeschleunigern ohne Prüfzeichen für Beton sowie in „Steinholz“ (magnesiumchloridhaltige Estrichmasse) enthalten sein. Deshalb sind diese in der TRGI auch als aggressive Medien eingestuft, für die ein Korrosionsschutz wie für erdverlegte Außenleitungen gefordert wird.

Neutrale und schwach saure Korrosionsmedien sind z. B. Gips, Holz, Wärmedämmstoffe.

Maßnahmen für den Korrosionsschutz nach DIN 50929

In dieser Norm werden auch Maßnahmen für den Korrosionsschutz erwähnt. Diese sind zunächst, wie schon mehrfach erwähnt, das Fernhalten von Feuchtigkeit durch Beschichtungen (Begriff aus der DIN 55928 „Korrosionsschutz von Stahlbauten durch Beschichtungen und Überzüge“ und beinhaltet, was landläufig bisher als Korrosionsschutz-„Anstrich“ bezeichnet wurde) oder Umhüllungen (werkseitig oder nachträglich). Vor allem aber wird die richtige Verlegung von Rohrleitungen genannt. Dazu wird konkret vorgegeben, dass die örtliche Verwendung von Gips, z. B. zum Befestigen von Rohren, zu „unterlassen“ ist und dass Installationen in stark feuchtigkeitsbeanspruchten Räumen, in denen der Zutritt von Feuchtigkeit vorhersehbar ist (Bodenbereich von Bädern und Duschen, Wäschereien), außerhalb des feuchtigkeitsgefährdeten Bereiches zu verlegen sind.

Wenn dies nicht möglich bzw. nicht bekannt ist, ob gipshaltiger Putz zum Einsatz kommt, sind Korrosionsschutzmaßnahmen wie bei erdverlegten Rohrleitungen auszuführen.

Klimagruppen nach DIN 55928

Nach dieser Norm wird das „Makroklima“ eingeteilt in:

- Landatmosphäre: mit wenig korrosionsfördernden Schadstoffen
- Stadtatmosphäre: durch SO_2 und ähnliche Schadstoffe verunreinigt, aber ohne starke Industrieansammlung
- Industrieatmosphäre: stark durch SO_2 u. Ä. verunreinigt
- Meeresatmosphäre: durch Chloride verunreinigt

Korrosionswahrscheinlichkeiten bei Kupferwerkstoffen

Spannungsrisskorrosion kann in Medien auftreten, die folgende chemische Stoffe als Angriffsmittel enthalten:

- Ammoniak und seine Verbindungen
- Nitrite

Allgemein ist bei Kupferwerkstoffen, die im Zustand „hart" geliefert werden, die Wahrscheinlichkeit von Spannungsrisskorrosion im Vergleich zum Lieferzustand „halbhart" oder „weich" erheblich erhöht.

Die Wahrscheinlichkeit für das Auftreten von Spannungsrisskorrosionen nimmt bei Kupfer-Zink-Legierungen mit ansteigendem Kupfergehalt des Werkstoffs ab. Es gibt keine monotone Abhängigkeit von der Konzentration, für einige Angriffsmittel scheinen Maxima der Anfälligkeit zu bestehen.

5.2.7.1 Außenleitungen

Werkseitiger Korrosionsschutz für Stahlrohre

erdverlegte Außenleitung
DIN 50929-3
DIN 30675-1
DVGW GW 9 (A)

werkseitiger Korrosionsschutz für Stahlrohre

Für erdverlegte Außenleitungen gilt neben der DIN 50929-3 die DIN 30675-1 „Äußerer Korrosionsschutz von erdverlegten Rohrleitungen" in Verbindung mit dem DVGW-Arbeitsblatt GW 9 „Beurteilung von Böden hinsichtlich ihres Korrosionsverhaltens auf erdverlegte Rohrleitungen und Behälter aus unlegierten und niedriglegierten Eisenwerkstoffen". Danach werden die Böden in verschiedene Bodenklassen nach der Aggressivität eingeteilt. Im Regelfall kann der Anwender der TRGI die Bodenaggressivität nicht ohne Weiteres beurteilen, so dass generell von der höchsten Gefährdungsklasse auszugehen ist.

DIN 30670
DIN 30678

Polypropylen

Das bedeutet, dass für erdverlegte Rohre im TRGI-Bereich als werkseitiger Korrosionsschutz für Stahlrohre nur eine Polyethylen-Umhüllung nach DIN 30670 oder eine Polypropylen-Umhüllung nach DIN 30678 in Frage kommt. Polypropylen ist auf der einen Seite widerstandsfähiger, d. h. es hat eine höhere mechanische Festigkeit, dafür ist es aber bei starker Kälte spröder und neigt dann zu Spannungsrissen. Deshalb ist es für freiverlegte Außenleitungen nicht geeignet. Die anderen genannten Normen können nur angewendet werden, wenn die Bodenklasse, d. h. nur schwach aggressiv, gewährleistet ist.

Umhüllungen mit Duroplasten nach DIN EN 10289 und Beschichtungen mit Epoxidharzpulver nach DIN EN 10290

Eine elektrisch isolierende Umhüllung als passiver Schutz gegen Außenkorrosion ist aber bei elektronischer Einwirkung (Elementbildung mit Fremdkathoden, Streuströme aus Gleichstromanlagen) allein nicht ausreichend. Hier kommt als Schutz gegen Elementbildung vor allem der Einbau von Isolierstücken in Frage.

Isolierstücke

Isolierstücke stellen also auch eine Korrosionsschutzmaßnahme dar.

Anforderungen an die Umhüllungen a) bis j) DIN 30 670

Neben dem Schutz gegen aggressive Böden muss die Umhüllung gewisse Anforderungen erfüllen, damit mechanische Einwirkungen durch Transport, Lagerung, Verlegung, Verfüllen des Rohrgrabens, während des Betriebes zu erwartende mechanische Einwirkungen (z. B. auch durch Frost) sowie durch Einwachsen von Wurzeln und Keimlingen keine Fehlstellen erzeugen.

Dafür stellt die DIN 30670 bestimmte Anforderungen:

a) hoher Reinheitsgrad der Stahlrohroberfläche, damit die Umhüllung gut haftet und keine „Unterrostung" auftritt

b) Mindestschichtdicke (je nach Rohrdurchmesser 1,8 - 3,5 mm)

c) Porenfreiheit der Umhüllung (Prüfung mit einem Hochspannungsgerät - früher auch als Hochspannungsprüfgerät bezeichnet - bei 25 kV darf kein Durchschlag erfolgen)

d) hoher Schälwiderstand (Maß für die Haftung der Umhüllung auf dem Rohr)

e) gute Schlagbeständigkeit

f) hoher Eindruckwiderstand (bei 10 N/mm^2 nicht mehr als 0,3 mm Eindringtiefe)

g) hohe Reißdehnung (d. h. hohe Elastizität)

h) dauerbeständiger, hoher spezifischer (elektrischer) Umhüllungswiderstand

i) hohe Alterungsbeständigkeit

j) ausreichende Beständigkeit gegen Lichtalterung (UV-Strahlung)

Lichtalterung

Hierzu muss aber angemerkt werden, dass es sich um eine Norm für erdverlegte Stahlrohre handelt. Deshalb ist die Lichtalterung auf eine ausreichende Lagerfähigkeit im Freien bezogen. Ob die Beständigkeit gegen Lichtalterung auch für freiverlegte Außenleitungen reicht, ist ggf. zusätzlich zu klären (z. B. Hersteller) oder durch einen entsprechenden Schutz gegen Sonneneinstrahlung zu berücksichtigen, wie z. B. geeignete Anstriche/Beschichtungen.

Temperaturbeständigkeit

Dies gilt sinngemäß auch für die Temperaturbeständigkeit. Die max. Dauertemperatur ist meist auf 50 °C begrenzt, die bei direkter Sonneneinstrahlung überschritten werden kann.

Kennzeichnung

Die Einhaltung der Anforderungen wird durch eine Kennzeichnung auf der Umhüllung mit den Angaben des Herstellers (oder dessen Warenzeichen) und dem DIN-Zeichen sowie der Ausführungsart (n) [normal] oder (v) [verstärkt] angegeben.

Umhüllungen nach DIN 30671 Duroplaste

An Umhüllungen nach DIN 30671 (Duroplaste) werden ähnliche Anforderungen gestellt. Allerdings wird eine höhere Temperaturbeständigkeit (min. 80 °C) gefordert, während die Schichtdicke wesentlich geringer sein kann (0,3 mm bei Epoxidharz und 1,5 mm bei Polyurethan-Teer).

bituminöse Umhüllungen nach DIN EN 10300

Umhüllungen nach DIN EN 10300 sind bituminös. Der Geltungsbereich ist nicht auf erdverlegte Leitungen beschränkt. Der Temperaturbereich geht von -10 °C bis +80 °C. Hinsichtlich der Nachumhüllung von Verbindungsstellen sind die noch folgenden Hinweise zum nachträglichen Korrosionsschutz besonders zu beachten.

Werkseitiger Korrosionsschutz von Kupferleitungen

Für den werkseitigen Korrosionsschutz von Kupferrohren gibt es keine Anforderungs- und Prüfnorm. Auch der zuständige DVGW-Ausschuss konnte nur die in der Fußnote 14 der TRGI genannte Regelung vorschlagen. Danach gelten entsprechende Anforderungen wie nach DIN 30672-1 für nachträglichen Korrosionsschutz in Form von Korrosionsschutzbinden und „wärmeschrumpfenden Materialien". Der gängige Begriff „Schrumpfschläuche" wurde ersetzt, weil eben nicht nur Schläuche, sondern auch Schrumpfmanschetten u. Ä. zum Einsatz kommen. Im Rahmen der europäischen Normung müssen auch die deutschen Begriffe innerhalb der deutschsprachigen Länder abgestimmt werden. Deshalb wird es zukünftig auch Korrosionsschutzbänder statt Korrosionsschutzbinden heißen.

Fußnote 14

Auf die in DIN 30672-1 geforderte Schälfestigkeit (Haftung auf der Rohroberfläche) kann bei Kupferrohren verzichtet werden. Diese Ausnahme erfolgte, da es derzeit keine entsprechend am Rohr haftenden werkseitigen Beschichtungen gibt. Somit ist für Kupfer als edlem Werkstoff die Umhüllung in der Regel nur eine Kathodenabdeckung zum Schutz der Kupferrohre und die erhältliche werkseitige Ummantelung (z. B. unter der Handelsbezeichnung WICU-Rohr) in der DIN 50929 (siehe oben) ausdrücklich als zweckmäßig genannt. Werkseitig kunststoffummantelte Kupferrohre erfüllen also die Anforderungen der TRGI.

Werkseitiger Korrosionsschutz für Rohre aus nichtrostendem Stahl

nicht ohne Korrosionsschutz

Nichtrostende Stahlrohre und Verbindungen müssen bei der Verlegung im Erdreich einen zusätzlichen Korrosionsschutz haben, weil Stoffe aus Erdalkalien die Werkstoffoberflächen schädigen können.

Umhüllungen wie Fußnote 14 zulässig

Ein Korrosionsschutz wie bei Kupferrohren mit einer Umhüllung entsprechend der Fußnote 14 der TRGI (z. B. Stegmantelumhüllung) ist neben den anderen Korrosionsschutzmöglichkeiten für erdverlegte Leitungen zulässig.

Nachträglicher Korrosionsschutz für Stahlrohre, Kupferrohre, Rohre aus nichtrostendem Stahl und anderen Rohrverbindungen

Korrosionsschutzbänder

Für den nachträglichen Korrosionsschutz mit Schutzbändern entsprechend DIN EN 12068 bzw. Korrosionsschutzbeschichtungen nach DIN EN ISO 12944 oder wärmeschrumpfenden Materialien soll bereits an dieser Stelle darauf hingewiesen werden, dass das Aufbringen eines nachträglichen Korrosionsschutzes an den Verbindungsstellen gemäß TRGI unverändert erst nach der Vor- und Hauptprüfung erfolgen darf. Eine gute Nachumhüllung kann nämlich für eine gewisse Zeit eine Dichtheit vortäuschen.

DIN EN 12068 nur für Stahlrohre

Die Anwendung der DIN EN 12068 ist vom Titel her auf Stahlrohre beschränkt, denn der lautet „Äußere organische Umhüllungen für den Korrosionsschutz von in Böden und Wässern verlegten Stahlrohrleitungen im Zusammenwirken mit kathodischem Korrosionsschutz". Hierbei wird zusätzlich die Verträglichkeit mit einer kathodischen Schutzmaßnahme (siehe unten) erfasst. Das bedeutet nicht etwa, dass die Wirkung ohne kathodischen Schutz geringer ist, sondern ob dieser sich langfristig negativ auswirkt.

Die Verlegung von Stahlrohren im Erdboden muss außerdem unter Berücksichtigung der DIN 30675 „Äußerer Korrosionsschutz von erdverlegten Rohrleitungen – Einsatzbereiche bei Rohrleitungen aus Stahl –" erfolgen.

Grundsätzlich muss ein nachträglicher Korrosionsschutz gleiche Anforderungen erfüllen wie die werkseitige Umhüllung. Wegen der Besonderheiten bei der Verarbeitung, z. B. Umhüllen von Armaturen, müssen im Interesse einer ausreichenden Flexibilität, die zum blasenfreien Aufbringen zwingend erforderlich ist, teilweise Zugeständnisse gemacht werden.

Für viele Umhüllungen ist für eine ausreichende Haftung am Rohrmaterial das vorherige Aufbringen eines Grundiermittels erforderlich. Da es sich häufig um aufeinander abgestimmte Korrosionsschutzsysteme handelt, kann nicht irgendeine beliebige Grundierung verwendet werden.

zulässige Betriebstemperatur bei Umhüllungen, Beanspruchungsklassen

Die Umhüllungen werden unterschieden nach der zulässigen Betriebstemperatur (30 °C oder 50 °C, wobei von den Herstellern auch vereinzelt schon Binden für höhere Betriebstemperaturen angeboten werden, was für freiverlegte Außenleitungen bedeutsam sein kann) und der Beanspruchungsklasse (A, B, C). Je nach Beanspruchungsklasse werden unterschiedlich hohe Anforderungen gestellt an: Schälfestigkeit, spezifischen Umhüllungswiderstand, Eindruckfestigkeit und Schlagfestigkeit. Die Eindruckfestigkeit ist z. B. bei Kunststoffbinden von besonderer Bedeutung, da genügend Sicherheit gegen Wasserdampf- und Sauerstoffdiffusion erhalten bleiben muss.

Verträglichkeit zwischen Schläuchen, Korrosionsschutzbinden und Rohrumhüllungen

Wichtig ist auch, dass die Korrosionsschutzbinden und Schrumpfmaterialien mit den werkseitigen Rohrumhüllungen verträglich sind. Dies wird ebenfalls geprüft. Der Hersteller hat anzugeben, für welche Rohrumhüllungen die Binden und Schrumpfmaterialien geeignet sind.

Korrosionsschutzbinden Arten a) bis c)

Die Korrosionsschutzbinden werden auch nach ihrem Aufbau unterschieden:

a) Petrolatumbinde

Trägergewebe aus verrottungsfester Chemiefaser (Acryl), beiderseitig mit Petrolatummasse (Vaseline-Kunststoffgemisch) und einseitig mit Kunststofffolie abgedeckt, Mindestdicke 1 mm

b) Bitumenbinde

Trägergewebe aus Glas- oder Chemiefaser, beidseitig mit bituminöser Masse belegt, Mindestdicke 4 mm, z. T. einseitig mit Kunststofffolie abgedeckt

c) Kunststoffbinden

ein- oder mehrschichtig, Nenndicke nach Herstellerangaben; es gibt:

- Kunststoffbinden mit Folie, bei denen eine Kunststofffolie ein- oder beidseitig mit plastischer Masse belegt ist
- Kunststoffbinden mit Gewebe, bei denen ein Träger aus Glas- oder Chemiefaser ein- oder beidseitig mit plastischer Masse belegt ist
- Kunststoffbinden ohne Träger, die nur aus einer plastischen Kunststoffmasse bestehen

Schrumpfmaterialien

Außerdem gibt es Schrumpfmaterialien, die als Formteil (Schlauch) oder Manschette thermisch aufgeschrumpft werden. Diese haben sich im Prinzip sehr gut bewährt. Aber die Verarbeitung an der Baustelle führt manchmal zu Schwierigkeiten (insbesondere die gleichmäßige nicht zu starke Erwärmung, damit kein Reißen eintritt).

Petrolatumbinden

Petrolatumbinden werden kalt verarbeitet. Es werden wegen ihrer besonderen Flexibilität und der guten Verarbeitbarkeit keine Anforderungen an die Schälfestigkeit gestellt. Diese können vom Aufbau der Binde her nicht erfüllt werden.

Sie dienen insbesondere zum Schutz von kompliziert geformten Rohrleitungsteilen (Abzweig, Anbohrstelle, Flansch, Armaturen usw.), erfüllen die Beanspruchungsklasse A und sind bis 30 °C geeignet.

Bitumenbinden

Schulung und Prüfung nach DVGW GW 15 (A)

Bitumenbinden sind warm zu verarbeiten. Sie erfüllen die Beanspruchungsklasse B und sind für Betriebstemperaturen bis 30 °C geeignet. Die Verarbeitung erfordert eine gute Ausbildung und ständige Übung. Im erdverlegten Rohrleitungsbau wird das Verlegepersonal speziell im Nachumhüllen von Rohrleitungen nach DVGW-Arbeitsblatt GW 15 „Nachumhüllen von Rohren, Armaturen und Formteilen – Ausbildungs- und Prüfplan –" geschult und muss danach auch regelmäßig nachgeschult werden.

Deshalb sind kalt zu verarbeitende Binden im Anwendungsbereich der TRGI vorzuziehen.

Kunststoffbinden

Es gibt Kunststoffbinden für alle Beanspruchungsklassen und für verschiedene Betriebstemperaturen. Teilweise sind diese so aufgebaut, dass die Beanspruchungsklassen A, B und C mit der gleichen Binde, aber bei verschiedener Verarbeitung, d. h. mit 1 bzw. 2 Wicklungen mit unterschiedlicher Überlappung, erreicht werden.

UV-Beständigkeit bei freiverlegten Außenleitungen

Es ist auch eine sogenannte „3-Schichten-Binde“ lieferbar, die eine besonders hohe UV-Beständigkeit aufweist und daher auch für freiverlegte Außenleitungen gut geeignet ist.

Systeme beachten

Die Verarbeitungshinweise und -anweisungen der Hersteller sind genauestens zu beachten. Wie schon erwähnt, ist der Austausch verschiedener Produkte – auch vom gleichen Hersteller – nicht zulässig, da nur das „System“ (z. B. Grundierung und Binde (Band)) geprüft und zertifiziert ist.

Prüfung mit einem Hochspannungsgerät

In den Verarbeitungsanweisungen verlangen die Hersteller von nachträglichem Korrosionsschutz, dass die werkseitige Rohrumhüllung und der nachträgliche Korrosionsschutz mit einem Hochspannungsgerät (Prüfspannung mind. 5 kV + 5 kV/mm Schichtdicke) auf einwandfreie Ausführung – möglichst vor dem Absenken der Rohre in den Rohrgraben – und auf Porenfreiheit zu kontrollieren ist. Eine kleine Fehlstelle wirkt sich nämlich wegen des möglichen Lochfraßes verheerender aus als die Korrosion bei einem völlig ungeschützten Rohr.

Aus vorstehenden Ausführungen wird deutlich, dass ein nachträglicher Korrosionsschutz nach DIN 30672-1 für erdverlegte und freiverlegte Außenleitungen erforderlich und sinnvoll ist.

Für **Installationen in Gebäuden** liegen die Korrosionsgefahren jedoch häufig anders als im Erdboden. Einerseits ist die Aggressivität von Gips in der Praxis häufig unterschätzt worden, so dass Anforderungen dahingehend verschärft wurden, dass bei gipshaltigem Putz ein Korrosionsschutz wie für erdverlegte Leitungen gefordert ist. Dies ist natürlich auch auf die Schutzbinden oder -folien beim Heften von Stahlrohren mit Gips zu übertragen.

PVC- oder PE-Binden für Innenleitungen

Andererseits dürfte die gleiche Anforderung für Leitungen in Gebäuden teilweise überzogen sein. Hierfür haben sich in den Versorgungsgebieten vieler NB über Jahrzehnte dünne selbstklebende PVC- oder besser PE-Binden durchaus bewährt. Diese erfüllen zwar nicht alle Anforderungen der DIN 30672-1 für die Verlegung in der Erde, sind aber auch nicht den gleichen Belastungen ausgesetzt. Da es noch keine Norm mit Festlegungen für Korrosionsschutzbinden für Gas-Inneninstallationen gibt, können diese dünnen selbstklebenden Binden kein DIN-DVGW-Zertifizierungszeichen tragen. In enger Abstimmung mit dem NB können die Einsatzbereiche für die dünnen Schutzbinden festgelegt werden. Die bisherigen guten Erfahrungen lassen dabei durchaus die Empfehlung zu, diese Verwendungsmöglichkeit weit zu fassen, denn auch hierfür gilt, dass ein guter Schutz durch eine auch für nicht geschulte Anwender einfach zu verarbeitende, etwas weniger hochwertige Schutzbinde besser ist als durch eine schlecht verarbeitete hochwertigere.

Freiverlegte Außenleitungen

Ergänzend zu den Korrosionsschutzmaßnahmen der erdverlegten Leitungen können auch noch die Korrosionsschutzbeschichtungen nach DIN EN ISO 12944-1 bis -5 verwendet werden.

Feuerverzinkung allein ist nicht ausreichend

Entgegen den bisherigen Festlegungen ist eine Feuerverzinkung als alleiniger Korrosionsschutz für freiverlegte Außenleitungen aus Stahl nicht ausreichend, weil eine Feuerverzinkung nur bei gelegentlichen kurzzeitigen Beanspruchungen durch Feuchtigkeit als ausreichend korrosionsbeständig gilt.

Schutz vor ammoniakhaltiger Atmosphäre bei Kupferleitungen

Außerdem soll noch der Hinweis gegeben werden, dass freiverlegte Kupferleitungen zwar in aller Regel keines besonderen Schutzes bedürfen, weil mit ammoniakhaltiger Atmosphäre nur selten gerechnet werden muss. Die TRGI verlangt aber für solche Fälle eindeutig einen Schutz (werkseitige Kunststoffummantelung oder Korrosionsschutzbinden).

kathodischer Korrosionsschutz

Bei **erdverlegten Leitungen** kann der passive Korrosionsschutz noch durch den aktiven, nämlich den kathodischen Korrosionsschutz ergänzt werden. In diesem Fall sind sogar generell Umhüllungen der Beanspruchungsklasse A ausreichend, denn der kathodische Schutz stellt ein Verfahren dar, das auch an Fehlstellen in der Umhüllung einen zuverlässigen Schutz gibt. Dabei wird der Korrosionsstrom durch einen entgegengerichteten Schutzstrom vom Elektrolyten zum Metall überlagert. Dessen Größe muss mindestens gleich dem Korrosionsstrom sein. Dem Schutzobjekt werden also Elektronen zugeführt, die anstelle der sonst aus der Metallauflösung gelieferten Elektronen den Bedarf für die Reduktion des an die Metalloberfläche gelangenden Sauerstoffes decken. Das Potenzial der zu schützenden Oberfläche sinkt dadurch so weit, dass kein Austritt positiver Metallionen aus dem Werkstoff mehr möglich ist. Statt der anodischen Reaktion erfolgt eine kathodische Reduktion des herandiffundierenden Sauerstoffs. Vereinfacht heißt das, der kathodische Schutzstrom findet automatisch die Fehlstellen in der Umhüllung, kompensiert den Korrosionsstrom und verhindert dadurch Korrosion.

Höhe des Schutzstromes

Die Höhe des Schutzstroms (gemessen gegen eine $Cu/CuSO_4$-Bezugselektrode) ist für niedriglegierte Eisenwerkstoffe bei Temperaturen < 40 °C – 0,85 V und in anaeroben (nicht sauerstoffhaltigen) Medien – 0,95 V. Wegen der Schwierigkeit der Unterscheidung zwischen aeroben (sauerstoffhaltigen) und anaeroben Böden wird neuerdings generell ein Schutzstrom von – 0,95 V empfohlen.

Isolierstücke sind wichtig

Bei einem kathodisch geschützten Rohr sind Isolierstücke besonders wichtig, weil eine elektrische Überbrückung des geschützten Systems den Schutzstrom wirkungslos abfließen lässt.

Fachfirmen nach DVGW GW 11 (A)

Maßnahmen zum kathodischen Rohrschutz sollten immer Fachfirmen übertragen werden, die eine entsprechende DVGW-Zertifizierung nach dem DVGW-Arbeitsblatt GW 11 „Verfahren für die Erteilung der DVGW-Bescheinigung für Fachfirmen auf dem Gebiet des kathodischen Rohrschutzes" besitzen.

5.2.7.2 Innenleitungen

Stahlrohre und Fittings mit Feuerverzinkung

Werkseitiger Korrosionsschutz für Stahlrohre
Ergänzend zu den Korrosionsschutzanforderungen für Außenleitungen sind Feuerverzinkungen für Rohre und Fittings anwendbar, wenn sie nicht mit hohen Umgebungsfeuchtigkeiten oder korrosionsfördernden Baustoffen (Gips) in Verbindung kommen (siehe auch Abschnitt 5.3.7.8 der TRGI).

neu: galvanische Verzinkung

Neu in die TRGI aufgenommen wurde, dass auch galvanische Verzinkungen mit der Beanspruchungsgruppe B, wie z. B. bei C-Stählen bzw. Präzisionsstahlrohren gefordert, mit den gleichen Einschränkungen wie bei Feuerverzinkung verwendet werden dürfen.

UV-Beständigkeit beachten

Nachträglicher Korrosionsschutz für Rohre und Rohrverbindungen
In Zusammenhang mit Korrosionsschutzbinden und Schrumpfmaterialien wird auch an die vorstehend aufgeführten Hinweise bezüglich der erforderlichen UV-Beständigkeit erinnert.

Empfehlungen für Praktiker a) bis c)

Empfehlungen für den Korrosionsschutz durch Beschichtungen:

a) Eine gute Oberflächenvorbehandlung (Sandstrahlen, Drahtbürste) ist wichtig.

b) für freiverlegte Außenleitungen

1. Stadtatmosphäre

- Grundanstrich mit einer Phosphatgrundbeschichtung auf Kunstharzbasis

- Deckanstriche mit Kunstharzlack (z. B. auf Alkydharzbasis)

2. Industrieatmosphäre

- Grundanstrich mit einer Phosphatkombinationsgrundbeschichtung auf einer PVC-Acrylat-Kombinationsbasis mit einer Sollschichtdicke von 80 µm

- Deckanstriche mit einer Titandioxid-Deckbeschichtung auf einer PVC-Acrylat-Kombinationsbasis und einer Sollschichtdecke von jeweils 80 µm

c) Für Innenleitungen (z. B. in Werkshallen)

- Grund- und Deckanstriche wie für freiverlegte Außenleitungen in einer Stadtatmosphäre

Die Farben sind unter den genannten Bezeichnungen im Fachhandel erhältlich.

DIN 18363 „VOB“ gilt

Dass auch für Anstricharbeiten (Beschichtungen) die DIN 18363 „VOB“ gilt, ist für den Anwender der TRGI sicher selbstverständlich.

5.2.8 Absperreinrichtungen

DIN EN 331 Kugelhähne und Kegelhähne

In dieser europäischen Norm sind die Anforderungen an Bau, Funktion und Sicherheit von Kugelhähnen und Kegelhähnen mit geschlossenem Boden bis zur Nennweite DN 50 für den häuslichen und gewerblichen Anwendungsbereich festgelegt. Diese Armaturen sind so ausgeführt, dass, wenn sie einmal montiert sind, es unmöglich ist, den Abschlusskörper oder eine Dichtung ohne Beschädigung der Armatur zu entfernen.

Ergänzungsnorm DIN 3537-1 Gasabsperrarmaturen bis DN 150

Diese Norm gilt für Absperrarmaturen, die außerhalb der DIN EN 331 zusätzlich für Deutschland Anwendung finden, d. h. für Kugel- und Kegelhähne > DN 50, außerdem für Klappen, Schieber und Ventile bis zu einer max. Nennweite von DN 150.

Darüber hinaus enthält sie zusätzliche Anforderungen und Prüfungen zu DIN EN 331 für HAE nach DVGW-Arbeitsblatt G 459-1, u. a. mit thermisch auslösendem Betätigungsorgan.

Für Absperreinrichtungen mit integrierter Isoliertrennstelle ist zusätzlich DIN 3389 und für Absperreinrichtungen mit integrierter thermisch auslösender Absperreinrichtung (TAE) ist zusätzlich DIN 3586 zu berücksichtigen.

keine wartungsbedürftigen Armaturen

Wartungsbedürftige Hauptabsperreinrichtungen und Absperrarmaturen sind nicht zulässig.

DIN-DVGW-Kennzeichnung

Absperrarmaturen, die diesen Anforderungen entsprechen, werden nach der DVGW-Geschäftsordnung für die nationale Zertifizierung von Produkten der Gas- und Wasserversorgung zertifiziert.

Die zertifizierten Armaturen haben ein DIN-DVGW-Zertifizierungszeichen mit Kennbuchstaben G und Hauptabsperreinrichtungen haben den Kennbuchstaben GT.

Im Vorgriff auf die anstehende Veröffentlichung der revidierten Fassung der Norm DIN EN 331 werden am Markt bereits CE-gekennzeichnete Absperreinrichtungen angeboten. Hinsichtlich deren Einsatzeignung als Installations-Absperreinrichtung (maximal für MOP 1 bar) sollte sich der Anwender beim Hersteller rückversichern, da der Baumusterprüfung für dieses Teil höchstwahrscheinlich der Eignungsnachweis als Absperrarmatur in Verbindung mit bzw. in einem Gasgerät zu Grunde liegt.

Hauptabsperrung mit Fernauslöser

Eine Armatur mit Fernauslösung muss dauerhaft und deutlich sichtbar mit der Schaltstellung versehen sein. Die Abdeckkappe muss nach DIN 12920 gelb (RAL 1016) eingefärbt sein und den Kennbuchstaben „GA“ tragen.

Einbau- und Bedienungsanleitungen beachten

Alle Armaturen haben eine Einbau- und Bedienungsanleitung, in der alle bedeutsamen Angaben enthalten sind, insbesondere über Einbau, Bedienung und Wartung, Einbaulage (falls erforderlich), höchste und tiefste Betriebstemperatur, höchsten Betriebsdruck.

HAE mit thermisch auslösendem Betätigungsorgan

Für Hauptabsperreinrichtungen mit thermisch auslösendem Betätigungsorgan muss die Einbauanleitung zusätzlich mindestens folgende Hinweise enthalten:

- dass es sich um eine Hauptabsperreinrichtung mit thermisch auslösendem Betätigungsorgan handelt
- Notwendigkeit einer Überprüfung der Armatur nach erfolgter Auslösung und ggf. Austausch
- Angaben über Funktion und Einbauort
- dass das thermisch auslösende Betätigungsorgan mit der Hauptabsperreinrichtung eine Einheit bildet und nicht auf typenfremde Fabrikate übertragbar ist

HAE mit Fernauslösung

Für HAE mit Fernauslösung muss die Anleitung zusätzlich folgende Angaben enthalten:

- Montage der Fernauslösung
- Anzahl der Umlenkungen
- kleinster Biegeradius und maximale Länge der Übertragungsvorrichtung
- die Übertragungsvorrichtung darf nicht durch andere Räume ins Freie geführt werden
- Führung im Leerrohr
- Einbau an geeigneter Stelle (nicht über Kellerfenster)

DVGW G 459-1 (A) auch für Gebäude-AE

Die Ergänzung, dass Gebäudeabsperreinrichtungen am Ende einer Anschlussleitung (erdverlegte Außenleitung) wie eine HAE zu betrachten und nach DVGW-Arbeitsblatt G 459-1 auszuführen sind, ist für den Praktiker sicher selbstverständlich. Verschiedene Anfragen haben es aber sinnvoll erscheinen lassen, dies noch einmal zusätzlich zu den Ausführungen in Abschnitt 5.3.3 der TRGI deutlich herauszustellen. Für freiverlegte Außenleitungen sind die Hauseinführung und die AE sinngemäß entsprechend den örtlichen Gegebenheiten auszuführen (so kann dafür ggf. in Abstimmung mit dem NB auf Ausziehsicherungen bzw. Festpunkte in der Mauerdurchführung verzichtet werden).

5.2.9 Thermisch auslösende Absperreinrichtungen

Anforderungen nach DIN 3586 mit DIN-DVGW-Zertifizierung

Thermisch auslösende Absperreinrichtungen (TAE) müssen bei einer Temperaturbelastung von 95 °C ± 5 K auslösen, d. h. selbsttätig schließen, und dürfen nach einer Temperaturbelastung von 650 °C über eine Zeit von 30 min nur eine unbedenkliche Leckrate aufweisen. Nicht ausreichend temperaturbeständige Bauteile, wie z. B. MD-Druckregelgeräte, die dieser Absperreinrichtung unmittelbar nachgeschaltet sind, können so gegen die Einflüsse von Bränden geschützt werden. Die MFeuV fordert im § 4 (5) den Einsatz einer TAE vor jedem Gasgerät.

Wenn TAE in Gasgeräte integriert sind, muss selbstverständlich die Einhaltung der gleichen Anforderungen nachgewiesen sein. Dies erfolgt im Rahmen der Baumusterprüfung.

Das Funktionsprinzip beruht meist auf dem Schmelzen eines Bauteiles mit einer definierten Schmelztemperatur (ähnlich wie bei einer Sprinkleranlage), wodurch eine vorgespannte Feder entlastet wird und das Sperrteil (Ventilteller, Kegel, Kugel o. Ä.) in die Geschlossenstellung drückt. Ein anderes Prinzip sind Dehnkörper, die sich bei Erwärmung ausdehnen und einen Sperrmechanismus für die Feder auslösen.

Nach Auslösen ist das Ventil nicht mehr gebrauchsfähig und muss ausgetauscht werden.

Bild 5.15 – Absperrarmatur mit integrierter TAE

5.2.10 Gasströmungswächter

DVGW VP 305-1 (P) für GS mit DVGW-Zertifizierung

In der DVGW-VP 305-1 werden die Anforderungen und Prüfungen von Gasströmungswächtern (GS) bis zu der Nennweite von DN 50 mit definierter Durchflussrichtung festgelegt und gelten für die Betriebsdrücke nach folgender Tabelle:

Tabelle 5.5 – GS-Typen, Bauanforderungen nach DVGW-VP 305-1

GS-Typ	Betriebsdruckbereich und Bauanforderung	GS-Nennwert	Farbe	Nenndurchfluss V_N in m³/h (Luft)
M	15 bis 100 mbar f_{Smin} = 1,3, f_{Smax} = 1,8 inst. Prüfung bei 1,15 x V_N $\Delta p \leq 0,5$ mbar	GS 2,5 GS 4 GS 6 GS 10 GS 16	gelb braun grün rot orange	2,0 3,2 4,8 8,0 12,8
K	15 bis 100 mbar f_{Smin} = 1,3, f_{Smax} = 1,45 inst. Prüfung bei 1,15 x V_N $\Delta p \leq 0,5$ mbar	GS 1,6 GS 2,5 GS 4 GS 6 GS 10 GS 16	weiß gelb braun grün rot orange	1,3 2,0 3,2 4,8 8,0 12,8

Bauteile wie Strömungskörper und Abschlussorgan können aus Kunststoffen oder metallenen Werkstoffen hergestellt werden.

Einbaulage beachten

Der Einbau als integraler Einsatz in einem gasführenden Gehäuse eines anderen Bauteils durch dessen Hersteller ist zulässig, sofern dieses nach den einschlägigen Normen und technischen Regeln geprüft und vom DVGW zertifiziert ist; oder der GS kann ein eigenes gasführendes Gehäuse haben.

GS-Typ M
M = Manipulation

Die GS-Typen M dürfen ausschließlich nur zum Schutz gegen Manipulation bei metallenen Werkstoffen verwendet werden.

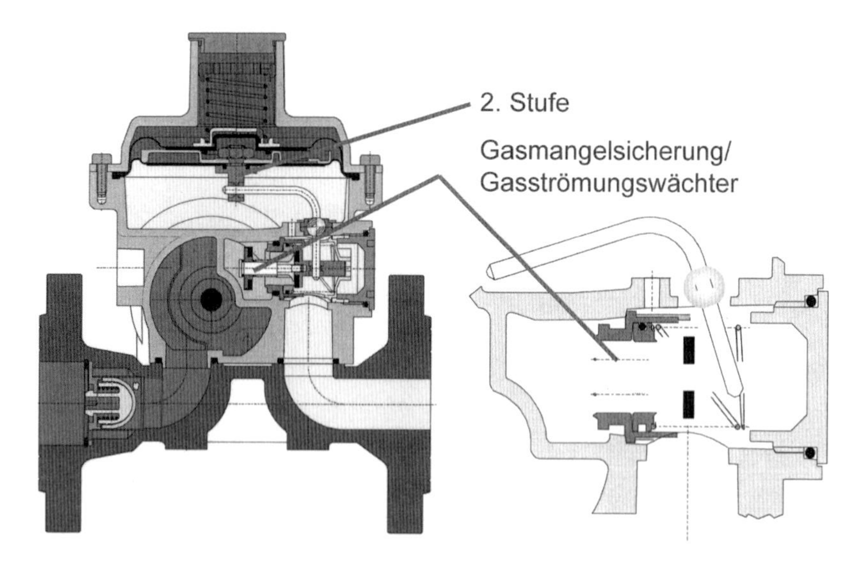

Bild 5.16 – Druckregelgerät mit integriertem Strömungswächter

GS-Typ K
K = Kunststoff

Einbaulage beachten

Die GS-Typen K dürfen sowohl als Sicherheitselement bei Kunststoffwerkstoffen als auch bei metallenen Werkstoffen zur Manipulationserschwerung eingesetzt werden. Dabei kann sich, je nach Hersteller oder Typ, die Einbaulage (senkrechter oder waagerechter Einbau) für das Schließverhalten wie ein Typ K oder Typ M auswirken.

Bild 5.17 – Funktion Gasströmungswächter

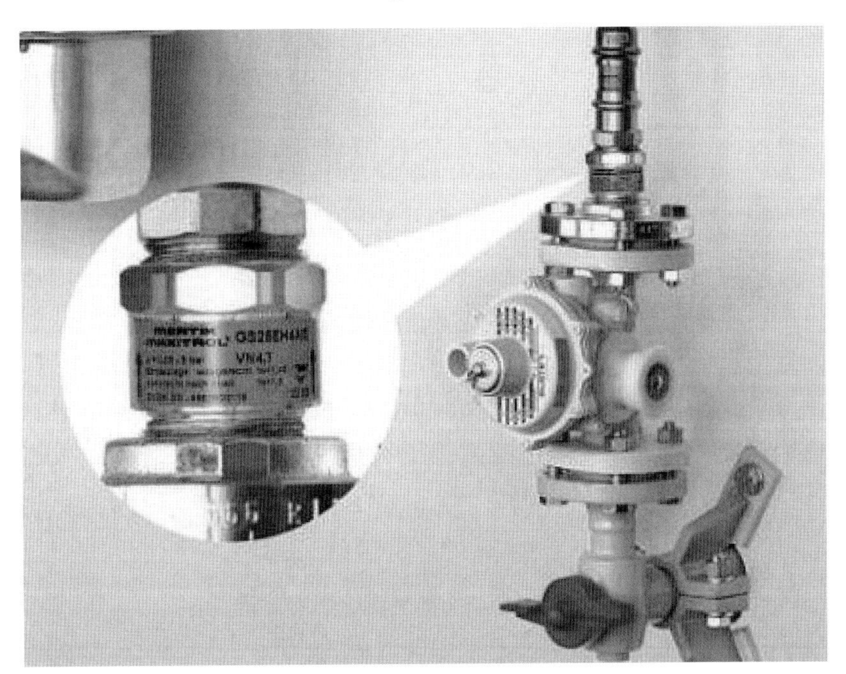

Bild 5.18 – Gasströmungswächter Typ K hinter dem Gas-Druckregelgerät eingebaut

GS-Typ K und GS-Typ M

Ein GS-Typ K wird zum GS-Typ M, wenn die Einbaulage senkrecht von oben nach unten verwendet wird.

Schließvolumenstrom GS-Typ M

$f_{Smin} = 1{,}3$, $f_{Smax} = 1{,}8$

Schließvolumenstrom GS-Typ K

$f_{Smin} = 1{,}3$, $f_{Smax} = 1{,}45$

dynamischer Schließwert

Prüfung bei 1,15 x V_N bei GS-Typ K und M

Die GS sperren den Gasdurchfluss ab, wenn der Schließdurchfluss überschritten wird.

GS mit Überströmöffnung entriegeln sich wieder selbst

Bei automatisch öffnenden GS ist eine Überströmöffnung integriert, die eine definierte geringe Gasmenge (maximal 30 l/h) überströmen lässt, so dass sich nach dem Erreichen des regulären Betriebsdruckes der Druck wieder aufbaut und die Federkraft den GS wieder öffnet.

Eine technische Weiterentwicklung stellt der Gasströmungswächter mit integrierter Dämpfungsfunktion dar. Das Dämpfungsglied federt Überschwingungen durch das Anfahrverhalten der Gasgeräte ab.

Bild 5.19 – Mertik Maxitrol Gasströmungswächter mit Dämpfung

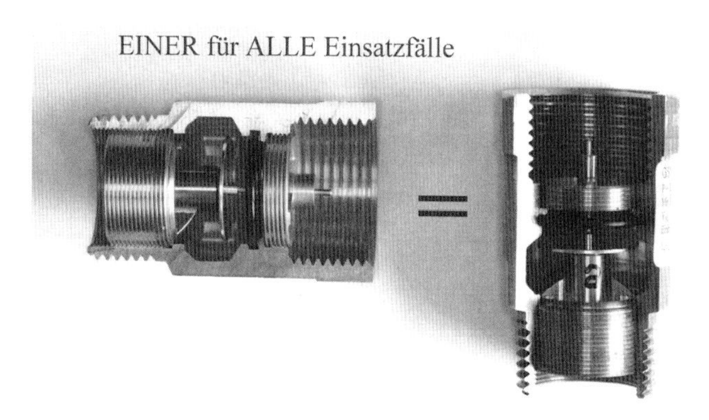

$1{,}3 \leq fs \leq 1{,}45$

lageunabhängiger Schließfaktor in einer Ausführung

Bild 5.20 – InterForge Klee GmbH digitaler Magnet-Gasströmungswächter

GS als Sicherheitselement zum Erfüllen der HTB-Qualität nur für Kunststoffleitungen

Auf die häufig vorgebrachte Frage eingehend, sei an dieser Stelle darauf hingewiesen, dass der GS keineswegs die TAE generell ersetzen kann. Beide Maßnahmen, einerseits bei GS zur Manipulationsabwehr oder als Sicherheitselement bei unter Brandeinfluss stehender Kunststoffleitungsanlage und andererseits bei TAE für den Schutz des „thermisch schwachen Bauteiles“, wie z. B. des Gasgerätes, zielen auf unterschiedliche Schutzziele und bewerkstelligen dieses mit unterschiedlichen Absicherungsformen bzw. -elementen. Der GS kann möglicherweise bei einer durch Brand ausgelösten Beschädigung an der Gasanlage die gefährliche Gasnachströmung verhindern; die zuverlässige und abgesicherte Beherrschung dieses

Schutzzieles erfordert jedoch zwingend die Kombinationsbetrachtung von Funktionalität/Einsatzort des GS und Ablauf des Bruchverhaltens der Gasanlage und ihrer Teile unter Brandeinwirkung. Dies ist jedoch allein für das Konzept der Kunststoff-Leitungsverlegung durchgeführt worden; die universelle Übertragbarkeit auf andere Fälle, z. B. auf Rohrsysteme aus Metall, kann nicht abgeleitet werden.

5.2.11 Schmierstoffe

Schmierstoffe müssen DIN 3536 entsprechen

Auch Schmierstoffe für Gasarmaturen müssen hohen Anforderungen genügen, die in Normen festgeschrieben sind. So muss das Schmiermittel beständig gegen alle Gase der öffentlichen Gasversorgung sein, d. h. es darf sich unter dem Einfluss von Luft und/oder Brenngasen auch im Dauerbetrieb nicht so verändern, dass es seine Schmierfähigkeit und Dichteigenschaften verändert. Es muss mit allen Werkstoffen, mit denen es in Berührung kommt (Metall, Dichtmaterialien, Membranen), gut verträglich sein und darf unter den üblichen Temperatureinflüssen seine Eigenschaften nicht verlieren. Für bestimmte Einsatzzwecke sind zusätzliche Anforderungen einzuhalten, z. B. Eignung bei tiefen Temperaturen für Armaturen in Freiluftanlagen und hohe Temperaturen in Gasgeräten (z. B. 145 °C für Gasherde).

DIN EN 377 für Gasgeräte

Schmierstoffe, die ausschließlich für den Einsatz in Gasgeräten im HuK-Bereich (d. h. nicht für industrielle Verwendung) vorgesehen sind, müssen der europäischen Norm DIN EN 377 genügen.

Wie wichtig die Verwendung normgerechter Schmierstoffe ist, hat sich in der Vergangenheit nicht nur bei Allgasgeräten gezeigt, wenn der Schmierstoff nicht für alle Gase gleich gut geeignet war oder sich die Armaturen, die im Wärmestrahlungsbereich von Heizgeräten lagen, nach ein paar Jahren nicht mehr bedienen ließen, sondern auch bei Spezialarmaturen ausländischer Hersteller. Diese haben teilweise durch Verwendung besonderer Schmierstoffe Armaturenmaterialien verwendet, die sonst eine Dauerprüfung bei der Baumusterprüfung nicht überstanden hätten. Wenn nun aber jeder Hersteller ein eigenes Spezialmittel verwendet, bleibt der Schutz des Verbrauchers sehr schnell auf der Strecke. Es ist ja heute schon zu beobachten, dass ungeeignete, für Wasserarmaturen und für O-Ringe bestimmte Schmierstoffe, die z. B. auch von den Herstellern von Gaswasserheizern erhältlich sind, unzulässigerweise auch für Gasarmaturen verwendet werden und es zu Störungen kommt.

Nachfetten verboten?

Dabei stellt sich die Frage, ob das Nachfetten von Absperreinrichtungen in Gasinstallationen überhaupt zulässig ist. Der DVGW hat aufgrund eines Beinahe-Unfalles mit einer Absperreinrichtung, bei der das Absperrteil (Hahnküken) nur mit einem Sprengring gesichert war, das Nachfetten für solche Einrichtungen per Rundschreiben G 9/1980 in der Vergangenheit verboten. Auch in einigen Normen über Absperreinrichtungen (z. B. DIN 3534 „Armaturen für Gasinstallationen; Anschluss-Kegelhähne in Durchgangsform mit Verschraubung“) heißt es: „Hähne dürfen nur wie vom Hersteller geliefert eingebaut werden. Ein nachträglicher Eingriff in die Armatur ist unzulässig.“ Auch eine Wartung ist unzulässig, siehe Kommentierung zu Abschnitt 5.2.8.

Herstellerangaben bei Regelarmaturen beachten

Armaturen in Gasgeräten (Kombinationsarmaturen, Magnetventile, Druckregelgeräte etc.) dürfen in der Regel vom Installateur nicht geöffnet und geschmiert werden, es sei denn, der Hersteller führt dies besonders in seinen technischen Unterlagen als zulässig und erforderlich auf.

Beide Normen, DIN EN 377 und DIN 3536, sind in das DVGW-Regelwerk aufgenommen; die Schmiermittel müssen DIN-DVGW-zertifiziert sein.

5.2.12 Hauseinführungen

keine Norm Prüfung nach vorläufigen Prüfgrundlagen DVGW VP 601 (P)

Die DVGW-VP 601 „Gas- und Wasser – Hauseinführungen" aus dem Jahr 2007 beinhaltet die Anforderungen, die aufgrund von Erfahrungen, Fachkenntnissen und Versuchsergebnissen mit/über Rohrkapseln gestellt werden müssen. Die Rohrkapsel ist inzwischen Stand der Technik für die Hauseinführung bei Hausanschlussleitungen aus Polyethylen.

Rohrkapseln für Hauseinführung von PE-HD-Leitungen

Die Rohrkapseln wurden entwickelt, weil sowohl die Grundforderung, dass Gasleitungen innerhalb von Gebäuden aus brandschutztechnischen Gründen nicht aus Kunststoff sein dürfen, als auch der Wunsch erfüllt werden sollte, den Übergang außerhalb des Gebäudes auf eine „konventionelle Hauseinführung" mit den bekannten Problemen (Korrosionsschutz, Abdichtung, Ausziehsicherung) entbehrlich zu machen. Derzeit werden Rohrkapseln von verschiedenen Herstellern, vorwiegend als fertige Kombination, standardmäßig bis zu Rohraußendurchmessern d ≤ 63 geprüft nach VP 601 angeboten. Darüber hinaus sind Sonderanfertigungen bis d 250 lieferbar. Für nicht unterkellerte Gebäude wird auch eine flexible Edelstahlwellrohrkapsel angeboten.

Bestandteile der Rohrkapseln

Die Rohrkapsel besteht in der Regel aus korrosionsbeständigem Metall (Edelstahl), in dem die Polyethylenleitung ins Gebäude oder aus dem Gebäude herausgeführt wird. In der Rohrkapsel erfolgt der Übergang auf Metall (z. B. durch Klemmverbinder aus Metall). Zur Gebäudeinnenseite ist die Rohrkapsel metallen abgeschlossen, so dass bei von außen wirkenden Zugkräften durch unzulässige Einwirkung Dritter, z. B. bei einem Baggerzugriff, kein Gas ins Gebäude eindringen kann. Torsionsmomente dürfen von der Gasleitung (z. B. durch Arbeiten an der Innenleitung) nicht auf das Kunststoffrohr übertragen werden und auch bei einer thermischen Belastung (z. B. Brand im Kellerraum) muss die Rohrkapsel dicht bleiben.

Einbau der Rohrkapseln

Rohrkapseln werden dicht und kraftschlüssig in die Gebäudeaußenhülle eingebaut (hierzu liefern einzelne Hersteller Spezialvorrichtungen und sogenannten „Quellbeton" zum Vergießen der Hauseinführungen, so dass eine dichte und feste Einbettung ohne Hohlräume gewährleistet ist). Bei Hohlwänden empfehlen sich Maßnahmen (z. B. Ausschäumen) im Einbaubereich, damit der Quellbeton nicht „verschwindet", sondern seine Aufgaben erfüllen kann.

Rohrkapseln, bei denen das Polyethylenrohr im eingebauten Zustand montiert werden kann, haben den Vorteil, dass nach einem Baggerzugriff die Anschlussleitung meist erneuert werden kann, ohne den eingemauerten Teil der Kapsel „anfassen" zu müssen, was besonders bei einem hohen Grundwasserspiegel zu Problemen führen kann.

Ein- und Ausführungen in ein Gebäude

Die Aussagen zu DVGW-VP 601 in Verbindung mit dem DVGW-Arbeitsblatt G 459-1 gelten selbstverständlich für alle Einführungen von Gasleitungen in Gebäude und sinngemäß natürlich auch für Haus-Ausführungen uneingeschränkt.

Mehrsparten-Hauseinführungen

In diesem Zusammenhang soll nicht unerwähnt bleiben, dass zwischenzeitlich auf dem Markt fertige Hauseinführungen, wie z. B. auch Mehrsparten-Hauseinführungen, angeboten werden, die hinsichtlich Sicherheit und Anwenderfreundlichkeit den Rohrkapseln in nichts nachstehen.

Isolierstück bei Rohrkapseln

Bei erdverlegten Leitungen aus Kunststoff wird immer wieder die Frage nach der Notwendigkeit eines Isolierstückes gestellt. Wie schon erläutert, ist das Isolierstück als Korrosionsschutz gegen Kontaktelementbildung auch für die Inneninstallation erforderlich. Weil für Rohrkapseln keine elektrische Isolierung gegen die Gebäudewand gefordert ist, kann also nicht ohne Weiteres auf den Einbau von Isolierstücken verzichtet werden. Siehe dazu auch die Kommentierung zu Abschnitt 5.3.5.2 der TRGI.

5.2.13 Isolierstücke

elektrische Trennstelle

Isolierstücke sind eine elektrische Trennstelle für die Längsleitfähigkeit. Sie sind außerdem erforderlich, um einen wirksamen kathodischen Korrosionsschutz der erdverlegten Leitungen und einen wirksamen Potenzialausgleich der metallenen Leitungen im Gebäude zu gewährleisten.

Isolierstücke können in Absperreinrichtungen integriert sein

Isolierstücke sind als einzelnes Bauteil erhältlich, werden aber häufig in Absperreinrichtungen für die HAE bzw. Gebäude-AE für Hausein- und ausführungen integriert. In beiden Fällen müssen sie DIN 3389 entsprechen.

Kennzeichnung „G“ oder „GT“

In Gasleitungen installierte Isolierstücke müssen für Gas geeignet sein – Kennzeichnung „G“. Beim Einbau innerhalb von Gebäuden müssen sie, durch die Kennzeichnung „GT“ dokumentiert, thermisch erhöht belastbar sein. Damit bekräftigt der DVGW, dass dem „primären Brand- und Explosionsschutz“ Vorrang eingeräumt wird. Die TRGI sieht bewusst nicht die Alternative „thermisch auslösende Absperreinrichtung plus Isolierstück in nicht thermisch erhöht belastbarer Ausführung“ vor.

elastisches Glasfasermaterial für Isolierstücke

Für Isolierstücke hat man früher nicht thermisch erhöht belastbaren Kunststoff als Isoliermaterial verwendet. Temperaturbeständige keramische Werkstoffe sind bislang weniger geeignet. Aufgrund ihrer Sprödigkeit neigen sie zu Rissbildungen und damit zu Undichtheiten. Als Lösung werden heute z. B. Werkstoffe auf der Basis von elastischen Glasfasern verwendet, die bis zu einer Nenndruckstufe PN 4 die oben angegebenen Anforderungen erfüllen.

Es wird darauf hingewiesen, dass Isolierstücke eine hohe Torsionsfestigkeit haben müssen; bei unsachgemäßer Überlastung (z. B. 2"-Eckschwedenzange für DN 25) gibt das Isolierstück aber eher nach als die Stahlleitung.

5.2.14 Sicherheitsverschlüsse

Passivmaßnahmen gegen Zugriffe durch Dritttäter

Sicherheitsverschlüsse wie Sicherheitsstopfen bzw. Sicherheitskappen sind im Zuge der damaligen öffentlichen Diskussion um mögliche technische Vorkehrungen zur Abwehr von Eingriffen Unbefugter in die Gasleitungsanlage im August 2000 mit einer veröffentlichten TRGI-Ergänzung ins Technische Regelwerk neu eingeführt worden. Zielstellung dabei ist der Dritttäter oder die kriminell veranlagte Person, dem/der durch solche Sicherungen ein unbeobachteter schneller, geräuschloser Eingriff, d. h. ohne großen Aufwand und mit handelsüblichem Werkzeug durchführbar, zumindest in starkem Maße oder unüberwindbar erschwert wird.

keine Betätigung mit handelsüblichem Werkzeug

Solche Sicherheitseinrichtungen für zumeist Verwahrungseinrichtungen auf Leitungsenden müssen der DVGW-VP 634 „Sicherheitsverschlüsse für Gasinstallationen" entsprechen und DVGW-zertifiziert sein. Am Markt sind solche Einrichtungen bis zu DN 50 erhältlich. Grundanforderung ist, dass die Montage bzw. die Demontage ausschließlich mit Sonderwerkzeug möglich ist. Dieses Sonderwerkzeug (z. B. ein spezieller Adapter) ist nur über den Hersteller oder den Fachhandel mit Dokumentierung und fortlaufender Registrierung durch das VIU oder den NB beziehbar. Bauarten können einteilige Stopfen/Kappen sein oder auch mehrteilige Einrichtungen, bei denen lediglich bestimmte Teile gasberührt sind. Die Baumusterprüfungen decken selbstverständlich einerseits alle notwendigen Anforderungen an eine Verwahrungseinrichtung ab, andererseits muss durch das Sonderwerkzeug ohne Schlüsselflächen das ausreichende Torsionsmoment übertragen werden, um die Demontage durchführen zu können.

Bild 5.21 – Sicherheitsstopfen/-kappen, Nunner GmbH

Zugriffssicherungen für lösbare Verbindungen

Neben den Verwahrungseinrichtungen war selbstverständlich ebenfalls die Absicherung von Angriffsflächen/Schlüsselflächen bei lösbaren Verbindungen, so z. B. die Überwurfmuttern von Verschraubungen und die Schraubenköpfe/-muttern bei Flanschverbindungen, ins Blickfeld für Aufgabenstellungen geraten. Die meisten Hersteller von Stopfen-, Deckelabsicherungen bieten nach ähnlichem Konzept (kein Zugriff über Schlüsselflächen mit handelsüblichem Werkzeug) auch solche Einrichtungen an. Da solche Teile nicht gasberührt sind, wird eine DVGW-Zertifizierung nicht gefordert. Den Herstellern und den Anwendern wird jedoch empfohlen, solche

Teile zu vermarkten bzw. einzusetzen, die ebenfalls einer Beurteilung in Anlehnung an VP 634 unterlegen haben.

Bild 5.22 – Verschraubungssicherung und Sicherheitsstopfen, Jeschke GmbH

Verdrehsicherungen durch Gewinde-Dicht-Klebstoffe und Gewinde-Klebstoffe

Für gleich gelagerte oder auch spezifische Aufgabenstellungen sind als Angebot an die Anwender, die VIU ggf. in notwendiger Abstimmung mit dem NB, Verdrehsicherungen von lösbaren Rohrgewinden auf Basis von Gewinde-Klebstoffen, Gewinde-Dicht-Klebstoffen oder auch von äußerlich anwendbaren Schrumpfelementen nach DVGW-VP 405 entwickelt worden. Der Gewinde-Klebstoff kann für Befestigungsgewinde, d. h. Überwurfmuttern von lösbaren Verbindungen, zum Einsatz kommen. Nach Anwendung entsprechend der Herstellerangabe (z. B. Vorreinigung der Gewinde, korrekte Auftragsweise der Flüssigkeit, Gel oder Paste) verhindert das damit erzielte hohe Losbrechmoment eine Lösung mit Standardwerkzeugen.

Praxisnähere und eher unkomplizierte Einsätze werden die Gewinde-Dicht-Klebstoffe für Installationsdichtgewindepaarungen (entsprechend DIN EN 10226-1) finden. Der Stopfen oder die Kappe kann äußerlich unverändert (mit Schlüsselflächen) verbleiben. Mit gebräuchlichem Standardwerkzeug ist das Losbrechmoment nicht aufzubringen. Auf solche Weise hergestellte Endverbindungen an Leitungsanlagen gelten ebenfalls als Sicherheitsverschlüsse.

auch Reversibilität bei der Klebesicherung möglich

Mit geeigneten Vorrichtungen, die eine lokale Wärmeeinbringung im Bereich der Klebestellen ermöglichen (der Hersteller empfiehlt dazu ein Widerstandslötgerät), können für beide Klebearten reversible Zustände erreicht werden, so dass nach dem Erwärmen die Gewindepaarungen wieder mit Standardwerkzeugen und geringem Kraftaufwand gelöst werden können.

Denkbar wäre somit auch ein Gewinde-Kleben von Ein- und Ausgangsverschraubungen von Gaszählern oder von Gas-Druckregelgeräten. Da diese jedoch betriebsmäßig lösbare Verbindungen darstellen (Eichwechsel des Gaszählers nach G 685, Wartungsaustausch des Druckregelgerätes nach G 495), könnte solches nur in vorheriger notwendiger Abstimmung mit dem NB, ggf. auch MSB geschehen, so dass diese Möglichkeit als nur theoretisch einzustufen sein wird.

Zu Einsatznotwendigkeiten und -bedingungen für alle oben beschriebenen Passivmaßnahmen siehe auch die Kommentierung zu Abschnitt 5.3.9 der TRGI.

5.2.15 Gas-Druckregelgeräte

Haus- und Zähler-Druckregelgeräte weiterhin nach nationaler Norm mit DIN-DVGW-Zertifizierung

Die Gas-Druckregelgeräte als im Gebäude installierte Haus- und Zähler-Druckregelgeräte müssen der nationalen Norm DIN 33822 „Gas-Druckregelgeräte und Sicherheitseinrichtungen der Gasinstallation für Eingangsdrücke bis 5 bar" entsprechen. Den Kennern ist die bereits seit gut über 10 Jahren herrschende Situation der teils umgesetzten und teils beabsichtigten europäischen Normung für diese Produkte bekannt. Wegen Uneinigkeiten und auch wechselnden Präferenzen hinsichtlich der Eignung der Mandatierungen aus der EG-Druckgeräterichtlinie (97/23/EG) oder auch aus der EG-Bauproduktenrichtlinie (89/106/EWG), siehe das Mandat M/131, ist die nationale Fortschreibung der ursprünglichen deutschen Norm DIN 33822 in dieser Zeitspanne als DVGW-VP 200 weiter befördert worden. Nach dann letztlich erfolgter Projektaufgabe durch das zuständige europäische Komitee CEN/TC 235 wurde in der Konsequenz die weitere Fortführung der Arbeiten zu einer deutschen Norm mit altbekannter Nummer DIN 33822 beschlossen und inzwischen fertig gestellt.

Gas-Druckregelgeräte mit CE-Kennzeichnung benötigen zusätzlich eine TAE oder „baulichen Schutz"

DIN 33822 erfüllt selbstverständlich die Anforderung nach höherer thermischer Belastbarkeit. Sollten daher anstelle der Produkte nach deutscher Norm solche entsprechend der DIN EN 334 „Gas-Druckregelgeräte für Eingangsdrücke bis 100 bar" oder – bei Eingangsdrücken über 100 mbar – der DIN EN 14382 „Sicherheitseinrichtungen für Gas-Druckregelanlagen-Einrichtungen – Gas-Sicherheitsabsperrungen für Betriebsdrücke bis 100 bar" innerhalb von Gebäuden zum Einsatz kommen, so müssen diese mangels HTB-Qualität zur Erfüllung der Brand- und Explosionssicherheit entweder durch baulichen Schutz oder durch Vorschaltung einer thermisch auslösenden Absperreinrichtung (TAE) zusätzlich gesichert sein. Der hier genannte mögliche bauliche Schutz wird in der TRGI nicht materiell oder in seiner Ausführungsart beschrieben. Die TRGI übernimmt hierfür die Begrifflichkeit der baubehördlichen Verordnung (MLAR) und versteht darunter z. B. „die Abtrennung durch mindestens feuerbeständige Bauteile aus nichtbrennbaren Baustoffen, wobei die Zugriffsöffnungen in diesen Gebäudebauteilen mit mindestens feuerbeständigen Abschlüssen zu verschließen sind; die Abschlüsse müssen mit umlaufenden Dichtungen versehen sein".

Bestandsschutz hinsichtlich Gas-Druckregelgeräten?

In diesem Zusammenhang ist oft der Bestandsschutz bei auszuwechselnden Haus-Druckregelgeräten bzw. auch hinsichtlich des noch funktionstüchtigen Zähler-Druckregelgerätes bei Auswechslung des Gaszählers hinterfragt. Während bei Balgengaszählern bereits seit 1986 für den Neueinbau oder bei jedem Eichwechsel in den meisten Bundesländern der HTB-Gaszähler gefordert wurde, ist eine solche generelle Forderung für die Gas-Druckregelgeräte in Gebäuden nicht erlassen worden. In der alltäglichen Praxis wird jedoch heute in der Regel so vorgegangen, dass bei notwendigen Instandhaltungsmaßnahmen die Auswechslung gegen HTB-Druckregelgeräte sowie auch bei Zählerwechslung ebenfalls der Austausch des noch nicht HTB-tüchtigen Zähler-Druckregelgerätes gegen ein solches der heutigen Gattung vorgenommen wird.

Installation mit Dichtungen nach DVGW VP 401 (P)

Entsprechend den zusätzlich gewonnenen Erkenntnissen hinsichtlich des Verhaltens von Flachdichtungen in betriebsmäßig zu bedienenden Verschraubungen und Flanschen müssen beim Ofentest zur HTB-Beurteilung in den Baumusterprüfungen spezifische Dichtungen nach den in der DVGW-VP 401 festgelegten Prüfanforderungen eingesetzt werden. Genau die gleichermaßen geforderten und geprüften Dichtungen (Kennzeichnung durch rote Striche am äußeren Rand) sind daher auch für die Praxiseinbindung der Druckregelgeräte über Flansch oder über Verschraubungsanschluss in die Gasinstallation gefordert.

5.2.16 Gaszähler

Forderung nach Zählerbauarten mit Druckverlust bei $\dot{Q}_{max}$ von < 1,25 mbar

Für alle möglichen Gaszähler gelten inzwischen als Produktanforderungen die gemeinsam erarbeiteten national übernommenen europäischen Normen. So enthält heute die Norm für den in der Gasinstallation gängigsten Balgengaszähler die HTB-Anforderung nur als Option, was jedoch bei deutschen Bestellungen immer als verbindliche Forderung gelten muss. Als weitere prägnante Diskrepanz zur altbekannten nationalen Zählerausstattung nach DIN 3374 erlaubt die europäische Norm nun den Druckverlust von 2 mbar (entspricht dem Doppelten wie nach DIN 3374) bei maximaler Belastung des Zählers $\dot{Q}_{max}$. Noch höhere zulässige Druckverluste gelten für die Zählergrößen ab G 25 und ab G 100.

Hier ist insbesondere der NB bzw. auch der MSB aufgerufen, dass bei den Herstellern Gaszähler gebräuchlicher Größen bis G 16, abgesehen von der Voraussetzung der HTB-Eigenschaft, auch in bisher bewährter Bauart mit einem Druckverlust bei $\dot{Q}_{max}$ nicht größer als 1,25 mbar geordert werden. Aus pragmatischen Vorgaben und realistischerweise muss sich das Bemessungsverfahren für die Leitungsauslegung auf diesen bisher zu berücksichtigenden maximalen Druckverlust stützen, siehe dazu die Begründung in Abschnitt 7 der TRGI.

Verwendbarkeitskennzeichnung europäisch noch nicht abgeklärt

Wie gerade vorangehend zu Abschnitt 5.2.15 bei Gas-Druckregelgeräten erläutert, ist auch hinsichtlich der Gaszähler die europäische Normung lediglich eine erste Grundlage. Hinsichtlich der Kennzeichnung auf dem Gaszähler und der gleichartigen Einbauvorgaben sind jedoch noch keine eindeutigen Angaben geregelt. So deckt die vorhandene CE-Kennzeichnung aufgrund der Mandatierung aus der Europäischen Messgeräte-Richtlinie (MID) zwar die messtechnischen und eichtechnischen Anforderungen ab. Notwendige und funktionale Anforderungen (z. B. Anschlusssituationen) sowie die ausreichende Qualität von Einbauteilen, u. a. Balg, gelten aber beispielsweise erst durch das noch zusätzlich angebrachte DVGW-Zertifizierungszeichen als nachweislich sichergestellt.

Herstellerangaben, -bescheinigungen notwendig bei Drehkolbengaszähler und Turbinenradgaszähler

Bei anderen Gaszählern, wie z. B. Drehkolbengaszähler oder Turbinenradgaszähler, enthalten die Normen keine HTB-Prüfmaßgaben. Diese Zählerarten erfüllen die Anforderung an höhere thermische Belastbarkeit jedoch vielfach von Haus aus durch die verwendeten Werkstoffe. Ggf. kann eine Nachweisführung über die ausreichend feuerfeste Verwendung und Eindichtung des Schauglases als Zusatzaufgabe anstehen. Bei diesen Gaszählern ist daher durch die Anwender sowohl hinsichtlich der Bemessungsaufgabe auf die Hersteller-Druckverlust-Kennlinien der ausgewählten Einrichtung als auch hinsichtlich der ausreichend dargestellten HTB-Qualität vielfach auf Herstellerunterlagen und -bescheinigungen zurückzugreifen.

Sollte der bauliche Schutz aus Explosionsschutzgründen relevant werden, so sei dazu auf die Ausführungen zum vorangegangenen Punkt (Abschnitt 5.2.15) dieser Kommentierung verwiesen.

Der gleiche Verweis mit identischer Sachverhaltsbegründung gilt auch hinsichtlich der Einsatzvorgabe von Flachdichtungen für die Anschlussverbindungen nach DVGW-VP 401.

5.2.17 Sonstige Bauteile

Als weitere Bauteile, welche nicht in jeder Gasinstallation zum Einsatz kommen, aber dennoch wichtige und notwendige Komponenten in Installationen mit spezifischen oder zusätzlichen Aufgabenstellungen darstellen, werden in diesem Abschnitt stellvertretend der Gasfilter und der Stahlbalgkompensator genannt. Die an dieser Stelle in den TRGI '86/96 noch zusätzlich aufgeführte

bewegliche Verbindung nach DIN 30663 ersetzt durch Schlauchleitung nach DIN 3384

- bewegliche Verbindung nach DIN 30663 ist inzwischen durch DIN 3384 „Gasschlauchleitungen aus nichtrostendem Stahl" für den Einsatz in der Gasinstallation ersetzt. Dazu werden in diesem Kommentar zu Abschnitt 5.3.6.1 dieser TRGI Erläuterungen abgegeben.

  und

- Gasmangelsicherung nach DIN 3399 ist weiterhin existent und auch als Einzeleinrichtung oder in Kombination mit dem Gas-Druckregelgerät in der Betreiberanlage durchaus zu empfehlen; jedoch ist hierfür nicht mehr die DIN 3399 relevant, sondern diese Einrichtung ist heute in den Normen DIN 33822 und DIN EN 14382 erfasst. Erläuterungen und Bewertungen dazu werden in diesem Kommentar zu Abschnitt 5.2.15 der TRGI gegeben.

  und

Gasrücktrittsicherung als spezifische Einrichtung für Gewerbe und Industrie

- Gasrücktrittsicherung nach DIN EN 730, DIN 8521-2 hat Relevanz in gewerblichen und vor allem industriellen Prozessanwendungen bei Zuführung des Brennstoffes (Gas) und des Verbrennungsmittels (Luft oder Sauerstoff) in jeweils separaten Leitungen bzw. Schlauchleitungen mit Zusammenführung vor der Brennereinrichtung. Da zu spezifisch und ohne Anwendungsfall in der gängigen Gasinstallation, verzichtet die TRGI auf deren Nennung. Hinsichtlich Einsatzfällen solcher Gasrücktrittsicherungen wird heute auf DIN EN 746-2 „Industrielle Thermoprozessanlagen – Teil 2: Sicherheitsanforderungen an Feuerungen und Brennstoffführungssysteme" verwiesen. Erläuterungen zu dieser speziellen Einrichtung finden sich in der Kommentierung zu der Norm DIN EN 746-2, veröffentlicht in der Fachzeitschrift „GASWÄRME International", Band 49 (2000), Hefte 9 und 10.

Norm für Gasfilter DIN 3386 zurzeit in Überarbeitung

Gasfilter nach DIN 3386 werden nur selten in der Gasinstallation benötigt. Die Erfahrungen mit Filtern in Netz-Druckregelstationen und in Orts-Verteilungsnetzen mit Inkrustierungen (z. B. noch lange mit Stadtgas betriebene Ortsleitungen) zeigen, dass Filter zum Einbau in Gasinstallationen nur dort sinnvoll sind, wo sie vom NB empfohlen und ggf. im Rahmen des Entstördienstes von diesem gewartet werden. Freisetzungen von Ablagerungen im Rohrnetz können sehr stark von der Netzfahrweise abhängen, so dass sich z. B. bei großräumigen Netzumschaltungen und damit bewirkten plötzlichen Geschwindigkeitserhöhungen schlagartig Flugstaub in den Rohren in Richtung der Betreiberanlagen in Bewegung setzt. Der Einbauort in der Kundenanlage wird bei Netzen mit solchen Auffälligkeiten vor dem Haus- bzw. dem Zähler-Druckregelgerät sein.

Erfordern ein bestimmter Gasgerätebrenner oder dessen Stell- oder Steuerelemente eine gewisse Partikel-/Schwebstofffreiheit, so ist dieser Filter Teil der „Armaturenstrecke“ des Gasgerätes und als solcher durch die der Geräteanschlussarmatur vorgeschaltete TAE gegen höhere thermische Belastung geschützt.

Viele existierende Gasfilter in der Gasinstallation besitzen aufgrund ihres nach Norm möglichen Gehäusewerkstoffes (z. B. Aluminiumguss) keine HTB-Qualität. Zurzeit befindet sich DIN 3386 „Gasfilter für die Installation – Anforderungen und Prüfungen“ in Überarbeitung und wird zukünftig drei Temperaturklassen, darunter auch die HTB-Ausführung (siehe DIN-DVGW-Zertifizierungszeichen mit Kennbuchstaben GT) anbieten. Weitere wesentliche Merkmale der kommenden Norm werden sein:

- Berücksichtigung der neuen Normen und Regelwerkssituationen in allen Bezügen
- qualitative Beurteilung des Filterelementes durch Beaufschlagung mit Prüfstaub (Definition des Abscheidegrades)
- Auflage für detaillierte Hinweise zur einwandfreien Funktion, zulässigem Druckverlust, Reinigung des Filtergehäuses usw.

Stahlbalgkompensator nach DIN 30681

Sind für die Gasinstallation bzw. für einen Installationsteil eine durch die Gebäudesituation oder ein denkbares Vorkommnis verursachte geringe Bewegung oder Verschiebung nicht auszuschließen, so kann u. a. der Stahlbalgkompensator nach DIN 30681 die Installationslösung dafür darstellen. Kompensatoren sind flexible Leitungselemente, die im Leitungssystem auftretende Bewegungen aufnehmen können. Sie bestehen aus dem Balgteil, den beiden Anschlussteilen und ggf. einer Verankerung als Sicherheitsvorrichtung, welche die Druckkraft aufnimmt und die vorgesehene Bewegungsart sicherstellt. Kompensatoren für die Aufnahme großer Bewegungen können auch aus mehreren hintereinander angeordneten Bälgen bestehen. Es gibt:

a) Angular-Kompensatoren, diese können Winkelbewegungen aufnehmen und werden im Allgemeinen mit Gelenken versehen, die die Axialkraft aufnehmen

b) Axial-Kompensatoren, die Axialbewegungen aufnehmen; sie können zum Schutz des Balges mit einem Innen- oder Außenschutzrohr versehen sein

c) Lateral-Kompensatoren, die zur Aufnahme von lateralem (seitlichem) Achsenversatz geeignet sind

d) Universal-Kompensatoren, die für alle drei Bewegungsaufnahmen geeignet sind

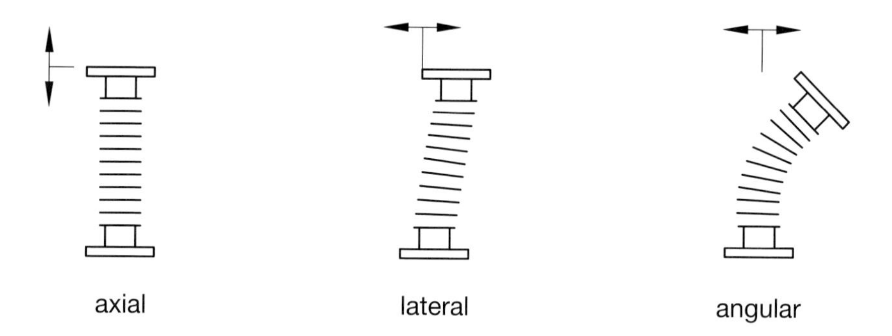

Bild 5.23 – Kompensatoren

Die Baulänge der Kompensatoren kann vom Hersteller festgelegt werden, d. h. es ist nicht gewährleistet, dass sie problemlos fabrikunabhängig ausgetauscht werden können.

Die Flexibilität der Stahlbalg-Kompensatoren wird nur mit 1000 Lastspielen bei Nenndruck und mit dem maximal zulässigen Arbeitshub (Axialweg, Biegewinkel, lateraler Achsversatz) geprüft, d. h. bestimmungsgemäß ist er nicht zur Schwingungsdämpfung (z. B. bei Gasmotoren, Pulsationsbrenner) einsetzbar. Das schließt aber nicht aus, dass er bei entsprechend geringeren Belastungen auch hierfür geeignet sein kann. Die Eignung für diesen Einsatz sollte aber vom Hersteller bestätigt und der Kompensator in die regelmäßige Wartung der Gasanlage, die besonders in diesen Fällen obligatorisch sein sollte, einbezogen werden.

Anschlussarten sind in der Regel Flansche, Anschweißenden oder auch Installationsgewinde nach DIN EN 10226-1. Insbesondere bei letztgenannter Verbindungsart muss auf die Vermeidung von Torsionsbelastungen beim Einbau geachtet werden. Von ihrer Bauanforderung her sind diese Balg-Kompensatoren mit Bälgen aus „nichtrostendem Stahl" nach DIN 30681 in Fertigungsgrößen bis zu MOP = 4 bar höher thermisch belastbar.

Nachweis der HTB-Qualität beachten

Für alle weiteren, hier nicht genannten Bauteile in der Gasinstallation ist selbstverständlich neben der elementaren Betriebs- und Brandsicherheit auch – für die Situation eines eventuellen Störungsfalles – die Brand- und Explosionssicherheit, also die HTB-Qualität gefordert. Da auch Filter, genauso wie die Gas-Druckregelgeräte und Gaszähler, einer wiederkehrenden Instandhaltungsmaßnahme oder einem Austausch unterliegen, ist bei nicht höher thermisch belastbaren Bauausführungen der bauliche Schutz entsprechend der Richtliniendefinition (MLAR) zwar eine Option; diese kann jedoch wegen des großen Aufwandes zur Sicherstellung der Zugriffsnotwendigkeit als theoretisch bezeichnet werden, so dass als realistische Möglichkeit in der Praxis alleine das installationsseitige Vorschalten einer TAE in Betracht zu ziehen ist.

Zu Frageschwerpunkten in diesem Zusammenhang zählt auch der installationsseitige Einbau, z. B. einer Absperreinrichtung mit Fremdansteuerung.

Magnetventil in der Installationsleitung

Beispiel dafür kann das Magnetventil nach DIN EN 161 sein, welches auch – zwar primär als Gasgeräte-Zubehörteil – mit eigener CE-Kennzeichnung als Verwendbarkeitsnachweis bezogen werden kann. Einbaubeispiele können notwendige Verriegelungsschaltungen mit der Gaszufuhr sein (u. a. bei Installation von Großküchen-Gasgeräten nach DVGW-Arbeitsblatt G 634) oder allgemein die Aufschaltung eines Sensorsignals mit Anforderung zur Unterbrechung der Gasnachlieferung. Solche Magnetventile besitzen nicht per se, da für ihren Hauptbestimmungsort in der Gasgeräte-Armaturenrampe vor der Brennereinrichtung nicht benötigt, die für die Installationsleitung geforderte HTB-Eigenschaft. In Erfüllung der Regelwerksanforderung muss somit für den Einbau einer solchen Einrichtung als Installationsteil entweder die Herstellerbestätigung über die HTB-gerechte Bauform vorliegen oder es ist eine TAE vorzuschalten.

5.3 Erstellung der Leitungsanlagen

neben der TRGI gilt die Forderung nach handwerklichen Fertigkeiten sowie nach fachlicher Qualifikation und Kompetenz

Mit der Grundsatzanforderung, dass Leitungen nach den anerkannten Regeln der Installationstechnik – also auch unter dem Aspekt handwerklicher Fertigkeit – zu verlegen sind, wird zum Ausdruck gebracht, dass der Ersteller einer Leitungsanlage nicht nur das einhalten muss, was konkret und schwerpunktmäßig – praktisch als Hervorhebung der sicherheitstechnischen Anforderung – in der TRGI aufgeführt ist. Er muss darüber hinaus mit der auf der Grundlage seiner Berufsausbildung und fachlichen Weiterbildung erworbenen Qualifikation und Kompetenz die gesamte Bandbreite einer sich stets weiterentwickelnden Installationstechnik unter technischen und wirtschaftlichen Gesichtspunkten kreativ und eigenverantwortlich in die tägliche Fachpraxis umsetzen.

gründliche Vorplanung einschließlich der bestmöglichen Koordinierung mit anderen Gewerken

Die der eigentlichen Verlegearbeit vorangehende gründliche und gewissenhafte Planung einschließlich der Absprache zur bestmöglichen Koordinierung mit den anderen Gewerken – sowohl den etwa gleichzeitig tätigen, wie etwa dem Elektroinstallateur, als auch den nachkommenden Handwerkern, wie beispielsweise dem Fliesenleger – muss als eingeübte und selbstverständliche Vorgehensweise vorausgesetzt werden können. Letztlich muss für die Zielgruppe, den Anlagennutzer und Betreiber, ein Werk erstellt werden, mit dem der Betreiber „unter Berücksichtigung seiner üblichen und allgemein voraussehbaren Einrichtungs- und Wohnbedürfnisse vernünftig leben kann“. Wie die Erfahrung langer Jahre löblicherweise zeigt und beweist, werden diese Grundregeln – vor-Ort-Abstimmung unter den Gewerken, Leitungsverlegung in geradliniger, paralleler und möglichst kreuzungsfreier Anordnung – auch in sicherer Art und Weise praktiziert, so dass der berühmte „die weiche Kupfergasleitung treffende Bildernagel“ oder die angebohrte Gasleitung beim Anbringen neuer Fußleisten absolute und, wenn überhaupt, marginale Aus-

Maßnahmen gegen Eingriffe Unbefugter als neue Aufgabenstellung

nahmesituationen darstellen. Obwohl immer wieder diskutiert, z. B. aus Anlass von Regelwerksüberarbeitungen oder bei Einführung bisher nicht gängiger Rohrwerkstoffe (siehe die Kupfer-Gasleitungen in den neuen Bundesländern), erwiesen sich die fundierte, kompetente Handwerksausbildung und auch die TRGI-Festlegungen, hier in Abschnitt 5.3, jeweils als ausreichend sicher und nicht grundsätzlich verschärfungsbedürftig. Eine Ausnahme bildet die für den technischen Regelsetzer neu hinzugekommene Aufgabenstellung des „Schutzes gegen Eingriffe Unbefugter", welche in dieser DVGW-TRGI 2008 in Abschnitt 5.3.9 behandelt ist; siehe die entsprechende Erläuterung dazu in diesem Kommentar.

Dokumentierung ist Teil des handwerklichen Vertragsrechtes nach VOB

Die Dokumentierungspflicht für die Leitungsführung verdeckt verlegter Leitungen stellt eine zusätzliche Dienstleistung am Kunden dar und wird dem Anlagennutzer eine willkommene Hilfe sein, wenn Um-, Anbaumaßnahmen, Sanierungen an seiner Wohnung, seinem Gebäude anstehen. Diese Informationen – ausreichend sind beispielsweise vermaßte Zeichnung, Skizze, Fotos oder Digitalbilder (Zollstock auslegen) – verstehen sich ohnehin als Teil der „erforderlichen Betriebsunterlagen", wie es im Rahmen der Anlagenübergabe durch das VIU an den Betreiber Inhalt des handwerksrechtlichen Werkvertragsrechtes nach VOB ist; siehe den Anhang 5 A bis C der DVGW-TRGI 2008. Mit dieser Vorgabe wird zudem der europäischen Gasinstallationsnorm DIN EN 1775 entsprochen.

Eine Selbstverständlichkeit und nichts Neues stellt die Anforderung dar, dass je nach Nutzung der Räumlichkeit, in der die Gasleitung einschließlich ihrer Bauteile, wie z. B. Gas-Druckregelgerät, Gaszähler, verlegt ist, auch mechanische Schutzvorkehrungen notwendig sein/werden können.

5.3.1 Verlegen der Außenleitungen

5.3.1.1
weitere Arbeitsblätter zuständig

Nach wie vor sind Außenleitungen zwar nicht die gängige Verlegeform innerhalb der Gasinstallation; sie kommen aber trotzdem im Bereich der Betreiberanlagen sowohl als erdverlegte als auch als freiverlegte Leitungen zum Einsatz und so sind die in den Abschnitten 5.3.1.1 und 5.3.1.2 genannten zusätzlichen DVGW-Arbeitsblätter sowie die Norm DIN 4124 über Rohrgräben ebenfalls allgemeiner Bestandteil der anerkannten Regeln der Installationstechnik.

duktiles Gusseisen unzulässig

Den guten Praxiserfahrungen der in den letzten Jahrzehnten teils entwickelten und eingeführten Rohrmaterialien Rechnung tragend, ist mit dieser DVGW-TRGI 2008 das bisher noch zugelassene Druckrohr aus duktilem Gusseisen nun für die Gasinstallation nicht mehr aufgeführt.

DVGW G 462 (A)
DVGW G 472 (A)
DVGW G 459-1 (A)

Für die Erdverlegung der Gasleitungen drücken die aufgeführten DVGW-Arbeitsblätter G 462 für Stahlrohre und in Anlehnung auch für Kupferrohre, da diese hinsichtlich der Erdverlegung in keinem spezifischen Arbeitsblatt behandelt werden, G 472 für Gasleitungen aus PE 80, PE 100 und PE Xa sowie G 459-1 für Hausanschlussleitungen schwerpunktmäßig die nicht gerade TRGI-typischen Anforderungen hinsichtlich Herstellen und Verfüllen von Rohrgräben, Einlegen und korrekter Überdeckung der Leitungen, Absicherung durch Trassenwarnband sowie der dabei nicht zu vernachlässigenden Arbeitssicherheitsvorkehrungen aus. Auf wesentliche Hauptpunkte wird in folgenden Erläuterungen kurz eingegangen.

Vor Beginn der Schachtarbeiten sind das Rohrgrabenprofil, die zu erreichende Auflagenbreite und Auflagenart der Bemessung der Rohre entsprechend festzulegen, ggf. sind entsprechende Probeschachtungen durchzuführen.

Rohrgräben nach DIN 4124

Rohrgräben sind unter Beachtung von DIN 4124 herzustellen. Zur Vermeidung unzulässiger Spannungen in der verlegten Gasleitung muss die Grabensohle so hergestellt werden, dass die Rohrleitung auf der ganzen Länge satt aufliegt. Bei nicht tragfähigem oder stark wasserhaltigem Boden muss die Gasleitung erforderlichenfalls gegen Absinken oder gegen Auftrieb gesichert werden. In Gefällestrecken der Leitungstrasse sind Vorkehrungen gegen eine Drainagewirkung des Rohrgrabens zu treffen. An Berghängen muss das Abrutschen des Bodens und der Gasleitung durch geeignete Maßnahmen verhindert werden.

Verfüllen erst nach Belastungs- und Dichtheitsprüfung

Die Verfüllung soll möglichst innerhalb kurzer Zeit nach der Rohrverlegung erfolgen, aber gemäß den Abschnitten 5.6.4.1 „Belastungsprüfung" und 5.6.4.2 „Dichtheitsprüfung" bzw. 5.6.5.1 „Kombinierte Belastungs- und Dichtheitsprüfung" erst nach deren vollzogener Durchführung; d. h. ähnlich den Prinzipien der Sichtverfahren nach DVGW-Arbeitsblatt G 469. Die verlegte Gasleitung muss in einer Schichtdicke von mindestens 10 cm allseits mit Bodenmaterial umgeben sein, dessen Korngrößenzusammensetzung im Hinblick auf die mechanische Widerstandsfähigkeit der Rohre (bei metallenen Rohren auch der Rohrumhüllung bzw. des Schutzüberzuges) zur Einbettung der Gasleitung geeignet ist. Können bei metallenen Rohren diese Voraussetzungen nicht erfüllt werden, sind besondere Maßnahmen für den Korrosionsschutz zu treffen. Es wird empfohlen, die Rohrleitung lagenweise bis auf etwa 20 cm über Rohrscheitel unter ausreichendem Verdichten von Hand einzubetten. Das restliche Verfüllen des Rohrgrabens ist durch maschinelles lagenweises Verdichten vorzunehmen. Im Übrigen kann im Allgemeinen das Aushubmaterial wieder eingebracht werden.

Handverdichten

Bei Rohren aus PE ist beim Verfüllen des Rohrgrabens zum Abbau von Spannungen die Leitung vor dem endgültigen Verfüllen des Rohrgrabens mit Erde leicht einzudecken, wenn die unbedeckte Leitung in Folge von Sonneneinstrahlung eine wesentlich höhere Temperatur als das Füllmaterial bzw. der umgebende Rohrgraben aufweist. Bei Vertiefungen in der Grabensohle, z. B. durch Kopflöcher, ist die Gasleitung so zu unterstopfen, dass Setzungen vermieden werden.

Überdeckungshöhe

Die Höhe der Rohrdeckung muss den örtlichen Verhältnissen angepasst sein. Die Gasleitung soll in der Regel 0,6 bis 1,0 m hoch überdeckt sein; die Überdeckung darf an örtlich begrenzten Stellen ohne besondere Schutzmaßnahme bis auf 0,5 m verringert werden, sofern hierdurch keine unzulässigen Einwirkungen auf die Leitung zu erwarten sind. Sie soll aber auch ohne besonderen Grund 2,0 m nicht überschreiten. Bei darüber hinausgehenden Abweichungen ist zu prüfen, ob besondere Maßnahmen erforderlich sind.

Trassenwarnband

Erdverlegte Außenleitungen sollten durch Trassenwarnband mit der Aufschrift „Achtung Gasleitung" 30 cm über dem Rohrscheitel markiert werden. Bei Rohren aus PE sollte zusätzlich ein zweites Band ca. 10 cm unter der Oberflächenbefestigung verlegt werden.

Grabenabstützung

Besonders auf dem Grundstück – wo der Rohrgraben oft in Handarbeit erstellt werden muss – wird als Verlegetiefe das Mindestmaß angestrebt. Der Graben ist folglich selten tiefer als 1,0 m. Da diese geringe Tiefe offensichtlich keinen Respekt einflößt, wird hier sehr häufig ohne Absicherungsmaßnahmen gearbeitet. Vergessen wird dabei, welche Masse auf einen Menschen einwirkt, wenn ein Graben einstürzt. Lässt die Bodenbeschaffenheit einen Einsturz nicht ausschließen, sind die Grabenwandungen zu verkleiden/verbauen. Dieser Verbau ist nach den Vorgaben der Unfallverhütungsvorschrift „Bauarbeiten (BGV) C 22" auszuführen. Dabei spielen Grabentiefe, Art des Bodens und die Beschaffenheit der Grabenwände eine Rolle.

5.3.1.2
Überbauung

Mit der Forderung, wonach erdverlegte Gasleitungen nicht überbaut werden dürfen, wird gewährleistet, dass die Betriebssicherheit und die Zugänglichkeit – z. B. zur Durchführung einer Reparatur – nicht beeinträchtigt werden. Dabei ist unter „überbauen" neben dem Errichten von Gebäuden durchaus auch das Pflanzen von Bäumen zu verstehen, nicht jedoch das Verfestigen der Geländeoberfläche ähnlich einer Parkplatzgestaltung oder das Errichten eines Carports, die das übliche Aufgraben – wie beispielsweise bei einer mit Gehwegplatten oder Pflastersteinen befestigten Terrasse – jederzeit ermöglichen.

Die Leitungsführung ist zudem immer auf kürzestem Wege so festzulegen, dass der Leitungsbau unbehindert möglich ist und die Trasse auf Dauer zugänglich bleibt. Zusammenfassend gilt eine Gasleitung grundsätzlich als nicht überbaut, wenn sie jederzeit, selbst mit schwerem Gerät ohne Beeinträchtigung der Baustatik von Gebäuden und ohne Fällen von Bäumen freigelegt werden kann.

5.3.1.3
Bestandspläne

Die Vorgabe zur Einmessung und der Dokumentierung in Bestandsplänen – siehe ebenfalls die oben getroffenen Ausführungen und den Verweis auf die Anlagen in Anhang 5 A bis C – war bereits Inhalt und Anforderung der Vorgängerfassung TRGI '86/96. So ist diese Notwendigkeit neben dem Verbot der „Überbauung" der erdverlegten Leitungen auch insbesondere in der gesetzmäßigen Verantwortung, siehe § 13 NDAV, des Betreibers für die Instandhaltung der gesamten Leitungsanlagen in seinem Bereich begründet. Zur Durchführung einer Dichtheitskontrolle als oberirdische Überprüfung muss selbstverständlich der Verlauf der erdverlegten Leitung bekannt sein. Es wird empfohlen, die Bestandspläne nach DIN 2425-1 unter Berücksichtigung der DVGW-Hinweise GW 120 und GW 122 anzufertigen.

Um z. B. für den Fall einer Störungsermittlung, Störungsbeseitigung bei eventuellem Gasgeruch an kundeneigenen erdverlegten Außenleitungen im Rahmen der Gefahrenabwehr sinnvoll und gezielt vorgehen zu können, hat es sich bei manchen NB bewährt, derartige Bestandspläne, vor allem bei weit verzweigten Anlagen, auch in ihre eigene Rohrnetzdokumentation mit aufzunehmen.

5.3.1.4
Sorgfalt bei Einsatz von Mantelrohren

Erdverlegte Gebäude-Ausgangs- und Gebäudeanschlussleitungen im Sinne von Abschnitt 5.3.3 dieser TRGI sind entsprechend dem DVGW-Arbeitsblatt G 459-1 zu errichten. Müssen derartige Leitungen ausnahmsweise unter nicht unterkellerte Gebäude bzw. Gebäudeteile (z. B. Wintergärten, Garage) geführt werden, so sind sie in diesem Bereich in Mantelrohren ausreichender Festigkeit zu verlegen, um sie u. a. im Bedarfsfalle durch Herausziehen freilegen zu können. Im Bereich der Mauerdurchführung sollten sie im Mantelrohr zentrisch gelagert sein. Der Kreisringspalt ist durch die Zentrier- bzw. Dichtungsmaterialien zum Gebäude hin dicht abzuschließen, um sicherzustellen, dass im Falle einer Undichtheit am Produktenrohr das Gas nach außen abgeleitet wird.

Damit wird einer manchmal vertretenen gegenteiligen Auffassung nachdrücklich widersprochen, die davon ausgeht, dass die Mantelrohre zum Gebäudeinnern hin offen bleiben sollten, um Undichtheiten der im Mantelrohr verlegten Leitung im Innern des Gebäudes am Gasgeruch erkennen zu können.

Eine der wichtigsten Aufgaben von Mantelrohren für Gasleitungen, die unter Gebäuden bzw. Gebäudeteilen verlegt werden sowie unzugängliche Räume, Schächte oder Kanäle durchqueren, besteht neben dem Schutz vor mechanischer Beanspruchung und auch dem Korrosionsschutz z. B. bei Stahlrohren darin, dass Gas, welches eventuell aus Undichtheiten der Gasleitung austreten könnte, nicht in Gebäude bzw. Gebäudeteile, unzugängliche Räume, Schächte oder Kanäle eintreten kann. Es soll z. B. wie bei normalen erdverlegten Gasleitungen, die ohne Mantelrohre verlegt werden, über das Erdreich ins Freie abgeleitet werden, wo es durch die gängigen Methoden zur Leitungsüberprüfung (z. B. Absaugen) oder den Gasgeruch wahrgenommen werden kann. Daher muss immer das zum offenen Erdreich hin reichende Ende des Mantelrohres unabgedichtet bleiben. Wird z. B., wie auch immer bedingt, zwischen 2 Gebäuden ein durchgehendes Mantelrohr verwendet, ist durch zusätzliche Maßnahmen (z. B. „Riechrohr" bis zur Geländeoberfläche) dafür zu sorgen, dass eventuell austretendes Gas außerhalb der Gebäude, z. B. durch den Gasgeruch, festgestellt werden kann. Durch eine optimale Verlegeplanung sollte die Verwendung von Mantelrohren auf den Ausnahmefall beschränkt werden.

5.3.2 Schutz der Außenleitungen

***Außen**korrosionsschutz ist relevant*

Bei Außenleitungen aus Metall ist sowohl für die erdverlegte Außenleitung als auch für die freiverlegte Außenleitung als eine ausschlaggebende Einflussgröße zur Eignung in der Gasinstallation der ausreichende Schutz gegen Korrosion relevant. Es geht dabei alleine um die Außenkorrosionsbetrachtung, da das heute in Frage kommende Gas der öffentlichen Gasverteilung in den Anforderungen des DVGW-Arbeitsblattes G 260 keine die Innenkorrosion initiierenden Bestandteile enthält. Die in den TRGI '86/96 noch aufgeführte Schutzvorkehrung gegen Frosteinwirkung bei feuchten Gasen ist mit dem Verschwinden der Stadtgasqualität in Deutschland heute hinfällig und somit ist auch dieser Hinweis in der DVGW-TRGI 2008 nicht mehr anzutreffen.

Kunststoffrohre nicht als freiverlegte Außenleitungen

Die erdverlegte Kunststoffleitung muss von ihrer Beschaffenheit her beständig gegen das Verteilungsgas sein und Resistenz im Erdreich aufweisen, was durch die eingehaltene Anforderung entsprechend Abschnitt 5.2.2 dieser TRGI sichergestellt ist. Freiverlegte Leitungen aus Kunststoff sind bislang im DVGW-Regelwerk nicht zugelassen.

Maßnahmen gegen Lochfraß beachten

Gerade hinsichtlich der Schutzmaßnahmen bei der z. B. erdverlegten Stahlleitung muss nochmals besonders darauf hingewiesen werden, beim Schutz der Leitungen nach Abschnitt 5.2.7.1 dieser TRGI darauf zu achten, dass der äußere passive Korrosionsschutz absolut unbeschädigt ist. Aufgrund der elektrochemischen Zusammenhänge führt eine relativ kleine Beschädigung zu einem auf diese ungeschützte Stelle konzentrierten Korrosionsangriff und im Zuge der dadurch gesteigerten Korrosionsgeschwindigkeit zu dem gefürchteten sogenannten „Lochfraß“. Überspitzt ausgedrückt kann somit hinsichtlich der Korrosionsgeschwindigkeit ein beschädigter Korrosionsschutz z. B. in der werkseitigen oder nachträglichen Umhüllung schlechter sein als kein Korrosionsschutz.

verzinktes Stahlrohr bietet keinen ausreichenden Schutz für die Freiverlegung

Erfahrungswerte aus der Praxis mit schmelztauchverzinkten oder galvanisch verzinkten Stahlrohren als beispielsweise freiverlegte Hofleitungen, welche der Feuchtigkeit und jeder Witterung ausgesetzt sind, zeigten auf, dass diese Rohre mit der Zeit Weißrost und irgendwann Rotrost ansetzten und letztlich als Instandsetzungsmaßnahme gereinigt und zusätzlich beschichtet werden mussten. Diese DVGW-TRGI 2008 setzt diese Erkenntnis nun um und lässt – wie noch bei der Vorgängerfassung TRGI ’86/96 – den alleinigen Zinküberzug nicht mehr als ausreichenden Korrosionsschutz für die Stahlrohrleitung bei Außenverlegung zu. Sehr wohl ist diese Maßnahme jedoch weiterhin als Innenleitung ausreichend, wo es sich um die Verlegung in vorwiegend trockenen Räumen, in denen auch gelegentlich Feuchtigkeit auftreten kann, handelt.

mechanische Beschädigung

Schutz gegen Sonneneinstrahlung

Als weiterer Einflussfaktor hinsichtlich möglicher schädlicher Beeinträchtigungen der Außenleitungen sind diese darüber hinaus gegen mechanische Beschädigungen (z. B. auf einem Fuhrparkgelände) und Witterungseinflüsse zu schützen. Letzteres bezieht sich vorrangig auf die Korrosionsschutzmaßnahmen, die neben den allgemeinen Einflüssen auch gegen Sonneneinstrahlung (UV-Strahlung) beständig sein müssen.

5.3.3 Aus- und Einführung von Leitungen durch Außenwände

Geltung von DVGW G 459-1 (A)

Rohrkapsel nach DVGW VP 601 (P) Festpunkt, Ausziehsicherung, Kraftbegrenzer gegen unzulässige Einwirkungen

Bei erdverlegten Verbindungsleitungen zwischen zwei oder mehreren Gebäuden mit häuslicher oder gewerblicher Nutzung müssen hinsichtlich der Beschaffenheit der Gasaus- sowie der Gaseinführungen identische Anforderungen gestellt werden, wie sie für Hausanschlussleitungen gelten. Somit ist für diesen Part das DVGW-Arbeitsblatt G 459-1 unabdingbarer Bestandteil der TRGI. Es sei besonders hervorgehoben, dass diese Leitungen mit oder ohne Mantelrohr durch die Wand geführt werden können und eine Gasleitung aus PE-Rohr in das Gebäude hineingeführt werden darf, wenn der Werkstoffübergang von PE auf das Metallrohr in einer metallenen Rohrkapsel nach DVGW-VP 601 „Gas- und Wasser-Hauseinführungen“ vorgenommen wird. Die Übertragung von Kräften über die Anschlussleitung auf die Gasinstallation in den Gebäuden, die eventuell durch unzulässige Einwirkungen Dritter (z. B. Baggereingriff) entstehen können, wird durch den Einsatz von Festpunkten in der Mauer, Ausziehsicherungen und ggf. zusätzlichen konstruktiven Maßnahmen (z. B. Rohrkupplung als Kraftbegrenzer) weitgehend verhindert.

Das DVGW-Arbeitsblatt G 459-1 bezieht sich ausschließlich auf die in der Gasverteilung üblichen Schweiß- und Gewinde-Stahlrohre und die Kunststoffrohre PE 80, PE 100 sowie PE X_a und beschreibt für diese die Ausfüllung der oben genannten Aufgabenstellungen. Zurzeit sind zwar aus der Flüssiggasanwendung vorgefertigte Kupfer-Hauseinführungen beziehbar, die auch teils mit Fixpunkt in der Wand beschaffen sind; jedoch existieren keine Konstruktionen, für die die geforderte ausreichende Ableitung eventueller Zugkräfte von außen auf tragfähige Gebäudeteile oder alternativ der Bruch des Rohres vor der Gebäudedurchführung (z. B. Kraftbegrenzer) durch Prüfbeurteilung und Zertifizierung nachgewiesen ist.

zusätzliche Anforderung und Abstimmung bei der Mauerdurchführung mit Kupferrohr

Sollte somit das Kupferrohr als erdverlegte Verbindungsleitungen zwischen Gebäuden gewählt werden, so muss für diesen Fall in spezifischer Verantwortungsbetrachtung zwischen NB, VIU und ggf. dem Betreiber der Gasinstallation eine Ausführungsart gewählt werden, mit der das Schutzziel – ein äußerer mechanischer Angriff an der Gasleitung führt nicht zur Gasfreisetzung im Gebäude – auf andere Art und Weise erfüllt wird. Hinsichtlich der Verbindungsherstellungen wird darauf hingewiesen, dass der Pressverbinder nach VP 614 nicht für die oben beschriebene G 459-1-Anforderung geprüft und zertifiziert ist.

Vereinfachung bei der Leitungsausführung nur zum Anschluss von Gasgeräten zur Verwendung im Freien

Für die ebenfalls mögliche und nun neu in der DVGW-TRGI 2008 aufgenommene Ausführung von Gasleitungen aus dem Gebäude direkt ins Erdreich zum Anschluss von Gasgeräten zur Verwendung im Freien, wie beispielsweise der Gasgrill oder die Gaslaterne auf der Terrasse, kann die geforderte Sicherheit auch durch andere technische Festlegungen ausreichend dargestellt werden. Als Anforderung an die eigentliche Mauerdurchführung genügt die gas- und wasserdichte Beschaffenheit. Entlehnungen aus den Herstellerbeschreibungen für z. B. Hauseinführungskombinationen, wie u. a. der Einsatz von Quellbeton, sichern dazu die ausreichenden praktischen Ausführungsqualitäten ab. Zum Einsatz gelangen hierfür die im Gebäude benutzten Rohrleitungsmaterialien mit deren Verbindungsherstellungen ohne Einschränkung; siehe dazu auch die Fußnotenanmerkungen „nur zum Anschluss von Gasgeräten zur Verwendung im Freien" in den Tabellen 5 und 6 des Abschnittes 5.2 der TRGI. Die Kunststoffrohrqualität für Innenleitungen einschließlich der üblichen Verbindungsherstellung ist auch für die Erdreichverlegung geeignet. Durch die Feuchtigkeitsaussetzung ist mit der Zeit eine Beschädigung/Auflösung der für die Innenleitung zusätzlich geforderten Diffusionssperrschicht (siehe die Odormitteldichtheit) nicht auszuschließen. Das Rohr behält dann jedoch die Mindestqualität der PE-X-Erdverteilungsleitung; eine Unterwanderung der eventuellen Sperrschichtauflösung nach innen ins Gebäude ist bei diesem Materialaufbau ausgeschlossen.

spezifische Korrosionsschutzmaßnahmen bei der Wanddurchführung mit werksumhülltem Kupferrohr

Im Erdreich, z. B. unter der Terrasse, sind Formstücke und T-Stücke nicht ausgeschlossen. Besondere Beachtung muss selbstverständlich der Korrosionsschutz finden, dies kann bei Kunststoffleitungen die eventuellen Verbinder betreffen und gilt bei metallenen Rohrwerkstoffen für die gesamte Leitung entsprechend den Anforderungen nach TRGI, Abschnitt 5.2.7.1. Bei der Verwendung von erdverlegten Kupferleitungen mit Stegmantelumhüllungen muss im Bereich der Außenwanddurchführung der Stegmantel für einige Zentimeter entfernt werden. Der Übergang in und durch die Mauerdurchführung muss mittels Schrumpfschlauch oder Korrosionsschutzband nachisoliert und selbstverständlich gegen den Durchführungsquerschnitt abgedichtet werden. Diese spezifische Anforderung ist aufgrund von Negativerfahrung im Bereich der Flüssiggasverwendung, bei der die Kupferleitung das bei Weitem üblichste Leitungsmaterial darstellt, bereits seit einiger Zeit Inhalt der Technischen Regel Flüssiggas TRF 1996 und findet sich nun so auch in der DVGW-TRGI 2008.

Es geht darum, dass bei eventueller unentdeckter Beschädigung von Stegmantel und Rohrleitung das an dieser Stelle austretende Gas nicht durch das und entlang dem offenen Stegmantelprofil der Umhüllung bis ins Gebäude eintreten kann.

wasserdichte Aus- und Einführung bei freiverlegten Leitungen

Die Aus- und Einführung von freiverlegten Leitungen durch Gebäudeaußenwände können analog den Anforderungen wie beim Durchqueren von Innenwänden ohne Feuerwiderstandsanforderungen ausgeführt werden. Hier sind lediglich zusätzlich solche Vorkehrungen zu treffen, dass durch Witterung und Regen keine Beschädigung der Bausubstanz eintreten kann; die Leitungsdurchführung muss also wasserdicht sein.

5.3.4 Absperreinrichtungen, Hinweisschilder und Kennzeichnungen

Die Aussagen zu diesen Abschnitten blieben nahezu unverändert gegenüber der Vorgängerfassung dieser TRGI. Eine Ergänzung erfolgte alleine um Kennzeichnungen (Farbanstriche) der Gasleitungen, bei der bekannterweise und je nach Einzelsituation auch verständlicherweise unterschiedliche Beurteilungen und Handhabungen sowohl durch VIU, NB und letztlich auch durch den Betreiber der Gasinstallation bestehen.

5.3.4.1
TRGI gibt Mindestforderungen hinsichtlich Anzahl und Lage der Absperreinrichtungen

Auch die DVGW-TRGI 2008 führt hinsichtlich dieser drei im Titel genannten Einrichtungen bzw. Maßnahmen die Mindestnotwendigkeiten auf, um die ausreichende und auch als über Jahrzehnte adäquat bewährte sichere Handhabung der Gasinstallation zu gewährleisten. Darüber hinaus können sich sehr wohl z. B. bezüglich der Lage und Anzahl von Absperreinrichtungen sowie des Gebrauchs von Leitungskennzeichnungen oder Hinweisschildern alleine auch aus pragmatischen Betriebsgründen zur einfacheren späteren Überprüfungsmöglichkeit und ggf. resultierend einer kostengünstigeren Reparaturmöglichkeit andere vor-Ort-Einschätzungen und -Umsetzungen ergeben, als sie an dieser Stelle beschrieben sind.

Bedienbarkeit und Zugänglichkeit sicherstellen

Die aufrechtzuerhaltende Funktion der Absperreinrichtung sowie deren Zugänglichkeit verstehen sich als Selbstverständlichkeit und sollten an dieser

Stelle keiner weiteren Erläuterung mehr bedürfen. Die Zugänglichkeit fällt nach NDAV in den Verantwortungsbereich des Betreibers und dieser hat dafür Sorge zu tragen, dass die Absperreinrichtung auf Dauer leicht zugänglich bleibt. Ist die entsprechende Absperreinrichtung z. B. in einem sogenannten „Kriechkeller“ verlegt oder durch Unmengen von Sperrmüll verdeckt, so dass sie überhaupt nicht oder erst nach längerem Suchen geschlossen werden kann, können bei Störungsfällen erhöhte Unfallauswirkungen durch die Gasinstallation nicht ausgeschlossen werden. Wo es dagegen um die Betrachtung in Verbindung mit vorsätzlichen Tätigkeiten durch eventuelle Dritte an Gasinstallationen geht, wird auf die Kommentierungen zu den Abschnitten 5.3.9 und 13.2.2 dieser TRGI hingewiesen.

Hinweisschilder nach DIN 4069

Hinweisschilder nach DIN 4069 erfüllen die Anforderungen „dauerhaft“ nur dann, wenn sie selbst auf dauerhaftem Material hergestellt und darüber hinaus im Freien so ortsunveränderlich angeordnet und befestigt sind (z. B. an Gebäuden, Zäunen u. Ä.), dass sie jederzeit – also auf Dauer – ein schnelles Auffinden von Absperreinrichtungen im Erdreich, selbst bei verdeckten Straßenkappen, sicherstellen. Während diese Schilder also vorwiegend Hinweise geben, wo sich die Absperreinrichtungen im Erdreich befinden, müssen die Hinweisschilder nach Bild 2 der TRGI, die in unmittelbarer Nähe der Absperreinrichtungen anzubringen sind (innerhalb des Gebäudes bzw. im Anschluss- oder Mauerkasten), primär aussagen, was geschieht, wenn diese entsprechende Absperreinrichtung betätigt wird bzw. woher das Gas kommt, um es ggf. auch in der vorgeschalteten Leitungsanlage absperren zu können.

5.3.4.2 Absperreinrichtung und lösbare Verbindung

Die Anforderung der Absperreinrichtung mit je einer lösbaren Verbindung in den Gebäuden jeweils unmittelbar bei der Gebäudeausführung einerseits und der Gebäudeeinführung andererseits zielt darauf ab, dass sowohl die Gebäudeverbindungsleitungen (gleichgültig ob frei- oder erdverlegt) als auch die jeweiligen Haus-Leitungsanlagen separat und technisch sinnvoll unabhängig voneinander überprüft, ggf. repariert oder z. B. erweitert werden können. Beispiel a) in Bild 2 der TRGI zeigt diesen Sachverhalt auf. Mit Vorgabe der Absperreinrichtung und angeschlossener lösbarer Verbindung werden die Trennung der einzelnen Leitungssektionen und die ebenfalls notwendige ordnungsgemäße Verwahrung sinnvoll ermöglicht.

In konkreter Beispieldarstellung zeigt dies Bild 1 dieser TRGI, Schema A auf. Nach ordnungsgemäßer Trennung und Verwahrung lassen sich – unabhängig und unbeeinflusst voneinander – Arbeiten an der Gebäudeinstallation und/oder an der Außenleitung durchführen.

Verzicht auf lösbare Verbindung in Ausnahmefällen

Mit Verweis auf Schema C von Bild 1 ist die Installationsmöglichkeit der Gebäudeausführung zur Außenleitung ausschließlich zum Anschluss von einem oder mehreren Gasgeräten zur Verwendung im Freien aufgezeigt, für die eine separate Abtrennung arbeitstechnisch keinen Vorteil erkennen lässt und somit weder sinnvoll noch notwendig ist. Damit die Leitung bei Bedarf abgesperrt werden kann, ist hierfür eine Absperreinrichtung vor der Wanddurchführung einzubauen. Die zusätzlich vorzusehende „lösbare Verbindung“ in der Gasinstallation macht in diesem Fall jedoch keinen Sinn.

Außenleitung an der Fassade als Leitungsverlauf nicht verboten

Wenn auch in Deutschland kaum praktiziert, so kann dennoch z. B. die als Außenleitung vor der Fassade verlegte Leitung eine mögliche Installationsvariante darstellen. Hierzu sei angemerkt, dass diese Außenleitung am gleichen Gebäude – unabhängig von deren Länge oder der waagerechten/senkrechten Verlegeart – selbstverständlich nicht den Anforderungen, wie sie im ersten Absatz des Abschnittes 5.3.4.2 für die „Außenleitung zwischen Gebäuden" ausgedrückt sind, unterliegt.

Als spezifische Sorgfaltspflichten bei solchen Verlegearten sind u. a. aufzuführen:

- Wegen UV-Einstrahlung und Witterungseinflüssen sind Kunststoffleitungen auszuschließen.
- Auswahl des adäquaten Korrosionsschutzes, falls notwendig, für die metallenen Leitungen. Eventuell spezifischer Schutz einschließlich des mechanischen Schutzes in Höhenbereichen mit Einwirkungsmöglichkeiten durch Tiere (z. B. Harnstoffausscheidungen), Personen oder Maschinen.
- Extremere Temperaturaussetzungen können die Auswahl von Werkstoffen und die Dichtungsauswahl beeinflussen.
- Die wasserdicht auszuführenden Ein- und Ausgänge der Gasleitung an der Fassade (siehe Abschnitt 5.3.3) stellen Festpunkte der Leitungsverlegung dar; eventuelle zusätzliche Dehnelemente oder die Winkelführung des Leitungsverlaufs müssen Spannungen durch Wärmeeinfluss kompensieren.

Sonneneinstrahlung ist eventuell zu berücksichtigen

- Bei extremer Sonneneinstrahlung und damit verbundener Druckanhebung durch Temperaturerhöhung können sich aus dem Grenzbereich der zugelassenen Betriebsdrücke für die Gasinstallation (ggf. zusätzliche Druckregelung, Einstellpunkt der SAV) eventuell zusätzliche Aufgabenstellungen ergeben.

Sollte eine solche Außenverlegung als Planungskomponente bei der Gasinstallation anstehen, so wird unter Umständen der vorherige Erfahrungsaustausch mit Unternehmen im Industrieleitungsbau oder deren Einbeziehen bei der Arbeitsdurchführung zu empfehlen sein.

5.3.4.4
Farbkennzeichnung

Hinsichtlich der speziellen Leitungskennzeichnung (Gelbanstrich oder Gelbmarkierungen, Pfeile) der Gasleitungen im Bereich der häuslichen oder vergleichbaren Nutzung zeigt die viele Jahrzehnte andauernde Erfahrung keine Sicherheitsnotwendigkeit für eine generelle diesbezügliche Vorschrift auf, was auch genau so in der DVGW-TRGI 2008 (= „Grundsätzlich nicht erforderlich") ausgedrückt ist. Anders muss diese Situation sicherheitstechnisch bewertet werden, wenn z. B. bei der gewerblichen Nutzung – dies betrifft u. a. auch das Krankenhaus, wo noch zusätzlich technische Gase verteilt und zu Steckanschlüssen geführt werden – oder der industriellen Verwendung die Gefahr besteht, dass die Erdgasleitung mit den Leitungen für andere Gase verwechselt werden kann.

Wird jedoch aus anderen übergeordneten Gründen oder auch aufgrund des geäußerten persönlichen Schutzbedürfnisses des Betreibers die Farbkennzeichnung gewünscht, so ist es ratsam, diesem Ansinnen nachzukommen. Möglicherweise bezieht sich der Gelbanstrich auch nur auf die Gasleitungen in den Allgemeinräumen und nicht mehr auf die einzelne Wohnung.

praktische Namenskennzeichnung

Als eine weitere Kennzeichnungsart, die in der TRGI nicht vorgeschrieben ist, jedoch eine durchaus angenommene praktische Hilfestellung sowohl für das VIU als auch für die Betreiber darstellt, ist die im Mehrfamilienhaus den einzelnen Zählern und den davon abgehenden Verbrauchsleitungen zuzuordnende Kennzeichnung/Beschilderung mit Betreibername und Etagenangabe zu empfehlen.

5.3.5 Elektrische Ströme

Potenzialausgleich gegen gefährliche Berührungsspannung und gegen elektrischen Schlag

Da die Gasinstallation in die Gebäudestruktur eingebunden und mit dieser einschließlich der weiteren Versorgungsleitungen, wie z. B. Trinkwasser, Heizung, Strom und Entsorgungsleitungen, fest verbunden ist, spielen die Gesichtspunkte der „elektrischen Ströme“ bzw. des elektrischen Spannungsausgleichs selbstverständlich ebenfalls eine bedeutsame Rolle. Das elektrotechnische Regelwerk, die DIN VDE 0100-540 „Errichten von Niederspannungsanlagen – Erdgasanlagen, Schutzleiter und Potenzialausgleich“ (vormals DIN VDE 0190) sowie DIN VDE 0100-410 „Errichten von Niederspannungsanlagen – Schutzmaßnahmen“ schreiben als erforderliche Schutzvorkehrungen gegen gefährliche Berührungsspannungen und gegen elektrischen Schlag die Einrichtung des Hauptpotenzialausgleiches, mit Erdungsleitung und die Verbindung aller leitfähigen Teile, wie

- metallener Rohrleitungen von Versorgungssystemen, die in Gebäude eingeführt sind, zum Beispiel Gas, Wasser
- fremde leitfähige Teile der Gebäudekonstruktion, sofern im üblichen Gebrauchszustand berührbar
- metallene Zentralheizungs- und Klimasysteme
- metallene Verstärkungen von Gebäudekonstruktionen aus bewehrtem Beton, wo die Verstärkungen berührbar und zuverlässig untereinander verbunden sind

zum Schutzpotenzialausgleich durch das Elektrohandwerk vor.

NAV (Strom) und NDAV (Gas) als zuständige Verordnungen

Die oben genannten Normen haben für die „Elektroseite“ ihren Geltungsbereich bei Niederspannungsanlagen, also nach klassischer Ansprache bei Starkstromanlagen mit Nennspannungen bis 1000 V, was auf der „Gasseite“ der in der TRGI behandelten Gasinstallation bis 1 bar für in der Regel häusliche oder vergleichbare Nutzung entspricht. Analog gelten als gesetzliche Erfassung der Bedingungen für den Netzanschluss und dessen Nutzung die Niederspannungsanschlussverordnung (NAV) und die Niederdruckanschlussverordnung (NDAV) entsprechend.

Als aktuelle Anforderungen in dieser notwendigen Aufgabenstellung des „Potenzialausgleiches unter normalen Bedingungen und unter Einzelfehlerbedingung" für alle metallenen Strukturen und Betriebsmittel im/am Gebäude gilt der Sachverhalt, dass die Gasleitungen weder als Schutz- und Betriebserder noch als Schutzleiter in elektrischen Anlagen benutzt oder mitbenutzt werden dürfen; noch dürfen sie als Ableiter oder Erder in Blitzschutzanlagen dienen. Diese Thematik wirft für neu zu errichtende Gebäude einschließlich ihrer haustechnischen Anlagen kaum bis keine Fragen mehr auf. Hinsichtlich der bestehenden Gebäude und bestehenden Anlagen treten jedoch immer wieder Klärungsnotwendigkeiten hinsichtlich der Ausführungszuständigkeit/-qualifikation und der technischen Ausführungsmöglichkeiten für Erdung und Potenzialausgleich auf, so dass an dieser Stelle dazu etwas Orientierung und Information gegeben werden soll.

Potenzialausgleich vor 1970 nicht gefordert

Seit 1. Oktober 1970 wird mit VDE 0190/10.70 für neu zu errichtende elektrische Verbraucheranlagen der Hauptpotenzialausgleich gefordert. In Gebäuden mit haustechnischen Anlagen vor diesem Datum braucht mit Bezug auf den Bestandsschutz rein formal auch eine solche Einrichtung nicht nachgerüstet zu werden. Dem Hauseigentümer ist jedoch dringend zu empfehlen, eine Überprüfung der elektrischen Schutzmaßnahmen durchführen zu lassen.

seit 1990 sind Wasserrohrnetze nicht mehr als Erder zugelassen

Die DIN VDE 0190/10.70 und DIN VDE 0190/05.73 als Gemeinschaftsregelung mit dem DVGW (damals auch DVGW-Arbeitsblatt GW 0190/Oktober 1970) nahmen Bezug auf die vorangegangene Praxis, in der das Trinkwasserrohrnetz und die Trinkwasserleitungen im Gebäude als Erder – auch mit ausdrücklichem Regelungsbezug – für die Stromversorgung benutzt wurden. In dem Maße, wie jedoch seit den 60er Jahren als Baustoffe für die Wasserleitungen beispielsweise Asbest-Zement-Rohr und damals beginnend auch Kunststoffrohre zur Verwendung kamen, konnte von der sichergestellten elektrischen Leitfähigkeit der Trinkwasser-Installation nicht mehr ausgegangen werden, womit diese zur Erdung unbrauchbar wurde. In der Norm/dem DVGW-Arbeitsblatt wurde somit die Übergangsregelung festgehalten, dass „in bestehenden elektrischen Verteilungsnetzen und Verbraucheranlagen nach dem 30. September 1990 die Trinkwasserrohrnetze nicht mehr als Erder, Erdungsleiter oder Schutzleiter benutzt werden dürfen". Hinsichtlich der Gasrohrnetze und Gasinnenleitungen drückte diese Norm bereits eindeutig das Verbot für deren Nutzung oder Mitbenutzung als Schutzleiter, Erdungsleiter, Potenzialausgleichsleiter oder Erder aus. Entsprechend war diese Nutzung auch im Gas-Regelwerk des DVGW, damals der DVGW-TVR Gas (1962) und allen folgenden DVGW-TRGI untersagt. Die DIN VDE 0190 Mai 1986 begründet dieses Verbot mit der folgenden zutreffenden Schutzzielüberlegung:

> „Gasleitungen dürfen weder als Erder noch als Erdungsleiter, Potenzialausgleichsleiter oder Schutzleiter benutzt werden, weil bei einem Fehlerstrom an widerstandsbehafteten Verbindungsstellen elektrische Energie in Wärme umgesetzt wird. Hierbei ist mit einem Undichtwerden der Verbindungsstelle, z. B. Muffen, zu rechnen."

5.3.5.1 Potenzialausgleich

Die Gasinstallation ist jedoch wie alle anderen metallenen Leitungen an den Hauptpotenzialausgleich anzuschließen. Ausnahmen davon bilden selbstverständlich die Gasleitungen aus nichtmetallenen Werkstoffen wie die Kunststoffrohre bzw. Verbundrohre.

abweichende Regelungen galten im TGL-Regelwerk

Es sei an dieser Stelle auf die Besonderheit hingewiesen, dass, abweichend von den DVGW-Regeln, das TGL-Regelwerk jedoch die Nutzung der Gasleitung zur Erdung für elektrotechnische Anlagen gestattete. Für die neuen Bundesländer wurde daher bereits in der DVGW-Information G 8 der DVGW-BGW-Landesgruppe Ost festgelegt, dass „das Gasversorgungsunternehmen spätestens bei Änderungsarbeiten an den Hausanschlüssen (Auswechslung von leitendem Rohrmaterial im Anschlussbereich gegen nicht leitendes Material oder Installation einer Hauptsperreinrichtung mit Isolierstück) dem Anschlussnehmer mitzuteilen hat, dass die Gasinstallationsanlage für Erdungszwecke unbrauchbar ist. Dem Hauseigentümer ist unter Hinweis auf seine Verantwortlichkeit für die Ordnungsmäßigkeit der Elektroinstallationsanlage seines Hauses gemäß § 12 AVBEltV deren Überprüfung auf Wirksamkeit der vorhandenen Schutzmaßnahme durch ein Elektro-Vertragsinstallationsunternehmen dringend zu empfehlen."

Elektrofachkraft als zuständiges Gewerk

Das zuständige Gewerk für die Erstellung der Erdungseinrichtung und die Ausführung des Potenzialausgleiches ist das Elektrohandwerk. Der Installateur und Heizungsbauer hat dafür Sorge zu tragen, dass die erstellte Leitungsanlage an den Potenzialausgleich angeschlossen wird.

Ist im neu erstellten Objekt dieser Arbeitsschritt der Einrichtung des Potenzialausgleichs aufgrund z. B. mangelnder Baukoordinierung noch nicht erledigt, so muss das VIU dieses schriftlich dokumentieren und den Betreiber auffordern, dies zu veranlassen. Bei Neuerstellung einer Gasinstallation oder Änderungsbearbeitung in einem Bestandsgebäude bzw. einer Bestandsanlage mit fehlendem Potenzialausgleich muss das VIU den Betreiber auf jeden Fall auffordern, den Potenzialausgleich nachzurüsten. Das Elektro-Handwerk ist für die Nachrüstung und für den Anschluss, u. a. auch der Gasinstallation, an den geschaffenen Potenzialausgleich zu beauftragen.

Abschließend ist festzuhalten, dass die eigentliche Ausführung des Potenzialausgleiches durch das Elektrohandwerk erfolgt. Der Installateur und Heizungsbauer ist zu dieser Arbeit nur durch Zusatzqualifikation und elektrotechnische Unterweisung berechtigt (= „Elektrofachkraft für festgelegte Tätigkeiten").

elektrische Trennung zwischen einzelnen Gebäuden

Von der Anforderung des Potenzialausgleichs und den damit zusammenhängenden elektrotechnischen Maßnahmen ist jedes einzelne Gebäude für sich betroffen. Separat stehende Gebäude können unterschiedliche Potenziale besitzen; dem wird z. B. bei Verbindungen dieser Gebäude über eine Stahlrohr-Gasleitung durch je eine elektrische Trennung (= Isolierstück) in der Nähe des Gebäudedurchtritts Rechnung getragen, siehe hierzu Bild 3 der TRGI. Ist in der erdverlegten Verbindungsleitung beispielsweise ein

Motorschieber eingebaut, so wird durch Schutztrennung auch für jede Betätigung des Bedienungselementes jegliche störende Berührungsspannung vermieden.

5.3.5.2 Isolierstück

Als weitere und – hinsichtlich der Gasleitung – als die hauptsächlichste Aufgabenstellung des Isolierstückes ist die damit bewirkte erforderliche Korrosionsschutzmaßnahme für das erdverlegte Gasanschlussrohr zu nennen.

Grundsätzlich ist auf die elektrische Abkoppelung des Gebäudes einschließlich Installationsleitungen, der gesamten Metallstruktur und seines Fundamentes von den im Umgebungsgrund vorhandenen metallenen Teilen/Leitungen zu achten. Begründet ist dies durch mehrere Sachverhalte, wie z. B.:

keine Fehlerströme in Umgebungserdreich

- es sollen keine eventuellen Fehlerströme aus dem Gebäude bzw. der Gebäudenutzung an die im Umgebungserdreich verlegten metallenen Leitungen weitergegeben werden

möglicher kathodischer Schutz des Ortsverteilungsnetzes

- bei eingesetztem kathodischen Schutz des Verteilungsnetzes ist die elektrische Trennung zu dem Gebäude unerlässlich, damit der Schutzstrom nicht über den Potenzialausgleichsleiter in die Erde abfließt und damit unwirksam wird

Unterbindung eines Elementstromkreises mit Erdreich als Elektrolyten

- ein möglicherweise entstehender Stromfluss zwischen Gebäude-Metallinstallation über das Erdreich als Elektrolyten zur erdverlegten metallenen Leitung muss auf jeden Fall unterbunden werden

Die Notwendigkeit der elektrischen Trennstelle, d. h. zum Einbau des Isolierstückes, wird insbesondere sehr deutlich vor dem Hintergrund des Sachverhaltes, dass die Gebäude heutzutage vorwiegend auf Stahl-Beton-Fundamenten ruhen. Der Betonstahl weist in der elektrochemischen Spannungsreihe nahezu Kupferpotenzial auf.

Flächenverhältnis Kathode zu Anode

Alle metallenen Leitungen, einschließlich der Bewehrung des Stahl-Beton-Fundamentes, sind über den gemeinsamen Potenzialausgleich mit dem PEN-Leiter des Strom-Versorgungsnetzes verbunden. Um nun elektrolytischen Einwirkungen auf den im (feuchten) Erdreich liegenden Stahlteil der Hausanschlussleitung an Stellen mit beschädigter Isolierung vorzubeugen, ist es erforderlich, den Elementstromkreis Stahlleitung/Potenzialausgleich/Fundament/Erdboden durch ein Isolierstück sicher zu unterbrechen. Passiert dies nicht, so wirkt der Stahl im Beton als große Fremdkathode und die Gaszuführungsleitung im Erdreich als Anode. Entscheidend für die Korrosionsgefährdung bei Elementbildung ist das unterschiedliche Flächenverhältnis von Kathode zu Anode. Die Fehlstelle in der Rohrumhüllung der passiv geschützten Hausanschlussleitung ist immer sehr klein gegenüber der Kathodenfläche, so dass hohe Korrosionsgeschwindigkeiten, z. B. von 1 mm/Jahr und mehr, auftreten können.

Das Regelwerk fordert somit den Einbau eines Isolierstückes in der Gasanschlussleitung möglichst nahe des Gebäudeeintritts, auf jeden Fall **vor** deren Anschluss an den Hauptpotenzialausgleich. Bevorzugte Anordnung ist unmittelbar hinter der Hauseinführung vor der Hauptabsperreinrichtung oder als mit der Hauptabsperreinrichtung konstruktiv verbundenes Isolierstück in Fließrichtung hinter der HAE. Im Regelfall (DN ≤ 150) sind Isolierstücke der Anforderung nach DIN 3389 mit Kennzeichnung GT einzubauen. In Fällen DN > 150 sind Isolierstücke nach DIN 2470-1 zu verwenden, für die noch ein zusätzlicher Schutz zur Erfüllung der HTB-Anforderung, z. B. TAE, erforderlich ist.

Einbaustelle

DIN 3389

DIN 2470-1

Bereits in der Ausführung vor Ort durch den Installateur ist Verschiedenes besonders zu beachten, damit die notwendige Unterbrechung des Elementstromkreises auch tatsächlich eingehalten wird. So darf beispielsweise nicht bei der Montage der Ausziehsicherung durch ungenügende Sorgfalt eine leitfähige Verbindung zwischen Rohr und Betonmauer hergestellt werden, durch die die elektrische Trennung der Bauelemente wieder zunichte gemacht werden könnte (also: werkseitigen Korrosionsschutz der Ausziehsicherung nicht durch z. B. Bohrer beschädigen; ordnungsgemäße Verbindung von eventuell beiliegenden PE-Unterlegscheiben).

keine Überbrückung durch Montagefehler

Bei Hausanschlüssen aus Polyethylen mit metallener Einführung (d. h. Übergang von PE auf Stahl noch im Erdreich vor dem Gebäude) ist zusätzlich zum passiven Korrosionsschutz ebenfalls ein Isolierstück im Gebäude vorzusehen.

Flexible Hauseinführungskombinationen mit metallenen Bauteilen im Erdreich (z. B. umhülltes Edelstahlwellrohr als Produktenrohr oder als Mantelrohr) müssen mit Isoliertrennstelle versehen sein.

Einbauempfehlung auch bei Rohrkapsel

Bei Hauseinführungskombinationen in Form einer Rohrkapsel (d. h. der Übergang von PE auf Metall findet innerhalb der Mauerdurchführung statt) ist der Einsatz eines Isolierstückes nicht vorgeschrieben. Vor dem Hintergrund des oben Genannten kann es jedoch auch in diesen Fällen empfehlenswert sein, den Einbau eines zusätzlichen Isolierstückes trotzdem in Erwägung zu ziehen, um mögliche elektrochemische Korrosionseinflüsse auf den im Erdreich befindlichen metallenen Teil der Rohrkapsel auszuschließen.

Bei Anlagenübergabe und der Einweisung des Betreibers ist dieser auf die Erfordernis hinzuweisen, dass es an der Hausanschlusssituation im Gebäude nicht durch Bau- oder irgendwelche Nutzungsänderungsmaßnahmen zur Überbrückung dieser elektrischen Trennung durch das Isolierstück kommen darf.

5.3.6 Verbindung zwischen Hausanschlussleitung bzw. Außenleitung und Innenleitung

5.3.6.1
unzulässige Einwirkungen

Die Übertragung von Kräften über die Hausanschluss- bzw. erdverlegte Außenleitung auf die Gasinstallation in Gebäuden, die eventuell durch unzulässige Einwirkungen Dritter entstehen können (z. B. Baggerzugriff), kann durch geeignete Konstruktionen weitgehend verhindert werden. Dies kann

Mauerdurchführung mit oder ohne Festpunkt

bei der Ausführung der Hauseinführung durch den Einsatz von Festpunkten in der Mauer, Ausziehsicherungen und ggf. zusätzliche konstruktive Maßnahmen erreicht werden.

keine Kraftübertragung auf die Gasinstallation

Festpunkt – axiale Bewegungen nicht möglich

Als **Festpunkte** im Mauerwerk gelten Konstruktionen, die durch den **kraftschlüssigen** Einbau einer Rohrkapsel oder des Produktenrohres selbst eine **axiale Bewegung** der Hausanschluss- bzw. erdverlegten Außenleitung **nicht zulassen**.

Ausziehsicherung – axiale Bewegung möglich

Bei Hauseinführung mittels eines Mantelrohres **ohne Festpunkt** sind **Ausziehsicherungen** so anzubringen, dass von außen wirkende Zugkräfte auf hierfür ausreichend tragfähige Gebäudeteile abgeleitet werden können. Geringe **axiale Bewegungen** der Innenleitung sind dabei jedoch möglich.

geänderte Anforderungen

Richtgröße und abgeleitete Maßnahmen

Nur noch in solchen Fällen muss diese axiale Bewegung, deren Größe wegen der unterschiedlichen Konstruktionen der Ausziehsicherungen und der unterschiedlichen Mauerwerkstoffe auch im DVGW-Arbeitsblatt G 459-1 nicht konkret genannt werden kann – normalerweise kann von einer **Richtgröße** von etwa **10 mm** ausgegangen werden –, durch die hier aufgeführten Installationsmaßnahmen so aufgefangen werden, dass keine Beschädigungen an den Rohren, Rohrverbindungen, Formstücken, Armaturen und sonstigen Bauteilen im Innern des Gebäudes entstehen können.

Die aufgezeigten Beispielausführungen sind gegenüber den früheren TRGI-Ausgaben um die „Verwendung von Kunststoff-Innenleitungen“ ergänzt. Als biegsame Gasleitung ist diese für die hier anstehende Zielerfüllung in gleicher Installationsform wie die „bewegliche Verbindung nach DIN 3384“ einzubauen (d. h. keine in gerader Linie längs gestreckten Eingangs- und Ausgangsanschlusspunkte).

korrekte Einbauzuordnung bei Ausgleichsverschraubungen

Ein Überprüfungserfordernis ähnlich der gerade angesprochenen Thematik besteht auch bei Verwendung der „beweglichen Ausgleichsverschraubungen geprüft nach DIN 3387-1“. Der Anwender muss sich anhand der Herstellerunterlagen absichern, ob diese für den Inneneinsatz in HTB-Qualität geforderte Ausgleichsverschraubung eine Axialverschiebung überhaupt zulässt oder ob die Beweglichkeit sich nur auf zulässigen Winkelversatz in der Verbindung erstreckt, was selbstverständlich ausschließlich spezifische Einsatzfälle zur Kompensierung der möglichen Längsverschiebung am Wanddurchgang erfordert.

keine Reihenfolge

Diese beispielhaften Aufzählungen lassen grundsätzlich andere gleichwertige Maßnahmen zum Schutz der Innenleitungen zu und stellen darüber hinaus keine Reihenfolge im Sinne einer Anwendungsempfehlung dar. Das gilt besonders für die erstgenannte Möglichkeit, die unter Berücksichtigung sämtlicher baulicher Gegebenheiten und der Leitungsführung kritisch zu prüfen ist.

DVGW VP 601 (P)

Die DVGW-Prüfgrundlage VP 601 beschreibt mehrere Ausführungsarten von Hauseinführungskonstruktionen. Der Anwender muss sich anhand der Herstellerbeschreibung darüber versichern, ob und dass bei der gewählten Ausführung auch tatsächlich ein Festpunkt gegeben ist.

Nachprüfung

Unabhängig davon ist nach jeder unzulässigen Krafteinwirkung die gesamte betroffene Leitungsanlage einer strengen Prüfung zu unterziehen und beim geringsten Zweifel zu erneuern.

5.3.6.2
mögliche Erdverschiebungen

In Bergsenkungsgebieten und in Gebieten, in denen Erdverschiebungen auftreten können, muss diesem Sachverhalt meist bereits durch Maßnahmen des Netzbetreibers – dies ist beispielsweise eine bestimmte Materialauswahl und Verlegeform der HAL (PE-X Leitung in nicht gestreckter Verlegung) oder der Einbau bestimmter Dehnungselemente – nachgekommen werden. Sollte sich noch die Notwendigkeit zusätzlicher Maßnahmen für die Leitungsinstallation innerhalb der Gebäude ergeben (z. B. Einsatz von Edelstahl-Kompensatoren als bewegliche Verbindung), so ist Abklärung und Abstimmung gemeinsam mit dem NB erforderlich.

Information durch NB an VIU

5.3.6.3
Kunststoff-Innenleitung

HAL-Ende im Gebäude als metallene Rohrleitung

Die mit dieser DVGW-TRGI 2008 neu hinzugekommene Einsatzmöglichkeit von Kunststoff-Innenleitungen erfordert nach heutigem Beratungsstand noch die Ausführung des ins Gebäude eingeführten Teils der Hausanschlussleitung (auch wenn diese im Erdreich aus Polyethylen besteht) als metallene Rohrleitung. Für ausführliche Erläuterungen dazu wird auf die Kommentierung zu Abschnitt 5.3.8 dieser TRGI verwiesen.

5.3.7 Verlegetechnik bei metallenen Innenleitungen

Selbstverständlich sind hinsichtlich der Verlegetechnik der Gasinnenleitungen viele Grundsätze für die metallene oder die Kunststoff-Gasleitung identisch. Da mit dieser DVGW-TRGI 2008 die Kunststoff-Gasinnenleitung neu eingeführt wird, wurde absichtlich noch die getrennte Aufführung der Verlegetechniken in Abschnitt 5.3.7 einerseits und in Abschnitt 5.3.8 andererseits für Kunststoffleitungen gewählt, was in diesen beiden Abschnitten zwangsläufig manche Doppelung mit sich bringt.

5.3.7.1

Grundregeln der Handwerkskunst

Zur Grundanforderung, dass alle Installationsleitungen im Gebäude jeweils ihren eigenständigen Funktionen zugeordnet zu behandeln sind, wird an dieser Stelle keine Zusatzerläuterung notwendig sein. Mit Rücksicht auf eine mögliche Schwitzwasserbildung sind Kaltwasserleitungen bei übereinanderliegender Leitungsführung unterhalb der Gasleitung anzuordnen oder nach DIN 1988-2 gegen Schwitzwasserbildung zu schützen. Kann im absoluten Ausnahmefall keine der beiden Bedingungen erfüllt werden, ist ein äußerer Korrosionsschutz der Gasleitung nach Abschnitt 5.2.7.1 der TRGI wie für erdverlegte Außenleitungen vorzusehen. Vorgenanntes gilt nicht nur für die Übereinander-Anordnung, sondern auch für die Kreuzung beider Leitungssysteme.

5.3.7.2

freiverlegte oder verdeckt verlegte Leitungen

Verlegemöglichkeiten der Gasleitungen innerhalb des Gebäudes sind weiterhin wie bisher und wie bewährt die Ausführungen **freiverlegt** oder **verdeckt verlegt**, entweder eingeputzt ohne Hohlraum oder in einem Schacht oder einem Kanal angeordnet. Auf zu beachtende Einzelheiten je nach aufgeführter Verlegeart wird in Erläuterungen zu kommenden Abschnitten der TRGI noch konkret eingegangen.

Unterputzverlegung nur bis 100 mbar

Bei der „Unterputzverlegung“ ist zu berücksichtigen, dass eine spätere Erhöhung des Betriebsdruckes im Geltungsbereich der TRGI über 100 mbar bis 1 bar nicht mehr möglich ist.

keine Mindestabstandsvorgabe zwischen Gasleitung und Elektroleitung

Gelegentlich wird die Frage nach Abstandsvorgaben zwischen Gasleitungen und anderen Ver- und Entsorgungsleitungen sowie insbesondere auch den im Gebäude installierten Elektroleitungen gestellt. Hier bestehen lediglich die Maßgaben der montagebedingt sinnvollen Abstände, so dass auch Betriebs- und Instandhaltungsmaßnahmen vernünftig ausgeführt werden können. Bei regelentsprechender Installation von Gasleitung einerseits und Elektroleitung andererseits ist aus sicherheitstechnischen Gründen keine Notwendigkeit für einen Mindestabstand untereinander – auch ebenso bei Kunststoffgasleitungen und Elektroleitungen – gegeben. Im Gebäude für häusliche und vergleichbare Nutzung besteht nach VDE-Richtlinien und entsprechend der Niederspannungsanschlussverordnung (NAV) eine abgesicherte Elektroleitungsinstallation im Bereich meist weit unter 1000 V, so dass sich daraus keine Abstandsnotwendigkeiten ableiten. Dagegen können sich für die Hausanschlussleitung und im Orts-Gasverteilungsnetz eventuelle Notwendigkeiten für vorzugebende Abstände ergeben. Um bei der elektrischen Versorgungsleitung > 1 kV und einem anzusetzenden Störungsfall im Stromnetz z. B. einer unzulässigen Erwärmung der PE-Gasleitung entgegen zu wirken, werden im Gasverteilungsregelwerk Mindestabstände von 20 cm diskutiert.

Richtwerte für Befestigungsabstände in Tabelle 8

Die darzustellende Brand- und Explosionssicherheit der Gasleitungsanlage wirkt sich selbstverständlich außer auf Material- und Durchführungsauswahl für Rohr und Verbindungstechnik auch auf Art und Weise sowie ebenso die Materialvorgabe hinsichtlich der erlaubten oder geforderten Leitungsbefestigung im Gebäude und dort an dem spezifischen Bauuntergrund aus. Verlegeart und Befestigung müssen zunächst einmal die erwünschte und notwendige Fixierung für den Betriebsfall sichern, siehe dazu als ausreichende Richtwerte die Befestigungsabstände für horizontal verlegte metallene Leitungen in Tabelle 8 der TRGI. Für die Befestigung werden im Regelfall Rohrschellen, Schrauben aus Metall und – je nach Bauuntergrund – eventuell Dübel (unterschiedlichen Materials und unterschiedlicher Ausführungsformen) notwendig sein.

„brandbeständige“ Rohrverbindung

Aus der abzudeckenden Anforderung der HTB-Qualität für die Leitungsanlage folgern zusätzliche Aufgabenstellungen für die Befestigungen je nach der mechanischen Festigkeit der spezifischen Rohrverbindung im Temperatur-Belastungsfall. Behält die Rohrverbindung wegen ihrer konstruktiven Beschaffenheit (z. B. Schweißung, Gewindeverbinder, Flanschverbindung) oder aufgrund geforderten Baumusternachweises (z. B. Pressverbindung) eine mechanische Zugfestigkeit im Brandfall bis zu mindestens 650 °C, so können im „normalen“ Wohnungsbau Wand- oder Deckenbefestigungen der metallenen Rohrhalterungen mit Kunststoffdübeln vorgenommen werden.

„nicht brandbeständige“ Rohrbefestigungen möglich

Auch bei der Deckenbefestigung liefern in der Regel die nächsten Wandauflagen nach der Zimmerdurchführung die jeweils genügenden Haltepunkte, so dass bei schmelzendem Kunststoffdübel und dem damit verlorenen Befestigungshalt ein „Durchhängen“ der längskraftschlüssigen metallenen

Leitung im Brandfall akzeptierbar ist. Handelt es sich dagegen z. B. um den 20 m langen Kellergang oder den Rettungsflur, so werden in diesen Fällen wenige Zwischenhalterungen mit Brandbeständigkeit (z. B. mit Metalldübel in der Betondecke) angebracht sein.

bei Temperaturbelastung nicht längskraftschlüssige Rohrverbindung

Bleibt dagegen die mechanische Festigkeit bei Temperaturen bis zu 650 °C und einer gleichzeitigen Zugbeanspruchung (durch z. B. das zusätzliche Gewicht des weiterführenden Leitungsteils, siehe Bild 4 b der TRGI) nicht erhalten, so wird bei jedem Befestigungspunkt – und bei eventuellen Umgehungen von Deckenunterzügen noch möglicherweise zusätzlich notwendigen Befestigungspunkten – eine bis zu mindestens 650 °C brandbeständige Fixierung am Gebäudeteil gefordert. Es muss verhindert werden, dass es zum Herausziehen des Spitzendes aus der Muffe und damit zum Offenlegen des freien Rohrquerschnittes als Ausströmöffnung für das Gas kommen kann. Bei der Kupfer-Hartlot-Verbindung setzt die Schmelztemperatur des zugelassenen Hartlotes bereits etwa ab 450 °C (d. h. unter 650 °C) ein, so dass der oben beschriebene Ablaufvorgang nicht mit Sicherheit ausgeschlossen werden kann. Eine Regelung in Abhängigkeit von der spezifischen Liquidustemperatur des tatsächlich vor Ort eingesetzten Hartlotes kann nicht als sinnvoll und praktikabel eingestuft werden, so dass die Hartlotverbindung generell als „nicht zug- und schubfeste Rohrverbindung" behandelt werden muss.

„brandbeständige" Rohrbefestigung notwendig

Die brandsichere Befestigung für diese Verlegesituation kann in strukturfestem Bauuntergrund, wie beispielsweise Mauerstein, Beton, durch Verwendung von Metalldübeln erreicht werden. Bei beispielsweise Hohlblockstein oder Gasbeton kann diese Aufgabe nur durch eine besondere dazu geeignete Dübelbauart (z. B. Injektionsdübel, zugelassener Kunststoffdübel in doppelter Einbohrlänge) erreicht werden.

Befestigung an Holzbauteilen

Wird der Befestigungsuntergrund im Gebäude durch einen Holzbalken oder eine massive tragende Holzplatte mit Feuerwiderstandsfähigkeit dargestellt, so wird die ausreichende Stabilisierung durch Verwendung der metallenen Holzschraube ausreichender Länge (ohne Dübel) erreicht.

5.3.7.3 Hohlraumverlegung

Werden Gasleitungen, wie oft praktiziert, durch bauseitig erstellte Schächte oder auch Kanäle hindurchgeführt, so sind bei dieser Verlegeart vornehmlich zwei Schutzziele relevant und müssen in genügender Form berücksichtigt werden.

keine Dauerfeuchte

- In den Schächten darf keine Dauerfeuchtigkeit verbleiben, die sich korrosionsaggressiv auf das Leitungsmaterial auswirkt.

- Sollten mit der Zeit auch nur geringste Undichtheiten an z. B. Verbindungsstellen der Leitung auftreten, so
  - muss sich die „Sicherheitsmaßnahme Gasgeruch" auch dem Aufenthaltsbereich von Personen im Gebäude mitteilen;
  - darf es daraufhin nicht zur raumabgeschlossenen Ansammlung eines Gas-Luft-Gemisches, schlimmstenfalls eines zündfähigen Gemisches, kommen.

Wirksamkeit der Odorierung

Be- und Entlüften

Abhilfe ist vorzugsweise die Be- und Entlüftung dieser abgeschlossenen Räume entweder geschoss- bzw. abschnittsweise oder im Ganzen, wie beispielsweise in **Bild 5.24** dargestellt. Die Öffnungen müssen jeweils mindestens 10 cm^2 groß (= „Schnüffelöffnung") sein. Lange waagerechte Kanäle sollten unabhängig von durch Räume vorgegebenen Abschnitten über mehrere Lüftungsöffnungen be- und entlüftet werden.

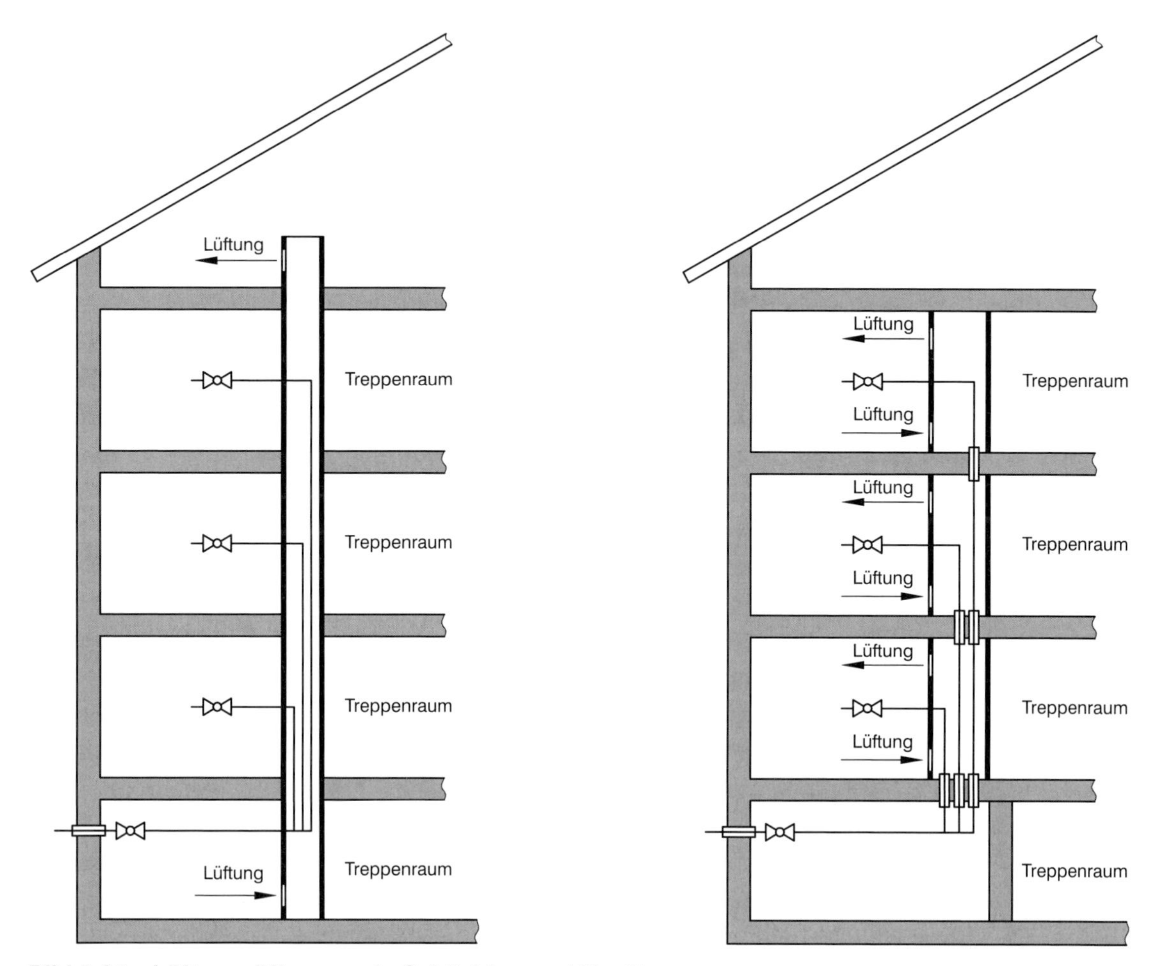

Bild 5.24 – Lüftungsöffnungen in Schächten und Kanälen

Verfüllen

Als Alternative, eher jedoch in kritischer Abschätzung als Ausnahmefall, kann der Schutzzielerfüllung auch durch Verfüllen dieser abgeschlossenen Räume Genüge getan werden, wobei das Füllmaterial

- auf Dauer formbeständig und dicht bleibt und sich nicht im Laufe der Zeit ganz oder teilweise auflöst und dadurch unbelüftete Hohlräume entstehen;
- aufgrund seiner eigenen Materialeigenschaften oder durch seine Anwendung nicht zu Korrosionsschäden führen kann;
- nichtbrennbar oder zumindest feuerhemmend sein muss.

z. B. Quarzsand

Als ein praktikables Beispiel kann die Schachtverfüllung mit trockenem, steinfreiem Sand (Quarzsand) oder Perlite genannt werden.

Schacht

Kanal

abgehängte Decke

Ständerwand

Vorwandinstallation

Ähnlich der Schacht- und Kanalthematik sind auch andere Hohlräume, wie z. B. abgehängte Decken, Vorwandinstallationen oder Ständerwände, in denen Gasleitungen verlaufen, unter identischer Schutzzielüberlegung durch Öffnungen luftseitig mit dem Aufenthaltsraum zu verbinden. Die dazu erforderliche Luftzirkulation kann erreicht werden, bei abgehängten Decken durch Rundumschlitze (Schattenfuge) oder allgemeine Luftdurchlässigkeit des Deckenmaterials sowie bei Decken und Wänden durch mindestens zwei diagonal angeordnete Lüftungsöffnungen – bei vorgesetzten Wänden jeweils oben und unten –, deren freier Querschnitt und Lage nach den örtlichen Gegebenheiten festzulegen sind.

Leitungsführung im Mantelrohr

Die Gasleitungen können selbstverständlich auch durch unbelüftete Hohlräume, oder eher für die Überquerung unbelüfteter Hohlräume, in Mantelrohren geführt werden. Mantelrohre für Innenleitungen, die durch unbelüftete Hohlräume führen, haben einerseits die Aufgabe, dass Gas, das eventuell aus einer Undichtheit der Gasleitung ausströmen könnte, nicht in einen unbelüfteten Hohlraum eintreten soll, sondern zu angrenzenden Gebäudeteilen abgeleitet wird, wo es am Gasgeruch bemerkt werden kann. Deshalb darf bei Mantelrohren, die länger als eine normale Wand- oder Deckendurchführung sind, allenfalls der Ringspalt an einem Ende des Mantelrohres abgedichtet werden und sich keine weitere Dichtung im Mantelrohr befinden. Anzustreben ist jedoch die freie Ableitung in beide Richtungen.

Andererseits dient das Mantelrohr auch dem Korrosionsschutz. Es darf auch aus Kunststoff bestehen (korrosionsbeständiges Material). Die Anwendung von Mantelrohren ist unter Berücksichtigung von Richtungsänderungen und Rohrbefestigungen eingeschränkt und sollte in der Regel nur bei gerader und möglichst kurzer Leitungsführung vorgesehen werden.

5.3.7.4

Verzicht auf Be- und Entlüftung bei verbindungsfreier Verlegung

Insbesondere den neuen, relativ leicht biegsamen Rohrmaterialien „von der Rolle“ Rechnung tragend, z. B. weiches Kupferrohr oder Wellrohrleitung aus nichtrostendem Stahl, kann eine Installationserleichterung bei der Verlegung im Hohlraum zugestanden werden, wenn es sich bei der Gasleitung um ein durchgehendes Rohr ohne jede Verbindungsstelle handelt. Die Be- und Entlüftung ist für diese Fälle hinfällig. Die situationsangepasste eventuelle Korrosionsschutzmaßnahme muss dabei selbstverständlich als eingehalten vorausgesetzt werden.

5.3.7.5

„Schornstein“ als Installationsschacht

Z. B. nicht mehr in Betrieb befindliche Schornsteine können in Abstimmung mit dem BSM zu Installationsschächten für die Verlegung von Gasleitungen umfunktioniert und für diesen Zweck genutzt werden. Da es sich hierbei um mehrere Etagenhöhen überschreitende Schachtlängen handeln kann, ist oftmals die Mindestanforderung an die korrekte Leitungsbefestigung gefragt. Hier ist bei der möglichst gestreckt verlaufenden Gasleitung die jeweils oben und unten (an Schachtende und -anfang) angeordnete Leitungsbefestigung ausreichend. Bestehen aufgrund des Schachtquerschnittes und insbesondere bei Ungewissheit über die Reinheit der Schachtwandung Bedenken hinsichtlich des nicht auszuschließenden stellenweisen Anliegens der Leitung an der Schachtwandung, so ist die Umhüllung der Leitung, z. B. entsprechend dem Korrosionsschutz wie für erdverlegte Leitungen zu empfehlen.

Diese Nutzungsänderung kann den Rückbau des Schornsteinüberstandes über Dach mit dann wieder geschlossener Dachfläche beinhalten. Dieses ist jedoch keine Forderung. Letztlich kann auch die „Leitungsschachtentlüftung" über Dach stattfinden; das Eindringen von Feuchtigkeit und Nässe muss selbstverständlich verhindert werden.

5.3.7.6

Schutzrohre gegen Relativbewegungen

Um zu vermeiden, dass sich bei der Verlegung von Leitungen durch Bewegungsfugen die möglichen unterschiedlichen Querbewegungen (Relativbewegungen) schädlich auf die Leitung auswirken können, sind sie in Schutzrohren zu verlegen. Die Schutzrohre sind so zu dimensionieren, dass die Gasleitung elastisch gelagert werden kann. Eventuell zusätzlich noch zu berücksichtigende Längsbewegungen wären sinngemäß mit den Möglichkeiten nach Abschnitt 5.3.6.1 der TRGI aufzufangen.

Weitere Detailerläuterungen hinsichtlich der ausreichenden Berücksichtigung bei gleichzeitiger Überquerung der Gasleitung in einen anderen Brandabschnitt werden noch in der Kommentierung zu Abschnitt 5.3.7.7 der TRGI gegeben.

5.3.7.7 Verlegung metallener Gasleitungen in Gebäuden mit besonderen Brandschutzanforderungen

Gemäß § 40 Abs. 2 MBO sind Leitungsanlagen in

a) notwendigen Treppenräumen gemäß § 35 Abs. 1 MBO,

b) Räumen zwischen notwendigen Treppenräumen und Ausgängen ins Freie gemäß § 35 Abs. 3 Satz 3 MBO und

c) notwendigen Fluren gemäß § 36 Abs. 1 MBO

Rettungswege

nur zulässig, wenn eine Nutzung als Rettungsweg im Brandfall ausreichend lang möglich ist. Diese Voraussetzung ist erfüllt, wenn die Leitungsanlagen in diesen Räumen den Anforderungen der Abschnitte 3.1.2 bis 3.5.6 der Muster-Richtlinie über brandschutztechnische Anforderungen an Leitungsanlagen (Muster-Leitungsanlagen-Richtlinie MLAR) – Fassung November 2005 – entsprechen.

Gemäß Abschnitt 3.1.2 der MLAR dürfen „Leitungsanlagen in tragende, aussteifende oder raumabschließende Bauteile sowie in Bauteile von Installationsschächten und -kanälen nur soweit eingreifen, dass die erforderliche Feuerwiderstandsfähigkeit erhalten bleibt."

Brandabschnitts-Überquerung

Zum Weiteren gilt entsprechend Abschnitt 4.1.1 der MLAR: „Gemäß § 40 Abs. 1 MBO dürfen Leitungen durch raumabschließende Bauteile (= Wände und Decken), für die eine Feuerwiderstandsfähigkeit vorgeschrieben ist, nur hindurchgeführt werden, wenn eine Brandausbreitung ausreichend lang nicht zu befürchten ist oder Vorkehrungen hiergegen getroffen sind; ...."

Gebäudeklasse 1 und 2
*– **ein** Brandabschnitt*
– keine Rettungswege

Die oben aufgeführten Anforderungen aufgrund der Existenz von Rettungswegen und aufgrund der Existenz von unterschiedlichen Brandabschnitten (= raumabschließende Bauteile mit Anforderungen an Feuerwiderstandsfähigkeit), deren jeweilige Funktionen möglichst aufrechterhalten werden müssen, treffen **nicht** zu für einzelne Nutzungseinheiten, wie Wohnungen oder Wohngebäude der Gebäudeklassen 1 und 2 (= Eigenheime, Ein- und Zweifamilienhäuser).

Gegenüber der diesbezüglichen Ansprache in den TRGI '86/96 muss sich der Anwender mit dieser DVGW-TRGI 2008 zwar auf jetzt neue Begrifflichkeiten einrichten; die fachlichen Anforderungen werden in dieser TRGI mit größerer Detailtiefe als bisher beschrieben, sie fanden jedoch erfreulicherweise keine wesentlichen Änderungen.

Beispiele für neue Benennungen sind u. a.:

geänderte Benennungen in neuer MLAR

- Feuerwiderstandsfähigkeit
  F 30 = feuerhemmend
  F 60 = hoch feuerhemmend
  F 90 = feuerbeständig
  F 120 = hoch feuerbeständig

- Die Wände und Decken werden heute in der MLAR als „raumabschließende Bauteile" angesprochen. Erwähnung und Klarstellung muss hierzu der Sachverhalt finden, dass in Wohnungen, vergleichbaren Nutzungseinheiten und in den Gebäuden der Gebäudeklassen 1 und 2 „Wände mit vorgeschriebener Feuerwiderstandsfähigkeit" nicht existieren. Der MLAR-Experte kann somit auch aus dieser spezifischen Formulierung in Abschnitt 4.1 der MLAR keine nun geänderte Geltungsbereichsabgrenzung ablesen.

Kunststoff-Gasleitung noch nicht angesprochen

Die heute vorliegende MLAR spricht die nach DVGW-TRGI 2008 mögliche „Rohrleitung aus brennbaren Baustoffen für brennbare Medien" noch nicht an, siehe dazu die Kommentierung zu Abschnitt 5.3.8.12 dieser TRGI.

5.3.7.7.1

Leitungsverlegung in Rettungswegen

Hier wird zunächst der Geltungsbereich der MLAR dargestellt. Verschärfte bzw. besondere Bedingungen für die Unterbringung und die Verlegung von Gasleitungen und Gasleitungsanlagen entsprechend den nachfolgenden Festlegungen in diesem Abschnitt 5.3.7.7.1 gelten im „notwendigen Treppenraum und im Raum zwischen notwendigem Treppenraum und seinem Ausgang (eventuellen Ausgängen) ins Freie" sowie auch im „notwendigen Flur", denen die Funktion des „Rettungsweges" zugeordnet wird. Im Unterschied zur bisherigen Ausgabe der MLAR sind für den ebenfalls als „horizontalen Rettungsweg" in Frage kommenden „offenen Gang vor der Gebäude-Außenwand" keine zusätzlichen spezifischen Anforderungen hinsichtlich der Leitungsverlegung gestellt.

*UG **kann** Rettungsweg sein*

Sind im Untergeschoss des Gebäudes ausschließlich Räume mit „Kellernutzung" und keine Wohnungen angeordnet, so endet der „vertikale Rettungsweg", der notwendige Treppenraum auf der Ebene der Haustür, d. h. des Ausganges ins Freie und somit in den meisten Gebäudesituationen auf Erdgeschossebene. Die weitergehenden Anforderungen nach Abschnitt 5.3.7.7.1 der TRGI (siehe die 7 Aufzählungspunkte) treffen somit für Kellerabgang und das Untergeschoss nicht zu. Die Anforderung einer Abtrennung zu diesen Räumlichkeiten mit einer Tür mit Feuerwiderstandsqualität (T 30 bis T 90, je nach Gebäudeklasse) kann länderabhängig unterschiedlich sein und muss somit regional abgeklärt werden.

Aufzählungspunkt 1

Gasleitungsanlage in den Anforderungen der MLAR

Die gültige MLAR bezieht sich auf Gasleitungen aus nichtbrennbaren Baustoffen, d. h. auf die nach TRGI möglichen metallenen Leitungen einschließlich ihrer darin erlaubten oder geforderten Dichtungs- und Verbindungsmittel und eventuellen Beschichtungen (z. B. Korrosionsschutzbeschichtung für freiverlegte Leitungen bis 0,5 mm Dicke).

Der werkseitige Korrosionsschutz wie beispielsweise die PE-Umhüllung beim Stahlrohr oder die PE-Stegmantel-Umhüllung beim Kupferrohr stellen eine zusätzliche Brandlast dar und finden – wie im Folgenden aufgeführt – noch teils spezifische Anforderungen.

An dieser Stelle sei auch darauf hingewiesen, dass die Aussage des Satzes 3 von Abschnitt 3.4.2 der MLAR, Fassung November 2005, wie folgt: „Dichtungen von Rohrverbindungen müssen wärmebeständig sein." immer erfüllt ist, wenn die Leitungsverbindungsherstellungen entsprechend den Vorgaben der DVGW-TRGI 2008 ausgeführt sind.

Aufzählungspunkt 2

notwendiger Flur

Diese oben beschriebene „Leitungsanlage in den Anforderungen der MLAR" darf in notwendigen Fluren freiverlegt werden; auf die vorgenannten Anforderungen der TRGI, Abschnitt 5.3.7.2, wird insbesondere hingewiesen. Die Anordnung der Leitungen, eventuell einschließlich dem Zähler-Druckregelgerät und dem Gaszähler, muss so sein, dass dadurch kein Hindernis für die Funktionen als Rettungsweg dargestellt wird.

Aufzählungspunkt 3

notwendiger Treppenraum und Raum zwischen notwendigem Treppenraum und Ausgang ins Freie

In „notwendigen Treppenräumen und in Räumen zwischen notwendigen Treppenräumen und Ausgängen ins Freie" **ist die sichtbare und zugängliche Verlegung der Leitungsanlage nicht zulässig.**

Als Möglichkeiten bleiben:

- **Die Verlegung der Leitungsanlage im Installationsschacht bzw. -kanal**

Aufzählungspunkt 4

Dies sind Installationsschächte bzw. -kanäle nach DIN 4102-4. Sie bestehen aus nichtbrennbaren Baustoffen und müssen einschließlich der Abschlüsse von Öffnungen (z. B. Revisionsöffnungen) die je nach Gebäudeklasse geforderte Feuerwiderstandsfähigkeit (F30 bis F90) erfüllen. Auch für diese Schächte/Kanäle gilt die Forderung der Be- und Entlüftung (je mindestens 10 cm² Öffnungen), welche abschnittsweise oder im Ganzen erfolgen kann. Die Öffnungen dürfen jedoch nicht in den Rettungsweg hin gerichtet/angeordnet sein.

Aufzählungspunkt 5

Ebenso wie bereits in den Abschnitten 5.3.7.4 und 5.3.7.3 der TRGI beschrieben, entfällt die Notwendigkeit der Be- und Entlüftung, wenn die Leitungen entweder ohne Verbinder verlegt sind oder eine Verfüllung von Schacht/Kanal mit nichtbrennbarem, formbeständigem Füllmaterial vorgenommen wird.

- **Die Verlegung der einzelnen Leitung unter Putz ohne Hohlraum mit mindestens 15 mm Putzüberdeckung auf nichtbrennbarem Putzträger oder gleichwertiger Überdeckung**

Für diese „eingeputzten Rohre“ ist ein Korrosionsschutz aus brennbarem Baustoff bis 2 mm Dicke zulässig, so dass hierfür z. B. die Stahlrohre oder Kupferrohre (Stegmantelumhüllung) mit werkseitigem Korrosionsschutz für erdverlegte Leitungen in Frage kommen können, siehe dazu auch die Erläuterungen zu dem noch folgenden Abschnitt 5.3.7.8.2 dieser TRGI.

Entgegen der MLAR-Formulierung in Abschnitt 3.4.2 a) „Die Rohrleitungsanlagen müssen einzeln mit mindestens 15 mm Putzüberdeckung voll eingeputzt verlegt werden.“ gibt die TRGI – aus der vornehmlichen Praxis übernommen – den Hinweis auf den nichtbrennbaren Putzträger oder gleichwertige Überdeckung. Dies trägt dem Sachverhalt Rechnung, dass heute mit dem Ziel der glatten Oberflächengestaltung z. B. das Vorgehen mit Streckmetall kaum mehr Verwendung findet, sondern über die Maueraussparung und die eingelegte Gasleitung meist eine Bauplatte, z. B. Rigips, montiert wird. Die Vorgabe der 15 mm Gesamtüberdeckung vor dem Rohr muss erfüllt sein. Zudem ist insbesondere auf die Notwendigkeit des durchgängigen hohlraumfreien, die gesamte Rohroberfläche umschließenden, Einputzens hinzuweisen (siehe hierzu **Bild 5.25**).

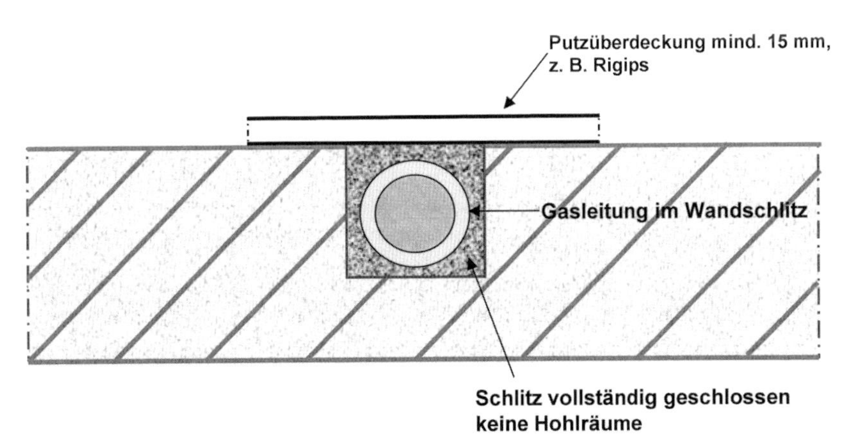

Bild 5.25 – Gasleitung im Wandschlitz

Aufzählungspunkt 6

Kommt im notwendigen Flur trotzdem eine verdeckte Verlegung in Installationsschacht, Installationskanal oder der Unterdecke in Frage, so müssen diese aus nichtbrennbarem Baustoff bestehen und mindestens feuerhemmend sein. Lüftungsöffnungen können zum Flur hin angeordnet sein. Ansonsten gelten bezüglich Be- und Entlüftungserfordernis oder der Hohlraumverfüllung die gleichen Maßgaben wie oben im Detail dargestellt.

Aufzählungspunkt 7

In „Sicherheitstreppenräumen und in Räumen zwischen Sicherheitstreppenräumen und Ausgängen ins Freie“ sind ausschließlich die der ordnungsgemäßen Betriebsweise dienenden Leitungen (z. B. Elektroleitungen, Löschwasserleitungen) erlaubt.

5.3.7.7.2

Leitungsverlegung durch Wände und Decken mit Feuerwiderstandsanforderung

Der § 14 „Brandschutz" der MBO fordert für den Brandfall im Gebäude – verbunden mit der aufrechtzuerhaltenden Möglichkeit der „Rettung von Menschen und Tieren" sowie der wirksamen Löscharbeitsdurchführung – folgerichtig auch die Verhinderung/Vorbeugung der Ausbreitung von Feuer und Rauch in andere Brandabschnitte. Diese Aufgabe steht somit bei jeder Durchquerung von „raumabschließenden Bauteilen mit Anforderungen an Feuerwiderstandsfähigkeit" (= Decken und Wände außerhalb der Nutzungseinheit in Gebäuden ab Gebäudeklasse 3) an.

Abschottungssysteme mit ABZ/ABP

Das Durchführen von Rohrleitungen durch solche Decken und Wände ist somit nur mit spezifischen Abschottungen zulässig. Bei den klassifizierten bauaufsichtlich zugelassenen Durchführungssystemen ist zusätzlich sichergestellt, dass die Temperaturerhöhung auf den Rohr- und Dämmoberflächen der dem Brand abgewandten Seite nicht größer als 180 °C an einem Messpunkt ausfällt. Damit werden zudem eventuelle Sekundärbrände sicher verhindert. Der maximale Rohraußendurchmesser und alle Abschottungsbedingungen sind der jeweiligen allgemeinen bauaufsichtlichen Zulassung (ABZ) bzw. dem allgemeinen bauaufsichtlichen Prüfzeugnis (ABP) zu entnehmen. Der Übereinstimmungsnachweis ist mit der Übereinstimmungserklärung zu erbringen.

Erleichterungen bei einzelnen Gasleitungen mit $d_a \leq 160$ mm

Handelt es sich um einzelne Gasleitungen mit $d_a \leq 160$ mm, so können bei Inanspruchnahme von „Erleichterungen" nach MLAR Abschnitt 4.2 und 4.3 die gleichen Schutzziele durch Befolgen der Maßgaben entsprechend TRGI, Abschnitt 5.3.7.7.2. erster Absatz in Verbindung mit Bild 5, dargestellt werden. Bei den Abschottungen nach diesen „Erleichterungen" wird die Höhe der Temperaturleitung nicht durch die Art der Abschottung begrenzt. Es ist deshalb bauseitig dafür Sorge zu tragen, dass an den Leitungen keine brennbaren Stoffe anliegen, die sich im Brandfall entzünden könnten (Sekundärbrände). Dies wird in der Regel durch die TRGI-gerechte Verlegung dargestellt.

Je nach Gebäudesituation (Massivbauweise oder Leichtbauweise von Decke oder Wand) und nach gewählter Durchführungsvariante ohne Hüllrohr oder mit Hüllrohr kommt die Mineralfaserschale (-ummantelung) mit Schmelztemperatur > 1000 °C oder der Durchführungsverschluss mit im Brandfall aufschäumenden Baustoffen (Zulassung erforderlich) in Frage. Es können sich unterschiedliche Schalendicken, Ausfülltiefen sowie Abstandseinhaltungen zwischen durchzuführenden Rohren untereinander oder gegenüber z. B. Elektrokabeln und Abschottungen ergeben, zu denen in Bild 5 der TRGI dezidierte Ausführungslösungen gegeben werden.

5.3.7.8 Schutz der metallenen Innenleitungen gegen Korrosion

Der Schutz der metallenen Innenleitungen nach Abschnitt 5.3.7.8 der TRGI bezieht sich vor allem auf den Korrosionsschutz und verdient besondere Beachtung. Schäden (Undichtheiten) durch Außenkorrosion an Innenleitungen können einerseits durch austretendes Gas zu einer Gefahr führen, andererseits sind sie normalerweise mit verhältnismäßig geringem vorsorglichem Aufwand vermeidbar.

Belastungsprüfung und Dichtheitsprüfung

Bereits an dieser Stelle wird darauf hingewiesen, dass nach Abschnitt 5.6.1 der TRGI die Leitungen erst verputzt oder verkleidet und ihre Verbindungen beschichtet oder umhüllt werden dürfen, wenn vorher die Belastungsprüfung und Dichtheitsprüfung bzw. die kombinierte Belastungs- und Dichtheitsprüfung durchgeführt worden ist.

5.3.7.8.1
Präzisionsstahlrohre

Als freiverlegte Gasleitung in trockenen Räumen wird **nur für Präzisionsstahlrohre** nach DIN EN 10305-1 bis -3 (= unlegierte C-Rohre mit deutlich geringerer Wanddicke als beispielsweise das Gewindestahlrohr) ein Korrosionsschutz wie nach Abschnitt 5.2.7.2 der TRGI, d. h. das schmelztauchverzinkte oder das galvanisch verzinkte Rohr in der Beanspruchungsklasse ≥ 2 nach DIN EN 12329, gefordert.

Elektriker-Norm als Hilfestellung

Als Orientierung für den Anwender, ob es sich um einen trockenen, einen feuchten bzw. nassen Raum handelt, kann die Definition der Begriffe nach DIN 57100/VDE 0100, Teil 200 hilfreich sein und sinngemäß auf die Verlegung von Gasleitungen übertragen werden. Danach gilt:

trockene Räume

- „**Trockene Räume** sind Räume oder Orte, in denen in der Regel kein Kondenswasser auftritt und in denen die Luft nicht mit Feuchtigkeit gesättigt ist.

  Hierzu gehören zum Beispiel Wohnräume (auch Hotelzimmer), Büros. Weiterhin können hierzu gehören: Geschäftsräume, Verkaufsräume, Dachböden, beheizte und belüftbare Keller.

  Küchen in Wohnungen und Badezimmer in Wohnungen und Hotels gelten in Bezug auf die Elektroinstallation als trockene Räume, da in ihnen nur zeitweise Feuchtigkeit auftritt.

feuchte und nasse Räume

- **Feuchte und nasse Räume** sind Räume oder Orte, in denen die Sicherheit der elektrischen Betriebsmittel durch Feuchtigkeit, Kondenswasser, chemische oder ähnliche Einflüsse beeinträchtigt werden kann.

  Hierzu können z. B. gehören: Großküchen, Spülküchen, Kornspeicher, Düngerschuppen, Milchkammern, Futterküchen, Waschküchen, Backstuben, Kühlräume, Pumpenräume, unbeheizte oder unbelüftbare Keller, Räume, deren Fußböden, Wände und möglicherweise auch Einrichtungen, die zu Reinigungszwecken abgespritzt werden: Bier- oder Weinkeller, Nasswerkstätten, Schlachtereien, Wagenwaschräume, Gewächshäuser, ferner Räume oder Bereiche in Bade- und Waschanstalten, Duschbecken, galvanische Betriebe."

schwarzes Stahlrohr im trockenen Raum möglich

Schwarze Stahlrohre werden hauptsächlich mit den beschriebenen Schweißverfahren verbunden.

verzinkte Stahlrohre als Gewinderohre

Bei der Verwendung von Gewinderohren hat sich die verzinkte Ausführung in der Installationstechnik durchgesetzt.

5.3.7.8.2
5.3.7.8.3
verzinktes oder beschichtetes Stahlrohr

Handelt es sich um eine Gasinstallation in Gebäuden mit „normalen Nutzungsbedingungen" (d. h. es herrscht keine aggressive Atmosphäre, wie z. B. chemische Prozessführung, Batterielagerung, Tierstall), so gilt für Stahlrohre nach Abschnitt 5.2.1.1 (Gewinderohre, Schweiß-Stahlrohre) deren Verwendung zumindest als verzinktes oder beschichtetes Rohr (= Korrosionsschutz nach 5.2.7.2), wenn sie:

- in Nassräumen oder anderen feuchten Räumen (siehe die oben gegebenen Erklärungen) freiverlegt sind

oder

- verdeckt verlegt sind. Die „verdeckte Verlegung" betrifft alle Verlegungen in Hohlräumen, in Mantelrohren, in Schutzrohren usw., entsprechend beispielsweise den Abschnitten 5.3.7.3 bis 5.3.7.6 der TRGI.

Gipsputz bei Stahlrohren

Für die Unterputzverlegung ist bei den oben genannten Stahlrohren eine Verzinkung oder Beschichtung nur dann ausreichend, wenn mit Sicherheit gipshaltige Putze ausgeschlossen werden können.

An dieser Stelle sei für ein notwendiges Gesamtverständnis zum „Unterputzverlegen" auf manche Punkte im Detail eingegangen.

Unterputzverlegung der Gasleitung

Das Vorhandensein von Feuchtigkeit oder Nässe sowie die Beschaffenheit des Bau- und Putzmaterials stellen dabei die entscheidende Voraussetzung für eine eventuelle Leitungsbeschädigung durch Korrosion dar. Folgende Sachverhalte und Probleme bzw. Achtungspunkte sind zu nennen:

Beachtung der Baunormen

- Bei der Erstellung von Schlitzen und Aussparungen in Wänden sind die Anforderungen hinsichtlich der Standsicherheit nach DIN 1053, hinsichtlich des Geräuschverhaltens nach DIN 4109 und bei Außenwänden hinsichtlich des Wärmeschutzes nach DIN 4108 zu beachten.

rohrumschließendes Beiputzen und Hinterfüllen

- Unter korrektem „Unterputzverlegen der Gasleitung" versteht sich das vollständige Beiputzen und Hinterfüllen des Rohres im Leitungsschlitz, so dass die umschlossene Rohroberfläche ohne Kavernen oder Hohlräume als eventuelle Ansatzpunkte für Korrosions-Elementbildung resultiert. Das z. B. teils praktizierte **stellenweise Heften durch Eingipsen** muss somit als **nicht fachgerecht** gelten. Aufgrund der möglichen Bau- und Kondensfeuchte im Gebäude kann eine Befeuchtung oder Durchfeuchtung des Putzmaterials bis an die Rohroberfläche nicht mit Sicherheit ausgeschlossen werden.

verschiedene Gewerke

- Bei der Unterputzverlegung sind die Arbeitsvorgänge Einbringen/Befestigen der Leitung und Verputzen des Mauerschlitzes meistens zeitlich auseinander liegend und werden oft auch durch verschiedene, nicht immer beeinflussbare und koordinierbare Gewerke ausgeführt. Selbst dann verbleibt jedoch bei dem Errichter der Gasleitung die Verantwortung. Er hat auf die ordnungsgemäße Arbeitsdurchführung mit Ziel der nicht korrosionsgefährdeten Leitungsinstallation zu achten.

Gasleitung und Elektro-Unterputzkabel

- Gefahrenpotenzial an der Baustelle kann von der unzureichenden Ausführungssorgfalt beim Verlegen des Elektro-Unterputzkabels ausgehen. Die beschädigte Ummantelung an einer Phase oder das in der Wand belassene abisolierte Ende einer Klingeldrahtlitze kann bei entsprechender Baufeuchte an der in der selben Wand verlegten metallenen

Gasleitung zu gefährlichen Durchrostungen führen. Wenn auch bei jeweils ordnungsgemäßer Ausführung das Gasleitungsrohr unmittelbar neben der Elektroleitung unter Putz verlegt sein kann/darf, so ist diesbezüglich doch auf eine kritische Hinterfragung durch den Installateur vor Ort hinzuweisen, ob z. B. die Verlegung von Gasleitung und Elektroleitung in einem gemeinsamen Mauerschlitz tatsächlich anzustreben ist und so durchgeführt werden sollte.

Korrosionsschutz wie für erdverlegte Außenleitung

Für gipshaltige Putze und nicht auszuschließende Feuchtigkeit, wovon schlimmstenfalls ausgegangen werden muss, ist bei dem Stahlrohr nach Abschnitt 5.2.1.1 ein Korrosionsschutz nach Abschnitt 5.2.7.1 wie für die erdverlegte Außenleitung, d. h. beispielsweise das werkseitig PE-umhüllte Stahlrohr, notwendige Forderung. Die in solchen Fällen der werkseitig oder nachträglich umhüllten Leitungen aufzuwendende Verlegesorgfalt mit Sicherstellung der Unversehrtheit dieser Umhüllungen muss als Selbstverständlichkeit bei den Anwendern vorausgesetzt werden.

unbeschädigte Umhüllung

Für die Kupfer-, Edelstahl- oder Edelstahl-Wellrohr-Leitung trifft Vorgenanntes hinsichtlich eines zusätzlich notwendigen Korrosionsschutzes bei den „Normalbedingungen" der freiverlegten oder verdeckt verlegten Leitungen nicht zu.

Kupfer in nitrit- oder ammoniakhaltiger Umgebung

Edelstahl in chloridhaltiger Umgebung

Abschnitt 5.3.7.8.3 zeigt für den Anwender jedoch – jeweils zum Leitungswerkstoff zugeordnet – die relevanten Abweichungen von den „Normalbedingungen" auf, unter denen auch für solche Leitungen der Korrosionsschutz in den Anforderungen wie bei erdverlegten Außenleitungen gefordert werden muss. Dieses kann sowohl bei der entsprechend aggressiven Umgebungsatmosphäre für die freiverlegte Leitung als auch für die, mit schädlichen Inhaltsstoff enthaltenden Bauteile in Kontakt kommenden, verdeckt verlegten Leitungen in Frage kommen. Alternativ können die Gasleitungen, die solche aggressiv einwirkenden Atmosphären durchqueren oder entsprechende Bauteile durchdringen, auch durch die Führung in Mantelrohren aus korrosionsbeständigem Material gegen Korrosion geschützt werden.

5.3.7.8.4
Leitungsverlegung im Fußbodenbereich

Ergibt sich aus der Gebäudesituation vor Ort die Notwendigkeit der Gasleitungsverlegung im Fußbodenbereich, so ist dies möglich und zulässig und kann auf folgende Weise geschehen. Wie im Bild gezeigt, ist eine Führung der Gasleitung im Estrich oder in der geforderten Trittschalldämmung nicht gestattet. Verlegemöglichkeiten sind somit, siehe **Bild 5.26**:

- auf der Rohdecke/Bodenplatte innerhalb einer Ausgleichsschicht

oder

- teilweise innerhalb einer Aussparung/Schlitz in der Rohdecke/Bodenplatte und teilweise innerhalb einer Ausgleichsschicht

oder

- vollständig innerhalb einer Aussparung/Schlitz in der Rohdecke (Bodenplatte)

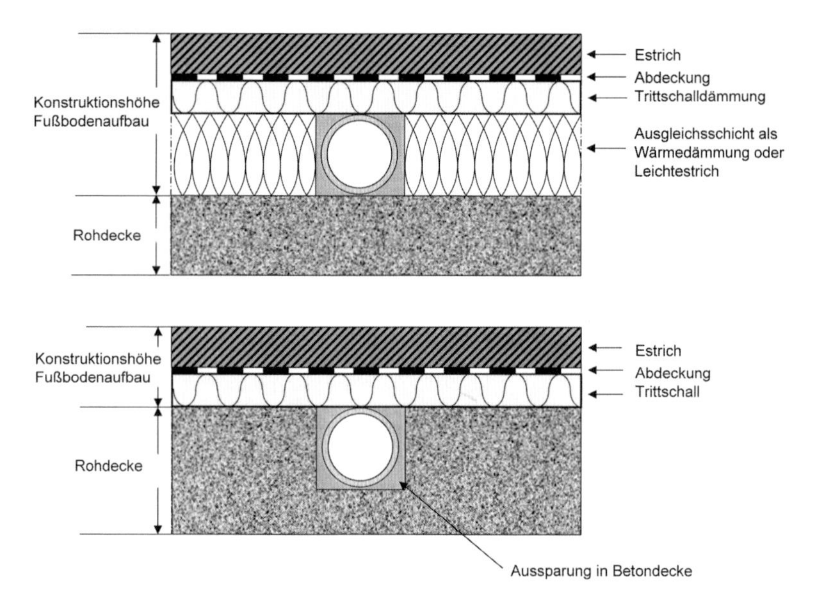

Bild 5.26 – Verlegung von Innenleitungen in Fußböden

Der Bewahrung des Sollzustandes und damit der Absicherung der dauerhaften Dichtheit bei dieser Verlegeart dient sowohl der vorgeschriebene Aufbau des Bodenbereiches mit Einbezug des Leitungsrohres als auch die erhöhte Anforderung an den Korrosionsschutz der Gasleitung. Die besonderen Erfordernisse, wie in Abschnitt 5.3.7.3 hinsichtlich der Lüftungsvorkehrungen bei „Hohlraumverlegung" erhoben, sind hier **nicht** relevant. Es sind folgende weitere Bedingungen zu erfüllen:

keine Hohlraumverlegung

Korrosionsschutz wie für erdverlegte Außenleitung

- Die so verlegten Innenleitungen müssen wie erdverlegte Außenleitungen nach Abschnitt 5.2.7.1 der TRGI gegen Korrosionsschäden geschützt werden. Besondere Sorgfaltspflicht trifft für die vorschriftsmäßige Nachumhüllung der Verbindungsstellen und ggf. der Abzweigstellen zu.

keine mechanische Belastung durch die/auf die Gasleitung

- Durch die Aussparungen/Schlitze in Rohdecken/Bodenplatten darf die Baustatik dieser Gebäudeteile nicht beeinträchtigt werden. Bei Verlegung in der Ausgleichsschicht muss, in Bewertung nach dem fertigen Ausbauzustand, die Dicke dieser Ausgleichsschicht mindestens so groß sein, wie der Außendurchmesser der korrosionsgeschützten Gasleitung. Es muss sichergestellt sein, dass keine Trittschallbrücken entstehen können und die Gasleitung die Statik der Estrichschicht nicht gefährden darf.

aufrechterhaltene Trittschalldämmung

- In Bauobjekten mit vorgeschriebener Trittschalldämmung unterhalb der Estrichplatte muss diese Dämmschicht unbeschädigt bleiben und darf nicht durch eine Rohraussparung unterbrochen werden. Ausnahme könnte höchstenfalls ein besonderes zugelassenes System, bei dem die Schallbrückenwirkung kompensiert wird, sein.

- Bei der Verlegesituation, z. B. im Eigenheim mit bauordnungsrechtlich nicht vorgeschriebener Trittschalldämmung, können auch Trittschalldämmung und Ausgleichsschicht hinsichtlich der Rohrverlegung in identischer Funktion behandelt werden. Hier sollte der Eigentümer in die Entscheidung mit eingebunden sein.

Leitung im Mantelrohr

- Alternativ zum Korrosionsschutz kann das durchgehende Leitungsrohr ohne Abzweig auch komplett im Mantelrohr (zumindest ein Ende muss offen sein und mit einem Aufenthaltsbereich in Verbindung stehen) verlegt sein. Die weiteren aufgeführten Anforderungen gelten dann hinsichtlich des Mantelrohres unverändert.

Zusatzschutz bei Dauerfeuchte

Werden Stahlleitungen auf Betonböden verlegt, wo sie längere Zeit der Betonfeuchte ausgesetzt sein können, ist noch zusätzlich zum Korrosionsschutz wie für erdverlegte Außenleitungen eine mindestens 1 m breite Sperrfolie z. B. aus Kunststoff zwischen Betonoberfläche und Stahlrohr vorzusehen. Dadurch wird der Korrosionsangriff aufgrund des Potenzialunterschiedes zwischen Stahlrohr und Stahlbeton in Verbindung mit eingedrungener Feuchtigkeit durch Unterbrechung des Ionenflusses abgewehrt.

5.3.7.8.5

Durchführung der Gasleitung durch Decken und Wände

Bei Deckendurchführungen von Gasleitungen sind diese in Mantelrohren zu führen oder es sind geeignete „Umhüllungen" zu verwenden. Auf der Deckenoberseite wird bei beiden Durchführungsmöglichkeiten ein Überstand von etwa 5 cm vorgegeben. Diese Maßgabe erklärt sich daraus, dass auf jeden Fall im Fertigzustand des Gebäudes, z. B. gefliester Boden, ein ausreichender Überstand verbleibt und das Waschwasser vor dem Rohr abgefangen wird und nicht mit der Zeit in den Deckenspalt zur Gasleitung eindringen kann und sich dort möglicherweise korrosiv auswirkt.

Mantelrohr oder geeignete Umhüllung

Eine geeignete Umhüllung kann die werkseitige oder auch nachträgliche Korrosionsschutzumhüllung sein. Die Umhüllung mit z. B. Dämmmaterial kommt nur dann in Frage, wenn diese Umhüllung eine geschlossene und wasserabweisende Oberfläche besitzt. Gleiche Maßgaben – mit Ausnahme des 5 cm-Überstandes – gelten auch für die Durchführung durch Wände außerhalb von Wohnungen. Innerhalb der Wohnung oder des Eigenheimes ist ein „Beiputzen" ohne Zusatzmaßnahme an den Wanddurchgängen möglich und zugelassen. Um eine von Kunden teils gewünschte optisch saubere Kantengestaltung zu erzielen, muss ggf. hinsichtlich der zu verwendenden Materialien bestimmte Sorgfalt und Gefahrenschutz geübt werden. So kann bei Edelstahlmaterialien bei Rohrdurchführungen die Gefahr der Spaltkorrosion gegeben sein, wenn z. B. der Spaltraum mit Silikon ausgefüllt werden soll (Vorsicht, bei Essig-vernetztem Silikon).

für die Optik, Silikon nicht überall geeignet

5.3.8 Verlegetechnik bei Kunststoff-Innenleitungen für Betriebsdrücke bis zu 100 mbar

GS als notwendige Sekundärmaßnahme zur Erfüllung der Brand- und Explosionssicherheit

In der Kommentierung zu Abschnitt 5.1 ist bereits auf die bei diesen Leitungen aus brennbarem Material notwendige Sekundärmaßnahme, den Gasströmungswächter (GS), zur Erfüllung der hierfür gleichermaßen geforderten „Brand- und Explosionssicherheit" eingegangen worden. Bei den ausgeführten Pilotanlagen mit Kunststoffleitungen konnte festgestellt werden, dass nicht nur das Rohr „von der Rolle", sondern auch Rohrverbindungen und Formstücke für die Erstellung der Leitungsanlage erforderlich sind. Demzufolge muss das Sicherheitskonzept der Brand- und Explosionssicherheit neben der Temperatur-/Brandeinwirkung auf das Rohr auch die Temperatur-/Brandeinwirkung auf alle im System enthaltenen Arten von Verbindungsstellen berücksichtigen. Sehr schnell zeigten sich gerade die

auch die biegsame Kunststoffleitung benötigt Verbinder und Formstücke

Verbindungsstellen als die kritischste Aufgabenstellung. Sowohl das PE-X-Rohr als auch das Verbundrohr geben bei dem durch Temperatur oder Flamme bewirkten Bruch bzw. Aufschmelzen unabhängig von seiner Lage immer einen solchen Querschnitt frei, welcher den Auslöse-/Schließvolumenstrom für den dafür abgestimmten GS unmittelbar bewirkt.

Forderung des „vorleckfreien" Bruchverhaltens von Rohr, Verbinder und Formstücken

Hinsichtlich der Verbindungsstellen zeigte sich, dass hierfür ein „vorleckfreies" Bruchverhalten gefordert werden muss. Der zeitliche Leckageverlauf des Rohres einschließlich des zugehörenden Verbinders muss so beschaffen sein, dass bei allen einwirkenden thermischen Belastungen bis zum eintretenden Bruch keine Gefahr drohende Menge (d. h. nicht mehr als 30 l/h) Gas austritt. Der „Bruch" muss sich dabei selbstverständlich durch einen solch großen Öffnungsquerschnitt darstellen, der den ausreichenden Impuls zum Schließen des zugeordneten GS bewirkt. Bei der Prüfung zum Bruchverhalten wird die Schwelbrandsituation mit aufrechterhaltener Temperatur von 350 °C und die Vollbrandsituation mit Umgebungstemperatur von 650 °C simuliert und durchgeführt.

Innerhalb der Zeitspanne von mindestens 30 min. bzw. bis zum vollständigen Bruch darf nicht mehr Gas als 30l/h austreten.

Die geforderte Brand- und Explosionssicherheit für die Kunststoffleitung stellt sich somit durch die Kombination aus

Auslöser zum Schließen des GS

- oben beschriebener **Anforderung an Rohre und Verbinder,** wie beispielsweise die Entstehung des ausreichenden Bruchquerschnittes ohne nennenswerte Vorleckausbildung (dieses gilt als Anforderung für die Zertifizierung der Systeme aus Rohr und Verbinder, siehe **Bild 5.27**)

und

- der **installationsseitigen Vorschaltung des jeweils belastungsbezogen ausgewählten Gasströmungswächters**

dar.

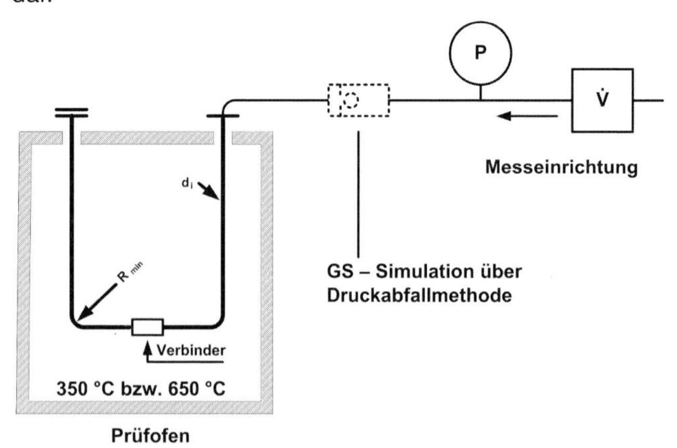

Bild 5.27 – Prüfanordnung zur Ermittlung des Bruchverhaltens der Kunststoff-Rohrleitung einschließlich Verbinder bei Temperaturbeanspruchung (Brand) – vereinfachte schematische Darstellung der Baumusterprüfung

Aufwendige Berechnungen, Zusatzuntersuchungen sowie Vergleichsversuche sowohl im Labor als auch in der Brandkammer mit praxisgetreuen Installationen (mit simuliertem GS entsprechend Baumusterprüfung und tatsächlich installiertem GS, mit Leitungsverlegung auf Putz, beigeputzt und in der Wand mit unterschiedlichen Putzüberdeckungen) führten letztlich zu der abgesicherten Methode hinsichtlich Art, Auslegung und Installationsort des GS, wie in Kapitel III, Abschnitt 7 für den Anwender vorgegeben. Die hauptsächlichen Bedingungen sind u. a.:

Vorgabe an Leitungsführung sowie an Art und Auswahl des GS

- hinter dem GS gestattet die Leitungsführung keine Rohr-Nennweiten-Reduzierung (Ausnahme: Die Berechnung nach dem Tabellenverfahren in Abschnitt 7 weist dies für eine eingeschränkte Länge nach.)
- ausschließlicher Einsatz des GS Typs K mit Schließvolumenverhältnis von < 1,45
- Größenauswahl für den GS durch Berechnungsansatz mit treibender Druckdifferenz von lediglich 14 mbar (= Auslösung des GS bereits bei etwa nur 20 % des Rohr-Öffnungsquerschnittes)

Schutz gegen Eingriffe Unbefugter ist mit den verschärften Auswahlkriterien zum Einsatz dieses GS Typ K bereits erfüllt

Mit der Erfüllung der Anforderungen der Brand- und Explosionssicherheit der Kunststoffleitungen werden gleichermaßen auch die Anforderungen zum Schutz gegen Eingriffe Unbefugter erfüllt. Im Vorgriff auf die Kommentierung zu Abschnitt 5.3.9 soll an dieser Stelle bereits eine Gegenüberstellung der Kriterien für den Einsatz des GS zur Erfüllung der HTB-Qualität der Leitungsanlage aus Kunststoffrohren einerseits und zur Reduzierung von vorsätzlichen Eingriffen bzw. von Unfallauswirkungen bei durchgeführten Manipulationen andererseits als Hintergrundinformation gegeben werden:

<u>GS als Sicherheitselement für HTB-Qualität bei Kunststoffleitungen (Abschnitt 5.3.8)</u>

Einsatz:	ausschließlich Typ K ($f_S \leq 1{,}45$)
Größenabstufung:	ab $V_{Gas} = 1{,}6\ m^3/h$
Bemessungskriterium:	verfügbare treibende Druckdifferenz von 14 mbar

(Einbauvorgabe steht in Korrelation zu „vorleckfreiem“ Bruchablauf bei äußerer thermischer Beanspruchung)

GS25HH2,5AI**T** (T – Top = nach oben)	GS25HH2,5AI**H** (H – Horizontal = waagerecht)	GS25HH2,5AI**D** (D – Down = senkrecht nach unten)
Einbaulage senkrecht nach oben	Einbaulage waagerecht	Einbaulage senkrecht nach unten

Typ K

Schließfaktor: 1,3 – 1,45
Einbau vor und hinter dem Gas-Druckregelgerät
Betriebsdruckbereich: 15 mbar – 100 mbar
maximaler Druckverlust: ≤ 0,5 mbar (50 Pa)
Überströmmenge: 30 l/h Luft bei 100 mbar

Bild 5.28 – Mertik Maxitrol Typ K, Einbaulagen

<u>GS als Zusatzeinrichtung zur Manipulationsabwehr (Abschnitt 5.3.9)</u>

Einsatz:	Typ K (f_S ≤ 1,45) oder Typ M (f_S ≤ 1,8) oder Druckregelgerät mit integriertem GS (f_S ≤ 1,8)
Größenabstufung:	ab V_{Gas} = 2,5 m³/h
Bemessungskriterium:	verfügbare treibende Druckdifferenz von 20 mbar

GS25HH2,5AI**S** (S – Standard = waagerecht Typ K; senkrecht nach oben Typ M)	
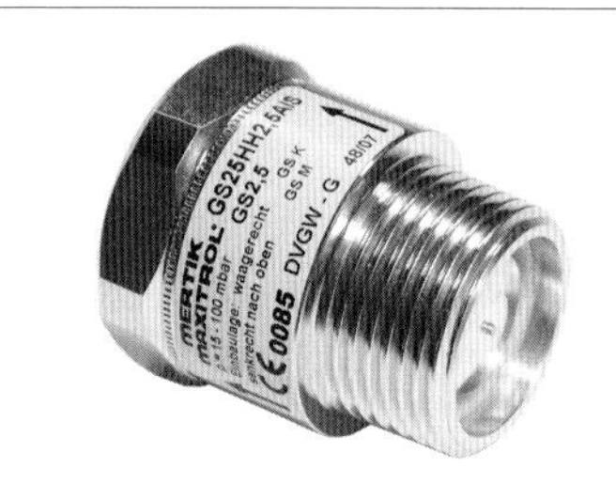	
Einbaulage waagerecht	Einbaulage senkrecht nach oben
Typ K Schließfaktor 1,3 – 1,45	**Typ M** Schließfaktor 1,3 – 1,8 (reell 1,4 oder höher bis 1,8)
Einbau vor und hinter dem Gas-Druckregelgerät Betriebsdruckbereich: 15 mbar – 100 mbar maximaler Druckverlust: < 0,5 mbar (50 Pa) Überströmmenge: 30l/h Luft bei 100 mbar	

Bild 5.29 – Mertik Maxitrol Typ K/M, Einbaulagen

Einsatzgrenzen für Kunststoffleitungen

Der Einsatzbereich der Kunststoffleitungen gilt für den Betriebsdruckbereich bis zu maximal 100 mbar. Aufgrund der Einsatzgrenze des als Sicherheitselement geforderten GS mit V_{Gas} von maximal 16 m³/h kann die Kunststoffleitung bei Einzelzuleitung nur bis zu 110 kW und bei Verteil- und Verbrauchsleitung bis zu 138 kW eingesetzt werden.

Der Schutz der Kunststoffleitung für den Störungsfall eines Brandes im Gebäude erfordert somit den oben aufgezeigten spezifisch ausgewählten GS am Beginn der Kunststoffleitung. Wie zudem beschrieben, ist diese neue Installationsform durch das System aus besonders bemessenen GS und dessen/deren Einbauort(en) sowie aus der das spezifische Bruchverhalten aufweisenden Leitung aus Kunststoffrohr und bestimmten Verbindern innerhalb des Gebäudes ausreichend abgesichert. Beispielinstallationen zeigen die Bilder 6 bis 8 in Abschnitt 5.3.8.

Hauseinführung weiterhin als metallene Leitung gefordert

Die Hauseinführung einschließlich der Gas-Druckregelung direkt hinter der HAE unterliegt dagegen nach wie vor der Anforderung der metallenen Ausführung mit primärer HTB-Qualität bzw. dem Gas-Druckregelgerät mit thermischer Absicherung.

5.3.8.1

GS in Kombination mit TAE

Primäre Anforderung an den GS in dem hier behandelten Schutzzielkonzept ist die Absperrung der weiteren Gasnachströmung in die schadhafte Kunststoffleitung und damit die gesicherte „innere Dichtheit" des GS am Einbauort. Der GS hinter der HAE stellt die Verbindung zur metallenen Hausanschlussleitung dar und muss somit an dieser Stelle – die Brandbeeinflussung kann ja auch dort lokal vorhanden sein oder sich zu dieser Stelle ausweiten – eine „Dichtheit (äußere und innere) bis 650 °C" aufweisen. Theoretisch könnte der GS in metallenem Gehäuse diese beiden Anforderungen durch eine entsprechende Konstruktion und Werkstoffauswahl erfüllen. Tatsächlich zeigt sich derzeit, dass kein Hersteller einen solchen GS herstellt, so dass die äußere und – vor allem – die innere Dichtheit in geforderter HTB-Qualität durch die Vorschaltung einer TAE erreicht werden muss.

Diesem Schutzzielgedanken folgend und unter dem Einbezug bereits vielfach geübter Praxis sowie der Einschränkung unnötiger Produkt-Vielfalt (d. h. alle GS mit Überströmöffnung) erstreckt sich die Anforderung zum Vorschalten einer TAE auch auf alle GS und ggf. die GS-Verteiler innerhalb der Kunststoffleitung sowie auch auf die Gasgeräteanschlussarmaturen, siehe dazu neben Bild 6 auch die Bilder 7 und 8 in Abschnitt 5.3.8.

Verteilerinstallation oder T-Stück-Installation

Die Bemessungsvorgaben und -umsetzungen in Abschnitt 7 der TRGI zeigen die Möglichkeiten der Gasgeräteanschlüsse sowohl als T-Stück-Installation als auch als Verteilerinstallation auf.

keine GS identischer Größe in Folge

Die Aussagen der letzten beiden Absätze zu 5.3.8.1 berücksichtigen den vorne bereits erklärten Sachverhalt, dass bei der Verteilerinstallation hinter einem GS keine Rohr-Nennweitenreduzierung erlaubt ist und – im umgekehrten Sinne – keine GS identischer Größe im Gasfließweg hintereinander zum Einsatz kommen können.

5.3.8.2
Unterverteiler und Vorverteiler

Im Mehrfamilienobjekt mit Etagengasversorgung können den Verteilern an der Verbrauchsleitung bereits vorgeschaltete Verteiler am Ende der Verteilungsleitung vorausgehen, (siehe Bild 8 der TRGI).

5.3.8.3
pragmatischer Ansatz GS immer mit TAE

Auf die Aussagen in diesem Abschnitt ist ebenfalls bereits eingangs zu Abschnitt 5.3.8 erklärend eingegangen worden. Die nochmals angesprochene Vorschaltung einer TAE versteht sich selbstverständlich ausschließlich mit metallen wärmeleitender Verbindung dieser Sicherheitselemente untereinander, so dass die je nach Einbausituation notwendige temperaturbeständige Absperrung der Gaszufuhr auch tatsächlich wirksam werden kann. Kritische Einbausituationen, die die Kombination des GS mit TAE rechtfertigen, können z. B. die Anordnung des GS oder des Verteilers mit mehreren

GS unmittelbar an der Wanddurchführung in einem Gebäude sein. Durch den Wärmedämmwert der Wand kann der Wärmeeintrag durch Flammeneinwirkung sich nur auf der einen Wandseite auf die Kunststoffleitung übertragen, während die gleiche Leitung jenseits der Wand noch ohne schädliche Temperatureinwirkung und damit ohne Abschaltsignal auf den nächst vorgeschalteten GS verbleibt, siehe dazu die Bilder 7 und 8 in Abschnitt 5.3.8.

5.3.8.4
spezifische Produktanforderungen zur Erfüllung der ***Betriebs-*** *und Brandsicherheit*

Neben den Schutzvorkehrungen für den Störungsfall „Extern verursachter Brand im Gebäude" muss selbstverständlich als primäre Anforderung an jedes Rohrleitungssystem für Gasinnenleitungen dessen „Betriebs- und Brandsicherheit auf Dauer" gegeben sein. Die dauerhafte Gasdichtheit und die unbeeinflusste Gasreinheit werden entsprechend der für die DVGW-Zertifizierung zu Grunde liegenden Produktanforderungen

- für das Verbundrohr durch die Forderung an das gasdichte Aluminiumrohr (z. B. nur Überlappung ist unzulässig) und das gasbeständige Kunststoff-Innenrohr

und

- für das Kunststoffrohr durch die gegen Gas und Odoriermittel beständige und diffusionsdichte Werkstoffbeschaffenheit sowie die für den Verwendungszweck ausreichende Ozon- und UV-Beständigkeit

dargestellt.

Herstellervorgaben beachten

Mehr noch als bei Metallrohren müssen die biegeweichen Kunststoffleitungen gegen fremde Belastungen geschützt werden. So ist auf den werkstoffgerechten Transport und die Lagerung hinzuweisen; den Herstellerangaben ist Beachtung zu schenken. Zudem resultieren auch notwendige Informationsweitergaben durch den Anlagenhersteller an den Betreiber, dass zum Beispiel diese Leitungen nicht mit Farbanstrich versehen werden dürfen und dass als „bestimmungsgemäßer Gebrauch" Vorsicht hinsichtlich dem Leitungskontakt mit Ölen, Fetten und Reinigungsmitteln geboten ist.

5.3.8.5
Grundsatzanforderungen wie bei der metallenen Leitung

Selbstverständlich müssen die grundlegenden „Regeln der Handwerkskunst" für die Verlegung von Gasleitungen auch aus Kunststoff eingehalten werden.

5.3.8.6
ordnungsgemäße Leitungsbefestigung verhindert Durchbiegungen

Die Kunststoffleitung gestattet alle Verlegearten (freiliegend und verdeckt), wie sie auch für die metallenen Leitungen möglich sind. Die Leitungsbefestigungen dienen allein dem statischen Halt und verhindern Durchbiegungen. Für den abzudeckenden Störungsfall der Temperatur- oder Flammeneinwirkung auf die Leitungsanlage ist die sich ablösende Decken- oder Wandbefestigung dem eingangs dieses Abschnittes 5.3.8 kommentierten sicheren Bruchverlauf eher noch dienlich, so dass die Verwendung von „Rohrhalterungen aus brennbaren Werkstoffen", z. B. Kunststoffclips, zulässig ist.

Kunststoffclips sind erlaubt

5.3.8.7
durchgehende Kunststoffleitung ohne Verbindungen im Hohlraum

Hinsichtlich der Leitungsverlegung auch der Kunststoffleitungen in Hohlräumen wird auf die umfängliche Kommentierung zu Abschnitt 5.3.7.3 verwiesen. Handelt es sich im Hohlraum um ein durchgehendes Leitungsrohr, d. h. ohne weitere Verbindungen bis auf die am Gasgeräteanschluss oder der Gassteckdose, so gilt die Erleichterung des Verzichts auf Lüftungsöffnungen und weitere Schutzmaßnahmen. Erstreckt sich der für die Verlegung benutzte Hohlraum über mehr als einen Brandabschnitt, wie es in Gebäuden ab der Gebäudeklasse 3 vorkommen kann, so kann diese Erleichterung jedoch nicht herangezogen werden.

5.3.8.8
Verlegeverbote

Die Vorgaben und Festlegungen in diesem Abschnitt sind identisch mit denen des Abschnittes 5.3.7.5 und sind bei Letzterem ausführlich kommentiert worden.

5.3.8.9
Leitungsführung durch Bewegungsfugen

Diese Maßgaben sind ebenfalls dieselben wie für die Verlegung von metallenen Leitungen, siehe Abschnitt 5.3.7.6; sie sind an dieser Stelle bereits kommentiert. Das stabile Schutzrohr aus Stahl wird zum Beispiel bei nicht auszuschließender Scherbeanspruchung von zwei Gebäudeteilen zu bevorzugen sein.

5.3.8.10
Verlegung innerhalb oder auf der Rohdecke

Auch hier gilt dieselbe Anforderung wie bei metallenen Leitungen, siehe dazu Abschnitt 5.3.7.8.4 und dessen Kommentierung. Die Kunststoffleitung bedarf im Gegensatz zur metallenen Leitung keines Korrosionsschutzes gegen Feuchtigkeit z. B. aus Baumaterialien. Jedoch müssen hierbei eventuelle Schutzvorkehrungen, die der Systemhersteller beispielsweise als Schutzmaßnahme gegen mechanische Oberflächenbeschädigung, gegen Einflüsse durch Beton oder gegen Korrosion an metallenen Verbindern empfiehlt oder vorgibt, beachtet werden.

5.3.8.11
Durchführung durch Decken und Wände

Gleiche Schutzvorkehrungen wie beim vorherigen Abschnitt erwähnt, gelten auch hinsichtlich der Durchführung der Kunststoffleitungen durch Decken und Wände. Wenn durch die Montageanleitung des Herstellers nicht vorgegeben und z. B. Situationen entsprechend Abschnitt 5.3.8.9 nicht vorliegen, gilt keine Anforderung an Mantelrohr oder Umhüllung. Solches ist dann gefordert, wenn es sich um die Durchführung durch Wände und Decken mit Anforderung an Feuerwiderstandsfähigkeit handelt; Maßgaben und Anforderungen dazu werden zu Abschnitt 5.3.8.12 kommentiert.

5.3.8.12 Verlegung von Kunststoff-Gasleitungen in Gebäuden mit besonderen Brandschutzanforderungen

In Gebäuden, für die entsprechend der MBO 2002 Rettungswege, d. h. notwendige Treppenräume sowie Räume zwischen diesen Treppenräumen und den Ausgängen ins Freie und notwendige Flure vorgeschrieben sind, dies sind die Gebäudeklassen 3 bis 5 und Sonderbauten, dürfen statt metallenen Gasleitungen ebenfalls Kunststoff-Gasleitungen verlegt sein. Mit Bezug auf die umfangreichen Erklärungen zu Inhalten und Anforderungen der Muster-Leitungsanlagen-Richtlinie (MLAR) November 2005 in der Kommentierung zu Abschnitt 5.3.7.7 der TRGI muss an dieser Stelle darüber informiert werden, dass in den Rettungswegen selbst jedoch weder die Direktverlegung von „Leitungsanlagen aus brennbaren Baustoffen für brennbare Medien“ (= Gas-Kunststoffleitungen) noch deren Verlegung in den an Rettungswege angrenzenden Installationsschächten oder Kanälen gestattet ist. Ebenso erlaubt die, diese genannten Anforderungen beschreibende,

Kunststoff-Gasleitungen in/an Rettungswegen nicht zulässig

MLAR bei Kunststoff-Gasleitungen in Gebäuden der Gebäudeklasse 3 und höher außerhalb von Wohnungen oder derselben Nutzungseinheit auch keine Erleichterungen für die Führung von solchen Kunststoffleitungen durch „raumabschließende Bauteile, für die eine Feuerwiderstandsfähigkeit vorgeschrieben ist" (= Wände und/oder Decken).

die neue Technik muss/soll sich in den Augen der Brandschützer erst noch bewähren

Bei den gemeinsamen Erörterungen zur Novellierung der MLAR sind sehr wohl Zwischenfassungen diskutiert worden, die z. B. in den Abschnitten 3.4 „Rohrleitungsanlagen für brennbare oder Brand fördernde Medien" und 3.5 „Installationsschächte und -kanäle, Unterdecken und Unterflurkanäle" auf den Sachverhalt „Rohrleitungen aus oder mit brennbaren Baustoffen für brennbare Gase" und die dazu unter DVGW und bauaufsichtlichen Gremien gewonnenen Erkenntnisse und getroffenen Regelungsfestlegungen abhoben und Anforderungsformulierungen festhielten. Es waren jedoch bis zu den Endfassungen einerseits der MLAR-Veröffentlichung und letztlich auch der TRGI-Fertigstellung immer noch z. B. Interpretationsunterschiede, teils nicht ausreichend beantwortete Fragestellungen und noch ausstehende Endnachweise im Gange, so dass der verabschiedende baubehördliche Arbeitskreis „Technische Gebäudeausrüstung" auf Anraten des Sachverständigen-Ausschusses „Brandschutz" beim DIBt von einem offiziellen Einbezug dieser „Leitungsanlage aus brennbaren Baustoffen für brennbare Gase" in die baubehördliche Richtlinie MLAR zu diesem Einführungsstadium der Kunststoff-Gasinnenleitungen in das Technische Regelwerk noch absah.

Technische Zweifel oder ungenügende Absicherungsnachweise waren dazu weniger die ausschlaggebenden Gründe als vielmehr teils formale Rechtfertigungen – mit der Ansprache „brennbare Gase" seien z. B. auch technische Gase mit eventuell stark abweichenden Entzündungstemperaturen und unbekanntem spezifischem Verhalten einbezogen – und die Bedenken wegen der Neuheit dieser Verwendungsart und der noch nicht durch Praxisbewährung ausgeräumten speziellen Sensibilität gegen „brennbare Gasleitungen".

5.3.8.12.1

Brandabschnittsüberquerung mit Abschottungen mit bauaufsichtlichem Verwendbarkeitsnachweis

Mit den in diesem Abschnitt aufgezeigten beiden Möglichkeiten zur Durchführung von Kunststoffleitungen durch Wände und Decken, an die Anforderungen an Feuerwiderstandsfähigkeit (F 30 bis F 90) gestellt werden, wird sichergestellt, dass „eine Brandausbreitung ausreichend lang nicht zu befürchten ist oder hinreichende Vorkehrungen hiergegen getroffen sind". Zur Schutzzielabsicherung hinsichtlich der Wirkung der Abschottungen sind zusätzliche aufwendige Versuchsdurchführungen mit gasgefüllten Rohren (verbleibender Gasinhalt, jedoch ohne Nachlieferung, siehe das Sicherheitselement GS) als Wand-/Deckendurchdringungen im Brandhaus der MPA Dortmund in Erwitte durchgeführt worden. Diese führten zu dem überzeugenden Ergebnis, dass sich das Kunststoffgasrohr keineswegs kritischer verhält als z. B. das Kunststoffentlüftungsrohr. Mit der zurzeit geforderten allgemeinen „bauaufsichtlichen Zulassung (ABZ)" wird somit zukünftig auch dem „allgemeinen bauaufsichtlichen Prüfzeugnis (ABP)" oder der „Zulassung im Einzelfall" eine gleichwertige Nachweisabsicherung zugeordnet werden können. Auch hinsichtlich der Installationsschächte und -kanäle gelten die gleichen Regelungen für die Mindestabstände untereinander, zu

Abschottungen oder zu anderen Durchführungen (z. B. Lüftungsleitungen) wie bei den oben erklärten Abschottungen untereinander.

5.3.8.12.2

zurzeit noch Bedenken

Abschnitt 5.3.8.12.2 drückt die Unzulässigkeit für Kunststoffleitungen in Rettungswegen – wie einführend zu Abschnitt 5.3.8.12 kommentiert – in direkter Ansprache aus. Hier wird die zukünftige Praxiserfahrung zeigen, ob sich diesbezügliche Bedenken etwa bekräftigen oder ob dieses Verbot im Sinne der Verlegemöglichkeit wie für metallene Gasleitungen gelockert/geändert werden kann.

5.3.9 Schutz gegen Eingriffe Unbefugter

zusätzliche Aufgabenstellung im DVGW-Regelwerk

Der Einführung solcher Zusatz-Schutzmaßnahmen im DVGW-Regelwerk gingen Ende der 90er Jahre sehr umfangreiche und intensive Erörterungen und Abklärungen zwischen dem Gasfach und den öffentlich-rechtlichen Institutionen, das Baurecht und das Energierecht betreffend, voraus. Zum Verständnis des Sachverhaltes und der daraus in dieser TRGI getroffenen Regelungen darf an dieser Stelle etwas Historie dargestellt werden. Zudem wird an dieser Stelle auf die zwischenzeitlichen Ergänzungs-Veröffentlichungen zu den TRGI '86/96 hingewiesen:

- „G 600 Ergänzung; Korrekturen, Änderungen und Ergänzungen bis August 2000 (Kommentierung zur Ergänzung August 2000 – Manipulationserschwerung)"; August 2000

- „G 600-B; Beiblatt zum DVGW-Arbeitsblatt G 600 Technische Regeln für Gasinstallationen (DVGW-TRGI '86/96)"; Dezember 2003

- „DVGW-Rundschreiben G 07/04; Auslegungshilfen zur praktischen Umsetzung des DVGW-Arbeitsblattes G 600-B"

vorsätzlicher Eingriff in die Gasinstallation

Die vorsätzliche Herbeiführung einer Gasexplosion mit der Absicht beispielsweise der Selbsttötung, der Tötung Dritter, des Gasdiebstahls oder der Sachbeschädigung stellt eine der schwerwiegendsten Unfallursachen in der öffentlichen Erdgasversorgung dar. In Folge einer Reihe solcher Ereignisse und von nur knapp verhinderten Unfällen bei Nachahmungstaten, beginnend in Düsseldorf im Herbst 1998, griffen Presse und Fernsehen diese Thematik auf. Hierbei wurden teils in pauschalen Vorwürfen einseitige und unkorrekte Aussagen getroffen, die zu einer erheblichen Verunsicherung der Kunden führten. In sensationsträchtiger Weise wurde die Öffentlichkeit darüber hinaus noch insbesondere auf solche Stellen in Gasinstallationen hingewiesen, wo Manipulationen durch kriminelle Energie besonders leicht umsetzbar sind.

Forderungen nach mehr Sicherheit gegen Manipulation an Gasanlagen

Berechtigte Fragen verängstigter Gaskunden erreichten somit nicht nur die Netzbetreiber, das installierende Handwerk und den DVGW, sondern auch die Behörden, so z. B. das Energiereferat im Bundeswirtschaftsministerium als auch die Fachkommission Bauaufsicht als zuständige Institution für die in Deutschland geltenden Bauordnungen und Feuerungsverordnungen. Von deren Seite wurden aufgrund der eingetretenen breiten Diskussion entsprechende Forderungen nach mehr Sicherheit gegen Manipulationen an Gasanlagen an die Gaswirtschaft und damit an den DVGW als Regelsetzer weitergegeben.

DVGW-Umfrage

Durch den DVGW war bereits im Herbst 1998 eine Umfrage über Manipulationsvorfälle bei allen 766 Netzbetreibern durchgeführt worden. Die Anzahl und Qualität der Rückmeldungen gestattete repräsentative Auswertungsergebnisse. Von allen Netzbetreibern meldeten 140 Unternehmen in ihrem Versorgungsgebiet bekannt gewordene Manipulationsvorfälle. Auf besondere Nachfrage sind davon durch 80 Unternehmen detaillierte Beschreibungen weitergegeben worden. Die Auswertung darüber zeigt die **Tabelle 5.6.**

Tabelle 5.6 – Auswertung Manipulationsvorfälle

<table>
<tr><th>Ursache</th><th colspan="5">Anzahl der Manipulationsvorfälle</th></tr>
<tr><th></th><th>gesamt</th><th colspan="2">davon ohne Schadens-auswirkung – durch Gasgeruch erkannt –</th><th>davon mit Sachschäden und evtl. Verletzten</th><th>davon mit Todesfällen (Anzahl Tote)</th></tr>
<tr><td>Suizidfälle</td><td>49</td><td colspan="2">14</td><td>25</td><td>10 (16)</td></tr>
<tr><td>kriminelle Absicht einschl. Versicherungsbetrug</td><td>25 (1 x nur Drohung)</td><td colspan="2">14</td><td>8</td><td>2 (7)</td></tr>
<tr><td>psychisch/ sozial bedingt</td><td>18 (3 x nur Drohung)</td><td colspan="2">7</td><td>5</td><td>3 (9)</td></tr>
<tr><td>Gasdiebstahl</td><td>57</td><td>keine Gasundichtheit 42</td><td>10</td><td>5</td><td></td></tr>
<tr><td>Do-it-yourself</td><td>19</td><td>11</td><td>4</td><td>2</td><td>2 (2)</td></tr>
<tr><td>Brandstiftung/Sprengstoffanschlag</td><td>5</td><td></td><td></td><td>5</td><td></td></tr>
<tr><td>neu errichtete Anlagen ohne Abnahme betrieben</td><td>14</td><td>14</td><td></td><td></td><td></td></tr>
</table>

Suizid

kriminelle Betätigung

Aktion aus psychischen oder sozialen Gründen

Gasdiebstahl

Do-it-yourself

Nach den vorliegenden Beschreibungen war die Einordnung der gemeldeten Vorfälle in fünf Ursachengruppen möglich. Diese sind: vermutete oder nachweisliche Freitodabsichten, Betätigungen aus krimineller Absicht einschließlich des Versicherungsbetrugs, psychischen oder sozialen Gründen zuzuordnende Reaktionen, Gasdiebstahl und Do-it-yourself-Betätigungen. Die Übersicht in **Tabelle 5.6** zeigt deutlich auf, dass von den insgesamt bekannt gewordenen Vorfällen nur ein geringer Anteil überhaupt mit Schadensauswirkungen, dabei neben Sachschäden jedoch auch mit Todesfällen, verbunden ist. In vielen Fällen konnten wegen Gasgeruch herbeigerufene Entstörungsdienste der Netzbetreiber oder die Feuerwehr rechtzeitig eingreifen und weitere Auswirkungen, über die Manipulation an der Gasanlage hinaus, vermeiden. Allgemein bekannte Sicherheitsmaßnahmen, wie Querlüftung, Abstellen der Gaszufuhr, Vermeidung von Zündquellen und Einsatz des Bereitschaftsdienstes der Netzbetreiber, konnten dort zielführend eingesetzt werden.

In der Einzelauswertung waren den Ursachenfeldern typische Manipulationsformen mit gewissen Häufungen zuzuordnen. So lassen insbesondere die Vorfälle, denen Selbsttötungs- oder Fremdtötungsabsichten aus psychischen Ursachen zu Grunde liegen, in hoher Anzahl solche besonderen „Energien“ erkennen, denen auch durch noch so hohe technische Anforderungen höchstwahrscheinlich keine absolute Schranke entgegengesetzt werden kann. Hierbei handelte es sich um die Zerstörung der Gasleitung oder der Anlagenteile durch Säge, Bohrer, Hammer. Auch wurden Gasundichtheiten durch Überbrücken oder Ausschalten von Sicherheitseinrichtungen nach Aneignung von spezieller Fachkunde erzeugt. Geht man auf den speziellen, insbesondere in der Presse und im Fernsehen dargestellten, Fall der gelösten Stopfen/Kappen sowie Verschraubungen in den Gasinstallationen ein, so konnte dieses bei den Vorfällen, denen kriminelle Absichten zuzuordnen waren, immerhin in nahezu 50 % und bei Suizidfällen und psychisch-sozial bedingten Fällen in etwa 20 % festgestellt werden.

Aufgrund der nachweislichen Daten konnte in dem einberufenen Koordinationsgremium aus Gasfach, Handwerk, Energie- und Bauaufsicht zum Thema „Technische Sicherheit“ in gemeinsamer Beurteilung die hohe Technische Sicherheit der Gasversorgung durch das Technische Regelwerk des DVGW festgestellt werden. Hinsichtlich der Unfälle innerhalb von Kundenanlagen zeigt **Bild 5.30** in einer nivellierten Darstellungsform die nach Ursachen zugeordnete Unfallentwicklung der letzten 25 Jahre.

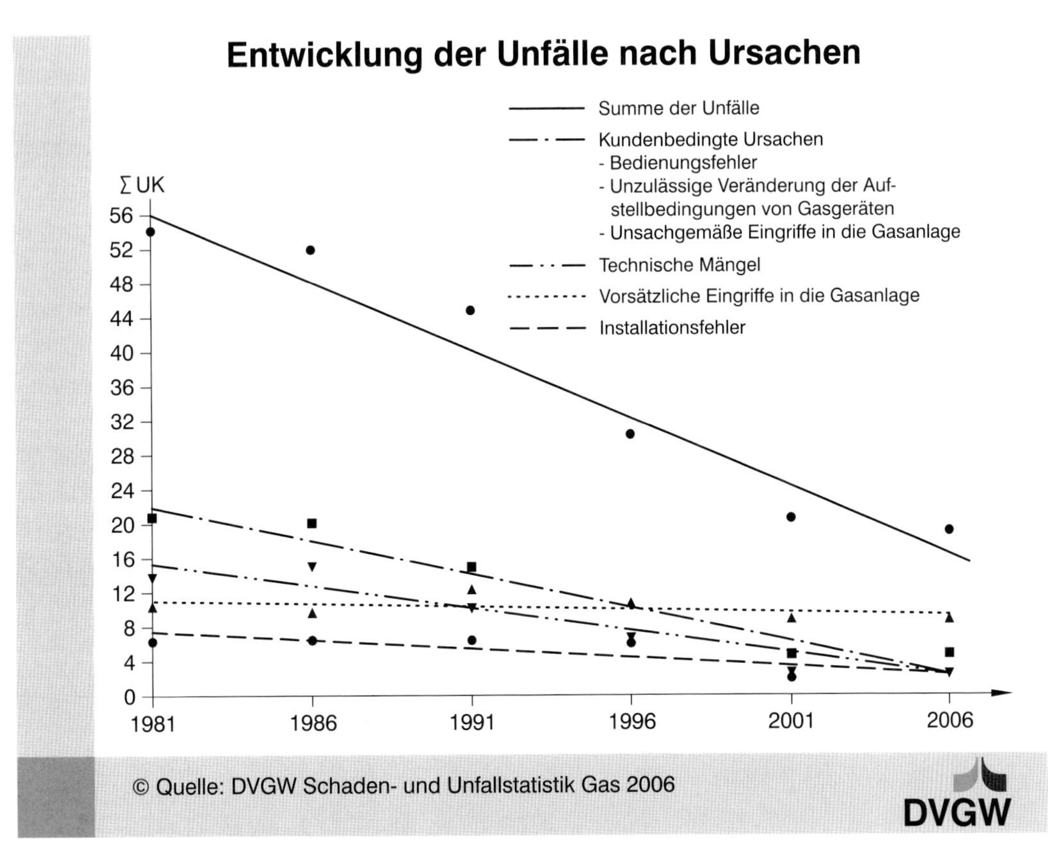

Bild 5.30 – Unfallentwicklung für Unfälle in Kundenanlagen (UK)

Bei ständigem Anwachsen des Erdgasabsatzes und der Kundenanlagen auf heute ca. 17 Millionen sind im Durchschnitt etwa 10 Unfälle jährlich mit Sach- und Personenschäden, verursacht durch vorsätzliche Eingriffe, auszumachen. Gemessen an der für bauliche Anlagen zu veranschlagenden technischen Versagenswahrscheinlichkeit und dem daraus abzuleitenden akzeptierten Restrisiko können Sicherheitsdefizite weder im Regelwerk noch im öffentlichen Recht abgeleitet werden. Die Fachkommission Bauaufsicht erkannte somit keine Notwendigkeit der Änderung bestehender oder zum Erlass spezieller Rechtsvorschriften aus öffentlich-rechtlicher Sicht. Der DVGW wurde jedoch in einem ersten Schritt gebeten, Maßnahmen zur Erhöhung der Sicherheit gegen Manipulation, allem voran in allgemein zugänglichen Bereichen von Mehrfamilienhäusern, zu treffen. Somit kam den Regelungen für die Gasinstallationen insbesondere die Aufgabenstellung zu, mit praktikablen technischen und eventuell organisatorischen und kommunikativen Möglichkeiten die Manipulationseingriffe sowie deren Auswirkungen zu minimieren. Bei allen Gesprächsparteien bestand und besteht Einvernehmen darüber, dass die absolute Manipulationssicherheit jedoch nicht erreicht werden kann.

keine Sicherheitsdefizite (weder im DVGW-Regelwerk noch im öffentlichen Recht)

absolute Manipulationssicherheit mit technischen Mitteln nicht erreichbar

Als technische Vorkehrungen, die „auf die Schnelle“ umsetzbar waren, kristallisierten sich bereits ab 1999 die „Passivmaßnahmen“ zur Erschwerung von Manipulationseingriffen an Gasinstallationen heraus. Bei der Betrachtung dieser Erstmaßnahmen ist den allgemein zugänglichen Räumen von Mehrfamilienhäusern, bei denen ein Manipulationspotenzial für außenstehende Dritte gegeben ist, besonderes Augenmerk geschenkt worden, also weniger der einzelnen Wohnung oder dem Eigenheim. Es ging in diesem ersten Schritt darum, dem „Dritttäter“ für dessen vorsätzlichen Eingriff zumindest eine längere Zeitdauer oder/und die nicht geräuschlos durchzuführende Aktivität abzunötigen.

Passivmaßnahmen als erster Schritt

Die ausgemachte behördliche Zielvorstellung war jedoch von Diskussionsbeginn an die „Aktivmaßnahme“ als eine zusätzliche technische Einrichtung mit einer den Gasstrom absperrenden Funktion, so dass Unfallauswirkungen, wie z. B. Explosionen, bei erfolgter Beschädigung an der Gasanlage verhinderbar sind. Aus der gemeinsam mit Energie- und Bauaufsicht intensiv geführten Diskussion – Bewertungskriterien waren dabei die technische Umsetzbarkeit sowie der erreichbare Sicherheitsgewinn – folgerte als Ergebnis zunächst die Prüfung zur Einführung folgender Maßnahmen:

Aktivmaßnahmen als folgender Schritt

in Betracht gezogene Aktivmaßnahmen

Bewertung der technischen Umsetzbarkeit

- Einbau von Gasströmungswächtern (GS) zur Absicherung der Hausanschlussleitung und der Leitungen in der Gasinstallation
- Einbau von Gaszählern mit Abschaltung bei unterem und oberem Grenzgasvolumenstrom sowie bei nicht systemgerechtem Druckabfall oder Volumenstrom (sogenannter „intelligenter Gaszähler“, Beispiel Japan)
- Einbau von Hauptabsperreinrichtungen mit elektrischem Stellorgan und aufgeschalteten Gassensoren (ortsfeste Gaswarneinrichtung)

Die in Folge darauf durchgeführten wissenschaftlichen Untersuchungen (Machbarkeitsstudien) führten im Fall des „intelligenten Gaszählers“ zur

Erkenntnis der zwar theoretischen Realisierungsmöglichkeit, jedoch steht zum heutigen Stand der Technik dem praktischen Einsatz der zu erwartende zu hohe Preis entgegen.

Gaswarneinrichtungen stellen keine Alternative zu GS dar

Die Gassensoren bei ortsfesten Gaswarneinrichtungen kommen seit Langem für spezielle Anwendungsfälle (z. B. beim Einsatz von nicht odoriertem Gas in der Industrie) zum Einsatz, können aber für den Haushaltsbereich bei heutigen technischen und verfahrenstechnischen Anforderungen nicht sinnvoll eingesetzt werden. Der DVGW hat auch dazu ein Forschungsvorhaben initiiert, um den Einsatz in der Hausinstallation zu beleuchten und ggf. die Entwicklung spezieller Sensoren zu unterstützen. Besonders diffizil sind hierbei Aufstellung und Anforderung an Sensoren und Schaltmimik, da Raumgeometrie, Lüftungsraten, Querempfindlichkeit, Langzeitstabilität und Wartungsintervalle von entscheidender Bedeutung für den Einsatz und die Anzahl dieser stromabhängigen Einrichtungen sind. Für eine etwaige Integration mit dieser Aufgabenstellung in das Regelwerk sind nach heutigem Stand und entsprechend aktueller Kenntnisse sowohl Hersteller-Weiterentwicklungen als auch noch weiterführende Untersuchungen notwendig.

Gasströmungswächter GS

Dagegen war der Gasströmungswächter, auch als Gas-Stopp-Ventil bekannt, in der Hausanschlussleitung am Abzweig von der Ortsnetzleitung bereits Stand der Technik und hat sich inzwischen nachweislich bei der Verringerung der Auswirkungen (Brand, Explosion) von z. B. Baggerangriffen auf die Gasleitung vor dem Gebäude bzw. auf der Straße bewährt. Es handelt sich dabei quasi um ein Schnellschlussventil, dessen Funktion auf dem Prinzip des Differenzdruckes basiert. Der Schließvorgang wird eingeleitet, wenn ein definierter Grenzwert für den Gasdurchfluss erreicht und z. B. die Differenzdruckkraft im Strömungswächter größer wird als die entgegenwirkende Federkraft (überwiegende Bauart der GS). Die Überlegung zum Einsatz einer solchen Einrichtung auch zur Abwehr von Angriffen auf die Gasleitungen innerhalb von Gebäuden war nahe liegend. Selbstverständlich darf durch deren Anwendung die Betriebstauglichkeit der gesamten Gasinstallation einschließlich aller notwendigen Bauteile wie Druckregelgerät, Zähler und aller Gasgeräte nicht betroffen sein.

Produktanforderungen für GS DVGW VP 305-1 (P) und DVGW VP 305-2 (P)

Die durch den DVGW veranlassten Forschungsvorhaben, u. a. mit den Aufgabenstellungen gesicherte Störungsverriegelung im Langzeitbetrieb, Betriebstauglichkeit der Gasinstallation, Festlegung von Auslegungsparametern und Positionierung dieser Einrichtungen, erforderten ihre Zeit und fanden – neben der Ergänzungsüberarbeitung der Produktanforderung an den Gasströmungswächter und der als notwendig erachteten Aufteilung in DVGW-VP 305-1 „Gasströmungswächter für die Inneninstallation“ sowie DVGW-VP 305-2 „Gasströmungswächter für Gasversorgungsleitungen“ – ihren ersten Niederschlag in den gemeinsam über öffentliches Einspruchsverfahren verabschiedeten DVGW-Arbeitsblättern G 459-1-B, Beiblatt zu G 459-1 „Gas-Hausanschlüsse“ und G 600-B, Beiblatt zum DVGW-Arbeitsblatt G 600 „Technische Regeln für Gasinstallationen (DVGW-TRGI ’86/96)“, Ausgabe Dezember 2003.

DVGW-Rundschreiben G 06/03 gibt die Regelwerksänderungen bekannt

Diese Regelwerksergänzungen sind mit DVGW-Rundschreiben G 06/03 (Dezember 2003) der Fachwelt bekannt gegeben worden. Zusätzlicher Inhalt dieses Rundschreibens war die Aufforderung des Marktes, die Produkte bereitzustellen, die Aufforderung an Netzbetreiber und die Anwender (VIUs), sich organisatorisch/technisch und mit entsprechenden konzeptionellen Festlegungen auf die neuen installationstechnischen Erfordernisse einzustellen, die Ankündigung und das Angebot bundesweiter Informations- und Schulungsmaßnahmen durch den DVGW oder des ZVSHK sowie die eindeutige Festlegung hinsichtlich der Behandlung des Bestandes.

Gesetzgeber verlangt keine Nachrüstpflicht für den Bestand

In gemeinsamer Beurteilung mit der Bauaufsicht erstrecken sich die neuen Regelwerksanforderungen als generelle Maßnahme auf die neu zu errichtenden Anlagen und üben keine Rückwirkung auf den Bestand aus. Wie bereits ausgeführt, ist der Sicherheitsstandard der vorhandenen Gasanlage auf Basis der zu Grunde liegenden Regelwerksanforderungen so hoch, dass ein behördliches Einschreiten aus Gründen der Gefahrenabwehr und der Vorsorgepflicht gegenüber dem Bürger nicht geboten erscheint. „Gefahr im Verzuge" ist somit nicht auszumachen, so dass **von öffentlich-rechtlicher Seite eine allgemeine Nachrüstpflicht an bestehenden Anlagen nicht abgeleitet werden kann.** Der Bestand ist erst dann betroffen, wenn z. B. eine komplette Leitungserneuerung oder ein Umschließen der gesamten Zähleranlage ansteht, nicht aber z. B. bei Turnuswechsel des Zählers oder der Durchführung einer Gebrauchsfähigkeitsprüfung der Anlage oder der Gerätewartung. Dies darf jedoch die fallweise Nachrüstung für solche Fälle nicht ausschließen, wo z. B. vom Netzbetreiber kritische Nutzungsverhältnisse und -situationen in bestehenden Gebäuden erkannt sind. Auch ist es dem einzelnen Unternehmen freigestellt, Sicherungen an Verschraubungen im Rahmen des Turnuswechsels der Zähler am einzelnen Bauteil oder für die Gesamtanlage vorzunehmen bzw. weitergehende Maßnahmen (Information des Hauseigentümers) zu ergreifen.

Diese operativ wichtige Frage des Bestandschutzes war mit großem Interesse in der Einspruchsberatung zu den beiden Regelwerks-Beiblättern vorgebracht worden. Der Bitte nach Hilfestellungen sowohl für die Netzbetreiber als auch die VIUs nach diesbezüglichen Empfehlungen bzw. Interpretationsaussagen durch die zuständigen Technischen Komitees des DVGW „Gasverteilung" und „Gasinstallation" ist seinerzeit nachgekommen worden. Die Anlage 4 zu oben genanntem Rundschreiben G 06/03 ist „für sich sprechend" folgend abgedruckt.

Empfehlungen bzw. Interpretationsaussagen zur Behandlung des Bestandes

Anlage 4
zum DVGW-Rundschreiben
G 06/03

Empfehlungen des DVGW-Technischen Komitees „Gasinstallation" zur Behandlung des Bestandes

DVGW-Arbeitsblatt G 600 (TRGI)

Entsprechend dem Grundsatz der Regelwerksfortschreibung und in Abstimmung mit der Bauaufsicht gilt die Ergänzung der TRGI (Beiblatt zu G 600, Dezember 2003) für die Neuerrichtung und Erweiterung von Gasinstallationen in Neubauten oder in bestehenden Gebäuden.

Aufgrund des hohen Sicherheitsniveaus der vorhandenen Gasanlagen, die auf der Grundlage des technischen Regelwerks errichtet wurden, wird keine allgemeine Nachrüstpflicht seitens der öffentlich-rechtlichen Stellen gefordert. Die in Betrieb befindlichen Gasanlagen sind grundsätzlich in ihrem Bestand nicht betroffen (Bestandsschutz).

Bei wesentlichen Änderungen an bestehenden Gasinstallationen oder fallbezogen bei bekannten kritischen Nutzungsverhältnissen und -situationen ist eine Anpassung an die allgemein anerkannten Regeln der Technik notwendig.

Bei durchzuführenden Nachrüstungen kann auch der Einsatz von Passivmaßnahmen in „allgemein zugänglichen Räumen" die allein mögliche und damit ausreichende Maßnahme darstellen.

Eine allgemein gültige Definition für wesentliche Änderungen gibt es nicht. Die Beurteilung darüber liegt schlussendlich in der fachmännischen Verantwortung des Ausführenden vor Ort.

Von einer wesentlichen Änderung ist im Regelfall nicht auszugehen, bei beispielsweise:

- Inspektions- und Wartungsarbeiten an Gasgeräten,
- der Anlageninaugenscheinnahme und/oder Gebrauchsfähigkeitsprüfung,
- Turnuswechsel, -überprüfung von Gaszähler und/oder Gas-Druckregelgerät,
- Austausch eines Gasgerätes im etagenversorgten Mehrfamilienhaus,
- Wiederverbindung nach Austausch der Hausanschlussleitung.

Wesentliche Änderungen an Hausinstallationen haben keinen bestandsrelevanten Einfluss auf die Hausanschlussleitung (Geltungsbereich DVGW-Arbeitsblatt G 459-1), wie auch wesentliche Änderungen an der Hausanschlussleitung keine Rückwirkung auf die Hausinstallation (Geltungsbereich DVGW-Arbeitsblatt G 600) haben.

Die Gasversorgungsunternehmen und die SHK-Fachbetriebe werden aufgefordert, regional, z. B. mit Gemeinschaftsaktionen über die Installateurausschüsse, den Gaskunden über die Möglichkeiten der Manipulationserschwerung an ihren bestehenden Gasinstallationen zu informieren.

5.3.9.1 Allgemeines

Die Passivmaßnahmen setzen ohne Zweifel eine zusätzliche Hemmschwelle gegen den unberechtigten Zugriff auf Gasanlagen und werden damit manchen Manipulationseingriff verhindern. Der Gasdiebstahl wird z. B. dadurch in großem Maße einschränkbar sein. Der leider sehr hohen Energie z. B. von Selbstmordtätern ist dadurch jedoch nur eine geringe Ausführungseinschränkung entgegenzusetzen. Eine solche Entschlossenheit kommt zudem unabhängig von der Art und Größe eines Gebäudes oder der Gasanlage, unter Umständen sogar noch verstärkt innerhalb der einzelnen Wohnung oder des Eigenheimes, zur Anwendung. Durch aktiv in die Gaszufuhr eingreifende Einrichtungen kann auch bei vollzogener Manipulation an der Gasanlage (z. B. entfernter Verwahrungsstopfen, gelöste Zählerverschraubung, mit Trennscheibe aufgeschnittene Gasleitung, mit Hammer demolierte Armatur des Gasheizofens) in weiteren Fällen die Unfallauswirkung und ein über den Eingriff hinaus entstehender Schaden verhindert werden. Das Regelwerk versteht somit folgerichtig den Einsatz der aktiven Maßnahme als die primäre Aufgabenstellung. Dort, wo sich der GS aus technischen oder örtlichen Gründen nicht einbauen lässt, ist in allgemein zugänglichen Räumen die Passivsicherung anzuwenden. „Aktiv" schließt selbstverständlich „passiv" ein, und „aktiv" hat Vorrang.

aktiv vor passiv

aktiv schließt passiv ein

Die mit der Regelwerksergänzung erfolgte Feldeinführung dieser zusätzlichen Schutzmaßnahmen und insbesondere die mit der Beiblatt-Veröffentlichung initiierte Phase des Praxiseinsatzes und in Konsequenz der Praxiserfahrung hinsichtlich der Installation des GS in der ihr zugeordneten häuslichen und vergleichbaren Gasanwendung offenbarte seinerzeit für wenige – jedoch nicht vernachlässigbare – Installationsfälle Schwierigkeiten und auch Ausfälle bezüglich der Betriebstauglichkeit von betroffenen Gasinstallationen. Durch z. B. Anfahrspitzen des Gasvolumenstromes beim Gasgerätestart, noch möglicherweise verstärkt durch das Überschwingverhalten des wenig gedämpften Gas-Druckregelgerätes, mussten in der Einführungsphase GS-Auslösungen und in Folge Störungen der Gasgeräte festgestellt werden. Abhilfe schuf die den Anwendern mit dem DVGW-Rundschreiben G 07/04 zur Verfügung gestellte Korrektur der Beiblatt-Tabellen zur Auswahl der GS bzw. der Gas-Druckregelgeräte mit integriertem GS und zum Abgleich für die Leitungslängen, indem darin der Auslegungsvolumenstrom um 20 % in der Obergrenze reduziert wurde. Um die wenigen noch darüber hinaus verbleibenden Praxisstörungsfälle beherrschbar zu machen, musste zudem als pragmatische Interimslösung auch für bestimmte Installationssituationen der Einbau eines GS der jeweils nächst größeren Belastungsstufe zugelassen werden. Für Einzelfälle konnte auch der Wiederausbau – unter Voraussetzung der Dokumentation und der durchzuführenden Zusatzuntersuchung – in Frage kommen. Begleitende Untersuchungen unter der Betreuung durch die DVGW-Gremien „Gasinstallation" und „Bauteile und Hilfsstoffe – Gas" konnten bis zur Fertigstellung dieser TRGI abschließende Lösungen für alle aufgetretenen Praxisschwierigkeiten herbeiführen. Die Forschungs- und Untersuchungsergebnisse schlagen sich einerseits im Detailaufbau für die Bemessungsverfahren in Abschnitt 7 und andererseits in wichtigen Nachforderungen an Qualität und Funktionalität der im Rahmen dieser TRGI einzusetzenden GS als Einzelbauteile sowie in identischer Form auch der GS in Kombinationsbauart mit/in Gas-Druckregelgeräten nieder. Zusätzliche Erkenntnisse aus den Störungen betrafen die Hersteller der Gas-Druckregelgeräte und der Gasgeräte und führten zu Modifizierungen an Bauteilen und zu speziellen Mindestanforderungen in Produktspezifizierungen.

DVGW-RS G 07/04 eröffnete mögliche Interimslösungen

Felderfahrungen und Zusatzuntersuchungen untermauern den heutigen Regelungsstand

Es muss somit festgestellt werden, dass eventuelle Anschlussbedingungen der Netzbetreiber, welche auf die oben beschriebene Interimslösung weiterhin Bezug nehmen, keine Regelwerksempfehlung dieser TRGI mehr darstellen können und dürfen. Dieses ist in dem prägnanten Kurzsatz im ersten Absatz von Abschnitt 5.3.9.1: „Diese – die aktiven Maßnahmen – sind *belastungsangepasste Auslegung des GS*

belastungsangepasst auszulegen." genauso ausgedrückt. Dass die Dimensionierungsvorgaben in Abschnitt 7 dieser TRGI auch alle Schutzzielvorgaben erfüllen (siehe nachfolgend zu 5.3.9.3), wie im darauf folgenden Satz der TRGI ausgedrückt, kann dabei nur Selbstverständlichkeit sein.

Vermeidung von Leitungsenden bzw. Leitungsauslässen

Die einfachste Passivmaßnahme in der Gasinstallation stellt selbstverständlich die Vermeidung von Leitungsenden bzw. Leitungsauslässen dar. Als Beispiel für Leitungsenden kann auf das in der Erdgaszeit ohnehin nicht mehr zeitgemäße Reinigungs-T-Stück bzw. den Wassersack oder – mit heutiger Relevanz – auf die Endkappe einer Mehrfachzähleranschlusseinheit verwiesen werden. Das vorzusehende Leitungsende in Voraussicht einer eventuellen Gasinstallationserweiterung zu einem späteren Ausbaustadium muss im Einzelfall verantwortet werden.

Prüföffnungen

Insbesondere für die Netzbetreiber ist zudem der Sachverhalt wichtig, dass durch diese Zusatz-Schutzmaßnahmen auch Festlegungen aus anderen Regelungsbereichen und DVGW-Anforderungen betroffen sind, wie z. B. die Wartung von Gas-Druckregelgeräten nach DVGW-Arbeitsblatt G 495 mit der Anforderung an das Vorhandensein von Prüföffnungen. Für Prüföffnungen hinter der Gas-Druckregelung wird entweder ein wirksamer Bohrungsdurchmesser von ≤ 1,0 mm gefordert, damit ist bei Annahme eines entfernten Verschlusses nur ein ungefährlicher Gasaustritt herzustellen, oder bei vorhandenem größerem Austrittsquerschnitt der Prüföffnung muss diese mit Sicherheitsstopfen verschlossen werden. Dies gilt natürlich auch für die häufig unmittelbar hinter dem Zähler geforderte Prüföffnung. Früher oft geübte Praktiken, solche Prüföffnungen auch z. B. für Entlüften, Abdrücken, Inbetriebnahme oder Leckmengenmessung zu benutzen, sind davon direkt betroffen. Dieser Sachverhalt ging und geht sowohl manche Netzbetreiber an, die ihre Empfehlung an die Vertragsinstallateure zum Einrichten von Prüf- und Inbetriebnahmestutzen in jeder Verbrauchsleitung nicht aufrechterhalten können, als auch die Hersteller von Gas-Druckregelgeräten, Zählerverschraubungen und im Speziellen die Hersteller von DVGW zugelassenen „Prüf- und Entlüftungseinrichtungen". Bei einer Bohrung von maximal 1,0 mm ist selbstverständlich ein Entlüftungsvorgang an dieser Stelle nicht mehr durchführbar. Herkömmliche Geräte bzw. Bauteile können jedoch noch in „nicht allgemein zugänglichen Räumen" zum Einsatz kommen. Prüföffnungen vor der Gas-Druckregelung sind durch die Wahl des Bohrungsdurchmessers nicht in genereller Form auf den „nicht Gefahr drohenden Gasaustritt" begrenzbar; sie sind somit im Bereich der häuslichen und vergleichbaren Gasanwendung unzulässig.

5.3.9.2 Anforderungen bei Kunststoffleitungen

Zusatzanforderungen nur für metallene Innenleitungen

Durch den bei Kunststoffleitungsinstallation als Sicherheitselement zur Darstellung der HTB-Qualität geforderten Gasströmungswächter in sensiblerer Bauart und mit strengeren Bemessungsvorgaben sind selbstverständlich alle grundlegenden Vorgaben des ersten Absatzes von 5.3.9.1 erfüllt. Weitere Zusatzmaßnahmen zum Schutz gegen Eingriffe Unbefugter betreffen somit allein die Gasinstallation mit metallenen Innenleitungen.

5.3.9.3 Anforderungen bei metallenen Innenleitungen

Einsatz von GS bzw. Gas-Druckregelgeräten mit integriertem GS

Die in die TRGI zusätzlich eingeführten aktiven Maßnahmen sind, wie bereits eingangs beschrieben, der Gasströmungswächter GS nach DVGW-Prüfgrundlage VP 305-1 sowie alternativ, als in Gasflussrichtung erster GS (siehe die Installationssituationen entsprechend den Bildern 10 und 11 der TRGI), das Gas-Druckregelgerät mit integriertem GS nach DIN 33822. Bauartbedingt kann bis heute der im Druckregelgerät integrierte GS nur als Typ M ausgeführt werden.

Bild 5.31 – BEE-Gasströmungswächter, Elster Druckregelgerät mit GS-Funktion

Während zur Regelwerkseinführung dieser Einrichtungen in 2003/2004 bei der Suche nach dem zu fordernden Mindestkriterium als Schutzziel-Konzept diskutiert wurde, dass die volle Öffnung des kleinsten im Gebäude verlegten Leitungsquerschnittes erfasst wird und damit ein solcher Eingriff nicht zu einem größeren Schaden mit Unfallauswirkung führen kann, führten die im weiteren Bearbeitungs- und Untersuchungsprozess sukzessiv gewonnenen Erkenntnisse durch notwendige weitere Verfeinerung und die physikalische Anpassung zu der technisch fundierten Schutzzieldefinition, wie sie nun im Klammerausdruck des 1. Absatzes in Abschnitt 5.3.9.3 der TRGI genannt ist. Neben dem Bezug auf die Durchtrennung der Kupfer-Gasleitung d_a 15 mit Innendurchmesser von 13 mm als dem kleinsten verlegten Leitungsquerschnitt musste selbstverständlich auch das Lösen jeder Gasgeräte-Anschlussverschraubung (hierfür ist der Einsatz eines handelsüblichen Maulschlüssels ausreichend) in der Schutzzielerfassung durch die TRGI-Bemessungsvorgaben (siehe den Abschnitt 7 in Kapitel III) beinhaltet sein. Als Weiteres muss bei Leitungen größerer Querschnitte, wie z. B. DN 25 oder größer, für die dazu in Frage kommenden GS 10 oder GS 16 auch deren jeweiliger möglicher Schutzbereich ebenfalls noch durch die TRGI-Maßgaben erfasst sein.

Schutzzielvorgabe orientiert sich sinnvoll an existierenden technischen Erfordernissen

Die technische Grenze des „vernünftig anwendbaren Zusatzschutzes" durch die Aktivmaßnahme Gasströmungswächter ist aufgrund der Markteingrenzung des Herstellerangebotes für solche Produkte gegeben. Hierfür spielte die realitätsbezogene Abwägung aus wirtschaftlichen und technischen Gesichtspunkten sowie die Betrachtung des abschätzbaren relevanten Sicherheitszugewinns unter den Anwendern und der Herstellerindustrie die ausschlaggebende Rolle. Bei Normvolumenstrom größer etwa 60 m^3/h oder für Leitungen spätestens über DN 50 ist somit regelwerksentsprechend der GS nicht gefordert. Im Mehrfamilienhaus empfehlen sich für die Verteilungsleitungen vorrangig bauliche Schutzmaßnahmen ergänzt durch weiteren passiven Schutz eventuell vorhandener lösbarer Verbindungen in allgemein zugänglichen Räumen.

Tabelle 10: GS-Typen nach DVGW VP 305-1 (P)

Die Tabelle 10 der TRGI beschreibt in Kurzdarstellung die Hauptauslegungsdaten der für die TRGI zutreffenden GS-Typen GS K und GS M. Im Rahmen der über einige Jahre hinweg aus den begleitenden Untersuchungen resultierenden stetigen Weiterentwicklungen der GS, so wie sie heute laut Produktanforderung nach DVGW-VP 305-1 zum Einsatz gelangen sowie mit dem die Felderfahrung berücksichtigenden pragmatischen Ansatz, konnte die ursprüngliche Vielfalt der Bauartaufteilung sowohl der K-Typen als auch der M-Typen (siehe dazu die Tabelle 1 im DVGW-Arbeitsblatt G 600-B von Dezember 2003) zur praktikableren Praxisanwendung wesentlich vereinfacht werden. Die hauptsächlichen Gründe waren:

- der heute geforderte Druckverlust der GS von ΔP_{max} = 0,5 mbar. Durch diesen geringen Druckverlust muss dem Einbauort vor oder hinter dem Gas-Druckregelgerät nicht mehr die ursprüngliche bestimmende Bedeutung zugemessen werden. Daher Zusammenfassung der ursprünglichen 1- und 3-Typen.

- die Forderung in DVGW-Arbeitsblatt G 459-2, wonach bei Versorgungsdrücken durch den Netzbetreiber von größer 1 bar bis 5 bar die Gas-Druckregelung „nahe der Hauseinführung zwingend erforderlich“ ist. Somit ist im Druckbereich größer 1 bar bis 5 bar die aktive Schutzmaßnahme über die DVGW-Arbeitsblätter G 459-1 und G 459-2 durch den Netzbetreiber ausreichend erfasst. Als Aufgabenstellung im Geltungsbereich der TRGI verbleibt für diesen Versorgungsdruckbereich allein noch die eventuelle Passivmaßnahme, siehe hierzu Bild 11.

GS-Einsatz im Betriebsdruckbereich > 100 mbar bis 1 bar nicht angeboten

Die Streichung des ursprünglichen K 2-/M 2-Typs (Druckbereich größer 0,1 bar bis 5 bar) erfolgte für die TRGI in der Erkenntnis, dass Einsatzfälle für den Druckbereich 0,1 bar bis 1 bar ausschließlich marginal auszumachen sind. Außerdem bietet das Bemessungsverfahren in Abschnitt 7 im Kapitel III dafür keine vereinfachten Vorgaben an. Es liegen kompressible Strömungsverhältnisse vor, die in der TRGI nicht behandelt werden.

Einsatzort „unmittelbar“/ „direkt“ nach der HAE

Zum Ausschluss von Schadensmöglichkeiten durch Manipulationseingriffe in der Gasinstallation muss die aktive Schutzmaßnahme selbstverständlich so angeordnet sein, dass, soweit möglich, jegliche Zugriffsgelegenheit vor dieser aktiven Einrichtung an der Leitungsanlage verhindert ist. Der Einbau ist daher unmittelbar nach der HAE bzw. dem Gas-Druckregelgerät, wenn dieses direkt hinter der HAE angeordnet ist, anzustreben. Wenn Hauseinführungen Umlenkungen, z. B. für die Anordnung von Gas-Druckregelgeräten, erfordern, so können noch 1 bis maximal 3 Installationsformteile, wie z. B. Rohrnippel, Doppelnippel, Reduzierstück oder Winkel (maximal 2 Richtungsänderungen), im Rahmen „unmittelbar nach“ bzw. „direkt nach“ für Einzelfälle akzeptiert werden.

Ausnahme möglich bei „klassischer Niederdruck-Verteilung"

Eine Ausnahme sieht die Technische Regel für Kundenanlagen mit mehreren Zählern/Verbrauchsleitungen vor, welche über die klassische Niederdruck-Verteilung, d. h. ohne Gas-Druckregelung im Gebäude, versorgt werden (siehe Bild 9). Entsprechend den damaligen gemeinsamen Diskussionen im Fach zur Erstellung der beiden Regelwerks-Beiblätter G 459-1-B und G 600-B wird hierbei den teils auftretenden Praxisschwierigkeiten hinsichtlich der Betriebsdruck-Bereitstellung (z. B. im Winter) bei solchen Versorgungen Rechnung getragen und die Installation jeweils nur eines GS im Fließweg bis zu den Gasgeräten, d. h. nur in den Verbrauchsleitungen, gefordert. Den Netzbetreibern wird jedoch empfohlen, auch bei solchen Versorgungssituationen mit Bezirks-Druckregelstationen die Netze und Druckauslegungen so zu ertüchtigen, dass regelentsprechend die Betriebsdrücke von 23 mbar für alle Kundenanlagen bereitgestellt werden können und solche Ausnahmen nicht beansprucht werden müssen.

Einsatzgrenze des GS

Aufgrund ihrer technischen Grenzen – wie oben erklärt – und wegen der Auslegungsnotwendigkeit, begründet durch die dynamischen Erfordernisse bei dem Anschluss nur eines Gasgerätes, kommen die aktiven Maßnahmen bis zu jeweiligen Streckenbelastungen von ≤ 138 kW bzw. der Nennbelastung von ≤ 110 kW zum Einsatz. In Mehrfamilienobjekten kann somit sehr wohl für die Verteilungsleitung – diese führt definitionsgemäß immer zu mehr als einem Zähler, d. h. mehr als einem Gasgerät – der Geltungsbereich der Aktivmaßnahme mit > 138 kW überschritten sein, so dass der GS erst in angeschlossenen Verbrauchs- oder Abzweigleitungen mit Streckenbelastungen ≤ 138 kW (bzw. ≤ 110 kW bei Anschluss nur eines Gasgerätes) zu installieren ist. Hinsichtlich des Einbauortes gilt selbstverständlich die Maßgabe der möglichst minimierten Zugriffsmöglichkeit – wie oben erklärt – sinngemäß. Grundsätzlich darf die unter Putz oder im Schacht/Kanal usw. verdeckt verlegte Leitung im Rahmen der hier immer notwendigen relativierten Schutzziel-Betrachtungsweise als „nicht zugreifbar" betrachtet werden. In **Bild 5.32** sind die Einbaupositionen des GS im Mehrfamilienobjekt für die Fälle der Steigleitung im Schacht sowie auch der offen verlegten Steigleitung exemplarisch aufgezeigt.

verdeckt verlegte Gasleitung ist „geschützt"

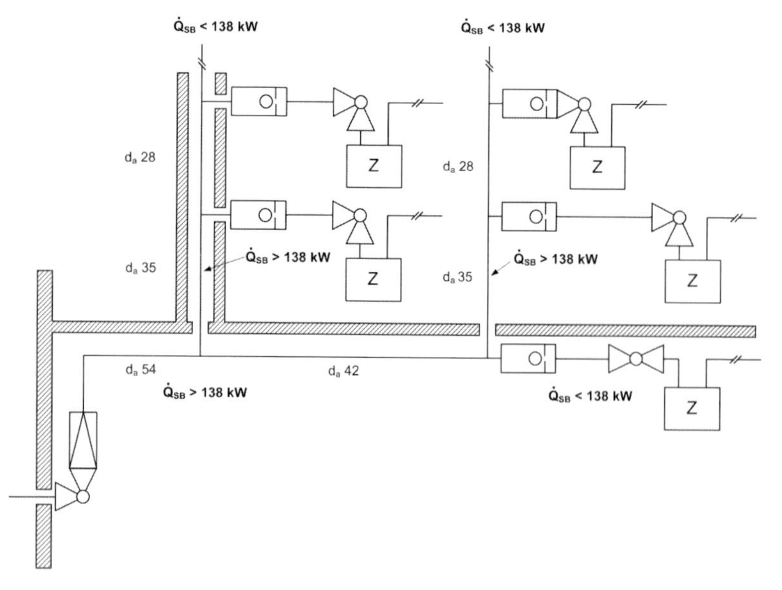

Bild 5.32 – Einbaupositionen des GS

Bilder 9, 10 und 11

Die Bilder 9 bis 11 weisen in rein schematischer Darstellung auf Mindestauswahl und -anordnung von Aktiv- und Passivmaßnahmen hin. Sie sind den Beiblättern 459-1-B und G 600-B (jeweils Dezember 2003) entnommen und fanden lediglich Aktualisierungen in manchen Benennungen und in den Zusatzerklärungen als Fußnotenbemerkungen. Die Wiedererkennung mit den zu dieser Thematik identischen Bildern im DVGW-Arbeitsblatt G 459-1 in dessen heute gültiger Fassung ist somit gegeben. Bei allen Darstellungen, die sich um unterschiedliche Versorgungsbedingungen der Gasinstallationen durch den NB unterscheiden, sind die folgenden identischen Inhalte und Ansätze hervorzuheben.

- Passivmaßnahmen kommen ausschließlich im Fließweg vor Aktivmaßnahmen zum Einsatz.

Aktivschutz im Eigenheim/ in der Wohnung

- Im Eigenheim, dem Ein- oder Zweifamilienhaus, sind Passivmaßnahmen nicht erforderlich, da hier z. B. der anonyme Zutritt zu Gasanlagen (durch einen Dritttäter) ausgeschlossen werden kann. Dem an seiner eigenen Gasinstallation manipulierenden Täter wird jedoch eine solche – in diesem Fall – Negativ-Energie zuzuordnen sein, dass die passive Schutzmaßnahme kein unüberwindliches Hindernis für einen Eingriff in die Gasinstallation darstellt. In diesen Fällen muss auf die Schutzwirkung der Aktivmaßnahme vertraut werden, denn bei durch den Eingriff bewirktem ausreichendem Öffnungsquerschnitt für das momentan austretende Gas wird die weitere Zufuhr bleibend gesperrt und so die gefährliche Folgeerscheinung verhindert.

allgemein zugänglicher Raum

- In allen anderen Fällen, in denen dagegen von einer allgemeinen Zugänglichkeit, d. h. einem Gebäude mit „allgemein zugänglichen Räumen“, auszugehen ist, kommen auch Passivmaßnahmen vor der installierten Aktivmaßnahme sinnvoll zum Einsatz. Es sei denn, der Eingriff an der Leitungsanlage vor dem GS bzw. dem Gas-Druckregelgerät mit integriertem GS unterliegt noch dem „Schutzbereich“ durch den in der Hausanschlussleitung nahe hinter dessen Abzweig von der Versorgungsleitung eingebauten GS nach DVGW-VP 305-2. Letzteres wird durch die Situation in Bild 10 dargestellt.

- Die Zusatzerklärung als Fußbemerkungen zu den Bildern 10 und 11 sind gegenüber den Beiblattfassungen gekürzt worden.

gegenseitige Information zwischen NB und VIU

Wird von „vor dem 1. GS im Gebäude“ gesprochen, so versteht sich dieses als Sammelansprache. Dies schließt selbstverständlich auch das Druckregelgerät mit integriertem GS ein. Wird durch den Netzbetreiber bei Versorgung im Druckbereich > 25 mbar bis 100 mbar kein GS in der Hausanschlussleitung eingebaut, so stellt dies eine Abweichung von der Regelwerksempfehlung dar und muss als besondere Situation dem VIU mitgeteilt werden. Entsprechende Absprachen oder Informationen des NB an die in dem Versorgungsbereich arbeitenden VIU durch Weitergabe der jeweils spezifischen technischen Hinweise verstehen sich von selbst und sind nicht mehr (wie in den Beiblättern) im Einzelnen in den Zusatzerklärungen als Fußbemerkungen in den Tabellen aufgeführt. Die ehemalige in den Beiblättern zu Bild 10 und Bild 11 enthaltene **-Fußnotenerklärung ist mit dem weiterentwickelten vorliegenden TRGI-Konzept heute gegenstandslos.

Die Möglichkeiten der Passivmaßnahmen sind in der jeweils rechten Spalte der Bilder aufgeführt. Als Textpassagen werden die Möglichkeiten sowie die Bauanforderungen in den folgenden Schlussabsätzen von Abschnitt 5.3.9.3 der TRGI beschrieben. In Bezug auf Bild 9 muss zunächst noch auf eine spezifische Verlegeanforderung der TRGI eingegangen werden.

„lösbare Verbindung" in TRGI weiterhin vorgeschrieben

Selbstverständlich müssen weiterhin notwendige und sinnvolle Errichtungs- und Überprüfungsmaßgaben, um z. B. eine dauerhaft sichere und damit gasdichte Leitungsinstallation an den Betreiber übergeben zu können, den Zusatzmaßnahmen zum Schutz gegen Eingriffe Unbefugter vorgehen. Entsprechend Abschnitt 5.3.4.2 ist „nahe der Einführung und ggf. vor der Ausführung innerhalb der Gebäude je eine Absperreinrichtung und eine lösbare Verbindung in der Leitungsanlage" vorgeschrieben. Dies dient der notwendigen Abtrennung der mit unterschiedlichen Durchführungsanforderungen auf Belastung und Dichtheit zu prüfenden Leitungsanlagenabschnitte untereinander, wie z. B. der Abtrennung der Gasinstallationsleitungen von der Hausanschlussleitung. In der Praxis stellt in den überwiegenden Fällen die Ein- oder Ausgangsverschraubung/-Flanschverbindung des Gas-Druckregelgerätes (Letztere für die Fälle der HAE mit angebautem Druckregelgerät als Kombinationsbauteil) diese geforderte lösbare Verbindung dar. Im Fall von Bild 9 ist es die Ausgangsverschraubung, der Ausgangsflansch der HAE oder eine separat einzubauende lösbare Verbindung. In der Darstellung 3 dieses Bildes ist somit der Ausfall der Passiv-Möglichkeit, nur „nicht lösbare Verbindung(en)" vorzusehen, kein Druckfehler oder einfach nur vergessen worden, sondern in diesem Installationsfall kann bei der notwendigen Verteilungsleitung bis zu den Abgängen zu beispielsweise den Zählerhähnen mit integriertem GS nicht auf die „hinter der HAE" vorgeschriebene lösbare Verbindung verzichtet werden. Neben der Unterbringung der Leitungsanlage bis zu den Zählern (d. h. bis hinter den GS) im „nicht allgemein zugänglichen Raum" bleibt somit als weitere Option nur die spezifische Sicherung der lösbaren Verbindung(en). Dagegen kann im Darstellungsfall 2 (so auch zutreffend für die Installationsfälle in den Bildern 10 und 11) die geforderte lösbare Verbindung auch durch die Ausgangsverschraubung beispielsweise des Zählerhahns oder der HAE mit integriertem GS dargestellt sein.

passive Maßnahmen

Hinsichtlich der passiven Schutzvorkehrungen sei hier noch erklärend auf die Sicherheitsverschlüsse und die Einrichtungen zum Sichern von lösbaren Verbindungen im Besonderen eingegangen.

Sicherheitsverschlüsse (Sicherheitsstopfen, Sicherheitskappen)

Sicherheitsverschlüsse sind durch Einsatz von handelsüblichem Werkzeug nicht zu öffnen. Das Öffnen über einen zerstörenden Zugriff und unter Umständen nach Aneignen von Fachkenntnis wird jedoch auch bei einer solchen Einrichtung nicht zu unterbinden sein. Die Manipulation ist dann aber für diesen Fall nicht mehr lautlos und/oder nur mit großem Zeitaufwand zu tätigen.

Öffnen nur mit Sonderwerkzeug

Der Markt bietet mehrere Arten von Sicherheitsverschlüssen an. Dies sind z. B. sogenannte einteilige Sicherheitsverschlüsse. Hierbei handelt es sich um eine(n) modifizierte(n) Stopfen/Kappe ohne Schlüsselflächen und ohne Angreifrand in montiertem Zustand z. B. für eine Rohrzange, deren Lösen nur über einen speziellen nicht handelsüblich verfügbaren Adapter (Sonderwerkzeug) möglich ist. Bei mehrteiligen Sicherheitsverschlüssen werden die am Stopfen/an der Kappe vorhandenen Schlüsselflächen durch einen Sicherungsring vor Werkzeugzugriff geschützt. Der Sicherungsring kann nur mit speziellem Sonderwerkzeug des Herstellers demontiert werden. Als gasberührte Anlagenteile müssen derartige Sicherheitsverschlüsse DVGW-zertifiziert sein. Der Zertifizierung liegt die dafür erarbeitete DVGW-VP 634 zu Grunde.

Bild 5.33 – Seppelfricke Sicherungsverschluss mit Sonderwerkzeug

Besondere Bedeutung kommt dem Sonderwerkzeug, dessen Vertrieb sowie dem Vertriebsweg zu. Die Bereitstellung eines Sonderwerkzeuges nach Normanforderung für alle möglichen Sicherungen und Sicherheitsverschlüsse war aufgrund des Sachverhaltes eines seit langen Jahren bereits vorhandenen gebrauchsmustergeschützten und zugelassenen Systems nicht mehr umsetzbar. Die generelle Herstellerforderung nach freier Entwicklungsmöglichkeit ergab somit unterschiedliche Produkte mit unterschiedlichen Sonderwerkzeugen verschiedener Hersteller. Eine Regulierung im Sinne des Anwenders war damit leider nicht mehr möglich. Die DVGW-VP 634 fordert jedoch eine Minimierung der Adapter im Herstellersystem, was sich bereits bei bestimmten Herstellerprodukten niederschlägt. Die gesamte Produktpalette von DN 10 (3/8") bis DN 50 (2") ist mit nur zwei unterschiedlichen Größen des Sonderwerkzeuges zu bedienen. Hinsichtlich einer notwendigen Autorisierung und der Nachverfolgbarkeit legt die DVGW-VP 634 fest, dass das Sonderwerkzeug nachweislich nur an den Fachgroßhandel, an eingetragene VIUs oder an die NB weitergegeben wird; die Ausgabe ist zu dokumentieren. Die Sonderwerkzeuge sind vom Hersteller mit einer laufenden Nummer zu versehen.

Zugriffssicherung für lösbare Verbindungen

Die lösbaren Verbindungen sind „in allgemein zugänglichen Räumen weitestgehend zu vermeiden oder gegen Zugriff zu sichern“. Bei den lösbaren Verbindungen handelt es sich um Flanschverbindungen und Verschraubungen. Diese sind nicht vermeidbar, wo sie durch das Regelwerk als lösbare Verbindungen gefordert sind, wie die Verbindung zum Gaszähler, Gas-Druckregelgerät und die lösbare Verbindung zwischen Außen- und Innenleitung (siehe TRGI, Abschnitt 5.3.4.2).

Für die nicht vermeidbaren Verbindungen in allgemein zugänglichen Räumen wird eine Zugriffssicherung, z. B. als technische Schutzeinrichtung für das Bauteil selbst oder ein „sicherheitstechnisch vergleichbarer baulicher Schutz" gefordert. Die technische Sicherung für das Bauteil, den Flansch oder die Verschraubung selbst, kann eine Klemme/Vorrichtung aus Metall oder einem geeigneten Kunststoff sein, die, ähnlich dem Prinzip der Sicherheitsverschlüsse, einen Zugriff auf Schlüsselflächen durch handelsübliches Werkzeug verhindert – z. B. frei drehbarer Sicherungsring oder vollständige Kapselung. Bei der wiederverwendbaren Auslegung solcher Sicherungen sind diese mit Sonderwerkzeug oder einem speziellen Schlüssel wieder zu lösen. Für eine Anforderungsbeurteilung an solche Sicherungen kommt die DVGW-VP 634 in Anlehnung zur Anwendung. Da diese Sicherungen nur mittelbare Teile der Gasanlage sind (nicht gasberührt), kann für diese die DVGW-Zertifizierung nicht gefordert, jedoch auf Wunsch freiwillig erteilt werden. Der Plombendraht oder die übergeschobene leicht zerdrückbare Plastikschelle erfüllt selbstverständlich nicht die hier angesprochene Schutzzielforderung.

Bild 5.34 – Schmieding Zugriffssicherung Kunststoffschelle

*Schutz durch „Kleben" entsprechend **Anforderungen nach DVGW VP 405 (P)***

Als weitere Möglichkeit der Zugriffssicherung an Bauteilen ist auch die Sicherung z. B. durch Schrumpfmanschette oder Verkleben möglich. Einsatz für **„Kleber"** sind sowohl die Sicherung einer lösbaren Verbindung als auch die Festverklebung zur dauerhaft unlösbaren Verbindung im Sinne eines dann nicht mehr vorhandenen Leitungsendes. In beiden Fällen wird durch Anwenden des „Klebers" (z. B. im Gewinde) für das behandelte Teil eine Verbindung solcher Art erzielt, dass mit einer Rohrzange als „Täterwerkzeug" ein Losbrechmoment nicht aufgebracht werden kann.

Bild 5.35 – Loctite Dicht-Klebstoff

Im ersten Fall ist dabei die Wiederverwendungsmöglichkeit des Verschraubungsgewindes – Lösen und Wiederherstellen der gasdichten Verbindung ohne jegliche zerstörende Auswirkung – sichergestellt. Im zweiten Fall ist selbstverständlich die Dauerhaftigkeit bei allen Betriebsbedingungen und Nutzungszuständen der häuslichen Gasanlage sichergestellt. Die für die oben genannten Zielrichtungen und somit auch der eines Sicherheitsverschlusses erstellte DVGW-VP 405 enthält die Anforderungen an solche „Gewindeklebstoffe" bzw. „Gewindedichtklebstoffe", siehe **Bild 5.35**.

vergleichbarer baulicher Schutz

Unter dem „sicherheitstechnisch vergleichbaren baulichen Schutz" ist die Einhausung der Gas-Druckregelgerät-/Zählereinheit mit ihren lösbaren Verbindungen zu verstehen. Dies kann die Abtrennung z. B. mit einem Holzlattenverschlag sein, der dem Unbefugten einen Eingriffsversuch in die Gasanlage nur durch Zerstörung – also nicht mehr lautlos und nur mit zusätzlichem Zeitaufwand – abnötigt oder aber eine von bestimmten Herstellern für solche Sicherungszwecke angebotene Schrankumbauung mit der gleichen Auswirkung. Selbstverständlich werden solche Einhausungen nur dort in Frage kommen, wo z. B. durch spezielle Installationssituationen mit Gaseinführung und Verteilung an der Wand des Kellerflures eine Abriegelung des gesamten Raumes mit verschließbarer Tür (= nicht allgemein zugänglicher Raum) baulich nicht möglich ist.

Anordnung des Hausanschlusses einschließlich Druckregelung und Messung vornehmlich in nicht allgemein zugänglichen Räumen

Zukünftige Planungen für Gasinstallationen in Mehrfamilienhäusern sehen die Anordnung von Gaseinführung, Regelung und Messung in „nicht allgemein zugänglichen Räumen" vor. Die zuvor beschriebenen Maßnahmen der Sicherung von lösbaren Verbindungen decken damit alleine die Situationen ab, wo der geeignete Raum bzw. die geeignete Räumlichkeit mit abschließbarer Tür nicht zur Verfügung steht.

die abgesperrte Tür und die leichte Erreichbarkeit (im Sinne der TRGI) stellen <u>keinen</u> Widerspruch dar

Nachdrückliche Fragestellungen drehten sich gerade um diese Lösungsmöglichkeit in Anbetracht der bestehenden Anforderung, einerseits im Notfall rasch die Gaszufuhr zu einem Haus unterbrechen zu können, ohne andererseits einen unkontrollierten Zugang zur Hauptabsperreinrichtung und damit zur Gasinstallation dulden zu müssen. Die TRGI greift daher insbesondere auch diesen Punkt auf und bezieht dazu in Kapitel 5 „Betrieb und Instandhaltung" in Abschnitt 13.2.2 „Hauptabsperreinrichtung" konkret Position. Der nur scheinbare Widerspruch findet in NDAV selbst seine Lösung und zudem hat diesbezüglich auch das Technische Regelwerk bereits die

Absicherung für die Interpretation in der TRGI geschaffen. Das Beiblatt G 459-1-B schreibt Folgendes vor: „Bei neu zu errichtenden Hausanschlussleitungen muss die Gasversorgung von Gebäuden bei Gefahr (unkontrolliert ausströmendes Gas oder Brand im Gebäude) von außen ohne Tiefbauarbeiten unterbrochen werden können." Hiervon ausgenommen sind allein Gebäude geringer Höhe (Gebäudeklasse 1 und 2), also Ein- und Zweifamilienhäuser, die als Gebäude mit nicht allgemein zugänglichen Räumen ohnehin von den hier behandelten Maßnahmen der Zusatzabsicherung nicht betroffen sind.

Laut NDAV, § 8, Abs. 1 müssen „Netzanschlüsse" (= Hausanschlüsse) „...zugänglich und vor Beschädigungen geschützt sein". Das Gebot der Zugänglichkeit gilt im Verhältnis zwischen Netzbetreiber und Hauseigentümer. Das Gebot, die Hausanschlüsse, so auch die meist im Gebäude installierten Gas-Druckregelgeräte und Gaszähler, vor Beschädigungen zu schützen, verlangt, den Zugang auf autorisiertes Personal des NB, auf Störungsdienste wie auch z. B. die Feuerwehr und auf den Hauseigentümer zu beschränken und unbefugte Dritte vom Zugang auszuschließen. Zugangsmöglichkeit für das Personal des NB ist durch den beim Hauseigentümer, Hausmeister vorhandenen Schlüssel für die verschlossene Zugangstür gegeben. Im Notfall dient entweder die vorn dargestellte Absperrmöglichkeit von außen zur schnellen Unterbrechung der Gaszufuhr oder – bei trotzdem notwendiger Betätigung von innen – ist zur Gefahrenabwehr der Schaden einer aufgebrochenen Tür immer akzeptabel. Sollte durch die massive Bauweise der Tür die Werkzeugausrüstung des Bereitschaftsdienstes für ein schnelles Aufbrechen der Tür nicht ausreichen oder z. B. bei einer Stahltür der Werkzeugeinsatz wegen Bedenken der Funkenbildung nicht möglich sein, so kann für solche Einzelfälle ein Schlüsselkasten bzw. Schlüsseltresor zur Anwendung kommen. Mit dem Schlüsselkasten ist das Schutzziel verbunden, dass dieser entweder nur durch Autorisierte zu öffnen ist – denkbar wäre ein besonderer Schlüssel, der nur Hauseigentümer, NB und Feuerwehr zur Verfügung steht – oder ansonsten ein lautloses Öffnen nicht möglich ist.

Schlüsselkasten in außergewöhnlichen Fällen

Abschließend sei bei den Passivmaßnahmen noch die Anordnung des Hausanschlusskastens (Hauptabsperreinrichtung, Gas-Druckregelgerät und Zähler) außerhalb des Gebäudes betrachtet. Diese außen liegende Anordnung ist nach dem bisherigen Regelwerksstand, siehe DVGW-Arbeitsblatt G 459-1, bereits möglich. Das Schutzziel in dem hier behandelten Sinne ist damit selbstredend erfüllt. Die nach Aufbrechen des Anschlusskastens darin vorgenommene Manipulation ist im Gefahrenpotenzial eher gering einzustufen. Innerhalb des Hauses sind dann keine Verschraubungen und Flanschverbindungen, mit Ausnahme der Gasgeräteanschlüsse, erforderlich.

5.4 Gas-Druckregelung

Haus-Druckregelgerät

Zähler-Druckregelgerät

Die Gas-Druckregelung mit der Aufgabenstellung, letztlich für die in der Gasinstallation angeschlossenen Gasgeräte deren benötigten Anschlussdruck (Nennwert = 20 mbar) bereitzustellen, geschieht durch Haus- oder Zähler-Druckregelgeräte, die in der Kundenanlage im Bereich hinter der

HAE und vor dem Gaszähler installiert sind. In geringer Verbreitung und bei gewachsenen alten Verteilungsnetzen ist noch die klassische Niederdruckversorgung mit Bezirks-Druckregelstationen und der bereits „geregelten Gasversorgung" ohne Druckregelgeräte in den Kundeninstallationen existent.

Nenn-Ausgangsdruck am Gas-Druckregelgerät von 23 mbar gefordert (bisher: 22,6)

Eine wesentliche Änderung dieser DVGW-TRGI 2008 stellt die Vorgabe für den Nenn-Ausgangsdruck als Sollwert des Ausgangsdruckes am Gas-Druckregelgerät in der Gasinstallation von 23 mbar dar. Die oben beschriebene Bezirks-Druckregelung muss sich ebenfalls daran orientieren. Wie auch mit vielen anderen Abschnittsbezügen zur TRGI in dieser Kommentierung erläutert, ist diese Anhebung des Regelgeräte-Ausgangsdruckes eine notwendige und logische Konsequenz der gegenüber der bisherigen TRGI nun hinzugekommenen zusätzlichen Einrichtungen und Sicherheitselemente mit eigenen zusätzlichen Druckverlustwerten. Es sei an dieser Stelle auch darauf hingewiesen, dass der bisherige Nenn-Ausgangsdruck am Druckregelgerät in korrekter Ableitung aus den Vorgaben des DVGW-Regelwerkes, der TRGI (zulässiger Druckverlust bis Gasgeräteeingang von 2,6 mbar) einerseits und des DVGW-Arbeitsblattes G 260 (Nenndruck am Gasgerät = 20 mbar) andererseits, sich gegenüber den heutigen 23 mbar nur geringfügig niedriger als ein Ausgangsdruck-Vorgabewert von 22,6 mbar ergab, der jedoch bisher nicht in den TRGI mit diesem Wert explizit angesprochen war.

DVGW G 685 (A)

Als Einstellwert – und gleichzeitig Abrechnungswert (= Effektivdruck entsprechend dem DVGW-Arbeitsblatt G 685 „Gasabrechnung") – ist bislang im Feld der Ansatz 22 mbar praktiziert worden. In Abstimmung mit den zuständigen Eichverwaltungen der Länder sowie den Vertretern der physikalisch-technischen Bundesanstalt (PTB) konnte im Fachgremium zur Überarbeitung des DVGW-Arbeitsblattes G 685 nun folgende Vorgabe erzielt werden:

22 mbar als Effektivdruck weiterhin möglich

> *„Bei Ausgangsdrücken am Gas-Druckregelgerät von 22 und 23 mbar beträgt der Abrechnungsdruck 22 mbar. Bei höheren Ausgangsdrücken bis 30 mbar wird der Abrechnungsdruck mit 1 mbar unterhalb des eingestellten Regelgeräteausgangsdruckes angesetzt, es sei denn, dass der Druckverlust zwischen Gas-Druckregelgerät und Gaszähler kleiner als 1 mbar ist. Dieser Nachweis kann auch für 23 mbar erfolgen."*

Diese für den Netzbetreiber und zukünftig auch eventuell MSB sehr bedeutungsvolle Festlegung erlaubt sowohl im „gemischten Versorgungsbereich" – existierende Anschlüsse mit 22 mbar und Neuanschlüsse mit 23 mbar Nenn-Ausgangsdruck – die Verwendung des identischen Umrechnungsfaktors bei allen Kunden als auch im neuen Anschlussgebiet die exaktere Abrechnung mit dem durchgehenden Ansatz von 23 mbar als Verrechnungsdruck.

weiterhin Verfahrensgebiet I

Die Verfahrensgebiet-Zuordnung mit z. B. der Regelgüte-Konsequenz hinsichtlich der Qualität der einzusetzenden Druckregelgeräte bleibt durch die oben angesprochene TRGI-Änderung unbetroffen; es ist weiterhin Verfahrensgebiet I zutreffend. Ist aus betrieblichen Gründen ein Versorgungsdruck

> 30 mbar erforderlich, so sind die Anforderungen des DVGW-Arbeitsblattes G 685 zu beachten. Generell gilt bei jeder Abweichung von 23 mbar als Ausgangsdruck-Einstellung, dass dies in Absprache zwischen NB und VIU geschehen muss.

5.4.1 Unterbringung und Anordnung der Gas-Druckregelung

DVGW G 459-1 (A)

DVGW G 459-2 (A)

Hinsichtlich der Unterbringung und Anordnung der Gas-Druckregelung wird neben der TRGI auf die beschriebenen Möglichkeiten nach dem DVGW-Arbeitsblatt G 459-1 „Gas-Hausanschlüsse für Betriebsdrücke bis 4 bar (5 bar) – Planung und Errichtung" hingewiesen. Bezüglich der Anforderungen an die Gas-Druckregelgeräte im Geltungsbereich der TRGI gilt zudem das DVGW-Arbeitsblatt G 459-2 „Gas-Druckregelung mit Eingangsdrücken bis 5 bar in Anschlussleitungen". In Anpassung an DIN EN 12279 wird der Anwendungsbereich dieses Arbeitsblattes auf einen eingangsseitig maximal zulässigen Betriebsdruck von 5 bar und einen Auslegungsdurchfluss von maximal 200 m^3/h im Normzustand begrenzt. Angesprochen wird darin die „Versorgung von Wohn-, Büro- und Sozialgebäuden sowie gemischt genutzten Gebäuden und von Gebäuden öffentlicher, kultureller und gewerblicher Einrichtungen, soweit sie mit der häuslichen Nutzung vergleichbar sind, und die mit Gasen der öffentlichen Gasversorgung betrieben werden, deren Beschaffenheit dem DVGW-Arbeitsblatt G 260, ausgenommen Flüssiggas, entspricht. Ausgenommen sind industrielle Produktionsanlagen."

Abstimmung zwischen VIU und NB

Die Position/Einbausituation des/der Gas-Druckregelgeräte(s) in der Gasinstallation bedarf jeweils der Abstimmung zwischen VIU und dem NB.

zusätzliche/einschränkende Anforderungen an Gas-Druckregelung aufgrund des GS

Eine zusätzliche Sensibilität hinsichtlich der Anforderungen an Qualität, an Einbauort und auch an die Einbaulage des Druckregelgerätes ist mit der DVGW-TRGI 2008 zudem durch die neue Einrichtung Gasströmungswächter und der damit resultierenden Aufgabenstellung der Gewährleistung der Betriebssicherheit der gesamten Gasinstallation als neue „Systemanforderung" gegeben. Die Anforderungen an dynamisches Verhalten und Impulsfestigkeit zur ausreichenden und zweckentsprechenden Funktion der GS wiesen auf starke Beeinflussungen/Abhängigkeiten durch die dynamischen Vorgänge einerseits der Druckregelgeräte in der Gasinstallation und andererseits der Steuerarmaturen der zu versorgenden Gasgeräte hin. Neben wesentlichen Zusatz- oder einschränkenden Anforderungen an GS (dieses fand Niederschlag in der aktuellen Fassung der Produktanforderung DVGW-VP 305-1, Ausgabe Oktober 2007) resultierten zudem Zusatz- bzw. einschränkende Anforderungen an Druckregelgeräte, welche in der neu vorliegenden nationalen Norm DIN 33822 ihren Niederschlag fanden. Essenziell ist dabei die Einschränkung auf ein höheres Dämpfungsverhalten zur Eingrenzung der Überschwingung im Anlaufzustand. Kritische Situationen können dann auftreten, wenn:

Eingrenzung des Überschwingens im Anlaufzustand

- Universal-Druckregelgeräte mit möglichst ausgedehntem Leistungs-Geltungsbereich zum Einsatz kommen sollen

- der Einsatzort an Stellen mit tiefen Umgebungstemperaturen (< 0 °C) liegt

Auswahlsorgfalt ist angesagt

Einer spezifischen Auswahl bedarf somit in Zukunft das beispielsweise im Anschlusskasten außerhalb des Gebäudes platzierte Druckregelgerät; und generell wird für die NB die besondere Sorgfalt und Eignungsabklärung bei der Wahl des Zulieferers und des bestimmten Typs für das/für die Gas-Druckregelgerät(e) angezeigt sein.

5.4.2 Gas-Druckregelgeräte

Druckregelgerät nach DIN 33822 zertifiziert

In diesem Kommentar wird bereits zu Abschnitt 5.2.15 der TRGI auf die heutige Normungssituation bezüglich der Produkte Gas-Druckregelgeräte und deren Sicherheitseinrichtungen eingegangen. Wie oben aufgezeigt, muss für die Praxis der TRGI der Einsatz von Druckregelgeräten nach DIN 33822 mit DIN-DVGW-Zertifizierung empfohlen werden.

Ausrüstung mit Gasmangelsicherung empfehlenswert

Die bei jedem Druckregelgerät mögliche Einrichtung gegen unzulässige Druckunterschreitung (z. B. Gasmangelsicherung) ist keine Anforderung, jedoch eine Option, welche gerade bei nicht immer verhinderbaren Störungsfällen im Ortsverteilungsnetz oder z. B. bei Arbeitsvorgängen in Zusammenhang mit der Umbindung von Hausanschlussleitungen sich als Vorteil auswirken kann. Bei augenscheinlich ordnungsgemäßem Zustand der erkennbaren Gasinstallation kann in solchen Ausstattungsfällen auch „das Druckeinlassen über die Gasmangelsicherung" als Mindestabsicherungsmaßnahme akzeptiert werden.

SAV gefordert

Als Vorschrift gilt jedoch die Sicherheitseinrichtung gegen unzulässigen Druckanstieg für alle Leitungsinstallationen, bei denen der Eingangsdruck des Gas-Druckregelgerätes > 100 mbar beträgt. Da das Sicherheitsausblaseventil (SBV) schon seit Langem nur noch die Aufgabe als Leckmengen-Ausblaseventil einnehmen kann und als solches auch für viele Fälle noch benötigt wird, gilt heute ausschließlich die Sicherheitsabsperreinrichtung (SAV) als notwendige und akzeptierte Sicherheitseinrichtung gegen unzulässigen Druckanstieg.

Für die Instandhaltung von in Betrieb befindlichen Gas-Druckregelungen gilt das DVGW-Arbeitsblatt G 495 „Gasanlagen – Instandhaltung".

Instandhaltung von Gas-Druckregelungen

Eine Instandhaltung nach DVGW-Arbeitsblatt G 495 muss vorgenommen werden, um sicherzustellen, dass

- die Gas-Druckregelung und deren Bauelemente die für ihren Bestimmungszweck erforderliche Zuverlässigkeit aufweisen
- die Gas-Druckregeleinrichtung und deren Bauelemente mechanisch in einwandfreiem Zustand sind und keine Undichtheiten aufweisen
- die Druckregelung und -absicherung auf die richtigen Drücke eingestellt sind

- die Bauelemente richtig eingebaut und gegen Schmutz, Flüssigkeiten, Einfrieren sowie andere Einflüsse geschützt sind, die ihre Funktion beeinträchtigen könnten

5.4.3 Überprüfung der Einstellungen der Gas-Druckregelgeräte

Die Haus- und Zähler-Druckregelgeräte gehören nach § 10 der NDAV eindeutig in den Zuständigkeitsbereich (Installation und Betreuung) der NB. Die DVGW-TRGI 2008 geht mit Absicht gegenüber den Vorgängerausgaben an dieser Stelle mit Detailaussagen auf Einbau und Einstellung der Druckregelgeräte einschließlich ihrer Sicherheitseinrichtung(en) ein, um auf die immer wieder gestellten Fragen sowohl durch die NB selbst als auch durch VIU zumindest Antworten hinsichtlich der zu beachtenden Einflussgrößen zu geben.

Sach- und Fachkundeerwerb durch VIU möglich

Das DVGW-Arbeitsblatt G 459-2 lässt neben dem primär genannten Personal des NB auch das VIU in Abstimmung mit dem NB für Einbau und Prüfung der Gas-Druckregelgeräte im TRGI-Bereich zu. Voraussetzung ist die zusätzlich zu erwerbende Fach- bzw. Sachkunde der Mitarbeiter des VIU auf dem Gebiet der Gas-Druckregelung. Die Handwerksausbildung zum VIU alleine schließt die Qualifikation als „Fachkraft oder Sachkundiger für Gas-Druckregelgeräte" nicht ein. Übrigens kann Gleiches auch auf Mitarbeiter von Unternehmen mit Zertifizierung nach dem DVGW-Arbeitsblatt GW 301 bezogen werden (z. B. in Verbindung mit der Erstellung eines neuen Gas-Hausanschlusses).

Qualifizierungsanforderung und -nachweis

Eine Entwicklung in diese Richtung, dass die NB zunehmend auch die VIU mit dieser Aufgabenstellung betrauen, lässt sich bereits deutlich erkennen. Über den Erwerb der Qualifikationsanforderung und den Nachweis der ausreichenden Qualifizierung der VIU-Mitarbeiter sollte durch den NB oder eine neutrale Stelle (DVGW-Berufsbildung) eine schriftliche Bestätigung vorliegen. Dazu bietet sich eine Kombinationsveranstaltung aus

- Vermittlung von theoretischen Kenntnissen (ca. 1-tägige Schulung) mit den Inhalten:
  - Grundlagenkenntnisse der Gas-Druckregelung
  - Funktionsweise der eingesetzten Geräte und eventuell der Funktionsleitungen
  - einschlägige Vorschriften, Richtlinien und Regeln der Technik

und

- praktische Übungen (in Einheit mit der theoretischen Schulung oder/und in der praktischen Übung/Unterweisung im Feld) mit den Inhalten:
  - Transport, Umgang mit den Geräten
  - Einbau von Druckregelgeräten, z. B. Durchflussrichtung, Umgang mit Dichtflächen und eventuell Einbau und Installation von Funktionsleitungen
  - Prüfung der Funktionen und Dichtheit
  - In- und Außerbetriebnahme von Gas-Druckregelungen

an. Denkbar ist der Einsatz als „Fachkraft" für Einbau und Prüfung von Kompakt-Druckregelgeräten (z. B. Niederdruck-Regelgerät und 2-stufige Mitteldruck-Regelgeräte) oder als „Sachkundiger" mit Tätigkeitsfeld Einbau und Prüfung von Gasdruckregelungen mit externen Funktionsleitungen (Wirkleitungen und Leitungen zur Atmosphäre wie Atmungs-, Abblase- und Entspannungsleitungen), wie z. B. 1-stufige Mitteldruck-Regelgeräte größerer Leistungen. Interessierten NB wird die Kontaktaufnahme mit dem DVGW-Technischen Komitee „Anlagentechnik" empfohlen. Die Schulung eigener VIUs wird sich insbesondere auf die vom Netzbetrieb eingesetzten speziellen Herstellerfabrikate und Bauarten konzentrieren.

DVGW-TK „Anlagentechnik"

Verantwortung für Funktion und Einstellwert beim NB

Unberührt von oben erwähnter Vorgehensweise bleibt die Verantwortung über die sichere Funktion sowie die Vorgabe der Einstellwerte immer beim NB. Der Sollwert des Ausgangsdruckes, Einstellungen der Sicherheitseinrichtung(en) sowie die Gütekennzeichnungen müssen auf dem Typschild am Regelgerät dauerhaft vermerkt sein. Zu eventuellen Veränderungen ist ausschließlich der NB autorisiert, da die Daten u. a. auch als Bestandteil der Gasabrechnung behandelt werden müssen.

5.4.3.1
5.4.3.2

Schließdruckgruppe
Ansprechdruckgruppe

Die möglichen und notwendigen Einstellungen von Sollwerten der Gas-Druckregelgeräte sind weiteren Charakteristiken wie z. B. der Schließdruckgruppe des Gerätes (ND-Regelgerät) und zusätzlich z. B. der Ansprechdruckgruppe des SAV (MD-Regelgerät mit eingangsseitigem Druck MOP_u > 100 mbar) unterworfen.

Sollwerteinstellung

Aus den Gleichungen in diesen TRGI-Abschnitten ist erkennbar, dass die einstellbaren Sollwerte nie die tatsächliche Höhe der vorgegebenen maximal möglichen Druckwerte annehmen können, sondern immer um den Anteil z. B. der Schließdruckgruppe 1/(1+SG/100) bzw./und den Anteil der Ansprechdruckgruppe 1/(1+AG/100) gemindert sind; siehe die vorgenommene Umstellung der Gleichungen auf eine Bestimmungsgleichung zur Ermittlung von p_{ds}.

praxisrealistischer Einstell-Sollwert des SAV von 50 bis 70 mbar

Ausgehend von der bisherigen Maßgabe und der heute vorliegenden Feldsituation, dass das SAV spätestens bei 110 mbar anspricht und die Schließstellung einnimmt, ergibt sich bei Anrechnung von Ansprechdruckgruppe, Stellgeschwindigkeit und der Schließdruckgruppe (jeweils mit 10 % oder 20 %) beispielsweise ein realistischer Einstell-Sollwert des SAV von etwa 50 bis 70 mbar. Die zu bedienenden Anschlussdrücke für Gasgeräte (z. B. für Gewerbegeräte mit von 20 mbar abweichenden Nenndrücken) können somit höchstenfalls bis zu 70 mbar sein. Höhere Betriebssicherheiten durch tiefer gewählte Einstellungen etwa um 50 mbar erklären sich aus prophylaktischer Berücksichtigung weiterer Einflussgrößen, wie eventuell

Alterung

- der Ausweitung des Schließdruckbereiches durch Alterung

und/oder

Temperatur

- einer – je nach Installationssituation nicht auszuschließenden – Druckanhebung durch Temperaturanstieg des eingeschlossenen Gasvolumens bei Nullverbrauch.

Grenzeinstellung für das SAV bei 150 mbar

Die DVGW-TRGI 2008 setzt nun die bereits seit den letzten Jahren bestehende Situation aus der europäischen Normung (siehe DIN EN 14382) mit der danach möglichen Grenzeinstellung für das SAV bei 150 mbar in die Installationspraxis um. Der Sachverhalt ist über die Fußnote 19 zu Abschnitt 5.4.3.2 der TRGI angesagt; die Verifizierung findet dieses in der Erhöhung des Druckniveaus für die Dichtheitsprüfung auf 150 mbar, gegenüber bislang 110 mbar (siehe dazu Abschnitt 5.6.4.2 der TRGI).

Dichtheitsprüfung bei 150 mbar

Das DVGW-Arbeitsblatt G 459-2, Mai 2005 weist in Fußnote 3 zu dessen Abschnitt 4.4.3 darauf bereits wie folgt hin:
„Abweichend davon (= Einstelldruck des SAV ist so zu wählen, dass der Ausgangsdruck bei Störungen höchstens auf das 1,1-fache des MOP_d ansteigt) gilt bei Auslegungsdruck DP 0,1 (= 100 mbar) als Grenze für die Einstellung der Sicherheitseinrichtungen ein Druck von 150 mbar, sofern das gesamte ausgangsseitige Versorgungssystem sowie die angeschlossenen Gasinstallationen und Gasgeräte mit 150 mbar auf Dichtheit geprüft worden sind."

Bei neu erstellten Gasinstallationen ist in Bezug auf diesen Sachverhalt somit die europäische Option erfüllt. Bei vor dieser DVGW-TRGI 2008 errichteten Gasinstallationen muss bei Druckregelgerätewechsel jeweils noch der alten Situation – alter Einstelldruck des SAV entsprechend der Dichtheitsprüfung bei 110 mbar – Rechnung getragen werden. Entweder wird mit der Wahl des Druckregelgerätes die Grenzwerteinstellung des SAV bei 110 mbar belassen oder die nachträgliche Dichtheitsprüfung mit 150 mbar ist erforderlich.

5.4.3.3

Bei ausgangsseitigen Drücken > 100 mbar und < 1 bar handelt es sich immer um Gas-Druckregelgeräte mit notwendigem SAV. Hinsichtlich der Einstellung der Sollwerte ist hier zu beachten, dass der maximale Ansprechdruck der Sicherheitseinrichtung 1,1 bar beträgt.

5.4.4 Leitungen zur Atmosphäre

Bei Leitungen zur Atmosphäre handelt es sich um Funktionsleitungen wie

Funktionsleitungen

- Atmungsleitung
- Abblaseleitung
- Entspannungsleitung

Funktionsleitungen sind so anzuordnen und zu dimensionieren, dass die bestimmungsgemäße Funktion der Sicherheitseinrichtungen, Gas-Druckregelgeräte, Messgeräte und sonstigen Bauteile sichergestellt wird. Dabei sind die Herstellervorschriften zu beachten.

Gas-Druckregelgeräte und Sicherheitseinrichtungen mit Atmungsventilen und Sicherheitsmembranen, die im Störungsfall den Gasaustritt auf eine Menge von 30 l/h (bezogen auf Luft) begrenzen, erfordern keine Funktionsleitungen zur Atmosphäre. Fehlen Einrichtungen, die den Gasaustritt sicher auf 30 l/h begrenzen, sind Funktionsleitungen zur Atmosphäre erforderlich.

Atmungsleitungen dürfen nicht absperrbar sein. Abblase- und Entspannungsleitungen dürfen nicht mit Atmungsleitungen in eine Sammelleitung zusammengeführt werden. Ausgenommen sind Leitungen zur Atmosphäre an Geräten, in denen Atmungs- und Sicherheitsabblaseeinrichtungen (SBV) apparativ zusammengefasst sind.

Anforderung an Ausführung und Lage der Ausmündungen

Die Ausmündungen von Leitungen ins Freie müssen von Zündquellen weit genug entfernt, gegen Korrosion geschützt, zum Schutz gegen Verstopfen mit geeigneten Einrichtungen versehen und so angeordnet sein, dass ausströmendes Gas nicht in geschlossene Räume eintreten oder auf andere Weise unzumutbare Belästigung oder Gefährdung verursachen kann.

In langjähriger Praxisbewährung haben sich Mindestabstände von allen Öffnungen, auch Ritzen von 0,5 m und von Ansaugöffnungen von ca. 2,5 m als empfehlenswert und teils notwendig herausgestellt. Es wird zudem auf den neuen DVGW-Hinweis G 442 „Explosionsgefährdete Bereiche an Ausblaseöffnungen von Leitungen zur Atmosphäre an Gasanlagen“ hingewiesen.

5.5 Installation von Gaszählern

DIN EN 1776

DVGW G 492 (A)

Bei der Installation von Gaszählern gelten neben dem Abschnitt 5.5 der TRGI das DVGW-Arbeitsblatt G 492 „Gas-Messanlagen für einen Betriebsdruck bis einschließlich 100 bar; Planung, Fertigung, Errichtung, Prüfung, Inbetriebnahme, Betrieb und Instandhaltung“ und speziell für Turbinenradgaszähler die technische Richtlinie G 13 „Einbau und Betrieb von Turbinenradgaszählern“, herausgegeben von der physikalisch-technischen Bundesanstalt PTB im Einvernehmen mit den Eichaufsichtsbehörden. Der Geltungsbereich des oben genannten DVGW-Arbeitsblattes G 492 weist dieses Arbeitsblatt als eine detailliertere technische Regel im Anwendungsbereich der europäischen Norm DIN EN 1776 „Erdgas-Messanlagen – Funktionale Anforderungen“ aus. Zudem heißt es im Geltungsbereich:

> „Für Gaszähler, die als Einzelgeräte oder als Einheit mit weiteren an- oder eingebauten Messeinrichtungen hergestellt und geeicht sind und die ohne zusätzliche messtechnische Anforderungen an die Gasleitungsanlage eingebaut werden können, gelten bis zu einem Betriebsdruck von 1 bar die Anforderungen des DVGW-Arbeitsblattes G 600 (DVGW-TRGI). Demgegenüber gelten für Messanlagen bis zu einem Eingangsdruck von 1 bar im Anwendungsbereich von G 600 die **messtechnischen** Anforderungen dieses Arbeitsblattes.
>
> Bei Messanlagen in Gas-Druckregelanlagen nach dieser technischen Regel ist das DVGW-Arbeitsblatt G 491 zu beachten.“

überwiegend Balgengaszähler

Da im Geltungsbereich der TRGI überwiegend Balgengaszähler eingesetzt werden, gilt nach wie vor der Abschnitt 5.5 der TRGI, welcher nachfolgend kommentiert wird.

5.5.1
Installationsort

kein frostfreier Aufstellort

Einbau im Anschluss- oder Mauerkasten

leichte Zugänglichkeit

Wie bereits in den bisher gültigen TRGI '86/96 wird aufgrund der Verteilung von „trockenem" Erdgas die Forderung nach einem frostfreien Aufstellort des Gaszählers nicht gestellt. Im Zusammenhang mit den bereits seit 1998 erweiterten Möglichkeiten im DVGW-Arbeitsblatt G 459-1 ist der Einbau sowohl der Hauptabsperreinrichtung und des Gas-Druckregelgerätes als auch des Gaszählers in einem Anschluss- bzw. Mauerkasten außerhalb des Gebäudes möglich. Dies kann somit bezüglich der Erstellung der Hausanschlussleitung und der Zugänglichkeit der NB-eigenen Bauteile zu einer weiteren technischen und wirtschaftlichen Optimierung führen.

innerhalb/außerhalb von Wohnungen

Vor- und Nachteile
Trend

Bei der Aufstellung der Gaszähler innerhalb von Gebäuden schränkt die Forderung, nach der der Aufstellort des Gaszählers leicht zugänglich sein muss, die Aufstellmöglichkeiten nicht so entscheidend ein und lässt die Aufstellung **innerhalb** und **außerhalb** von Wohnungen zu.
Hinsichtlich des Aufwandes bei der Leitungsverlegung, der meist jährlichen Ablesung und des turnusmäßigen Zählerwechsels ergeben sich in beiden Fällen Vor- und Nachteile, die nach unterschiedlicher Interessenlage verschieden gewertet werden. Allgemein überwiegt der Trend zur Aufstellung außerhalb der Wohnung. Die Anordnung in nicht allgemein zugänglichen Räumen ist ebenfalls nicht im Widerspruch zum hier gemeinten Schutzziel.

Garagen

Unter Beachtung des Schutzes vor mechanischen Beschädigungen ist die Aufstellung von Gaszählern in Garagen – vorrangig Kleingaragen – ebenfalls möglich.

Aufstellort
Kundenwünsche

Nach wie vor bestimmt der NB die Art, Zahl und Größe sowie den Aufstellort des Gaszählers. Entsprechend den Festlegungen in der NDAV hat er den Kunden anzuhören und seine berechtigten Interessen zu wahren.

5.5.2
Gaszähler in Rettungswegen

Mit Bezug auf die Kommentierung zu Abschnitt 5.3.7.7.1 kann der Gaszähler bzw. der Gaszähler mit vorgeschaltetem Zähler-Druckregelgerät in allgemein zugänglichen Fluren, die als Rettungswege dienen, installiert sein. Er ist so anzuordnen, dass dadurch kein Hindernis für die Funktion als Rettungsweg dargestellt wird.

keine Aufstellung in „notwendigen Treppenräumen"

In den notwendigen Treppenräumen ab der Gebäudeklasse 3 und deren Ausgängen ins Freie ist die Installation von Gaszählern, wie auch der offen verlegten Gasleitungen nicht zugelassen. Eine Unterbringung in Zählernischen oder Zählerschränken, die vom Treppenraum durch Türen mit umlaufenden Dichtungen und mit entsprechender Feuerwiderstandsfähigkeit getrennt sind und deren erforderliche Lüftungsöffnungen nicht in den Treppenraum führen dürfen, stellt dabei weitestgehend allein eine theoretische Möglichkeit dar und entbehrt des realen Praxisbezuges.

5.5.3
Zugänglichkeit

geschützt und spannungsfrei befestigt

Dass Gaszähler „ohne Berührung mit den sie umgebenden Wänden" anzuschließen sind, dient vorrangig dem Korrosions- und Schallschutz und schließt in keiner Weise die Aufstellung – besonders von größeren Gaszählern – auf Stützen, Konsolen, Sockeln u. Ä. aus. Um Gaszähler vor mechanischen Spannungen sowohl in ihrem Installationsfall als auch im Betätigungsfall – z. B. Eichwechsel – ausreichend zu schützen, müssen diese durch stabile Befestigungen an der Wand, z. B. mittels Zähler-Anschlussplatte beim Zweistutzen-Gaszähler oder am Rohr, z. B. Stahlrohrformstück, so fixiert sein, dass im normalen Betriebsfall und bei Instandhaltungsbetätigungen auch mit Werkzeugeinsatz stets fester Halt gegeben ist. Auf die Wandanschlussplatte kann dann verzichtet werden, wenn durch die Leitungsführung und Befestigung z. B. in einem Schachteingang oder im Außen-Anschlusskasten andere geeignete spezifische Befestigungsmöglichkeiten vorgesehen sind. Zum Weiteren hat sich diesbezüglich der Einstutzen-Gaszähler bewährt.

5.5.4
Belüftung und Belüftbarkeit

keine Aufstellung im Hohlraum

Die Gaszähler – und möglicherweise – einschließlich des Gas-Druckregelgeräts dürfen nicht im „Hohlraum" angeordnet sein. Somit ist der Zählerschrank/die Zählernische bzw. deren Tür oben und unten mit Lüftungsöffnungen mit freien Lüftungsquerschnitten von jeweils mindestens 5 cm^2 zu versehen. Gleiches Ergebnis wird auch durch die marktübliche Tür **ohne** umlaufende Dichtungen erzielt.

Belüftbarkeit gefordert

Handelt es sich um den begehbaren Aufstellraum, so wird noch zusätzlich zum vorhandenen Sachverhalt der Tür ohne umlaufende Dichtungen die Frage zu klären sein, ob bei geöffneter Tür z. B. eine geringe austretende Gasmenge, z. B. beim Vorgang des Zählerwechsels, aufgrund ausreichender „Durchlüftungssituation" ungefährlich abgeführt werden kann. Hinsichtlich der „geringen freiwerdenden Gasmenge" siehe auch die Kommentierung zu Abschnitt 5.9.1 dieser TRGI.

Je nach Raumgeometrie und -größe und je nach Montage-Anordnung von Gaszähler und/oder Druckregelgerät kann auch durch das zusätzliche Kellerfenster, welches geöffnet werden kann, eine ausreichende Querlüftung erzielt werden.

Besondere Vorkehrungen sind dann nötig, wenn für den fensterlosen Anschlussraum mit Gas-Druckregelgerät und Gaszähler aus bauaufsichtlichen Brandschutzbestimmungen eine Tür mit Feuerwiderstandsfähigkeit (impliziert ist damit auch die Ausführung mit umlaufenden Dichtungen) gefordert ist. Lösungen können dann durch den eventuellen Lüftungsschacht nach außen oder z. B. die mit Brandverschlussmanschetten versehenen Öffnungen zum Nachbarraum bzw. Flur gegeben sein.

5.5.5
Ein- und Ausbau

Beachtung/Berücksichtigung bei elektrischer Leitfähigkeit

Dies ist der Hinweis, dass beim Trennen/Ausbau von Leitungsteilen mit elektrischer Leitfähigkeit für die Überbrückung gesorgt werden muss, um eventuelle schädliche Berührungsspannungen oder Funkenbildung zu vermeiden. Beim Einstutzen-Gaszähler sowie beim Zweistutzen-Gaszähler kleiner oder mittlerer Größe mit vorschriftsmäßiger Zähler-Anschlussplatte ergeben sich hieraus keine Zusatzanforderungen.

5.5.6
Auswechslung des Gaszählers

In Übereinstimmung mit BGR 500/Teil 2, Kapitel 2.31 „Arbeiten an Gasleitungen" und um überzogenen Forderungen begegnen zu können, ist eine Reihe praxisgerechter Verschlussmöglichkeiten an ausgebauten Gaszählern beispielhaft aufgeführt worden. Sie sind unverzüglich nach dem Ausbau durchzuführen, um u. a. ein Entzünden des im Gaszähler befindlichen Gas-Luft-Gemisches und ein eventuelles „Ausgasen" beim Transport zu vermeiden.

5.5.7

Prepayment-Systeme

Vorkasse-Systeme mit Kontrolle vor Freigabe

Die Vorkasse-Systeme (Prepayment-, früher Münzgas-Zähler) sind im Feld mit teils unterschiedlichen Bauarten und Sicherheitskonzepten anzutreffen. Ein Fachgremium befasst sich zurzeit mit der Erarbeitung von einvernehmlich abgeklärten Produktstandards. Als installationsseitige Mindestanforderung für einen betriebssicheren Einsatz solcher Einrichtungen wird auf die Überprüfungsfunktion und -qualität wie nach kurzzeitiger Betriebsunterbrechung (siehe den Abschnitt 5.7.1.4 der TRGI) zurückgegriffen. Kommt ein solches System in Bestandsanlagen zum Einsatz und sind als Stillstandspausen auch Zeiträume über mehrere Monate nicht ausgeschlossen, so ist für die nachgeschaltete Anlage auf deren ausschließliche Ausführung bei Gasgeräten Art B_1 oder B_4 mit Abgasüberwachungseinrichtungen (BS) zu achten.

5.5.8

Zähler-Absperreinrichtung gefordert

Während bislang noch entsprechend den TRGI '86/96 die Gaszähler-Absperreinrichtung (Zählerhahn) entfallen konnte, wenn sich die HAE und der Gaszähler im gleichen übersichtlichen Raum bei zweifelsfreier Erkennbarkeit von Leitungsverlauf und Absperreinrichtung befanden, wird diese heute generell direkt vor dem Gaszähler gefordert.

5.5.9

DVGW G 492 (A)
DVGW G 685 (A)

Für zusätzliche Anforderungen und spezifische Aufgaben geben das DVGW-Arbeitsblatt G 492 und hinsichtlich der Abrechnungsgestaltung bei höheren Betriebsdrücken das Arbeitsblatt G 685 notwendige Informationen.

5.6 Prüfung von Leitungsanlagen

Prüfungen für Neuanlagen und für Anlagen in Betrieb

Gebrauchsfähigkeitsprüfung aus DVGW G 624 in TRGI integriert

Der gesamte Abschnitt Prüfung von Leitungsanlagen wurde neu strukturiert, indem sowohl auf die Anforderungen für die Prüfung von Neuanlagen nun detaillierter eingegangen wird als auch für Anlagen im Betrieb die Gebrauchsfähigkeitsprüfungen und Maßnahmen aus dem DVGW-Arbeitsblatt G 624 „Nachträgliches Abdichten von Gasleitungen" herausgenommen und in die TRGI integriert wurden. In dem DVGW-Arbeitsblatt G 624 verbleibt nur noch die Regelung für das Abdichtungsverfahren, wie es auch dem beibehaltenen Titel des Arbeitsblattes entspricht.

Prüfanforderungen aus DIN EN 1775 wurden übernommen

Aus der europäischen Norm DIN EN 1775 wurden einige wesentliche grundsätzliche Anforderungen, wie z. B. Sicherheit der Personen während der Prüfung, die Prüfmedien sowie detaillierte Vorgaben für eine Dokumentation der Prüfung, in die TRGI übernommen.

Gebrauchsfähigkeitsprüfung als eigenständiges Prüfkriterium für in Betrieb befindliche Gasleitungen

Die wesentliche Neuerung gegenüber den TRGI '86/96 stellt der Sachverhalt dar, dass nun die Gebrauchsfähigkeitsprüfung zum offiziellen eigenständigen Prüfkriterium für wiederkehrende Prüfungen an in Betrieb befindlichen Gasleitungen erhoben wird. Bisher stellte die Gebrauchsfähigkeitsprüfung laut TRGI – in bewährter Übernahme aus der Umstellungszeit von Stadtgas auf Erdgas in den 60er Jahren – ausschließlich eine Maßnahme zur Absicherung des VIU oder eines NB, wenn dieses/dieser an der Gasinstallation Arbeiten ausführt (siehe Abschnitt 5.7.1.3), dar.

5.6.1 Allgemeines

Prüfanforderungen für Innen- und Außenleitungen

Zunächst einmal wurde neu aufgenommen, dass **alle** Leitungsabschnitte hinter der „Übergabestelle", der HAE, mit diesen Prüfanforderungen sowohl als Innenleitungen als auch als erdverlegte und freiverlegte Außenleitungen mit den beschriebenen Prüfdrücken auf Belastung, Dichtheit und Gebrauchsfähigkeit geprüft werden können.

Grundsatz: erst prüfen, dann Gas einlassen

Als nächster Grundsatz wurde festgelegt, dass Gas nur in neue oder bestehende Leitungsanlagen eingelassen werden darf, wenn vorher eine der vorgesehenen Prüfungen stattgefunden hat.

Prüfen in Teilabschnitten zulässig

Teilabschnittsprüfungen sind nach VOB besondere Leistungen

Die Anforderung, dass auch in Leitungsabschnitten eine Prüfung vorgenommen werden kann, ist nicht neu; die Vergütung ist nach den VOB ATV DIN 18381 zu regeln. Wenn eine abschnittweise Prüfung entweder aus bauseitigen Gründen notwendig ist, weil z. B. die Gebäude oder Teile davon in zeitlichen Abschnitten errichtet werden oder in Nutzung gehen oder aus prüftechnischen Gründen notwendig ist, weil z. B. das erdverlegte Teilstück und die Innenleitung unterschiedlichen Materials sind oder z. B. nicht auf Temperaturausgleich zu bringen sind, so müssen diese Prüfungen in Teilabschnitten entsprechend der VOB ATV DIN 18381, Abschnitt 4.2.23, auch als „Besondere Leistung" detailliert im Leistungsverzeichnis entsprechend den Abrechnungseinheiten des Abschnitts 0.5 ausgeschrieben werden.

Zustandsprüfungen sind ebenfalls besondere Leistungen

Auch Zustandsprüfungen an vorhandenen Gasleitungen sind „Besondere Leistungen" (Abschnitt 4.2.19 von DIN 18381), die gesondert ausgeschrieben sein müssen, z. B. wenn an ein älteres bestehendes Leitungssystem Anschlüsse für Erweiterungen angeschlossen werden.

Dann sind sowohl die Gebrauchsfähigkeitsprüfungen als auch die folgenden Dichtheitsprüfungen in den Teilabschnitten separat auszuschreiben.

Prüfung von Neuinstallationen, Leitungen sind nicht verdeckt, Ausnahme nach Instandsetzung bei Leitungen in Betrieb

Die Forderung, dass die Belastungs- und Dichtheitsprüfungen durchgeführt werden, bevor die Leitungen verdeckt werden, gilt bei Neuverlegung und nicht, wenn nach einer Gebrauchsfähigkeitsprüfung Instandhaltungsarbeiten notwendig werden und aus diesem Grund danach diese Prüfungen durchgeführt werden müssen. Nicht nur der Sachverhalt, dass die Verbindungen optisch während der Prüfung kontrolliert werden können, sondern dass bei einer möglichen Undichtheit die Wände oder Verkleidungen nicht wieder geöffnet werden müssen, ist der Grund für die Forderung, die Prüfung dann durchzuführen, wenn sie noch optisch inspiziert werden kann.

Rohrverbindungen erst nach der Prüfung beschichten oder umhüllen

Dass die Verbindungen erst nach diesen Prüfungen z. B. mit Korrosionsschutzbinden oder anderen Umhüllungen versehen werden dürfen, ist daher begründet, dass eine undichte Rohrverbindung hierdurch abgedichtet werden könnte und dann erst im Laufe der Betriebszeit Gas aus der Verbindung und der Umhüllung oder Beschichtung austritt und zu einer eventuellen Gefahr führen kann.

Wahl des angemessenen Prüfverfahrens für erdverlegte Leitungen nach DVGW-TRGI

Zur Prüfung der erdverlegten Gasleitungen kann im TRGI-Bereich für Betriebsdrücke bis 100 mbar und auch bis 1 bar wie vorgenannt vorgegangen werden. Die Arbeitssicherheit und Sicherheit von Personen ist gleichermaßen einzuhalten und zu berücksichtigen.

nach DVGW G 462 (A)

Das für die Erstellung der erdverlegten Verteilungs-Gasleitungen aus Stahlrohren bis 16 bar zuständige DVGW-Arbeitsblatt G 462 weist für die Durchführung der Druckprüfung auf den dann bereits verfüllten Rohrgraben hin und belegt dieses als hauptsächliche Argumentation mit den beiden folgenden Gründen/Gesichtspunkten:

- bessere Beherrschung der Arbeitssicherheit in Anbetracht der dafür anzuwendenden hohen Drücke und oftmals sehr großen Leistungen

- Die Ergebnisauswertung über die Prüfung verlangt die möglichst gut eingestellte Temperaturgleichheit für die gesamte Leitungslänge über die Messdauer, was bei der offen im Graben liegenden Leitung vielfach kaum bis nicht darstellbar ist.

Dem für die Prüfung Zuständigen vor Ort obliegt es somit in seiner fachlichen Verantwortung, dasjenige Verfahren anzuwenden, welches für den bestimmten Fall angemessen und zielführend ist.

keine Verbindung mit gasführenden Leitungen bei Belastungs- und Dichtheitsprüfungen

Während der Belastungs- und Dichtheitsprüfungen müssen die Leitungsteile von gasführenden Leitungen getrennt sein, damit der höhere Prüfdruck sich nicht durch mögliche Undichtheiten an einer Absperrarmatur in die in Betrieb befindlichen Leitungen übertragen kann. Weil meist mit Luft abgeprüft wird, könnte es außer den möglichen Störungen oder Schäden an Gasgeräten und Armaturen zu einem gefährlichen Gas/Luft-Gemisch kommen.

geschlossene Armaturen gelten nicht als sichere Abtrennung

Deshalb gilt eine geschlossene Absperrarmatur auch nicht als sichere Trennung, weil geringe Luftmengen in geschlossenem Zustand durchströmen und zu einem Druckaufbau führen können, und zum anderen ausgeschlossen werden muss, dass durch ein unbeabsichtigtes Öffnen Luft mit hohem Druck in die gasführende Leitung einströmen kann.

Deshalb müssen bei Armaturen mit Flanschen entweder Steckscheiben oder Blindflanschen und bei anderen Verbindungen Stopfen oder Kappen zum dichten Verschluss verwendet werden.

Gewindeverbindungen nur mit metallenen Kappen und Stopfen verschließen

Bei Gewindeverbindungen müssen Stopfen oder Kappen aus Metall sein, weil bekannt ist, dass beim Überdrehen die Gewinde von Kunststoffteilen abscheren können und dann eine Gefahr darstellen. Diese Forderung gilt auch bei Kunststoffleitungen und Bauteilen aus Kunststoff.

Ausnahme für andere Verbindungen als Gewinde bei Kunststoffleitungen

Für Stopfen oder Kappen, die mit anderen Verbindungen, z. B. durch Pressen an Rohrleitungen aus Kunststoff, aufgebracht werden, gilt diese Forderung nicht.

bei zu großen Temperaturunterschieden in Teilabschnitten prüfen

Für den notwendigen Temperaturausgleich können nur grobe Anhaltswerte vorgegeben werden, siehe dazu Abschnitt 5.6.4.2, Tabelle 11. Tatsächlich werden die Situationen von Anlage zu Anlage sehr unterschiedlich angetroffen. Hierbei spielen die Umgebungstemperaturen innerhalb des Prüfabschnittes eine entscheidende Rolle, wenn z. B. die Leitung durch einen kühlen Keller und in wärmeren Bereichen der oberen Etagen eines Gebäudes verläuft. In diesen Fällen kann es notwendig werden, in Teilabschnitten, in denen annähernd gleiche Temperaturen vorherrschen, zu prüfen.

Muster-Prüfprotokoll im Anhang 5

Detaillierter als bisher werden Vorgaben aufgeführt, die für eine nachvollziehbare Dokumentation notwendig sind. Hierzu wurde für die Praktiker ein Protokoll über die Belastungs- und Dichtheitsprüfung für die Gasleitung entwickelt und im Anhang 5 der TRGI aufgenommen.

Dieses kann auch als Kopiervorlage und zur Vervielfältigung genutzt werden.

5.6.2 Sicherheitsmaßnahmen während der Prüfungen

Sicherheit von Personen und Gütern

Die Sicherheit von Personen und Gütern während der Prüfung mit Druckluft oder Gasen ist eine grundlegende Anforderung aus der europäischen Norm DIN EN 1775, welches selbstverständlich auch Schutzziel und Inhalt der TRGI war und ist.

Gefahren z. B. durch Auseinandergleiten oder Lösen von Stopfen

Aus sicherheitstechnischen Gründen, wie z. B. der Annahme von Leitungsbruch, Auseinandergleiten einer Rohrverbindung oder Lösen eines Stopfens, sind bei Prüfungen mit Druckluft oder Gasen im Anwendungsbereich der TRGI keine höheren Drücke als maximal 3 bar zulässig. Dies stellt bereits eine Schutzforderung aus den Berufsgenossenschaftlichen Regelungen, hier der BGR 500/Teil 2, Kapitel 2.31, dar.

Verbindungen auf ordnungsgemäße Herstellung kontrollieren

Bevor die Prüfungen durchgeführt werden, muss sich der Fachmann davon überzeugen, dass alle Verbindungen ordnungsgemäß hergestellt wurden und es nicht zu Gefährdungen, wie zuvor beschrieben, kommen kann.

Druck langsam bzw. stufenweise aufbringen

Der Druck sollte stufenweise aufgebracht werden, um z. B. Druckschläge und damit verbunden zusätzliche Gefahren zu vermeiden.

5.6.3 Prüfmedien

Prüfmedium Luft, inertes Gas, z. B. Stickstoff

Auf der Grundlage der DIN EN 1775 wurden auch die Prüfmedien in der TRGI aufgeführt, wobei auf das Prüfmedium Wasser im Anwendungsbereich verzichtet wird.

verteiltes Gas

Bei Gebrauchsfähigkeitsprüfungen und bei der „von-außen-Prüfung" der Anschlüsse und Verbindungen mit der vorhandenen Leitung wird in der Regel das verteilte Gas (= Betriebsgas) als Prüfmedium verwendet.

Sauerstoff unzulässig

Dass Sauerstoff nicht als Prüfmedium bei Gasleitungen Verwendung finden kann, ist sicher jedem Fachmann plausibel.

5.6.4 Leitungsanlagen mit Betriebsdrücken bis einschließlich 100 mbar

In diesem Abschnitt sind die Prüfverfahren aufgeführt, die bei den gebräuchlichen Haus-Gasinstallationen anwendbar sind.

Neuanlagen und instand gesetzte Leitungsanlagen

Festgelegt ist, dass die neuverlegten Leitungen der separaten Belastungsprüfung und der anschließenden Dichtheitsprüfung unterzogen werden müssen. Instand gesetzte Leitungsanlagen müssen die Dichtheitsprüfung erfüllen.

Gebrauchsfähigkeitsprüfung ausschließlich für Anlagen im Betrieb

Für Anlagen im Betrieb gilt die Gebrauchsfähigkeitsprüfung zur Absicherung der sicheren Betriebsweise, siehe dazu auch die Kommentierung zu Abschnitt 13.3. Hierzu können Leckmengenmessgeräte oder das grafische oder rechnerische Verfahren zur Ermittlung der zulässigen Leckmengen verwendet werden.

5.6.4.1 Belastungsprüfung

Prüfung auf Festigkeit der Rohrverbindung und auf eventuelle Materialfehler

Vor der eigentlichen Dichtheitsprüfung mit einem niedrigen Druck verlangt die TRGI die 1-bar-Belastungsprüfung, damit auch die Festigkeit der Rohrverbindung und eventuelle Materialfehler bei diesem höheren Druck festgestellt werden können. Die Prüfzeit ist mit 10 Minuten kurz gewählt; ein etwa abzuwartender Temperaturausgleich ist für diese Prüfung weniger relevant, da die Festigkeit bzw. Belastung der Rohrleitung und nicht die Dichtheit geprüft wird.

Prüfdruck konstant bei 1 bar halten

Deshalb können auch Messgeräte, wie z. B. Federmanometer, verwendet werden, mit denen zumindest in einer Skalenaufteilung über ablesbare Wegstrecken der Druckabfall von 0,1 bar deutlich erkennbar ist.

Mit dieser Belastungsprüfung ist die Festigkeit der Leitungen einschließlich der Verbindungen zu prüfen. Allein solche Armaturen, beispielsweise Absperreinrichtungen, die für die Prüfdrücke geeignet sind, können in die Prüfung einbezogen bleiben. Sicherheits- und Regelgeräte sowie Gasgeräte und Gaszähler sind in diese Prüfung nicht mit einzubeziehen.

bei Druckabfall Fehler suchen

Ist ein Druckabfall während der 10 Minuten Prüfzeit feststellbar, ist von einer Undichtheit auszugehen und es muss, bevor die Dichtheitsprüfung stattfindet, eine Lecksuche z. B. mit Gasspürgeräten oder mit schaumbildenden Mitteln durchgeführt werden. Erst wenn am Manometer kein Druckabfall erkennbar ist, ist die Dichtheitsprüfung durchzuführen.

Prüfdruck gefahrenfrei ablassen

Der höhere Prüfdruck muss gefahrenfrei, z. B. über eine Absperrarmatur bis auf den niedrigen Prüfdruck der Dichtheitsprüfung abgelassen werden. Das Lösen oder Herausschrauben eines Stopfens stellt eine unzulässige Gefahr dar.

5.6.4.2 Dichtheitsprüfung

Unmittelbar nach der Belastungsprüfung ist die Dichtheitsprüfung durchzuführen. Bei den meisten Rohrverbindungen ist nicht der höhere Druck, sondern der niedrigere Druck hinsichtlich der Prüfung auf Dichtheit die kritischere und sensiblere Anforderung.

Prüfung mit allen Armaturen und Bauteilen bis zur Geräteanschlussarmatur

In diese Prüfung können alle Armaturen und in der Regel auch die Bauteile bis einschließlich der Geräteanschlussarmatur einbezogen werden. Bei Druckregelgeräten ist darauf zu achten, dass keine einseitige Druckbeaufschlagung auf der Ausgangsseite erfolgt.

neuer Prüfdruck 150 mbar

Der Prüfdruck wurde von 110 mbar auf 150 mbar angehoben, weil die relevante europäische Normung für die Gas-Druckregelung heute als Grenze für die Einstellung des SAV einen Druck von 150 mbar zulässt, siehe dazu auch Kommentierung zu Abschnitt 5.4.3.2.

Prüfdauer und Anpassungszeit richtet sich nach Leitungsvolumen

Neu ist, dass entsprechend dem Leitungsvolumen die Anpassungszeiten für den Temperaturausgleich und die Prüfdauer als Richtwerte in der Tabelle 11 vorgegeben werden. Richtwert deshalb, weil der Temperaturausgleich je nach Leitungsverlauf unterschiedlich lang dauern kann. Die Anpassungszeit für den Temperaturausgleich kann durch die vorher stattfindende Belastungsprüfung kürzer sein.

Vorteil, in Teilabschnitten mit kleinen Leitungsvolumen zu prüfen

Mit den unterschiedlichen Prüfzeiten wird dokumentiert, dass kleinere Leitungsanlagen mit weniger Leitungsvolumen kürzere Prüfzeiten für die Bestätigung der Dichtheit benötigen als größere weitverzweigte Leitungsanlagen. Deshalb kann es auch daher sinnvoll sein, die Prüfungen in Teilabschnitten durchzuführen.

Messverfahren: traditionell Wassersäule oder elektronische Dichtheitsprüfgeräte

Neben dem traditionellen Messverfahren mit einer Wassersäule z. B. über U-Rohr-Anzeige oder Standardrohr sind für diejenigen, die häufiger Dichtheitsprüfungen durchführen, elektronische Dichtheitsprüfgeräte zu empfehlen. An das Prüfgerät/Messgerät wird die Anforderung „einer Mindestauflösung von 0,1 mbar (= 1,0 mm Wassersäule)“ gestellt. Dies bedeutet, dass das Prüfgerät mit dieser Anzeigegenauigkeit/Ablesegenauigkeit den Wert von 0,1 mbar tatsächlich auch differenziert messen und anzeigen kann.

Messgenauigkeit indirekt über Messverfahren und Ablesegenauigkeit geregelt

Somit ist die Nachweisführung über die erfüllte Dichtheit sowohl mit Wassersäule als auch mit elektronischem Dichtheitsprüfgerät möglich und zugelassen. Die geforderte Messgenauigkeit für den Dichtheitsnachweis orientiert sich daran, dass der Fachmann vor Ort über die Mindestzeitdauer von 10 Minuten kein Abfallen des Prüfdruckes feststellt. Selbstverständlich werden dabei real auch Schwankungswerte von 0,1 mbar und mehr akzeptierbar sein.

Druckmessung statt Dichtheitsprüfung

Verantwortung des Fachmanns

Wenn das Einlassen von Gas (siehe dazu Abschnitt 5.7.1.1) nicht unmittelbar nach der Dichtheitsprüfung erfolgt, kann vor der Inbetriebnahme statt einer Dichtheitsprüfung eine Druckmessung der Gesamtanlage bei Betriebsdruck mit Betriebsgas erfolgen. Damit soll sichergestellt werden, dass eventuell mögliche Beschädigungen während der Baumaßnahme bis zur

Inbetriebnahme festgestellt werden. Der verantwortliche Fachmann kommt damit seiner werkvertraglichen Verpflichtung und der Vorsorge für ein sicheres und mangelfreies Werk nach.

5.6.4.3 Gebrauchsfähigkeitsprüfung

seit der Umstellung auf Erdgas gibt es die Gebrauchsfähigkeitsprüfung

Aus Anlass der Umstellung von Stadtgas auf Erdgas Anfang der 70er Jahre wurde die Forderung nach der Gebrauchsfähigkeit der Innenleitungen und der erdverlegten Grundstücksleitungen hinter der HAE gestellt. Am Engler-Bunte-Institut in Karlsruhe wurden damals die notwendigen Untersuchungen für die Gebrauchsfähigkeitskriterien und die Methoden zur Wiederherstellung der Dichtheit ermittelt.

DVGW G 624 (A) vom Dezember 1971

Abdichtungsverfahren gelten nur für Gewindeverbindungen

Erstmalig wurden in dem DVGW-Arbeitsblatt G 624 „Nachträgliches Abdichten von Gasleitungen" vom Dezember 1971 die Anforderungen zur Prüfung und die Abdichtungsmethoden festgelegt. Die Prüfung der Gebrauchsfähigkeit gilt für alle Werkstoffe und Verbindungsarten, das Abdichtungsverfahren mit den Dichtmitteln jedoch ausschließlich nur für Gewindeverbindungen. Dies hat sich bis zur heutigen Ausgabe des DVGW-Arbeitsblattes G 624 nicht geändert.

seit 1986 auch in der TRGI aufgenommen

Mit Herausgabe der TRGI '86/96 ist der Begriff „Gebrauchsfähigkeit" aus dem DVGW-Arbeitsblatt G 624 von 1971 als verbindlicher Maßstab bei durchzuführenden Arbeiten an der Gasinstallation eingeführt worden.

erhöhte Sicherheitsanforderungen

Aufgrund der in der Öffentlichkeit geführten Diskussion der Frage der „dauerhaften ausreichenden Betriebssicherheit von häuslichen Gasinstallationen" wurde vom Verordnungsgeber eine wiederkehrende Prüfung der Gasinstallationen im DVGW-Regelwerk angemahnt.

Verkehrssicherungspflicht der Betreiber

Die Verkehrssicherungspflichten der Betreiber führen für diese zu der Verpflichtung, die Gasleitungsanlage wiederkehrend auf Gebrauchsfähigkeit prüfen zu lassen.

äußere Einflüsse können die Betriebssicherheit gefährden

Die Ergebnisse von Gebrauchsfähigkeitsprüfungen zeigen, dass z. B. bauliche Maßnahmen, äußere mechanische Einflüsse oder Korrosion sowie Mitbenutzung der Gasleitungen für nicht betriebsgerechte Zwecke und Weiteres solche Negativauswirkungen auf die Leitungsanlage ausüben können, so dass deren Betriebstauglichkeit geschwächt wird oder im schlimmsten Fall die Leitung sogar zur Gefahr werden kann.

Betreiber erfüllt seine gesetzlichen Verpflichtungen

Durch die regelmäßig alle 12 Jahre durchzuführende Gebrauchsfähigkeitsprüfung sollen Sensibilität und Verantwortungsbewusstsein des Betreibers für die Sicherheit seiner Gasanlage verstärkt werden und es ihm erleichtert werden, seinen gesetzlichen Verpflichtungen (Verkehrssicherungspflicht) nachzukommen. Siehe dazu auch die Kommentierungen zu Abschnitt 13 der TRGI.

bei Gasgeruch sind immer Konsequenzen erforderlich

Bei eindeutig wahrnehmbarem Gasgeruch wird in der Regel davon auszugehen sein, dass eine unbeschränkte Gebrauchsfähigkeit der Gasinstallation nicht vorliegen kann. (Die notwendige sorgfältige Prüfung könnte z. B. auch Gasgeruch aufgrund von außen eindringendem Gas nachweisen.)

Gasgeruch darf nicht verniedlicht werden und muss immer zu Konsequenzen führen.

Mit dem in diesem Absatz der TRGI getätigten einfachen Einleitungssatz zur weiteren Abhandlung der Gebrauchsfähigkeitskriterien, dass „bei Gasgeruch die Interpretation der Gebrauchsfähigkeitskriterien nicht gelte", kann dieser Gesamtkomplex mit seinen Ursachen, Einflussgrößen und notwendigen Konsequenzen keineswegs in ausreichender und umfassender Form erfasst und beschrieben werden.

Zuordnung und Behebung verlangen Eindeutigkeit

Selbstverständlich muss bei Gasgeruch – vor einer irgendwie gearteten Zustandsbewertung der Gasleitungsanlage, z. B. Gebrauchsfähigkeitsprüfung – dessen **Herkunft immer eindeutig geklärt** werden; d. h. entweder behoben oder als Falschquelle (z. B. verwesendes Tier im Keller) zugeordnet werden. „Eindeutig" versteht sich hierbei selbstverständlich als gemeinsame Feststellung/Beurteilung im vollen Einvernehmen mit dem Betreiber der Gasanlage und der Person, die die Geruchsmeldung absetzte.

Beseitigung des Gasgeruchs = Wiederherstellung der Dichtheit wie für neue Leitung

Kann dies nicht erreicht werden und es verbleibt Gasgeruch, so muss als Konsequenz die Sperrung der Gaszufuhr erfolgen. Die anschließende Reparatur durch das VIU muss zur Beseitigung des Gasgeruchs führen und der von der Reparatur betroffene Teil der Leitungsanlage muss die Bedingungen der Dichtheitsprüfung erfüllen.

Keinesfalls darf bei andauerndem Gasgeruch eine Leitungsanlage mit den Kriterien der Gebrauchsfähigkeitsprüfung behandelt und mit der Zuordnung „unbeschränkt gebrauchsfähig" weiter betrieben werden. Die dadurch quasi geschaffene/geduldete Situation „Gasgeruch ja, jedoch Gasanlage ist ausreichend betriebsfähig" würde eine gefährliche, nicht tolerierbare Verniedlichung der „Sicherheitsmaßnahme Gasodorierung" darstellen.

Beispiele

Zur realistischen Gesamteinordnung in diesem Zusammenhang seien an dieser Stelle noch zwei Beispiele aufgeführt.

- Bei durchgeführter Wartungsarbeit am Gasgerät wird die Haupt-Geräteverschraubung – in regelwidriger Weise – nicht ordnungsgemäß zur gasdichten Verbindung angezogen. Der in Folge festgestellte Gasgeruch kann durch regelgerechtes Anziehen der Verschraubung (eventuell mit Dichtungsaustausch) behoben werden. Die anschließend vorgenommene Raumlüftung führt eindeutig zum Verschwinden des Gasgeruches. Da die weitere Installationsanlage einen augenscheinlich einwandfreien Zustand vermittelt, sind keine weiteren Maßnahmen vor Ort erforderlich.

- Im Gaseinführungsraum im Kellergeschoss des Hauses stellt der Betreiber Gasgeruch fest. Der herbeigerufene Fachmann stellt eine Gasundichtheit einer Rohrverbindung (Langgewinde) fest. Mit Austausch der Verbindungsstelle wird der Schaden behoben. Nach hergestellten Querlüftungsbedingungen im Kellerraum/-geschoss ist der Gasgeruch eindeutig nicht mehr feststellbar. Da eventuelle weitere Schwachstellen in der Leitungsanlage nicht ausgeschlossen werden können, wird anschließend noch zur Absicherung eine Leckmengenmessung (Gebrauchsfähigkeitsprüfung) an der Gasinstallation des gesamten Eigenheimes durchgeführt. Weist diese Überprüfung eine Leckrate unter 5 l/h auf und es steht damit eindeutig kein Gasgeruch mehr in Verbindung, so ist für diese Situation die Handhabung nach dem nachfolgenden Abschnitt 5.6.4.3.3 der TRGI gerechtfertigt.

5.6.4.3.1 Gebrauchsfähigkeitskriterien

konkrete Leckmengen = konkrete Maßnahmen erforderlich

Mit der Konkretisierung der Gasleckmengen von 1 bzw. 5 Liter pro Stunde ist eine Reihe von ebenfalls konkreten Maßnahmen (siehe Abschnitt 5.6.4.3.3) verbunden.

Gefahrenpotenzial Gas-Luft-Gemisch Zusammenhänge

Ein mögliches Gefahrenpotenzial durch ausströmendes Gas wird allein durch das Gas-Luft-Gemisch in einem Raum bestimmt, wobei die Gaskonzentration auf keinen Fall die untere Explosionsgrenze erreichen darf.

Diese sicherheitstechnisch wichtige Grundbedingung wird bei den relativ kleinen zugelassenen Gasleckmengen praktisch immer eingehalten. Denn der Gaskonzentration wirkt der stets vorhandene natürliche Luftwechsel entgegen und führt zu einer ständigen Verdünnung des Gas-Luft-Gemisches im Raum.

Diagramm 1 und 2

In der nachfolgenden Gleichung und den **Diagrammen 1** und **2** werden die physikalischen und strömungstechnischen Zusammenhänge erfasst.

Für das Gasvolumen G in einem Raum V bei einer Gasleckmenge L nach t Stunden in Abhängigkeit vom Luftwechsel n gilt:

$$G = \frac{L}{n}\left[1-\left(\frac{1}{n+1}\right)^{t}\right]$$

mit:
G = Gasvolumen
L = Gasleckmenge
n = stündlicher Luftwechsel
t = Ausströmzeit

maximales Gasvolumen

und für das maximal erreichte Gasvolumen G_{max} nach unendlich langer Ausströmzeit t gegen ∞ und somit $\left(\frac{1}{n+1}\right)^{t}$ gegen O

$$G_{max} = \frac{L}{n}$$

Gaskonzentration

Die Gaskonzentration K schließlich als absolut entscheidender Parameter folgt der Beziehung:

$$K = \frac{G}{V} \cdot 100 \text{ in } \%$$

$$K_{max} = \frac{G_{max}}{V} \cdot 100 \text{ in } \%$$

$$K_{max} = \frac{L \cdot 100}{n \cdot V} \text{ in } \%$$

mit:

V = Rauminhalt

extremes Beispiel

Bei einer Gasleckmenge von 1 l pro Stunde stellt sich beispielsweise bei einem Luftwechsel von n = 0,2 – dies ist bereits in sehr konservativem /sicherem Ansatz die Halbierung des Luftwechsels, wie er zum ordnungsgemäßen Betrieb der raumluftabhängigen Gasgeräte benötigt und in den meisten Fällen auch noch eingehalten wird – ein maximales Gasvolumen von 5,0 Litern im Raum ein. Daraus wiederum ergibt sich bei einem wirklich kleinen Rauminhalt von z. B. nur 1 m^3 = 1000 l (Besenkammer mit den Maßen 0,6 m · 0,64 m · 2,56 m = 1 m^3) eine Gaskonzentration von

Zahlenwerte

$$K = \frac{5,0}{1000} \cdot 100 = 0,5\ \%$$

Bei gleichen Voraussetzungen ergibt sich bei einer Gasleckmenge von 5 Litern pro Stunde und dem daraus zu ermittelnden maximalen Gasvolumen von 25,0 Litern eine Gaskonzentration von

$$K = \frac{25,0}{1000} \cdot 100 = 2,5\ \%$$

Dieser Rechnung liegt die idealisierte Annahme einer sich bildenden homogenen Mischung im gesamten Raum zu Grunde, was jedoch bei diesen geringen Ausströmraten mit genügender Annäherung auch zutrifft.

Sicherheit

Abstand von Ex-Grenze

In beiden Fällen liegen die maximalen Gaskonzentrationen, selbst in einem äußerst kleinen Raum, weit von der unteren Explosionsgrenze, etwa 4 % bei Gasen der 2. Gasfamilie, entfernt.

Aussagen a) bis e)

Aus dieser Abhandlung ergeben sich folgende Aussagen:

Gasleckmengen sind sehr klein

a) Die zugelassenen Gasleckmengen sind so klein, dass praktisch unabhängig von der Raumgröße die untere Explosionsgrenze nicht erreicht werden kann.

Sicherheitsanforderung erfüllt

b) Die Sicherheitsanforderung, nach der von Gasanlagen keine Gefahr ausgehen darf, ist erfüllt.

in Betrieb befindliche Leitungen

c) Die Gebrauchsfähigkeitskriterien dürfen nur für in Betrieb befindliche Gasleitungen zu Grunde gelegt werden.

neuverlegte Leitungen Dichtheitsprüfung

d) Neuverlegte Gasleitungen müssen die wesentlich schärferen Anforderungen der Dichtheitsprüfung erfüllen.

Hauptaussage

e) In Betrieb befindliche Gasleitungen dürfen – vorausgesetzt, es ist kein Gasgeruch feststellbar – unbeschränkt gebrauchsfähig, neuverlegte oder instand gesetzte Gasleitungen müssen dicht sein!

Beobachtung

Anmerkung:
Unbeschränkt gebrauchsfähige Leitungsanlagen mit einer Leckmenge nahe 1 Liter pro Stunde sollten weiterhin einer besonderen Beobachtung unterliegen, damit eine negative Veränderung bezüglich des Grades der Undichtheit bemerkt wird.

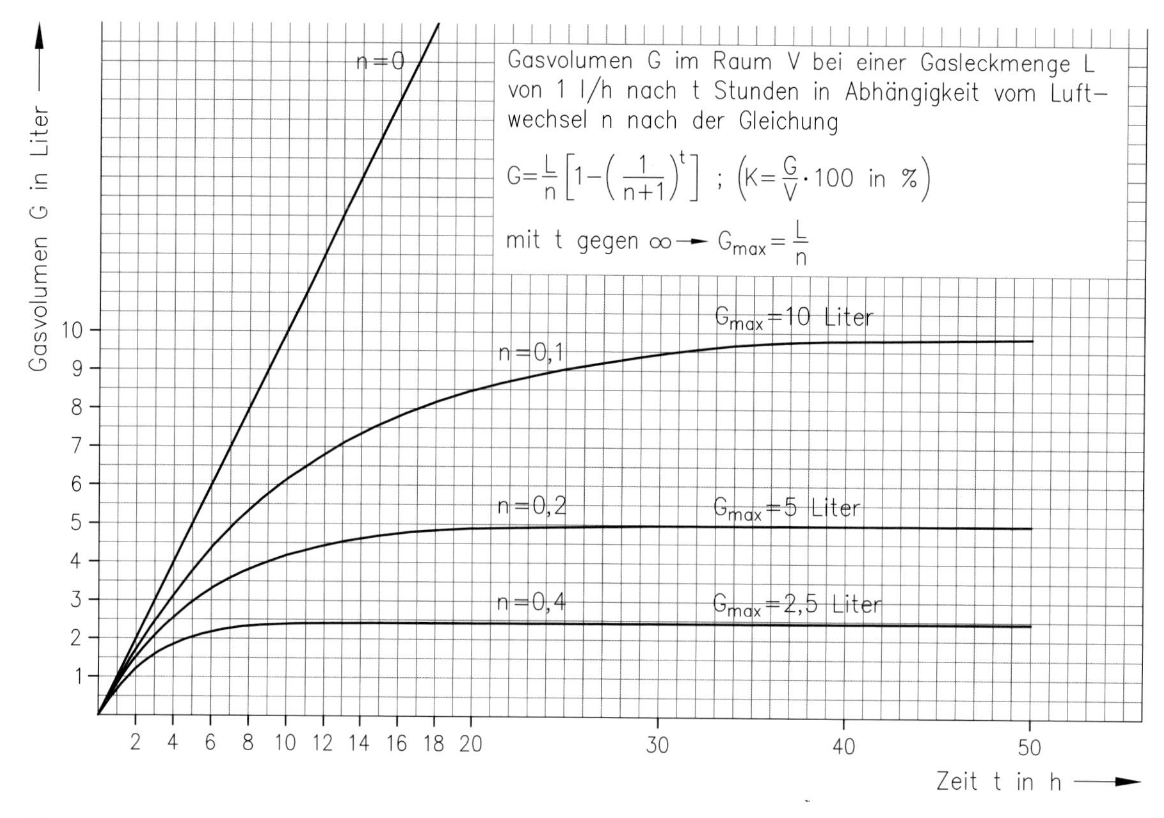

Diagramm 1

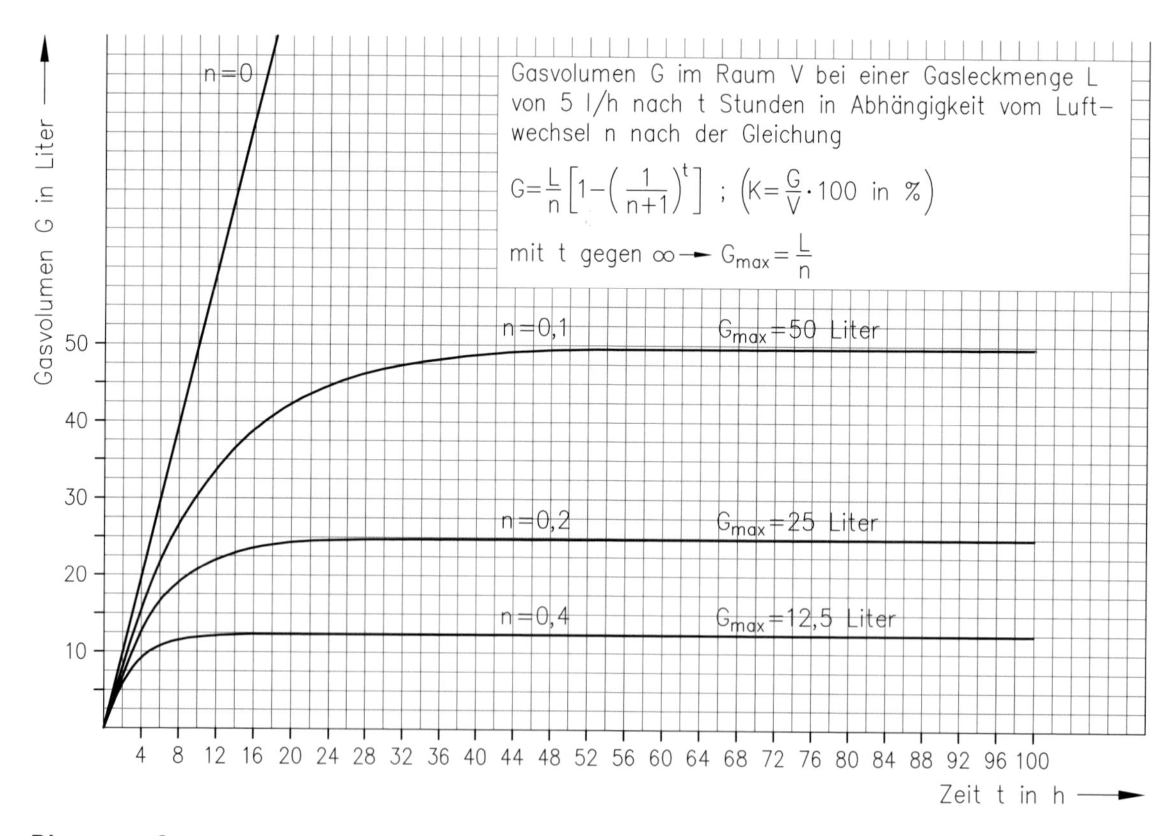

Diagramm 2

Allgemeinzustand prüfen und bewerten

Die geschilderte Differenzierung nach objektiv messbaren Gasleckmengen mit der daraus sich ergebenden Möglichkeit der Verwendung von praktikablen Grenzwerten stellt jedoch nur eine Komponente der zu bewertenden Sachverhalte dar. Um belastbare Aussagen über den realen technischen Qualitätsstand der Gasleitungsanlage treffen zu können, sind weitere Beurteilungspunkte, wie z. B. der Verlege- und Schutzzustand der Leitungen, Funktionszustand der Bauteile und Weiteres, von gleichermaßen erheblicher Bedeutung, siehe dazu insbesondere die Kommentierung zu 5.6.4.3.3.

durchgehend einsehbar und zugänglich

Liegen somit keinerlei augenscheinliche Mängel oder Funktionsmängel vor, so kann auch bei einer vorliegenden durchgehend einsehbaren und zugänglichen Leitungsanlage die zusätzliche Feststellung der Dichtheit an der gesamten Anlage mittels Gasspürgerät nach DVGW-Hinweis G 465-4 oder mittels schaumbildender Mittel nach DIN EN 14291 den Nachweis der weiterhin betriebssicheren bzw. unbeschränkt gebrauchsfähigen Leitungsanlage erbringen. Jede – auch eine einzige – Konzentrationsanzeige oder Blasenbildung **muss** dagegen – wenn nicht an dieser Stelle vor Ort die Dichtheit hergestellt werden kann – als Konsequenz die Leckmengenmessung einschließlich der weiteren Maßgaben nach sich ziehen.

5.6.4.3.2 Ermittlung der Gasleckmenge

Leckmengenmessgerät mit DVGW-Zertifizierung verwenden

In der DVGW-Prüfgrundlage VP 952 sind die allgemeinen Anforderungen an Konstruktion, Prüfung und Betriebsverhalten für mobile elektrische Geräte zur Messung und Bestimmung der Gasleckmenge an Niederdruckgasleitungen festgelegt. Dabei wird zwischen folgenden Geräteklassen unterschieden:

- **Druckabfallmessgeräte zur Bestimmung der Leckmenge (Klasse D)**
  zur Bestimmung der Gas-Leckmenge auf Grundlage des gemessenen Druckabfalls

- **Leckmengenmessgeräte (Klasse L)**
  zur direkten Messung und Ausgabe der Gas-Leckmenge

- **Volumenmessgeräte zur Bestimmung der Leckmenge (Klasse V)**
  zur Bestimmung der Gas-Leckmenge auf Grundlage der gemessenen Druckdifferenz bei gleichzeitigem Zuführen eines definierten Volumens zur Druckkonstanthaltung

- **Messgeräte zur Ermittlung der Leckmenge unter Anwendung sonstiger Messverfahren (Klasse S)**
  zur Bestimmung der Gas-Leckmenge aus Messgrößen und Messverfahren, die nicht durch die Klasse D, L und V abgedeckt sind

Zahlreiche Hersteller bieten solche zertifizierten Leckmengenmessgeräte an. Die Messdurchführung mit Brenngas als Messmedium und die gasnetzunabhängige Vorgehensweise bei der Messung ist zu empfehlen.

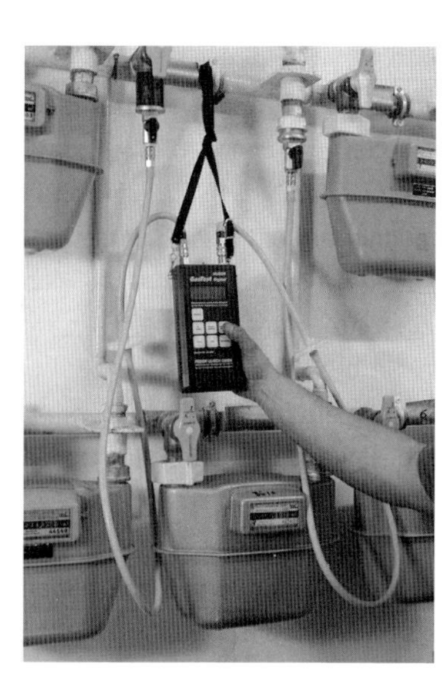

Bild 5.36 – Gebrauchsfähigkeitsprüfung mit Leckmengenmessgerät

Leckmengenmessgeräte bieten dokumentierbare objektive Messtechnik

Der Vorteil der Bestimmung der Leckmenge mit einem Leckmengenmessgerät gegenüber dem grafischen oder rechnerischen Verfahren ist eine dokumentierbare objektive Messtechnik, die schnell und kostengünstig für den Kunden durchgeführt werden kann. Die Temperatureinflüsse sind bei der Leckgasmessung mit Messgerät einfacher zu kompensieren.

Es verbleiben lediglich geringe noch erklärungswürdige Einflussparameter, welche z. B. bei Vergleichsmessungen an derselben Anlage

vernachlässigbare Randeinflüsse und hinnehmbare geringfügige Toleranzen

- bei Verwendung von verschiedenen Geräteklassen (Auswirkung z. B. der unzureichenden Berücksichtigung des korrekten Barometerstandes bei Messung mit Messgerät der Klasse L einerseits und mit Messgerät der Klasse V andererseits)

oder

- bei Verwendung der gleichen Geräteklasse bzw. des identischen Messgerätes an verschiedenen Tagen mit extrem unterschiedlichen Wetterbedingungen (z. B. ruhige Hochdrucklage mit 1040 mbar und bei der anderen Messung stürmischer Regentag mit 960 mbar)

zu verfahrensbedingten geringen Abweichungen beim Messergebnis von ca. 10 % im ersten Fall und ca. 8 % im zweiten Fall führen können. Dieses muss und kann für die Praxisanwendung als noch durchaus akzeptierbar eingestuft werden.

Zu einer anderen Bewertung hinsichtlich der notwendigen Aussagegenauigkeit führt jedoch zwangsläufig der Ansatz der für die Leckgasmenge zu Grunde zu legenden Betriebsdrücke. Liegt z. B. bei einem „gealterten" Druckregelgerät dessen Schließdruck bei etwa 30 mbar gegenüber dem Normalbetriebsdruck von 23 mbar, so führt dies schon zu einer Abweichung in der Beurteilungs-Leckgasmenge von 30 %, was selbstverständlich nicht mehr vernachlässigt werden kann. Daraus folgt für den Anwender vor Ort die Maßgabe, dass für die Fälle der „normalen" Niederdruckeinstellungen in

Messwertbezug auf Referenzbetriebsdruck in Abhängigkeit vom Ruhedruck in der Leitungsanlage

den Gasinstallationen die Ergebnisse mit Bezug auf den Referenzdruck von 22 mbar (entstammt noch der Analogie zu den TRGI ’86/96; zukünftig wird der Referenzdruck 23 mbar sein) ausgegeben werden. Sind dagegen Betriebsdrücke – als Ruhedruck gemessen – von > 30 mbar zu erwarten oder eingestellt – siehe z. B. die Situation mit Haus-Druckregelgerät als erster Stufe und der Gerätevordruckeinstellung im Zähler-Druckregelgerät – so muss, abweichend vom Regelfall, als der dem Ergebnis zu Grunde liegende Referenzbetriebsdruck der tatsächliche festgestellte Betriebsdruck zur Bezugnahme herangezogen werden. Die Einsatzanleitungen der Leckmengenmessgeräte müssen dieses ebenfalls beschreiben und als Messverfahren und Ergebnisauswertungen zulassen.

Bei der Druckabfallmethode, die bei den grafischen und rechnerischen Verfahren, z. B. mittels U-Rohr/Manometer und Zeitmesser (Uhr), durchgeführt wird, muss der Leitungsverlauf bekannt sein, siehe dazu auch Anhang 4 der TRGI.

überschlägige Ermittlungen des Rohrinhaltes sind abzulehnen

Überschlägige Ermittlungen oder pauschale Annahmen des Rohrleitungsinhaltes sind abzulehnen.

Unterteilung in Prüfabschnitte zulässig und ggf. notwendig

Eine Unterteilung der Leitungsanlagen in Prüfabschnitte ist zulässig und ggf. auch notwendig, um eventuelle Leckstellen besser eingrenzen zu können. Die Einteilung in Prüfabschnitte muss dabei eine sinnvolle Zuordnung zu den Räumlichkeiten des Gebäudes haben, in denen die Gasleitung oder die Gasleitungen verlegt sind. Das Schutzziel muss erfüllt werden, dass sich durch eventuelle Leckstellen in den jeweils räumlich zugeordneten Prüfabschnitten keine gefährlichen Gaskonzentrationen bilden können, siehe dazu die Erläuterung zu Abschnitt 5.6.4.3.1.

Verhinderung der Bildung einer gefährlichen Gaskonzentration ist entscheidend für den Prüfabschnitt

Entscheidend sind nicht die Leitungslängen für die Unterteilung in Prüfabschnitte, sondern der zusammenhängende Raumluftverbund. Für jede Raumeinheit/jeden Prüfabschnitt für sich ist das Kriterium der „den Prüfabschnitt belastenden“ Gasleckmenge entsprechend Abschnitt 5.6.4.3.1 separat anzusetzen.

Solche Prüfabschnitte sind damit beispielsweise:

- die komplette Wohnung oder Nutzungseinheit
- das Einfamilienhaus
- das Kellergeschoss im Mehrfamilienhaus
- die Kellerräume innerhalb eines Brandabschnittes
- belüftete Steigeschächte

sinnvolle Aufteilung in separate Prüfabschnitte

Sofern sich bei Prüfbeginn für die zunächst vorgenommene zusammenhängende Gebrauchsfähigkeitsprüfung eine Gasleckmenge von ≥ 1 Liter oder ≥ 5 Liter pro Stunde ergibt, kann zur Ermittlung des Leitungsabschnittes, in dem sich die Leckgasmenge ergeben hat, eine Aufteilung in die zuvor bezeichneten separat beurteilbaren Prüfabschnitte sinnvoll sein.

*Wohnung bzw. Eigenheim als **ein** Prüfabschnitt*

Die Gasleitungsanlage in der Wohnung, im Eigenheim kann keine sinnvolle weitere Unterteilung in separate Prüfabschnitte finden. Da solche Raumeinheiten meist nur einen Luftverbund darstellen, gilt für solche Objekte das Kriterium </≥ 1 l/h oder </≥ 5 l/h. Höchstenfalls ist bei Etagengasversorgung im Mehrfamilienhaus zusätzlich zur Verbrauchsleitung noch die durch die Wohnung verlaufende Steigleitung möglich, woraus sich ein weiterer separater Beachtungspunkt ergeben kann.

Addieren der Leckgasmengen in einem Raum- bzw. Luftverbund (= Prüfabschnitt)

Bei der Betrachtung eines Kellergeschosses eines Mehrfamilienobjektes mit Verteilungsleitung, Gaszähleranordnung im Keller und den entsprechenden Verbrauchsleitungen, die möglicherweise zu einem Steigeschacht führen, kann der Keller sowie der Schacht als je separater Prüfabschnitt angesehen werden. In diesem Fall sind die jeweiligen Einzelleckgasmengen der Verteilungsleitung bzw. Verbrauchsleitungen zu einer Gesamtleckgasmenge für diese Prüfabschnitte zu addieren und es sind die Kriterien nach 5.6.4.3.1 mit Bezug auf die Gesamtleckgasmenge anzuwenden.

Eingrenzen ggf. mit Unterstützung durch Gasspürgeräte

Dem Fachmann vor Ort kommt zur Lösungssuche für solche Situationen die Aufgabe zu, durch nacheinander Absperrungen an den Zählerhähnen und damit aus verschiedenen Einzelmessungen die Leitungsabschnitte mit den Hauptleckagen einzugrenzen. Bei nicht vorhandenen Absperreinrichtungen am Beginn der in den Schacht weiter verlaufenden Steigeleitung(en) kann eine mögliche Eingrenzung u. a. auch durch z. B. Abspüren der im Kellerraum zugänglichen Leitungsteile und ihrer Verbindungen mit Gasspürgeräten erreicht werden, um somit im Ausschlussverfahren eine bessere Absicherung für daraus abzuleitende Konsequenzen erzielen zu können. Die zulässige Unterteilung in separate Prüfabschnitte (Kellergeschoss einerseits und Steigleitungsschacht andererseits) ist hier mangels zusätzlicher Absperreinrichtungen nicht möglich; es sei denn, es wird an dieser Stelle eine meist aufwendige Trennung der Leitung(en) vorgenommen.

Empfehlung, Absperreinrichtungen zur Aufteilung in Prüfabschnitte einzubauen

Ableitend daraus ist dem Planer und Anlagenersteller aus Praktikabilitätsgründen zu empfehlen, jeweils am Beginn der steigenden Verbrauchsleitung und – soweit vorhanden – vor der Wohnungsverteilung eine Absperreinrichtung vorzusehen. Gegebenenfalls kann sich solches auch noch als nachzurüstender Einbau in bestehenden Installationen empfehlen, so dass die wiederkehrenden Überprüfungen erleichtert werden.

Hierzu kann als Beispiel und Hilfe für den Anwender auf die Vorgehensweise eines Gasversorgers Bezug genommen werden, die im Rahmen der geltenden Sicherheitsanforderungen durchaus so akzeptiert werden kann. Es wird dazu die folgende Arbeitsanleitung weitergegeben:

> *„Vor und nach dem Einbau der Absperreinrichtungen (hierbei geht es um die Stelle des Übergangs von Keller-Verteilungs- bzw. -Verbrauchsleitung zur Steigleitung) wird jeweils eine Leckmengenmessung durchgeführt und die Anschlüsse der Absperreinrichtungen werden gemäß TRGI '86/96 Abschnitt 7.3 (heute Abschnitt 5.6.6) unter Betriebsdruck geprüft. Ist*

die Summe der Leckraten der nun absperrbaren Leitungsabschnitte nicht größer als bei der Prüfung vor dem Einbau der Absperrarmaturen, besteht die Vermutung, dass sich durch den technischen Eingriff in die Leitungsanlage keine zusätzlichen Leckstellen, z. B. durch Relativbewegungen in nahe liegenden, ausgetrockneten Gewindeverbindungen, ergeben haben. Die eigentlichen Gebrauchsfähigkeitsprüfungen können nun beginnen – mit absperrbaren Leitungsabschnitten.“

Auf keinen Fall ist eine Aufteilung in kleine Prüfabschnitte durchzuführen, um jeweils dadurch die Kriterien der unbeschränkten oder verminderten Gebrauchsfähigkeit zu erreichen.

5.6.4.3.3 *Maßnahmen*

Leckgasmenge ***und Gesamtzustand*** *entscheiden über die notwendigen Maßnahmen*

Eine Einstufung in die drei Kriterien der Gebrauchsfähigkeit kann sich nicht nur auf die festgestellten Gasleckmengen beziehen, sondern es muss eine Gesamtbeurteilung über den Zustand der Leitungsanlage erfolgen. Erst danach sind die notwendigen Maßnahmen festzulegen.

unbeschränkte Gebrauchsfähigkeit

Wenn die Gasleckmenge weniger als 1 l/h beträgt, liegt es in der Verantwortung des Fachmanns, ob seine Beurteilung über den Gesamtzustand der Leitungsanlage einen gefahrlosen Betrieb ohne Instandhaltungsmaßnahme zulässt.

Fachmann trifft die Entscheidung über das weitere Vorgehen

Gerade im Grenzbereich von Leckmengen knapp unter 1 l/h ist vom Fachmann zu entscheiden, ob nach einer bestimmten Zeit, z. B. 6 Monate oder 1 Jahr, der Prüfabschnitt erneut überprüft werden muss, um Veränderungen hinsichtlich der Leckgasmengen festzustellen.

Bei einem schlechten Allgemeinzustand kann es trotz Unterschreitung des Leckmengenkriteriums zu der Einschätzung kommen, dass eine Instandsetzung notwendig ist.

Natürlich kann auch der Betreiber in die Entscheidung mit einbezogen werden. Wenn der Betreiber z. B. sowieso vorhat, umfangreiche Sanierungen in Kürze durchführen zu lassen, sind diese Maßnahmen bei der Entscheidung über die weitere Vorgehensweise einzubeziehen.

bei Gasgeruch gibt es keine Kompromisse

Wie bereits erwähnt, gibt es bei Gasgeruch keine Kompromisse. In diesen Fällen muss die Ursache ermittelt werden und eine Instandsetzung erfolgen, siehe dazu auch die Kommentierung zu Abschnitt 5.6.4.3.

verminderte Gebrauchsfähigkeit

Bei einer festgestellten verminderten Gebrauchsfähigkeit muss eine Ursachenermittlung stattfinden und eine Instandsetzung ist durchzuführen. Die Lokalisierung der Leckstellen kann mittels Gasspürgerät oder schaumbildenden Mitteln geschehen.

Informationspflicht an den Betreiber durch Fachunternehmer

Der Betreiber ist mittels eines Prüfprotokolls über die festgestellten Leckgasmengen einschließlich eventuell zusätzlich festgestellter Mängelsachverhalte schriftlich zu informieren und auf die Instandsetzungsverpflichtung innerhalb der genannten Frist von 4 Wochen hinzuweisen.

Instandsetzungspflicht hat der Betreiber

Der Betreiber hat innerhalb dieser Frist die Leitungsanlagen instand setzen zu lassen.

Leitungsabschnitte
– freiverlegte Kellerleitung
– verdeckt verlegte Steigleitung

Für die Instandsetzung kann eine Unterteilung in Leitungsabschnitte sinnvoll sein. So könnte die freiverlegte Leitung z. B. punktuell oder komplett erneuert und die unzugängliche, weil unter Putz verlegte, Steigleitung mit dem Abdichtungsverfahren nach DVGW-Arbeitsblatt G 624 nachgedichtet werden.

Geschieht die Instandsetzung durch einen anderen Fachbetrieb als den die verminderte Gebrauchsfähigkeit feststellenden, so hat der Betreiber das veranlassende VIU schriftlich über die Instandsetzung zu informieren. Die Aufgabe zur Nachkontrolle durch das veranlassende VIU besteht nicht.

Fachbetrieb sollte nach dem Verstreichen der Frist den Betreiber erneut auf seine Pflichten hinweisen

Kommt der Betreiber innerhalb der 4-Wochen-Frist dieser Instandsetzungspflicht nicht nach, sollte das Fachunternehmen den Betreiber erneut deutlich auf seine Verkehrsicherungspflichten und die Gefahr der Regressforderungen im Schadensfall hinweisen.

Bei Gasgeruch muss der Fachbetrieb auch den NB informieren.

In aller Regel wird der Betreiber jedoch die Instandhaltungsarbeiten veranlassen.

NB hat aufgrund der NDAV die Möglichkeit, die Gasanlage außer Betrieb zu nehmen

Reagiert der Betreiber innerhalb der 4-Wochen-Frist oder einer nachgeschobenen weiteren (kürzeren) Fristsetzung nicht, hat der NB nach Abwägung der Gefahren die Möglichkeit, nach NDAV die Kundenanlage außer Betrieb zu nehmen. Über die mögliche Außerbetriebsetzung ist der Betreiber zu informieren.

Auch bei Mängelfeststellung durch den NB oder der Kenntnisgabe über die verminderte Gebrauchsfähigkeit an den NB bleibt der Betreiber allein in der Pflicht zur Beseitigung und der Information über die durch den Fachmann behobenen Mängel an den NB. Dem NB kommt somit die Notwendigkeit der Vollzugsnachhaltung (Papiervorgang) zu; er muss dieses jedoch nicht vor Ort kontrollieren.

keine Gebrauchsfähigkeit

Wenn keine Gebrauchsfähigkeit festgestellt wird, ist die Leitungsanlage unverzüglich außer Betrieb zu nehmen.

Was heißt unverzüglich? Ohne schuldhaften Verzug!

Unverzüglich heißt ohne schuldhaften Verzug.

Außerbetriebnahme ist die Regel

Nach Abschätzung der möglichen Gefahren muss der Fachmann die Entscheidung treffen, ob die Gasanlage direkt gesperrt werden muss oder ob die Zeit für eine unmittelbar folgende Instandsetzung aus Sicherheitsgründen eingeräumt werden kann.

Ausnahme der Nichtaußerbetriebnahme trifft der Fachmann

Diese Verantwortung kann nicht auf den Betreiber übertragen werden, sondern muss vom Fachmann, der die Anlage überprüft hat, getroffen werden.

Beispiel für eine Ausnahme zur Außerbetriebsetzung

- Leckgasmenge größer 5 l/h
- Gasgeruch wird nicht festgestellt
- Allgemeinzustand der Leitungsanlage ist zufriedenstellend
- Fachmann, der die Überprüfung vorgenommen hat, schätzt die Sicherheit der Gasleitung so ein, dass während der Instandsetzungsarbeit die Anlage in Betrieb bleiben kann
- Verantwortung hierfür bleibt beim Fachmann
- Instandsetzung erfolgt sofort

Instandsetzung durch örtliche Reparatur oder Erneuerung

Eine Instandsetzung bei einer Leitungsanlage, die keine Gebrauchsfähigkeit hat, darf durch nur punktuelle Erneuerung, z. B. des Rohres, der Verbindung oder der Armatur, erfolgen. Eine Erneuerung eines Leitungsabschnitts oder eine Gesamterneuerung muss bei einem schlechten Allgemeinzustand in Erwägung gezogen werden. Das Ergebnis der Instandsetzung kann immer nur die Dichtheit der Gesamtleitungsanlage (in Zuordnung entsprechend Abschnitt 5.6.4.3.2, zweiter Absatz) wie für neuverlegte Leitungen sein. Eine Abdichtung nach DVGW-Arbeitsblatt G 624 ist für dieses Kriterium „keine Gebrauchsfähigkeit" unzulässig.

5.6.4.3.4 Instandsetzungsarbeiten nach Gebrauchsfähigkeitsprüfung

Betreiber mit in den Entscheidungsprozess einbeziehen

Natürlich ist auch der Betreiber in die Entscheidung für eine notwendige Instandsetzung mit einzubeziehen. Wenn der Betreiber z. B. sowieso vorhat, umfangreiche Sanierungen in Kürze durchzuführen, sind diese Vorhaben bei der Entscheidung über die weitere Vorgehensweise zu berücksichtigen.

Aufteilung in Leitungsabschnitte

Unter fachlichen Gesichtspunkten kann, wie bereits unter Abschnitt 5.6.4.3.3 beschrieben, eine Aufteilung in Leitungsabschnitte erfolgen.

ganze oder teilweise Erneuerung

Nach einer Instandsetzung, bei der lediglich eine örtliche Reparatur, z. B. Erneuerung eines kurzen Rohres, einer Verbindung oder einer Armatur, vorgenommen wird, ist deren dichte Einbindung mit einem Gasspürgerät oder mit schaumbildendem Mittel nachzuweisen. Bei einer Erneuerung eines Teilstücks bzw. Kompletterneuerung müssen für die Leitungsabschnitte ggf. eine Belastungs- und zumindest eine Dichtheitsprüfung mit Anforderungen wie bei einer Neuanlage erfolgen.

Beurteilung heißt „dicht"

Die Beurteilung dieser Belastungs- und Dichtheitsprüfung muss das Ergebnis „dicht" haben.

Abdichtungen nach DVGW G 624 (A)

Nur Leitungsanlagen mit Gewindeverbindungen können bei verminderter (oder unbeschränkter) Gebrauchsfähigkeit mit dem Abdichtungsverfahren nach dem DVGW-Arbeitsblatt G 624 instand gesetzt werden.

Dichtheitsprüfung nach Instandsetzung

Nach diesem Abdichtungsverfahren instand gesetzte Leitungen müssen auf Dichtheit geprüft werden. Auf die Belastungsprüfung nach der Instandset-

Belastungsprüfung vor der Abdichtungsmaßnahme

zung wird verzichtet, da die Belastungsprüfung mit 3 bar bereits vor der Abdichtung nach DVGW-Arbeitsblatt G 624 zur Feststellung des Zustands des zu sanierenden Rohres durchgeführt werden muss.

5.6.5 Leitungsanlagen mit Betriebsdrücken über 100 mbar bis 1 bar

Kombinationsprüfung

Im Unterschied zu der Prüfung bei Niederdruckleitungen bis 100 mbar werden Mitteldruckleitungen in einem Prüfvorgang mit einer Belastungs- und Dichtheitsprüfung geprüft.

Sicherheit maximal Begrenzung auf 3 bar

Aus Sicherheitsgründen darf der Prüfdruck 3 bar nicht überschreiten.

Druckminderer verwenden

Deshalb sollten bei der Verwendung von Druckluftkompressoren mit einem höheren Druckbereich Druckminderer vor dem Anschluss an die Gasleitung verwendet werden, die durch Einstellung einen höheren Druck verhindern.

Achtung bei Druckgasflaschen „Stickstoff"

Auch bei der Verwendung von Druckgasflaschen, z. B. Stickstoff, ist auf die Einstellung des Manometers am Flaschendruckminderer auf maximal 3 bar zu achten.

5.6.5.1 Kombinierte Belastungs- und Dichtheitsprüfung

Leitungen und Armaturen, keine Gas-Druckregelgeräte, Gaszähler und Gasgeräte in die Prüfung einbeziehen

Wie bereits bei der Prüfung von Niederdruckleitungen beschrieben, ist die hier geforderte kombinierte Belastungs- und Dichtheitsprüfung nur für die Rohrleitungen und Armaturen vorgesehen.

Gas-Druckregelgeräte, Gaszähler und Gasgeräte mit den Regel- und Sicherheitseinrichtungen werden erst nach der Prüfung eingebaut oder angeschlossen.

Diese Bauteile und deren Anschlussverbindungen können zur Inbetriebsetzung mit einem Gasspürgerät oder mit schaumbildenden Mitteln nach Abschnitt 5.6.6 auf Dichtheit geprüft werden.

keine Verbindung zu gasführenden Leitungen

Diese Festlegung wurde getroffen, damit in keinem Fall durch unbeabsichtigtes Öffnen einer Absperrarmatur oder durch geringfügige Lecks in einer Armatur der Prüfdruck auf eine in Betrieb befindliche Gasleitung durchschlägt. Siehe auch die Kommentierung zu Abschnitt 5.6.4.1.

Prüfdruck langsam aufbringen

Damit es nicht zu unerwünschten Druckschlägen kommt, ist der Prüfdruck langsam mit einer Druckzunahme von max. 2 bar/min aufzubringen.

Empfehlung 3 Stunden Temperaturausgleich

Die Zeitvorgabe von 3 Stunden für einen Temperaturausgleich ist keine strikt einzuhaltende Vorgabe, sondern ein Richtwert. Stellt sich am Manometer erkennbar schneller ein konstanter Druck ein, kann ab diesem Zeitpunkt die Prüfzeit beginnen.

Prüfdauer fix 2 Stunden

Innerhalb der Prüfzeit darf am Manometer kein Druckabfall erkennbar sein.

Druckablassen über eine Armatur

An einer geeigneten Armatur ist der Prüfdruck langsam gefahrenfrei abzulassen. Dies ist aus Gründen der Arbeitssicherheit sowie generell aus Gründen der Personen- und Sachsicherheit so gefordert.

Das Entfernen eines Stopfens zur Druckentlastung ist aufgrund der Kompressibilität von Gasen und des plötzlichen Entspannens zu gefährlich.

5.6.5.2 Beurteilung der in Betrieb befindlichen Gasleitungen auf Dichtheit

Gebrauchsfähigkeitsbeurteilung über Leckgasmengenmessung nicht anwendbar

Anders als bei Niederdruckleitungen bis 100 mbar können das Verfahren und die Bewertung der Gebrauchsfähigkeit für Mitteldruckleitungen bis 1 bar nicht mit den Kriterien der Leckmengenabhängigkeit erfasst und durchgeführt werden.

Gasspürgeräte oder schaumbildende Mittel

Die Beurteilung der in Betrieb befindlichen Gasleitungen auf Dichtheit erfolgt durch Gasspürgeräte oder schaumbildende Mittel.

Anders als bei Niederdruckleitungen können aufgrund der höheren Betriebsdrücke bis 1 bar keine abgrenzbaren und mit konkreten Messungen festzulegenden Gebrauchsfähigkeitskriterien zugelassen werden.

Leckagen müssen abgedichtet werden

Die Bewertung muss eindeutig sein; „Leckagen sind unzulässig".

Verantwortung des Fachmanns

Leckagen müssen fachgerecht abgedichtet bzw. Leitungen, Verbindungen oder Armaturen ggf. erneuert werden.

mögliche Gefahren bewerten

Instandsetzungsplan mit dem Betreiber vereinbaren

Der Fachmann kann auch hier, wie bereits in Abschnitt 5.6.4.3.3 zu „keine Gebrauchsfähigkeit" beschrieben, den Zustand der geprüften Gasleitungen in Zusammenhang mit den festgestellten Leckagen hinsichtlich der Sicherheit bewerten und dem Betreiber einen „Instandsetzungsplan" vorschlagen.

In der Verantwortung des Fachmanns, der die Prüfung durchgeführt hat und den allgemeinen Zustand der Gasleitung kennt, kann die Instandsetzung der festgestellten Leckagen ggf. zeitversetzt durchgeführt werden.

bei Gasgeruch sofort handeln

Auch hierbei gilt, dass bei Gasgeruch sofort reagiert werden muss.

Nach der Instandsetzung entscheidet der Fachmann aufgrund seiner fachlichen Verantwortung, ob eine kombinierte Belastungs- und Dichtheitsprüfung durchgeführt werden muss oder ob eine Prüfung mit einem Gasspürgerät oder schaumbildendem Mittel angewendet werden kann, z. B. dann, wenn bei einer Flanschverbindung die Dichtung erneuert wurde.

Beurteilung der erdverlegten in Betrieb befindlichen Gasleitung

Bei der erdverlegten Gasleitung wird durch das positive Ergebnis der kombinierten Belastungs- und Dichtheitsprüfung die Betriebssicherheit nachgewiesen oder die Beurteilung erfolgt durch oberirdische Überprüfung entsprechend den Maßgaben des DVGW-Arbeitsblattes G 465-1.

5.6.6 Anschlüsse und Verbindungen mit Betriebsdrücken bis 1 bar

Ausnahmeregelung

In den aufgeführten Aufzählungspunkten sind die Ausnahmen beschrieben, bei denen auf die Dichtheitsprüfung im Niederdruckbereich bzw. die Belastungs- und Dichtheitsprüfung im Mitteldruckbereich aus Praktikabilitätsgründen verzichtet werden kann bzw. muss, weil z. B. Gas-Druckregelgeräte, Gaszähler, Gasgeräte und Gasgeräteanschlussleitungen bei den höheren Prüfdrücken nicht eingebaut sein können.

Verschlüsse von Prüföffnungen können erst nach abgeschlossener Prüfung verschlossen werden und müssen deshalb entweder mit Gasspürgerät oder schaumbildenden Mitteln auf Dichtheit geprüft werden.

T-Stück-Einbau gehört nicht zu der Ausnahmeregelung

Trennen von Gasleitungen und Einbau eines T-Stücks mit anschließender Abzweigleitung, z. B. für einen nachträglichen Gasgeräteanschluss, gehören nicht zu dieser Ausnahme. Diese Leitung ist einer Belastungs- und /bzw. Dichtheitsprüfung zu unterziehen.

5.7 Inbetriebnahme der Leitungsanlage

große Verantwortung

Eine der wichtigsten und verantwortungsvollsten – wenn nicht sogar die verantwortungsvollste – Tätigkeit ist das Öffnen einer Absperreinrichtung und somit das Einlassen von Gas in Leitungsanlagen der Gasinstallation und ggf. bis in die Gasgeräte. Das gilt ganz besonders dann, wenn die Gasversorgung in Betrieb befindlicher Gasinstallationen aus Gründen unterbrochen worden ist, die allein der NB oder das VIU zu vertreten hat – sei es gewollt oder ungewollt – und nach der Unterbrechung das Gas in voller und alleiniger Verantwortung des NB oder des VIU von seinen Mitarbeitern oder Beauftragten wieder eingelassen werden muss.
Grundsätzlich kann man die Problematik des Gaseinlassens auf einen einfachen Nenner bringen:

es darf keine Gefahr entstehen

„Wer eine Absperreinrichtung öffnet, ist verantwortlich, dass dadurch keine Gefahr entsteht."

5.7.1 Einlassen von Gas in Leitungsanlagen

Unterteilung in 4 Bereiche

Die aufgrund unterschiedlicher Randbedingungen – verbunden mit einer praxisgerechten Handhabung – vorgenommene Unterteilung des Einlassens von Gas in

5.7.1.1
- neuverlegte Leitungsanlagen

5.7.1.2
- stillgelegte Leitungsanlagen

5.7.1.3
- außer Betrieb gesetzte Leitungsanlagen und

5.7.1.4
- Leitungsanlagen nach kurzzeitiger Betriebsunterbrechung

hat sich bewährt und ist demzufolge auch weiterhin in dieser TRGI so behandelt.

Prüfung auf Verschluss

Als wichtigste sicherheitstechnische Maßnahme ist in jedem der vier vorgenannten Fälle unmittelbar vor bzw. bei dem Einlassvorgang von Gas zu prüfen, ob alle Leitungsöffnungen verschlossen sind.

Druckmessung

Auf die in diesem Zusammenhang in der TRGI genannte „Druckmessung mit mindestens dem vorgesehenen Betriebsdruck“ wird etwas näher eingegangen, um ihre Aufgabe zu verdeutlichen und ihre Grenzen aufzuzeigen.

Nachweis der verschlossenen Leitungsöffnungen

Die Druckmessung wird mit mindestens dem vorgesehenen Betriebsdruck durchgeführt. Dabei wird festgestellt, ob sich in der zu prüfenden Leitungsanlage ein Druck aufbauen kann, dieser nicht kurzzeitig abfällt und somit der Nachweis erbracht wird, dass sämtliche Leitungsöffnungen verschlossen sind.

Geschlossenstellungskontrolle über eine Gasmangelsicherung

Neben der „Druckmessung mit mindestens dem vorgesehenen Betriebsdruck“ gilt auch das Einlassen des Gases über die Geschlossenstellungskontrolle einer Gasmangelsicherung in bestimmten Fällen der Wiederinbetriebnahme als gleichwertige Maßnahme zur Sicherstellung, dass alle Leitungsöffnungen verschlossen sind. Diese Maßnahme kommt hauptsächlich für NB in Betracht, die nach einer Unterbrechung der Gasversorgung über in ihren Gas-Druckregelgeräten integrierten Gasmangelsicherungen wieder Gas in die Gasinstallation einlassen können.

keine Prüfung auf dichten (verwahrten) Verschluss

Beide vorgenannten Maßnahmen sind jedoch keine Prüfung, dass alle Leitungsöffnungen gemäß den Anforderungen einer Verwahrung nach Abschnitt 5.8.2 der TRGI dicht verschlossen sind.

bedingte Aussage bezüglich der Dichtheit

Über diese eigentliche Hauptaufgabe hinaus kann mit der Druckmessung ein bedingter Nachweis bezüglich der Dichtheit der Leitungsanlagen abgeleitet werden, ohne dass dabei die Aussagekraft einer Dichtheitsprüfung oder einer Prüfung auf Gebrauchsfähigkeit erreicht wird.

Zeitpunkt der Prüfung

Bezüglich des Zeitpunktes, wann die Prüfungen der Leitungsanlagen durchzuführen sind, wird zwischen „vor“, „unmittelbar vor bzw. bei dem Einlassvorgang“ und „unmittelbar nach“ dem Einlassen von Gas unterschieden.

5.7.1.1 Einlassen von Gas in neuverlegte Leitungsanlagen

neuverlegte Leitungsanlagen

Es sind folgende Prüfungen durchzuführen

5.7.1.1.1

vor dem Einlassen von Gas

- die Belastungs- und Dichtheitsprüfung bzw.
- die kombinierte Belastungs- und Dichtheitsprüfung

5.7.1.1.2

unmittelbar vor bzw. bei dem Einlassvorgang von Gas

- entweder die Dichtheitsprüfung bzw. die kombinierte Belastungsprobe und Dichtheitsprüfung oder eine Druckmessung mit mindestens dem vorgesehenen Betriebsdruck

- eine Besichtigung auf dicht verschlossene (verwahrte) Leitungsöffnungen

5.7.1.1.3

Beim Einlassen von Gas muss die in der Leitungsanlage vorhandene Luft oder das inerte Prüfgas durch das Betriebsgas verdrängt und vollständig ersetzt werden. Die zu ersetzende Menge an Prüfmedium, an Gemisch aus Gas und Prüfmedium und an Gas muss bei diesem Vorgang gefahrlos ins Freie abgeführt werden

5.7.1.1.4

unmittelbar nach dem Einlassen von Gas

- eine Prüfung der im Abschnitt 5.6.6 aufgeführten Anschlüsse und Verbindungen mit Gasspürgeräten oder schaumbildenden Mitteln

5.7.1.1.5

Der Hinweis, dass in undichte Leitungen kein Gas eingelassen werden darf, ist selbstverständlich.

Gefahrloses Abführen des Prüfmediums aus der Leitungsanlage

Arbeitssicherheit einhalten

Wie bereits zu den Abschnitten 5.6.2 „Sicherheitsmaßnahmen während der Prüfungen" und 5.6.5.1 mit der darin enthaltenen Aussage „der Prüfdruck (von 3 bar bei Leitungsanlagen mit Betriebsdruck über 100 mbar bis 1 bar) ist nach Abschluss der Prüfung gefahrenfrei abzulassen" angedeutet, sind an dieser Stelle hinsichtlich der Arbeitssicherheit und auch der Personen- und Sachsicherheit generell die Bestimmungen der Berufsgenossenschaftlichen Regelungen, hier der BGR 500/Teil 2, Kapitel 2.31 „Arbeiten an Gasleitungen", relevant und deren Einhaltung notwendig. Die wechselseitige Mitarbeit in den Fachausschüssen der BGZ und den Technischen Komitees des DVGW sichern für den Beschäftigten vor Ort als Anwender der technischen Regeln die Widerspruchsfreiheit von BGR 500/Teil 2 (bisherige Fassungen VBG 50 und vormals UVV 21) und DVGW-TRGI 2008 ab.

Abgestimmtheit zwischen BGR 500/Teil 2 und TRGI

Während bei Belastungsproben und dem gefahrenfreien Ablassen des Prüfdruckes den mechanischen Gefahren Rechnung getragen werden muss, sind für das „Einlassen von Gas in Leitungsanlagen" die ausreichenden Randvorgaben zum gefahrlosen Entlüften der Leitungsanlage durch den Ausführenden zu beachten und einzuhalten. In Übereinstimmung mit BGR 500/Teil 2, hier Abschnitt 3.22, ist beim sogenannten „Entlüften" der Leitungsanlage dafür Sorge zu tragen, dass durch das austretende Gas-Luft-Gemisch bzw. Gas keine Explosions- oder Brandgefahr entstehen kann.

antistatischer Schlauch

Grundsätzlich ist dies durch die Abführung mit einem antistatischen Schlauch ins Freie zu erreichen; zum Entlüften der Hausanschlussleitung gilt dieses ohne Ausnahme. Die Forderung der Benutzung eines antistatischen Schlauches erklärt sich daraus, dass bei der Förderung von Feststoffen, Flüssigkeiten und Gasen durch aufladbare Rohre und Schläuche elektrische Aufladungen (= Ladungstrennung) durch die Reibung des Fördergutes an der Wandung und die Reibung des Mediums entstehen können. Die Gefahren sind:

Ableiten von Gas mit antistatischem Schlauch

- Auftreten zündfähiger Entladungen, die explosionsfähige Gemische von Gasen, Dämpfen, Nebeln und Stäuben entzünden können

- unfallträchtiges Fehlverhalten durch Schreckreaktion bei der Entladung über den menschlichen Körper

- Störung durch Anhaften des Mediums an der Rohrwand

Deshalb sollten abriebfeste Schläuche, z. B. aus Polyurethan, für die der Nachweis des antistatischen Verhaltens erbracht wurde, verwendet werden.

Ausnahme bei „geringen Mengen“: Abbrennen über geeignete Brenner

Beim Entlüften mit Schlauch ins Freie ist selbstverständlich darauf zu achten, dass die Ausmündung so gelegt und eventuell fixiert wird, dass der Wind das austretende Gas nicht in Richtung auf/in das Gebäude treibt. Die BGR 500/Teil 2 lässt gemäß Abschnitt 3.22.2 mit der „z. B.“-Zuordnung auch Ausnahmen zu, was in der TRGI in Abschnitt 5.7.1.1.3 mit dem letzten Satz ausgedrückt wird: „Bei geringen Mengen kann das Gas auch an einer Austrittsstelle über geeignete Brenner, z. B. Prüfbrenner, abgebrannt werden.“ Einen geeigneten Brenner stellt z. B. die Kochstelle des Gasherdes dar.

Im BGR-Text wird zudem durch die Aussage der „Nicht-Anwendung“ von Abschnitt 3.21 „Arbeiten an der Gasinstallation“ einschließlich des Vorganges des „Entspannens der abgesperrten Leitung“ auf die begründete schärfere Anforderungskategorie beim „Entlüften“ aufgrund der in diesem Fall notwendigerweise geöffneten Absperreinrichtung und dem damit „nicht von vornherein begrenzten Gasinhalt“ mit Nachdruck hingewiesen.

5.7.1.2 Einlassen von Gas bei Wiederinbetriebnahme von stillgelegten Leitungsanlagen

stillgelegte Leitungsanlagen

Es sind folgende Prüfungen durchzuführen:

a) vor dem Einlassen von Gas

kein nachträgliches „Freilegen“ der Leitungsanlage

- eine Inaugenscheinnahme der Leitungsanlage auf einwandfreien baulichen Zustand

- die Dichtheitsprüfung bzw. die kombinierte Belastungs- und Dichtheitsprüfung (Selbstverständlich müssen in diesem Fall verdeckte oder unter Putz verlegte Leitungsanlagen und beschichtete oder umhüllte Rohrverbindungen nicht „freigelegt“ werden!)

b) unmittelbar vor bzw. bei dem Einlassvorgang von Gas

- entweder die Dichtheitsprüfung bzw. die kombinierte Belastungs- und Dichtheitsprüfung oder eine Druckmessung mit mindestens dem vorgesehenen Betriebsdruck

- eine Besichtigung auf dicht verschlossene (verwahrte) Leitungsöffnungen

c) unmittelbar nach dem Einlassen von Gas entsprechend Abschnitt 5.7.1.1.3

- eine Prüfung der im Abschnitt 5.6.6 aufgeführten Anschlüsse und Verbindungen mit Gasspürgeräten oder schaumbildenden Mitteln

5.7.1.3 Einlassen von Gas bei Wiederinbetriebnahme von außer Betrieb gesetzten Leitungsanlagen

Es sind folgende Prüfungen durchzuführen:

Abhängigkeit von Einwirkung der Arbeitstätigkeit auf die Gesamtleitungsanlage

- Bei Leitungen mit Betriebsdrücken ≤ 100 mbar

  a) unmittelbar vor bzw. bei dem Wiederöffnen und dem Einlassvorgang von Gas
  - als Mindestmaßnahme die „Druckmessung mit mindestens dem vorgesehenen Betriebsdruck“

  oder wenn durch den Arbeitseingriff die bestehende Leitungsanlage undicht geworden sein könnte
  - als Mindestmaßnahme die Gebrauchsfähigkeitsprüfung

  keine Forderung nach Besichtigung auf dicht verschlossene (verwahrte) Leitungsöffnungen

  b) unmittelbar nach dem Einlassen von Gas
  - eine Prüfung der im Abschnitt 5.6.6 aufgeführten Anschlüsse und Verbindungen mit Gasspürgeräten oder schaumbildenden Mitteln

- bei Leitungen mit Betriebsdrücken bis 1 bar
  - als Mindestmaßnahme die Prüfung mit Gasspürgeräten oder schaumbildenden Mitteln

5.7.1.4 Einlassen von Gas in Leitungsanlagen nach kurzzeitiger Betriebsunterbrechung

andere geeignete Maßnahmen

Es sind folgende Prüfungen durchzuführen:

a) unmittelbar vor bzw. bei dem Einlassvorgang von Gas
eine „Druckmessung mit mindestens dem vorgesehenen Betriebsdruck“ oder „andere geeignete Maßnahmen“, z. B. die Beobachtung des Zählwerkstandes

b) unmittelbar nach dem Einlassen von Gas
die Prüfung der in Abschnitt 5.6.6 aufgeführten Anschlüsse und Verbindungen mit Gasspürgeräten oder schaumbildenden Mitteln

Annahmen

Dieser praxisnahen vereinfachten Handlungsweise liegen folgende Annahmen zu Grunde:

ordnungsgemäßer Zustand

- Die in Betrieb befindliche Gasinstallation ist in ordnungsgemäßem Zustand.

keine Leitungsarbeiten

- An der Leitungsanlage selbst wurden keine Arbeiten ausgeführt.

ständige Anwesenheit

- Die Betriebsunterbrechung ist absolut kurzzeitig; d. h. die einzelnen Schritte von der Unterbrechung der Gasversorgung über die Tätigkeitsausführung bis zum Wiedereinlassen von Gas (Wiederöffnen der AE) stehen in engem zeitlichem Zusammenhang und erfolgen unmittelbar unter ständiger Anwesenheit des Ausführenden.

keine fachwidrigen Eingriffe

- In dieser kurzen Zeitdauer sind fachwidrige Eingriffe in die Gasanlage auszuschließen.

Treffen diese Voraussetzungen nicht zu, ist das Gas nach den Bedingungen für außer Betrieb gesetzte Leitungsanlagen einzulassen.

Alternative zur Druckmessung

Kontrolle über den Gaszähler

Alternativ zu der Druckmessung mit mindestens dem vorgesehenen Betriebsdruck als Nachweis verschlossener Leitungsöffnungen kann bei den in Frage kommenden Betriebsmaßnahmen, wie z. B. Eichwechsel des Gaszählers oder Instandhaltungsaustausch des Gas-Druckregelgerätes, die Kontrolle über den Gaszähler (Zählwerksanzeige bleibt konstant) als „andere geeignete Maßnahme“ angesehen werden, wenn sie wie vorne beschrieben als Teil einer üblichen und logischen Kette von Erledigungen über eine entsprechende Zeitdauer (ca. 10 oder 15 Minuten) vorgenommen wird.

Einlassvorgang

Der Einlassvorgang selbst ist im Abschnitt 5.9.1 beschrieben, siehe auch die Erläuterungen dazu in diesem Kommentar.

Die hier an die Tätigkeiten „Austausch des Gas-Druckregelgerätes“ oder „Wechseln des Balgengaszählers“ gestellten Anforderungen ermöglichen bei fachmännischem, verantwortungsvollem Vorgehen auch die Durchführung dieser Tätigkeiten in Abwesenheit des Kunden (Nicht-Zugangsmöglichkeit zur Verbrauchsleitung und zu dem/den Gasgerät/en), z. B. im Mehrfamilienhaus.

konstante Bedingungen erlauben auch den Zählerwechsel bei Kundenabwesenheit

Wird z. B. der Stillstand der/des Gasgeräte/s durch Zählwerkstillstand am Gaszähler festgestellt, so kann bei Zutreffen der oben genannten Achtungspunkte das Gas-Druckregelgerät/der Gaszähler gewechselt werden und nach nochmals festgestelltem Zählwerkstillstand (Wartezeit ca. 3 Minuten) auch die Absperreinrichtung bzw. der Zählerhahn wieder geöffnet werden. Der Kunde wird über diese Tätigkeit per hinterlegter Informationskarte in Kenntnis gesetzt.

Wird durch Beobachtung des Zählwerkstandes eine nur geringe Gasabnahme, wie z. B. für die Zündgasmenge, festgestellt und nach der Austauschdurchführung herrscht Zählwerkstillstand, siehe oben, so kann auch dann die Absperreinrichtung wieder geöffnet werden. Der Kunde ist ebenfalls per hinterlegter Informationskarte über die Auswechslung zu unterrichten, mit dem zusätzlichen Hinweis, dass das/die Gasgerät/e wieder in Betrieb genommen werden muss/müssen.

Wird dagegen z. B. der Zähler nicht im Stillstand oder bei nur geringem Gasdurchgang angetroffen und/oder stellt sich nach der Austauschdurchführung kein Verharren des Zählwerkstandes ein, so muss die Absperreinrichtung geschlossen bleiben, mit einem an der Einrichtung erkennbaren Vermerk (z. B. Verplombung) sowie der zusätzlichen Karteninformation an den Kunden, dass das Wiederöffnen bzw. die Wiederinbetriebnahme nur durch den NB selbst oder einen zugelassenen Fachmann (das VIU) erfolgen darf.

5.7.2 Unterrichtung des Betreibers

VOB DIN 18381 Pflichten des Auftraggebers

Nach dem Werkvertragsrecht der VOB DIN 18381 hat der Auftragnehmer die Verpflichtung, den Auftraggeber bei der Inbetriebnahme in die Betriebsweise der Anlage einzuweisen und die dann notwendigen Betriebs- und Instandhaltungsunterlagen für einen bestimmungsgemäßen Betrieb zu übergeben.

Inspektions- und Wartungsverträge überreichen

siehe Anhang 5 und Abschnitt 13 der TRGI

Bei dieser Gelegenheit sollte der Fachbetrieb seinem Kunden auch direkt einen Inspektions- bzw. Wartungsvertrag zum Abschluss vorlegen. Damit kann der Betreiber von der Notwendigkeit einer regelmäßigen Inspektion und Wartung seiner Gasinstallation einschließlich der Gasgeräte überzeugt werden.

5.8 Verwahrung der Leitungsanlagen

Verwahrung

Das Verwahren von Leitungsanlagen war und ist eines der wichtigsten Sicherheitskriterien schlechthin. Hierbei liegt eine Sicherheitsphilosophie zu Grunde, die davon ausgeht, dass derart über einen längeren Zeitraum oder dauernd verwahrte Leitungsanlagen nur durch überlegtes, verantwortungsbewusstes, sachgerechtes und gezieltes handwerkliches Handeln unter Verwendung von Werkzeugen geöffnet werden können – und nicht durch die „normale" Betätigung einer Absperreinrichtung.

geschlossene AE

dichter Verschluss

Ausschließlich aufgrund dieser Anforderung wird deutlich, warum geschlossene Absperreinrichtungen, die im geschlossenen Zustand durchaus dicht sind, nicht als „dichte Verschlüsse", d. h. als verwahrtes Leitungsende, gelten. Eine Ausnahme ist nur bei Arbeiten an gasführenden Leitungen nach Abschnitt 5.9 zulässig.

Sicherheits-Gasanschlussarmatur

Das Beispiel der Sicherheits-Gasanschlussarmaturen nach DIN 3383-1 und -4 sowie DVGW-VP 635-1, die nur mit dem Anschlussstecker betätigt werden können, zeigt nachdrücklich die Zusammenhänge und die Unterschiede auf.

Eine derartige Gasanschlussarmatur wird erst dann zu einer Sicherheits-Gasanschlussarmatur und dadurch im Sinne der Verwahrung zu einem dichten Verschluss, wenn der Anschlussstecker von der Anschlussarmatur getrennt ist.

normale AE

Ist der Anschlussstecker – also das Betätigungsorgan – in der Anschlussarmatur, so ist das Ganze eine, einem Hahn oder Schieber bzw. einer Absperrklappe vergleichbare, normale Absperreinrichtung. Die nachgeschaltete Geräteanschlussleitung, z. B. in Form einer Sicherheits-Gasschlauchleitung nach DIN 3383-1, muss dann durch einen Stopfen verwahrt werden, sofern sie vom Gasgerät gelöst wurde.

Verwahrung

nur metallene Verschlüsse zulässig

Wie bereits im Abschnitt 5.6.1 ebenfalls festgelegt, dürfen weder zur Abtrennung bei Belastungs- und Dichtheitsprüfungen noch bei der Verwahrung nichtmetallene Verschlüsse verwendet werden. Diese Forderung wird auch in der BGR 500/Teil 2 Kapitel 2.3.1 Abschnitt 3.25 gestellt.

5.8.1 Verwahrung der Außenleitungen

Ausnahme, Verschlüsse aus Kunststoff bei Rohrleitungen aus Kunststoff

Bei erdverlegten Leitungen sind als Ausnahme die Verschlüsse aus Kunststoff, die z. B. mit den zulässigen Schweißverfahren an die Kunststoffleitungen oder Pressverbindungen angebracht werden, zugelassen. Gewindeverbindungen aus Kunststoff sind jedoch, wie bereits im Abschnitt 5.6.1 beschrieben, unzulässig.

5.8.2 Verwahrung der Innenleitungen

Verwahrung ggf. mit Sicherheitsverschlüssen

Ergänzend zu dem vorher Gesagten wurde die Forderung aufgestellt, dass in allgemein zugänglichen Räumen Sicherheitsverschlüsse gegen mögliche Eingriffe von Unbefugten eingesetzt werden müssen, wenn keine Gasströmungswächter vorgeschaltet sein sollten.

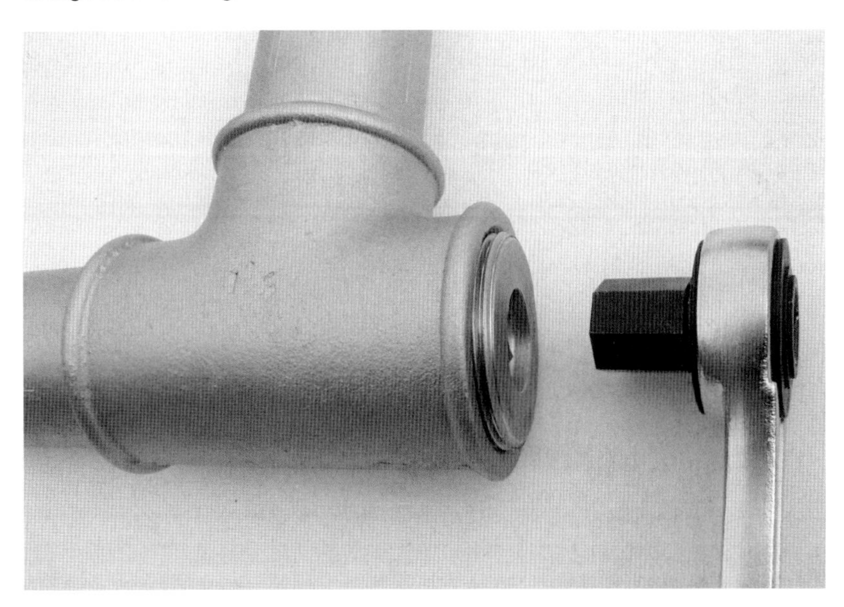

Bild 5.37 – Sicherheitsstopfen und Sonderwerkzeug (Siebenkant), Jeschke GmbH

Zu der Besonderheit der Verwahrung von Sicherheitsanschlussschlauchleitungen siehe Kommentierung zu Abschnitt 5.8.

5.9 Arbeiten an gasführenden Leitungsanlagen

Übereinstimmung mit BGR 500/Teil 2, Kapitel 2.31

Allgemein liegen den in diesem Abschnitt aufgeführten Bedingungen die Inhalte und Festlegungen der berufsgenossenschaftlichen Regeln BGR 500/Teil 2, Kapitel 2.31 „Arbeiten an Gasleitungen" zu Grunde. In den darin aufgeführten Ausführungserklärungen wird mehrmals der Hinweis auf Geltung der DVGW-TRGI gegeben.

Sicherheit bei Vorbereitung und Durchführung

Die sichere Durchführung von Arbeiten an gasführenden Leitungsanlagen ist in hohem Maß davon abhängig, wie diese Arbeiten vorbereitet sind und der Arbeitsplatz eingerichtet ist. Der verantwortliche Fachmann hat vor Beginn dieser Arbeiten sicherzustellen, dass die vorgesehenen Arbeitsplätze sich in einem sicheren Zustand befinden. Er hat dabei festzustellen, ob in diesen Arbeitsbereichen Anlagen, Einrichtungen oder Stoffe vorhanden sind, durch die eine Gefährdung der ausführenden Personen entstehen könnte.

gefahrloses Ausströmen und kontrolliertes Ableiten

Insbesondere sind Sicherheitsmaßnahmen zu treffen, so dass ein Austreten des Gases begrenzt bzw. unter Kontrolle gehalten und das Gas gefahrlos abgeführt und ein unkontrolliertes Eindringen von Luft in die Gasleitung verhindert wird.

Arbeitsplatz muss bei einer Gefahr schnell und sicher verlassen werden können

Des Weiteren ist bei ausströmendem Gas sicherzustellen, dass der Arbeitsplatz schnell und gefahrlos verlassen werden kann, wie z. B. bei Arbeiten an erdverlegten Leitungen in Rohrgräben.

5.9.1 Sichern von Absperreinrichtungen

Mit nahezu identischen Formulierungen in beiden Regelungen wird auf das notwendige Schließen der Absperreinrichtung und das Sichern gegen Öffnen durch Unbefugte hingewiesen. Ist während der Durchführungen von Arbeiten nicht auszuschließen, dass die gegen Öffnen gesicherte oder zumindest deutlich gekennzeichnete Absperreinrichtung trotzdem – mutwillig oder leichtfertig – geöffnet werden könnte und dadurch Gas austreten würde, ist die Leitung zu verwahren: im Zweifel immer! Dies gilt vor allem bei der Abwesenheit – auch einer kurzzeitigen – von der Baustelle (z. B. beim Ausbau eines Gasgerätes und der Durchführung der erforderlichen Wartungsarbeiten in der Werkstatt).

Verwahrung bei Abwesenheit von der Baustelle

Im nächsten Schritt des Arbeitsablaufs [Trennen der Gasleitung oder das Öffnen lösbarer Verbindung(en)] muss es nun darum gehen, dort wo Gas austritt oder austreten kann, in ausreichendem Maße dafür zu sorgen, dass dieses Gas gefahrlos abgeführt wird. Wie beim Entlüften (siehe die Kommentierung zu Abschnitt 5.7 der TRGI) geschieht dies auch hier primär über – soweit möglich – den Anschluss eines Schlauches ins Freie. Da bei diesem Vorgang im Gegensatz zum „Entlüften" jedoch durch die **geschlossene Absperreinrichtung** ein Nachströmen von Gas in den abgesperrten Leitungsteil ausgeschlossen ist und damit – lediglich – die Entspannungsmenge als Austrittsgas relevant ist, können durchaus an dieser Stelle auch berechtigte Überlegungen über die „geringe" nicht Gefahr drohende Menge, welche über Durchlüften des Raumes gefahrlos abgeleitet werden kann, angestellt werden. Unabhängig von den jeweiligen Situationsbedingungen und den zu beachtenden örtlichen Gegebenheiten sei im Nachfolgenden eine Abschätzung gegeben, die einen sicheren Anhalt für viele Arbeitssituationen in der Hausinstallation wiedergibt.

Ableiten ins Freie

„geringe" Gas-Austrittsmenge

Mit dem Ansatz des in den Technischen Regeln für Betriebssicherheit TRBS 2152 Teil 1 „Beurteilung der Explosionsgefährdung" als Grenzbedingung für eine Gefahr drohende Gasmenge innerhalb eines Gebäudes/Raumes genannten Volumens eines explosionsfähigen Gas/Luft-Gemisches von 10 l errechnet sich bei konservativem Bezug auf die untere Explosionsgrenze des Erdgases von 4 % ein maximaler, der Räumlichkeit zuzuordnender Gasaustritt von 0,4 l. Dieser Ansatz unterstellt die scharfen und damit sicheren Bedingungen eines stationären Vorganges ohne Einbeziehung von tatsächlich existierenden Luftwechselraten. Beim Öffnen von gasgefüllten Volumina ergibt sich die Austrittsmenge als Entspannungsmenge aufgrund der Überdruckförderung/-speicherung innerhalb der Leitungsanlage. Bei Annahme eines idealen Gases, einer annähernd konstanten Temperaturbedingung und dem konstanten spezifischen Gasvolumen berechnet sich die Entspannungsmenge bzw. Austrittsmenge unter TRGI-Bedingungen mit einem Betriebsdruck OP hinter dem Druckregelgerät von 23 mbar zu

Austrittsmenge = Leitungsinhalt · OP (als Überdruck) : Atmosphärendruck (absolut)

erleichtertes Vorgehen bei Hausinstallationen

Setzt man hierin die Austrittsmenge mit max. 0,4 l an, so ergibt sich daraus ein Volumen für den von der Gaszuführung abgesperrten Leitungsanlagenteil von ca. 16 l. In Eigenheim-Gasinstallationen ist somit quasi immer von einer „geringen" Menge auszugehen. Das Stahlrohr DN 32 besitzt einen spezifischen Inhalt von etwa 1 l/m, so dass auch für Gasinstallationen in Mehrfamilienobjekten mit Etagengasversorgung die „geringe" Entspannungsmenge zumindest dann anzusetzen ist, wenn vor der Leitungstrennung oder -öffnung (z. B. auch zum Eichwechsel des Gaszählers) bereits in der Wohnung an einem geeigneten Gasgerät/Brenner der Hauptteil des Gas-Überdruckes durch Abbrennen abgebaut wird.

Querlüftung beachten

Beide aufgezeigten Methoden sind auch in BGR 500/Teil 2 in Abschnitt 3.2.1.2 als Durchführungsbeispiele erwähnt und aufgeführt. Selbstverständlich ist für die Fälle der Gasableitung über die Raumentlüftung (siehe den 2. Absatz der Zusatzerklärung in Abschnitt 3.2.1.2) auf die hergestellte ausreichende Durchlüftung zu achten. „Gut durchlüftet" bedeutet dabei, dass möglichst eine Querlüftung vorhanden ist und sich keine zündfähigen Gemische in abgeteilten Nischen o. Ä. bilden können.

Hinsichtlich besonders zu beachtender örtlicher Gegebenheiten sei auf folgendes Beispiel des durchzuführenden Ausbaues/Wechsels von größeren Balgengaszählern, G 16 und höher, hingewiesen. Auch wenn die Ein- und Ausgangsstutzen umgehend verschlossen werden, lässt sich nicht vermeiden, dass auch etwas größere Gasmengen in den Raum austreten. Führt man sich zudem vor Augen, dass derartige Gaszähler häufig in relativ kleinen Räumen stehen, die unter Umständen sogar extra geschaffen wurden, um den Zähler vor Beschädigungen zu schützen, ist sicher verständlich, dass der Raumlüftung dann besondere Beachtung geschenkt werden muss. In Einzelfällen wird der Einsatz explosionsgeschützter Lüfter demnach keine überzogene Sicherheitsmaßnahme sein.

5.9.2
behelfsmäßiges Abdichten

ausschließlich vorübergehend zulässig

Das behelfsmäßige Abdichten, z. B. mit „Reparaturschellen" oder „Dichtbändern", ist nur als Sofortmaßnahme zulässig, um Gefahren abzuwenden und die Gasleitung weiter in Betrieb lassen zu können. Eine ordnungsgemäße Instandsetzung muss im Anschluss erfolgen.

5.9.3
Schutz gegen elektrische Berührungsspannung und Funkenbildung

Als Schutz gegen gefährliche Berührungsspannung und gegen zündfähigen Funkenüberschlag ist vor dem Trennen oder Verbinden von Gasleitungen aus Metall eine metallene elektrisch leitende Überbrückung der Trennstelle herzustellen. Bei Leitungsinstallationen in Räumen/Raumteilen mit Ex-Schutz-Bestimmungen sind selbstverständlich bei durchzuführenden Leitungsarbeiten die dort zusätzlich geltenden Anforderungen ebenfalls einzuhalten.

DVGW GW 309 (A) enthält weitere Anforderungen

In dem DVGW-Arbeitsblatt GW 309 „Elektrische Überbrückungen bei Rohrtrennungen" sind weitere Ausführungen enthalten.

*Mehrschichtverbundrohr ist **kein** Metallrohr*

Die Kunststoffleitung aus Mehrschichtverbundrohren mit metallener Innenschicht (Al) ist davon nicht betroffen, da hierbei aufgrund des Systemaufbaus einschließlich der systemzugehörigen Verbindungs- und Übergangsteile keine elektrische Längsleitfähigkeit gegeben ist.

6 Erhöhung des Betriebsdruckes

Betriebsdruckerhöhung in der Gasinstallation

Die TRGI meint und behandelt in/mit diesem Abschnitt die Situation **der Betriebsdruckerhöhung in der Gasinstallation**, also z. B. von 23 mbar auf einen höheren Druck.

Erhöhung des Versorgungsdruckes als Eingangsdruck der Haus-Druckregelung

Fragestellungen aus der Praxis betreffen jedoch eher die Überlegungen hinsichtlich Zulässigkeit und Absicherungen bei beabsichtigten Erhöhungen des Eingangsdruckes der Haus-Druckregelgeräte. Hierbei geht es oft um relevante Planungen und Absichten, die Leistung im Orts-Verteilungsnetz besser auszunutzen, zu optimieren, oder die Versorgungsleitung in der Straße wird z. B. von Niederdruckfahrweise auf Mitteldruck- oder Hochdruckbetrieb umgestellt. Auch solche Situationen sollen an dieser Stelle noch zusätzlich aufgegriffen und beleuchtet werden.

6.1 Erhöhung des Betriebsdruckes innerhalb des zulässigen Betriebsdruckbereiches

Prüfdruck der letzten Dichtheitsprüfung ist relevant

Der höchstmögliche Einstelldruck im jeweiligen Betriebsdruckbereich orientiert sich an der Höhe des Prüfdruckes der letzten Dichtheitsprüfung bzw. der kombinierten Belastungs- und Dichtheitsprüfung. In der Tabelle 12 sind die Betriebs- und Prüfdrücke in Abhängigkeit der jeweiligen damaligen gültigen Technischen Regeln – TRGI – aufgeführt.

Es ergeben sich **keine** zusätzlichen Absicherungsmaßnahmen/Überprüfungsnotwendigkeiten, wenn:

- in Betreiberanlagen mit Erstellungszeit **vor 1972** – bis dahin unterlagen die Gasinstallationen hinter dem Druckregelgerät einem Dichtheitsprüfdruck von 50 mbar – der Betriebsdruck von 45 mbar nicht überschritten wird oder

- in Betreiberanlagen mit Erstellungszeiten **nach 1972** – und dem ab dieser Zeit nachgewiesenen im gesamten Bereich durchgeführten Dichtheitsprüfdruck von 110 mbar – der Betriebsdruck von 100 mbar nicht überschritten wird

oder

- in Betreiberanlagen mit Erstellungszeiten **nach 1986** – mit einem angewendeten Prüfdruck als kombinierte Belastungs- und Dichtheitsprüfung von 3 bar – der Betriebsdruck von 1 bar nicht überschritten wird

keine Zusatznotwendigkeiten bei Gaswechsel innerhalb der Erdgas-Familie

Weitere Änderungen von Betriebsbedingungen neben der Druckerhöhung, wie die früher eventuell relevante Feuchteänderung oder der signifikante Dichte-Unterschied, welche nach früheren TRGI-Ausgaben Zusatzkontrollen wie z. B. die Stoßodorierung oder die Nachweisführung über die unbeschränkte Gebrauchsfähigkeit bzw. die Dichtheit nahelegten, spielen heute keine Rolle mehr.

6.2 Erhöhung des Betriebsdruckes über den zulässigen Betriebsdruckbereich

Überschreiten des Niveaus der letzten Dichtheitsprüfung

Betrug der Prüfdruck der letzten Dichtheitsprüfung (früher Hauptprüfung) nur 50 mbar und soll der Betriebsdruck über 45 mbar hinaus bis auf beispielsweise 100 mbar erhöht werden, ist eine Dichtheitsprüfung nach Abschnitt 5.6.4.2 der TRGI durchzuführen.

Wurde die Leitungsanlage noch keiner kombinierten Belastungs- und Dichtheitsprüfung unterzogen und soll der Betriebsdruck über 100 mbar bis auf 1 bar erhöht werden, so muss eine Belastungs- und Dichtheitsprüfung nach Abschnitt 5.6.5 durchgeführt werden. Es ist zu berücksichtigen, dass bei unter Putz verlegten Leitungen und generell bei Kunststoffleitungen oder auch der Edelstahl-Wellrohrleitung der Betriebsdruck nicht mehr als 100 mbar betragen darf und sich daher für diese Fälle eine solche Betriebsdruckerhöhung ausschließt.

Einführung des neuen Prüfdruckes von 150 mbar – Konsequenzen

Unabhängig von dem Inhalt dieses TRGI-Abschnittes führt die Möglichkeit der zukünftigen Druckregelungssituation für die Kundenanlage mit möglicher Grenzabschaltung des SAV bei 150 mbar selbstverständlich ebenfalls zu zusätzlichen Anforderungen. Dem Einsatz einer solchen Druckregelungssituation muss die Dichtheitsüberprüfung mit dem heute in der TRGI eingeführten Prüfdruck von 150 mbar vorangehen. Auf die noch dazukommende kritische Beurteilung hinsichtlich der Gasgeräte-Präsenz im Versorgungsgebiet wird ggf. zusätzlich geachtet werden müssen. Der von den Geräteherstellern abgesicherte „Nennprüfdruck von 50 mbar" gibt keine absolute Begrenzung hinsichtlich der möglichen Vordruckbeaufschlagung für die in der Gasinstallation aufgestellten Gasgeräte wieder. Bei der Dichtheitsprüfung ist vorsichtshalber sicherzustellen, dass die Gasgeräte nicht in Betrieb sind, vorzugsweise durch Schließen der Geräteanschlussarmatur.

Änderung/Anhebung der Versorgungsdrücke in der Hausanschlussleitung

Eingangsdruckerhöhungen innerhalb des Niederdruckbereiches möglich – ohne Zusatzabsicherung

Bei Druckerhöhung von z. B. dem bisherigen Eingangsdruck p_u = 40 mbar auf zukünftig 70 mbar wird dasselbe Druckregelgerät im Einsatz bleiben. Manche Einstellungen zur Beibehaltung des Ausgangsdruckes p_d = 23 mbar sind eventuell nachzuregulieren. In vor 1972 erstellten Installationen konnte bereits bei einem anzunehmenden Störungsfall des Membranbruches an einem Gas-Druckregelgerät der Druck von 70 mbar – gegenüber einer durch Abnahmeprüfung nur mit 50 mbar beaufschlagten Installation – letztlich bis vor das Gasgerät anstehen.

Notwendige Absicherungsvorkehrungen bei einem solchen Druckanhebungsschritt sind aus dieser Fallbetrachtung jedoch nicht abzuleiten. Schließlich kann auch dem Durchschlagen eines Druckes von 100 mbar kein Gefahr drohender Zustand zugeordnet werden – sonst wäre die Regelgerätebauart bis zu dem Eingangsdruck p_u von 100 mbar ohne SAV nicht mehr vertretbar, wozu nach übereinstimmender Erfahrung national und europäisch keine Veranlassung besteht.

Kapitel III Bemessung der Leitungsanlage

7 Bemessung der Leitungsanlage

Weiterentwicklung der Bemessung

Mit der Überarbeitung zur DVGW-TRGI 2008 wird ein völlig neu entwickeltes Bemessungsverfahren für Gasinstallationen bis 100 mbar vorgelegt. Das Bemessungsverfahren wurde an neue Nutzungsbedingungen angepasst und neue Bauteile und Materialien, wie z. B. Gasströmungswächter, Wellrohrleitungen oder Kunststoffrohre, wurden in das Berechnungsverfahren integriert. Ziel der Überarbeitung des Bemessungsverfahrens war es, ein anwenderfreundliches Berechnungsverfahren zur Verfügung zu stellen. Hierzu wurden ein Tabellenverfahren und ein Diagrammverfahren entwickelt, die eine einfache und schnelle Bemessung der Leitungsanlage ermöglichen. Auch sollte die Berechnung nach der TRGI ohne Software möglich sein.

Änderungen

Gegenüber dem bisherigen Verfahren der TRGI '86/96 hat sich Folgendes geändert:

- Anstelle der ζ-Werte für Formteile wird die äquivalente Rohrlänge eingeführt.
- Anstelle der ζ-Werte für Absperrarmaturen wird der in den Armaturennormen angegebene Durchflusswert dieser Armaturen zur Druckverlustberechnung benutzt.
- Der Druckverlust des Gaszählers wird nicht mehr konstant mit 1 mbar, sondern dynamisch durch seine Kennlinie berücksichtigt.
- Der Druckverlust des Gasströmungswächters (GS) wird in die Berechnung aufgenommen. Der GS-Abgleich wird präzisiert.
- Als zulässiger Gesamtdruckverlust wird 300 Pa anstatt bisher 2,6 mbar vorgegeben.
- Eine feste Aufteilung dieses Druckverlustes auf die einzelnen Leitungsteile Verteilungs-, Verbrauchs-, Abzweigleitung und Gaszähler erfolgt nicht mehr.
- Die Gleichzeitigkeit wird an die Summenbelastung und nicht mehr an die Anzahl und Art der Gasgeräte gebunden.
- Für Einzelzuleitungen wird ein Diagrammverfahren eingeführt.
- Die Bemessung von T-Stück- und Verteilerinstallationen wird beschrieben.

7.1 Bemessungsgrundlagen

Auslegung der Bauteile

Ziel der Bemessung ist es, die Dimensionen der Rohrleitung sowie die Größe der weiteren einzelnen Bauteile festzulegen. Hierzu erfolgt die Berechnung der Druckverluste in den einzelnen Teilstrecken und in den weiteren eingebauten Bauteilen der Leitungsanlage. Die Bestimmung der Druckverluste und die Bemessung der Leitungsanlage beruhen auf den Grundlagen der allgemeinen Strömungslehre.

Das Bemessungsverfahren ist im Niederdruckbereich der TRGI also bis 100 mbar anzuwenden. Hier werden mit ausreichender Genauigkeit inkompressible Strömungsverhältnisse bei der Berechnung zu Grunde gelegt.

Sicherstellung des Geräteanschlussdruckes

Erstes Ziel ist es, nach der Geräteanschlussarmatur einen ausreichenden Geräteanschlussdruck – siehe dessen Definition in Abschnitt 2.17.10 der TRGI – sicherzustellen. Rohrnennweiten und Bauteile sind so auszuwählen, dass entlang des Fließweges von Gas-Druckregelgerät bis Ausgang Geräteanschlussarmatur ein zulässiger Gesamtdruckverlust nicht überschritten wird. Ist kein Gas-Druckregelgerät vorhanden, so gilt die HAE als Beginn des zu betrachtenden Fließweges.

zulässiger Gesamtdruckverlust 300 Pa

In der Regel ist der zulässige Gesamtdruckverlust mit 300 Pa vorgegeben. Dieser Wert ergibt sich aus dem Ausgangsdruck des Gas-Druckregelgerätes von 23 mbar (Nennwert) und dem erforderlichen Gasgeräteanschlussdruck von 20 mbar.
Liegen andere Voraussetzungen vor, z. B. größere Anschlussdrücke bei Gebläsebrennern oder höhere Regelgeräteausgangsdrücke bei gewerblichen Anlagen, so kann ein entsprechend höherer Gesamtdruckverlust für die Bemessung zu Grunde gelegt werden. Die Druckangaben für die Betriebsdrücke erfolgen in der Einheit mbar. Die Druckverluste werden in der Einheit Pa (1 mbar entspricht 100 Pa) angegeben. Hierdurch werden im Rahmen der Bemessung handhabbare Zahlenwerte erreicht. Bei Anlagen ohne Gas-Druckregelgerät ist der Eingangsdruck an der HAE maßgebend, der vom Netzbetreiber anzugeben ist.

Auswahl und Anordnung der GS

Zweites Ziel ist es, durch Auswahl und Anordnung von Gasströmungswächtern sowie durch die Auswahl der Rohrnennweiten und Bauteile zu erreichen, dass bei Öffnen des freien Rohrquerschnittes jeder dem Gasströmungswächter nachgeschalteten Rohrnennweite bzw. jeder Ausgangsverschraubung der Geräteanschlussarmatur der Gasstrom durch den Gasströmungswächter unterbrochen wird, d. h. der Schließvolumenstrom des Gasströmungswächters erreicht wird. Bei Kunststoffleitungen ist darüber hinaus sicherzustellen, dass der Gasströmungswächter auch anspricht, wenn bereits eine kleinere Öffnung in der Leitungsanlage als der freie Rohrquerschnitt entsteht (Darstellung der Brand- und Explosionssicherheit der Gasinstallation, siehe die Erläuterungen zu Abschnitt 5.3.8 in diesem Kommentar).

Dimensionierung

Zur Dimensionierung der Leitungsanlage und Ermittlung des Druckverlustes wird die Leitungsanlage in Teilstrecken aufgeteilt. Sinnvollerweise erfolgt bei Anschluss mehrerer Gasgeräte diese Aufteilung entsprechend den unterschiedlichen Streckenbelastungen. Gemäß der jeweiligen Streckenbelastung hat jede Teilstrecke einen bestimmten Volumenstrom.

Bei Teilstrecken, über die mehrere Gasgeräte angeschlossen sind (Verbrauchs- und Verteilungsleitungen), wird nicht der Summenvolumenstrom, sondern ein um den Gleichzeitigkeitsfaktor geminderter Volumenstrom angenommen. Daraus ergibt sich der Druckverlust durch Rohrreibung und ggf. der Druckverlust der in diese Teilstrecke eingebundenen Bauteile wie Zählergruppe, Gasströmungswächter oder Geräteanschlussarmatur. In den Tabellen und Diagrammen sind alle diese Umrechnungen bereits enthalten, so dass der Druckverlust aller Komponenten direkt mit Hilfe der vorgegebenen Belastung abgelesen werden kann.

Betriebsdruck > 100 mbar

Für Anlagen im Betriebsdruckbereich > 100 mbar bis 1 bar der TRGI können die Grundlagen dem DVGW-Arbeitsblatt GW 303-1, Oktober 2006 „Berechnung von Gas- und Wasserrohrnetzen Teil 1: Hydraulische Grundlagen, Netzmodellierung und Berechnung“ entnommen werden.

Leitungsschema

Zur Durchführung der Berechnung nach den Verfahren der TRGI ist es zweckmäßig, ein Leitungsschema anzufertigen. Das kann eine Hand- oder Aufmaßskizze mit den notwendigen Angaben sein. Diese wird dann im Laufe der Berechnung zur Dokumentation der Ergebnisse benutzt.

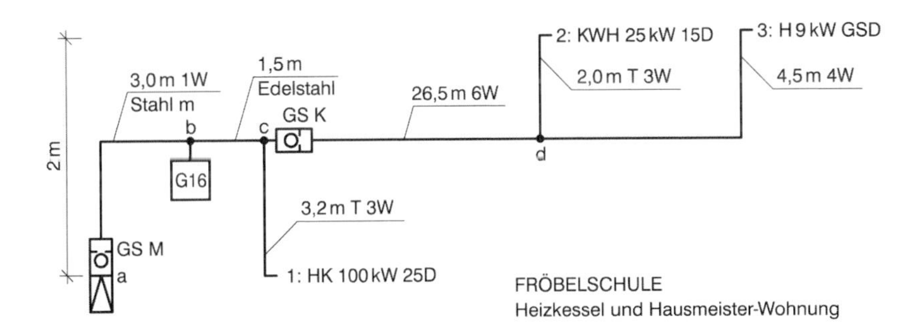

Bild 7.1 – Beispiel: Aufmaßskizze einer Leitungsanlage

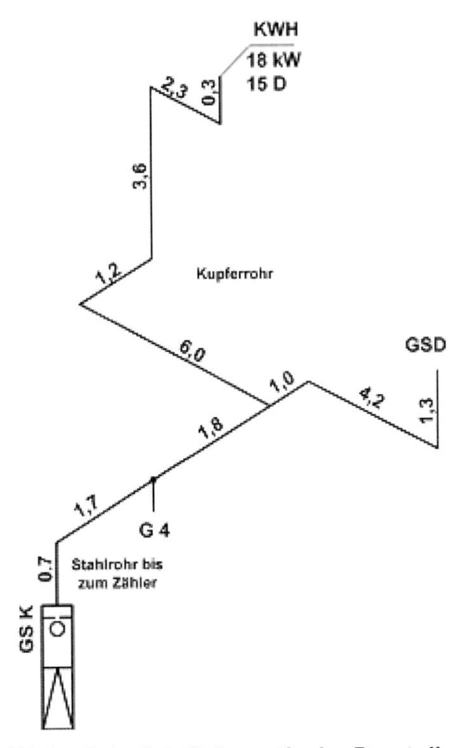

Bild 7.2 – Beispiel: Schematische Darstellung der Leitungsanlage

Tabellenverfahren

Mit dem Tabellenverfahren können alle Arten von Installationen im Bereich kleiner 100 mbar berechnet werden. Es ist modular aufgebaut. So können die einzelnen Bauteile der Gasinstallation beliebig kombiniert oder unterschiedliche Gesamtdruckverluste berücksichtigt werden. Der Wertebereich der Tabellen geht von Fließwegen und Druckverlustbereichen aus, wie sie in der häuslichen Verwendung üblich sind. Bei sehr langen Fließwegen und großen Druckdifferenzen stoßen sie an ihre Grenzen. In den Beispielen dieses Kommentars wird auch dieser Grenzbereich aufgezeigt.

Diagrammverfahren

Die Bestimmung der Nennweiten von Einzelzuleitungen und Verteilerinstallationen kann nach dem vereinfachten Diagrammverfahren erfolgen. In einem Diagramm wird für eine Leitungsanlage mit vorgegebenen Bauteilkombinationen eine maximal zulässige Leitungslänge in Abhängigkeit von der Belastung angegeben.

Einzelzuleitung mit standardisierten Vorgaben

Hierbei sind bei einer Einzelzuleitung der Gasströmungswächter, die Gaszählergruppe und die Geräteanschlussarmatur mit TAE für eine Rohrleitung sowie der Gesamtdruckverlust von 300 Pa fest vorgegeben. Als Parameter gehen der Rohrdurchmesser und die Anzahl der 90°-Richtungsänderungen ein.

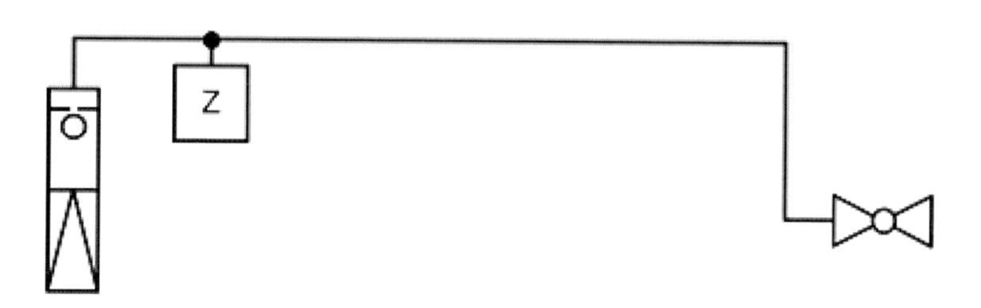

Bild 7.3 – Beispiel: Einzelzuleitung

DVGW G 617 (A) liefert die theoretischen Grundlagen

Ergänzend zu der in der DVGW-TRGI 2008 beschriebenen Anwendung des Bemessungsverfahrens werden im DVGW-Arbeitsblatt G 617 „Berechnungsgrundlagen zur Dimensionierung der Leitungsanlage von Gasinstallationen", April 2008, die theoretischen Grundlagen zur Dimensionierung der Leitungsanlage von Gasinstallationen angegeben. Basierend auf diesen Grundlagen erfolgte die Erstellung der Tabellen und Diagramme des Bemessungsverfahrens der DVGW-TRGI 2008. Des Weiteren können anhand der Vorgaben des DVGW-Arbeitsblattes G 617 produktspezifische Dimensionierungstabellen bzw. -diagramme, insbesondere für Kunststoffrohrleitungssysteme, erstellt sowie weitere notwendige, über den Rahmen der TRGI-Vorgaben hinausgehende, Druckverluste bestimmt werden.

Vorgaben für Kunststoffleitungssysteme

Mit der DVGW-TRGI 2008 sind Rohrleitungssysteme aus Kunststoffen eingeführt worden. Bei all diesen Systemen handelt es sich um Herstellersysteme. Das bedeutet im Gegensatz zum Werkstoffsystem (Stahl, Kupfer, Edelstahl, Wellrohre), dass die Komponenten dieser Systeme untereinander nicht austauschbar sind. Dies liegt an der jeweiligen individuellen Systemkonstruktion bezüglich des Rohraufbaus und der Gestaltung der Verbinder. Für die Bemessung bedeutet dies, dass es keine herstellerübergreifenden Auslegungstabellen und Diagramme für Kunststoffrohre geben kann. Zielsetzung bei der Gestaltung des Kapitels „Bemessung“ der DVGW-TRGI 2008 war es jedoch, die Bemessung der Kunststoffrohrsysteme in Analogie zum Verfahren für metallene Systeme zu gestalten. Aus diesem Grund sind die Tafel 3 „Kunststoffleitungen für PE-X“ und die Diagramme 3, 4 und 5 zur Auslegung der Leitungen nach dem Diagrammverfahren als Beispielvorgaben zu verstehen. Im Rahmen der Zulassung ihrer Rohrsysteme haben die Hersteller die für ihr System spezifischen Auslegungsunterlagen an den Vorgaben der TRGI orientiert beizustellen. Dies soll dazu beitragen, dass der Anwender bei der Bemessung von Kunststoffleitungssystemen den gleichen Berechnungsgang anwenden kann. Es können jedoch bei der Gestaltung der Diagramme und Tabellen herstellerspezifische Besonderheiten auftreten.

andere Systeme

DVGW G 617 (A)
DVGW G 616 (A)
DVGW G 618 (H)

Um das Bemessungsverfahren für andere Systeme (z. B. Edelstahlwellrohre) nutzen zu können, wurde eine Öffnungsklausel eingeführt. Die Hersteller haben für ihre Systeme oder auch einzelne Produkte die notwendigen Angaben zur Druckverlustberechnung bereitzustellen. Hier wird auf die im DVGW-Arbeitsblatt G 617 beschriebenen theoretischen Hintergründe des Bemessungsverfahrens hingewiesen. Das DVGW-Arbeitsblatt G 616 „Ermittlung von Zeta-Werten für Form- und Verbindungsstücke in Rohrleitungen und Lambda-Werten von Wellrohrleitungen der Gas-Inneninstallation“ ergänzt die theoretischen Hintergründe und dient als Prüfgrundlage für die Ermittlung der notwendigen Werte. Im Rahmen der Gesamtbearbeitung des Bemessungsverfahrens ist auch der DVGW-Hinweis G 618 „Messverfahren zur Bestimmung des Volumenstroms für Bauteile in der Gasinstallation“ zu sehen. Dieser DVGW-Hinweis vereinheitlicht die Messverfahren zur Ermittlung der Volumenströme und legt Messgenauigkeiten und -toleranzen fest.

7.2 Ermittlung der Nennbelastung

Nennbelastung als Auslegungsgrundlage

Als Grundlage für die Berechnung dient die angeschlossene Nennbelastung der Gasgeräte. Diese ist in der Regel bekannt oder dem Typschild oder der Gerätebeschreibung zu entnehmen. Die Werte sind ganzzahlig zu runden.

Bild 7.4 – Muster eines Typschildes

Abweichung Gasherd

Gas-Haushaltsherde werden pauschal mit 9 kW Belastung angesetzt, unabhängig davon, ob sie fest oder mittels einer Gassicherheits-Schlauchleitung angeschlossen sind. Hierbei wird berücksichtigt, dass in der Regel nicht gleichzeitig alle vier Kochstellenbrenner und der Backofen betrieben werden.

Bei größeren Herden, z. B. Herd mit vier Kochstellen und daneben angeordnetem Wok-Brenner oder mit sechs Flammen, wird für die Ermittlung der Nennbelastung zur Leitungsbemessung die Summenbelastung der Brenner mit dem Gleichzeitigkeitsfaktor 0,6 multipliziert.

Vorgehen bei Gassteckdose

Über Gassteckdosen können weitere Gasgeräte an die Gasinstallation angeschlossen werden. Ist die Belastung des anzuschließenden Gerätes bekannt, so wird diese für die Auslegung zu Grunde gelegt.

Wird eine Gassteckdose installiert, ohne dass die Belastung bekannt ist (freie GSD), setzt man im Innenbereich 9 kW für Haushaltsgeräte bzw. 13 kW für Gaskaminöfen und im Außenbereich 13 kW an.

7.3 Anwendung des Tabellenverfahrens

Darstellung von Installationen

Zur Bemessung der Leitungsanlage ist ein Leitungsschema anzufertigen. Zur Darstellung der Gasinstallationen können verschiedene Formen gewählt werden:

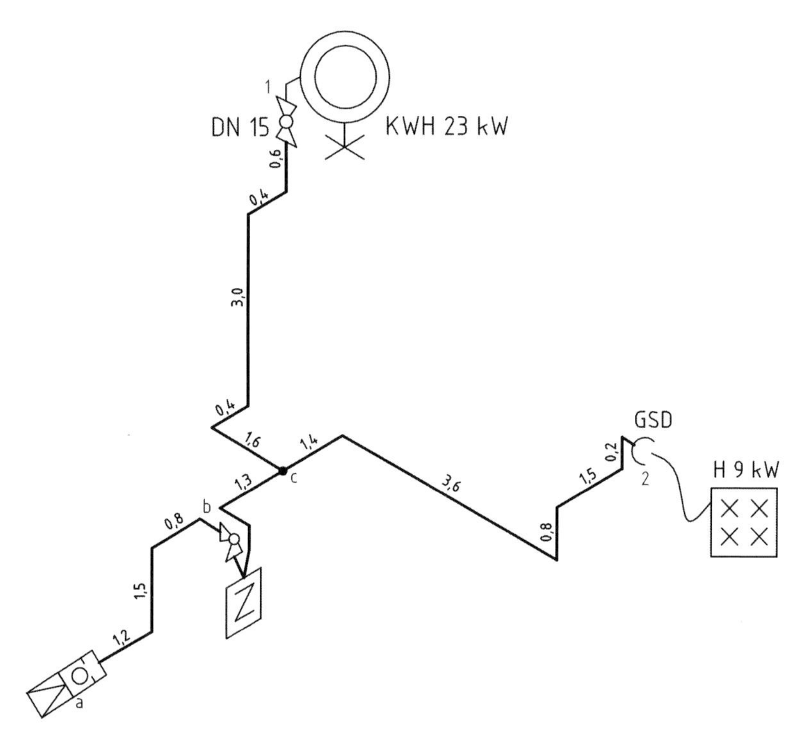

Bild 7.5 – Räumliche Darstellung

räumliche Darstellung

Die räumliche Darstellung gibt einen guten Eindruck der Gesamtanlage. Ihr können alle für die Leitungsführung und Bemessung notwendigen Angaben, wie z. B. Anzahl der Richtungsänderungen und T-Stücke sowie deren Strömungsrichtung (Durchgang oder Abzweig), fallende und steigende Teile der Leitungsstrecken entnommen werden. Die Anfertigung einer räumlichen Darstellung bedarf gewisser Übung. Sie wird in der Regel bei der Bemessung nicht vorliegen.

schematische Darstellung

Einfacher ist eine schematische Darstellung. Da hierbei die einzelnen Richtungsänderungen nicht mehr dargestellt werden, müssen außer der Länge der Teilstrecke (m) noch deren Beginn als T-Abgang (T) oder T-Durchgang (-)

und die Anzahl der 90°-Winkel (W) vermerkt werden. Am Ende der Abzweigleitung werden die Benennung des Gerätes mit seiner Belastung sowie die Dimension und die Art der Geräteanschlussarmatur notiert. Zur Bemessung benötigte Höhendifferenzen sind einzutragen (in diesem Beispiel seitlich vermerkt).

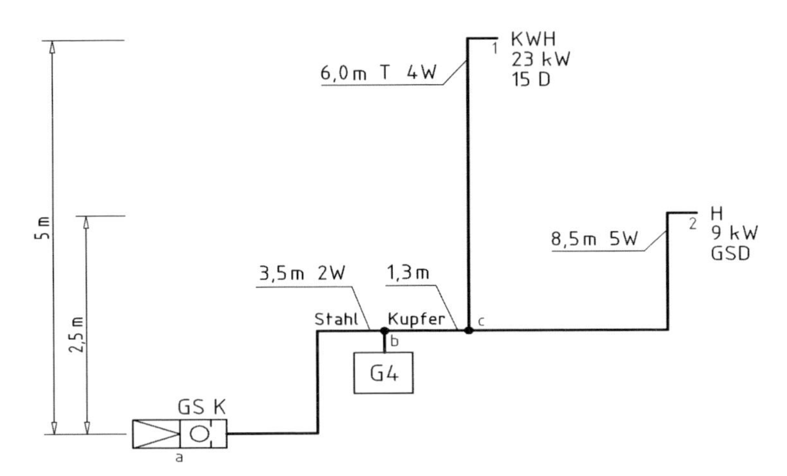

Bild 7.6 – Schematische Darstellung

Grundlage Aufmaßskizze

Aus der schematischen Darstellung lassen sich alle für den nachfolgenden Bemessungsgang notwendigen Informationen ablesen. Eine solche schematische Darstellung wird in der Regel als Aufmaßskizze an Ort und Stelle angefertigt.

Für die Durchführung der Bemessung nach dem Tabellenverfahren sind die einzelnen Ablesewerte zu dokumentieren. Dies kann entweder mittels der Formulare der TRGI oder aber durch die Erweiterung der schematischen Darstellung zu einer schematischen Darstellung mit Ergebnissen erfolgen.

Hierbei werden alle weiteren notwendigen Informationen den einzelnen Teilstrecken zugeordnet. Die in den Rechtecken aufgeführten Werte sind Druckverluste der einzelnen Bauteile. Die in den Kreisen aufgeführten Werte sind Summenwerte des Druckverlustes bis zum Ende des jeweiligen Fließweges. Am Ende jeder Abzweigleitung bzw. der Einzelzuleitung wird dann bilanziert.

Darstellung am Ende der Abzweigleitung

Die Darstellung der Einzelwerte erfolgt nach einem standardisierten Prinzip am Ende der jeweiligen Leitung.

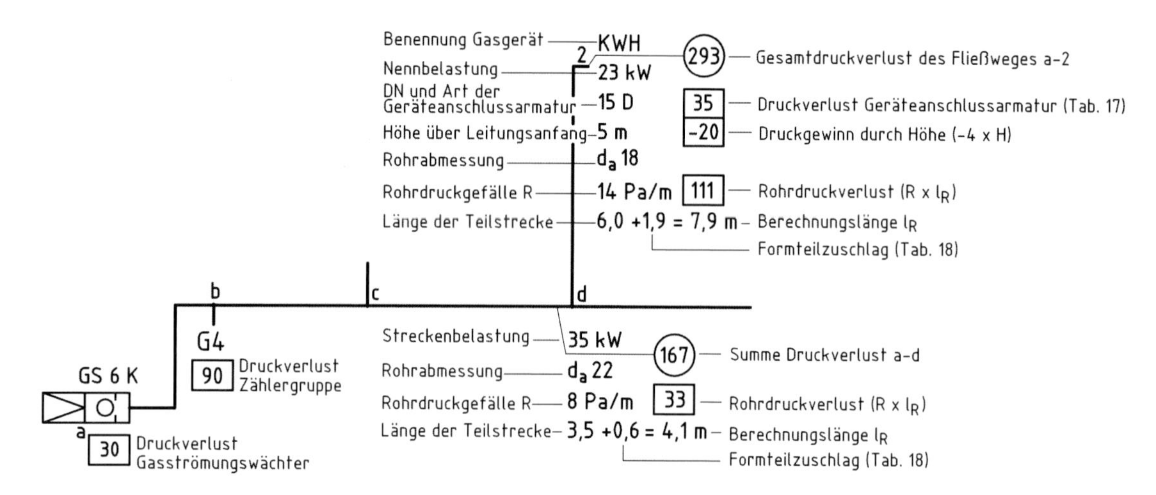

Bild 7.7 – Darstellung der Werte

- **am Ende einer Abzweigleitung oder Einzelzuleitung**
- **an einer Teilstrecke der Verbrauchs- oder Verteilungsleitung**

Jede Teilstrecke erhält ebenfalls eine Zuordnung ihrer Daten nach diesem Schema.

Zusammenstellung aller Werte

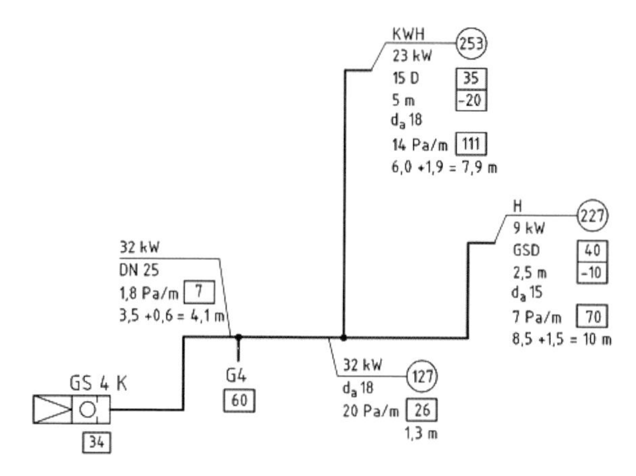

Bild 7.8 – Schematische Darstellung mit Ergebnissen

Teilstreckenbezeichnungen

Um die Übersichtlichkeit zu verbessern, ist es bei größeren Anlagen hilfreich, die Teilstrecken näher zu bezeichnen. Hierzu können die Gasgeräte durchnummeriert und die einzelnen Punkte, die an Teilstrecken beginnen bzw. enden, mittels Buchstaben gekennzeichnet werden (TS a-b, TS c-2).

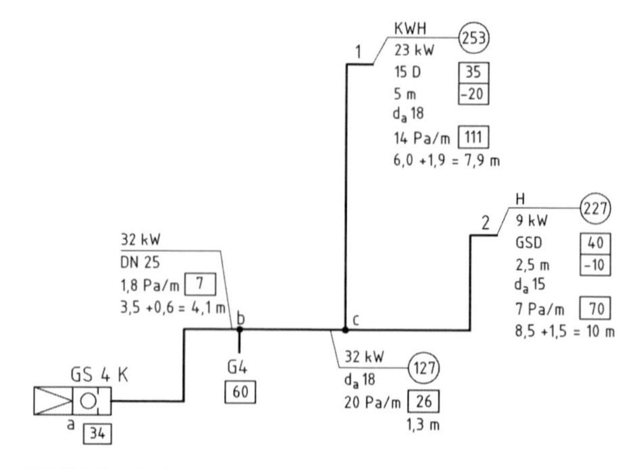

Bild 7.9 – Schematische Darstellung mit Ergebnissen und Teilstreckenkennzeichnung

Bei kleineren Anlagen bis zu 5 Gasgeräten können die Durchführung der Berechnung und die Darstellung des Ergebnisses auch in den in der DVGW-TRGI 2008 abgedruckten Formblättern vorgenommen werden.

Formblatt

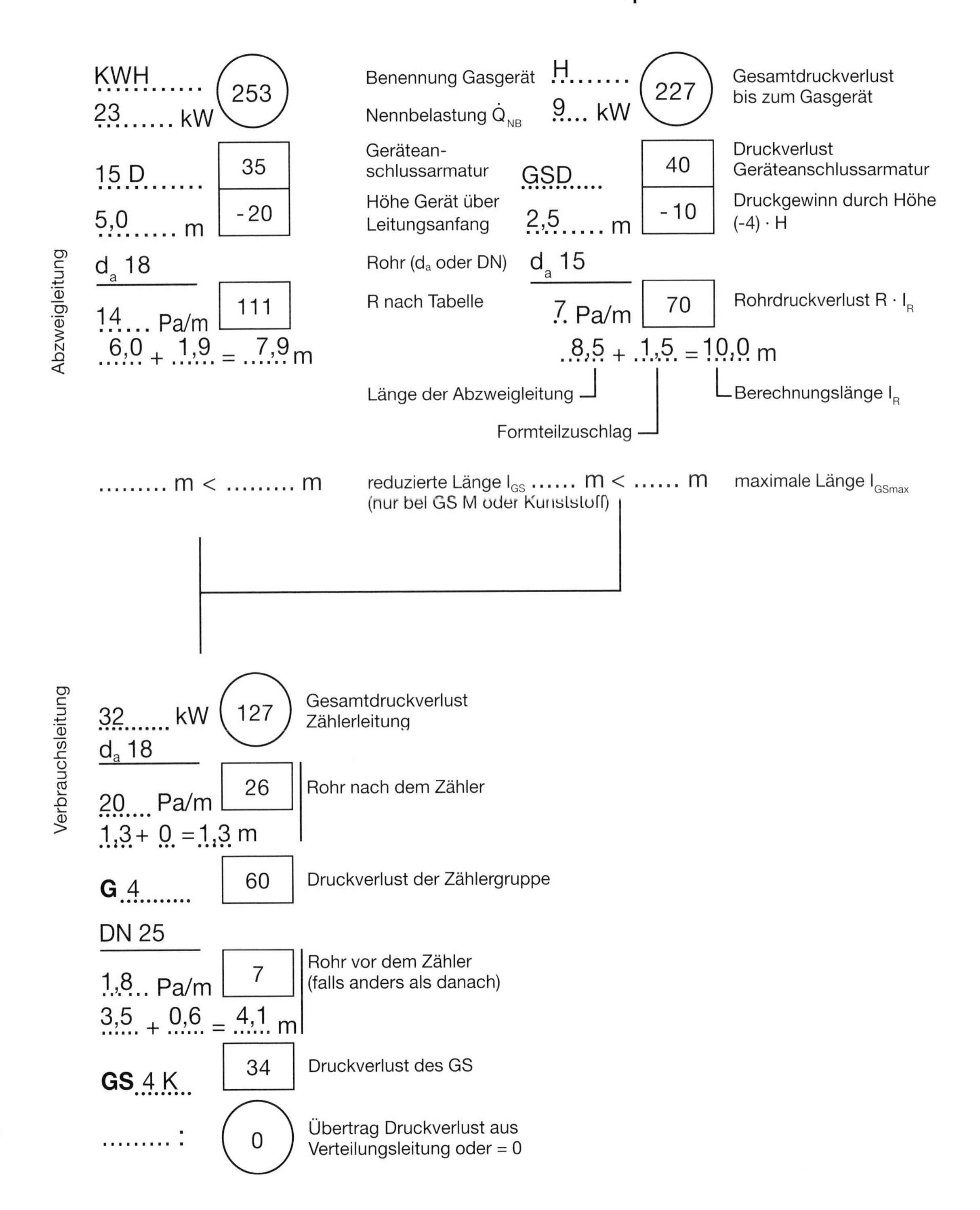

Bild 7.10 – Formblatt

Berechnungsgang

Die Grundzüge des Berechnungsganges lassen sich kurz wie folgt beschreiben:

Aus den Tafeln 1 bis 4 wird über die angeschlossene Belastung ermittelt:

- der Druckverlust des Gasströmungswächters
- der Druckverlust der Zählergruppe
- das Rohrdruckgefälle der jeweiligen Teilstrecke
- der Druckverlust weiterer Bauteile und
- der Druckverlust der Geräteanschlussarmatur

Der Rohrdruckverlust der einzelnen Teilstrecken wird über die Berechnungslänge, die sich jeweils aus der Länge der Teilstrecke zuzüglich des Formteilzuschlages ergibt, multipliziert mit dem aus den Tabellen ermittelten Rohrdruckgefälle (Pa/m), ermittelt. Der Druckgewinn bzw. Druckverlust durch Höhe wird bestimmt.
Die Summe aller Druckverluste darf den zulässigen Gesamtdruckverlust, in der Regel 300 Pa, nicht überschreiten. Abschließend ist die Wirksamkeit des Gasströmungswächters zu überprüfen.

7.3.1 Druckdifferenz durch Höhenunterschied (ΔpH)

Der Dichteunterschied zwischen Erdgas und Luft führt bei steigenden Leitungsteilen zu einem Druckgewinn von -4 Pa/m. Im Rahmen der Berechnung werden diese Druckgewinne berücksichtigt. Fallende Leitungsteile führen zu zusätzlichen Druckverlusten (negative Höhe).

7.3.2 Druckverlust-Tabellen

Die Druckverluste in den Tabellen werden über die Streckenbelastung ermittelt. Es wird jeweils der nächsthöhergelegene Wert abgelesen. Eine Interpolation findet nicht statt. Sie ist in den Werten bereits enthalten. Die Tabellenwerte sind auf Erdgas L mit einem $H_{I,B}$ von 8,6 kWh/m^3 bezogen. Dies führt in der Praxis bei H-Gas zu Druckreserven.

In den Tabellen, die zu Tafeln zusammengestellt sind, wurde weiterhin in Abhängigkeit der Leitungsart die Gleichzeitigkeit mit einbezogen. So gilt Tafel 1 für Einzelzuleitungen und Abzweigleitungen und Tafel 2 für Verbrauchs- und Verteilungsleitungen.

Leitungsarten

Die Zuordnung der Leitungsarten zu den Tafeln und Tabellen zeigen die nachfolgenden Bilder.

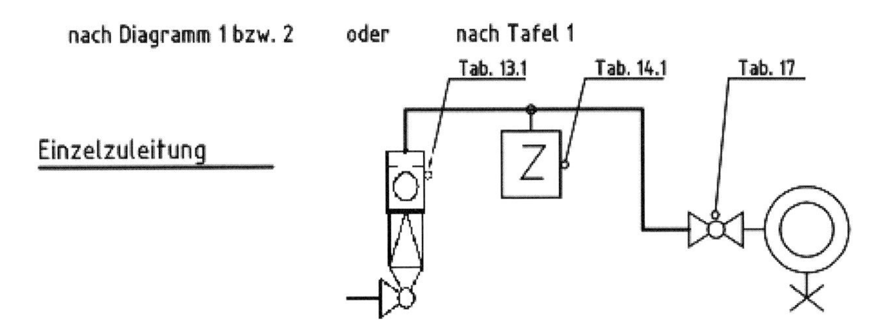

Bild 7.11 – Ablesung Einzelzuleitung

Einzelzuleitung

Die Einzelzuleitung ist eine vom Gas-Druckregelgerät bis zum Gasgerät führende Leitung in der gleichen Nennweite und Materialart. Es wird keine Gleichzeitigkeit berücksichtigt.

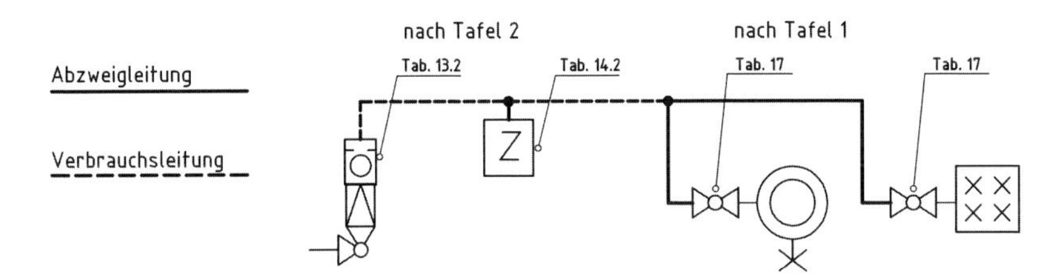

Bild 7.12 – Ablesung Abzweigleitung, Verbrauchsleitung

Abzweigleitung, Verbrauchsleitung

Die Abzweigleitung ist eine zu einem einzelnen Gerät führende Leitung. Hier können Nennweitenänderungen oder Materialwechsel gegeben sein, so dass sich unterschiedliche Teilstrecken ergeben. Bei Abzweigleitungen wird keine Gleichzeitigkeit berücksichtigt. Die Verbrauchsleitung führt zu den Abzweigleitungen. Die erste Teilstrecke der Verbrauchsleitung ist die zum Zähler führende. Somit handelt es sich bei Verbrauchsleitungen immer um Leitungen für „gemessenes Gas".

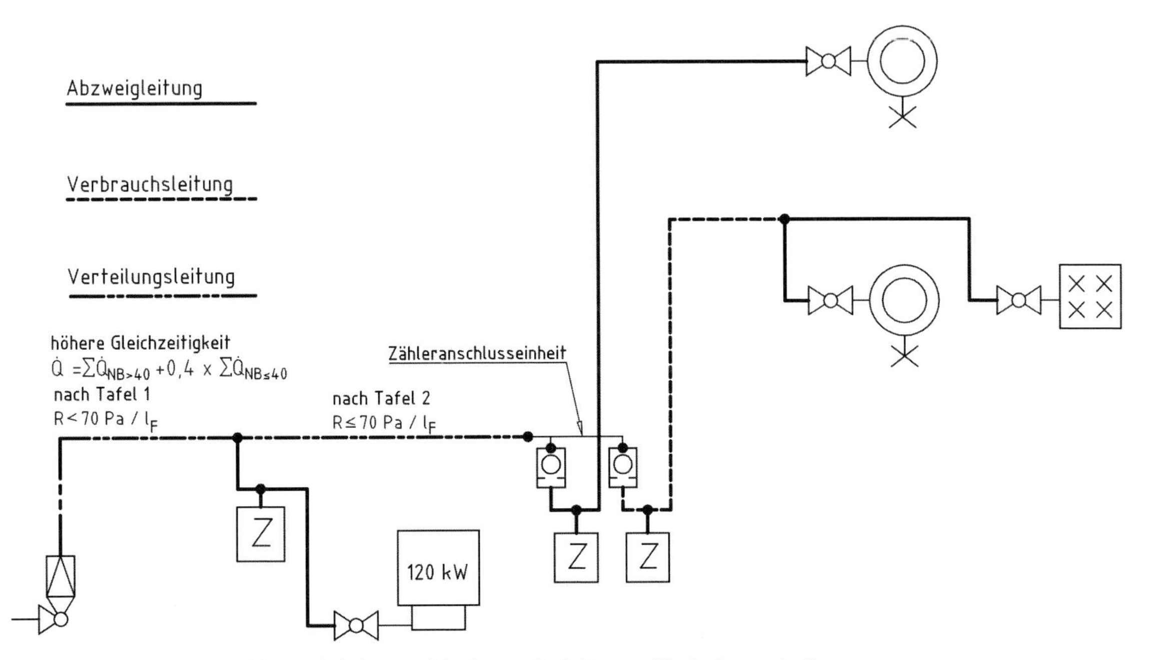

Bild 7.13 – Ablesung Abzweigleitung, Verbrauchsleitung, Verteilungsleitung

Abzweig-, Verbrauchs- und Verteilungsleitung

Die Verteilungsleitung führt zu den Abzweig- oder Verbrauchsleitungen. Die Bemessung erfolgt unter Berücksichtigung der Gleichzeitigkeit.

Eine Besonderheit bei den Verteilungsleitungen sind Reihenzähleranlagen. Hier werden sogenannte Zähleranschlusseinheiten als Montagehilfe für Gaszähler eingesetzt. Die Verteilungsleitung endet in diesem Falle vor der Zähleranschlusseinheit.

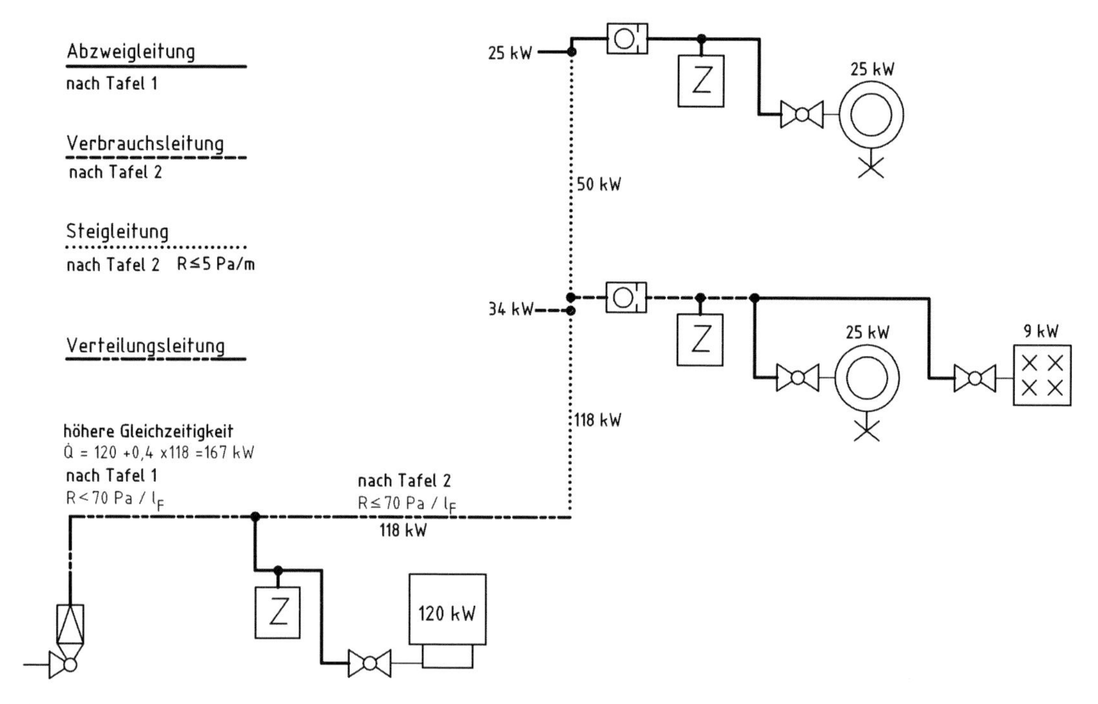

Bild 7.14 – Ablesung Abzweigleitung, Verbrauchsleitung, Verteilungsleitung, Steigleitung

Steigleitung

Die Steigleitung ist nach neuer TRGI-Definition eine senkrecht von Geschoss zu Geschoss führende Leitung.

Bezüglich der Bemessung werden Steigleitungen in der Verteilungsleitung anders behandelt als Steigleitungen in Verbrauchs- und Abzweigleitungen. Im Verlauf einer Steigleitung können sich Nennweitenreduzierungen ergeben. (Hinsichtlich der Anordnung von Gasströmungswächtern in solchen Fällen siehe auch die Erläuterungen zu Abschnitt 5.3.9.3 in diesem Kommentar.)

Sind Gaszähler im Keller installiert, sind die Steigleitungen zu den Wohnungen bei der Bemessung als Bestandteile der Verbrauchs- bzw. Abzweigleitung zu betrachten. Steigleitungen in Verteilungsleitungen sind nach Abschnitt 7.3.4.2 zu bemessen.

Leitungen vor einem Gas-Druckregelgerät

Einen Sonderfall stellen Leitungen zu Gas-Druckregelgeräten dar, die im Druckbereich bis 100 mbar betrieben werden. Die Dimensionierung der Leitung vor einem Gas-Druckregelgerät, sei es zu einem Haus-Druckregelgerät oder zu einem oder mehreren Zähler-Druckregelgeräten, kann nicht nach dem Bemessungsverfahren der TRGI erfolgen. Zu einer exakten Dimensionierung muss die zur Verfügung stehende Druckdifferenz bekannt sein. Handelt es sich um Betriebsdrücke unter 100 mbar, ist nach DVGW-Arbeitsblatt G 617 zu rechnen.

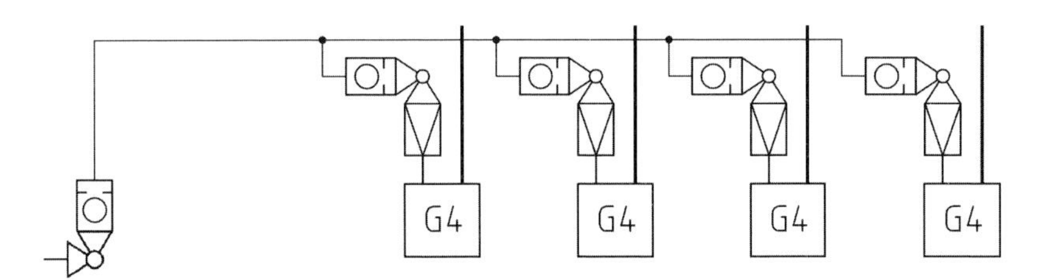

Bild 7.15 – Leitungen vor Zähler-Druckregelgeräten

Richtwerte für Nennweiten der Leitungen vor den Gas-Druckregelgeräten

Als Richtwert für die Nennweite von vor den Gas-Druckregelgeräten liegenden Verteilungsleitungen können bis 200 kW Belastung d_a 28 bzw. DN 25 und bis 500 kW Belastung d_a 35 bzw. DN 32 gewählt werden.

Geräteanschlussleitungen

Geräteanschlussleitungen, soweit vorhanden, werden bei der Bemessung der Leitungsanlage nicht berücksichtigt. Der zulässige Druckverlust von ≤ 300 Pa wird bis hinter die Geräteanschlussarmatur bzw. die Gassteckdose betrachtet. Auch der Abgleich des Gasströmungswächters wird bis zur Ausgangsverschraubung der Geräteanschlussarmatur bzw. bis zur Gassteckdose durchgeführt.

Einzelzuleitung

Die Einzelzuleitung, die nur zu einem Gasgerät nach dem Gas-Druckregelgerät führt, kann nach dem vereinfachten Diagrammverfahren bemessen werden. Bei Abweichungen von den vorgegebenen Rahmenbedingungen des Diagrammverfahrens ist die Einzelzuleitung nach Tafel 1 zu berechnen.

7.3.3 Berechnungslänge der Teilstrecke (l_R)

Längenzuschlag statt ζ-Wert

Im Rahmen der Vereinfachung der Anwendung des Berechnungsverfahrens werden die Druckverluste für Formteile zukünftig als Längenzuschlag berücksichtigt. Als Längenzuschlag wird die sogenannte äquivalente Länge eines Formteiles der Nennweite des zugehörigen Rohres bezeichnet, welches den gleichen Strömungswiderstand aufweist wie ein durch den ζ-Wert gekennzeichneter Einzelwiderstand. Strömungstechnisch sind die Verfahren zur Betrachtung der Einzelwiderstände gleichwertig und führen in der Praxis zu den selben Ergebnissen. Bei der Anwendung bringen die als Längenzuschlag zur Rohrlänge zu addierenden äquivalenten Längen Vorteile. Das Verfahren wird einfacher.

Bild 7.16 – Gaszählergruppe, ungünstigste Kombination

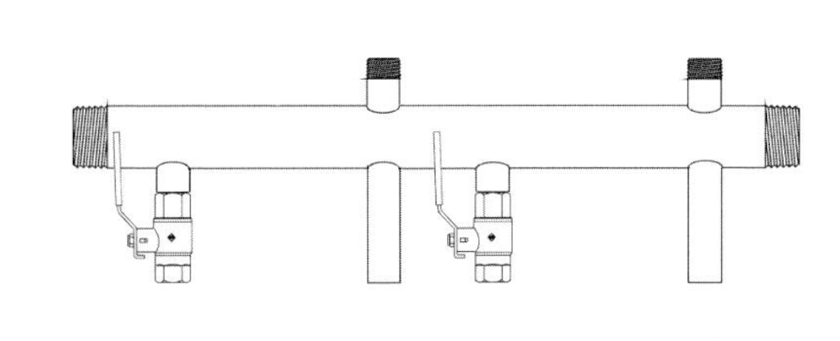

Bild 7.17 – Zähleranschlusseinheit, DN 50 x 25 für Zweirohr-Gaszähler

Gaszählergruppe bis G16

Die für die Installation von Balgengaszählern bis zur Größe G16 erforderlichen Formteile (3 Winkel), die Zählerabsperrarmatur bzw. das Einrohrzähleranschlussstück und der Gaszähler wurden als Zählergruppe zusammengefasst. Für die Ermittlung der Druckverlustwerte in den Tabellen wurde die ungünstigste Kombination zu Grunde gelegt. Ggf. sind weitere Einbauteile wie zusätzliche Winkel oder eine Durchgangsabsperrarmatur auch auf der Ausgangsseite des Zweirohrgaszählers mit ihren Längenzuschlägen bzw. Druckverlusten zusätzlich zu berücksichtigen.

Die Druckverluste der in **Bild 7.17** als Beispiel dargestellten Zähleranschlusseinheit sind ebenfalls in der Gaszählergruppe enthalten bzw. werden vernachlässigt.

Einzelbauteile ab G25

Bei Gaszähleranlagen ab G25 sind die einzelnen Einzelbauteile und Richtungsänderungen entsprechend der Konstruktion und Ausführung der Zähleranlage zu berücksichtigen.

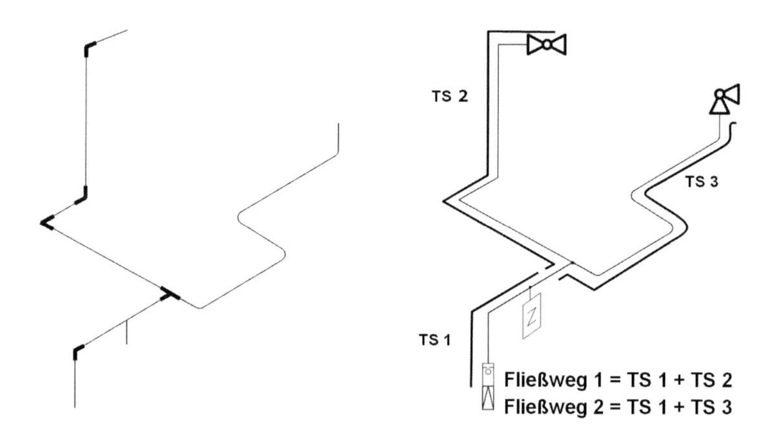

Bild 7.18 – Formteilzuschläge **Bild 7.19 – Teilstreckeneinteilung**

Formteilzuschläge

Zur Ermittlung des Druckverlustes einer Teilstrecke wird deren Berechnungslänge l_R benötigt. Diese setzt sich aus der Rohrlänge und den Längenzuschlägen für Formteile zusammen. Als Zuschläge werden zukünftig bei metallenen Systemen nur noch werkseitig gefertigte 90°-Richtungsänderungen wie Winkel oder Bögen (l_W) innerhalb der Teilstrecken sowie der T-Stück-Abzweig (l_{TA}) am Beginn der Teilstrecke berücksichtigt. Zu beachten ist, dass die Längenzuschläge der jeweiligen Formteile bis einschließlich d_a 28 bzw. DN 25 konstant sind und sich danach in Abhängigkeit der Nennweite verändern. Dies ist bei der Nachrechnung der Druckverluste zu berücksichtigen.

handwerklich hergestellte Bögen

Handwerklich hergestellte Bögen werden wie gerades Rohr betrachtet. Bauteile wie Etagenbögen, Muffen und Reduzierungen werden ebenso vernachlässigt wie Kompensatoren oder Ausgleichsverschraubungen. Bewegliche Verbindungen nach DIN 3384 zur Verbindung der Hausinstallation mit der HAE werden bis zu einer Länge von 1,5 m mit der doppelten Installationslänge in die Berechnungslänge mit einbezogen.

Formteilzuschläge bei Kunststoffleitungen

Bei Kunststoffleitungssystemen können sich aufgrund der unterschiedlichen Konstruktionen der Verbindungsteile (Einschnürung) große Unterschiede bei den Längenzuschlägen ergeben. Auch können weitere zusätzliche, bei der Ermittlung der Berechnungslänge zu berücksichtigende Formteile, wie z. B. Doppelmuffen und Übergangsverbinder Metall/Kunststoff, T-Stück-Durchgang usw., Bestandteil eines Kunststoffrohrsystems sein. Deshalb muss ein Hersteller in seinen Produktunterlagen Angaben zu den Druckverlusten der Formteile machen. Diese herstellerspezifisch unterschiedlichen Werte sind bei der Auslegung anzuwenden.

Bild 7.20 – Sonderfall Gasgeräteanschluss

Sonderfälle

Wird in einer Teilstrecke aus baulichen Gründen, wie z. B. bei mit dem Gerät gelieferten vorgefertigten Montageanschlusseinheiten, ein kürzeres Stück der Rohrleitung um eine Nennweite kleiner ausgeführt als die davorliegende übrige Strecke, so kann dessen Länge mit ausreichender Genauigkeit mit dem Faktor 3 multipliziert und zu der davorliegenden Länge addiert werden.

7.3.4 Auswahl und Druckverlust der Rohre und Bauteile

Tafeln für häusliche Verwendung

Die Auswahl der Nennweite der Rohre der verschiedenen Leitungsarten und die Bestimmung der Druckverluste der Rohre sowie der weiteren Bauteile erfolgt mittels der Tafeln 1 bis 4.

Bei der Entwicklung der Tabellen und der Festlegung der Ablesegrenzen wurden Anwendungsfälle der häuslichen Verwendung im Geltungsbereich der TRGI zu Grunde gelegt. Sie wurden auf eine Druckdifferenz von 300 Pa bezogen. Bei den Nennweiten, Längen und Belastungen wurden die in der häuslichen Verwendung üblichen Werte berücksichtigt.

Verweis auf DVGW G 617 (A) und die Beispiele im Anhang 6

Die DVGW-TRGI 2008 beschreibt den Umgang mit diesen Tabellen und die Anwendung des Verfahrens. Die strömungstechnischen Hintergründe zur Erstellung der Tabellen sind im DVGW-Arbeitsblatt G 617 ausführlich beschrieben und mit einer Vielzahl von erläuternden Anmerkungen versehen. Auch wird auf die Veröffentlichung von *Klaus Schulze und Jürgen Klement „Druckverlustberechnung in Gasinstallationen nach TRGI 2008“, GWF –*

Gas/Erdgas, 149 (2008) Nr. 3, S. 142-149 verwiesen, in der auf weitere strömungstechnische Hintergründe eingegangen wird. Im Rahmen dieser Kommentierung wird vorrangig die Durchführung des Bemessungsverfahrens erläutert. Anhand der zusätzlich im Anhang 6 des Kommentars aufgenommenen Beispiele werden die einzelnen Schritte des Verfahrens erläutert.

7.3.4.1 Einzelzuleitung, Abzweig- und Verbrauchsleitung (Tafeln 1, 2 und 3 oder 4)

Rohrdruckgefälle R

Aus dem Rohrdruckgefälle und der Berechnungslänge ergibt sich der Rohrdruckverlust, der sich mit den weiteren Druckverlusten der Einbauteile zum Gesamtdruckverlust summiert. Dieser darf nicht größer sein als der zulässige Gesamtdruckverlust von in der Regel 300 Pa.

Erstauswahl mit $R \leq 10$ Pa/m

Die Erstauswahl mit $R \leq 10$ Pa/m für Einzelzuleitungen sowie Verbrauchs- und Abzweigleitungen orientiert sich an Längen der Fließwege, wie sie üblicherweise in Einfamilienhäusern und Wohnungen in Mehrfamilienhäusern auftreten.

Etwa die Hälfte des zulässigen Druckverlustes von 300 Pa wird bei Einzelzuleitungen für die Einzelwiderstände des Gasströmungswächters, des Gaszählers und der Geräteanschlussarmatur verbraucht. Bei einem angenommenen Fließweg von 15 m ergibt sich somit $R_{verfügbar}$ = 150 Pa/15 m = 10 Pa/m. Diese Erstauswahl bedeutet auch, dass je nach Durchmesser der Leitung die Geschwindigkeit zwischen 3 m/s und 6 m/s beträgt.

Dieser Wert für die Erstauswahl trifft auch bei Verbrauchs- und Abzweigleitungen in Wohnungen zu. Hier werden nochmals etwa 50 Pa für die Verteilungsleitung verbraucht, es bleiben also 100 Pa für den Fließweg. Da aber in Wohnungen die Längen kürzer sind, ist auch hier eine Erstauswahl mit $R \leq 10$ Pa/m meist zielführend.

Die Erstauswahl mit dem Wert $R \leq 10$ Pa/m führt in den meisten Fällen zu einem passenden Ergebnis, so dass nicht nochmals nachgerechnet werden muss.

Bei sehr langen Fließwegen in Einzelzuleitungen und Verbrauchs- und Abzweigleitungen ergibt sich mit dieser Erstauswahl ein Druckverlust von > 300 Pa. Es muss also korrigiert werden. In der Regel wird dafür die Teilstrecke mit dem größten R-Wert ausgewählt. Die Nennweite wird vergrößert, dann erneut gerechnet.

Bei sehr kurzen Fließwegen bleiben Reserven, die ggf. die Verkleinerung einer Nennweite ermöglichen. Eine erneute Rechnung muss dies bestätigen. Wenn die Nennweite optimiert werden sollte, wird zuerst die Teilstrecke mit dem kleinsten R-Wert verringert.

Erstauswahl Kunststoffrohre $R \leq 8$ Pa/m

Die Erstauswahl der Rohre wird bei Kunststoffsystemen mit $R \leq 8$ Pa/m bei Einzelzuleitungen, Abzweig- und Verbrauchsleitungen vorgenommen. Dies ist in dem insgesamt höheren Formteilanteil bei Leitungssystemen aus Kunststoff begründet.

keine Vergrößerung der Nennweite im Fließweg

Innerhalb des Fließweges von der HAE bis zur Geräteanschlussarmatur soll die Nennweite der Rohre nicht größer werden. Diese Anforderung und die Forderung, dass die Geräteanschlussarmatur die Nennweite des Rohres aufweisen bzw. eine Nennweite kleiner sein soll, sind im Hinblick auf die Durchführung des Abgleichs des Gasströmungswächters notwendig.

Vergrößerung der Geräteanschlussarmatur

Da die Druckverluste der Geräteanschlussarmatur in der Regel erheblich größer sind als die der Rohrleitung, ist bei nicht ausreichendem Druck unter Berücksichtigung der vorgenannten Anforderungen vorrangig eine größere Nennweite dieser Armatur zu wählen oder statt einer Eckarmatur eine Durchgangsarmatur einzusetzen.

Gasfilter

Gasfilter können aufgrund des sich durch die Abscheidung stets verändernden Druckverlustes nicht in die Druckverlustberechnung aufgenommen werden. Insbesondere ist die Sicherstellung der Funktion des GS nicht gewährleistet. Deshalb sind Gasfilter entweder vor dem Gas-Druckregelgerät oder nach der Gasgeräteanschlussverschraubung einzubauen. Sie liegen damit außerhalb des Betrachtungsbereiches der Bemessung der Rohrleitung.

7.3.4.2 Verteilungsleitung (Tafeln 2, 3 oder 4)

Bemessung von Steigleitungen

Steigleitungen in Verteilungsleitungen werden vereinfacht ausgelegt. Hier erfolgt keine Längen- und Druckverlustberechnung. Sie werden bei $R \leq 5$ Pa/m mit der entsprechenden Belastung ausgewählt. Dadurch wird R im Mittel unter 4 Pa/m gehalten. So ist sichergestellt, dass der Rohrdruckverlust durch den Druckgewinn durch Höhe ausgeglichen wird. Der weitere Vorteil dieses Verfahrens ist, dass an einer Steigleitung angeschlossene Verbrauchs- und Abzweigleitungen stets den gleichen Eingangsdruck haben und somit bei gleichen Installationsanordnungen nur einmal berechnet werden müssen.

bei Verteilungsleitungen $R_{verfügbar}$ ermitteln

Da in Mehrfamilienhäusern mit Gasgeräten in der Wohnung und Zählern in der Etage die Verteilungswege stark schwanken und auch nicht annäherungsweise zu standardisieren sind, ist hier vorab für die Verteilungsleitungen ein $R = 70/l_F$ zu ermitteln. Die Leitung wird mit diesem Wert jedoch nicht größer als 5 Pa/m ausgewählt ($R \leq 4$ Pa/m bei Kunststoff-Verteilungsleitungen).

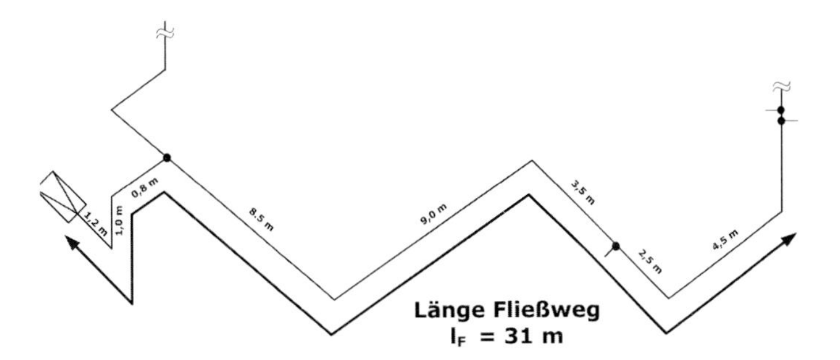

Bild 7.21 – Ermittlung von $R_{verfügbar}$ bei Verteilungsleitungen

Unter l_F ist der gesamte Fließweg ohne Formteilzuschläge von der HAE bzw. dem Gas-Druckregelgerät bis zum Beginn der Steigleitung zu verstehen. Es ergibt sich also für die im Bild 7.21 dargestellte längste Verteilungsleitung ein für die Ablesung maßgeblicher R-Wert 2 Pa/m.

Druckreserven stehen zur Verfügung

Oft ist die Leitung zum Zähler vorgegeben und hat eine Nennweite, die größer ist als die sich aus der Erstauswahl ergebende. Des Weiteren ist häufig ein Gaszähler G4 vorgegeben, wo G2,5 ausreichend wäre. Diese Druckreserven eröffnen dann die Möglichkeit, im weiteren Verlauf kleinere Nennweiten zu verlegen.

verschiedene Kombinationen möglich

Das Tabellenverfahren lässt immer mehrere Kombinationen von Rohrnennweiten, GS-Anordnung, Zählergröße und Geräteanschlussarmaturen zur Einhaltung des maximal zulässigen Druckverlustes = 300 Pa in jedem der einzelnen Fließwege vom Gas-Druckregelgerät bis zu jedem Gasgerät zu. Es gibt also durchaus mehrere „richtige Lösungen“. Der Planende und Ausführende wählt die technisch zweckmäßigste Anordnung bzw. Kombination unter wirtschaftlichen Gesichtspunkten aus.

7.3.5 Sonderfälle

7.3.5.1
geänderte Gleichzeitigkeit

Beim Betrieb von mehreren Gasgeräten innerhalb einer Installationsanlage können diese gleichzeitig betrieben werden. Unter Beachtung der Betriebstauglichkeit einerseits und einer kostengünstigen Installation andererseits wurden die Gleichzeitigkeitsfaktoren der alten TRGI hinterfragt und den heutigen veränderten Gerätearten und -laufzeiten angepasst.

Jede neue Festlegung ist hier „willkürlich“. Basierend auf den Untersuchungen von Ufer/Brandt aus dem Jahre 1961 und den Veröffentlichungen von Cerbe *„Grundlagen der Gastechnik“* sowie im Sinne der Zielsetzung der Vereinfachung des Bemessungsverfahrens wurden die Gleichzeitigkeitsbetrachtungen in der DVGW-TRGI 2008 neu festgelegt.

7.3.5.2
Verbrauchs- und Verteilungsleitung mit Gleichzeitigkeit

Für Gasgeräte der üblichen häuslichen Nutzung bis zu einer Nennbelastung = 40 kW wurde die Gleichzeitigkeit, die in Verbrauchs- und Verteilungsleitungen auftreten kann, in die Tabellen der Tafel 2 integriert.

Einzelzuleitungen und Abzweigleitungen ohne Gleichzeitigkeit

Tafel 1 enthält die Werte für Einzelzuleitungen und Abzweigleitungen, also Leitungsarten ohne Gleichzeitigkeit. Aus Tafel 1 wird auch immer dann abgelesen, wenn der Planende mit der Summenbelastung rechnen will, also auf die Minderung durch den Gleichzeitigkeitsfaktor verzichtet. Dies könnte z. B. bei der Anordnung von zwei Gassteckdosen auf der Terrasse zum gleichzeitigen Betrieb eines Gasstrahlers und eines Gasgrills der Fall sein.

Gasgeräte > 40 kW

Bei aus mehreren Gasgeräten mit Nennbelastungen ≤ 40 kW <u>und</u> > 40 kW bestehenden Gasinstallationen werden die Gasgeräte unterschiedlich berücksichtigt. Der Gleichzeitigkeitsfaktor fließt nur bei der Summe der Nennbelastungen der Gasgeräte ≤ 40 kW ein. Die Spitzenbelastung der Teilstrecke ergibt sich aus der Summe der Nennbelastungen ≤ 40 kW mit Gleichzeitigkeit und der Summe der Nennbelastungen > 40 kW ohne Gleichzeitigkeit. Mit dieser Spitzenbelastung wird aus Tafel 1 abgelesen.

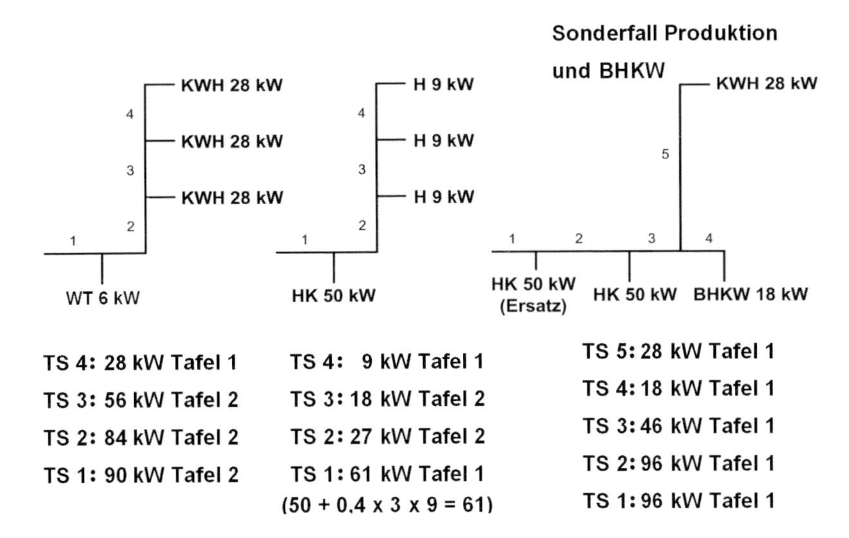

Bild 7.22 – Verschiedene Gleichzeitigkeitsbetrachtungen und deren Ablesung

Abschätzung der Gleichzeitigkeit: Aufgabe des Planers

In **Bild 7.22** sind die verschiedenen Möglichkeiten nochmals dargestellt. Im Sonderfall „Produktion und BHKW" wird aufgrund der Vorgaben der gleichzeitige Betrieb aller Gasgeräte mit Ausnahme des Ersatzkessels, der hier nicht berücksichtigt wird, angenommen. Die Abschätzung der Gleichzeitigkeit innerhalb einer Anlage stellt also Anforderungen an den Planenden, die ggf. mit dem Auftraggeber abzustimmen sind.

7.3.5.3
zulässiger Druckverlust = 300 Pa

In den Fällen, in denen kein Gesamtdruckverlust von 300 Pa zur Verfügung steht, werden größere Nennweiten und Armaturen erforderlich. Der zur Verfügung stehende Druckverlust ist als Differenz zwischen dem Regelgeräte-Ausgangsdruck und dem Geräteanschlussdruck zu ermitteln.

Umgekehrt ist es auch möglich, dass eine größere Druckdifferenz zur Bemessung der Leitungsanlagen genutzt werden kann.

7.3.6 Gasströmungswächter (GS)

belastungsorientierte Auswahl der GS

Gasströmungswächter werden nach der Summenbelastung aller Gasgeräte, die ihnen nachgeschaltet sind, ausgewählt. Während man bei Rohren, Gaszählern (im Rahmen ihrer Messgenauigkeit) und Armaturen auch größere Nennweiten als erforderlich wählen kann, ist dies hinsichtlich der Nennwerte bei Gasströmungswächtern nicht zulässig.

GS-Nennwert V_{Gas} m³/h	maximale Belastung	
	mehrere Geräte	Einzelgerät [1]
GS 1,6 [2]	13 kW	13 kW [3]
GS 2,5	21 kW	17 kW
GS 4	34 kW	27 kW
GS 6	51 kW	41 kW
GS 10	86 kW	68 kW
GS 16	138 kW	110 kW

[1] Auslegung 80 % von V_{Gas}

[2] nur bei Kunststoffsystemen

[3] GS 1,6 K auch bei Einzelgerät bis 100 % V_{Gas}

Bild 7.23 – Nennwerte und Auswahl der GS

80 %-Regel für Einzelgeräte

Es werden also zwei Installationsfälle unterschieden: Anlagen mit nur einem Gerät und Anlagen mit mehreren Gasgeräten. Bei Anlagen mit mehreren Geräten wird der Gasströmungswächter bis zum Nennwert belastet. Bei Anlagen mit Einzelgeräten werden die Gasströmungswächter nur bis zu 80 % ihres Nennwertes belastet. Dies geschieht aus Gründen der Betriebstauglichkeit im Anfahrzustand der Gasgeräte. Die Umrechnung erfolgt mit dem beim Bemessungsverfahren generell angesetzten $H_{I,B}$ des L-Gases von 8,6 kWh/m³.

Kombination eines großen und eines kleinen Gasgerätes

In der Regel wird in Verbrauchsleitungen die GS-Größe durch die Summenbelastung bestimmt.

In einem Grenzbereich, wenn z. B. an einem Gaszähler ein Heizkessel von 45 kW und ein Wäschetrockner von 6 kW angeschlossen sind, stellt sich jedoch die Frage, wie der GS auszulegen ist. Die Summenbelastung ist 51 kW, wofür ein GS 6 zu wählen wäre. Für den störungsfreien Betrieb eines Einzelgerätes von 45 kW muss jedoch ein GS 10 gewählt werden (80 %-Regel).

Die Betriebssicherheit des Gerätes ist vorrangig zu betrachten, deshalb ist in diesem Fall ein GS 10 auszuwählen. Die Abzweigleitung zum Wäschetrockner ist dementsprechend entweder in d_a 22 (Tabelle 13.2.1) auszuführen oder durch einen Zusatz-GS 2,5 abzusichern. Dann kann sie in d_a 15 verlegt werden. Solche Fälle sind allerdings selten. Sie entstehen durch die Kombination eines großen Verbrauchers mit einem sehr kleinen.

2004 geänderte Bemessungstabellen

Hintergrund der oben erwähnten Reduzierung der Belastung der Gasströmungswächter bei Einzelgasgeräten waren die bei der Einführung des Gasströmungswächters aufgetretenen Störungen beim Betrieb von Gasgeräten. Abhilfe leisteten die Stellungnahme des Technischen Komitees „Gasinstallation“ des DVGW mit Auslegungshinweisen *(siehe DVGW energie|wasser-praxis Heft 7/8 2004, Seite 57 „Ermöglichung der Auswahl des GS der nächstgrößeren Leistungsstufe“)* und die Vorgabe von geänderten Bemessungstabellen in dem 2004 veröffentlichten DVGW-Rundschreiben G 07/04.

Forschungsvorhaben begleiteten die Entwicklung

Weitergehende Untersuchungen des Gaswärme-Instituts Essen im Rahmen verschiedener DVGW-F&E-Vorhaben wurden während der Entwicklung des Bemessungsverfahrens durchgeführt. Die Wichtigsten waren:

- „Untersuchungen zur Beurteilung von in der Praxis aufgetretenen Störungen an Gasgeräten in Gasinstallationen mit Gasströmungswächtern" (G 5/03/04),
- „Absicherung von nichtmetallenen Rohrleitungen und Verbindern in der Gasinstallation" (G 5/02/05) sowie
- „Überprüfung der Grundlagen für die Berechnung von Rohrleitungen in der Gasinstallation mit Gasströmungswächtern" (G 5/03/05).

Untersuchungsschwerpunkte

Weiterhin wurde die Betriebssicherheit von Gasinstallationen mit Gasströmungswächtern, die nach dem neuen Bemessungsverfahren der TRGI dimensioniert worden sind, an einer Vielzahl von Musterinstallationen untersucht. Es wurden weitergehende Untersuchungen zum stationären Schließvolumenstrom und zum dynamischen Verhalten von Gasströmungswächtern durchgeführt, um die Anforderungen, die in der neuen DVGW-VP 305 -1 bezüglich der Betriebssicherheit festgeschrieben werden sollten, abzusichern. Die Überprüfung der Dimensionierung von Rohrleitungen aus Kunststoff in der Gasinstallation mit Gasströmungswächtern wurde vorgenommen, um die Erfüllung des Schutzzieles „Brand- und Explosionssicherheit" nachzuweisen. Abschließend wurden die Grundlagen des neuen TRGI-Berechnungsverfahrens überprüft und bestätigt.

Weitere Untersuchungen im Zusammenhang mit den Störungen bei Installationsanlagen mit Gasströmungswächtern wurden am Engler-Bunte-Institut im Rahmen des Vorhabens

- „Untersuchung des dynamischen Verhaltens von Gas-Druckregelgeräten in häuslichen Installationen" (G 4/01/05)

durchgeführt.

Die Ergebnisse der Untersuchungen sind in die Entwicklung des Bemessungsverfahrens der TRGI und die Weiterentwicklung der DVGW-VP 305-1 „Gasströmungswächter für die Gasinstallation", 12/2007 eingeflossen.

DVGW VP 305-1 (P), 12/2007 Gasströmungswächter

Bei der Überarbeitung der DVGW-VP 305-1 wurden die Erfahrungen in der Praxis sowie die Ergebnisse der verschiedenen Forschungsvorhaben berücksichtigt und den Anforderungen der neuen DVGW-TRGI 2008 Rechnung getragen. Aufgrund der Festlegungen der DVGW-TRGI 2008 werden zukünftig in der Gasinstallation nur noch Gasströmungswächter der Typen M und K mit dem Druckbereich 15 bis 100 mbar zum Einsatz kommen. Die Vielfalt der verschiedenen Gasströmungswächter wurde somit auf zwei Typen reduziert. Der maximale Druckverlust der GS-Typen M und K wurde auf 0,5 mbar begrenzt. Zur weiteren Verbesserung der Betriebstauglichkeit wurde ein Mindestschließfaktor von 1,3 eingeführt. Die Prüfungen des Schließverhaltens und der Prüfaufbau wurden komplett überarbeitet.

Verwendung alter Gasströmungswächter

Produkte, die aufgrund der alten DVGW-VP 305-1 eine Zertifizierung besitzen und noch im Handel sind, können noch zur Absicherung des Schutzzieles „Schutz gegen Eingriffe Unbefugter" eingesetzt werden. Aufgrund des höheren Druckverlustes von 1 mbar der älteren Produkte sind jedoch die aus den Tabellen abgelesenen Druckverlustwerte zu verdoppeln.

GS im Gas-Druckregelgerät

Gasströmungswächter können auch im Gas-Druckregelgerät integriert sein. In der entsprechenden Prüfgrundlage für Gas-Druckregelgeräte, der DIN 33822 als Ersatz für die DVGW-VP 200, wurden für diese Gas-Druckregelgeräte mit integrierter Strömungswächterfunktion die gleichen Anforderungen wie in der DVGW-VP 305-1 zu Grunde gelegt.

Sind Gasströmungswächter im Gas-Druckregelgerät integriert oder vor diesem installiert, gehen die Druckverluste nicht in die Bemessung der Leitungsanlage ein. Die Auswahl erfolgt, wie oben beschrieben, über die Summenbelastung.

GS in Reihe

Innerhalb eines Fließweges dürfen nicht mehrere Gasströmungswächter gleichen Nennwerts und gleichen Typs eingesetzt werden. Diese würden nur zusätzliche Druckverluste erzeugen und keinen Sicherheitsgewinn bringen.

Es ist aber z. B. zulässig, einem Gas-Druckregelgerät mit integriertem GS 4 M einen GS 4 K nachzuschalten, entweder um den GS-Abgleich bei metallenen Leitungen zu vereinfachen oder um die Absicherung einer Kunststoffleitungsinstallation vorzunehmen.

7.3.6.1 Metallene Leitungen

Schutzziel „Schutz gegen Eingriffe Unbefugter"

Bei metallenen Rohrleitungssystemen werden Gasströmungswächter zur Erfüllung des Schutzzieles „Schutz gegen Eingriffe Unbefugter" eingesetzt.

GS M oder GS K ?

Es können Gasströmungswächter Typ M (Schließfaktor $f_{s\ max}$ = 1,8) oder Typ K (Schließfaktor $f_{s\ max}$ = 1,45) eingesetzt werden. Die Verwendung eines GS K bringt, wie später aufgezeigt wird, Vorteile bezüglich des GS-Abgleichs.

Grenzen des GS

Die Belastungsobergrenzen von 138 kW bei mehreren Gasgeräten bzw. 110 kW bei Einzelgeräten ergeben sich aus der Umrechnung des Gasvolumenstromes des größten einsetzbaren GS 16. Größere GS bringen keinen Nutzen im Sinne des Schutzzieles.

Anordnung GS

Ein der Belastung angepasster Gasströmungswächter ist nach der HAE oder nach dem Gas-Druckregelgerät, wenn dieses direkt nach der HAE angeordnet ist, einzubauen. Die GS-Funktion kann auch im Gas-Druckregelgerät integriert sein. Dieses ist dann jedoch unmittelbar hinter der HAE anzuordnen (siehe dazu auch die Ausführungen zu Abschnitt 5.3.9.3 in diesem Kommentar).

Abgleich

Es ist die Wirksamkeit des GS bis zu den Leitungsenden, d. h. bis zur Geräteanschlussverschraubung hinter der Geräteanschlussarmatur, zu prüfen. Dies geschieht mit dem sogenannten GS-Abgleich.

Bemessungsschritte

Im ersten Schritt der Bemessung der Leitungsanlage werden die Rohre und Einbauteile für den zulässigen Gesamtdruckverlust von ≤ 300 Pa ausgelegt.

zwingend notwendiger zweiter Schritt

Im zweiten, ebenso wichtigen Schritt, dem GS-Abgleich, wird geprüft, ob bei der sich ergebenden Rohr-/Bauteilkombination, die den ausreichenden Geräteanschlussdruck sicherstellt, auch der Schließvolumenstrom des vorgeschalteten Gasströmungswächters im Falle der Öffnung des freien Rohrquerschnittes jeder nachgeschalteten Nennweite bzw. der Ausgangsverschraubung der Geräteanschlussarmatur erreicht wird.

höherer Volumenstrom, anderer Druckverlust

Als Volumenstrom ist der Schließvolumenstrom des Gasströmungswächters, der sich aus dem Nennwert des GS bezogen auf Gas und dem Schließfaktor ergibt, anzusetzen. Er ist immer erheblich größer als der Volumenstrom, mit dem die Druckverlustberechnung durchgeführt wurde. Als „treibende“ zulässige Druckdifferenz wird beim Abgleich der Regelgeräte-Ausgangsdruck, in der Regel 2300 Pa, angesetzt. Der Rechengang ist der gleiche wie bei der Druckverlustberechnung. Die Summe der einzelnen Druckverluste bis zu den Leitungsenden darf nicht größer als 2300 Pa sein. Ggf. sind auch hierfür zusätzlich Druckverluste zu senken, d. h. Rohre oder Bauteile zu vergrößern, um die zulässige Druckdifferenz nicht zu überschreiten.

Abgleich nach Tabellen

In der praktischen Anwendung des Bemessungsverfahrens ist dieser zweite notwendige Rechengang nicht auszuführen. Der Abgleich wird mit Hilfe der Tabelle 13.2.1 bzw. Tafel 5 der DVGW-TRGI 2008 durchgeführt. Diese Tabelle bzw. die Tafel beruhen auf den oben genannten Vorgaben.

Bei Software-Lösungen zur Bemessung stellt dieser zweite Rechengang kein Problem dar.

7.3.6.1.1 Abgleich bei GS K

einfaches Verfahren beim GS K

Um ein in der Praxis anwendbares Verfahren für den Abgleich zu gestalten, wurden Grenzwertbetrachtungen durchgeführt. Es zeigte sich, dass beim Einsatz eines GS K nur wenige Rahmenbedingungen eingehalten werden müssen, um die Wirksamkeit sicherzustellen.

Einzelzuleitung und GS 2,5 und 4 ohne Abgleich

Je nach Leitungsart ergeben sich bei GS K verschiedene Anforderungen. Alle Einzelzuleitungen mit GS K und Verbrauchsleitungen mit GS 2,5 K und GS 4 K sind bei entsprechender Auswahl nicht abzugleichen, da die Wirksamkeit bei ordnungsgemäßer Bemessung als gegeben vorausgesetzt werden kann. Ab GS 6 K in Verbrauchsleitungen sind Mindestnennweiten der Abzweigleitungen einzuhalten, so dass die Schließvolumenströme erreicht werden. Anstelle von notwendigen Nennweitenvergrößerungen können auch Zusatz-GS eingesetzt werden. Dies ist aber erst ab einem ersten GS 10 K sinnvoll.

Zusatz-GS

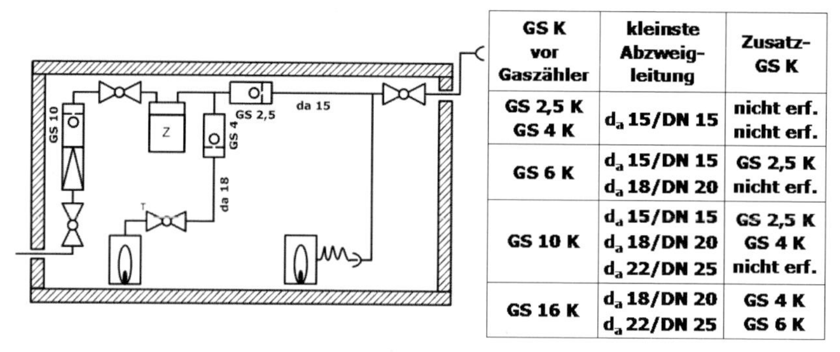

GS K vor Gaszähler	kleinste Abzweigleitung	Zusatz-GS K
GS 2,5 K GS 4 K	d_a 15/DN 15	nicht erf. nicht erf.
GS 6 K	d_a 15/DN 15 d_a 18/DN 20	GS 2,5 K nicht erf.
GS 10 K	d_a 15/DN 15 d_a 18/DN 20 d_a 22/DN 25	GS 2,5 K GS 4 K nicht erf.
GS 16 K	d_a 18/DN 20 d_a 22/DN 25	GS 4 K GS 6 K

Bild 7.24 – Mindestnennweite, Zusatz-GS K nach dem Gaszähler, Tabelle 13.2.1 DVGW-TRGI 2008

Erstauswahl beachten

Mit einem Zusatz-GS können sowohl Einzelgeräte als auch Gruppen abgesichert werden. Bei der Vorauswahl der Nennweite der Rohrleitung ist zu beachten, dass bei einem gegebenen GS 6 K keine Abzweigleitungen mit d_a 15/DN 15 verwendet werden sollten, wenn man den Einbau eines Zusatz-GS vermeiden will.

Bei Verteilungsleitungen mit einem GS 16 K ist eine Mindestnennweite für die Leitung bis zum nächsten GS zu beachten.

GS K vorteilhaft

Ist die Druckverlustberechnung durchgeführt, so ist bei Verwendung eines GS K, sei es als Einzelbauteil oder im Gas-Druckregelgerät integriert, die Wirksamkeit unter Beachtung der oben genannten Vorgaben nachprüfbar. Aufgrund der Einfachheit empfiehlt sich der Einsatz eines GS K.

7.3.6.1.2 Abgleich bei GS M

Der Abgleich des GS M ist um ein Vielfaches aufwendiger und nach Tafel 5 durchzuführen. In der Tabelle 27 werden maximale Rohrlängen l_{GSmax} für Gasströmungswächter in Abhängigkeit von Rohr-/Armaturenkombinationen vorgegeben.

Längenreduzierung erforderlich

Die sich aus der Druckverlustberechnung ergebenden Fließwege dürfen diese maximalen Längen nicht überschreiten. Das Problem ist, dass l_{GSmax} für eine einzelne Nennweite berechnet ist, im Fließweg aus der Druckverlustberechnung jedoch meistens mehrere Nennweiten vorhanden sind. Aus diesem Grunde müssen, entgegen der Fließrichtung gesehen, die beiden nächsten Rohrabschnitte mit größeren Nennweiten auf die Nennweite des letzten Abschnittes, meist der Abzweigleitung, reduziert („heruntergerechnet") werden. Es wird also eine sogenannte reduzierte Länge ermittelt. Im Beispiel der Tafel 5 ist das Verfahren erläutert. Es werden entgegen der Fließrichtung gesehen nur drei Nennweiten berücksichtigt, da die davorliegenden aufgrund der noch kleineren Umrechnungsfaktoren nicht mehr von Bedeutung sind.

Mischinstallation

Bei Mischinstallationen, z. B. Stahl vor dem Gaszähler und Kupfer, ist der Abgleich nach der Materialart der zum Gerät führenden Leitung, also im Beispiel für Kupfer, vorzunehmen. Die Stahlrohranteile sind in die entsprechenden Kupfer-Nennweiten umzuwandeln und in die Längenreduzierung mit einzubeziehen.

Zusatz-GS

Bei Einsatz eines Zusatz-GS K muss für den Abgleich des GS M der gesamte Fließweg von der Geräteanschlussarmatur bis zum Gas-Druckregelgerät berücksichtigt werden. Der dem Zusatz-GS K vorgeschaltete GS M muss bis zum Zusatz-GS K wirksam sein.

7.3.6.2 Kunststoffleitungen

zusätzliches Schutzziel „Brand- und Explosionssicherheit“

Bei Kunststoffleitungen hat der Gasströmungswächter nicht nur das Schutzziel „Schutz gegen Eingriffe Unbefugter“ zu erfüllen; er ist außerdem Sicherheitselement und zwingend notwendiges Bauteil zur Erreichung des Schutzzieles der „Brand- und Explosionssicherheit“. Zur Erfüllung dieser Aufgabe werden ausnahmslos belastungsorientiert ausgewählte Gasströmungswächter Typ K nach der neuen DVGW-VP 305-1, 12/2007 mit dem Schließfaktor $f_{s\ max}$ = 1,45 und vorgeschalteter „thermisch auslösender Absperreinrichtung“ (TAE) eingesetzt.

Grenzen der Kunststoffleitungssysteme

Da es keine größeren Gasströmungswächter als GS 16 gibt, erklären sich die Belastungsgrenzen von 138 kW bzw. 110 kW für Kunststoffrohrleitungssysteme.

GS 1,6 bei Kunststoffleitungssystemen

Bei Kunststoffleitungen wird zusätzlich der GS 1,6 zur Absicherung von Leitungen mit d_a 16 erforderlich, um das Schutzziel auch bei diesem kleinsten Rohrdurchmesser zu erreichen.

Auch ist es zwingend notwendig, bei Einsatz von Gassteckdosen ohne GS die Abzweigleitung zu diesen mit einem GS 1,6 abzusichern.

7.3.6.2.1 Abgleich bei GS K

Abgleich immer erforderlich

Bei jeder Kunststoffleitungsinstallation ist ein GS-Abgleich zwingend erforderlich. Die hierzu notwendige Tabelle ist gemäß den Vorgaben der DVGW-TRGI 2008 vom Hersteller des Kunststoffrohrsystems zur Verfügung zu stellen.

Abgleich analog zu Typ M

Das Verfahren des GS-Abgleichs ist analog dem des Abgleichs beim GS Typ M.

Mischinstallationen möglich

Mischinstallationen von metallenen und Kunststoffsystemen sind unter Beachtung der Anforderungen des GS-Abgleichs möglich.

7.3.7 Zusammenstellung der Berechnungstabellen in den Tafeln 1 bis 5

Zusammenstellung der Tabellen in Tafeln

Die in den Tafeln zusammengestellten Tabellen enthalten alle notwendigen Angaben zur Ermittlung der Druckverluste eines Leitungssystems und zum Abgleich der Gasströmungswächter. Es werden Ablesebeispiele gegeben, so dass die Tabellen selbsterklärend sind.

keine Interpolation

Bei der Ermittlung der Druckverluste in Abhängigkeit von der Nennbelastung wird der jeweils nächstgrößere Wert zur gerundeten Nennbelastung gewählt. Eine Interpolation findet nicht statt. Diese ist in den Tabellenwerten bereits enthalten und würde zu zusätzlichen „Reserven“ führen.

Installationen nach TRGI

Die Ober- und Untergrenzen der einzelnen Tabellen der Tafeln orientieren sich an den im Geltungsbereich der TRGI liegenden Belastungen und Installationsformen der häuslichen Verwendung.

andere Bauteile

Werden andere oder weitere Bauteile benötigt, wie z. B. Gaszähler der Größe G 1,6, größere Armaturen als in der Tabelle aufgeführt, Turbinen- oder Drehkolbengaszähler, weitere Rohrsysteme (Wellrohre), so sind die Druckverluste nach Herstellerangaben zu berücksichtigen oder nach DVGW-Arbeitsblatt G 617 zu ermitteln. Im modular aufgebauten Berechnungsverfahren ist dann mit den entsprechenden Druckverlustwerten zu rechnen.

Tafel 1

Tafel 1 enthält die Tabellen für die Einzelzuleitungen und Abzweigleitungen aus metallenen Werkstoffen. Der Gleichzeitigkeitsfaktor beträgt 1. Sie wird auch bei der Auswahl der Druckverluste von Leitungen angewandt, bei denen keine Gleichzeitigkeit berücksichtigt wurde bzw. diese im Rahmen der Sonderfälle bei Gasgeräten > 40 kW ermittelt wurde.

Tafel 2

Tafel 2 gilt für Verbrauchs- und Verteilungsleitungen aus metallenen Werkstoffen, über die ausschließlich Gasgeräte mit Nennbelastungen ≤ 40 kW angeschlossen sind. In den Tabellen ist in Abhängigkeit von der Summenbelastung eine Gleichzeitigkeit von 0,9 bis minimal 0,4 enthalten.

Tafel 3

Tafel 3 ist beispielhaft und dient als Vorgabe für Hersteller von Kunststoffrohrsystemen. Sie beschreibt die Tabellen, die der Hersteller im Rahmen seiner Produktunterlagen zur Dimensionierung und zum GS-Abgleich seines Systems zur Verfügung stellen muss. Diese Vorgaben gelten sowohl für Metall-Kunststoff-Verbundrohr (MKV) als auch für Systeme aus vernetztem Polyethylen (PE-X).

Tafel 4

Tafel 4 enthält Ergänzungstabellen für Balgengaszähler und Absperreinrichtungen sowie Stahlrohre der schweren Reihe und PE-Rohre für erdverlegte Grundstücksleitungen.

Tafel 5

Tafel 5 enthält die maximal zulässigen Längen für den Abgleich des GS M und erläutert das Verfahren des GS-Abgleichs.

7.4 Anwendung des Diagrammverfahrens

für Einzelzuleitungen

Zur schnellen Bestimmung der Nennweite einer Einzelzuleitung wird das Diagrammverfahren angewandt. Bei einer vorgegebenen Belastung kann für eine feststehende Rohr-/Bauteilkombination in Abhängigkeit von der Anzahl der 90°-Richtungsänderungen die maximal mögliche zu verlegende Leitungslänge für die verschiedenen Durchmesser ermittelt werden.

Abweichung vom Standardfall

Wird z. B. die Leitung bis zum Zähler in einer größeren Dimension verlegt oder statt eines Gaszählers G2,5 ein Gaszähler G4 eingebaut, so kann die Leitung dennoch nach dem Diagrammverfahren bestimmt werden, da durch die Vergrößerung zusätzlicher Druck für die anderen Bauteile zur Verfügung steht.

Die hierdurch entstehende Druckreserve kann jedoch nicht im Rahmen des Diagrammverfahrens berücksichtigt werden.

7.4.1 Einzelzuleitung metallener Leitungen

Obergrenze 110 kW

Die obere Grenze von 110 kW des Diagrammverfahrens ergibt sich aus den Einsatzgrenzen des Gasströmungswächters bei Einzelzuleitungen.

Eckform statt Durchgang

Wird anstatt der vorgegebenen Geräteanschlussarmatur in Durchgangsform eine solche in Eckform gewählt, so ist die Anzahl der Winkel um 8 zu erhöhen.

Vereinfachungen führen zu einem schnellen Ergebnis

Für Kupfer und Edelstahl wurde ein gemeinsames Diagramm entwickelt, wobei der jeweils ungünstigere Innendurchmesser einer Nennweite bei der Druckverlustberechnung berücksichtigt wurde. Das Diagramm für Stahlrohre gilt für die mittlere Rohrreihe, die im Bereich der Gasinstallation die gängige ist.

80 % von Q_{max} beim Gaszähler

Die Gaszähler werden beim Diagrammverfahren mit 80 % ihrer maximalen Belastung berücksichtigt. Diese Auslegungsobergrenze kommt aus der Praxis und wird so bei vielen Netz- bzw. Messstellenbetreibern angewandt.

Längenbegrenzung GS M

Der Abgleich des GS ist im Diagramm enthalten. Für den GS M wird die maximale zu verlegende Länge durch die waagerechten Linien an den jeweiligen Kurvenscharen vorgegeben.

Eine Berücksichtigung des Druckgewinns durch Höhe findet beim Diagrammverfahren für metallene Leitungen aus Vereinfachungsgründen nicht statt.

7.4.2 Einzelzuleitung und Verteilerinstallation Kunststoffleitungen

Vorgaben für Hersteller

Wie bei der Erläuterung zur Tafel 3 beschrieben, sind auch die Diagramme für die Kunststoffleitungen nur beispielhaft und dienen als Vorgaben für die Hersteller. Neben dem Diagramm für die Einzelzuleitung werden Diagramme für die Verteilerinstallation dargestellt.

Berücksichtigung des Druckgewinns durch Höhe

Da bei Kunststoffsystemen außer Richtungsänderungen weitere Formteile hinzukommen können, müssen diese bei der Ermittlung der maximalen Länge berücksichtigt werden. Auch ist es bei Kunststoffsystemen sinnvoll, den Druckgewinn durch Höhe zu berücksichtigen. Hierzu kann in den Diagrammen der Hersteller eine senkrechte Grenzlinie enthalten sein. Links von dieser Linie sind die Steiganteile der Leitungslänge nicht bei der maximalen Längenermittlung zu berücksichtigen, da in diesem Bereich der Druckverlust der Rohrleitung durch den Druckgewinn durch Höhe ausgeglichen wird.

Verteilerinstallationen

Für die bei Kunststoffleitungen mögliche Verteilerinstallation werden Diagramme vorgeschlagen. Hierbei wird der Gesamtdruckverlust in die Leitungsbereiche vor und nach dem Verteiler aufgeteilt.

7.4.3 Zusammenstellung der Diagramme

Dieser Abschnitt enthält die Zusammenstellung der Diagramme, die im Anhang 7 der DVGW-TRGI 2008 in zwei Beispielen erläutert werden.

Kapitel IV Gasgeräteaufstellung

8 Gasgeräteaufstellung

Die Anforderungen an die Aufstellräume, die Verbrennungsluftversorgung und die Abgasabführung der Gasgeräte sind nach wie vor Schwerpunkte in der Gasverwendung.

Aufstellung und Abgasabführung neu geordnet

Die bisherigen Abschnitte 5 „Aufstellung von Gasgeräten“ und 6 „Abgasabführung von Gasfeuerstätten“ der TRGI ’86/96 wurden vollständig überarbeitet, neu geordnet und ergänzt. Die Thematik wird jetzt in den Abschnitten

- 8 „Gasgeräteaufstellung“
- 9 „Verbrennungsluftversorgung“ und
- 10 „Abgasabführung“ behandelt.

Dabei wurde eine klare Trennung zwischen diesen drei Gebieten vollzogen.

Vermischung zwischen Aufstellung, Verbrennungsluftversorgung und Abgasabführung entfällt

Die bisherige Vermischung, besonders zwischen Aufstellbedingungen und Verbrennungsluftversorgung bei Gasgeräten Art B_1 und Aufstellbedingungen und Abgasabführung bei Gasgeräten Art C, entfällt. Dies hat natürlich auch zur Folge, dass für jede Gasgeräteart in allen drei Abschnitten Anforderungen beschrieben sind.

Dabei werden jeweils zuerst die allgemeinen Festlegungen und dann die speziellen Festlegungen für die Gasgeräte Art A, B und C behandelt.

Mit den Novellierungen der M-FeuVO durch die Fachkommission Bauaufsicht der ARGEBAU – M-FeuVO Juni 2005 – und jetzt MFeuV Stand September 2007 – haben sich einige sachliche Änderungen ergeben.

Landes-Feuerungsverordnungen sind geltendes Recht

Gerade in diesem sowohl zentralen als auch sensiblen Bereich wäre deshalb die substanziell unveränderte Übernahme der MFeuV durch die einzelnen Bundesländer im Interesse einer bundeseinheitlich verbindlichen Anwendung der DVGW-TRGI 2008, besonders der Abschnitte 8 bis 10, von überragender Bedeutung. Ob dieses Ziel erreicht werden kann, ist fraglich. Die MFeuV stellt die Grundlage für die Feuerungsverordnungen der Länder dar. Diese haben im jeweiligen Bundesland gesetzlichen Charakter und stehen damit über der TRGI. Aus diesem Grund ist es erforderlich, die jeweilige Feuerungsverordnung des Bundeslandes auf mögliche Abweichungen zur TRGI zu prüfen.

8.1 Allgemeine Festlegungen

8.1.1 Gasgeräte

CE-Kennzeichnung nach EG-Gasgeräterichtlinie erforderlich

Gasgeräte dürfen nur in Verkehr gebracht werden, wenn sie eine CE-Kennzeichnung nach den Vorgaben der EG-Gasgeräterichtlinie (90/396/EWG) besitzen.

Pflichtangaben auf dem Typschild

Dafür müssen auf dem Typschild mindestens folgende Angaben vorhanden sein (Pflichtteil):

- CE-Kennzeichnung bestehend aus CE und einer vierstelligen Nummer, z. B. CE-0085 (die vierstellige Nummer gibt Aufschluss über die in der Produktionsphase überwachende Stelle, hier 0085 = DVGW). Die Prüfung, Zertifizierung und Überwachung kann, unabhängig vom Bestimmungsland, von allen Zertifizierungsstellen innerhalb der EU erfolgen. Die Zertifizierungsstelle und die Überwachungsstelle können unterschiedliche sein.

- Name oder Kennzeichen des Herstellers

- Handelsbezeichnung des Gerätes

- ggf. Art der Stromversorgung

- Gerätekategorie(n) und Gasdruck/-drücke (für Deutschland beispielsweise $II_{2ELL3B/P}$ – 20; 50 mbar, oder I_{2ELL} – 20 mbar, oder $I_{3B/P}$ – 50 mbar)

- die beiden letzten Ziffern des Jahres, in dem die CE-Kennzeichnung angebracht wurde

freiwillige Angaben auf dem Typschild

Der Hersteller kann weitere Informationen auf dem Typschild anbringen (freiwilliger Teil). Dies sind z. B.:

- die Produkt-Ident-Nummer (z. B. CE-0049AT0000). Der erste Teil besteht aus CE-Zeichen mit der Kennnummer der zertifizierenden Stelle (z. B. 0049 = Gastec, Niederlande). Der zweite Teil ist eine verschlüsselte Nummer zum Auffinden bei der überwachenden oder zertifizierenden Stelle.

- Bestimmungsland/Bestimmungsländer (für Deutschland „DE“)

- Gasgeräte Art(en) (z. B. B_{11BS}) – dieses ist jedoch eine Pflichtangabe in der Installationsanleitung.

Die Gasgeräte müssen für Deutschland geeignet sein.
Davon kann ausgegangen werden, wenn die bereits oben genannten Gerätekategorien und Gasdrücke auf dem Typschild eingetragen sind und eine Installations- und Bedienungsanleitung in deutscher Sprache vorliegt. Zu den für Deutschland geeigneten Gerätekategorien siehe die Kommentierung zu Abschnitt 2.5.3 der TRGI.

DE nicht vorgeschrieben, aber hilfreich

Einfacher wird es, wenn auf dem Typschild des Gasgerätes die Länderkennzeichnung für die Bestimmungsländer (für Deutschland „DE") vorhanden ist. Dies stellt ohne Zweifel eine wünschenswerte, einfache Beurteilungsmaßgabe über die Geräteeignung dar, z. B. für das VIU und den BSM. Es brauchen dann die notwendigen Randbedingungen nicht erst im Einzelnen nachvollzogen werden. Von allen relevanten Kreisen – u. a. auch dem DVGW – wird diese Zusatzkennzeichnung empfohlen und auch von vielen Geräteherstellern durchgeführt. Sie kann jedoch aufgrund der EG-Gasgeräterichtlinie nicht verpflichtend gefordert werden.

Die aufgeführte „Thermoprozessanlage" kann höchstenfalls im Bereich des Kleingewerbes (siehe z. B. den Schmiedeofen in der Kunstschlosserei im gemischten Wohn- und Gewerbegebiet) auch im Geltungsbereich der TRGI zum Tragen kommen. Der Vollständigkeit halber ist an dieser Stelle auf die dafür geltende europäische Norm DIN EN 746-2 und deren Handhabung, entsprechend der EU-Maschinenrichtlinie (89/392/EWG), hingewiesen.

8.1.2 Aufstellung

Europa gestattet die Herdkochstelle ohne Flammenüberwachung

Die Regelung zu Gasgeräten ohne Flammenüberwachung wurde in den allgemeinen Teil zur Aufstellung von Gasgeräten übernommen. Die MFeuV und jetzt auch die DVGW-TRGI 2008 beschränken diese Regelung nicht nur auf Gas-Haushalts-Kochgeräte. Damit ist auch der Fall abgedeckt, wenn ein anderes nicht flammenüberwachtes Gasgerät aus Europa in Deutschland auftaucht.
In den TRGI '86/96 war die Aussage zu Gas-Haushalts-Kochgeräten bei den zusätzlichen Anforderungen bei der Aufstellung von Gasgeräten Art A zu finden.

Nach der EG-Gasgeräterichtlinie dürfen z. B. Gas-Haushalts-Kochgeräte mit Kochstellenbrennern ohne Flammenüberwachungseinrichtung – also z. B. ohne thermoelektrische „Zündsicherung" – betrieben werden. Dabei kann nicht ausgeschlossen werden, dass beispielsweise durch Bedienungsfehler oder Erlöschen der Flammen durch überkochendes Kochgut unverbranntes Gas in den Aufstellraum ausströmen kann.

Forderung der mechanischen Zwangslüftung

Durch die in diesem Abschnitt geforderte, technisch aufwendige, mechanische Zwangslüftung mit einem sichergestellten – d. h. überwachten – Außenluftvolumenstrom von mindestens 100 m^3/h wird in Abhängigkeit vom Rauminhalt des Aufstellraumes von 20 m^3 – entspricht einem 5-fachen Luftwechsel – und der Nennbelastung der Kochstellenbrenner sichergestellt, dass sich im Aufstellraum ein explosionsfähiges Gas-Luft-Gemisch praktisch nicht bilden kann.

Fortschreibung der DIN EN 30

Aus der europäischen Normungsarbeit kann an dieser Stelle die erfreuliche, positive Information weitergegeben werden, dass die kommende Nachfolgefassung der DIN EN 30 „Gasherde" nun die Flammenüberwachungseinrichtung verpflichtend festgelegt hat.

8.1.3 Gasanschluss

Geräteanschlussarmatur als Anschlussstelle

Die Gasgeräte werden mittels „Geräteanschlussarmatur" an die Installationsleitung, bei Gasinstallationen mit mehreren Gasgeräten, an die Abzweigleitung angeschlossen. Diese Geräteanschlussarmatur stellt sowohl den **Beginn des Gasgerätes,**

[Am Beispiel wandhängender Durchlaufwasserheizer oder Kombiwasserheizer betrachtet, wird die Geräteanschlussarmatur sogar als Gerätebestandteil (Wandanschlussarmatur) mit dem Gasgerät mitgeliefert.]

als auch das **Ende der Einzelzuleitung** bzw. **der Abzweigleitung** dar,

wie z. B. beim Gasherd die Gassteckdose mit in Fließrichtung folgender Gasschlauchleitung mit Geräteanschlussverbindung an der Herdrückwand, oder z. B. beim Kamineinsatz die an zugänglicher Stelle an der Abzweigleitung montierte Geräteanschlussarmatur mit daran angeschlossener starrer oder biegsamer Geräteanschlussleitung mit fester Verbindung am Kamineinsatz.

Dieser Geräteanschlussarmatur kommt die Funktion zu, dass sie als Absperreinrichtung zur Sperrung der Gaszufuhr für Gasgeräte dient. Über das Absperren hinaus dient sie auch zur körperlichen Abtrennung von der Gas zuführenden Installationsleitung, wenn z. B. das Gasgerät zu Wartungszwecken von seinem Aufstellplatz demontiert werden muss. Eindeutige Anforderung ist daher:

*Verwahrungsmöglichkeit **muss** gegeben sein*

- In Fließrichtung gesehen ist die Geräteanschlussarmatur eingangsseitig über eine feste Installationsverbindung an der Einzelzuleitung bzw. Abzweigleitung angebracht und ausgangsseitig besitzt die Geräteanschlussarmatur eine mit Werkzeug lösbare Verbindung, die für den Bedarfsfall durch den Fachmann einfach zu lösen und an gleicher Stelle zudem einfach mit TRGI-gemäßen Mitteln oder – im Falle z. B. wandhängender Gasgeräte – durch eine vom Hersteller mitgelieferte und unverlierbar am Gasgerät angebrachte, spezielle Einrichtung zu verwahren ist.

  Eine Ausnahme stellt hierbei die Gassteckdose dar, zu der im Nachfolgenden noch eine Erläuterung erfolgt.

Abschließend sei an dieser Stelle noch auf öfter gestellte Fragen im Zusammenhang mit Geräteanschlussarmaturen wie folgt eingegangen:

*Geräteanschlussarmatur direkt am Gasgerät oder mindestens im Aufstellraum Ziel: Ausführbarkeit der Wartungsarbeit durch **eine** Person*

- Der Installationsort für die Geräteanschlussarmatur muss sich notwendigerweise **innerhalb des Aufstellraumes** in räumlicher Zuordnung zu dem Gasgerät befinden, was sich logischerweise aus deren Bestimmung als Teil des Gasgeräteanschlusses erklärt. So muss z. B. bei Instandhaltungsarbeiten am Gasgerät die Geräteanschlussarmatur für den Monteur in Beobachtungs- und Zugriffsnähe angeordnet sein.

Gasherd-Steckdose unter der Arbeitsplatte über Unterschrank zugänglich

- Es ist akzeptiert, dass zur Bedienung der Geräteanschlussarmatur, z. B. eines Gasraumheizers, eine Verkleidung, wenn diese ohne notwendigen Einsatz von speziellem Werkzeug demontierbar ist, abgenommen werden muss. Als Beispiel sei die Gassteckdose für Gasherd oder Gaskochmulde genannt, zu deren Bedienung eine Unterschranktür geöffnet und eventuell darin eingeordnete Töpfe aus dem Regal weggeräumt werden müssen.

8.1.3.1 Anschlussarten

fester Anschluss

lösbarer Anschluss

Gemäß TRGI ist weiterhin der „feste Anschluss“, d. h. die nur mit Werkzeug lösbare(n) Verbindung(en) nach der Geräteanschlussarmatur, und – ausschließlich für Betriebsdrücke < 100 mbar – der „lösbare Anschluss“, d. h. die an der Gassteckdose von Hand lösbare Gasschlauchleitung als Gasgeräte-Anschlussschlauchleitung, zulässig.

Die DVGW-zertifizierten Gassteckdosen als Sicherheits-Gasanschlussarmaturen erfüllen im entkoppelten Zustand durch ihre Konstruktionsfestlegungen bereits die TRGI-Verwahrungsanforderung. Dem Anwender stehen hierfür zwei unterschiedliche Systeme aus Steckdose und zugehöriger Gasschlauchleitung zur Verfügung, siehe dazu auch die Kommentierungen zu Abschnitt 5.2.4 der TRGI.

8.1.3.2 Schädliche Erwärmung des Anschlusses

Gasanschluss-Einrichtungen nicht im Bereich von Flammen oder heißer Abgasteile

Die Forderung, nach der Gasanschlüsse so angeordnet sein müssen, dass sie durch den Betrieb der Gasgeräte nicht schädlich erwärmt werden, gilt für **alle** Gasanschlüsse, sowohl für lösbare als auch für feste Anschlüsse. Darüber hinaus dürfen Gasschlauchleitungen und Geräteanschlussarmaturen – und zwar nicht nur die Gassteckdosen, sondern auch alle anderen – nicht von heißen Abgasen berührt werden. Auf die Ausführungen zu Abschnitt 5.2.4 der TRGI wird verwiesen.

8.1.3.3 Brandsicherheit

Brand- und Explosionssicherheit entsprechend § 4 MFeuV

Wie bereits zu Abschnitt 5.1 „Leitungsanlage, Allgemeines“ der TRGI ausführlich kommentiert, drückt die MFeuV in § 4 die hier aufgeführte Anforderung zum Schutz des – im Sinne des Explosionsschutzes als Schwachstelle erkannten – Gasgerätes ausdrücklich aus. Sollte das Gasgerät selbst entweder in HTB-Qualität hergestellt oder herstellerseitig bereits mit dieser geforderten TAE ausgerüstet sein, so entfällt selbstverständlich diese Zusatzanforderung.

TAE in Geräteanschlussarmatur integriert

In der Praxis hat es sich inzwischen in der großen Mehrheit so eingeführt, dass sowohl die Gassteckdosen als auch die am Markt zu beziehenden Geräteanschlussarmaturen als Einheiten mit integrierter TAE existieren und so zum Einsatz kommen. Als objektbezogene Sicherheitseinrichtung muss diese TAE vor jedem Gasgerät angeordnet sein, auch wenn z. B. in einem Raum, der Küche, ein Gasherd und ein Umlaufwasserheizer angeschlossen sind. Eine Ausnahme kann eventuell bei Mehrkesselanlagen getroffen werden. So wird z. B. nach räumlicher Beurteilung und der eventuellen vorherigen Abklärung mit der unteren Bauaufsichtsbehörde die Anordnung **einer** TAE im Eingangs-Gasgeräteanschluss als ausreichende Maßnahme akzeptierbar sein.

Gebäude mit Schlafraum → TAE gefordert

Gebäude ausschließlich gewerblich und industriell genutzt → TAE nicht gefordert

Mit Bezug auf die Fußnote 23 wird darauf hingewiesen, dass neben allen häuslich genutzten Gasgeräten auch Gewerbe-Gasgeräte, wie z. B. Waschmaschinen, Wäschetrockner oder Großküchengeräte, wenn diese in dem ansonsten häuslich genutzten Gebäude aufgestellt sind, dieser Zusatzforderung unterliegen. Gasfeuerungsanlagen, die zu rein gewerblichen oder industriellen Zwecken in entsprechenden Gebäuden/Hallen eingesetzt werden (d. h. Prozessfeuerung), sind dagegen nicht mit dieser Forderung nach einer vorzuschaltenden TAE belegt. Das Schutzziel der Brand- und Explosionssicherheit kann dort durch die besonderen Installationsverhältnisse (z. B. Lüftungsbedingungen) oder spezifischen Sicherheitsvorkehrungen auf andere Weise erfüllt sein.

8.1.3.4 Fester Anschluss

Der feste Anschluss besteht aus der nur mit Werkzeug lösbaren Verbindung am Ende/Ausgang der Geräteanschlussleitung bzw. der Gerätearmatur, im Fall der Nichtexistenz einer Geräteanschlussleitung (meistens bei wandhängenden Gasgeräten). Ist eine Geräteanschlussleitung vorhanden, so kann diese starr ausgeführt sein oder aus einer Schlauchleitung bestehen, wie sie in diesem TRGI-Abschnitt in den Spezifizierungen beschrieben ist.

Leitungsanschluss verwahren!

Wird bei einem festen Anschluss das Gasgerät entfernt, ist der Leitungsanschluss nach Abschnitt 5.8 der TRGI zu verwahren. Eine Ausnahme hiervon kann die kurzzeitige Betriebsunterbrechung sein, z. B. aus Wartungsgründen, ohne dass der Monteur den Arbeitsplatz verlässt und wenn er die Leitungsöffnung ständig unter Beobachtung hat.

8.1.3.5 Lösbarer Anschluss

8.1.3.5.1
zwei unterschiedliche Systeme einsetzbar

Bereits in der Erläuterung zu 8.1.3.1 wird auf die heute zur Verfügung stehenden zwei unterschiedlichen Systeme der lösbaren Anschlüsse hingewiesen. Für die detaillierte Beschreibung als Innen- und Außenausführungen in den Bauformen für Unter-Putz- und Auf-Putz-Montage wird auf die Kommentierung zu Abschnitt 5.2.4 der TRGI verwiesen.

geräteseitiger Festanschluss

Der zum Beispiel über Gassteckdose angeschlossene Gasherd mit daran fest angebundener Gasschlauchleitung gestattet dem Betreiber – in regelungskonformem Vorgehen – das eigenmächtige Entkoppeln des Gerätes samt Schlauchleitung von der häuslichen Gasinstallationsleitung und das spätere Wieder-Anschließen.

8.1.3.5.2
Suche nach Aufstellerleichterungen

Mit dem besonderen Augenmerk auf Gas-Haushaltsgeräte Art A wie Gasherd/Kochmulde, z. B. eigenständiger Wok-Brenner und den gasbetriebenen Wäschetrockner sowie auf bewegliche Terrassen-Gasgeräte konnte durch die Fachgremien gemeinsam mit Bauteil- und Gasgeräteherstellern eine solche technische Lösung erarbeitet werden, die sich nun mit dieser DVGW-TRGI 2008 als eine weitere, auf die Praxisbedürfnisse eingehende Handhabungserleichterung bei solchen Gasgeräten präsentiert.

an beiden Enden von Hand lösbare Gasschlauchleitung

Kernpunkt dabei ist die „an beiden Enden von Hand lösbare Gasschlauchleitung“. Auf der Gas-Eingangsseite wird dies durch die Gassteckdose und das Gasschlauchleitungs-Steckerteil dargestellt. Gasgeräteseitig konnte die Aufgabe durch eine „Nippelverbindung mit Rändelmutter“ gelöst werden. Das Gasgerät muss als Gaseingang mit dem entsprechenden Gegenstück, dem Verbindungsteil zur Nippelaufnahme, nachgerüstet oder ausgerüstet sein. Die Nachrüstung dieses Verbindungsteils entsprechend den Anforderungen der DVGW-VP 618-1/-2 muss bereits werkseitig (im Ausnahmefall spätestens durch ein VIU) erfolgen. Die technischen Details zu dieser Nippelverbindung sind in diesem Kommentar bereits zu Abschnitt 5.2.4 der TRGI erläutert.

Gasgerät mit werkseitig modifiziertem Geräte-Eingangsstück

VIU setzt nur noch die Gassteckdose

Dieser Konzeptidee der vereinfachten Aufstellung der oben beschriebenen Haushalts-Gasgeräte liegt zu Grunde, dass der Arbeits- und Zuständigkeitsbereich des VIU mit der Installierung der Gas-Steckdose beendet ist. Jeder gesetzten Gassteckdose muss selbstverständlich eine Regelwerks entsprechende Verwendungsbestimmung zuzuordnen sein, siehe dazu Tabelle 28 im Abschnitt 8.1.3.5.3 der TRGI. Sowohl die Erstinbetriebnahme des Gasgerätes als auch dessen Aufstellung und der Betrieb – einschließlich z. B. des Abkoppelvorganges der für den Außenbereich bis zu maximal 6 m langen Gasschlauchleitung an der Gasgeräteverbindung (z. B. Gas-Terrassengrill) – unterliegen alleine der verantwortlichen Handhabung durch den Betreiber der Gasinstallation.

Aufstellung und Erstinbetriebnahme allein durch den Betreiber

Sicherheitstechnisch wird dies ermöglicht durch folgende notwendig einzuhaltenden Vorgaben:

für DE geeignet

- Es handelt sich um ein für Deutschland geeignetes Gasgerät mit CE-Kennzeichnung und der Geräteanschlusssituation mit dem für die Nippelverbindung zugehörigen Verbindungsteil.

EE-Einstellung

- Das Gasgerät besitzt eine gasseitige Festeinstellung (EE) für Erdgas der Gruppen H und/oder L (Gerätekategorie mit Angaben E oder ELL und Zusatzschild „eingestellt auf Erdgas ...“) ab Werk.

*nur **mit** Flammenüberwachung*

- Das Gasgerät ist mit Flammenüberwachungseinrichtungen an allen Brennstellen ausgerüstet.

Kundeninstruktion in Installations- und Bedienungsanleitung

- Die somit geforderte „Eigensicherheit“ wird zudem durch die ausreichende Kundeninstruktion in Installations- und Bedienungsanleitung ausgefüllt. Notwendige Instruktionen sind z. B. :
  „Der Gasherd darf nur an eine von einem zugelassenen Installateur gesetzte Sicherheits-Gassteckdose angeschlossen werden. Der Aufstellraum muss für den Betrieb des Gasherdes geeignet sein (siehe die Ausführungen zu ..., S. x). Im Zweifel fragen Sie Ihren Netzbetreiber oder den zugelassenen Installateur.“
  Auf der Bezugsseite x der Installations- und Bedienungsanleitung findet sich der Hinweis auf die Mindestraumgröße von 15 m^3 bei außen liegender Küche mit Fenster oder Tür ins Freie, mit der Zusatzanmerkung auf eventuell abweichende höhere Raumgrößenanforderung nach einzelnen Landes-Bauordnungen.

Für **Gas-Wäschetrockner** müssen dies die

- Beschreibungen über die Vorkehrungen für ausreichende Trocknungsluftzufuhr

- der Achtungshinweis bei in der gleichen Wohnung/Nutzungseinheit aufgestellten raumluftabhängigen Feuerstätten sowie

- die Montagefestlegungen für die Abluft/Abgasabführung (siehe Abschnitt 10.6 der TRGI)

sein.

8.1.3.5.3
Anordnung von Gassteckdosen

In Tabelle 28 sind Beispiele für sinnvolle Örtlichkeiten zum Einbau der Gassteckdosen gegeben. Die Spalte „Anschlusswert Gassteckdose" zeigt auf, dass mit den für die beschriebene Aufstellerleichterung relevanten Steckdosen/Schlauchleitungssystemen nur eingeschränkte Gerätebelastungen bis zu ca. 13 kW zu bedienen sind. Als mögliche Räume zur Installierung der Gassteckdose(n) kommen selbstverständlich die Küche, der Hauswirtschaftsraum, die Terrasse in Frage.

Mit Bezug auf ein aktuelles Beratungsergebnis im Mai 2008 (nach dem TRGI-Erscheinungstermin) kann die Aussage in der Tabelle 28 hinsichtlich der Möglichkeit einer zweiten Steckdose in der Küche wie folgt relativiert werden. Die „Bemerkungen" zu dieser ersten Tabellenzeile interpretieren sich wie folgt:

> Wird mit dem Gasherd und dem separaten Gas-Küchengerät die Gesamtbelastung von 18 kW nicht überschritten, so erübrigt sich die Verriegelungsschaltung und es gelten die Maßnahmen des zu ergänzenden Abschnittes 8.2.1 der TRGI, siehe die Erläuterungen dazu in diesem Kommentar.

keine Steckdoseninstallation im Schlafraum

Das aufgeführte „Wohnzimmer mit Schornsteinanschlussmöglichkeit" ist in dieser Tabelle vollständigkeitshalber und aufgrund von Praxisanfragen als ebenfalls in Frage kommender Ort für den Steckdoseneinbau in der Nähe des Schornsteinanschlusses belegt. Hiefür kommt jedoch eindeutig nicht die oben beschriebene Aufstellerleichterung zum Tragen, worauf in der Bemerkungsspalte deutlich hingewiesen wird. Kaminöfen müssen immer einen Abgasanschluss haben. Der Wintergarten mit Anschlussmöglichkeit an eine Abgasleitung könnte ebenfalls als Installationsort für die Gassteckdose zum Anschließen des Kaminofens in Frage kommen. Das Schlafzimmer im Eigenheim, in der Wohnung ist selbstverständlich kein Ort zum Einbau einer Gassteckdose.

8.1.4 Eignung und Bemessung der Aufstellräume

8.1.4.1 Allgemeine Festlegungen für Aufstellräume von Gasgeräten

Wahl des richtigen Raumes ist wichtig

Mit der Wahl des geeigneten Raumes als Aufstellraum wird eine wichtige Grundlage für eine sichere Gasinstallation geschaffen. Dabei ist darauf zu achten, dass von den Räumen, insbesondere der baulichen Beschaffenheit und Nutzung der Räume, keine Gefahr für die Gasinstallation ausgehen kann.

Bei der Installation von Gasgeräten in Räumen mit Fahrzeugverkehr sollte z. B. ein Anfahrschutz angebracht werden.

Arbeiten am Gasgerät müssen auch nach der Installation noch möglich sein

Da es keine konkret vorgeschriebenen Raummaße von Aufstellräumen in den weiteren Abschnitten der TRGI gibt, kommt den allgemeinen Anforderungen bezüglich Aufstellung, Betrieb und Instandhaltung besondere Bedeutung zu. Diese müssen vom Errichter einer Gasinstallation – in der Regel ein VIU – praxisorientiert umgesetzt werden. Das Gasgerät muss während seiner Lebensdauer mehrfach gewartet, ggf. instand gesetzt und überprüft werden.

8.1.4.2 Aufstellräume bei einer Gesamtnennleistung aller Gasfeuerstätten von mehr als 100 kW

jetzt 100 statt 50 kW

Die Leistungsgrenze für „eigene Aufstellräume“ wurde für Gasfeuerstätten auf 100 kW angehoben. Damit folgt die TRGI der MFeuV September 2007.

Für Gasfeuerstätten ergibt sich dabei die Situation, dass auch in den Bundesländern (z. B. Sachsen-Anhalt), in denen der „eigene Aufstellraum“ durch die Feuerungsverordnung nicht gefordert wird, dieser nach TRGI beachtet werden muss. Abweichungen von der Einhaltung der Forderungen des Abschnittes 8.1.4.2 wären in diesem Fall allerdings nach Absprache der am Bau Beteiligten ohne Zustimmung der Bauaufsichtsbehörde möglich. Im Übrigen folgt Sachsen-Anhalt damit einem früheren Entwurf einer M-FeuVO, in dem man erkannt hatte, dass die verbliebenen Anforderungen an den „eigenen Aufstellraum“ keine ausreichende Notwendigkeit für eine spezielle Regelung ergeben.

Anforderungen an Nutzung und Dichtheit zu anderen Räumen

Die Anforderungen an diesen Aufstellraum beziehen sich in erster Linie auf seine Nutzung. Er darf z. B. nicht als Lagerraum, Aufenthaltsraum o. Ä. genutzt werden. Außerdem muss der Raum zum übrigen Gebäude dicht sein, eine selbstschließende Tür haben und gelüftet werden können.

keinerlei brandschutztechnische Forderungen

Brandschutztechnische Anforderungen bestehen nicht. Der eigene Raum kann praktisch durch eine Bretterwand von den übrigen Räumen abgetrennt sein, wenn diese als dicht genug eingestuft wird. Damit erübrigt sich auch die Frage, ob an die selbstschließende Tür Brandschutzanforderungen gestellt sind.

normale Tür mit Falz reicht aus

Die Frage, ob die selbstschließende Tür eine über das normale Maß hinausgehende Dichtheit haben muss, sollte nicht mehr diskutiert werden. Wer sich die Anforderungen an den „eigenen Aufstellraum“ mit Sachverstand betrachtet, wird für erhöhte Anforderungen wie umlaufende besondere Dichtungen keine Begründung finden. Eine Holztür mit geschlossenem Türblatt (keine Lattentür) und mit üblichem Falzanschlag dürfte ausreichend dicht sein.

Tür muss allein „zugehen" und einrasten

Die Forderung „selbstschließend" wird nicht weiter beschrieben. Mit welchem System erreicht wird, dass die Tür sich schließt und in das Schloss einrastet, bleibt damit dem Bauherrn überlassen. Einfache Türeinhänger mit steigender Spindel sind daher genau so gut möglich wie eine Schließautomatik.

Öffnungsklausel

Die im Abschnitt 8.1.4.2 enthaltenen allgemeinen Nutzungsbeschränkungen werden im letzten Absatz des Abschnittes unter bestimmten Bedingungen – vor allem bezüglich der gewerblichen oder industriellen Nutzung dieser Räume – praxisorientiert relativiert.

Lüftung muss nur bei Bedarf möglich sein

Eine Lüftung dieser Räume muss nur bei Bedarf möglich sein – eine ständige Lüftung ist nicht gefordert. Diese kann in Form eines Fensters, das geöffnet werden kann oder einer Außentür vorhanden sein. Ein Aufstellraum ohne Fenster, das geöffnet werden kann, oder Außentür erfordert eine Lüftungsöffnung oder Lüftungsleitung, die nicht näher qualifiziert ist und nur im Bedarfsfall offen sein muss.

sicherer Betrieb auch ohne lufttechnische Abschottung gegeben

Dabei wird unterstellt, dass die Gasfeuerstätten sicher betrieben werden können, wenn sämtliche Anforderungen an die Gasgeräteaufstellung der TRGI eingehalten werden. Darunter fallen vor allem ausreichende Verbrennungsluftversorgung, einwandfreie Abgasabführung, sichere Abstände insbesondere der Abgasanlagen zu brennbaren Bauteilen oder Stoffen.

Ein typisches Beispiel ist die Beheizung einer gewerblich oder industriell genutzten Halle durch Hell- oder Dunkelstrahler oder Gas-Warmlufterzeuger mit einer Gesamtnennleistung von mehr als 100 kW. So kann z. B. der Gasstrahler selbstverständlich in keinem anderen Raum als ausschließlich dem zu beheizenden sinnvoll angeordnet sein.

bei gewerblichen Gasgeräten können spezielle Anforderungen zutreffen

In diesem Zusammenhang wird auf Abschnitt 12 „Weitergehende und/oder spezifische Anforderungen bei der Aufstellung von gewerblich genutzten Gasgeräten bzw. Gasgeräten, die besonderen Einflüssen ausgesetzt sind oder spezielle Abgasabführungen besitzen" verwiesen.
Spezielle Anforderungen, die je nach aufzustellender Gasgeräte-Bauart zusätzlich relevant sind, werden in den entsprechenden DVGW-Arbeitsblättern behandelt.

Notschalter nur bei „eigenem Aufstellraum" gefordert

Praktisch das Einzige, was von den früheren heizraumtechnischen Anforderungen geblieben ist, ist der „Notschalter" nach DIN-VDE 0116 – Elektrische Ausrüstung von Feuerungsanlagen –, der nach wie vor gefordert wird. Mit dem Notschalter kann der Brenner des Gasgerätes abgeschaltet werden. Auf die Gasversorgung bis zur Gasfeuerstätte hat er keinen Einfluss.
Aus gegebenem Anlass wird darauf hingewiesen, dass ein Notschalter nur für Gasfeuerstätten vorgeschrieben ist, wenn die Gesamtnennleistung aller in einem Raum aufgestellten Feuerstätten mehr als 100 kW (bisher 50 kW) beträgt.

Da immer wieder nachgefragt wird, sei zudem noch versichert, dass

- eine außerhalb dieses Aufstellraumes von Hand bedienbare Gas-Absperreinrichtung nicht gefordert ist und

- selbstverständlich auch das Haus-Druckregelgerät und der Gaszähler innerhalb dieses Aufstellraumes angeordnet sein dürfen.

8.1.4.3 Aufstellräume für gasbetriebene Wärmepumpen, Blockheizkraftwerke, ortsfeste Verbrennungsmotoren

eigener Aufstellraum bei Wärmepumpen, BHKW und Motoren bereits unter 100 kW gefordert

Die Feuerungsverordnung unterscheidet bei der Forderung nach einem eigenen Aufstellraum in Feuerstätten, Wärmepumpen, Blockheizkraftwerke und ortsfeste Verbrennungsmotoren. Während bei Öl- und Gasfeuerstätten die Leistungsgrenze auf 100 kW angehoben wurde, liegt sie bei den anderen Energieerzeugungsanlagen bei 50 bzw. 35 kW. Kompressionswärmepumpen mit Verbrennungsmotoren und ortsfeste Verbrennungsmotoren benötigen unabhängig von der Nennleistung immer einen eigenen Aufstellraum.
Dies ist sicher mit der bei diesen Anlagen in den Bauaufsichtsbehörden noch fehlenden praktischen Erfahrung über mögliche Risiken zu begründen.

8.1.5 Verbrennungsluftversorgung

konkrete Aussagen zur Verbrennungsluftversorgung unter 9.1 bis 9.3

Bei der Aufstellung von Gasgeräten ist die ausreichende Verbrennungsluftversorgung eine für die sichere Funktion unverzichtbare Voraussetzung. An dieser Stelle wird daher mit einer allgemeinen Forderung auf diese Notwendigkeit verwiesen. Die allgemeine Forderung, dass Gasgeräte ausreichend mit Verbrennungsluft zu versorgen sind, wird in den Abschnitten 9.1 bis 9.3 konkretisiert und in diesem Kommentar an den betreffenden Stellen umfassend erläutert.

8.1.6 Abstände der Gasgeräte zu brennbaren Baustoffen

Angaben in Einbau- und Bedienungsanleitung maßgebend

Wesentlich für die Abstände der Gasgeräte zu Bauteilen aus brennbaren Baustoffen und Einbaumöbeln sind die beim Betrieb der Gasgeräte an diesen Bauteilen und Möbeln auftretenden Temperaturen. Da sich diese von Gerät zu Gerät unterscheiden, gelten die Angaben der Gerätehersteller in der Einbau- und Bedienungsanleitung. Die dort getroffenen Angaben sind auch Bestandteil der Gerätebeurteilung in der Baumusterprüfung.

Grenztemperatur 85° C

Für Gasgeräte, die nach ihrem Verwendungszweck an Möbeln angestellt oder eingebaut werden, sind die notwendigen Abstände oder die ersatzweise zu treffenden Wärmeschutzmaßnahmen anzugeben. Dabei ist die Grenztemperatur von 85 °C von gravierender Bedeutung, weil keine besonderen Maßnahmen oder zusätzlichen Abstände erforderlich werden, wenn bei Nennleistung der Gasgeräte an den Bauteilen aus brennbaren Baustoffen und Einbaumöbeln keine höheren Temperaturen auftreten können und dies der Gerätehersteller verbindlich angibt.

bei fehlenden Angaben 40 cm Abstand

Fehlen derartige Abstandsangaben seitens der Hersteller, ist in Übereinstimmung mit § 4, Absatz 7 der MFeuV ein Abstand von 40 cm einzuhalten. Dieses Maß sollte eigentlich genügend Anlass für die Gerätehersteller sein, entsprechende Angaben zu machen.

8.1.7 Aufstellung in Garagen

Die bisher in den TRGI '86/96 nach dem Abschnitt „Abgasmündungen" etwas ungünstig angeordneten Anforderungen an die Aufstellung von Gasfeuerstätten in Garagen wurden in der DVGW-TRGI 2008 in die allgemeinen Festlegungen zur Aufstellung eingefügt.

neuer Text – „Garagenfeuerstätte" nicht mehr genannt

Der Text wurde neu formuliert und im Wesentlichen an den Forderungen der MFeuV ausgerichtet. Der Begriff „Garagenfeuerstätte" wurde bewusst vermieden. Eine solche Formulierung kann den Eindruck erwecken, dass solche Feuerstätten besonders geprüft und durch den Hersteller benannt werden müssten, was heute so sein kann, jedoch nicht mehr gefordert ist.

Voraussetzung für Einbau in Garagen deutlich formuliert

Die Vorstellung, wonach unter Garagenfeuerstätten nur Außenwand-Gasraumheizer (sogenannte „Garagenheizöfen") mit robuster, oben schräg geführter Gitterverkleidung zu verstehen sind, ist längst überholt. Grundsätzlich dürfen heute alle Gasgeräte Art C in Garagen aufgestellt werden, wenn aus der Einbau- und Bedienungsanleitung des Herstellers hervorgeht, dass die Oberflächentemperatur bei Nennleistung 300 °C nicht übersteigt. Wenn die Oberflächentemperatur bei Nennleistung 85 °C überschreiten kann, sind geeignete Maßnahmen erforderlich, die ein Ablegen von Gegenständen verhindern.
Es muss jedoch durch zusätzliche Maßnahmen oder eine entsprechende Einbaulage sichergestellt werden, dass nicht nur das Gasgerät, sondern die gesamte Gasanlage in der Garage – hier Gasleitung mit Druckregelgerät und ggf. Gaszähler – gegen mechanische Beschädigungen (Kraftfahrzeug!) geschützt ist.
Wird z. B. bei nicht unterkellerten Gebäuden die Hausanschlussleitung in die Garage geführt, kann die Errichtung der „Gasanlage" ebenfalls in der Garage eine sinnvolle Alternative sein. Dabei sollte aber auch der Frostschutz beachtet werden.

Es sei an dieser Stelle noch darauf hingewiesen, dass Garagen als unbeaufsichtigter Dauer-Standplatz für Kraftfahrzeuge hinsichtlich der Installationsmöglichkeiten eine schärfere Anforderung erfahren als z. B. Kfz-Werkstätten. Dort werden durch das Personal Feuerarbeiten (z. B. Schweißen) getätigt und genau so können dort raumluftabhängige Gasgeräte, Art B oder Art A, auch nicht verboten sein; siehe u. a. die Beheizung der Autowerkstatt mit Dunkelstrahlern oder Hellstrahlern (DVGW-Arbeitsblatt G 638-2 und -1). Ausnahmen gelten für spezifische Bereiche, z. B. die Arbeitsgrube, als Raumteile innerhalb der Werkstatt, für die Ex-Schutz-Anforderungen gelten. Siehe dazu auch die Schlussabsätze in der Kommentierung zum folgenden TRGI-Abschnitt 8.1.8 „Unzulässige Aufstellräume".

8.1.8 Unzulässige Aufstellräume

gilt für Gasgeräte Arten A, B und C gleichermaßen

Dieser Absatz ist im Teil „Allgemeine Festlegungen" wesentlich kürzer geworden. Er enthält nur noch die für alle Gasgeräte (egal ob Art A, B oder C) unzulässigen Räume. Die darüber hinaus nur für Gasgeräte Art B unzulässigen Räume sind unter 8.2.2.2, bei den speziellen Anforderungen an Aufstellräume für Gasgeräte Art B genannt.

Betonung liegt auf „notwendige" Treppen und Flure

Das Aufstellverbot von Gasgeräten in Treppenräumen und Fluren gilt nur, wenn es sich dabei um notwendige Treppenräume und Flure, also in der Regel um Rettungswege, handelt. In Gebäuden der Gebäudeklassen 1 und 2 (siehe Begriffe unter Nr. 2.2 der TRGI) gilt das Aufstellverbot nicht.

Die damit erlaubte Aufstellung von Gasgeräten im Bereich solcher Treppenräume kann eine interessante Alternative z. B. in platzarmen, nicht unterkellerten Ein- oder Zweifamilienhäusern sein.

wichtig ist sicherer Schutz über 90 Minuten

Die Aufstellung von Gasgeräten in abgemauerten Nischen oder ähnlichen relativ kleinen Aufstellplätzen, die durch Türen entsprechender Feuerwiderstandsklasse – z. B. T90 – von Treppenräumen oder allgemein zugänglichen Fluren, die als Rettungswege dienen, abgetrennt sind, ist durchaus möglich. Die Verbrennungsluftversorgung darf jedoch nicht aus dem Treppenraum oder dem als Rettungsweg dienenden allgemein zugänglichen Flur erfolgen. Hier könnte sich z. B. die Aufstellung von Gasgeräten Art C als elegante Lösung anbieten.

klarere Darstellung, welche Räume gemeint sind

Die in den TRGI '86/96 bei unzulässigen Räumen noch vorhandenen unklaren Formulierungen

„In Räumen oder Raumteilen, in denen sich leicht entzündliche Stoffe in solchen Mengen befinden oder entstehen können, dass eine Entzündung eine besondere Gefahr darstellt, dürfen keine Gasgeräte aufgestellt werden."

und

„In Räumen, in denen sich explosionsfähige Stoffe befinden oder entstehen können, dürfen keine Gasgeräte aufgestellt werden; ausgenommen hiervon sind Gasgeräte Art C in Garagen, sofern sie zur Aufstellung in Garagen bestimmt sind (Garagen-Feuerstätten)."

wurden durch die Forderung

„In Räumen oder Raumteilen, in denen Ex-Schutz gefordert ist, dürfen keine Gasgeräte aufgestellt werden." ersetzt.

Ex-Schutz ist ausschlaggebend

Die Einschätzung, wann eine besondere Gefahr vorhanden ist, hat immer wieder zu Diskussionen geführt. Die neue Formulierung hat eine klare Aussage. Der Eigentümer der Räume sollte wissen, ob für diese ein Ex-Schutz gefordert ist. Schließlich müssen solche Räume ja besonders gekennzeichnet sein und eine spezielle elektrische Installation haben.

Da Garagen keine Ex-geschützten Räume sind und die Aufstellung in Garagen jetzt direkt vor diesem Abschnitt (im Abschnitt 8.1.7) steht, müssen sie nicht noch einmal erwähnt werden.

8.2 Spezielle Festlegungen

8.2.1 Aufstellräume für Gasgeräte Art A

Abgas wird bestimmungsgemäß in den Raum abgegeben

In diesem Abschnitt werden die Anforderungen an die Aufstellung von Gasgeräten ohne Abgasabführung beschrieben. Das entstehende Abgas wird bewusst in den Aufstellraum abgegeben und vermischt sich hier mit der Raumluft.

Voraussetzung für Aufstellung, sicherer Luftwechsel

Grundsätzlich gilt als allgemeines Schutzziel, dass die Abgase von Gasgeräten ohne Abgasanlage durch einen sicheren Luftwechsel im Aufstellraum ohne Gefährdung und unzumutbare Belästigungen ins Freie abgeführt werden müssen. Der Raum muss während des Betriebes ausreichend gelüftet werden.

Die in den bisherigen TRGI '86/96 aufgeführten Beispielmöglichkeiten zur Schutzzielumsetzung blieben in der DVGW-TRGI 2008, Ausgabe April 2008, mit geringen Ausnahmen unverändert. Bei Gas-Haushalts-Kochgeräten bis 11 kW wird nun nur noch ein Rauminhalt von 15 m^3 (bisher 20 m^3) gefordert.

Achtung: es gilt die FeuVO des Landes

Anmerkung: In einigen Bundesländern wird davon abweichend bauordnungsrechtlich (in der Landesbauordnung oder der Feuerungsverordnung) noch ein Rauminhalt von 20 m^3 gefordert, der dann in diesen Bundesländern gilt.

bei voller Nutzung des Herdes macht man das Fenster auf

Zu Grunde liegt die Erkenntnis, dass weder 20 noch 15 m^3 Rauminhalt bei vollem Betrieb eines solchen Gasherdes ausreichen, um bei normalem Luftwechsel eine ausreichende Abgasabführung zu garantieren. Bei geschlossenem Fenster (oder Tür ins Freie) verschlechtert sich die Raumluftqualität in unerträglicher Weise. Mit dem Gasherd wird ja nicht geheizt, sondern gekocht und gebacken. Die Küche hat in der Regel schon bei Beginn des Kochvorganges eine angenehme Raumtemperatur. Diese steigt je kleiner der Raum ist, umso schneller an. Dazu entstehen Dämpfe und Gerüche, die das Klima in der Küche wesentlich beeinflussen. Die Praxis hat bisher gezeigt, dass das Klima (Temperatur, Feuchtigkeit, Geruch) in der Küche den Betreiber zum Öffnen des Fensters (in wenigen Fällen auch z. B. der Terrassentür von der Küche ins Freie) veranlasst, bevor eine Gefahr durch Sauerstoffmangel entsteht.

erneute Beratung führt zu einem weiteren Einzelregelungsfall

Bei der neuerlichen Diskussion mit dem die FeuV verantwortenden bauaufsichtlichen Arbeitskreis „Technische Gebäudeausrüstung" konnte aufgrund aktuell vorgenommener Messungen nach übereinstimmender Beurteilung mit Vertretern der Gasherdhersteller und von Prüflaboratorien verifiziert werden, dass auch für Herde größer 11 kW kein Sicherheitsrisiko besteht.

Mit diesem nun, Ende Mai 2008, vorliegenden Ergebnis kann die daraufhin beschlossene TRGI-Ergänzung zu der geschilderten Thematik bereits an dieser Stelle im Kommentar bekannt gegeben werden. Abschnitt 8.2.1 „Aufstellräume für Gasgeräte Art A" erhält zukünftig folgenden Inhalt mit folgender Aussage:

Ergänzung Mai 2008 zur DVGW-TRGI 2008

8.2.1 Aufstellräume für Gasgeräte Art A

8.2.1.1 Allgemeines

Die Aufstellung von Gasgeräten Art A ist nur zulässig, wenn die Abgase durch einen sicheren Luftwechsel im Aufstellraum ohne Gefährdung und unzumutbare Belästigungen ins Freie geführt werden. Dies gilt insbesondere bei Erfüllung folgender Anforderungen als nachgewiesen:

Für die Gasgeräte Art A (Gas-Haushalts-Kochgeräte, Gas-Durchlaufwasserheizer und Gas-Raumheizer) genügt es, wenn sichergestellt ist, dass

1. durch maschinelle Lüftungsanlagen während des Betriebs der Gasgeräte ein Luftvolumenstrom von mindestens 30 m^3/h je kW Gesamtnennleistung aus dem Aufstellraum ins Freie abgeführt wird

   oder

2. besondere Sicherheitseinrichtungen verhindern, dass die Kohlenmonoxidkonzentration in den Aufstellräumen einen Wert von 30 ppm überschreitet.

8.2.1.2 Zusätzliche Einzelregelung für Gas-Haushalts-Kochgeräte bis 11 kW

Für Gas-Haushalts-Kochgeräte mit einer Nennbelastung bis 11 kW genügt es, wenn der Aufstellraum einen Rauminhalt von mehr als 15 m^3 [25] aufweist und mindestens eine Tür ins Freie oder ein Fenster hat, die geöffnet werden können.

8.2.1.3 Zusätzliche Einzelregelung für Gas-Haushalts-Kochgeräte bis 18 kW

Für Gas-Haushalts-Kochgeräte mit einer Nennbelastung größer 11 kW (z. B. Gasherd(e) mit mehr als 4 Kochstellen oder Gasherd und zusätzlich aufgestellter Wok-Brenner), jedoch nicht mehr als 18 kW, genügt es, wenn der Aufstellraum einen Rauminhalt von mehr als 2 m^3/kW aufweist und mindestens eine Tür ins Freie oder ein Fenster hat, welche geöffnet werden können sowie eine Abluft-Dunstabzugshaube oder eine kontrollierte Wohnungslüftungseinrichtung (kein Umluftbetrieb) betrieben wird, die über ein Mindest-Fördervolumen von 15 m^3/h je kW Gesamtnennbelastung verfügt. Entsprechende Zuluftöffnungen müssen vorhanden sein.

In der Bedienungsanleitung der Gasherde bzw. Gasbrenner muss darauf hingewiesen werden, dass während des Betreibens dieser Gasgeräte/dieses Gasgerätes die Haube betrieben werden muss.

25 Auf abweichende bauordnungsrechtliche Regelungen der Bundesländer wird hingewiesen (in einigen Bundesländern sind hierfür 20 m^3 gefordert).

Abschnitt 8.2.1.2 gibt die bekannte Regelung für Gas-Haushalts-Kochgeräte mit einer Nennbelastung bis 11 kW wieder.

Für diese „Regelfall"-Maßnahme, durch die das Schutzziel ohne besonderen Nachweis als erfüllt angesehen wird, nennt die MFeuV in § 7 Abs. 3 als Richtwert das Gas-Haushalts-Kochgerät „mit einer Nennleistung von nicht mehr als 11 kW."

Regelfall (Gasherd bis 11 kW) der MFeuV = 4-flammiger Gasherd mit Backofen

Darunter versteht sich schon immer in übereinstimmender Betrachtung mit den vorhergehenden TRGI-Fassungen der marktgebräuchliche Haushalts-Gasherd mit 4 Kochstellen und zusätzlichem Backofen. Der Kommentar zu den TRGI '86/96 weist bereits auf die Gleichwertigkeit mit der M-FeuVO-Festlegung aufgrund der Berücksichtigung des Gleichzeitigkeitsfaktors als Auslegungsgröße für die tatsächliche Brennstoffversorgung des Gasherdes hin. Trägt man zum Weiteren den zusätzlichen Sachverhalten Rechnung, dass

- die Größenbezeichnung des Herdes tatsächlich mit „der Nennbelastung", welche naturgemäß einen höheren Wert als die „Nennleistung" einnimmt, angegeben wird

und dass

- diese Belastungsangabe auf dem Typschild der Gasherde sich normgemäß auf den Brennwert – und nicht, wie es der übliche Bezug bei den Gasgeräten darstellt, auf den Heizwert – bezieht,

Belastungs-Angabe beim „Standard-Gasherd" von bis zu 13 kW entspricht 11 kW „Nennleistung" der FeuV

so zeigt sich nachweislich z. B. der Standherd mit 4 Kochstellen und Backofen und einer Belastungsangabe auf dem Typschild von ca. 12 kW bis maximal 13 kW als einvernehmlich mit der genannten MFeuV-Anforderung auf.

Vergleichend kann somit auch das heute z. B. vom Handel angebotene Einbau-Kochfeld (ohne Backofen) mit 5 oder 6 Kochstellen und einer Typschildangabe entsprechend dem oben genannten Wert als gleichwertig und ebenfalls für die Praxis zulässig – wie das 4-flammige Kochfeld mit zusätzlichem Backofen – behandelt werden.

Gas-Haushalts-Kochgeräte bis 18 kW
– mehr als 4 Kochstellen
– mehrere Geräte/Einzelmodule

Abschnitt 8.2.1.3 führt nun noch einen weiteren Einzelregelfall für Gas-Haushalts-Kochgeräte bis 18 kW ein.

Geht es somit um den Gasherd einschließlich Backofen und mehr als 4 Kochstellen oder um mehrere Gasgeräte Art A, wie z. B. Gasherd und zusätzlicher Wok-Brenner mit Gesamtnennbelastung kleiner 18 kW, so sind zumindest die belastungsentsprechende Küchengröße und die technische Raumausrüstung (Abluft-Dunstabzugshaube und zugehörige Mauerkalotte mit Zuluftöffnung) erforderlich. Sind in der Nutzungseinheit keine raumluftabhängigen Feuerstätten vorhanden, kann die Mauerkalotte als „entsprechende Zuluftöffnung" angesehen werden. Andernfalls ist Abschnitt 8.2.2.3 der TRGI zu beachten.

Wird von den beschriebenen beiden Einzelregelfällen abgewichen, beispielsweise bei

Abweichungen erlaubt, aber bei Abweichung vom Regelfall ist ein Nachweis erforderlich

- Küchen oder Kochnischen ohne Tür ins Freie oder Fenster, das geöffnet werden kann
- kleinerem Rauminhalt des Aufstellraumes
- größerer Gesamt-Nennbelastung als 18 kW

ist die einwandfreie Abgasabführung durch einen sicheren Luftwechsel auf der Grundlage der allgemeinen Anforderungen des Abschnittes 8.2.1.1 der TRGI nachzuweisen.

MBO und MFeuV haben, wie TRGI, allgemeine Anforderungen

Die Landesbauordnungen und Landes-Feuerungsverordnungen schließen die Aufstellung in diesen Fällen nicht aus. Der sichere Betrieb gilt nur nicht von vornherein als nachgewiesen. Die Grundsatzforderung, dass Gefahren oder unzumutbare Belästigungen nicht entstehen, ist daher (ggf. in Abstimmung mit der zuständigen Bauaufsichtsbehörde und dem NB) im jeweiligen Einzelfall vom Ersteller der Gasanlage – in der Regel dem VIU – nachzuweisen.

maschinelle Abführung des Abgases über Dunstabzugshaube

Eine Möglichkeit könnte z. B. eine Dunstabzugshaube mit einem Ventilator, der ins Freie fördert, sein. Wenn durch eine Sicherheitseinrichtung gewährleistet wird, dass die Gasgeräte nur bei laufendem Ventilator betrieben werden können. Dabei kann man sich durchaus an Nr. 1 des zweiten Absatzes in Abschnitt 8.2.1.1 orientieren. Wenn bei Gas-Durchlaufwasserheizern Art A eine maschinelle Lüftungsanlage, die während des Betriebes einen Luftvolumenstrom von mindestens 30 m^3/kWh aus dem Raum ins Freie abführt, ausreicht, kann davon ausgegangen werden, dass dieser Luftvolumenstrom auch bei einem Gasherd genügt. Zudem wird beim Herd das entstehende Abgas direkt über diesem durch die Dunstabzugshaube abgesaugt, ohne erst den Weg über den Aufstellraum nehmen zu müssen.

aber Achtung bei raumluftabhängigen Feuerstätten

Falls sich in der Nutzungseinheit auch raumluftabhängige Feuerstätten befinden, ist Abschnitt 8.2.2.3 der TRGI zu beachten.

*Gasgeräte Art A werden beim Schutzziel 1 und Schutzziel 2 **nicht** berücksichtigt*

Obwohl im § 1 des Musters einer Feuerungsverordnung (MFeuV) und in den entsprechenden Landes-Feuerungsverordnungen Gas-Haushalts-Kochgeräte mit unter den Begriff „Feuerstätten" fallen, wird bereits an dieser Stelle darauf hingewiesen, dass derartige Gasgeräte bei der Ermittlung der Gesamtnennleistung für die Abgasverdünnung und die Verbrennungsluftversorgung von raumluftabhängigen Feuerstätten nicht zu berücksichtigen sind. Siehe dazu auch die Kommentierung zu Abschnitt 2.5.2.1.

*DWH auch **ohne** Abgasanlage zulässig*

Nach der EG-Gasgeräterichtlinie (90/396/EWG) dürfen Gas-Durchlaufwasserheizer ohne Abgasanlage betrieben werden. Das gilt nicht nur für sogenannte „Kleinwasserheizer", sondern grundsätzlich für sämtliche, auch wesentlich leistungsstärkeren Gas-Durchlaufwasserheizer ohne Leistungsbegrenzung. Über diese europäische Regelung lässt sich unter sicherheitstechnischen Aspekten – besonders aus deutscher Sicht – durchaus streiten.

als bisherige Praxis erfolgte Bestandskündigung und keine Neuinstallation von Gasgeräten Art A

In Deutschland war der Bestandsschutz für Kleinwasserheizer ohne Abgasanlage aufgrund aufgetretener Unfälle in den achtziger Jahren aufgehoben worden. Die Geräte wurden entweder entfernt oder durch solche mit Abgasanlage ersetzt. Nachdem die letzten Kleinwasserheizer ohne Abgasanlage bei der Erdgasumstellung im Osten Deutschlands entfernt wurden, konnte kein Fachmann in Deutschland die Wiederauferstehung dieser Geräte verstehen. Die bisherige Praxis hat gezeigt, dass sich selbst Kleinwasserheizer als Gasgeräte Art A auf dem deutschen Markt nicht wieder durchsetzten. Dies ist sicher auch den in Deutschland geltenden Aufstellbedingungen zu danken.

*auch Gas-Raumheizer **ohne** Abgasanlage möglich*

Da es nun auch mit DIN EN 14829 eine europäische Norm für Gas-Raumheizer Art A (ohne Abgasanlage) bis zu einer Nennbelastung von 6 kW gibt, wurden diese Feuerstätten in den entsprechenden Abschnitt mit aufgenommen.

bei DWH und RH klare Vorgabe an den Aufstellraum

In der TRGI werden zum Erreichen des vorgenannten allgemeinen Schutzzieles zur gefährdungs- und belästigungsfreien Abgasabführung über den sicheren Luftwechsel im Aufstellraum konkrete Anforderungen gestellt. Als sicherer Luftwechsel wird betrachtet, wenn durch eine mechanische Lüftungsanlage je kW Nennleistung ein Luftvolumenstrom von mindestens 30 m^3 je Stunde aus dem Aufstellraum abgeführt wird.

max. 30 ppm CO nur als zweite Möglichkeit

Damit wird die bisher schon vorhandene Forderung, dass Sicherheitseinrichtungen ein Übersteigen der Kohlenmonoxidkonzentration im Raum von 30 ppm CO verhindern müssen, durch eine Anforderung an den Aufstellraum ergänzt.

Nachteile größer als Vorteile

Bei beiden Möglichkeiten dürften die Nachteile die vermeintlichen Vorteile der „Einsparung" der Abgasanlage übersteigen. Der Aufstellraum eines Gaswasserheizers mit 9 kW Nennleistung, der auch bei winterlichen Temperaturen mit mindestens 270 m^3/h gelüftet wird, benötigt sicher viel Energie, um frostfrei zu bleiben. Bei einem Gasraumheizer könnte man die Zwangslüftung in der erforderlichen Größenordnung wohl als schlechten Scherz oder besser als Energievernichtung betrachten.

Sicherheitseinrichtungen für max. 30 ppm bisher nicht bekannt

Sicherheitseinrichtungen, die zuverlässig verhindern, dass im Aufstellraum der Kohlenmonoxidanteil in der Raumluft 30 ppm nicht überschreitet, sind bisher nicht bekannt. Damit gilt auch nach wie vor die in den TRGI '86/96 noch im Text genannte Feststellung, dass Abgasüberwachungen des Typs „AS" diese Forderung nicht erfüllen.

Warum Gasgeräte Art A, wenn es bessere Möglichkeiten gibt?

Fazit: Trotzdem nach wie vor nur Gas-Durchlaufwasserheizer und Gasraumheizer **mit** Abgasanlage – also keine derartigen Gasgeräte Art A, sondern Art B (oder in begründeten Ausnahmen Art C_1) – verwenden!

Aussagen zu Gasgeräten ohne Flammenüberwachung jetzt in Abschnitt 8.1.2

Die in den TRGI '86/96 auch im Abschnitt „Zusätzliche Anforderungen bei der Aufstellung von Gasgeräten Art A" zu findenden Aussagen zu Gasgeräten ohne Flammenüberwachung sind in der DVGW-TRGI 2008 im Abschnitt 8.1.2 „Allgemeine Festlegungen – Aufstellung" zu finden. In der MFeuV ist diese Forderung nicht auf Gasgeräte Art A beschränkt. Die TRGI hat diese Regelung jetzt übernommen.

8.2.2 Aufstellräume für Gasgeräte Art B

Aussagen zu Verbrennungsluftversorgung jetzt in Abschnitt 9.2

Durch die klare Trennung der Bereiche „Aufstellung" und „Verbrennungsluftversorgung" wird die Verbrennungsluftversorgung der Gasgeräte Art B jetzt im Abschnitt 9.2 behandelt.

in Abschnitt 8.2.2 nur Aussagen bezüglich Aufstellraum

In Abschnitt 8.2.2 werden alle speziellen Anforderungen, die sich an den Aufstellraum oder durch Besonderheiten aus der Beschaffenheit oder Nutzung des Aufstellraumes bei der Aufstellung von **Gasgeräten Art B** ergeben, behandelt. Dies sind in dieser Reihenfolge:

- Allgemeines
- unzulässige Aufstellräume

- sicherer Betrieb bei Aufstellung in Nutzungseinheiten mit Luft absaugenden Einrichtungen
- zusätzliche Anforderungen bei Gasgeräten Art B_1, B_4 (Schutzziel 1)
- zusätzliche Anforderungen bei Aufstellung in Aufenthaltsräumen (Abgasüberwachungen)
- Möglichkeit des Verzichtes auf Einhaltung des Schutzzieles 1 und einer Abgasüberwachung
- zusätzliche Anforderungen an den Raum bei Abgasabführung im Überdruck
- zusätzliche Anforderungen bei der Aufstellung von gasbetriebenen Abluftwäschetrocknern

8.2.2.1 Allgemeines

keine Mindestraumgröße, auch fensterlose Räume möglich

Für den Aufstellraum von Gasgeräten Art B ist keine Raumgröße vorgeschrieben. Er muss kein Fenster haben. Selbstverständlich müssen Verbrennungsluftversorgung und Abgasabführung sichergestellt sein.

Die speziellen Forderungen bei Gasgeräten Art B_1, B_4 (Schutzziel 1) werden weiter hinten behandelt.

8.2.2.2 Unzulässige Aufstellräume für Gasgeräte Art B

*für Gasgeräte Art **B** nicht zulässig*

In diesen Abschnitt wurden diejenigen Räume aufgenommen, in denen **Gasgeräte Art B** nicht oder nur unter bestimmten Voraussetzungen aufgestellt werden dürfen.

Bäder ohne Außenfenster

Zu a) In diesen Fällen ist keine sichere Abgasabführung zu erwarten.
Dieses Verbot bezieht sich hauptsächlich auf innen liegende Räume, die nach DIN 18017-2 entlüftet werden, in denen keine Gasgeräte aufgestellt werden dürfen.

Abgasabführung mittels Lüfter nach DVGW G 626 (A)

Zu b) Für Aufstellräume, die an eine Zentralentlüftungsanlage nach DIN 18017-3 angeschlossen sind, ist das DVGW-Arbeitsblatt G 626 zu beachten.
Das Gleiche gilt, wenn die Abgase von Gasgeräten Art B_1 mittels Lüfter über Abgasanlagen abgeführt werden. Auch dies ist jetzt im DVGW-Arbeitsblatt G 626 behandelt.
Die in diesem Arbeitsblatt beschriebenen Möglichkeiten gewährleisten insbesondere bei innen liegenden Bädern mit Gasfeuerstätten eine sichere Abgasabführung und wirksame Lüftung. Auf das Arbeitsblatt und die Möglichkeiten wird in diesem Kommentar zu Abschnitt 10.3.5.2 näher eingegangen.

bisheriges DVGW G 670 (A) jetzt als Abschnitt 8.2.2.3

Unter b) ist das DVGW-Arbeitsblatt G 670 nicht mehr genannt. Es wird jetzt auf Abschnitt 8.2.2.3 verwiesen. Dieser Abschnitt der TRGI enthält die bisher in DVGW-Arbeitsblatt 670 enthaltenen Lösungsansätze, um einen gefahrlosen Betrieb von Gasgeräten Art B und Raumluft absaugenden Einrichtungen sicherzustellen. In Anhang 8 der TRGI werden Möglichkeiten der Schaltung und Bauanforderungen beschrieben.

offene Kamine können viel Luft aus den Aufstellräumen saugen

Zu c) Dieser Absatz ist bezüglich der Feuerstätten, die offen betrieben werden können, wieder allgemeiner geworden. Wesentlich ist hierbei die Aussage des Betriebs ohne bzw. des möglichen Betriebs mit offener Feuerraumtür. Abhängig von der Größe der Feuerraumöffnung, dem Schornsteinquerschnitt und der Abgastemperatur können sehr große Luftvolumen aus dem Aufstellraum abgesaugt werden. Dies kann, wenn nicht genügend Luft von außen nachströmt, zu erhöhten Unterdrücken in der Nutzungseinheit und damit zur Störung der Abgasabführung der Gasfeuerstätten Art B führen.

Bei Kamineinsätzen, Kaminkassetten und Kaminöfen, die bestimmungsgemäß nur mit geschlossener Tür betrieben werden können (bei denen die Feuerraumtür mittels einer Feder selbsttätig an den Rahmen herangezogen wird), besteht dieses Problem nicht.

8.2.2.3 Maßnahmen zur Sicherung des gefahrlosen Betriebes von Gasgeräten Art B in Räumen, Wohnungen oder anderen Nutzungseinheiten, aus denen Ventilatoren Luft absaugen

Dunstabzugsanlagen und Gasgeräte Art B keine Seltenheit mehr

In diesen Abschnitt der TRGI wurden alle bisher im DVGW-Arbeitsblatt G 670 beschriebenen Möglichkeiten übernommen. Die neue TRGI hätte eine völlige Überarbeitung dieses Arbeitsblattes erfordert, da es sich auf konkrete Abschnitte der TRGI '86/96 bezogen hat. Aus der Erkenntnis heraus, dass Luft absaugende Ventilatoren in Nutzungseinheiten mit Gasgeräten Art B keine Seltenheit sind, wurden diese Lösungsansätze jetzt allen Nutzern der TRGI zugängig gemacht. Die zugehörigen Schaltbilder sowie Aussagen zu möglichen Schaltelementen und Bauanforderungen sind im Anhang 8 der TRGI aufgeführt.

8.2.2.3.1 *Allgemeines*

mehrere Luft absaugende Systeme

Es wird zunächst das Problem beschrieben. Raumluftabhängige Feuerstätten benötigen wie Dunstabzugshauben oder Abluftwäschetrockner Luft aus dem Aufstellraum. Es handelt sich um konkurrierende Systeme, die problemlos nebeneinander funktionieren, solange genügend Luft in die Nutzungseinheit nachströmen kann.

bei Dunstabzugsanlagen problemlos

Bei einer Dunstabzugshaube alleine ist es ungefährlich, wenn die erforderliche Luftmenge durch die dichte Gebäudehülle von außen nicht in ausreichendem Maße nachströmen kann und dadurch der Unterdruck im Aufstellungsraum ansteigt. Es wird sich lediglich die abgeführte Abluftmenge reduzieren.

bei raumluftabhängigen Feuerstätten kann zu hoher Unterdruck im Raum gefährlich werden

Bei einer raumluftabhängigen Feuerstätte kann ein erhöhter Unterdruck jedoch dazu führen, dass das Abgas nicht bzw. nicht vollständig über die Abgasanlage ins Freie abgeführt wird. Das Abgas wird in den Aufstellraum zurückgesaugt und vermischt sich mit der Raumluft. Damit sinkt der Sauerstoffgehalt der Verbrennungsluft. Dies verschlechtert die Verbrennungsgüte und führt zu verstärkter CO-Bildung.

es stehen 4 Pa zur Verfügung

Für die ausreichende Verbrennungsluftversorgung der raumluftabhängigen Feuerstätte über Außenfugen wird bei der Berechnung der Abgasanlage ein Unterdruck von 4 Pa berücksichtigt. Bei höheren Unterdrücken im Raum sind daher die ausreichende Verbrennungsluftversorgung und somit auch die sichere Abgasabführung nicht mehr gewährleistet.

entweder für ausreichend große Öffnung ins Freie sorgen

Wie groß diese Öffnungen ins Freie sein müssen, um einen Anstieg des Unterdruckes im Aufstellraum über 4 Pa zu verhindern, wird nachfolgend erläutert.

oder gleichzeitigen Betrieb verhindern

Wenn entweder nur die Raumluft absaugende Anlage **oder** die raumluftabhängige Gasfeuerstätte betrieben werden können, gibt es auch keine Probleme. Bei mehrfach belegten Abgasanlagen müssen aber zusätzliche Maßnahmen ergriffen werden.

Verriegelung keine gute Lösung

Aus Komfortgründen sollte immer zuerst ein möglicher gleichzeitiger Betrieb angestrebt werden. In der Regel erwartet der Nutzer technischer Anlagen, dass diese bei Bedarf funktionieren. Aus dieser Sicht ist sowohl die Vorrangschaltung für die Gasfeuerstätte als auch für die Lüftungsanlage eine unbefriedigende Lösung. Wenn die Dunstabzugshaube ausgerechnet beim Fisch braten nicht funktioniert, weil der Gatte duscht, so ist dies fast genau so unangenehm, wie das plötzliche kalte Wasser beim Duschen, weil die Dunstabzugshaube gerade in Betrieb genommen wurde.

ein Ausfall der Sicherheitseinrichtung darf nicht zu einem gefährlichen Zustand führen

Fensterkippschalter oder Differenzdruckmessgeräte sind Sicherheitseinrichtungen, die gefährliche Zustände beim Betrieb der raumluftabhängigen Feuerstätten verhindern sollen. Dazu muss gewährleistet sein, dass ein Ausfall vom Gerät registriert wird und die Anlage in einen sicheren Zustand übergeht. Dies bedeutet z. B., dass bei einem Defekt der Sicherheitseinrichtung die Dunstabzugshaube stromlos bleibt.

Funktionsweise von und Anforderungen an Fensterkippschalter

Mit Hilfe eines Fensterkippschalters (Sicherheits-Abluftsteuerung) wird sichergestellt, dass das Abluftsystem nur dann betrieben werden kann, wenn über ein Zuluftsystem, z. B. ein offenes Fenster, das Nachströmen einer ausreichenden Menge Außenluft gewährleistet ist. Es wird dabei vorausgesetzt, dass die Verbrennungsluftversorgung der Feuerstätten auch bei geschlossenen Fenstern sichergestellt ist.
Die Anforderungen der DVGW-VP 121 lauten:

- Zuluftsicherung durch eine Mehrfachsensortechnik (Öffnungswinkelsicherstellung) – sowohl in Kippstellung als auch bei normaler Schwenkposition

- Umstecksicherung elektrisch und mechanisch

- Leitungsüberwachung auf Kabelunterbrechung/Kurzschluss

- Fehlermeldung akustisch und optisch

- Zweikreis-Symmetrie-Überwachung (Fehlerfallsicherung/zwei getrennte Schaltelemente)

- Montageanleitung mit einer Berechnungsformel (Bilddarstellungen) *ein geöffnetes Fenster ist keine „ständig offene, ins Freie führende Verbrennungsluftöffnung"*

Geöffnete Fenster sind keine „ständig offenen, ins Freie führenden Verbrennungsluftöffnungen" im Sinne von Abschnitt 10.3.2. Diese Art der Zuluftzuführung zur Nutzungseinheit ist somit **kein Hindernis für den Anschluss der Gasfeuerstätte an eine gemeinsame Abgasanlage** (Mehrfachbelegung). Die Erklärung ist einfach. Das Fenster ist nicht **ständig** offen. Wenn die Betrachtung anders wäre, müsste allen Mietern, in deren Wohnungen Gasfeuerstätten an eine gemeinsame Abgasanlage angeschlossen sind, das Lüften der Wohnung mittels geöffnetem Fenster verboten werden. Derartige Fälle werden durch Sicherheitsfaktoren abgedeckt. In Ausnahmefällen kommt es natürlich auch einmal zu Belästigungen.

erforderliche Verwendbarkeitsnachweise von Sicherheitseinrichtungen beachten

„Eigenständige Sicherheitseinrichtungen zur Gewährleistung eines gefahrlosen gemeinsamen Betriebes von Lüftungsanlagen und raumluftabhängigen Feuerstätten" sind unter Nr. 1.3.8 in der vom DIBt geführten Bauregelliste B Teil 2 aufgeführt. Dies hat zur Folge, dass formaljuristisch **eine allgemeine bauaufsichtliche Zulassung** als Verwendbarkeitsnachweis vorliegen muss. Bei der Absicherung der sicheren Funktion von raumluftabhängigen Gasfeuerstätten genügt praktisch auch ein **DVGW-Zeichen, welches auf der Basis einer Prüfung nach DVGW-VP 121** erteilt wurde. Der Besitz eines **Prüfberichtes einer anerkannten Prüfstelle des DVGW über die Prüfung nach oder in Anlehnung an DVGW-VP 121 ist kein Verwendbarkeitsnachweis.** Siehe dazu auch die ausführlichen Ausführungen im Kommentar zu Anhang 8. Der Einbau einer nicht geprüften Sicherheitseinrichtung ist fahrlässig und natürlich auch ein Verstoß gegen das Baurecht.

Fensterkippschalter mit Zulassung

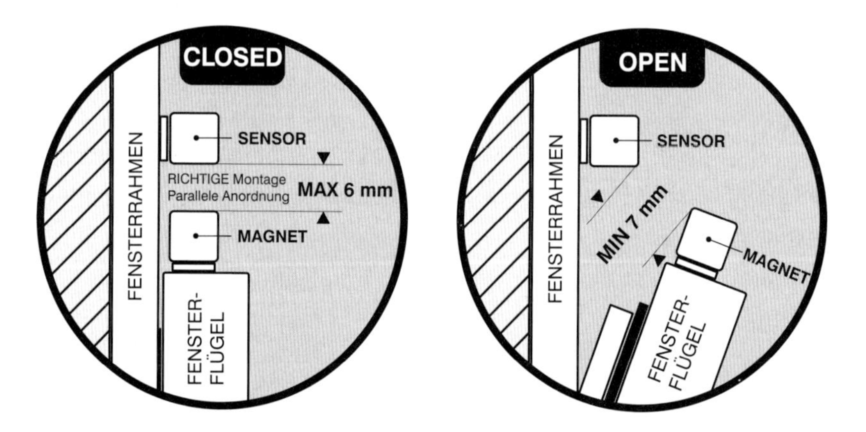

Bild 8.1 – Sicherung des Mindestöffnungsspaltes durch Sensoren (Darstellung aus der allgemeinen bauaufsichtlichen Zulassung der Sicherheits-Abluftsteuerung AS-4100)

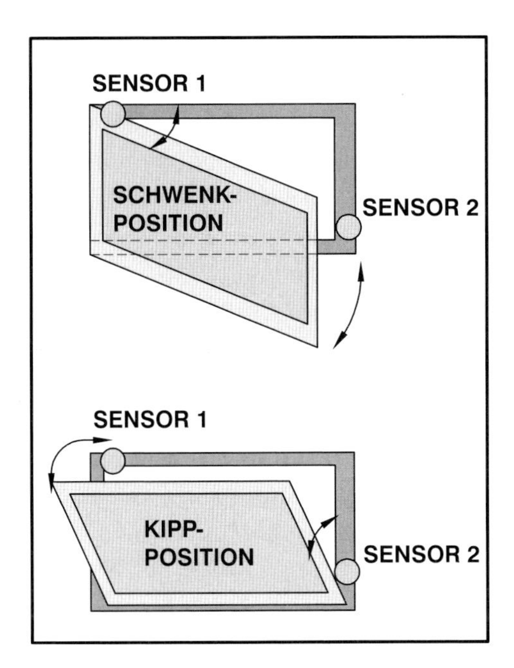

Bild 8.2 – Kipp- und Schwenkposition (Darstellung aus der allgemeinen bauaufsichtlichen Zulassung der Sicherheits-Abluftsteuerung AS-4100)

Funktionsweise von Differenzdruckmessgeräten (Luftdruckwächtern)

Differenzdruckmessgeräte ermöglichen einen gleichzeitigen Betrieb einer Abluftanlage in Verbindung mit raumluftabhängigen Feuerstätten.
Mit dem Differenzdruckmessgerät wird vermieden, dass ein an dieser Sicherheitseinrichtung angeschlossenes Gerät weiter betrieben wird, wenn der Luftdruck im Wohnraum gegenüber dem Außendruck um mehr als 4 Pa sinkt bzw. wenn der Unterdruck im Abgasrohr einer Feuerstätte gegenüber dem Aufstellraum unter einen festgelegten Wert sinkt. Die integrierte Schukosteckdose, an der das Abluftgerät mit Strom versorgt wird, wird dann stromlos geschaltet bzw. die direkt aufgeschaltete Stromversorgung, an der die Ablufteinrichtung angeschlossen ist, wird unterbrochen. Die Stromversorgung wird, wenn sich der Druck wieder in den vorgegebenen Werten bewegt, selbsttätig wieder eingeschaltet.

Forderung nach Zulassung ist jetzt erfüllbar – zunächst gab es nur die DVGW-Zertifizierung nach DVGW VP 121 (P)

Mit Abgabe des Druckmanuskriptes dieses Kommentars ist den Autoren des Kommentars nur ein Fensterkippschalter (eine Sicherheits-Abluftsteuerung) bekannt, für den eine allgemeine bauaufsichtliche Zulassung erteilt ist und der zudem (schon vor der Erteilung der Zulassung) das DVGW-Zeichen als Nachweis der bestandenen Prüfung nach DVGW-VP 121 trägt. Es ist aber davon auszugehen, dass andere Hersteller nachziehen. Für einige andere Sicherheitseinrichtungen war zu diesem Zeitpunkt die Prüfung nach bzw. in Anlehnung an DVGW-VP 121 erfolgt und die Erteilung einer Zulassung beim DIBt beantragt.

Außenluft für Feuerstätte und Lüftungsanlage

Beim gleichzeitigen Betrieb mit Lüftungsanlagen (kontrollierte Zuluft und Abluft) muss natürlich sowohl die Zuluft für die Lüftungsanlage als auch die Verbrennungsluft zugeführt werden.
In Abschnitt 9.2.1 sind die grundsätzlichen Anforderungen für die ausreichende Verbrennungsluftversorgung raumluftabhängiger Feuerstätten beschrieben. Mit der dort beschriebenen Formel wird die Luftmenge in m^3/h je kW berechnet.

bei kontrollierter Lüftung auch separate Zuführung der Verbrennungsluft möglich

Wenn die Außenhülle zu dicht ist, kann die Verbrennungsluft auch mittels Zuluftleitung bis dicht an die Feuerstätte geführt werden. Dabei bleiben die Wärmeverluste relativ gering. Generell muss bei heute bereits anzutreffenden Gebäude-Heizungs-Systemen mit kontrollierter Wohnungslüftung von der in das Zu- und Abluftsystem direkt eingebundenen „raumluftabhängigen" Feuerstätte ausgegangen werden. Ansonsten sollten dort raumluftunabhängige Feuerstätten (Gasgeräte Art C) zum Einsatz kommen.

8.2.2.3.2

Gleichzeitiger Betrieb der Gasgeräte und der Luft absaugenden Einrichtung in einem gemeinsamen Aufstellraum mit direkter Verbindung zum Freien

bei Gasgeräten Art B_1, B_4 AÜE erforderlich

Die AÜE soll eine zusätzliche Sicherung sein und bei Störungen den Austritt einer gefährlichen Abgasmenge verhindern.

verschiedene Möglichkeiten des Nachweises bei Aufstellung im gleichen Raum

Wenn sich Gasgerät und Luft absaugende Einrichtung im gleichen Raum befinden, kann der Nachweis des sicheren Betriebes erfolgen durch:

- Öffnungen ins Freie mit ausreichender Größe
- messtechnischen Nachweis, dass bei maximal möglichem Volumenstrom von Lüftung und Verbrennungsluft ein Unterdruck von 4 Pa nicht überschritten wird
- Raum-Leistungs-Verhältnis (RLV) von 4 : 1 im Raum bzw. im Verbrennungsluftverbund (für die Feuerstätte und für die Abluft)

Summe aus erforderlichem Rauminhalt für Feuerstätte und Entlüftung

Beim Nachweis über das Raum-Leistungs-Verhältnis wird der erforderliche Rauminhalt aus der Summe des erforderlichen Rauminhaltes für die Feuerstätte und des erforderlichen Rauminhaltes für die Entlüftung errechnet.

Wieso Volumenstrom durch 0,4?

- für 1 kW Nennleistung benötigt man 1,6 m^3/h Verbrennungsluft
- bei der 4 : 1 Raum-Leistungs-Verhältnis Regel benötigt man 4 m^3 Rauminhalt je 1 kW Nennleistung (bei einem angenommenen Luftwechsel von 0,4 je Stunde ergibt dies ($4\ m^3 \cdot 0{,}4/h = 1{,}6$), eben diese 1,6 m^3/h Verbrennungsluft
- man erhält somit beim umgekehrten Rechenweg die benötigten 4 m^3 Rauminhalt, wenn man jeweils 1,6 m^3/h (entspricht einer fiktiven Nennleistung von 1 kW) durch 0,4 teilt.

Beispielrechnung

Beispiel: Nennleistung der Feuerstätte 9 kW, Lüfterleistung 40 m^3/h

Mindestrauminhalt $= 4 \cdot 9 + 40 : 0{,}4 = 36 + 100 = 136\ m^3$

Prüfung, ob zulässig:
136 : 4 entspricht 34 kW Nennleistung (zulässig, da unter 35 kW)

bzw.

136 · 0,4 entspricht 54,4 m³/h
(zulässig, da unter 56 m³/h - (35 kW · 1,6 m³/h) = 56 m³/h

Ergebnis: Die Aufstellung ist zulässig, wenn der geforderte Rauminhalt von mindestens 136 m³ vorhanden ist.

gleichzeitiger Betrieb ohne Öffnung ins Freie nur theoretisch möglich

Das Beispiel macht deutlich, dass der gleichzeitige Betrieb einer Ablufteinrichtung und einer raumluftabhängigen Gasfeuerstätte ohne Öffnung ins Freie nur bei sehr kleiner Leistung der Gasfeuerstätte und einem winzigen „Miefquirl“ möglich wäre.

Raum-Leistungs-Verhältnis von 4 : 1 auf Gesamtnennleistung von 35 kW beschränkt

Entsprechend MFeuV und TRGI ist die Verbrennungsluftversorgung über Außenfugen (auch im Verbrennungsluftverbund) nur bis 35 kW zulässig. Diese Grenze darf natürlich erst recht nicht beim schwierigeren Problem der gemeinsamen Aufstellung von Abluftanlage und Feuerstätte überschritten werden.

8.2.2.3.3 *Gleichzeitiger Betrieb der Gasgeräte und der Luft absaugenden Einrichtung bei deren Aufstellung in getrennten Räumen oder in Räumen ohne direkte Verbindung zum Freien*

Aufstellung auch in verschiedenen Räumen einer Nutzungseinheit möglich

Feuerstätte und Entlüftungsanlage müssen nicht in einem Raum aufgestellt sein. Wichtig ist, dass beim gleichzeitigen Betrieb in einer lüftungstechnischen Einheit (Nutzungseinheit wie beispielsweise Wohnung, Arztpraxis, Büro o. Ä.) sowohl der Feuerstätte als auch der Lüftungsanlage genügend Luft vom Freien zuströmen kann.

Abluftanlage wird als scheinbare Feuerstätte behandelt

Um die bekannten Möglichkeiten der Verbrennungsluftversorgung für raumluftabhängige Feuerstätten nutzen zu können, wird die Entlüftungseinrichtung so betrachtet, als ob es die erforderliche Verbrennungsluft einer Feuerstätte wäre. Diese benötigt 1,6 m³/h Verbrennungsluft je 1 kW Nennleistung.
Wenn man den Luftvolumenstrom der Abluftanlage durch 1,6 teilt, entspricht das Ergebnis der Nennleistung einer fiktiven (vergleichsweise angenommenen) Feuerstätte.

wie zwei Feuerstätten

Somit ist lediglich die Verbrennungsluftversorgung von zwei Feuerstätten zu berechnen, eigentlich eine ganz einfache Aufgabe. Das Problem ist nur, dass es sich in der Regel um eine für Wohnungen und ähnliche Nutzungseinheiten „normale“ Feuerstätte handelt, die fiktive Feuerstätte jedoch für solche Nutzungseinheiten viel zu groß ist.

im Verbrennungsluftverbund nur 35 kW

In Wohnungen und ähnlichen Nutzungseinheiten dürfen in der Regel nur raumluftabhängige Feuerstätten mit einer Gesamtnennleistung von 35 kW aufgestellt werden. Öffnungen ins Freie sind nicht zumutbar. Der Lüfter einer Abluftanlage mit 60 m³/h entspricht aber schon einer Feuerstätte mit einer fiktiven Nennleistung von (60 : 1,6 = 37,5) 37,5 kW. Gute Küchenablufthauben führen bis über 1000 m³/h aus dem Raum ab.

Kombination aus Luftzuführung über Außenfugen und Öffnung ins Freie

Die Verbrennungsluftversorgung der Gasfeuerstätten kann in der Regel über die Außenfugen im Aufstellraum bzw. im Verbrennungsluftverbund sichergestellt werden. Somit wird eine Öffnung ins Freie nur beim Betrieb der Abluftanlage benötigt. Wie dies über ein geöffnetes Fenster mit Fensterkippschalter realisiert werden kann, wird in den nachfolgenden Abschnitten beschrieben.

8.2.2.3.4

Gleichzeitiger Betrieb der Gasgeräte und der Luft absaugenden Einrichtung bei Zuluft- und Verbrennungsluftöffnung ins Freie

es stehen 4 Pa zur Verfügung

Für die ausreichende Verbrennungsluftversorgung der raumluftabhängigen Feuerstätte über Außenfugen wird bei der Berechnung der Abgasanlage ein Unterdruck von 4 Pa berücksichtigt. Bei höheren Unterdrücken im Raum sind daher die ausreichende Verbrennungsluftversorgung und somit auch die sichere Abgasabführung nicht mehr gewährleistet.

keine Zugerscheinungen, keine „kalten Zonen“

Die Öffnungen ins Freie dürfen nicht zu unzumutbaren Beeinträchtigungen der Raumnutzung (es handelt sich ja um Aufenthaltsräume) führen.

Entlüftungseinrichtung als fiktive Feuerstätte

Nach Abschnitt 9.2.3.2 der TRGI wird die Größe einer Öffnung ins Freie zur Verbrennungsluftversorgung von Gasgeräten Art B berechnet, indem für die ersten 50 kW Gesamtnennleistung 150 cm^2 angenommen werden und für jedes weitere über 50 kW hinausgehende kW zusätzlich 2 cm^2.
Das sind 150 cm^2 + 2 mal die Summe der Nennleistungen der vorhandenen Feuerstätten, abzüglich der bereits in den 150 cm^2 berücksichtigten 50 kW Nennleistung. Dass der Luftvolumenstrom einer Abluftanlage, geteilt durch 1,6, der Nennleistung einer fiktiven Feuerstätte entspricht, wurde bereits im vorangegangenen Abschnitt erläutert.

Kombination aus Luftzuführung über Außenfugen und Öffnung ins Freie

Die Verbrennungsluftversorgung der Gasfeuerstätten kann in der Regel über die Außenfugen im Aufstellraum bzw. im Verbrennungsluftverbund sichergestellt werden. Somit wird eine Öffnung ins Freie nur beim Betrieb der Abluftanlage benötigt.

bei Fenstern Sicherheitszuschlag von 50 %

Verbrennungsluftleitungen haben in der Regel einen runden oder rechteckigen Querschnitt. Je ungünstiger (flacher) rechteckige Verbrennungsluftleitungen werden, je höher werden die Strömungswiderstände und damit die Zuschläge im benötigten Querschnitt.
Verbrennungsluftöffnungen sind in der Regel ebenfalls rund oder rechteckig. Die Luft kann ohne Umlenkungen durch die Öffnung strömen. Beim gekippten Fenster wird die Luft grundsätzlich umgelenkt. Zudem ist die Luftzuführung auf der Seite der Scharniere stark eingeschnürt. Aus diesem Grund wird ein Sicherheitszuschlag von 50 % auf die berechnete rechteckige Fläche aufgeschlagen.

je kleiner die Fensterfläche, umso größer muss der Fensterspalt sein

Aus dem benötigten Luftvolumenstrom und der zur Verfügung stehenden Fensterfläche ergibt sich die Größe des erforderlichen Fensterspaltes. Aus der Skizze lässt sich erkennen, dass sich die Verbrennungsluftöffnung aus einem Rechteck und zwei gleichen Dreiecken zusammensetzt. Dies trifft sowohl für die Kippstellung als auch für die Schwenkstellung des Fensters zu.

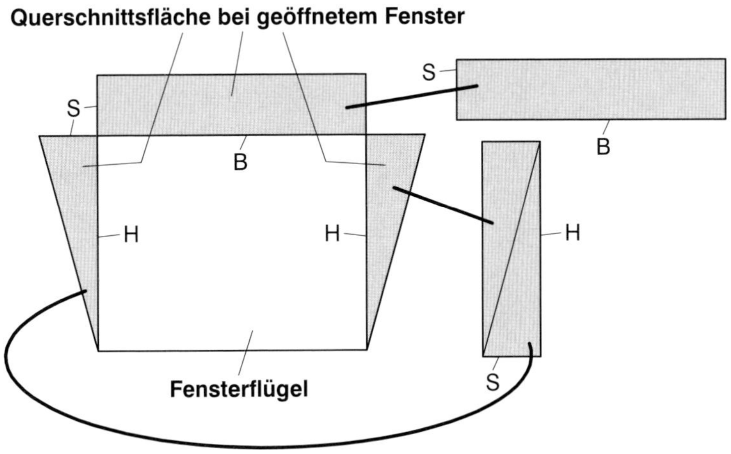

Bild 8.3 – Darstellung der Querschnittsfläche der Öffnung ins Freie bei gekipptem Fenster (Quelle: Vortrag I. Wilsdorf)

8.2.2.3.4.1 *Unverschließbare Zuluft- und Verbrennungsluftöffnung ins Freie*

gleiche Anforderungen wie bei Verbrennungsluftversorgung

Unverschließbare Öffnungen kommen grundsätzlich nur in eigenen Aufstellräumen in Betracht. In Wohnungen oder ähnlichen Nutzungseinrichtungen sind sie aus Gründen der Raumauskühlung nicht akzeptabel.
Bei 80 m^3/h – entspricht einer fiktiven Nennleistung von 50 kW – genügen logischerweise 150 cm^2.

8.2.2.3.4.2 *Verschließbare Zuluft- und Verbrennungsluftöffnung ins Freie*

Sicherheit ist wichtig

Die Stromzufuhr zum Lüfter bzw. die Freigabe des Gases darf nur erfolgen, wenn ein Schaltelement die Offenstellung der Luftöffnung signalisiert. Im Versagensfall des Schaltelementes muss die Strom- bzw. Gaszufuhr unterbrochen bleiben.

in Wohnungen in der Regel Kombination aus Luft über Außenfugen und Öffnung ins Freie

Die Verbrennungsluftversorgung der Gasfeuerstätten kann in der Regel über die Außenfugen im Aufstellraum bzw. im Verbrennungsluftverbund sichergestellt werden. Somit wird eine Öffnung ins Freie nur beim Betrieb der Abluftanlage benötigt. Es genügt die elektrische Schaltung auf den Stromkreis der Entlüftungseinrichtung (Schaltbilder siehe Anhang 8).

zu den Beispielen

Aus den Beispielen geht hervor, dass die Zuluftversorgung für eine kleine Entlüftungseinrichtung durchaus über eine verschließbare Verbrennungslufteinrichtung möglich ist. Bei einem Haushalts-Abluftwäschetrockner (diese liegen in etwa bei 400 m^3/h Abluft) bietet sich eher ein gekipptes Fenster an. Selbst ein Kellerfenster mit einer Höhe von 40 cm und einer Breite von 80 cm reicht bei einem Fensterspalt von 7 cm noch aus.

Zuluft-/Abluft-Mauerkasten bei Dunstabzugsanlagen meist zu klein

Wenn man davon ausgeht, dass wirksame Dunstabzugsanlagen eine Abluftleistung von mindestens 400 m^3/h haben, kann man sehr schnell erkennen, dass ein freier Querschnitt der Zuluftöffnung von ca. 200 cm^2 (die derartige Kästen meist haben) nicht ausreicht, um nach dieser technischen Regel einen sicheren Betrieb der Gasfeuerstätte nachzuweisen. Nach Berechnung würden 550 cm^2 benötigt.

weitere Absicherung erforderlich

Beim Einbau eines solchen Zuluft-/Abluft-Mauerkastens müsste entweder der messtechnische Nachweis geführt werden, dass die 4 Pa nicht überschritten werden oder eine entsprechende Sicherheitseinrichtung zusätzlich eingebaut werden. Dies könnte ein Differenzdruckschalter sein, der bei Überschreitung des Unterdruckes von 4 Pa die Dunstabzugsanlage abschaltet.

8.2.2.3.5

Wechselseitiger Betrieb des Gasgerätes und der Luft absaugenden Einrichtung

nur sinnvoll, wenn Druckausgleich nicht gesichert werden kann

Wechselseitiger Betrieb sollte nur dann angewandt werden, wenn nicht sichergestellt werden kann, dass eine ausreichende Menge Außenluft nachströmt, d. h. wenn nicht auszuschließen ist, dass der Unterdruck über 4 Pa ansteigt.

bei Mehrfachbelegung zusätzliche Maßnahmen

Neben dem abzusichernden möglichen Rücksaugen des Abgases der Gasfeuerstätte in der gleichen Nutzungseinheit muss bei einer Mehrfachbelegung auch verhindert werden, dass Abgase anderer Gasfeuerstätten über das Verbindungsstück der nicht betriebenen Feuerstätte aus der Abgasanlage gesaugt werden.

es muss eine mechanisch betätigte Abgasklappe sein

Zu diesem Zweck ist für diese Situation neben der gegenseitigen Verriegelung eine **mechanisch betätigte** Abgasklappe erforderlich. Die mechanisch betätigte Abgasklappe schließt dichter als eine thermisch gesteuerte. Noch wichtiger ist allerdings, dass die mechanisch betätigte Abgasklappe im Versagensfall geschlossen bleibt und die Gasfeuerstätte damit sperrt. Thermisch gesteuerte Abgasklappen bleiben bei Schäden in der Regel aus Sicherheitsgründen in Offenstellung. Die Gasfeuerstätte könnte dann in diesem Fall weiter betrieben werden.

bei Gas-Wasserheizern Verzögerung

Durch die mechanische Abgasklappe entsteht bei Gaswasserheizern (auch bei Gas-Kombiwasserheizern) eine Verzögerung in der Warmwasserbereitstellung. Beim Öffnen des Warmwasserventils erhält das Gasgerät eine Leistungsanforderung, diese wird aber zunächst an die mechanische Abgasklappe weitergeleitet. Erst nach Öffnen der Abgasklappe gibt der Endschalter das Gasventil frei. Erst dann beginnt die Warmwasserbereitung. In solchen Fällen sollte besser ein Warmwasserspeicher bzw. ein Kombiwasserheizer mit Warmwasserreserve eingebaut werden.

gilt nicht bei Gasgeräten Art B_3

Gasgeräte Art B_3 haben einen so großen geräteseitigen Widerstand, dass ein Rücksaugen einer gefährlichen Menge Abgas über das Verbindungsstück durch das geschlossene Gasgerät und die das Verbindungsstück umschließende Verbrennungsluftleitung nicht zu befürchten ist.

gilt auch nicht bei gleichzeitigem Betrieb

Bei dem zuvor beschriebenen zulässigen gleichzeitigen Betrieb von Gasgeräten und Abluftanlagen ist ja über die Maßnahmen beim Betrieb der Abluftanlage sichergestellt, dass kein Unterdruck über 4 Pa entsteht. Es muss daher bei diesen Situationen keine Abschottung (keine mechanische Abgasklappe) zwischen der mehrfach belegten Abgasanlage und dem Aufstellraum erfolgen.

8.2.2.4 Zusätzliche Anforderungen an die Aufstellung von Gasgeräten Art B_1 und B_4 (raumluftabhängige Gasgeräte mit Strömungssicherung)

über die Strömungssicherung kann Abgas in den Aufstellraum gelangen

Die Strömungssicherung hat die Aufgabe, zu verhindern, dass ein kurzzeitiger Abgasstau oder Rückstrom in der Abgasanlage (insbesondere im Anfahrzustand) zu Rückstrom von Abgas in die Feuerstätte und zum Bereich des Brenners führt. Dies könnte zur starken Beeinträchtigung der Verbrennung und zum Verlöschen der Flamme führen. Um dies zu verhindern, wird das Abgas in den Raum geleitet.

besondere Raumgröße oder Lüftung erforderlich

Aus diesem Grund benötigen diese Gasgeräte besondere Aufmerksamkeit bei der Gestaltung des Aufstellraumes. Es muss eine gefährliche Konzentration von Abgas verhindert werden. Dies geschieht entweder durch eine entsprechende Raumgröße oder durch Raumdurchlüftung über Öffnungen ins Freie.

8.2.2.4.1 *Unzulässige Aufstellräume für Gasgeräte Art B_1 und B_4*

nur gemeinsame Abgas- und Abluft-Abführung zulässig

Bei innen liegenden Räumen – nur solche werden in der Regel über die genannten Einzelschachtanlagen entlüftet – ist der Abgasabführung besondere Aufmerksamkeit zu schenken. Es ist daher vorgeschrieben, die Abgase (kommt nur für Art B_1 in Frage) gemeinsam mit der Abluft abzuführen. Dies geht natürlich bei Gasgeräten Art B_4 nicht. Damit wird ein zweites Raumluft absaugendes System vermieden.

Abluftanlage muss Qualität einer Abgasanlage haben

Die Abluftanlage muss in diesem Fall natürlich die Anforderungen einer Abgasanlage erfüllen. Siehe dazu Abschnitt 10.3.5.

8.2.2.4.2 *Abgasverdünnung (Schutzziel 1)*

Allgemeines

Unter besonders negativen Voraussetzungen, wie beispielsweise in der Anfahrphase von Gasfeuerstätten, bei ungünstigen klimatischen Bedingungen (z. B. Föhn) und Windrichtungen sowie im Störungsfall, kann nicht ausgeschlossen werden, dass aus der Strömungssicherung von Gasgeräten Art B_1 und B_4 kurzzeitig Abgas austreten kann.

auch bei Vorhandensein einer AÜE

Dieser kurzzeitige Abgasaustritt wird auch durch eine Abgasüberwachung (AÜE) nicht verhindert.

Abgas „schichtet" sich im Raum

Weil das Abgas leichter und wärmer als die Raumluft des Aufstellraumes ist, könnte es sich in einem solchen Fall unter der Raumdecke nach unten schichtend ansammeln. Würde es nun – in kleinen Aufstellräumen relativ schnell – die Höhe erreichen, wo der Brenner eines Gasgerätes Art B_1 oder B_4 normalerweise seine Verbrennungsluft ansaugt, könnte es zu folgender Situation führen:

bei Sauerstoffmangel verschlechtert sich die Verbrennung dramatisch

Das Abgas wird in ständig zunehmendem Maße mit der Verbrennungsluft angesaugt, so dass es zu unvollkommener Verbrennung durch den eintretenden Mangel an Sauerstoff kommt. Zusätzlich verstärkt durch das im Abgas immer vorhandene Kohlendioxid (CO_2) entsteht hochgiftiges Kohlenmonoxid (CO). In einem sich ständig beschleunigenden Kreisprozess steigt der Anteil des Kohlenmonoxids in kurzer Zeit so stark an, dass es zu einer Gefahr führen kann.

Prozess ist von Raumgröße und Durchlüftung abhängig

Da der zeitliche Verlauf dieses folgenschweren Ablaufs wesentlich vom Rauminhalt des Aufstellraumes abhängt, sahen die Fachleute bereits vor vielen Jahren (in den Vorläufern dieser TRGI) in Abhängigkeit von der Nennbelastung sowohl Mindestraumgrößen als auch Lüftungsöffnungen vor.

Abhängigkeit der Raumgröße von Nennleistung

In den TRGI '86/96 wurde erstmalig, anstelle von Mindestraumgrößen, diese Schutzzielforderung in ihrer engsten Grundsatzform, nach der der Rauminhalt des Aufstellraumes mindestens 1 m^3 je 1kW $\dot{Q}_{NL}$ der raumluftabhängigen Gasfeuerstätten mit Strömungssicherung betragen muss, gestellt. Dabei können auch direkt angrenzende Nebenräume einbezogen (zur Raumgröße dazu gezählt) werden, wenn sie durch obere und untere Öffnungen mit dem Raum verbunden sind.

oder Lüftung des Aufstellraumes über Öffnungen ins Freie

Wenn die Raumgröße nicht ausreicht, kann das Schutzziel auch durch eine ausreichende Durchlüftung des Aufstellraumes erreicht werden. Diese erfolgt über mindestens zwei Öffnungen ins Freie nach Maßgabe des Abschnittes 8.2.2.4.2.2.

nur Nennleistung der Gasgeräte Art B_1 und B_4

Selbst wenn noch andere Feuerstätten im gleichen Raum aufgestellt sind, gilt diese Forderung nur für Gasgeräte mit Strömungssicherung – unabhängig ob mit oder ohne Abgasüberwachung (AÜE) – und ist bei diesen Gasgeräten immer zu erfüllen. Sie ist unverändert auch in der DVGW-TRGI 2008 enthalten.

8.2.2.4.2.1 *Anforderungen an die Raumgröße*

in TRGI '86/96 Anforderungen an den Aufstellraum und Verbrennungsluftversorgung gemeinsam betrachtet

In der bisherigen TRGI wurden die Anforderungen an den Aufstellraum (Schutzziel 1) und an die Verbrennungsluftversorgung (Schutzziel 2) bei Gasgeräten Art B_1 stets gemeinsam behandelt. Dies hatte den Vorteil, dass man zu der notwendigen Raumgröße bzw. den erforderlichen Öffnungen in Türen oder zum Freien in einem Abschnitt Stellung nehmen konnte. Da die Anforderungen jedoch nicht vermischt werden dürfen, wurde dieser Abschnitt meist noch einmal unterteilt. Der entscheidende Nachteil war jedoch, dass das Schutzziel 1 in der Praxis häufig nicht beachtet wurde.

in TRGI Anforderungen klar getrennt

Die Fachleute haben sich daher bei der Überarbeitung der TRGI für eine klare Trennung von Anforderungen an den Aufstellraum, an die Verbrennungsluftversorgung und an die Abgasabführung entschieden.

in Abschnitt 8.2.2.4.2.1 ***nur Anforderungen*** *an die Raumgröße* ***bezüglich Schutzziel 1***

Die in diesem Abschnitt gestellten Anforderungen an die Raumgröße des Aufstellraumes und die Verbindung und Größe der ggf. notwendigen direkt benachbarten Räume bezieht sich ausschließlich auf die Erfüllung des Schutzziels 1. Daher können auch fensterlose Räume einbezogen werden.

1 m^3 je 1 kW Nennleistung ***– egal, ob Raum mit Fenster oder fensterlos***

Der Aufstellraum dient beim Schutzziel 1 als **kurzzeitiges** „Abgaszwischenlager". Wie im vorherigen Abschnitt beschrieben, darf der kurzzeitige Abgasaustritt nicht zu einer für die Verbrennung gefährlichen CO_2-Konzentration in der Raumluft führen. Es muss lediglich genügend Raumvolumen zum Verteilen der Abgase vorhanden sein. Eine direkte Verbindung zum Freien ist nicht erforderlich.

bei Einbeziehung von Nebenräumen – zwei Öffnungen in derselben Wand erforderlich

Wenn der Aufstellraum dieses Volumen nicht aufweist, können Räume, die direkt an den Aufstellraum angrenzen, mit einbezogen werden. Dazu muss aber ein ausreichender Luftaustausch zwischen diesen Räumen möglich sein. Das Abgas muss sich über eine Öffnung auch in den Nebenraum ausdehnen und gleichzeitig (als Ausgleich) muss über eine andere Öffnung Luft aus diesem Nebenraum in den Aufstellraum strömen können. Siehe auch Bild 12 der TRGI.

Anforderung an die Raumgröße

Allgemein wird das Raum-Leistungs-Verhältnis (beim Schutzziel 1 ist dies 1 m^3 Rauminhalt je 1 kW Gesamtnennleistung der Gasgeräte Art B_1 und B_4) als Beziehung zwischen der **Gesamtnennleistung der Gasgeräte mit Strömungssicherung** und dem Rauminhalt nur des Aufstellraumes allein oder der Summe der Rauminhalte des Aufstellraumes und der mit ihm unmittelbar verbundenen Räume einer Wohnung/Nutzungseinheit beschrieben.

Anforderungen an die Öffnungen

Bezüglich der Gestaltung, baulichen Anordnung und Verschließbarkeit bzw. Unverschließbarkeit der Lüftungsöffnungen können die diversen Anforderungen wie folgt zusammengefasst werden:

a) Öffnungen dürfen nicht verschlossen (z. B. zugestellt oder – noch schlimmer, aber auch schon gesehen – mit Tapete zugeklebt werden), deshalb sind sie vorzugsweise in Türen vorzusehen.

b) Öffnungen von Raum zu Raum dürfen nicht verschließbar sein. Sie können jedoch Blenden oder ähnliche Einbauten haben, die den Luftstrom umlenken oder einschnüren, wenn die Gesamtfläche der Öffnungen soviel größer ist als der erforderliche freie Querschnitt von 150 cm^2 und somit der Strömungswiderstand nicht höher ist als bei einer Öffnung mit der entsprechenden Mindestgröße ohne Einbauten.

c) Zwei Öffnungen sind immer in der gleichen Tür oder Wand anzuordnen.

d) Bei Schutzziel 1 müssen immer zwei Öffnungen von je 150 cm^2 vorgesehen werden, diese sind oben und unten anzuordnen. Dabei soll die oben liegende Öffnung möglichst nicht tiefer als 1,80 m über dem Fußboden, die unten liegende Öffnung in der Nähe des Fußbodens angebracht werden.

Hinweis an Betreiber erforderlich

Die Betreiber sind vom Ersteller der Gasanlage darauf hinzuweisen, dass die getroffenen Maßnahmen nicht nachteilig verändert werden dürfen.

bei dekorativen Gasfeuern Bezug auf Belastung

Bei dekorativen Gasfeuern ist die Nennleistung meist nicht bekannt bzw. beträgt sie meist nur weniger als 50 % der Nennbelastung. Aus diesem Grund wird für diese Gasfeuer Schutzziel 1 auf die **Nennbelastung** bezogen.

Beispiele:

Aufstellraum allein – Bild 12 der TRGI - links

Erfüllung des Schutzziels 1 nur durch den Rauminhalt des Aufstellraumes allein.

Ist der Rauminhalt des Aufstellraumes größer oder gleich 1 m^3 je 1 kW $\Sigma\dot{Q}_{NL}$ der Gasgeräte Art B_1 und B_4 ist das Schutzziel 1 erfüllt und weitere diesbezügliche Maßnahmen sind nicht erforderlich.

Annahmen: Gasgerät Art B_{11} (Kombiwasserheizer) mit 18 kW Nennleistung in einem Raum mit einem Raumvolumen von 20 m^3. Schutzziel 1 erfüllt – keine Maßnahmen erforderlich.

Aufstellraum und Nebenraum – Bild 12 der TRGI - rechts

Erfüllung des Schutzzieles 1 durch Lüftungsöffnungen zu unmittelbar benachbarten Räumen
Ist der Rauminhalt des Aufstellraumes < 1 m^3 je 1 kW $\Sigma\dot{Q}_{NL}$ der Gasgeräte Art B_1 und B_4 so ist das Schutzziel 1 erfüllt, wenn der Aufstellraum mit einem oder mehreren unmittelbar benachbarten Raum/Räumen durch jeweils eine obere und eine untere Lüftungsöffnung von je 150 cm^2 freien Querschnitts „lüftungstechnisch vergrößert" wird, so dass die Summe der Rauminhalte sämtlicher derart miteinander verbundener Räume mindestens das Raum-Leistungs-Verhältnis von 1 m^3 je 1 kW $\Sigma\dot{Q}_{NL}$ der Gasgeräte Art B_1 und B_4 ergibt. Dieser/diese unmittelbar benachbarte/n Raum/Räume kann/können ebenfalls wie der Aufstellraum mit oder ohne Fenster, das geöffnet werden kann, oder Tür ins Freie sein.

Annahmen: Gasgerät Art B_{11} (Kombiwasserheizer) mit 20 kW Nennleistung in einem Raum mit einem Raumvolumen von 15 m^3. Schutzziel 1 nicht erfüllt. Maßnahmen: eine obere und eine untere Lüftungsöffnung von je 150 cm^2 freien Querschnitts zum unmittelbaren Nebenraum (Raumgröße 10 m^3). Anrechenbares Gesamtraumvolumen jetzt 25 m^3. Schutzziel 1 erfüllt.

auch mehrere kleine Nachbarräume sind möglich

Auch mehrere unmittelbar benachbarte Räume, die jeder für sich mit dem Aufstellraum zusammen kleiner als 1 m^3 je 1 kW $\Sigma\dot{Q}_{NL}$ der aufgestellten Gasgeräte Art B_1 sind, können durch jeweils eine obere und eine untere Lüftungsöffnung von je 150 cm^2 freien Querschnitts mit dem Aufstellraum verbunden werden, um somit das Raum-Leistungs-Verhältnis von 1 m^3 je 1 kW $\Sigma\dot{Q}_{NL}$ Gasgeräte Art B_1 zu erreichen.

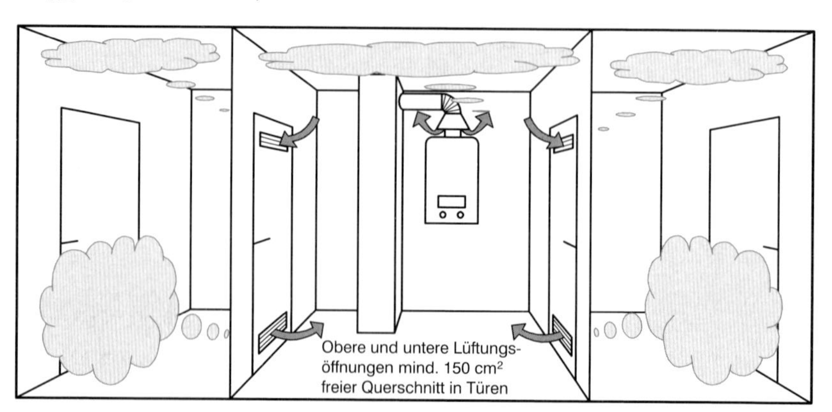

Bild 8.4 – Erfüllung des Schutzzieles 1 durch Einbeziehung zweier Nebenräume (Quelle: Schulungsunterlagen zur DVGW-TRGI 2008)

mehrere kleine Aufstellräume und Nachbarräume

Auch mehrere Aufstellräume, die jeder für sich allein kleiner als 1 m^3 je 1 kW $\Sigma\dot{Q}_{NL}$ der in ihnen aufgestellten Gasgeräte Art B_1 sind, können mit einem gemeinsamen, unmittelbar benachbarten Raum durch jeweils eine obere und eine untere Lüftungsöffnung von je 150 cm^2 freien Querschnitts verbunden werden, um somit das Raum-Leistungs-Verhältnis von 1 m^3 je 1 kW $\Sigma\dot{Q}_{NL}$ Gasgeräte Art B_1 zu erreichen. Also z. B. zwei Aufstellräume mit je 12 m^3, in denen Gasgeräte mit 15 kW (Umlaufwasserheizer) bzw. 20 kW Nennleistung (Durchlaufwasserheizer) installiert sind, mit einem gemeinsamen Nebenraum von mindestens 11 m^3. Dies wäre der Fall, wenn in **Bild 8.4** in den beiden äußeren Räumen die Gasgeräte installiert wären.

nur unmittelbar benachbarte Räume

Unabdingbar für die Einbeziehung von Nebenräumen ist, dass es sich um **unmittelbar angrenzende** Räume handelt. Die obere und untere Öffnung von je 150 cm^2 müssen somit in einer **gemeinsamen Wand** oder einer **gemeinsamen Tür** sein.

8.2.2.4.2.2 *Lüftung des Aufstellraumes*

Schutzziel ausreichende Abgasverdünnung

Wie bereits weiter vorn erwähnt, besteht das Schutzziel 1 in einer ausreichenden Verdünnung des kurzzeitig austretenden Abgases. Dies kann, wenn die Größe des Aufstellraumes (und der direkt benachbarten Räume) nicht ausreicht, oder es sich um einen „eigenen Aufstellraum" handelt, auch über Öffnungen direkt zum Freien realisiert werden.

„alte Heizraumanforderungen" wieder aufgenommen

Bei innen liegenden Aufstellräumen ist die Erfüllung des Schutzzieles 1 durch Öffnungen direkt zum Freien nicht möglich, da den Öffnungen keine Leitungen nachgeschaltet sein dürfen, die durch andere Räume führen. Die strömungstechnischen Widerstände der Leitungen können durch die geringe zur Verfügung stehende Thermik im Aufstellraum nicht überwunden werden. Aus diesem Grund wurden die in den TRGI '86 für Heizräume beschriebenen Möglichkeiten in diese TRGI wieder aufgenommen.

8.2.2.4.2.2.1 *Lüftung des Aufstellraumes über Öffnungen direkt ins Freie*

zwei gleich große Öffnungen – eine unten, eine oben

Ist der Rauminhalt des Aufstellraumes < 1 m^3 je 1 kW $\Sigma\dot{Q}_{NL}$ der Gasgeräte Art B_1 und B_4, so gilt grundsätzlich, dass das Schutzziel 1 durch zwei Lüftungsöffnungen, die gleich groß sein sollen, unmittelbar ins Freie erfüllt werden kann. Durch die unterschiedliche Höhe soll, entsprechend der unterschiedlichen Dichte der Luftschichten im Raum, ein Luftaustausch erreicht werden.

Öffnungen direkt in der Außenwand

Unmittelbar ins Freie bedeutet, dass die Lüftungsöffnungen für das Schutzziel 1 direkt in einer Außenwand oder einer Außentür angebracht sein müssen. Bis zu einer Gesamtnennleistung der Gasgeräte Art B_1 von 50 kW genügen eine obere und eine untere Öffnung von je 75 cm^2, siehe **Bild 8.5**.

Bild 8.5 – Obere und untere Öffnung von je 75 cm²
(Quelle: Schulungsunterlagen zur DVGW-TRGI 2008)

keine liegenden nachgeschalteten Leitungen zulässig

Unmittelbar ins Freie bedeutet, dass den Lüftungsöffnungen für das Schutzziel 1 keine liegenden Lüftungsleitungen nachgeschaltet werden dürfen, erst recht nicht, wenn diese noch durch andere Räume führen! Grund ist der Strömungswiderstand in den Lüftungsleitungen, siehe **Bild 8.6**.

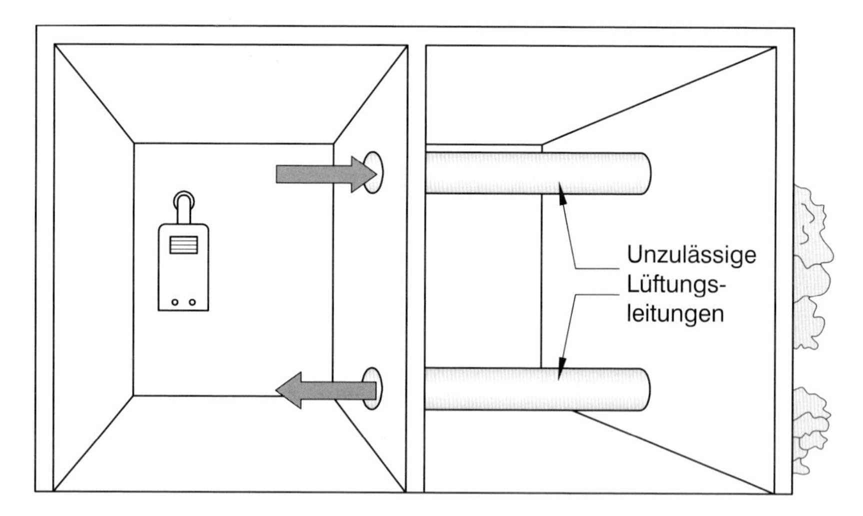

Bild 8.6 – Für Erfüllung Schutzziel 1 nicht zulässig
(Quelle: Schulungsunterlagen zur DVGW-TRGI 2008)

Größe indirekt abhängig von der Nennleistung

Die MFeuV fordert, unabhängig von der Gesamtnennleistung der Gasgeräte Art B_1, je eine unten und oben angeordnete Öffnung mit einem Mindestquerschnitt von jeweils 75 cm² ins Freie. Diese nicht bis zu Ende gedachte Forderung wird durch die Aussage, dass beide Öffnungen gleich groß sein sollten, in der TRGI ergänzt. Die Gesamtgröße der Öffnungen ergibt sich aus der für die Verbrennungsluftversorgung erforderlichen Größe der Öffnung ins Freie.

Bezüglich der erforderlichen freien Querschnitte dieser Lüftungsöffnungen ist in Abhängigkeit der Nennleistung wie folgt unterschiedlich zu dimensionieren:

bis 50 kW 2 x 75 cm²

- In den Grenzen der Gesamtnennleistung bis 50 kW der raumluftabhängigen Feuerstätten ist eine obere und eine untere Lüftungsöffnung von je 75 cm^2 freien Querschnitts erforderlich.

über 50 kW je kW 1 cm² je Öffnung mehr

- In den Grenzen der Gesamtnennleistung von mehr als 50 kW der raumluftabhängigen Feuerstätten ist der erforderliche freie Querschnitt der Öffnungen von mindestens 75 cm^2 so zu vergrößern, dass in der Summe die ausreichende Verbrennungsluftversorgung dieser Feuerstätten gewährleistet ist. Diese beträgt nach Abschnitt 9.2.3.2 150 cm^2 plus 2 cm^2 für jedes die Gesamtnennleistung von 50 kW übersteigende kW. Bei Aufteilung auf je eine obere und untere gleich große Lüftungsöffnung ergibt sich daraus, dass jede der beiden Öffnungen je weiteres kW um 1 cm^2 vergrößert werden muss.

Beispiele

Annahme: Der Rauminhalt des Aufstellraumes beträgt 20 m^3.

bei 90 kW der Gasgeräte Art B_1 zwei Öffnungen je 115 cm²

a) Es sind nur Gasgeräte Art B_1 und B_4 mit einer Gesamtnennleistung $\Sigma\dot{Q}_{NL} = 90$ kW aufgestellt. Nach Abschnitt 9.2.3.2 der TRGI ist bezüglich der Verbrennungsluftöffnung ein freier Querschnitt von $150\ cm^2 + 40 \cdot 2 = 230\ cm^2$ erforderlich.
Da der Rauminhalt des Aufstellraumes $< 1\ m^3$ je 1 kW $\Sigma\dot{Q}_{NL}$ der Gasgeräte Art B_1 und B_4 ist, sind eine obere und eine untere Lüftungsöffnung von je 115 cm^2 erforderlich.

auch bei 30 kW Gasgerät Art B_1 zwei Öffnungen je 115 cm², wenn dazu 60 kW Art B_2

b) Würde sich bei gleichem Rauminhalt des Aufstellraumes von 20 m^3 die Gesamtnennleistung $\Sigma\dot{Q}_{NL} = 90$ kW auf
- ein Gasgerät Art B_1 mit einer Nennleistung $\Sigma\dot{Q}_{NL} = 30$ kW und
- ein Gasgerät Art B_2 mit einer Nennleistung $\Sigma\dot{Q}_{NL} = 60$ kW

aufteilen, wären ebenfalls, weil der Rauminhalt des Aufstellraumes $< 1\ m^3$ je 1 kW $\Sigma\dot{Q}_{NL}$ des Gasgerätes Art B_1 ist, eine obere und eine untere Lüftungsöffnung erforderlich. Es würden je 75 cm^2 genügen. Da die Gesamtnennleistung der raumluftabhängigen Feuerstätten 90 kW beträgt, ist eine Verbrennungsluftöffnung von 230 cm^2 erforderlich. Auf zwei gleich große Öffnungen aufgeteilt, ergeben sich zwei Öffnungen von je 115 cm^2.

Schutzziel 1 durch Raumgröße erfüllt – daher für Schutzziel 1 keine Maßnahmen erforderlich

c) Würde sich bei gleichem Rauminhalt des Aufstellraumes von 20 m^3 die Gesamtnennleistung $\Sigma\dot{Q}_{NL} = 90$ kW auf
- ein Gasgerät Art B_1 mit einer Nennleistung $\Sigma\dot{Q}_{NL} = 18$ kW und
- ein Gasgerät Art B_2 mit einer Nennleistung $\Sigma\dot{Q}_{NL} = 72$ kW

aufteilen, wäre nur **eine Verbrennungsluftöffnung** von 230 cm^2 freien Querschnitts erforderlich. Das Schutzziel 1 wäre durch die Raumgröße erfüllt, weil der Aufstellraum $> 1\ m^3$ je 1 kW $\Sigma\dot{Q}_{NL}$ des Gasgerätes Art B_1 ist.

Aufstellräume unter Geländeoberfläche

Liegt der Aufstellraum mit einem Raum-Leistungs-Verhältnis < 1 m^3/kW $\Sigma\dot{Q}_{NL}$ ganz oder teilweise unter Geländeoberfläche, so dass vor allem die untere Lüftungsöffnung nicht direkt ins Freie münden kann, ist sie entweder in einen Lüftungsschacht an der Gebäudeaußenwand zu führen oder innerhalb des Aufstellraumes ist einer ins Freie führenden Lüftungsöffnung eine bis in Fußbodennähe führende Lüftungsleitung nachzuschalten.

senkrechte Leitung bei Räumen unter Erdgleiche notwendig

Unmittelbar ins Freie ist auch, wenn bei einem Raum unter Erdgleiche eine senkrechte Leitung dazu dient, den erforderlichen Höhenunterschied zwischen der oberen und der unteren Öffnung herzustellen, siehe **Bild 8.7**.

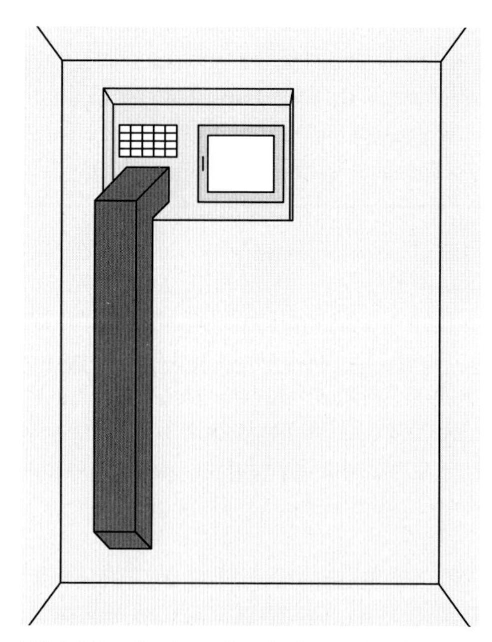

Bild 8.7 – Senkrechte Leitung im Raum für Schutzziel 1

Lüftungsleitung

Die Lüftungsleitung ist in Abhängigkeit des freien Querschnitts der Lüftungsöffnung, von Länge und Richtungsänderung sowie ggf. Gitter nach den Diagrammen 8, 9 sowie 10 bis 12 der TRGI zu bemessen.

Lüftungsschacht

Der Querschnitt des Lüftungsschachtes sollte doppelt so groß sein wie der erforderliche freie Querschnitt der Lüftungsöffnung – jedoch nicht kleiner als 300 cm^2. Er muss leicht zu reinigen sein und die Schachtsohle muss mindestens 30 cm unter der Unterkante der Lüftungsöffnung liegen.

innen liegende Räume nach DIN 18017-1

Einen Sonderfall stellen Bäder und Toilettenräume ohne Außenfenster dar (sogenannte „innen liegende" Räume), deren Lüftung über Einzelschachtanlagen ohne Ventilatoren nach DIN 18017-1 Februar 1987 erfolgt.

„Berliner Lüftung" – Zuluft aus Nachbarraum

„Kölner Lüftung" – Zuluft aus Zuluftschacht

Bei der Aufstellung von Gasfeuerstätten in derartigen Räumen ist es bezüglich der Erfüllung des Schutzzieles 1 absolut unerheblich, ob die Zuluftöffnung in einen Nebenraum führt – sogenannte „Berliner Lüftung", wie sie nach DIN 18017-1 März 1960 bis zur Nachfolgenorm im September 1983 als Alternative erlaubt war – oder am Ende eines Zuluftschachtes angeordnet ist – sogenannte „Kölner Lüftung", wie sie in der DIN 18017-1 September 1983 und Februar 1987 nur noch als alleinige Möglichkeit der Zuluftversorgung genormt worden ist.

Abluftöffnung nicht als obere Lüftungsöffnung bei Rauminhalt < 1 m^3 je 1 kW $\Sigma\dot{Q}_{NL}$ der Gasgeräte Art B_1

Ist der Rauminhalt derartiger innen liegender Aufstellräume < 1 m^3 je 1 kW $\Sigma\dot{Q}_{NL}$ der Gasgeräte Art B_1, darf die Abluftöffnung im Abluftschacht – durch den ja auch das Abgas nach Abschnitt 10.3.5.1 der TRGI abzuführen ist – nicht als obere Lüftungsöffnung zur Erfüllung des Schutzzieles 1 angesetzt werden. Da Abgasaustritt aus der Strömungssicherung immer auf Stau oder Rückstrom in der Abgasanlage zurückzuführen ist, kann die Abgasverdünnung über die gleiche (in diesem Fall gestörte) Anlage nicht erfolgen.

immer zwei Öffnungen zu Nachbarräumen

In beiden Fällen muss das Schutzziel 1 durch je eine obere und untere Lüftungsöffnung zu einem oder mehreren unmittelbar benachbarten Raum/Räumen erreicht werden. Während bei der sogenannten „Berliner Lüftung“ die Zuluftöffnung aus dem Nachbarraum nach DIN 18017-1 auch der unteren Lüftungsöffnung für das Erfüllen des Schutzzieles 1 entspricht, gilt dies bei der sogenannten „Kölner Lüftung“ für die Zuluftöffnung aus dem Zuluftschacht nicht, weil sie keine Öffnung direkt ins Freie ist und somit nicht der Abgasverdünnung dienen kann.

bei Stau oder Rückstrom obere Öffnung als Abluftöffnung

Alle beschriebenen lüftungstechnischen Maßnahmen sollen dazu führen, dass gleichsam durch einen Lüftungskreislauf, der zusätzlich noch durch die Temperaturunterschiede zwischen Abgas und Raumluft unterstützt wird, das Abgas bzw. das Abgas-Luft-Gemisch zum Zwecke der Abgasverdünnung als primäre Aufgabe der oberen Lüftungsöffnung(en) in den (die) benachbarten Raum (Räume) oder ins Freie abgeführt wird und gleichzeitig durch die untere(n) Lüftungsöffnung(en) Luft in den Aufstellraum nachströmt.

bei bestimmungsgemäßer Funktion der Abgasanlage dient dann die obere Öffnung als Verbrennungsluftöffnung

Wird das Abgas aufgrund des Unterdrucks in der Abgasanlage und damit auch im Aufstellraum einwandfrei durch die Abgasanlage über Dach abgeführt, ändert sich die Strömungsrichtung in der oberen Lüftungsöffnung und in einer gleichsam sekundären Aufgabe übernimmt nun auch die obere Lüftungsöffnung zusammen mit der unteren Lüftungsöffnung die Verbrennungsluftversorgung. Beide Öffnungen sind nun keine Lüftungsöffnungen mehr für das Schutzziel 1, sondern gemäß ihrer geänderten Funktion nunmehr Verbrennungsluftöffnungen für das Schutzziel 2 – Verbrennungsluftversorgung. Siehe Pfeile in Bild 13 der TRGI.

Doppelfunktion für Schutzziel 1 und Schutzziel 2

Daraus folgt der Grundsatz, dass lüftungstechnische Maßnahmen, die bestimmungsgemäß dem Schutzziel 1 dienen, bei einwandfreier Abgasabführung in die Maßnahmen zur Erfüllung des Schutzzieles 2 – Verbrennungsluftversorgung – einbezogen werden dürfen.

8.2.2.4.2.2.2 *Lüftung des Aufstellraumes über eine Zuluftleitung und einen Abluftschacht*

Lüftung wie früher für Heizräume

Die Lüftung des Aufstellraumes über eine Zuluftleitung und einen Abluftschacht war in den TRGI ’86 bei den Festlegungen über die Belüftung von Heizräumen bereits enthalten. Mit der Einhaltung dieser Festlegungen war automatisch auch das Schutzziel 1 erfüllt. Da es seit den TRGI ’86/96 für Gasfeuerstätten keine Heizraumanforderungen mehr gibt, wurden diese Anforderungen nicht mehr aufgeführt.

Möglichkeit für innen liegende Aufstellräume

Bei innen liegenden Räumen stellt diese Art der Belüftung aber eine sinnvolle Möglichkeit dar. Der Belüftungsöffnung kann nämlich eine Leitung nachgeschaltet werden. Darum wurde diese Regelung in vereinfachter Form wieder aufgenommen.

erforderliche Maße der Zuluftleitung und des Abluftschachtes aus Tabellen

Die erforderlichen Maße der Zuluftleitung und des Abluftschachtes können mit Hilfe der Gesamtnennleistung der Gasgeräte Art B_1 und B_4 auf einfache Art aus den genannten Diagrammen abgelesen werden.

8.2.2.4.2.2.3

Lüftung des Aufstellraumes über eine Zuluftleitung mit mechanischer Zuluftzuführung und eine Abluftleitung

weitere Möglichkeit für innen liegende Aufstellräume

Auch die Lüftung des Aufstellraumes über eine Zuluftleitung mit mechanischer Zuluftzuführung und eine Abluftleitung waren in den TRGI '86 bei den Festlegungen über die Belüftung von Heizräumen bereits enthalten. Mit der Einhaltung dieser Festlegungen war automatisch auch das Schutzziel 1 erfüllt. Da es seit den TRGI '86/96 für Gasfeuerstätten keine Heizraumanforderungen mehr gibt, wurden diese Anforderungen nicht mehr aufgeführt.

mechanische Zuluft nur für Gasgeräte mit Strömungssicherung erforderlich

Der Lüfter sorgt unabhängig vom zur Verfügung stehenden Unterdruck durch die Abgasanlage für eine Luftzufuhr zum Raum. Diese Luft tritt dann über die Abluftleitung oder die Abgasanlage wieder ins Freie. Damit ist während des Betriebes der Feuerstätten eine Belüftung des Aufstellraumes gewährleistet. Da diese nur für Gasgeräte Art B_1 und B_4 gefordert ist, muss der Lüfter auch nur für diese Feuerstätten ausgelegt werden.

8.2.2.4.3

Zusätzliche Anforderungen bei Aufstellung in Aufenthaltsräumen

Forderung nach Abgasüberwachung in MFeuV nicht mehr separat beschrieben

In der M-FeuVO von 1995 wurde die Nennleistung für Gasgeräte Art B_1 (raumluftabhängige Gasfeuerstätten mit Strömungssicherung, die mit einer Abgasüberwachung ausgerüstet sein müssen, wenn sie in Wohnungen, vergleichbaren Nutzungseinheiten und anderen Räumen, die bestimmungsgemäß dem Aufenthalt von Menschen dienen können, aufgestellt werden) von 11 auf 7 kW gesenkt. In der MFeuV September 2007 ist die Forderung nach einer Abgasüberwachung so nicht mehr enthalten.

Leistungsbeschränkung (erst ab 7 kW) besteht nicht mehr

Dies bedeutet jedoch nicht, dass die Forderung nach einer Abgasüberwachung nicht mehr besteht. Es bedeutet im Gegenteil, dass die durch die MFeuV bisher gegebene Erleichterung (Abschwächung der Gasgeräterichtlinie), eine AÜE erst bei einer Leistung von mehr als 7 kW anbringen zu müssen, entfällt. Jetzt müssen alle Gasfeuerstätten mit Strömungssicherung (Art B_1 und B_4) eine Abgasüberwachung haben, wenn sie in Aufenthaltsräumen aufgestellt werden.

Forderung nach Abgasüberwachung ergibt sich aus Gasgeräterichtlinie

Aus dem Anhang I Nr. 3.4.3 der EG-Gasgeräterichtlinie geht nämlich hervor, dass raumluftabhängige Gasfeuerstätten so hergestellt sein müssen, dass bei nicht normaler Zugwirkung keine Verbrennungsprodukte in gefährlicher Menge in den Aufstellraum ausströmen können. Bei Gasfeuerstätten mit Strömungssicherung (Art B_1 und B_4) wird dies in der Regel durch Einrichtungen zur Abgasüberwachung sichergestellt.

bei Gasgeräten mit Strömungssicherung jetzt immer eine Abgasüberwachung

Es ist keine Leistungsgrenze genannt. Dies ist logisch, da auch Gasfeuerstätten mit kleiner Nennleistung eine Gefahr drohende Menge von Abgas erzeugen können.

gilt für alle Räume, die als Aufenthaltsräume genutzt werden

Durch die in der TRGI enthaltene konkretisierende Ergänzung „... anderen Räumen, die bestimmungsgemäß dem Aufenthalt von Menschen dienen können“ wird das Schutzziel für den Einbau einer Abgasüberwachung klar erkennbar, nämlich Menschen vor einer Gefahr drohenden Abgasansammlung im Aufstellraum, der ja dann ein Aufenthaltsraum ist, zu schützen.

Nutzung, nicht Lage ist entscheidend

Mit dieser bereits in den TRGI ’86/96 vorgenommenen notwendigen umfangreichen Ergänzung einschließlich der detaillierten Aufzählung der Räume sollte jedem, aber auch wirklich jedem „Fachmann“ klar werden, dass ausschließlich die Nutzung des Aufstellraumes als Aufenthaltsraum und nicht die Lage des Aufstellraumes – z. B. im Dachgeschoss oder Keller – entscheidend ist.

„Kellergerät“ ist falsch

Die im Fachjargon gebrauchte absolut missverständliche Bezeichnung „Kellergerät“ oder „Gasgerät in Keller-Ausführung“ ist demzufolge schlichtweg falsch.

Verzicht auf Abgasüberwachung nur in Räumen mit unverschließbaren Öffnungen ins Freie

Raum muss selbstschließende Tür haben

Auf die Abgasüberwachung darf nur verzichtet werden, wenn zweifelsfrei feststeht, dass der Aufstellraum in keiner Weise bestimmungsgemäß dem Aufenthalt von Menschen dient oder dienen wird und deshalb durch eine Öffnung von 150 cm^2 oder zwei Öffnungen von je 75 cm^2 freien Querschnitts ins Freie gelüftet werden kann. In diesem Zusammenhang ist auch darauf hinzuweisen, dass der durch eine oder zwei Öffnungen ins Freie gelüftete Aufstellraum gegenüber anderen Räumen, die als Aufenthaltsräume genutzt werden können, außer selbstschließenden Türen, keine Öffnungen haben darf.

auch Raumluftüberwachung des Typs AS als Abgasüberwachung zulässig

Neu ist die Anerkennung der Abgasüberwachung des Typs AS (der Raumluftüberwachungseinrichtung) in der TRGI.

B_{11BS} oder B_{11AS}

Beispiel:
Gasgeräte Art B_{11} mit Abgasüberwachung werden zusätzlich mit „BS“, für „blocked safety“ – z. B. B_{11BS} – oder mit „AS“ für „atmosphere sensity“ – z. B. B_{11AS} gekennzeichnet.

Ausnahme sind dekorative Gasfeuer für offene Kamine

Dekorative Gasfeuer für offene Kamine sind Gasbrenner, die in der Regel in vorhandene offene Kamine (ohne Feuerraumtür), die bisher mit Holz beheizt wurden, eingebaut werden. Diese haben grundsätzlich eine Verbrennungsluftleitung, die die Verbrennungsluft aus dem Freien bis direkt an den Kamin heranführt. Daher wird mit der Abgasüberwachung des Typs AS die geforderte Sicherheit nicht erreicht.

die AÜE muss zum vorhandenen Feuerraum passen

Eine Abgasüberwachungseinrichtung (AÜE) des Typs BS kann nur richtig funktionieren, wenn sie an der richtigen Stelle der Strömungssicherung angebracht ist. Bei serienmäßig produzierten Gasgeräten wird diese Stelle vom Hersteller ermittelt und die AÜE dort montiert. Beim Einbau in einen vorhandenen Feuerraum ist dies erheblich schwieriger. Daher muss der Hersteller des Gasfeuers die AÜE (Typ BS) liefern und die Stelle der Montage in einem definierten Feuerraum beschreiben.

*bei sehr großen Räumen Zulässigkeit der Abgasüberwachung BS **oder** AS*

In sehr großen Räumen wirkt sich ein kurzzeitiger Abgasaustritt kaum aus, da sich das Abgas mit der Raumluft vermischt. Bei einer Nennbelastung von 0,05 kW je 1 m^3 Rauminhalt ergibt sich ein Rauminhalt von 20 m^3 je kW Nennbelastung. Bei solch großen Räumen wird den offenen Kaminen die Verbrennungsluft in der Regel nicht über Verbrennungsluftleitungen zugeführt. Damit wirkt dann auch die Raumluftüberwachungseinrichtung AS als akzeptierbare Abgasüberwachung.

8.2.2.4.4 *Möglichkeit für den Verzicht auf Einhaltung des Schutzzieles 1 und auf eine Abgasüberwachung*

Schutzziel 1 und Abgasüberwachung vermeiden Gefahren bei Abgasaustritt

Eine ausreichende Abgasverdünnung (Schutzziel 1) wird bei Gasgeräten Art B_1 und B_4 gefordert, weil – insbesondere im Anfahrzustand – kurzzeitig Abgas aus der Strömungssicherung austreten kann. Bei kalter Abgasanlage reicht der Unterdruck am Abgasstutzen ggf. nicht aus, um alle Abgase abzuführen. Mit steigender Temperatur in der Abgasanlage löst sich das Problem. Damit der Abgasaustritt bei ernsthaften Störungen, wie Verschluss der Abgasanlage, nicht zu lange dauert und gefährlich wird, ist in Aufenthaltsräumen eine Abgasüberwachung vorgeschrieben.

Verzicht möglich, wenn Abgas nicht austreten kann

Beide Maßnahmen sind nicht erforderlich, wenn ein Abgasaustritt zuverlässig verhindert wird. Bei einer mechanischen Abgasabführung mittels Ventilator an der Mündung der Abgasanlage kann ein ausreichender Unterdruck am Abgasstutzen erzeugt werden. Bei Wärmeanforderung läuft dann zuerst der Ventilator an. Die Gaszufuhr wird erst freigegeben, wenn ein Druckwächter am Abgasstutzen einen ausreichenden Unterdruck registriert. Fällt der Unterdruck wegen Störungen unter den Sollwert, wird die Gaszufuhr geschlossen.

Alternative bei Installation von Gasgeräten Art B_1 und B_4 in innen liegenden Räumen

Eine derartige Lösung bietet sich z. B. bei innen liegenden Aufstellräumen an, wenn die Herstellung des Schutzzieles 1 größere Schwierigkeiten bereitet. Wenn also kein Abluftschacht entsprechender Größe zur Verfügung steht oder der Schornsteinquerschnitt zu klein ist, kann das Problem mit einem Ventilator an der Mündung der Abgasanlage gelöst werden.

8.2.2.5 Zusätzliche Anforderungen bei Abgasabführung im Überdruck

bei Gefahr von Abgasaustritt in den Aufstellraum muss mindestens eine Öffnung ins Freie sein

Wenn ein Abgasaustritt über ein genau definiertes geringes Maß nicht sicher verhindert werden kann, kann dieser Raum nicht als Aufenthaltsraum genutzt werden. Bei den in Abschnitt 8.2.2.5 genannten Gasgerätearten ist dies anzunehmen. Die Öffnungen ins Freie werden gefordert, um die Nutzung als Aufenthaltsraum auszuschließen. Dies ist eine Forderung, die in größerem Umfang zuerst bei der Aufstellung von Brennwertgeräten gestellt wurde. Durch den geringen Energieinhalt der Abgase ist eine Abgasabführung in der Regel nur im Überdruck möglich. Dieser wird meist durch das

Gebläse des Brenners erzeugt. Bisher war aus der Querschnittsberechnung zu ermitteln, ob die Abgase im Unter- oder Überdruck abgeführt werden. Jetzt ist auch schon eine entsprechende Kennzeichnung des Gasgerätes (Index p – z. B. B_{22P}) möglich.

bei Gasgeräten Art B_3 und C meist Luftumspülung der unter Überdruck stehenden Teile

Bei den in diesem Abschnitt nicht genannten Arten werden in Deutschland die unter Überdruck stehenden abgasführenden Teile des Gasgerätes und der Abgasleitungen im Aufstellraum grundsätzlich vollständig mit Luft umspült.

bei Luftumspülung oder besonderer Dichtheit Ausnahme

Wenn Abgas nicht in Gefahr drohender Menge austreten kann oder austretendes Abgas sicher abgeführt wird, sind keine Öffnungen ins Freie nötig. Die genannten Anforderungen sind jedoch **dauerhaft** zu erfüllen.

zulässige Leckrate ungefährlich

Bei Einhaltung der zulässigen Leckrate nach DIN V 18160-1 (diese beträgt 0,006 Liter je Sekunde und m^2 innerer Oberfläche der Abgasleitung, dies entspricht 21,6 Liter Abgas je Stunde pro m^2 innere Oberfläche der Abgasleitung) tritt nur eine unbedeutende Abgasmenge aus. Um es zu verdeutlichen – bei einer Abgasleitung mit 10 cm innerem Durchmesser sind dies 6,78 l je Stunde und laufendem Meter. Bei 10 m Abgasleitung im Raum würden maximal rund 70 Liter Abgas je Stunde austreten. Dies wird durch die normale Raumlüftung beseitigt.

Das Problem ist die nicht bekannte Dauerhaltbarkeit der elastomeren Dichtungen: Also wie lange bleibt diese Dichtheit erhalten?

besonders dicht = Dichtheit auf Dauer

Bei beispielsweise durchgehend geschweißten Leitungen gibt es keine Steckverbindungen mit Dichtungen. Daher gelten zurzeit nur solche Leitungen mit Schweiß-, Gewinde-, Klemmverbindung (also ohne notwendige separate Dichtung) u. a. als (dauerhaft) besonders dicht.

8.2.2.6 Zusätzliche Anforderungen bei der Aufstellung von raumluftabhängigen gasbetriebenen Haushaltswäschetrocknern, Gasgeräte Art B_{22D}, B_{23D}

der Trockner benötigt ausreichend Luft aus dem Freien

Um einen planmäßigen Trocknungsprozess zu erreichen, muss dem Trockner ausreichend Luft zugeführt werden. Bei einer Nennbelastung von max. 6 kW benötigt der Trockner über 200 m^3/h Luft zum Trocknen der Wäsche.

Nur etwa 5 % dieser Luft werden also für eine vollständige Verbrennung benötigt.

8.2.3 Aufstellräume für Gasgeräte Art C

8.2.3.1 Allgemeines

keine Anforderungen an Raumgröße und Lüftung

Da die Verbrennungsluft nicht aus dem Raum entnommen wird und bei Gasgeräten ohne Gebläse bzw. einer Kennzeichnung mit dem Index „x“ keine Gefahr des Abgasaustritts im Normalbetrieb besteht, sind keine über die „Allgemeinen Festlegungen zur Aufstellung“ (Abschnitt 8.1.2) hinausgehenden Anforderungen an Rauminhalt und Lüftung des Aufstellraumes gestellt.

bei Gefahr von Abgasaustritt keine Nutzung als Aufenthaltsraum

Wenn ein Abgasaustritt über die festgelegte zulässige Leckrate nicht sicher auf Dauer verhindert werden kann, kann man diesen Raum nicht zum ständigen Aufenthalt von Menschen nutzen. Durch die Öffnungen soll die Nutzung als Aufenthaltsraum verhindert werden.

8.2.3.2 Aufstellräume bei einer Gesamtnennleistung größer 100 kW

auch für Gasgeräte Art C gilt der „eigene" Aufstellraum

Auch für Gasgeräte Art C gelten bei $\Sigma\dot{Q}_{NL}$ von mehr als 100 kW die Anforderungen an den „eigenen Aufstellraum". Zu beachten ist, dass nicht eine ständige Lüftung, sondern nur eine Möglichkeit der Lüftung gefordert wird.

Lüftung muss nur bei Bedarf möglich sein

Bei der Aufstellung von Gasgeräten Art C mit einer $\Sigma\dot{Q}_{NL}$ von mehr als 100 kW muss eine Lüftungsmöglichkeit des nicht anderweitig genutzten Aufstellraumes vorhanden sein. Diese kann in Form eines Fensters, das geöffnet werden kann, oder einer Außentür vorhanden sein. Ein Aufstellraum ohne Fenster, das geöffnet werden kann, oder Außentür erfordert eine Lüftungsöffnung oder Lüftungsleitung, die nicht näher qualifiziert ist und nur im Bedarfsfall offen sein muss.

bei gemeinsamer Aufstellung mit BHKW oder Verbrennungsmotoren schon unter 100 kW

Sind die Gasfeuerstätten Art C gemeinsam mit BHKW oder ortsfesten Verbrennungsmotoren aufgestellt, ist der „eigene Aufstellraum" auch schon bei einer Gesamtnennleistung unter 100 kW erforderlich. Siehe dazu Abschnitt 8.1.4.3.

9 Verbrennungsluftversorgung

9.1 Verbrennungsluftversorgung für Gasgeräte Art A

keine Absaugung von Raumluft daher keine Anrechnung bei Schutzziel 2

Der allgemeinen neuen Ordnung der TRGI folgend wird auch die Verbrennungsluftversorgung von Gasgeräten Art A behandelt. Bei diesen Geräten wird kein Abgas über Abgasanlagen abgeführt. Es wird somit keine Luft aus dem Raum abgesaugt. **Aus diesem Grund werden Gasgeräte Art A nicht bei der Verbrennungsluftversorgung von Gasgeräten Art B berücksichtigt.** Durch die Verbrennung wird Sauerstoff aus der Raumluft entnommen (und diese gleichzeitig mit CO_2 angereichert), die dann durch die Raumlüftung ausgetauscht wird. Bei gleichzeitiger Aufstellung von Gasgeräten Art A und B kann die mit CO_2 angereicherte Luft auch noch als Verbrennungsluft für die Gasgeräte Art B genutzt werden. Es erfolgt praktisch eine Mehrfachnutzung.

9.2 Verbrennungsluftversorgung für Gasgeräte Art B (Schutzziel 2)

9.2.1 Grundsätzliches

Verbrennungsluft muss von außen nachströmen

Bei Gasgeräten Art B muss die Verbrennungsluft durch die Gebäudehülle bis in den Aufstellraum der Feuerstätte gefördert werden. Als Motor dafür wirkt bei Gasgeräten ohne Gebläse der Unterdruck der Abgasanlage. Bei der Querschnittsbemessung der Abgasanlage wird dafür ein Unterdruck von 4 Pa berücksichtigt. Diesen Unterdruck muss die Abgasanlage im Aufstellraum der Feuerstätte erzeugen können. Wenn der Raum sehr undicht ist, werden diese 4 Pa nicht erreicht und nicht benötigt.

1,6 m^3 je 1 kW

Bei der weiteren Betrachtung der Verbrennungsluftversorgung ist stets der Grundsatz zu beachten, dass zur sicheren Funktion der Feuerstätte bei eben diesen 4 Pa 1,6 m^3 je 1 kW zuströmen müssen. Davon ist nicht nur die Sicherstellung einer vollkommenen Verbrennung des Brennstoffes abhängig, sondern auch die sichere Abgasabführung. Auf dieses Thema wird im Folgenden noch ausführlich eingegangen.

Luftüberschuss von ca. 40 %

Die im Abschnitt 9.2.1 geforderte stündliche Verbrennungsluftmenge von 1,6 m^3 je 1 kW Gesamtnennleistung bzw. Nennleistung für Gasfeuerstätten und Feuerstätten für feste und flüssige Brennstoffe ergibt sich für Gasgeräte Art B auf der Grundlage von physikalischen Kenngrößen, Brenneigenschaften des Erdgases und einem Luftüberschuss von etwa 40 %.

bei Holz und Kohle anderes Abbrandverhalten als Gasfeuerstätten, stündlicher Brennstoffdurchsatz entscheidend

In Änderung zu den TRGI '86/96 wird die Verbrennungsluftversorgung bei Kachelöfen und anderen handbeschickten Feuerstätten bei festen Brennstoffen nicht mehr nach der Nennleistung berechnet. Die Praxis hat gezeigt, dass dieser Ansatz wesentlich an der Realität vorbeigeht. Neue Grundlage der Berechnung ist der stündliche Brennstoffdurchsatz. Nach den europäischen Normen, die der Prüfung solcher Feuerstätten zu Grunde liegen, ist der stündliche Brennstoffdurchsatz jetzt vom Hersteller anzugeben.

Was tun, wenn der Brennstoffdurchsatz nicht ermittelt werden kann?

Für eine grobe Einschätzung kann nach wie vor der Ansatz 1,6 m^3/h je 1 kW Nennleistung auch für handbeschickte Feuerstätten für feste Brennstoffe verwendet werden. Die MFeuV bewegt sich nach wie vor auf dieser Grundlage. Auch die Fachregel des Ofen- und Luftheizungsbauerhandwerks – TR-OL 2006, Ausgabe 2/2007 – weist als Grundsatzaussage auf die 4 m^3 je 1 kW Regel hin. Der Anwender sollte aber beachten, dass damit in der Regel ein zu geringer Verbrennungsluftbedarf berechnet wird. Somit sind (insbesondere wenn das Raum-Leistungs-Verhältnis RLV von 4 : 1 nur knapp erfüllt ist) beim gemeinsamen Betrieb aller Feuerstätten Probleme bei der sicheren Abgasabführung der Feuerstätten nicht auszuschließen.

fiktive Nennwärmeleistung von Kachelöfen in der TRGI nicht mehr genannt

In den TRGI '86/96 ist unter 5.5.1 die Aussage „Kachelöfen sind mit einer fiktiven Nennwärmeleistung von 1 kW je 1 m^2 Oberfläche anzusetzen." getroffen. Diese Aussage kann sich ursprünglich nur auf die abgegebene stündliche Wärmemenge, nicht auf die benötigte Verbrennungsluftmenge beim Abbrand beziehen. Sie war schlicht und einfach nicht zutreffend. Ein Kachelofen verbrennt in ca. einer Stunde den Brennstoff, bei einer Wärmeabgabe über ca. acht Stunden. Wie könnte ein Kachelofen mit ca. 6 m^2 Oberfläche ein Wohnzimmer acht Stunden lang ausreichend beheizen, wenn er nur insgesamt ca. 6 kWh Energie aufgenommen hätte. Wie wäre es denn mit $6 \cdot 8 = 48$? Also 6 kW mal 8 Stunden Wärmeabgabe. Bei einer fiktiven Nennleistung von 8 kW je kg stündlichem Brennstoffdurchsatz (wie in DVGW-TRGI 2008 beschrieben) wären dies bei diesem Kachelofen 6 kg Brennstoff (Holz oder Brikett) je Beheizung. Dies entspricht in etwa der praktischen Erfahrung.

Kann das denn stimmen?

48 kW können nach FeuV und TRGI nicht mehr über den Verbrennungsluftverbund mit Verbrennungsluft versorgt werden. Wenn der Betreiber 0,5 kg Brennstoff mehr verbrennt, liegt die fiktive Nennleistung bei 52 kW. Dies bedeutet selbstverständlich nicht die Notwendigkeit eines Heizraumes.

Die bisherige Regelung in den TRGI '86/96 hat zu keinen bekannt gewordenen Abgasunfällen beim Betrieb von Gasgeräten geführt. Das bedeutet nicht, dass sie richtig war. Es gibt dafür zwei wesentliche Gründe.

1. Das Abbrandverhalten bei handbeschickten Feuerstätten für feste Brennstoffe: Der Brennstoff wird in Brand gesetzt und brennt in verschiedenen Stufen, bis zum vollständigen Durchbrand, ab. Je besser die Verbrennungsluftzufuhr und je größer der Unterdruck in der Abgasanlage, umso schneller erfolgt der Abbrand. Wird die Luft knapp, verlangsamt sich der Abbrand (dies kann bis zum Schwelbrand führen). Dabei tritt im Allgemeinen noch kein Abgas aus. Zu Störungen bei der Abgasabführung der in der gleichen Nutzungseinheit installierten Gasgeräte kommt es nur, wenn der Schornstein einen extrem hohen Unterdruck erzeugt. Da ein Kachelofen grundsätzlich nur bei niedrigen Außentemperaturen betrieben wird, ist zu diesem Zeitraum auch der Unterdruck in den Abgasanlagen der Gasgeräte höher als im Sommer. Die Abgasanlage kann folglich „gegenhalten".

2. Das Nutzerverhalten: Wer den Brennstoff in Kachelöfen effektiv einsetzen will, muss für einen möglichst intensiven Abbrand in kurzer Zeit sorgen. Dies gelingt nur, wenn der Feuerstätte ausreichend Verbrennungsluft zugeführt wird (Folge u. a. vollständige Verbrennung des Kohlenstoffs im Brennstoff). Bei langem Zeitraum des Abbrandes wird das Speichermaterial nicht so intensiv aufgeheizt. Aus diesem Grund wurde schon zu Zeiten, als die Gebäude noch wesentlich undichter waren, während des Abbrandes des Brennstoffs im Kachelofen das Fenster leicht geöffnet bzw. gekippt. Damit war der Raum für diesen Tag ausreichend gelüftet. Energie ging kaum verloren, da die Oberfläche des Kachelofens zu diesem Zeitpunkt noch kalt war.

Wie soll denn nun der Kachelofen berücksichtigt werden?

Zu Kachelöfen werden grundsätzlich keine Verbrennungsluftleitungen verlegt. Das bedeutet, auch der Ofen- und Luftheizungsbauer sieht in der Verbrennungsluftversorgung aus dem Raum kein Problem. Die Forderung nach einer Verbrennungsluftleitung wäre sicher formaljuristisch korrekt, handwerkstechnisch ein Armutszeugnis. Da der Installateur den Kachelofen bei der Berechnung der ausreichenden Verbrennungsluftversorgung berücksichtigen **muss,** muss er einen Richtwert haben. Wie weiter oben bereits ausgeführt, hat die bisherige Betrachtung der Nennleistung von Kachelöfen nach den TRGI '86/96 (je m^2 Oberfläche 1 kW Nennleistung) zu keinen bekannt gewordenen Abgasunfällen bei Gasgeräten geführt. Der Richtwert ist zwar falsch, aber offensichtlich in der Anwendung ungefährlich. Im ungünstigen Fall brennt der Kachelofen eben über acht Stunden durch.

bei offenen Kaminen große Luftmengen erforderlich

Die Berechnung der Verbrennungsluftversorgung offener Kamine ist geblieben. Die großen Verbrennungsluftmengen sind nicht zur vollständigen Verbrennung des Brennstoffes erforderlich. Die nachströmende Luftmenge wird benötigt, um eine ausreichend hohe Strömungsgeschwindigkeit an der Kaminöffnung zu erzeugen. Diese gewährleistet, dass das Abgas vollständig abgeführt wird und nicht aus der Kaminöffnung in den Raum austritt.

360 m^3/h Luft je 1 m^2 Feuerraumöffnung – nicht 1,6 m^3 je 1 kW

Neu aufgenommen wurde jedoch die Berechnung der Verbrennungsluftmenge für einen offenen Gaskamin, wenn sich keine weiteren **raumluftabhängigen** Feuerstätten in der Nutzungseinheit befinden. Eine fiktive Nennleistung von 225 kW ergibt eine Verbrennungsluftmenge von 360 m^3/h. Daraus berechnet sich die geforderte Mindestgeschwindigkeit an der Kaminöffnung von 0,1 m/s. Auch hier ist nicht die Verbrennung, sondern die Strömungsgeschwindigkeit maßgebend.

Wieso für Gaskamin allein 360 m^3/h und Kamin mit Holz 544 m^3/h?

360 m^3/h gewährleisten wie oben dargestellt die geforderte Strömungsgeschwindigkeit zur sicheren Abgasabführung. Die große Verbrennungsluftmenge muss aber über die Abgasanlage abgeführt werden. Es wird somit ein großer Querschnitt der Abgasanlage benötigt. Dieser bewirkt aber, dass bei hohen Abgas- und niedrigen Außentemperaturen mehr als die 360 m^3/h Luft aus der Nutzungseinheit abgeführt werden. Dies könnte andere raumluftabhängige Feuerstätten gefährlich beeinflussen, deshalb hat man einen Sicherheitsfaktor von 1,5 zugeschlagen. 340 kW fiktive Leistungen mal 1,6 m^3/h ergeben 544 m^3/h, dies entspricht etwa dem 1,5-fachen von 360 m^3/h.

*Kamin mit Holz in TRGI immer **weitere** Feuerstätte*

Abschnitt 9.2.1 behandelt die Verbrennungsluftversorgung raumluftabhängiger Gasfeuerstätten. Somit spielt der Kamin mit Holz bei der Betrachtung immer eine Nebenrolle als **weitere** Feuerstätte. Der zweite Aufzählungspunkt gilt natürlich auch für das dekorative Gasfeuer im Kamin, wenn sich weitere raumluftabhängige Feuerstätten in der Nutzungseinheit befinden.

entscheidende Grenze 35 kW Gesamtnennleistung

Die zusätzlichen Anforderungen in den Abschnitten 9.2.2 und 9.2.3 beziehen sich hauptsächlich auf verbrennungsluftspezifische und lüftungstechnische Belange und sind in Änderung zu den bisher gültigen TRGI '86/96 neuerdings in die Leistungsbereiche

- bis 35 kW Gesamtnennleistung
- mehr als 35 kW Gesamtnennleistung

unterteilt.

9.2.2 Gesamtnennleistung bis 35 kW

9.2.2.1 Verbrennungsluftversorgung über Außenfugen des Aufstellraumes

Schutzziel 2 für Gasgeräte Art B (raumluftabhängige Gasfeuerstätten) – RLV 4 m^3 je 1 kW $\Sigma\dot{Q}_{NL}$

Das Schutzziel 2 dient ausschließlich der Verbrennungsluftversorgung raumluftabhängiger Feuerstätten. Deshalb dürfen im Unterschied zum Schutzziel 1 für das Raum-Leistungs-Verhältnis (RLV) von 4 m^3 je 1 kW $\Sigma\dot{Q}_{NL}$ der Gasgeräte Art B bei der Verbrennungsluftversorgung über Außenfugen des Aufstellraumes oder im Verbrennungsluftverbund nur Räume mit einem Fenster, das geöffnet werden kann, oder einer Tür ins Freie angerechnet werden. Eine Tür in den Treppenraum (Treppenhaus) ist keine Tür ins Freie!

so einfach geht's

Rauminhalt des Aufstellungsraumes errechnen und durch 4 teilen. Das Ergebnis ist die maximal in diesem Raum zu installierende Leistung eines Gasgerätes Art B. Ein Beispiel dürfte sich hier erübrigen. Genügt die Raumgröße nicht, gilt Abschnitt 9.2.2.2.

stark vereinfachter Ansatz

Die ausreichende Verbrennungsluftversorgung wird in diesen Fällen nach einer stark vereinfachten und damit leicht handhabbaren Formel errechnet. Der Rauminhalt des Aufstellraumes muss mindestens 4 m^3 je 1 kW der Summe der Nennleistungen aller raumluftabhängigen Feuerstätten im Aufstellraum betragen. Dies gilt nur, wenn der Raum ein Fenster, das geöffnet werden kann, oder eine Tür ins Freie hat.

es gilt aber immer noch 1,6 m^3 je h je kW

Unter 9.2.1 „Grundsätzliches" wurde gesagt, dass dem Aufstellraum bei einem Unterdruck gegenüber dem Freien von nicht mehr als 4 Pa eine stündliche Verbrennungsluftmenge von 1,6 m^3 je 1 kW Gesamtnennleistung zuströmen muss.

Raumgröße ist eigentlich nicht entscheidend

Entscheidend ist somit nicht die Größe des Raumes, sondern die Luftmenge, die bei 4 Pa von außen in den Raum strömen kann. Der Rauminhalt ist nur die Hilfsgröße zur einfachen Berechnung.

als Verbrennungslufträume kommen nur Aufenthaltsräume in Frage – mit baurechtlichen Anforderungen

Bei der Festlegung der 4 : 1 Regel ist man sicher davon ausgegangen, dass als Verbrennungslufträume Aufenthaltsräume genutzt werden. Diese müssen nach Baurecht ausreichend belüftet und mit Tageslicht belichtet werden können. Sie müssen Fenster mit einem Rohbaumaß der Fensteröffnungen von mindestens 1/8 der Netto-Grundfläche des Raumes einschließlich der Netto-Grundfläche verglaster Vorbauten und Loggien haben. Die Größe der Fensterfläche hat eine bestimmte Länge der Fensterfugen zur Folge, die Fugendurchlässigkeit bestimmt den Luftwechsel.

Kellerräume haben viel zu wenig Fensterfugen

Der Fachmann wird die Verbrennungsluft einer Gasfeuerstätte in Kellerräumen mit Kellerfenstern und umlaufenden Dichtungen nicht nach den Abschnitten 9.2.2.1 oder 9.2.2.2 berechnen.

die Gebäudehülle ist viel dichter als früher

Die vereinfachte Formel hat über viele Jahre fast problemlos funktioniert. Bis zu dem Zeitpunkt, als aus Gründen der Energieeinsparung die Fenster immer dichter wurden. Die Formel hat auch heute noch ihre Berechtigung. Es gibt keine andere vergleichbar einfache Möglichkeit der Berechnung der ausreichenden Verbrennungsluftversorgung über Außenfugen. Der Anwender sollte aber die Hintergründe kennen. Er muss sich darüber im Klaren sein, dass die richtige Berechnung keine Garantie für die sichere Funktion der Feuerungsanlage ist. Darüber kann erst die Funktionsprobe Auskunft geben (siehe Abschnitt 11.2 der TRGI).

bei alten Fenstern kaum Probleme

In Gebäuden mit unveränderten Fassaden, also mit alten Fenstern, werden bei Anwendung der 4 : 1 Regel kaum Probleme auftreten. Bei neuen Fenstern können sich ggf. Maßnahmen zur Verbesserung der Verbrennungsluftversorgung, wie der Einbau von Außenluft-Durchlasselementen (ALD), erforderlich machen.

Annahmen für allgemeinen Regelfall

In der TRGI werden für den allgemeinen Regelfall nach wie vor folgende Annahmen getroffen:

- Der Verbrennungsluftbedarf für alle Feuerstätten für flüssige und gasförmige Brennstoffe beträgt 1,6 m^3 je Stunde und je 1 kW $\Sigma\dot{Q}_{NL}$.
- Das Gleiche gilt für mechanisch beschickte Feuerstätten für feste Brennstoffe.
- Bei handbeschickten Feuerstätten für feste Brennstoffe beträgt der Verbrennungsluftbedarf 1,6 m^3 je Stunde und je 1 kW fiktiver Nennleistung. Die fiktive Nennleistung beträgt 8 kW pro kg Brennstoffdurchsatz.

Unterdruck von 4 Pa

- Im Aufstellraum wird durch die Abgasanlage selbst bei Windstille oder anderen ungünstigen klimatischen Bedingungen ein Unterdruck von 0,04 mbar (4 Pa) gegenüber dem Freien erzeugt.

unter Voraussetzung eines 0,4-fachen Luftwechsels

- Unter Annahme eines 0,4-fachen Luftwechsels gilt das RLV von 4 m^3 je 1 kW $\Sigma\dot{Q}_{NL}$.
- Auch die Anwendung des Verbrennungsluftverbundes und der anrechenbaren Leistungen nach Diagramm 7 bzw. Tabelle 29 zu Diagramm 7 setzt einen 0,4-fachen Luftwechsel in den Verbrennungslufträumen voraus.

theoretische Annahme

Damit wird auch bei Fenstern, die geöffnet werden können, oder Türen ins Freie mit jeweils besonderer Dichtung, sogenannte „fugendichte Fenster und Türen“, ein stündlicher Luftwechsel von n = 0,4 angesetzt. D. h. theoretisch werden in einer Stunde bei geschlossenen Fenstern oder Türen etwa 40 % der Raumluft auf natürliche Art und Weise ohne mechanische Hilfsmittel gegen Luft aus dem Freien ausgewechselt. Dieser Luftwechsel gilt auch für Räume mit Fenstern, die geöffnet werden können, oder Türen ins Freie ohne besondere Dichtung.

die Praxis sieht immer häufiger anders aus

In der Praxis werden die Fenster und Türen immer dichter. Im Zuge der Energieeinsparung gab es über Jahre den Wettbewerb „Wer hat die dichtesten Fenster?“ Inzwischen hat sich die Erkenntnis durchgesetzt, dass Mensch und Bauwerk Luft zum Atmen brauchen. Mediziner und Hygieniker fordern als einen angemessenen Luftwechsel für den Aufenthalt von Menschen sogar einen Wert von n = 0,8. Für raumluftabhängige Feuerstätten ist die Luft – sprich der tatsächliche Luftwechsel – in Räumen mit neuen Fenstern trotzdem meist zu knapp.

vereinfachte Berechnung muss erhalten bleiben

Das RLV von 4 : 1 ist eine einfache und sinnvolle Möglichkeit, die ausreichende Verbrennungsluftversorgung über die Außenfugen überschlägig rechnerisch zu ermitteln.

theoretisch geht es viel genauer

Es gibt zwar theoretisch genauere Berechnungsmethoden, doch diese sind viel aufwendiger und haben erhebliche Schwächen in der praktischen Umsetzung.

Fugenlänge und Fugendurchlass – in der Regel nicht praktikabel

In der DDR-Norm TGL 43732 von 1989 wurde die Luftergiebigkeit der Räume durch die Fugenlänge der Fenster, multipliziert mit dem Fugendurchlasskoeffizienten dieser Fenster, ermittelt. Eine sehr genaue Methode unter der Voraussetzung, dass man den Fugendurchlasskoeffizienten in Erfahrung bringen kann (dies ist eher unwahrscheinlich). Sollte dies gelungen sein, genügt eine Energiesparwerbung in der Zeitung und der unbedarfte Mieter macht mit einer Rolle Dichtband das schöne genaue Ergebnis zunichte.

der Anwender muss die Schwächen kennen und beachten

Die vereinfachte Berechnung ist anwendbar, wenn der Anwender die theoretischen Voraussetzungen kennt und richtig bewertet. Er muss verinnerlichen, dass eine wesentliche Voraussetzung für das RLV von 4:1 der 0,4-fache Luftwechsel in den Verbrennungslufträumen ist. Bei neuen Fenstern (und damit auch in neuen Gebäuden) muss man davon ausgehen, dass dieser Luftwechsel nicht erreicht wird.

Funktionsprobe bei der Inbetriebnahme ist sehr wichtig

Der einwandfreie Betrieb – vor allem die ausreichende Verbrennungsluftversorgung – ist nach jeder wesentlichen Änderung (Austausch eines Gasgerätes Art B, baulichen Änderungen wie Einbau neuer Fenster, Fassadendämmung, Änderung der Raumaufteilung) sowie bei einer Neuinstallation durch die Funktionsprüfung der Abgasanlage bei Gasgeräten Art B_1 und B_4 nach Abschnitt 11.2 zu überprüfen.

Wieso Überprüfung der Verbrennungsluftversorgung durch Funktionsprüfung der Abgasanlage?

Wenn die Abgase bei der Funktionsprüfung nach Abschnitt 11.2 einwandfrei abziehen, kann davon ausgegangen werden, dass nicht nur die Abgasanlage in Ordnung ist, sondern auch von außen ausreichend Verbrennungsluft nachströmen kann. Wenn die Abgase nicht einwandfrei abziehen, muss nicht in jedem Fall die Abgasanlage „schuld" sein.

bei negativem Ergebnis unverzüglich Maßnahmen erforderlich

Wird bei der Funktionsprüfung (und ggf. einer gleichzeitigen Messung des Differenzdruckes) festgestellt, dass die Abgase nicht sicher abgeführt werden, sind unverzüglich Maßnahmen zur Abstellung des Mangels zu ergreifen. Zunächst ist zu prüfen, ob es an der zu dichten Außenhülle liegt. Ziehen die Abgase bei geöffnetem Fenster sofort problemlos ab, kann dies angenommen werden.

Welche Maßnahmen zu einer Lösung des Problems führen können, wird in den Erläuterungen zu den Abschnitten 9.2.2.4 und 9.2.3 beschrieben. In der Regel sind diese jedoch nicht sofort möglich. Es ist wahrscheinlich, dass in einem solchen Fall das oder die Gasgeräte erst in Betrieb genommen werden können, wenn die Maßnahme erfolgt ist.

Heraustrennen von Dichtungen ist keine Lösung

Das Heraustrennen einer oder mehrerer Dichtungen aus den Fenstern kann zwar kurzzeitig Abhilfe schaffen, aber auch sehr teuer werden. Spätestens, wenn der jetzt stärker in den Raum dringende Lärm störend empfunden wird, wird man sich erinnern, wer die Dichtungen entfernt hat. Neue Dichtungen können sehr teuer werden.

9.2.2.2 Verbrennungsluftversorgung über Außenfugen im Verbrennungsluftverbund

auch hier vereinfachter Ansatz

Die ausreichende Verbrennungsluftversorgung wird auch beim Verbrennungsluftverbund nach der stark vereinfachten und damit leicht handhabbaren 4 : 1 Formel errechnet. Der Rauminhalt des Aufstellraumes zuzüglich der Verbrennungslufträume muss mindestens 4 m^3 je 1 kW der Summe der Nennleistungen aller raumluftabhängigen Feuerstätten in der Nutzungseinheit betragen. Als Verbrennungslufträume werden Räume angerechnet, die ein Fenster, das geöffnet werden kann, oder eine Tür ins Freie haben.

es sollte eine erste Überschlagsrechnung durchgeführt werden

Mit einer ersten Überschlagsrechnung kann sehr schnell festgestellt werden, ob das Raumvolumen für die zu installierende Gesamtnennleistung ausreicht. Zunächst ist klar, dass man sich bei einer geplanten Gesamtnennleistung über 35 kW im falschen Abschnitt der TRGI befindet (dann gilt 9.2.3). Der Rauminhalt aller als Verbrennungslufträume möglichen Räume der Nutzungseinheit wird addiert. Die Summe wird durch 4 geteilt. Das Ergebnis ist die maximal in dieser Nutzungseinheit zu installierende Gesamtnennleistung der Gasgeräte Art B.

bei 4 : 1 Regel im Verbund 150 cm^2 Öffnungen vorausgesetzt

Dabei wird aber vorausgesetzt, dass alle Verbrennungslufträume mit dem Aufstellraum über Öffnungen von je mindestens 150 cm^2 verbunden sind.

nach MFeuV nur mit Öffnungen von 150 cm^2

Die MFeuV beschreibt in § 3 Abs. 2 „Der Verbrennungsluftverbund im Sinne des Absatzes 1 Nr. 2 zwischen dem Aufstellraum und Räumen mit Verbindung zum Freien muss durch Verbrennungsluftöffnungen von mindestens 150 cm^2 zwischen den Räumen hergestellt sein. Der Gesamtrauminhalt der Räume, die zum Verbrennungsluftverbund gehören, muss mindestens 4 m^3 je 1 kW Nennleistung der Feuerstätten, die gleichzeitig betrieben werden können, betragen. Räume ohne Verbindung zum Freien sind auf den Gesamtrauminhalt nicht anzurechnen." Auch hier geht die 4 : 1 Regelung selbstverständlich nur auf, wenn die als Verbrennungslufträume angenommenen Räume einen 0,4-fachen Luftwechsel je Stunde haben.
$4\ m^3/1\ kW \cdot 0{,}4/h = 1{,}6\ m^3/kW$ je h.

TRGI füllt Öffnung in MFeuV aus

In § 3 Abs. 6 der MFeuV wird ausgesagt: „Abweichend von den Absätzen 1 bis 4 kann für raumluftabhängige Feuerstätten eine ausreichende Verbrennungsluftversorgung auf andere Weise nachgewiesen werden." Die TRGI erbringt mit Abschnitt 9.2.2.2 diesen Nachweis. Damit wird die Möglichkeit eröffnet, einen Luftverbund herzustellen, ohne alle Zwischentüren zu durchlöchern. Die zitierten Diagramme und Tabellen basieren aber auch auf der Annahme eines 0,4-fachen Luftwechsels der Verbrennungslufträume.

bei dichten Fenstern Probleme

Es ist klar, dass bei zu dichten Fenstern auch hier die 1,6 m^3 je Stunde je kW nicht erreicht werden.

je größer die Nutzungseinheit, je kleiner die Probleme

Aus dem bisher Geschriebenen ergibt sich, dass bei sehr großen Nutzungseinheiten in der Regel eine ausreichende Verbrennungsluftversorgung zu realisieren ist. Wenn zum Beispiel nur ein 0,2-facher Luftwechsel pro Stunde vorhanden ist, bedeutet dies, dass bei 4 m^3 Rauminhalt nur 0,8 m^3/h Luft von außen einströmen können. Wenn in der Nutzungseinheit aber 8 m^3

je kW Gesamtnennleistung zur Verfügung stehen, ergibt sich auch eine Verbrennungsluftmenge von 1,6 m^3 je kW.

trotzdem nur maximal 35 kW

Seit den TRGI '86/96 sind die Möglichkeiten zur Erfüllung des Schutzzieles 2

- **nur über die Außenfugen des Aufstellraumes allein** (Abschnitt 9.2.2.1 der TRGI) oder

- **über die Außenfugen im Verbrennungsluftverbund** (Abschnitt 9.2.2.2 der TRGI)

nur in den Grenzen der Gesamtnennleistung aller raumluftabhängigen Feuerstätten bis 35 kW erlaubt. Damit wurde die erstmals in der M-FeuVO 1995 getroffene Einschränkung (vorher bis 50 kW) ins technische Regelwerk übernommen.

zwar das Problem, aber nicht die Ursache erkannt

Die Einschränkung in der MFeuV war eine Reaktion der ARGEBAU (Arbeitsgemeinschaft der obersten Baubehörden) auf die immer dichter werdenden Gebäudehüllen und die Probleme bei der Verbrennungsluftversorgung raumluftabhängiger Feuerstätten. Damit wurde das Problem zwar nicht gelöst (in einer Nutzungseinheit mit 140 m^3 Rauminhalt können immer noch 35 kW installiert werden), aber die Aufstellung von Gasfeuerstätten im Verbrennungsluftverbund auch in sehr großen Wohnungen eingeschränkt.

weitere Erläuterungen unter 9.2.3

Welche Möglichkeiten der Verbrennungsluftversorgung im Verbrennungsluftverbund es auch über 35 kW gibt, wird zu Abschnitt 9.2.3 ausführlich erläutert.

zur Anwendung der Diagramme und Tabellen

Hier fängt die Praxis des Verbrennungsluftverbundes an, die der Fachmann beherrschen sollte.
Der Grundsatz lautet: „So viel wie nötig und so wenig wie möglich.". Damit ist nicht die Menge der Verbrennungsluft, sondern es sind die Änderungen an den Zwischentüren gemeint. Mit einem Minimum an Aufwand in Form zusätzlich hergestellter Verbrennungsluftöffnungen soll das Ziel ausreichender Verbrennungsluftzufuhr erreicht werden. Dazu ist es unumgänglich die gesamte Bandbreite der Anwendungsmöglichkeiten zu kennen.

die Nutzer sollen sich in der Wohnung noch wohl fühlen

Man darf sich nicht von der zu einfachen und wenig praxisorientierten Einstellung „des auf die sichere Seite Schlagens" leiten lassen und grundsätzlich in jeder Innentür eine Verbrennungsluftöffnung von 150 cm^2 freien Querschnitts vorsehen. Das hat meist zur Folge, dass diese Öffnungen von den Bewohnern wieder verschlossen werden, weil mit den „Löchern" häufig ein enormer Verlust an Wohnkomfort (z. B. Geruchsübertragung) verbunden ist.

Wesentlichstes Merkmal des Verbrennungsluftverbundes ist, dass der Aufstellraum, mit oder ohne Fenster, das geöffnet werden kann, oder Tür ins Freie, verbrennungslufttechnisch so mit einem oder mehreren Räumen, die ein Fenster, das geöffnet werden kann, oder eine Tür ins Freie haben, verbunden ist, dass aus diesen Räumen dem Aufstellraum die erforderliche Verbrennungsluft zuströmen kann.

Kurven 1 bis 4 sind gleichwertig

Nicht ohne Grund ist im Abschnitt 9.2.2.2 der TRGI hervorgehoben, dass die den Kurven 1 bis 4 des Diagramms 1 zu Grunde liegenden Möglichkeiten zur Herstellung des Verbrennungsluftverbundes gleichwertig und die Maßnahmen nach den Kurven 1 bis 3 zu bevorzugen sind. Die Summe der Verbrennungsluftvolumen-Teilströme aus den einzelnen, miteinander verbundenen Räumen wie

- Aufstellräume, wenn sie ein Fenster das geöffnet werden kann oder eine Tür ins Freie haben

- Verbrennungslufträume, die gemäß Begriffsdefinition nach Abschnitt 2.10.6 der TRGI immer ein Fenster, das geöffnet werden kann oder eine Tür ins Freie haben

- Verbundräume, wenn sie ein Fenster, das geöffnet werden kann oder eine Tür ins Freie haben

muss mindestens so groß sein wie der gesamte erforderliche Verbrennungsluftbedarf.

*Wieso **anrechenbare Leistung?***

Die grundlegende Aussage ist nach wie vor: Bei einem 0,4-fachen Luftwechsel werden Verbrennungslufträume mit einem Rauminhalt von mindestens 4 m^3 je 1 kW Nennleistung der raumluftabhängigen Feuerstätten (feste, flüssige und gasförmige Brennstoffe) benötigt. Wenn zwischen den Räumen keine Türen vorhanden sind, ist die Summe des Rauminhaltes der Verbrennungslufträume geteilt durch 4 die anrechenbare Leistung. Das Gleiche gilt bei Verbrennungsluftöffnungen von mindestens je 150 cm^2. Die Strömungswiderstände sind so gering, dass der Nutzungseinheit von außen zuströmende Luft in vollem Umfang dem Aufstellraum und damit den Feuerstätten zuströmen kann.

je dichter die Tür, je weniger Luft strömt

Türen stellen einen erheblichen Widerstand für die nachströmende Luft dar. Zum einen kann der von der Abgasanlage an der Feuerstätte zur Verfügung gestellte Unterdruck (von mindestens 4 Pa) nicht in vollem Umfang in den Verbrennungslufträumen wirken, die vom Aufstellraum durch Türen getrennt sind. Es strömt folglich bereits weniger Luft in diese Räume. Die in den Verbrennungsluftraum eingeströmte Luft gelangt aber auch nur zu einem gewissen Teil in den Aufstellraum. Je geringer der im Aufstellraum ankommende Teil der Außenluft ist, desto geringer ist die Brennstoffmenge, die damit verbrannt werden kann, also die damit erzeugbare (oder eben anrechenbare) Leistung.

bei dreiseitig umlaufender Dichtung ist Luftmenge begrenzt

Diagramm 7 und die davon abgeleitete Tabelle berücksichtigen diese Strömungswiderstände. Im Diagramm ist deutlich erkennbar, dass die Raumgröße umso unbedeutender wird, je dichter die Öffnung (Fenster oder Tür) verschlossen ist. Es bestätigt die bereits weiter vorn dargestellte Behauptung, dass die Raumgröße nur eine sehr grobe Hilfsgröße ist. Die Dichtheit der Gebäudehülle und der Zwischentüren ist entscheidend.

die Summe der anrechenbaren Leistung muss gleich oder größer der Gesamtnennleistung sein

Diese Forderung gilt als erfüllt, wenn die Summe der anrechenbaren Leistung $\Sigma\dot{Q}_{Lanr}$ entsprechend dem Diagramm 7 bzw. der Tabelle zu Diagramm 7 der TRGI mindestens so groß ist wie die Gesamtnennleistung $\Sigma\dot{Q}_{NL}$ der raumluftabhängigen Feuerstätten. Unter anrechenbarer Leistung $\Sigma\dot{Q}_{Lanr}$ ist die Leistung zu verstehen, die ein Raum mit Fenster, das geöffnet werden kann, oder einer Tür ins Freie in Abhängigkeit seines Rauminhaltes und den Gegebenheiten oder Maßnahmen an den Innentüren liefert.

unmittelbarer oder mittelbarer Verbrennungsluftverbund

Es wird zwischen unmittelbarem (direktem) und mittelbarem (indirektem) Verbrennungsluftverbund unterschieden.
Beim **unmittelbaren** Verbrennungsluftverbund strömt die Verbrennungsluft aus dem jeweiligen Verbrennungsluftraum über seine Innentür (Trennwand) **direkt** in den unmittelbar benachbarten Aufstellraum.
Beim **mittelbaren** Verbrennungsluftverbund strömt die Verbrennungsluft aus dem jeweiligen Verbrennungsluftraum **über** seine Innentür (Trennwand) in einen oder mehrere hintereinander liegende **Verbundraum/-räume** und von dem unmittelbar dem Aufstellraum benachbarten Verbundraum über dessen Innentür (Trennwand) in den Aufstellraum.

Beispiele für die Herstellung der Verbrennungsluftversorgung im Verbrennungsluftverbund

Beispiel in Anhang 9 unmittelbarer Verbrennungsluftverbund

Das Beispiel im Anhang 9 zeigt die Herstellung eines unmittelbaren Verbrennungsluftverbundes.
Ein Gasgerät Art B_{11} – Gas-Umlaufwasserheizer (UWH) mit 22,7 kW Nennleistung soll im Flur installiert werden. Es stehen 5 Verbrennungslufträume zur Verfügung. Der Aufstellraum ist kein Verbrennungsluftraum. Alle Innentüren haben dreiseitig umlaufende Dichtungen.

überschlägige Prüfung

Die Summe der Raumvolumina aller 5 Verbrennungslufträume beträgt (60 + 40 + 30 + 32 + 15) 177 m^3. Geteilt durch 4 bedeutet dies, es könnten theoretisch 44,25 kW mit Verbrennungsluft versorgt werden.

möglichst wenige Löcher in den Türen und wenig Aufwand

Die Aufgabe besteht darin, festzustellen, wie die Verbrennungsluftversorgung so gestaltet werden kann, dass dem Nutzer die geringsten Belästigungen entstehen. Da ein unmittelbarer Verbrennungsluftverbund vorliegt, benötigt man keinen Verbundraum. Es muss zunächst in keiner Tür eine Öffnung von 150 cm^2 hergestellt werden.

Schutzziel 1 erfüllt

Schutzziel 1 ist durch das Raumvolumen des Flurs – 30 m^3 – erfüllt.

Geht es auch ohne Änderungen an den Dichtungen?

Es wird zunächst berechnet, ob die ausreichende Verbrennungsluftversorgung schon mit Kurve 1, d. h. ohne Änderungen an den Dichtungen, nachgewiesen werden kann (Spalte 2). Ergebnis – es kann nur die Verbrennungsluftversorgung für 20,6 kW nachgewiesen werden – da 22,7 kW installiert werden sollen, also nicht zulässig.

eine Tür kürzen

Wenn alle Dichtungen belassen werden, aber die Küchentür um 1 cm gekürzt wird, stellt sich heraus, dass die ausreichende Verbrennungsluftversorgung für 23,4 kW nachgewiesen werden kann (Spalte 3). Bei einer geplanten Leistung von 22,7 kW zwar knapp, aber zulässig.

oder lieber ein paar Dichtungen wegnehmen

Selbstverständlich wird noch mindestens eine weitere Möglichkeit gesucht. Diese ergibt sich, wenn man keine Tür kürzt, aber ein paar Dichtungen entfernt. Auch damit erhöht sich die Luftdurchlässigkeit der Türen. Es wird geprüft, wie das Ergebnis aussieht, wenn die Dichtungen der größten Räume (Wohnen, Schlafen, Kinder) entfernt werden. Es kann die ausreichende Verbrennungsluftversorgung für 26,7 kW nachgewiesen werden (Spalte 4). Bei einer geplanten Leistung von 22,7 kW etwas reichlicher und zulässig.

Wer entscheidet denn nun?

Es ergeben sich zwei Möglichkeiten, beide mit Vor- und Nachteilen.

gekürzte Tür
Vorteil:
Es ist nur ein Raum (die Küche) betroffen. Wenn der UWH von der etwas lauteren Sorte ist, stört er weniger beim Schlafen.

Nachteil:
Der UWH holt sich den größten Teil der Verbrennungsluft aus der Küche. Wenn häufig gekocht wird, zieht der Essensgeruch damit in den Flur.

entfernte Dichtungen
Vorteil:
Der UWH holt sich die Verbrennungsluft überwiegend über Wohn-, Schlaf- und Kinderzimmer. Gerade im Winter, wenn nicht so oft die Fenster offen stehen, werden diese Zimmer folglich durch den UWH gelüftet.

Nachteil:
Wenn der UWH von der etwas lauteren Sorte ist, stört er beim Schlafen.

Als Fazit daraus folgt, dass der Installateur sich über die endgültige Ausführung mit dem Kunden abstimmen sollte.

Beispiel in Anhang 10 mittelbarer Verbrennungsluftverbund

Das Beispiel in Anhang 10 zeigt die Herstellung eines mittelbaren Verbrennungsluftverbundes.
Ein Gasgerät Art B_{11} – Gas-Kombiwasserheizer (KWH) mit 23,3 kW Nennleistung soll im Bad (mit Fenster d. h. auch Verbrennungsluftraum) installiert werden. Es stehen 3 weitere Verbrennungslufträume zur Verfügung. Alle Innentüren haben dreiseitig umlaufende Dichtungen.

überschlägige Prüfung

Die Summe der Raumvolumina aller 4 Verbrennungslufträume beträgt (20 + 100 + 36 + 27) 183 m^3. Geteilt durch 4 bedeutet dies, es könnten theoretisch 45,75 kW mit Verbrennungsluft versorgt werden.

möglichst wenig Löcher in den Türen und wenig Aufwand

Es ist festzustellen, wie die Verbrennungsluftversorgung so gestaltet werden kann, dass dem Nutzer die geringsten Belästigungen entstehen. Da ein mittelbarer Verbrennungsluftverbund vorliegt, benötigt man einen Verbundraum, den Flur. In der Badtür muss zunächst zur Erfüllung des Schutzziels 2 eine Öffnung von 150 cm^2 hergestellt werden.

wegen Schutzziel 1 sind 2 Öffnungen von je 150 cm² erforderlich

Das Bad hat nur ein Raumvolumen von 20 m³. Die zu installierende Leistung beträgt aber 23,3 kW. Um Schutzziel 1 zu erfüllen, benötigt man ein Raumvolumen von mindestens 23,3 m³. Bad und Flur haben zusammen 32 m³. Das Schutzziel 1 ist erfüllt, wenn eine untere und eine obere Öffnung von je 150 cm² hergestellt werden.

Geht es auch ohne Änderungen an den Dichtungen?

Es wird zunächst berechnet, ob die ausreichende Verbrennungsluftversorgung schon mit Kurve 1, also ohne Änderungen an den Dichtungen der anderen drei Räume, nachgewiesen werden kann (Spalte 2). Ergebnis – es kann nur die Verbrennungsluftversorgung für 18,7 kW nachgewiesen werden – da 23,3 kW installiert werden sollen, ist dies folglich nicht zulässig.

eine Tür kürzen

Wenn alle Dichtungen belassen werden, aber die Wohnzimmertür um 1 cm gekürzt wird, stellt sich heraus, dass die ausreichende Verbrennungsluftversorgung für 24,9 kW nachgewiesen werden kann (Spalte 3). Bei einer geplanten Leistung von 23,3 kW zulässig.

oder lieber ein paar Dichtungen wegnehmen

Selbstverständlich wird noch mindestens eine weitere Möglichkeit gesucht. Diese ergibt sich, wenn man keine Tür kürzt, aber ein paar Dichtungen entfernt. Auch damit erhöht sich die Luftdurchlässigkeit der Türen. Es wird geprüft, wie das Ergebnis aussieht, wenn die Dichtungen der Wohnzimmertür und der Küchentür entfernt werden. Es kann die ausreichende Verbrennungsluftversorgung für 27,1 kW nachgewiesen werden (Spalte 4). Bei einer geplanten Leistung von 23,3 kW zulässig.

Wie entscheidet man?

Es ergeben sich auch hier mindestens zwei Möglichkeiten. Beide mit Vor- und Nachteilen.

gekürzte Tür
Vorteil:
Es ist nur ein Raum (das Wohnzimmer) betroffen.

Nachteil:
Eine gekürzte Wohnzimmertür wird vielen Nutzern nicht gefallen. Wenn es zieht, wird der Spalt eventuell verschlossen. Außerdem kann der Spalt durch einen Teppich im Wohnzimmer oder Flur verschlossen werden.

entfernte Dichtungen
Vorteil: kein Spalt erforderlich.

Nachteil: Küchengerüche im Flur. Besser wäre daher das Entfernen der Dichtungen bei Wohnzimmer und Schlafzimmertür. Es sei denn der Kombiwasserheizer ist zu laut.

Die beiden in der TRGI als Anhang 9 und 10 dargestellten Beispiele sollten genügen, um die Problematik der ausreichenden Verbrennungsluftversorgung im Verbrennungsluftverbund bis 35 kW Gesamtnennleistung darzustellen. Wichtig ist die richtige Systematik.

Reihenfolge der Bearbeitung wichtig

1. Welche **Gesamtnennleistung aller Feuerstätten** für feste und flüssige Brennstoffe und Gasgeräte Art B in kW soll installiert werden?

- > 35 kW – siehe Abschnitt 9.2.3 der TRGI
- bis 35 kW – in Ordnung

2. Wie groß ist die **Summe des Raumvolumens aller Verbrennungslufträume** in m³?

3. Ist das Ergebnis der Summe des Raumvolumens aller Verbrennungslufträume **geteilt durch 4** mindestens so groß wie die Gesamtnennleistung aller Feuerstätten für feste und flüssige Brennstoffe und Gasgeräte Art B in kW?

   - wenn ja, Verbrennungsluftversorgung über Verbrennungsluftverbund nach 9.2.2.2 ist grundsätzlich möglich
   - wenn nein, Verbrennungsluftversorgung über Verbrennungsluftverbund nach 9.2.2.2 ist nicht möglich – somit sind andere Möglichkeiten z. B. nach 9.2.2.4 zu versuchen

4. Sollen **Gasgeräte Art B_1 oder B_4** installiert werden?

   - Wenn ja, wird **Schutzziel 1** durch das Raumvolumen des Aufstellraumes eingehalten?
   - $\Sigma\dot{Q}_{NL}$ Art B_1 oder B_4 kleiner als oder gleich dem Raumvolumen des Aufstellraumes – in Ordnung
   - $\Sigma\dot{Q}_{NL}$ Art B_1 oder B_4 größer als das Raumvolumen des Aufstellraumes – Verbund mit unmittelbarem Nebenraum durch 2 x je 150 cm², oben und unten, nötig – wenn Summe des Raumvolumens dann gleich oder größer $\Sigma\dot{Q}_{NL}$ – in Ordnung

5. Wie kann die Verbrennungsluftversorgung so gestaltet werden, dass dem Nutzer die **geringsten Belästigungen** entstehen?

   - Sind wegen der Erfüllung des Schutzzieles 1 bereits Öffnungen in Türen vorzusehen?
   - Wenn ja, können diese bei der Berechnung der Summe der anrechenbaren Leistung $\Sigma\dot{Q}_{Lanr}$ berücksichtigt werden.
   - **Wenn die Frage unter 3. mit „ja“ beantwortet wurde, muss es mindestens eine Lösung geben.**
   - Möglichst Öffnungen in Türen vermeiden. In bestimmten Fällen sind Öffnungen von 150 cm² aber besser als gekürzte Türen (immer dann, wenn zu vermuten ist, dass Räume nachträglich mit Teppichen oder textilem Fußbodenbelag ausgelegt werden).
   - Wenn möglich, dem Betreiber mindestens zwei Möglichkeiten zur Wahl anbieten.

Funktionsprobe bei der Inbetriebnahme ist sehr wichtig

Der einwandfreie Betrieb – vor allem die ausreichende Verbrennungsluftversorgung – ist nach jeder wesentlichen Änderung (Austausch) sowie bei einer Neuinstallation eines Gasgerätes Art B durch die Funktionsprüfung der Abgasanlage bei Gasgeräten Art B_1 oder B_4 nach Abschnitt 11.2 zu überprüfen.

Wieso Überprüfung der Verbrennungsluftversorgung durch Funktionsprüfung der Abgasanlage?

Wenn die Abgase bei der Funktionsprüfung nach Abschnitt 11.2 einwandfrei abziehen, kann davon ausgegangen werden, dass nicht nur die Abgasanlage in Ordnung ist, sondern auch von außen ausreichend Verbrennungsluft nachströmen kann. Wenn die Abgase nicht einwandfrei abziehen, muss nicht in jedem Fall die Abgasanlage „schuld" sein.

alles richtig gemacht und trotzdem Abgasaustritt

Die Maßnahmen zur Verbrennungsluftversorgung wurden korrekt berechnet und ausgeführt. Die Abgasanlage ist in Ordnung. Trotzdem tritt Abgas aus. Der Fachmann wird sich nicht lange wundern. Er öffnet das Fenster und prüft erneut. Ziehen die Abgase jetzt einwandfrei ab, ist das Problem erkannt. Die Gebäudehülle ist zu dicht. Bereits weiter vorn wurde mehrfach darauf hingewiesen, dass das Raum-Leistungs-Verhältnis von 4 : 1 nur ein sehr einfaches Verfahren ist. Es setzt einen 0,4-fachen Luftwechsel voraus. Wenn dieser nicht erreicht wird, muss es versagen.

grundlegende Aussagen zum Raum-Leistungs-Verhältnis

Allgemein wird das Raum-Leistungs-Verhältnis als Beziehung zwischen der Gesamtnennleistung und dem Rauminhalt (nur des Aufstellraumes allein oder der Summe der Rauminhalte des Aufstellraumes und der mit ihm lüftungstechnisch verbundenen Verbrennungslufträume einer Wohnung/ Nutzungseinheit) beschrieben.

Bezüglich der Gestaltung, baulichen Anordnung und Verschließbarkeit bzw. Unverschließbarkeit von Verbrennungsluftöffnungen und Lüftungsöffnungen – allgemein Öffnungen – können die diversen Anforderungen wie folgt zusammengefasst werden:

a) Öffnungen dürfen nicht zugestellt werden, deshalb sind sie vorzugsweise in Türen vorzusehen.

b) Öffnungen von Raum zu Raum dürfen nicht verschließbar sein. Sie können jedoch Blenden oder ähnliche Einbauten haben, die den Luftstrom umlenken oder einschnüren, wenn die Gesamtfläche der Öffnungen so viel größer ist als der erforderliche freie Querschnitt von 150 cm^2 und somit der Strömungswiderstand nicht höher ist als bei einer Öffnung mit der entsprechenden Mindestgröße ohne Einbauten.

c) Öffnungen ins Freie dürfen aufgrund der damit verbundenen Zugbelästigung und Wärmeverluste und der großen Wahrscheinlichkeit, dass sie auf Dauer verschlossen werden, in Aufenthaltsräumen, Bädern, Küchen u. Ä. nicht vorgesehen werden.

d) Bei einer Öffnung ist die Einbaulage grundsätzlich frei wählbar (Ausnahme: Bei der „Berliner Lüftung" nach DIN 18 017-1 ist sie unten anzuordnen).

e) Müssen zwei Öffnungen vorgesehen werden (dies ist grundsätzlich nur zur Erfüllung des Schutzzieles 1 nötig), so sind sie oben und unten anzuordnen. Dabei soll die oben liegende Öffnung möglichst nicht tiefer als 1,80 m über dem Fußboden, die unten liegende Öffnung in der Nähe des Fußbodens angebracht werden.

f) Die unter e) genannten Öffnungen sind immer in der gleichen Tür oder Wand anzuordnen.

g) Dürfen Öffnungen verschließbar sein, ist durch Sicherheitseinrichtungen zu gewährleisten, dass die Feuerstätten nur bei geöffnetem Verschluss betrieben werden können.

h) Bei einer Öffnung, oder alternativ zwei, ins Freie, die ausschließlich dem Schutzziel 2 (Verbrennungsluftversorgung) dienen,

- dürfen die Öffnungen verschließbar sein,
- darf jeder Öffnung eine Verbrennungsluftleitung nachgeschaltet werden,
- ist die Einbaulage frei wählbar (auch bei zwei Öffnungen!).

i) Werden den Öffnungen ins Freie Verbrennungsluftleitungen nachgeschaltet, darf dadurch das einströmende Luftvolumen nicht verringert werden. Diese Forderung ist erfüllt, wenn die Leitungen in Abhängigkeit von der geraden Länge nach den Diagrammen 8, 9 oder 10 bis 12 bzw. Tabelle 30 über ihre gesamte Länge mit gleich bleibendem lichtem Querschnitt dimensioniert werden.
Richtungsänderungen sind mit einer äquivalenten Länge von 3,0 m bei 90° sowie 1,5 m bei 45° und Gitter mit einer äquivalenten Länge von 0,5 m zu berücksichtigen.

j) Wird anstelle einer Öffnung von 150 cm^2 freien Querschnitts durch die Wand direkt ins Freie ein Schacht über Dach vorgesehen, darf die Schachtmündung nicht oberhalb der Mündung der Abgasanlage liegen. Damit wird gewährleistet, dass die wirksame Höhe der Abgasanlage größer als die des Verbrennungsluftschachtes ist. Außerdem wird eine negative Beeinflussung der Verbrennungsluftversorgung durch die Abgasabführung (Abgasbeimischung) vermieden. Der freie Querschnitt ergibt sich in Abhängigkeit von der Schachtlänge aus Diagramm 8 der TRGI. Die frühere maximale Schachthöhe von höchstens 4,0 m ist entfallen.

k) Bei rechteckigen Öffnungen ist für die kürzere Seite ein Mindestmaß nicht vorgeschrieben. Ein Seitenverhältnis von 1 : 2 sollte jedoch nicht überschritten werden (gedrungener Querschnitt).

l) Öffnungen dürfen durch ein Drahtnetz oder Gitter abgedeckt werden, wenn die Maschenweite mindestens 10 mm beträgt, die einzelnen Drähte, Stege, Lamellen u. Ä. mindestens 0,5 mm dick sind und der vorgeschriebene freie Querschnitt von 75 cm^2 oder 150 cm^2 erhalten bleibt.

m) Die Fugendurchlässigkeit (natürliche Undichtheit) an Innentüren darf im Zusammenhang mit der Verbrennungsluftversorgung nachträglich nicht vermindert werden.

Die Betreiber sind vom Ersteller der Gasanlage darauf hinzuweisen, dass die getroffenen Maßnahmen nicht nachteilig verändert werden dürfen.

9.2.2.3 Verbrennungsversorgung über Öffnungen ins Freie

Erfüllung des Schutzzieles 2 durch Öffnungen ins Freie

Wie aus Abschnitt 9.2.3.2 ersichtlich ist, gelten die hier beschriebenen Anforderungen sowohl bei

- raumluftabhängigen Feuerstätten bis 35 kW (Abschnitt 9.2.2.3)

als auch bei

- raumluftabhängigen Feuerstätten von mehr als 35 kW bis 50 kW (Abschnitt 9.2.3.2), also in Räumen mit einer Gesamtnennleistung aller Feuerstätten bis 50 kW

Im Zusammenhang mit der Tatsache, dass bei der Verbrennungsluftversorgung durch Öffnungen ins Freie Gasgeräte Art B_2, B_3 und B_5 unabhängig vom Rauminhalt – und damit natürlich auch unabhängig von der Raumhöhe – aufgestellt werden dürfen, muss auf die Einhaltung des Abschnittes 8.1.4.1 hingewiesen werden.

Verbrennungsluft aus Schacht

Es taucht häufig die Frage auf, mit welcher Begründung die noch in den TRGI '86/96 vorhandene Begrenzung auf eine Schachthöhe von 4 m entfallen ist. Man ist der Meinung, dass die Thermik im Schacht bei zunehmender Schachthöhe so groß wird, dass die ausreichende Verbrennungsluftversorgung gefährdet ist.

auch bei Schachthöhen größer 4 m anwendbar

Natürlich nimmt der Auftrieb im Schacht, besonders bei tiefen Außentemperaturen, mit zunehmender Höhe zu. Da die Schachtmündung jedoch nicht oberhalb der Mündung der Abgasanlage liegen darf, hat die Abgasanlage mindestens die gleiche wirksame Höhe. Sinkende Außentemperaturen lassen daher nicht nur den thermischen Auftrieb im Zuluftschacht steigen. Das Gleiche geschieht in der Abgasanlage, deren Auslegungstemperatur der Außenluft für die Druckbedingungen bei +15 °C liegt. Damit gleicht der sich erhöhende Unterdruck in der Abgasanlage den erhöhten Widerstand (Auftrieb) im Zuluftschacht aus.

9.2.2.4 Verbrennungsluftversorgung gemeinsam über Außenfugen und Außenluft-Durchlasselemente (ALD)

Kombination aus Luftdurchlässigkeit der Gebäudehülle und definierten Öffnungen

Als Alternative zur Verbrennungsluftversorgung durch

- den Rauminhalt des Aufstellraumes mit Fenster, das geöffnet werden kann, oder Tür ins Freie von mindestens 4 m^3 je 1 kW $\Sigma\dot{Q}_{NL}$ der raumluftabhängigen Feuerstätten nach Abschnitt 9.2.2.1,

- den Rauminhalt des Aufstellraumes mit Fenster, das geöffnet werden kann, oder Tür ins Freie und Verbrennungslufträumen im Verbrennungsluftverbund nach Abschnitt 9.2.2.2,

- Öffnungen ins Freie nach Abschnitt 9.2.2.3, deren Anwendungsmöglichkeiten aus bereits erwähnten Gründen doch sehr eingeschränkt sind,

bietet sich eine Kombination aus einem reduzierten Raum-Leistungs-Verhältnis und Außenluft-Durchlasselementen an.

ALD sind keine Öffnungen ins Freie

Außenluft-Durchlasselemente sind keine „ständig offenen, ins Freie führenden Verbrennungsluftöffnungen" im Sinne von Abschnitt 10.3.2. Diese Art der Verbrennungsluftversorgung ist somit kein Hindernis für den Anschluss der Gasfeuerstätte an eine gemeinsame Abgasanlage (Mehrfachbelegung). Die Erklärung ist einfach. Im Gegensatz zu einer Öffnung ins Freie mit einem vorgesetzten Gitter haben ALD Umlenkungen (ggf. sogar Regeleinrichtungen), die die Einwirkung des Winddruckes an der Fassade wesentlich mindern.

Beschränkung aufgehoben

Nach den TRGI '86/96 durfte die Kombination aus einem reduzierten Raum-Leistungs-Verhältnis und Außenluft-Durchlasselementen nur im Aufstellraum selbst (und nicht im Verbrennungsluftverbund) und auch nur für einen stündlichen Volumenstrom von 0,8 m^3 je 1 kW Gesamtnennleistung eingesetzt werden. Diese Beschränkungen sind jetzt aufgehoben.

1996 bestand noch wenig Klarheit über die Leistungsfähigkeit von ALD

In den TRGI '86/96 wurden an die ALD keine konkreten Anforderungen gestellt. Dies hätte auch nichts genützt, da zu dieser Zeit keine Herstellerangaben über den freien Querschnitt, den Strömungswiderstand oder gar den bei 4 Pa realisierbaren Außenluftvolumenstrom vorlagen. Die Forderung, dass eine Verbrennungsluftversorgung von 0,8 m^3 je 1kW $\Sigma\dot{Q}_{NL}$ sämtlicher raumluftabhängiger Feuerstätten durch die Durchlasselemente gewährleistet ist, musste durch Angaben der Hersteller oder durch entsprechende Messungen am Einbauort nachgewiesen werden. Aus diesem Grund wurde der Einsatz von ALD wesentlich eingeschränkt.

es gibt hochwertige Möglichkeiten

Jetzt gibt es ALD, bei denen der Hersteller mittels Bescheinigungen neutraler Prüfstellen nachweisen kann, welcher Volumenstrom je Element bei einem Unterdruck von 4 Pa dem Raum zugeführt wird. Gute Hersteller haben außerdem einen Nachweis, dass Schalldämpfung und Schlagregensicherheit gewährleistet sind.

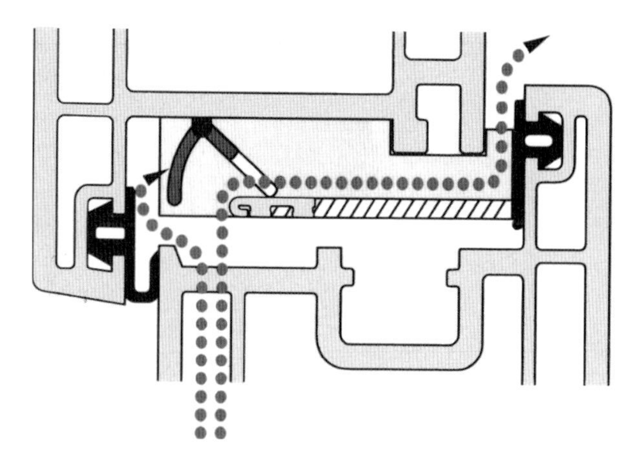

Bild 9.1 – Funktionsprinzip REGEL-air Fensterfalzlüfter – Pendelklappe schließt bei Windstärken über 5, daher kaum Zugerscheinungen – gewährleistet aber auch dann noch (durch den starken Winddruck) den angegebenen Mindestluftvolumenstrom (Quelle: Produktbeschreibung Regel-air Fensterfalzlüfter)

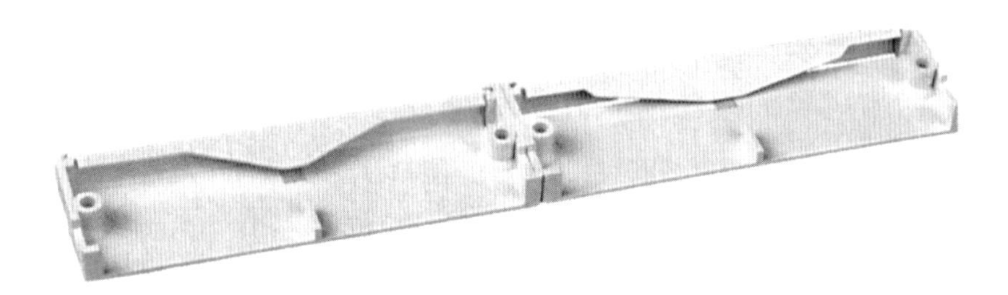

Bild 9.2 – Satz Fensterfalzlüfter vor dem Einbau – einfacher Aufbau mit geringer Verschmutzungswahrscheinlichkeit (Quelle: Produktbeschreibung Regel-air Fensterfalzlüfter)

Bild 9.3 – Satz Fensterfalzlüfter nach dem Einbau – nach Schließen des Fensters nicht mehr zu sehen. Die Außenluft tritt an der in Bild 9.5 beschriebenen Stelle in den Raum zwischen innerer und äußerer Dichtung ein, durchströmt den Zwischenraum nach oben, dann den Regel-air und tritt letztendlich an der in Bild 9.4 gezeigten Stelle in den Raum ein. (Quelle: Produktbeschreibung Regel-air Fensterfalzlüfter)

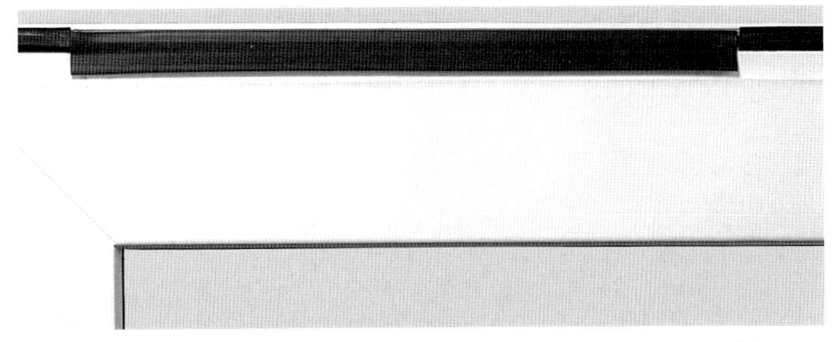

Bild 9.4 – Ausgetauschter Teil der Dichtung am Fenster oben – hier tritt die zugeführte Luft nach oben in den Raum ein (Quelle: Produktbeschreibung Regel-air Fensterfalzlüfter)

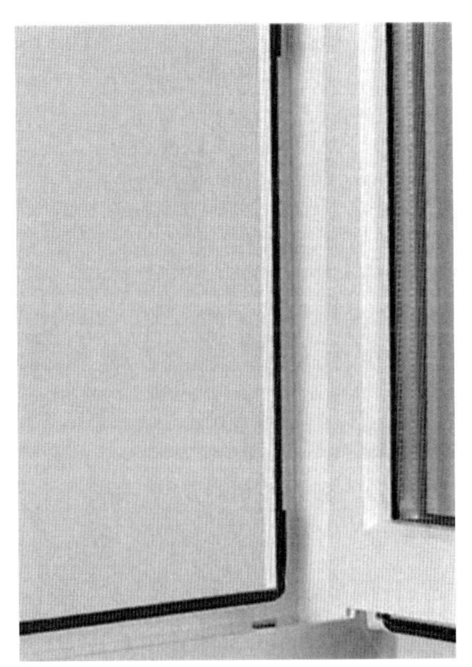

Bild 9.5 – Ausgetauschter Teil der Dichtung seitlich am Fensterrahmen – hier tritt die Außenluft ein und wird dann zwischen Fenster und Rahmen nach oben geführt (Quelle: Produktbeschreibung Regel-air Fensterfalzlüfter)

die Wertigkeit hat sich zugunsten der ALD verschoben

Die Luftdurchlässigkeit der Gebäudehülle ist schwer einzuschätzen. Der Hersteller hochwertiger ALD bescheinigt den Außenluftvolumenstrom je Element. Es besteht daher kein Grund zur Einschränkung mehr. Daher wurde sowohl die Beschränkung auf den ausschließlichen Einsatz im Aufstellraum als auch auf maximal 0,8 m^3 je 1 kW Gesamtnennleistung aufgehoben. **Dafür wurden Qualitätsmerkmale beschrieben, deren Erfüllung Voraussetzung für die Einhaltung der TRGI darstellen.**

Angabe zur Luftergiebigkeit bezieht sich auf jeweiligen Raum

Die Angabe zur Luftergiebigkeit je Element bezieht sich natürlich nur auf den Raum, in dem das ALD eingebaut wird. Damit kann diese im Aufstellraum der Feuerstätte voll angerechnet werden. In Verbrennungslufträumen, die **nicht** mittels Öffnungen von mindestens 150 cm^2 mit dem Aufstellungsraum verbunden sind, natürlich nur anteilig. Unter 9.2.2.2 wurde erläutert, warum im Verbrennungsluftverbund mit einer anrechenbaren Leistung ausgegangen wird. Dies trifft auch beim Einsatz von ALD zu. Das Element kann den vollen Außenluftvolumenstrom nur realisieren, wenn tatsächlich mindestens 4 Pa Unterdruck im Raum anliegen. Die in den Raum eingeströmte Luftmenge wird durch Widerstände wie Türen und Dichtungen daran gehindert vollständig dem Aufstellraum zuzufließen.

Hohe Schule oder ganz einfach?

Ist deshalb die Berechnung der ausreichenden Verbrennungsluftversorgung zu kompliziert? Nein.

Wenn z. B. durch ein ALD je Stunde bei 4 Pa 10 m^3 Außenluft einem Aufstellraum mit Fenster, das geöffnet werden kann, oder einer Tür ins Freie mit einem Rauminhalt von 40 m^3 zusätzlich zugeführt werden, rechnet sich das wie folgt:

bei Anordnung des ALD im Aufstellraum

- 40 m^3 Rauminhalt geteilt durch 4 bedeutet Verbrennungsluft für 10 kW bzw. 40 m^3 · 0,4/h (-facher Luftwechsel) = 16 m^3/h Verbrennungsluft – genügt für 10 kW
- 10 m^3/h Verbrennungsluft (durch das ALD) geteilt durch 1,6 m^3/h je kW = 6,25 kW
- damit können (10 kW durch Raumvolumen + 6,25 kW durch ALD) = 16,25 kW mit Verbrennungsluft versorgt werden

Wenn z. B. ein Aufstellraum mit Fenster, das geöffnet werden kann, oder einer Tür ins Freie mit einem Rauminhalt von 20 m^3, mit einem Verbrennungsluftraum mit einem Rauminhalt von 40 m^3, dem durch ein ALD zusätzlich je Stunde bei 4 Pa 10 m^3 Außenluft zugeführt werden, durch eine Tür mit einer Öffnung von mindestens 150 cm^2 direkt verbunden ist, rechnet sich das wie folgt:

bei Anordnung des ALD in Räumen, die mit dem Aufstellraum über Öffnungen von 150 cm^2 verbunden sind

- 20 m^3 Rauminhalt des Aufstellraumes geteilt durch 4 bedeutet Verbrennungsluft für 5 kW bzw. 20 m^3 · 0,4/h (-facher Luftwechsel) = 8 m^3/h Verbrennungsluft – genügt für 5 kW
- 40 m^3 Rauminhalt des Verbrennungsluftraumes geteilt durch 4 bedeutet Verbrennungsluft für 10 kW bzw. 40 m^3 · 0,4/h (-facher Luftwechsel) = 16 m^3/h Verbrennungsluft – genügt für 10 kW
- 10 m^3/h Verbrennungsluft (durch das ALD) geteilt durch 1,6 m^3/h je kW = 6,25 kW
- wenn der Verbrennungsluftraum mit dem Aufstellraum über eine Öffnung von mindestens 150 cm^2 verbunden ist, können (5 kW durch Raumvolumen Aufstellraum + 10 kW durch Raumvolumen Verbrennungsluftraum + 6,25 kW durch ALD) = 21,25 kW mit Verbrennungsluft versorgt werden.

Wenn z. B. ein Aufstellraum mit Fenster, das geöffnet werden kann, oder einer Tür ins Freie mit einem Rauminhalt von 20 m^3 mit einem Verbrennungsluftraum mit einem Rauminhalt von 40 m^3, dem durch ein ALD zusätzlich je Stunde bei 4 Pa 10 m^3 Außenluft zugeführt werden, durch eine Tür

ohne eine Öffnung von mindestens 150 cm^2 direkt verbunden ist, rechnet sich das wie folgt:

bei Anordnung des ALD in Räumen, die mit dem Aufstellraum nicht über Öffnungen von 150 cm^2 verbunden sind

- 20 m^3 Rauminhalt des Aufstellraumes geteilt durch 4 bedeutet Verbrennungsluft für 5 kW bzw. 20 m^3 · 0,4/h (-facher Luftwechsel) = 8 m^3/h Verbrennungsluft – genügt für 5 kW

- die anrechenbare Leistung der 40 m^3 Rauminhalt des Verbrennungsluftraumes richtet sich nach der Kurve, die sich aus der Dichtheit der Innentür ergibt

- die **10 m^3/h Verbrennungsluft,** die durch das ALD einströmen können, werden in ein **vergleichbares Raumvolumen** umgerechnet und dem Raumvolumen des Verbrennungsluftraumes zugeschlagen - 10 m^3/h Verbrennungsluft geteilt durch 0,4/h (-facher Luftwechsel) entspricht einem äquivalenten Raumvolumen von 25 m^3

- damit ergibt sich ein anrechenbares Raumvolumen des Verbrennungsluftraumes von 40 (durch den Raum) + 25 (äquivalent für das ALD) = 65 m^3

- damit geht man in Diagramm 7 oder Tabelle 29 und liest die anrechenbare Leistung des Verbrennungsluftraumes (einschließlich des ALD) ab
  - nach Kurve 4 – 16,25 kW – stimmt, siehe vorhergehendes Beispiel mit 150 cm^2 Öffnung in Tür
  - nach Kurve 3 – 14,4 kW
  - nach Kurve 2 – 12,25 kW
  - nach Kurve 1 – 5,1 kW

Diese anrechenbare Leistung wird zu der durch den Aufstellraum mit Verbrennungsluft versorgten Leistung von 5 kW addiert. Damit ergibt sich je nach Gestaltung der Tür des Aufstellraumes eine mögliche zu installierende Leistung von 10,1 bis 21,25 kW.

handbetätigte ALD nicht mehr zulässig

Durchlasselemente, deren Verschluss von Hand betätigt wird, sind in der TRGI nicht mehr genannt und somit durch die technische Regel nicht mehr abgedeckt. Wem hilft ein handbetätigter Durchlass, der immer offen bleiben muss?

Elektrisch gesteuerte ALD müssen im Versagensfall in Offen-Stellung bleiben, da sonst die Funktion des Gasgerätes blockiert ist.

9.2.2.5 Verbrennungsluftversorgung über besondere technische Anlagen

nur Einzelschachtanlagen mit Zuluft- und Abluftschacht oder Zentralentlüftungsanlagen mit Ventilatoren

Besondere technische Anlagen nach Abschnitt 9.2.2.5 für die Aufstellung von Gasgeräten Art B_1 – und zwar nur für diese – sind

- Einzelschachtanlagen nach DIN 18017-1 Februar 1987 „Lüftung von Bädern und Toilettenräumen ohne Außenfenster – Einzelschachtanlagen ohne Ventilatoren“ sowie

- nur Zentralentlüftungsanlagen und keine Einzelentlüftungsanlagen nach DIN 18017-3 Februar 1990 „Lüftung von Bädern und Toilettenräumen ohne Außenfenster mit Ventilatoren"

„Berliner Lüftung" in Norm nicht mehr genannt

Bis zur Herausgabe der DIN 18017-1 September 1983 konnte die Versorgung der zu lüftenden Innenräume mit Zuluft sowohl über ein unteres Schacht/Kanal-System (sogenannte „Kölner Lüftung") als auch aus einem benachbarten Raum (sogenannte „Berliner Lüftung") erfolgen.
Ab September 1983 und in der heute gültigen Ausgabe der DIN 18017-1 Februar 1987 ist mit den nachstehenden Erläuterungen (Zitat) die Anwendung der sogenannten „Berliner Lüftung" für Neubauten entfallen.

„Erläuterungen
In dieser Norm wurde, aufgrund der hohen Dichtheit von Fenstern und Außentüren, auf die Aufnahme von Anlagen mit über Dach führenden Schächten und Zuluft aus einem Nebenraum verzichtet, obwohl diese Anlagen in der Vergangenheit häufig und im Allgemeinen mit guten Ergebnissen angewandt wurden.

Da das Problem der Wohnungslüftung einer generellen Regelung bedarf, ist beabsichtigt auch Anlagen mit über Dach führenden Schächten und Zuluft aus einem Nebenraum wieder zu normen. Dabei muss sichergestellt sein, dass der für die innen liegenden Bäder und Toilettenräume benötigte Luftstrom aus der Wohnung abgezweigt werden kann."

Neuinstallation mit „Berliner Lüftung" nicht mehr durch technische Regel gedeckt

In bestehenden Gebäuden mit der sogenannten „Berliner Lüftung" können durchaus noch Gasgeräte Art B_1 aufgestellt sein. Diese dürfen aufgrund der Tatsache, dass unzählige Gasanlagen in der Vergangenheit in Verbindung mit der sogenannten „Berliner Lüftung" erstellt und nach wie vor ohne Belästigungen oder Gefahr betrieben werden, grundsätzlich weiterhin bestehen bleiben.

Bestandsschutz für bestehende Anlagen

Der Bestandsschutz für diese Anlagen besteht, wenn keine Gefahren oder unzumutbaren Belästigungen festgestellt werden, bis zu einer wesentlichen Änderung. Als wesentliche Änderung gilt der Austausch eines Gasgerätes, wenn das neue Gerät stark abweichende Wertetripel (Abgastemperatur, Abgasmassenstrom, Druckbedarf) hat. Näheres dazu unter 10.3.5.

DIN verweist auf TRGI

Zur Erfüllung des Schutzzieles 2 darf bei der sogenannten „Kölner Lüftung" die Zuluftöffnung im Zuluftschacht nur dann als Verbrennungsluftöffnung ins Freie betrachtet werden, wenn

- die Bedingungen des Abschnittes 9.2.2.3 eingehalten werden. Demzufolge muss dem Aufstellraum durch den Zuluftkanal in Verbindung mit dem Zuluftschacht das gleiche Verbrennungsluftvolumen zuströmen wie durch eine Verbrennungsluftöffnung von 150 cm^2 freien Querschnitts direkt ins Freie

oder

- der Querschnitt des Zuluftkanals und des Zuluftschachtes kleiner als der nach Diagramm 8 ist und der messtechnische Nachweis ausreichender Verbrennungsluftversorgung nach Abschnitt 9.2.2.6 geführt wird.

Diese Aussage ist deshalb von Bedeutung, weil nach DIN 18017-1 für die Lüftung – nicht Verbrennungsluftversorgung – wohl eine Zuluftöffnung von mindestens 150 cm^2 freien Querschnitts im Aufstellraum vorhanden sein muss, der der Zuluftöffnung vorgeschaltete Zuluftschacht jedoch nur mindestens 140 cm^2 groß sein muss und für die Aufstellung von Gasfeuerstätten auf die TRGI verwiesen wird.

es können zusätzliche Maßnahmen erforderlich sein

Werden die oben genannten Bedingungen nicht erfüllt, darf die Zuluftöffnung nur anteilmäßig als Verbrennungsluftöffnung angesetzt werden und die einwandfreie Verbrennungsluftversorgung ist durch zusätzliche Maßnahmen sicherzustellen.

Da die Zuluftöffnung nach DIN 18017-1 mit einer Einrichtung ausgestattet sein muss, mit der der Zuluftstrom gedrosselt und die Zuluftöffnung verschlossen werden kann, ist durch eine Sicherheitseinrichtung zu gewährleisten, dass die Gasfeuerstätten nur bei vollständig geöffneter Zuluftöffnung – die beim Betrieb der Gasfeuerstätten die Funktion einer Verbrennungsluftöffnung hat – betrieben werden kann.

Bei innen liegenden Aufstellräumen mit über Dach führendem Abluftschacht und Zuluft aus einem unmittelbar benachbarten Raum (sogenannte „Berliner Lüftung“) erfolgt die Verbrennungsluftversorgung wie beim Verbrennungsluftverbund (Ausnahme: Bei einer Verbrennungsluftöffnung von 150 cm^2 freien Querschnitts ist diese stets unten anzuordnen.).

DVGW G 626 (A) neu

Die im 1. Absatz des Abschnittes 9.2.2.5 genannten Zentralentlüftungsanlagen dürfen nur genutzt werden, wenn die Regelungen des DVGW-Arbeitsblattes G 626 (Ausgabe Oktober 2006) „Mechanische Abführung von Abgasen für raumluftabhängige Gasfeuerstätten in Abgas- bzw. Zentralentlüftungsanlagen“ eingehalten werden.

nähere Ausführungen zu Abschnitt 10.3.5

Nähere Ausführungen über die Verbrennungsluftversorgung über besondere technische Anlagen werden im Zusammenhang mit dem Thema Abgasabführung über Lüftungsanlagen im Kommentar zu Abschnitt 10.3.5 getroffen.

9.2.2.6 Messtechnischer Nachweis ausreichender Verbrennungsluftversorgung

kein Ersatz für rechnerischen Nachweis und Funktionsprüfung

Der messtechnische Nachweis ausreichender Verbrennungsluftversorgung ist kein Ersatz für die nach den Abschnitten 9.2.2.1 bis 9.2.2.5 zu ermittelnde Verbrennungsluftversorgung der Gasgeräte Art B sowie die nach Abschnitt 11.2 durchzuführende Funktionsprüfung der Abgasanlage bei Gasgeräten Art B_1 und B_4!

Messung nach DVGW G 625 (H) sollte seltener Fall bleiben

In einem solchen Einzelfall besteht die Möglichkeit, nach dem DVGW-Hinweis G 625 für Gasgeräte Art B_1 und B_4 mit Abgasüberwachung, B_2, B_3 und B_5 die ausreichende Verbrennungsluftversorgung nach Abschnitt 9.2.2.6 messtechnisch nachzuweisen.

es wird ermittelt, ob 4 Pa Unterdruck für die ausreichende Verbrennungsluftversorgung genügen

Da die Antriebskraft für das Nachströmen der Verbrennungsluft vom Freien aus dem Förderdruck der Abgasanlage stammt, der ausreichen muss, um den Widerstand zu überwinden, den die Gebäudehülle der nachströmenden Verbrennungsluft entgegenstellt, kann man die Abgasanlage praktisch als „Motor" für die Verbrennungsluftversorgung bezeichnen. Bei der Bemessung wird für die sichere Funktion der Abgasanlage ein notwendiger Förderdruck für die Verbrennungsluft von 0,04 mbar (4 Pa) zu Grunde gelegt. Ziel der Messung ist es, den Förderdruck zu bestimmen, der erforderlich ist, um dem Aufstellraum die benötigte Verbrennungsluft zuzuführen. Hierzu wird mit einem vereinfachten oder ausführlichen Verfahren gemessen, wie sich der Druck im Aufstellraum ändert, wenn man ihm die benötigte Verbrennungsluft entnimmt. Weitere Einzelheiten bezüglich der Messeinrichtung, Durchführung der Messung, möglichen Störquellen (z. B. böige Winde) und Dokumentation ergeben sich aus DVGW-Hinweis G 625.

Zusammenarbeit ist wichtig

Abschließend wird mit Nachdruck darauf hingewiesen, dass in einem derartigen Einzelfall die intensive Zusammenarbeit zwischen VIU und BSM von großer Wichtigkeit ist.

Ausblick

Das bisherige Messverfahren ist sehr anfällig bei Wind. Aus diesem Grund müssen die Ergebnisse einer Messung (wegen zu starker Abweichungen) häufig verworfen werden. In Küstenregionen ist das Verfahren praktisch nicht anwendbar. Es sind nur wenige Geräte im Umlauf, die von ebenfalls sehr wenigen Spezialisten eingesetzt werden.

In der Zwischenzeit wurden neue Messgeräte entwickelt, die auf Druckschwankungen nicht so stark reagieren bzw. die Schwankungen dämpfen. Vom DVGW Technischen Komitee „Gasinstallation" wurde daher ein Projektkreis gebildet, der den DVGW-Hinweis G 625 überarbeiten soll. Es ist in absehbarer Zeit mit einem neuen DVGW-Hinweis G 625 zu rechnen, der die Grundlage für den Einsatz eines besser einsetzbaren Messverfahrens sein wird.

9.2.2.7 Schrankartige Umkleidung von Gasgeräten Art B

Bei der schrankartigen Umkleidung handelt es sich um eine optische Verbesserung der Aufstellung eines Gasgerätes in Wohnräumen (in der Regel mit einem Warmwasserspeicher innerhalb dieser Verkleidung). Für die Verbrennungsluftversorgung des Aufstellraumes können alle Möglichkeiten nach Abschnitt 9.2 zur Anwendung kommen.

9.2.3 Gesamtnennleistung größer 35 kW

„eigener Aufstellraum" jetzt erst bei > 100 kW, Öffnung ins Freie aber bei > 35 kW raumluftabhängig

Für die Aufstellung von Gasfeuerstätten in Räumen bei einer Gesamtnennleistung aller Feuerstätten bis 100 kW werden auf der Grundlage der MFeuV in der Fassung vom September 2007 an die Aufstellräume keine bauordnungsrechtlichen, besonderen brandschutz- und lüftungstechnischen Anforderungen mehr gestellt. Die Grenze, ab der die Verbrennungsluftversorgung nur noch über Öffnungen ins Freie zulässig ist, bleibt aber bei 35 kW Gesamtnennleistung aller raumluftabhängigen Feuerstätten.

35 kW seit M-FeuVO 1995

Mit der Erfüllung des Schutzzieles 2 gibt es aber seit dem Erscheinen der M-FeuVO Februar 1995 drei Gruppen von Aufstellräumen. Darauf musste auch die Ausgabe der TRGI '86/96 reagieren. Die Anforderungen an den „eigenen" Aufstellraum wurden wesentlich abgeschwächt, aber die Grenze für die Verbrennungsluftversorgung über Undichtigkeiten in der Gebäudehülle von 50 auf 35 kW Gesamtnennleistung gesenkt.

nur maximal 35 kW

Seit den TRGI '86/96 sind die Möglichkeiten zur Erfüllung des Schutzzieles 2

- **nur über die Außenfugen des Aufstellraumes allein** (Abschnitt 9.2.2.1 der TRGI) oder
- **über die Außenfugen im Verbrennungsluftverbund** (Abschnitt 9.2.2.2 der TRGI)

nur in den Grenzen der Gesamtnennleistung aller raumluftabhängigen Feuerstätten bis 35 kW erlaubt.

zwar das Problem, aber nicht die Ursache erkannt

Die Einschränkung in der M-FeuVO war eine Reaktion der ARGEBAU (Arbeitsgemeinschaft der obersten Baubehörden) auf die immer dichter werdenden Gebäudehüllen und die Probleme bei der Verbrennungsluftversorgung raumluftabhängiger Feuerstätten. Damit wurde das Problem zwar nicht gelöst (in einer Nutzungseinheit mit 140 m^3 Rauminhalt können immer noch 35 kW installiert werden, dort gilt das 4 : 1 Verhältnis uneingeschränkt), aber die Aufstellung von Gasfeuerstätten im Verbrennungsluftverbund auch in sehr großen Wohnungen wurde eingeschränkt.

es gilt Bestandsschutz bis zur wesentlichen Änderung

Wenn in einer Nutzungseinheit schon vor dem Erscheinen der TRGI '86/96 raumluftabhängige Feuerstätten mit einer Gesamtnennleistung von bis zu 50 kW installiert waren und über die Außenfugen mit Verbrennungsluft versorgt werden, besteht Bestandsschutz. Dies gilt so lange bis entweder wesentliche Änderungen vorgenommen werden oder durch diesen Zustand Gefahren oder unzumutbare Belästigungen auftreten.

Was sind wesentliche Änderungen?

Der Austausch einer nicht baugleichen raumluftabhängigen Feuerstätte, der Einbau neuer Fenster, die Wärmedämmung der Außenhaut des Gebäudes usw. sind wesentliche Änderungen, d. h alles das, was auf die Verbrennungsluftversorgung (die Dichtheit der Gebäudehülle) oder die Abgasabführung (thermischer Auftrieb und damit zur Verfügung stehender Unterdruck für die Verbrennungsluftversorgung) Auswirkungen hat.

nicht die Gesamtnennleistung, sondern die Dichtheit des Gebäudes ist ausschlaggebend

Daraus ergibt sich eindeutig, dass es in einem Gebäude in dem lüftungstechnisch noch die gleichen Voraussetzungen wie vor 1996 vorhanden sind, technisch gesehen unproblematisch ist die Verbrennungsluftversorgung raumluftabhängiger Feuerstätten mit einer Gesamtnennleistung bis 50 kW über die Außenfugen zu realisieren.

formelles und fachliches Problem

Die MFeuV und damit auch die meisten Feuerungsverordnungen der Länder beschränken diese Art der Verbrennungsluftversorgung auf maximal 35 kW. Diese Festlegung ist damit nicht nur technische Regel, sondern gesetzliche Vorschrift.

für den Fachmann gibt es weitere Möglichkeiten

§ 3 Abs. 6 der MFeuV beschreibt die mögliche Öffnung „Abweichend von den Absätzen 1 bis 4 kann für raumluftabhängige Feuerstätten eine ausreichende Verbrennungsluftversorgung auf andere Weise nachgewiesen werden". Dies bedeutet, der Fachmann mit Hintergrundwissen ist nicht auf 35 kW beschränkt. Er muss allerdings einen „Nachweis" führen, dass seine Lösung sicher ist und er muss die anderen „am Bau Beteiligten" davon überzeugen.

Verweis auf alte Regeln ist nicht ausreichend

Es genügt nicht, zu sagen „das war früher ja mal zulässig". Schließlich hatte die Änderung einen Grund. Man muss sich Gedanken machen, ob die baulichen Voraussetzungen der Nutzungseinheit eine solche Ausnahme ermöglichen.

die im Entwurf der TRGI 2008 vorhandene Formulierung weist den Weg, reicht aber nicht aus

Im Entwurf der DVGW-TRGI 2008 stand „In Einzelfällen dürfen Gasgeräte der Art B mit einer Gesamtnennleistung über 35 bis 50 kW in Räumen mit Verbrennungsluftversorgung über Außenfugen des Aufstellraumes nach 9.2.2.1 oder über Außenfugen im Verbrennungsluftverbund nach 9.2.2.2 aufgestellt werden, wenn günstige Umstände Gefahren oder erhebliche Beeinträchtigungen ausschließen. Dies kann beispielsweise angenommen werden, wenn bei bestehenden Gasinstallationen in Altbauten mit einer nicht veränderten Außenhülle (Beschaffenheit der Fenster und Außentüren) Gasgeräte ersetzt oder neu installiert werden sollen". Dieser Teil wurde in Folge der Einsprüche gestrichen.

logisches Denken ist nicht verboten

Der Ansatz ist richtig und die Einschränkung auf 35 kW technisch nicht begründbar. Die Probleme wegen der erhöhten Dichtheit der Gebäudehülle sind aber objektiv vorhanden. Wenn daher in einem Gebäude mit gleichen Voraussetzungen

- in einer Etage zwei Wohnungen mit raumluftabhängigen Feuerstätten im Verbrennungsluftverbund mit je 35 kW beheizt und mit warmem Wasser versorgt werden, ohne dass dabei Probleme auftreten,

- ist anzunehmen, dass in der anderen Etage, in der auf der gleichen Fläche nur eine Wohnung existiert, selbst 70 kW relativ unproblematisch wären.

Zumal bei Einzelfeuerstätten ja noch die (allerdings bei der Verbrennungsluftversorgung und Abgasabführung in keiner Weise zu berücksichtigende) Gleichzeitigkeit der Nutzung dazukommt.

Sicherheit geht vor Erleichterung bei der Installation oder Erweiterung der Gasinstallation

Die Feuerungsverordnung ermöglicht somit auch bei mehr als 35 kW Gesamtnennleistung der raumluftabhängigen Feuerstätten eine Verbrennungsluftversorgung im Verbrennungsluftverbund. Die Ausführenden und auch die Prüfenden müssen sich aber darüber im Klaren sein, dass sie sich außerhalb der technischen Regel bewegen und damit eine besondere Verantwortung tragen. Als Maßnahme zum Nachweis bietet sich der „Nachweis ausreichender Verbrennungsluftversorgung" nach DVGW-Hinweis G 625 an. Diese Lösung sollte insbesondere bei der Auslegung von Bestandsschutz-Fragestellungen in diesem Zusammenhang zu Rate gezogen werden.

9.2.3.1 Verbrennungsluftversorgung über Außenfugen, gemeinsam mit Außenluft-Durchlasselementen (ALD), bis zu einer Gesamtnennleistung von 50 kW

die einfachere, aber etwas aufwendigere Variante

Für Fachleute, die gern auf der ganz sicheren Seite sind oder die keine Erfahrungen mit der Messung der Luftergiebigkeit von Nutzungseinheiten haben oder für Nutzungseinheiten, die eben nicht undicht genug sind, wurde eine weitere Möglichkeit der Verbrennungsluftversorgung im Verbrennungsluftverbund bei mehr als 35 kW Gesamtnennleistung der raumluftabhängigen Feuerstätten in die TRGI aufgenommen.

Ergänzung der Verbrennungsluftmenge durch ALD

Die Verbrennungsluftversorgung im Verbrennungsluftverbund bis 35 kW Gesamtnennleistung der raumluftabhängigen Feuerstätten ist eindeutig beschrieben. Wenn also das Raum-Leistungs-Verhältnis von 4 : 1 für 35 kW eingehalten ist (die Räume ausreichend groß sind), kann die Verbrennungsluft für die Leistung über 35 kW bis 50 kW der Nutzungseinheit zusätzlich durch ALD zugeführt werden.

Voraussetzung ist klarer Nachweis über die bei 4 Pa über die ALD zuströmende Luftmenge

Die TRGI trifft klare Aussagen, welche Voraussetzungen gegeben sein müssen, damit der konkrete Volumenstrom, der über die ALD zugeführt wird, berechnet werden kann. Wer Ärger, Schadenersatzforderungen und im schlimmsten Fall Abgasunfälle vermeiden will, sollte sich an diese Vorgaben halten. Übrigens ist eine aus einem Fenster herausgeschnittene Dichtung ohne Ersatzmaßnahme keine Maßnahme zur Verbrennungsluftversorgung, sondern Sachbeschädigung.

Beispiele für die Herstellung der Verbrennungsluftversorgung bis 50 kW Gesamtnennleistung im Verbrennungsluftverbund gemeinsam mit Außenluft-Durchlass-Elementen

Beispiel in Anhang 9 wird um DWH mit 25 kW erweitert

Um kein neues Beispiel entwerfen zu müssen, wird Beispiel 9 für den unmittelbaren Verbrennungsluftverbund genutzt. Es wird lediglich zum UWH im Flur in der Küche ein DWH mit 25 kW Nennleistung installiert.
Die Gesamtnennleistung der Gasgeräte Art B_{11} – UWH mit 22,7 kW Nennleistung und DWH mit 25 kW Nennleistung – beträgt somit 47,7 kW. Der UWH soll im Flur, der DWH in der Küche installiert werden. Es stehen 5 Verbrennungslufträume zur Verfügung. Der Aufstellraum des UWH ist kein Verbrennungsluftraum. Der Aufstellraum des DWH ist gleichzeitig Verbrennungsluftraum. Alle Innentüren haben dreiseitig umlaufende Dichtungen.

überschlägige Prüfung

Die Summe der Raumvolumina aller 5 Verbrennungslufträume beträgt (60 + 40 + 30 + 32 + 15) 177 m^3. Geteilt durch 4 bedeutet dies, es könnten theoretisch 44,25 kW mit Verbrennungsluft versorgt werden. Gestattet sind 35 kW über Außenfugen. Die restlichen 12,7 kW müssen mittels ALD abgesichert werden. Das bedeutet, es muss ein **Außenluftvolumenstrom** von (12,7 x 1,6) **20,32 m^3/h über die ALD realisiert werden.**

Wo werden die ALD angeordnet?

Die volle Außenluftleistung der ALD kann nur angerechnet werden, wenn sich diese im Aufstellraum befinden oder in einem Raum angeordnet sind, der mit dem Aufstellraum durch Öffnungen mit mindestens 150 cm^2 verbunden ist.

Es bietet sich zunächst die Küche an. Angenommen im Küchenfenster können zwei Fensterfalzlüfter mit je 3,0 m^3/h Volumenstrom bei 4 Pa angeordnet werden. Ergibt in Summe 6,0 m^3/h – geteilt durch 1,6 – entspricht 3,75 kW Nennleistung.

mindestens 7 ALD zu je 3 m^3/h

Bei der überschlägigen Prüfung wurde festgestellt, dass mindestens 20,32 m^3/h über ALD realisiert werden müssen. Das bedeutet insgesamt mindestens 7 ALD mit je 3 m^3/h.

bei weiteren Räumen nur anteilige Anrechnung möglich

Es fehlen zwar nur noch (12,7 – 3,75) 8,95 kW, aber es gilt **maximal 35 kW über Außenfugen, den Rest über ALD.** Deshalb in allen anderen Verbrennungslufträumen einen, im Wohnzimmer zwei Fensterfalzlüfter montieren. Diese verbessern den Luftwechsel und bringen theoretisch noch mal (5 · 3,0 = 15,0 m^3/h entspricht (15 : 1,6) 9,4 kW. Bei der praktischen Berechnung müssen die Kurven nach TRGI beachtet werden.

möglichst wenige Löcher in den Türen und wenig Aufwand

Es ist festzustellen, wie die Verbrennungsluftversorgung so gestaltet werden kann, dass dem Nutzer die geringsten Belästigungen entstehen. Da ein unmittelbarer Verbrennungsluftverbund vorliegt, benötigt man keinen Verbundraum. Es muss zunächst in keiner Tür eine Öffnung von 150 cm^2 hergestellt werden.

Schutzziel 1 erfüllt

Schutzziel 1 ist durch das Raumvolumen des Flurs (30 m^3) und der Küche (32 m^3) erfüllt.

angefangen wird in der Küche

Zunächst wird die Verbrennungsluftversorgung des DWH in der Küche geklärt. Raumgröße 32 m^3 bedeutet Luft für 8 kW. Dazu kommen 3,75 kW über die beiden Fensterfalzlüfter (8 + 3,75 = 11,75). Es muss für (25 - 11,75) 13,25 kW noch Verbrennungsluft herangeführt werden. Damit ist klar, der Flur wird zum Verbundraum, der mit der Küche über eine Öffnung von mindestens 150 cm^2 verbunden werden muss.

damit ergibt sich aber auch eine Erleichterung bei der Berechnung

Durch die Verbindung von Küche und Flur über eine Öffnung von mindestens 150 cm^2 können die noch zu versorgende Leistung des DWH von 13,25 kW und die Leistung des UWH von 22,7 kW addiert werden. Aus den verbleibenden 4 Verbrennungslufträumen müssen diese 35,95 kW mit Verbrennungsluft versorgt werden.

Damit ist auch klar, dass die Luftleistungen der 5 in den Fenstern eingebauten ALD nicht voll angerechnet werden können. Es sollen ja möglichst weitere Öffnungen von 150 cm^2 vermieden werden.

Luftvolumenstrom in Raumvolumen umrechnen

Zur leichteren Anwendung des Diagramms 7 werden nun die Luftvolumenströme der ALD in vergleichbares Raumvolumen umgerechnet (siehe dazu auch die Kommentierung zu 9.2.2.4).

- Wohnzimmer 60 m^3 + 15 m^3 (2 ALD mit 3,0 m^3/h = 6,0 m^3/h : 0,4-fachen Luftwechsel je h = 15 m^3) ergibt 75 m^3 Rauminhalt
- Schlafzimmer 40 m^3 + 7,5 m^3 (1 ALD mit 3,0 m^3/h : 0,4-fachen Luftwechsel je h = 7,5 m^3) ergibt 47,5 m^3 Rauminhalt
- Kinderzimmer 30 m^3 + 7,5 m^3 (1 ALD mit 3,0 m^3/h : 0,4-fachen Luftwechsel je h = 7,5 m^3) ergibt 37,5 m^3 Rauminhalt
- Bad 15 m^3 + 7,5 m^3 (1 ALD mit 3,0 m^3/h : 0,4-fachen Luftwechsel je h = 7,5 m^3) ergibt 22,5 m^3 Rauminhalt

Geht es auch ohne Änderungen an den Dichtungen?

Es wird zunächst berechnet, ob die ausreichende Verbrennungsluftversorgung schon mit Kurve 1, also ohne Änderungen an den Dichtungen, nachgewiesen werden kann. Dabei ergeben sich

- Wohnzimmer 75 m^3 Rauminhalt – nach Kurve 1 – 5,3 kW
- Schlafzimmer 47,5 m^3 Rauminhalt – nach Kurve 1 – 4,8 kW
- Kinderzimmer 37,5 m^3 Rauminhalt – nach Kurve 1 – 4,4 kW
- Bad 22,5 m^3 Rauminhalt – nach Kurve 1 – 3,5 kW

Summe 18,0 kW

Ergebnis – es kann nur die Verbrennungsluftversorgung für 18,0 kW nachgewiesen werden – da 35,95 kW installiert werden sollen – nicht zulässig.

alle Türen kürzen

Wenn alle Türen um 1 cm gekürzt werden, stellt sich heraus, dass

- Wohnzimmer 75 m^3 Rauminhalt – nach Kurve 2 – 13,5 kW
- Schlafzimmer 47,5 m^3 Rauminhalt – nach Kurve 2 – 9,7 kW
- Kinderzimmer 37,5 m^3 Rauminhalt – nach Kurve 2 – 8,0 kW
- Bad 22,5 m^3 Rauminhalt – nach Kurve 2 – 5,0 kW

Summe 37,2 kW

die ausreichende Verbrennungsluftversorgung für 37,2 kW nachgewiesen werden kann. Bei einer noch abzusichernden Leistung von 35,95 kW zwar knapp, aber zulässig.

Oder lieber die Dichtungen wegnehmen?

Selbstverständlich wird noch mindestens eine weitere Möglichkeit gesucht. Diese ergibt sich, wenn man keine Tür kürzt, aber alle Dichtungen entfernt. Auch damit erhöht sich die Luftdurchlässigkeit der Türen. Es wird geprüft, wie das Ergebnis aussieht, wenn die Dichtungen aller Türen entfernt werden. Da man nach der gleichen Kurve geht, ergibt sich das gleiche Ergebnis wie beim Kürzen aller Türen.

Oder nur bei zwei Türen etwas ändern?

Nun soll noch eine dritte Möglichkeit geprüft werden. Nur bei der Wohnzimmertür und Badtür die Dichtungen entfernen und zusätzlich 1 cm kürzen.

- Wohnzimmer 75 m^3 Rauminhalt – nach Kurve 3 – 16,2 kW
- Schlafzimmer 47,5 m^3 Rauminhalt – nach Kurve 1 – 4,8 kW
- Kinderzimmer 37,5 m^3 Rauminhalt – nach Kurve 1 – 4,4 kW
- Bad 22,5 m^3 Rauminhalt – nach Kurve 3 – 5,2 kW

Summe 30,6 kW – genügt nicht.

Fazit: Die vernünftigste Lösung dürfte das Entfernen der Dichtungen in den Türen aller 4 Verbrennungslufträume sein.

Beispiel in Anhang 10 wird um DWH mit 25 kW erweitert

Um kein neues Beispiel entwerfen zu müssen, wird Beispiel 10 für den mittelbaren Verbrennungsluftverbund genutzt. Es wird lediglich der KWH gegen einen UWH im Bad gewechselt und in der Küche ein DWH mit 25 kW Nennleistung installiert.
Die Gesamtnennleistung der Gasgeräte Art B_{11} – UWH mit 23,3 kW Nennleistung und DWH mit 25 kW Nennleistung – beträgt somit 48,3 kW. Der UWH soll im Bad, der DWH in der Küche installiert werden. Es stehen 4 Verbrennungslufträume zur Verfügung. Der Aufstellraum des UWH ist wie der des DWH gleichzeitig Verbrennungsluftraum. Alle Innentüren haben dreiseitig umlaufende Dichtungen.

überschlägige Prüfung

Die Summe der Raumvolumina aller 4 Verbrennungslufträume beträgt (20 + 100 + 36 + 27) 183 m^3. Geteilt durch 4 bedeutet dies, es könnten theoretisch 45,75 kW mit Verbrennungsluft versorgt werden.
Gestattet sind 35 kW über Außenfugen. Die **restlichen 13,3 kW** müssen mittels ALD abgesichert werden. Das bedeutet, es muss ein **Außenluftvolumenstrom** von (13,3 · 1,6) **21,28 m^3/h über die ALD realisiert werden.** Beim Einsatz von ALD, die je Stück 3 m^3/h zuführen, genügen 7 Stück (theoretisch wären es 7,1, aber Schornsteinfeger und Installateure sind Praktiker und die Reserven bei dem Raumvolumen sind erheblich).

Wo werden die ALD angeordnet?

Die volle Außenluftleistung der ALD kann nur angerechnet werden, wenn sich diese im Aufstellraum befinden, oder in einem Raum angeordnet sind, der mit dem Aufstellraum durch Öffnungen mit mindestens 150 cm^2 verbunden ist.

Es bieten sich zunächst die Küche und das Bad an. Angenommen im Küchenfenster können zwei, im Bad aufgrund des kleinen Fensters nur ein Fensterfalzlüfter mit je 3,0 m^3/h Volumenstrom bei 4 Pa angeordnet werden. Ergibt in Summe in der Küche 6,0 m^3/h – geteilt durch 1,6 – entspricht 3,75 kW Nennleistung, im Bad 3,0 m^3/h – entspricht 1,88 kW.

mindestens 7 · 3 m^3/h

Bei der überschlägigen Prüfung wurde festgestellt, dass mindestens 21 m^3/h über ALD realisiert werden müssen. Das bedeutet insgesamt mindestens 7 ALD mit je 3 m^3/h.

bei weiteren Räumen nur anteilige Anrechnung möglich

Es fehlen zwar nur noch (13,3 – 3,75 – 1,88) 7,67 kW, aber es gilt **maximal 35 kW über Außenfugen, den Rest über ALD.** In den verbleibenden Verbrennungslufträumen sind je zwei Fensterfalzlüfter zu montieren. Diese verbessern den Luftwechsel und bringen theoretisch noch mal (4 · 3,0 = 12,0 m^3/h entspricht (12 : 1,6) 7,5 kW. Bei der praktischen Berechnung müssen die Kurven nach TRGI beachtet werden.

möglichst wenige Löcher in den Türen und wenig Aufwand

Es besteht die Aufgabe, festzustellen, wie die Verbrennungsluftversorgung so gestaltet werden kann, dass dem Nutzer die geringsten Belästigungen entstehen. Da ein mittelbarer Verbrennungsluftverbund vorliegt, benötigt man einen Verbundraum. Es müssen zunächst in der Küchen- und Badtür je eine Öffnung von 150 cm^2 hergestellt werden.

Schutzziel 1 erfüllt

Schutzziel 1 für die Küche ist erfüllt, da 27 m^3 bei 25 kW installierter Leistung ausreichen. Wenn in der Badtür eine untere und eine obere Öffnung von je 150 cm^2 hergestellt werden, (20 + 12 = 32) 32 m^3 für 23,3 kW, ist auch dort Schutzziel 1 erfüllt.

angefangen wird in der Küche

Zunächst wird die Verbrennungsluftversorgung des DWH in der Küche geklärt. Raumgröße 27 m^3 bedeutet Luft für 6,75 kW. Dazu kommen 3,75 kW über die beiden Fensterfalzlüfter (6,75 + 3,75 = 10,5). Es muss für (25 – 10,5) 14,5 kW noch Verbrennungsluft herangeführt werden.

als Nächstes das Bad

Als Nächstes wird die Verbrennungsluftversorgung des UWH im Bad geklärt. Raumgröße 20 m^3 bedeutet Luft für 5,0 kW. Dazu kommen 1,88 kW über den Fensterfalzlüfter (5,0 + 1,88 = 6,88). Es muss für (23,3 – 6,88) 16,42 kW noch Verbrennungsluft herangeführt werden.

damit ergibt sich aber auch eine Erleichterung bei der Berechnung

Durch die Verbindung von Küche, Bad und Flur über Öffnungen von je mindestens 150 cm^2 können die noch zu versorgenden Leistungen des DWH von 14,5 kW und des UWH von 16,42 kW addiert werden. Aus den verbleibenden 2 Verbrennungslufträumen müssen diese 30,92 kW mit Verbrennungsluft versorgt werden.

Damit ist auch klar, dass die Luftleistungen der 4 in den Fenstern eingebauten ALD nicht voll angerechnet werden können. Es sollen ja möglichst weitere Öffnungen von 150 cm^2 vermieden werden.

Luftvolumenstrom in Raumvolumen umrechnen

Zur leichteren Anwendung des Diagramms 7 werden nun die Luftvolumenströme der ALD in vergleichbares Raumvolumen umgerechnet (siehe dazu auch Kommentar zu 9.2.2.4).

- Wohnzimmer 100 m^3 + 15 m^3 (2 ALD mit je 3,0 m^3/h = 6,0 m^3/h : 0,4-fachen Luftwechsel je h = 15 m^3) ergibt 115 m^3 Rauminhalt

- Schlafzimmer 36 m^3 + 15 m^3 (2 ALD mit je 3,0 m^3/h = 6,0 m^3/h : 0,4-fachen Luftwechsel je h = 15 m^3) ergibt 51 m^3 Rauminhalt

Geht es auch ohne Änderungen an den Dichtungen?

Es wird zunächst berechnet, ob die ausreichende Verbrennungsluftversorgung schon mit Kurve 1, also ohne Änderungen an den Dichtungen, nachgewiesen werden kann. Dabei ergeben sich

- Wohnzimmer 115 m^3 Rauminhalt – nach Kurve 1 – 5,55 kW

- Schlafzimmer 51 m^3 Rauminhalt – nach Kurve 1 – 4,85 kW

Summe 10,4 kW

Ergebnis – es kann nur die Verbrennungsluftversorgung für 10,4 kW nachgewiesen werden – da 30,92 kW installiert werden sollen – nicht zulässig.

alle Türen kürzen

Wenn alle Türen um 1 cm gekürzt werden, stellt sich heraus, dass

- Wohnzimmer 115 m^3 Rauminhalt – nach Kurve 2 – 17,3 kW

- Schlafzimmer 51 m^3 Rauminhalt – nach Kurve 2 – 10,25 kW

Summe 27,55 kW

die ausreichende Verbrennungsluftversorgung für 27,55 kW nachgewiesen werden kann. Bei einer noch abzusichernden Leistung von 30,92 kW nicht ausreichend. Das gleiche Ergebnis würde eintreten, wenn statt die Türen zu kürzen, die Dichtungen dieser beiden Türen entfernt würden.

Wohnzimmertür kürzen und Dichtungen raus

Versucht man es, indem nur bei der Wohnzimmertür die Dichtungen entfernt und zusätzlich um 1 cm gekürzt werden, erfüllt man folgendes Ergebnis.

- Wohnzimmer 115 m^3 Rauminhalt – nach Kurve 3 – 22,35 kW

- Schlafzimmer 51 m^3 Rauminhalt – nach Kurve 1 – 4,85 kW

Summe 27,2 kW – genügt nicht.

Wohnzimmertür und Schlafzimmertür verändern

Versucht man es, indem man bei der Wohnzimmertür die Dichtungen entfernt und zusätzlich die Türen um 1 cm kürzt und bei der Schlafzimmertür nur die Dichtungen entfernt, erhält man folgendes Ergebnis.

- Wohnzimmer 115 m^3 Rauminhalt – nach Kurve 3 – 22,35 kW

- Schlafzimmer 51 m^3 Rauminhalt – nach Kurve 2 – 10,25 kW

Summe 32,6 kW – reicht aus.

Fazit: Auch in dieser nicht so sehr großen Wohnung kann eine Gesamtnennleistung der Gasfeuerstätten Art B von fast 50 kW installiert werden.

9.2.3.2 Verbrennungsluftversorgung über Öffnungen ins Freie

sehr einfache Regelung

An der sehr einfachen Regelung zur Verbrennungsluftversorgung über Öffnungen ins Freie hat sich nichts geändert. Bei Aufteilung verbleibt auch weiterhin die Forderung der Aufteilung des Querschnittes auf zwei (gleichgroße) Öffnungen.

Leitungen jetzt bis 30 m in Tabellenform

In den TRGI '86/96 wurden die Querschnitte für Verbrennungsluftleitungen für Leistungen über 50 kW bis zu einer Länge von 10 m als Diagramm dargestellt. Da Richtungsänderungen als äquivalente Länge berechnet werden, ergeben sich dabei nur ziemlich kurze Leitungen. Aus diesem Grund wurden die Diagramme für Leistungen über 50 kW (10 bis 12) nun bis auf 30 m erweitert. Außerdem wurden die Werte auch in eine Tabelle (Tabelle 30) eingetragen, um das Ablesen zu erleichtern.

9.3 Verbrennungsluftversorgung für Gasgeräte Art C

Bei Gasgeräten Art C ist die Auslegung der Verbrennungsluftversorgung grundsätzlich aus den Installationsanleitungen der Hersteller zu entnehmen.

10 Abgasabführung

europäische Produktnormung zeigt Fortschritte

Die Normung von Abgasanlagen schreitet in Europa voran. Damit vereinfacht sich zum Teil der Verwendbarkeitsnachweis der Abgasanlagen. Es müssen nicht mehr aufwendig allgemeine bauaufsichtliche Zulassungen erstellt (und vom Anwender des Produktes auch gelesen) werden.

Verwendungsregeln noch national

Für die Verwendung des „Bauproduktes" Abgasanlage gelten jedoch nach wie vor die Landesbauordnungen, die Feuerungsverordnungen der Länder und die nationale Verwendungsnorm DIN 18160-1. Aus der sogenannten „Restnorm" ist ein sehr umfangreiches Werk geworden, da der Regelungsbedarf bei der Verwendung noch sehr viel größer ist als ursprünglich vermutet. Außerdem hat die Norm zusätzlich ein „V" für „Vornorm" erhalten und wurde somit zur DIN V 18160-1. Dieses V wird sie voraussichtlich, wegen der laufenden europäischen Normung, auf sehr lange Sicht behalten. Auf Änderungen durch Produktnormen wird mit Beiblättern zur Norm reagiert.

mit Gasgerät gemeinsam zertifizierte Abgasanlagen nehmen zu

Durch die starke Verbreitung der raumluftunabhängigen Gasfeuerstätten nehmen auch die Gasgeräte zu, die einschließlich der Abgasanlage angeboten werden. Die als bauliche Einheit geprüften und zertifizierten Gasfeuerungsanlagen sind mit einer CE-Kennzeichnung nach Gasgeräterichtlinie versehen, die für Gasgerät und Abgasanlage gilt. Die Vor- und Nachteile dieser Regelung werden an entsprechender Stelle noch näher erläutert.

jetzt auch Gasgeräte Art B mit Abgasanlage als System

In der TRGI sind jetzt auch die europäisch schon länger geregelten, mit dem Gasgerät gemeinsam zertifizierten, Gasgeräte Art B mit Abgasanlage aufgenommen.

10.1 Allgemeine Anforderungen an die Abgasabführung

10.1.1 Grundsätzliches

klare Aussage zur Beteiligung des BSM in der MBO

In § 82 Abs. 2 der MBO November 2002 wird ausgesagt „Feuerstätten dürfen erst in Betrieb genommen werden, wenn der Bezirksschornsteinfegermeister die Tauglichkeit und die sichere Benutzbarkeit der Abgasanlagen bescheinigt hat. Verbrennungsmotoren und Blockheizkraftwerke dürfen erst dann in Betrieb genommen werden, wenn er die Tauglichkeit und sichere Benutzbarkeit der Leitungen zur Abführung von Verbrennungsgasen bescheinigt hat.“. Dies wurde so oder ähnlich in die Landesbauordnungen übernommen.

Absprache mit BSM nicht nur vorgeschrieben, sondern logisch

Der Grundsatz der TRGI, dass sich das VIU vor dem Beginn der Arbeiten mit dem BSM über die Abgasabführung abzusprechen hat, bleibt bestehen. Damit können spätere Probleme bei der Abnahme vermieden werden, denn ohne positives Prüfungsergebnis darf eine fertig gestellte Anlage nicht in Betrieb gehen. Damit spätere Auseinandersetzungen vermieden werden, ist eine frühzeitige Abstimmung angesagt, auch wenn der BSM nach MBO erst vor der Inbetriebnahme bescheinigen muss.

Wann ist Inbetriebnahme?

„Inbetriebnahme“ in diesem Sinne ist die Zuführung der Feuerungsanlage zu ihrer zweckbestimmten Nutzung. Mit der Bescheinigung wird der Betrieb für den Nutzer freigegeben. Dies ist in der Regel der Zeitpunkt der Übergabe der Anlage an den Betreiber. „Probeweise Inbetriebsetzung“ zum Zweck der Einstellung und Einregelung der Feuerungsanlage vor Ausstellen der Bescheinigung des Bezirksschornsteinfegermeisters ist möglich, wenn die Kriterien der vorangegangenen Abstimmung der am Bau Beteiligten (z. B. Bauherr/Betreiber, Fachhandwerker, Bezirksschornsteinfegermeister) erfüllt sind. Die am Bau Beteiligten haben sich über den vorgesehenen Zeitpunkt der Inbetriebnahme rechtzeitig abzustimmen.

verantwortlich für die rechtzeitige Prüfung ist der Bauherr

Die Verantwortung für die rechtzeitige Prüfung der Tauglichkeit und der sicheren Benutzbarkeit hat der Bauherr. Dieser wird aber in der Regel die Landesbauordnung (LBO), die FeuV des Landes und die technischen Regeln nicht kennen. Beim VIU setzt man dies voraus. Was liegt näher, als dass das VIU die entsprechenden Absprachen für den Bauherrn vornimmt oder diesen wenigstens auf die Notwendigkeit hinweist.

rechtzeitige Information ist wichtig

Damit solch ein Verfahren reibungslos abläuft, sind natürlich einige Spielregeln zu beachten. So sollte die Forderung „vor Beginn der Arbeiten“ bedeuten, dass der BSM die Information und die zur Beurteilung erforderlichen Unterlagen vollständig einige Tage vor Baubeginn erhält.

konkrete Aussagen sind gefragt

Andererseits darf und kann sich der BSM seiner Verantwortung auch nicht entziehen, indem er grundsätzlich Bemerkungen in seine Bescheinigung aufnimmt wie „die Gasfeuerstätte ist so einzustellen und zu betreiben, dass der Schornstein keinen Schaden nimmt“. Auch die Bemerkung „eine Durchfeuchtung ist nicht auszuschließen“ kann nur erscheinen, wenn sich die Beteiligten, Kunde, Installateur und BSM, geeinigt haben auf eine nach Berechnung nötige Anpassung des Querschnittes zu verzichten und zunächst feststellen wollen, ob die praktische Erfahrung, dass diese unnötig ist, sich bewahrheitet.

auch und gerade beim Austausch von Gasgeräten Absprache wichtig

Der BSM ist auch beim Wechsel einer Feuerstätte zu informieren, da neue Gasgeräte abgastechnisch anders zu bewerten sind und die Eignung der vorhandenen Abgasanlage vorher fachkundig beurteilt werden muss.

neue Definition berücksichtigt lediglich alte Erkenntnis

Die Gasinstallation reicht jetzt definitionsgemäß bis zur Abführung der Abgase ins Freie. Das Wort Abgasanlage ist in dieser Aussage nicht mehr enthalten. Dies ist dem Umstand geschuldet, dass bei Gasgeräten Art A die Abgase durch den Luftwechsel im Raum ins Freie abgeleitet werden. Es ändert nichts an den Aufgaben der Beteiligten.

zur Abgasabführung von Verbrennungsmotoren

Die Aufstellung von gasbetriebenen Wärmepumpen, BHKWs und ortsfesten Verbrennungsmotoren wurde im Abschnitt 8.1.4.3 angesprochen und damit neu in die TRGI aufgenommen. Die Abgasabführung wird in der TRGI nicht gesondert behandelt. Für z. B. Klein-BHKWs ist deren Aufstellung einschließlich der abgasseitigen Anforderungen in dem DVGW-Hinweis G 640 „Aufstellung von Klein-BHKW" geregelt.

es gelten LBO, FeuV der Länder und die speziellen Normen

Für die Ausführung und Bemessung von Abgasanlagen verweist die TRGI auf die jeweiligen Landesbauordnungen, Landes-Feuerungsverordnungen und die speziellen technischen Regeln. Diese sind teilweise, wie bei der Querschnittsbemessungsnorm, bereits europäisch harmonisiert.

Baurecht ist Landesrecht

Der Hinweis auf die LBOs und die Landes-Feuerungsverordnungen, die auf der MBO bzw. der MFeuV basieren, erinnert daran, dass formal das Muster eines Gesetzes oder einer Verordnung im Baurecht erst zu einem rechtsgültigen Gesetz bzw. einer rechtsgültigen Verordnung wird, wenn es Landesbaurecht geworden ist. LBO und Landes-FeuV können vom Muster abweichen. In der TRGI und in diesem Kommentar wird in der Regel die MBO und die MFeuV zu Grunde gelegt, weil es nicht möglich ist, im Extremfall 16 verschiedene Bestimmungen zu berücksichtigen. Eigentlich sollten die Länder auch vom in Brüssel notifizierten Muster nicht ohne triftige Gründe abweichen – eigentlich.

MBO und MFeuV regeln grob

Wie schon erwähnt, enthalten MBO und MFeuV nur wenige detaillierte Ausführungsbestimmungen, sondern vorwiegend Schutzziele und grundsätzliche Anforderungen. Hier ist die Ausfüllung durch anerkannte Regeln der Technik und durch den Sachverstand des Fachmannes zusätzlich erforderlich.

Verwendbarkeit nachgewiesen, aber nicht der Einbau im Gebäude

Gasgeräte mit CE-Kennzeichnung und Gasfeuerungsanlagen mit gemeinsamer CE-Kennzeichnung (d. h. Feuerstätte und Abgasleitung sind gemeinsam zertifiziert) sind verwendbar, ohne dass eine zusätzliche Beurteilung der Konstruktion, und bei Systemen der Bemessung, der Abgasanlage erforderlich ist. Der Einbau, also die konkrete Verwendung im Gebäude, erfolgt aber nach nationalen Regeln.
Beispiel 1: Ein Gasraumheizer Art A, mit CE-Kennzeichnung und für deutsche Anschlussbedingungen geprüft, ist auch in Deutschland verwendbar. Unter welchen Bedingungen er in Räumen aufgestellt werden darf, steht in der jeweiligen Landes-FeuV.

Beispiel 2: Ein Gasgerät Art C_{33} mit CE-Kennzeichnung und für deutsche Anschlussbedingungen geprüft, ist in Deutschland verwendbar. Welche Abstände die Mündung zu Fenstern einhalten muss und ob es bei der Überbrückung von Geschossdecken einen Schacht benötigt, steht in der Landes-FeuV.

DIN V 18160-1 wichtigste Regel für die Errichtung von Abgasanlagen

In der DIN V 18160-1 werden alle für die Verwendung (den Einbau) von Abgasanlagen wesentlichen Punkte behandelt. Die Kennzeichnung einer Abgasanlage nach DIN V 18160-1 gibt eine eindeutige Auskunft über die mögliche Verwendung. Dies wird am nachfolgenden Beispiel erläutert.

Kennzeichnung von Abgasanlagen

Abgasanlage DIN V 18160-1 – T400 N2 D 3 G50 L90

- Temperaturklasse T für die Nennbetriebstemperatur (durchschnittliche Abgastemperatur bei Nennleistung) **bei diesem Beispiel 400 °C**,

- Gasdichtheits-/Druckklasse
  - N1 oder N2 für Unterdruck
  - P1 für Unterdruck oder für Überdruck bis 200 Pa im Gebäude oder im Freien
  - P2 für Unterdruck im Gebäude oder im Freien oder für Überdruck bis 200 Pa im Freien
  - H1 für Unterdruck oder für Überdruck bis 5000 Pa im Gebäude oder im Freien

- Kondensatbeständigkeitsklasse
  - D für planmäßig trockenen Betrieb
  - W für feuchten oder trockenen Betrieb

- Korrosionswiderstandsklasse
  - 1 für gasförmige und flüssige Brennstoffe mit einem Schwefelgehalt bis 50 mg/m^3
  - 2 für gasförmige und flüssige Brennstoffe sowie Holz für offene Feuerstätten
  - 3 für gasförmige, flüssige und feste Brennstoffe

- Rußbrandbeständigkeitsklasse mit Angabe des Abstandes zu brennbaren Baustoffen
  - Gxx für rußbrandbeständige Abgasanlagen (Schornsteine und rußbrandbeständige Verbindungsstücke), **bei diesem Beispiel 50 mm**
  - Oxx für nicht rußbrandbeständige Abgasanlagen,
    für einen Mindest-Abstand von xx mm zu Bauteilen aus oder mit brennbaren Baustoffen

- Feuerwiderstandsklasse Lzz für die Feuerwiderstandsdauer zz Minuten **bei diesem Beispiel 90 Minuten.**
  Die Feuerwiderstandsdauer gibt die Zeitdauer an, der das Bauprodukt einer Brandbeanspruchung widersteht.
  Bauprodukte für Abgasanlagen werden in Feuerwiderstandsklasse L30 (feuerhemmend) bzw. L90 (feuerbeständig) oder bei erfolgreicher Brand-

prüfung nach einem harmonisierten europäischen Verfahren in EI30 (feuerhemmend) bzw. EI90 (feuerbeständig) eingestuft.

Prüf- und Reinigungsöffnungen sind Voraussetzung für einen dauerhaften sicheren Betrieb

Die auf Dauer sichere Nutzung verschiedener baulicher Anlagen erfordert eine regelmäßige Überprüfung und erforderlichenfalls Wartung. Dies ist bei Gasgeräten so und bei Abgasanlagen nicht anders. Die Überprüfung oder ggf. Reinigung setzt aber voraus, dass bei der Errichtung die dazu erforderlichen Möglichkeiten geschaffen werden.

Nach der Musterbauordnung § 42 Abs. 3 müssen Abgasanlagen leicht zu reinigen sein. Dies bedeutet:

- Die BG Regeln Schornsteinfegerarbeiten (BGR 218) sind zu beachten.

- Die Vorgaben der DIN 18160-5 sind einzuhalten.

richtige Anordnung ist wichtig

Es genügt nicht, Prüf- und Reinigungsöffnungen einzubauen, man muss sie auch nutzen können. Außerdem ist zu berücksichtigen, dass Rückstände, die sich zwischen den Überprüfungsintervallen ablagern, nicht zu Störungen oder Gefahren führen dürfen.

Bezüglich der Anordnung von Reinigungsöffnungen in Abgasleitungen gilt:

angefangen mit der einfachsten und üblichen Anordnung

Die **untere** Reinigungsöffnung des senkrechten Abschnitts einer Abgasleitung ist

- unterhalb des untersten Feuerstättenanschlusses (an der Sohle der Abgasleitung) oder

- bei Abgasleitungen, deren Sohle sich nicht mindestens 20 cm unterhalb des Anschlusses der untersten Feuerstätte befindet
  - im senkrechten Abschnitt der Abgasleitung direkt oberhalb der Abgasumlenkung oder
  - seitlich im waagerechten Abschnitt der Abgasleitung maximal 0,3 m von der Umlenkung in den senkrechten Abschnitt entfernt oder
  - an der Stirnseite eines geraden, waagerechten Abschnitts der Abgasleitung maximal 1,0 m von der Umlenkung in den senkrechten Abschnitt entfernt

anzuordnen. Vor der Reinigungsöffnung muss eine Standfläche der Klasse D nach DIN 18160-5 vorhanden sein.

bei Abgasleitungen gibt es Erleichterungen

Bei Abgasleitungen kann die Überprüfung (ggf. Reinigung) auch von unten erfolgen. Der Schornsteinfeger benötigt daher in bestimmten Fällen nicht den Zugang zur Mündung über Dach. Da die sichere Überprüfung aber gewährleistet sein muss, gibt es dafür Grenzen. Innerhalb dieser Grenzen liegen Erfahrungen vor, die die sichere Bearbeitung grundsätzlich ermöglichen.

Überprüfung von der Reinigungsöffnung aus – Zugang zum Dach nicht erforderlich

Abgasleitungen, die nicht von der Mündung aus gereinigt werden können, müssen eine weitere (obere) Reinigungsöffnung besitzen, wie folgt:

- bis zu 5 m unterhalb der Abgasleitungsmündung oder

- bis zu 15 m unterhalb der Abgasleitungsmündung, wenn
  - nur Gasfeuerstätten in derselben Nutzungseinheit (z. B. Wohneinheit, Gewerbeeinheit) angeschlossen sind
  - der senkrechte Abschnitt der Abgasleitung nicht mehr als maximal einmal um maximal 30° schräg geführt (gezogen) ist
  - die Reinigungsöffnung
    - im senkrechten Abschnitt der Abgasleitung angeordnet ist und
    - der Abgasleitungsdurchmesser nicht mehr als 0,20 m beträgt

    bzw.

    - im waagerechten Abschnitt der Abgasleitung höchstens 0,30 m vom senkrechten Abschnitt oder an der Stirnseite eines geraden waagerechten Abschnitts höchstens 1,0 m vom senkrechten Abschnitt entfernt angeordnet ist
    - die Umlenkung zum senkrechten Abschnitt der Abgasleitung durch einen Bogen mit einem Biegeradius größer oder gleich dem Abgasleitungsdurchmesser oder einer für die Reinigung vergleichbaren Geometrie, d. h. für Kunststoffabgasleitungen nach DIN EN 14471 einen Biegeradius von mindestens
      - $0{,}75 \cdot D_{ha}$ für einen Rohraußendurchmesser $D_{ha} < 80$ mm und
      - $0{,}50 \cdot D_{ha}$ für einen Rohraußendurchmesser $D_{ha} \geq 80$ mm

      erfolgt und

    - der Abgasleitungsdurchmesser nicht mehr als 0,15 m beträgt.

Vor der Reinigungsöffnung muss eine Standfläche der Klasse B bzw. C nach DIN 18160-5 vorhanden sein.

Bei senkrechten Abschnitten von Abgasleitungen, die kürzer als 5 bzw. 15 m sind, genügt bei Einhaltung der genannten Kriterien die untere Reinigungsöffnung, wobei davor eine Standfläche der Klasse B bzw. C nach DIN 18160-5 vorhanden sein muss.

Prüföffnungen nicht zwingend gefordert, aber immer sinnvoll

Für Abgasleitungen von Gasfeuerstätten mit konzentrischer Verbrennungsluftzu-/Abgasabführung, die maximal 4 m lang und für Abgasabführung unter Überdruck bis ins Freie ausgelegt sind, ist eine Sicht- bzw. Prüföffnung ausreichend, sofern eine Sichtprüfung eines Teils der Abgasleitung möglich ist.

Wenn aus diesem Grund von den allgemeinen Anforderungen an Reinigungsöffnungen abgewichen werden soll, wird empfohlen in der Bescheinigung der Tauglichkeit und sicheren Benutzbarkeit von Feuerungsanlagen darauf hinzuweisen, dass die Anlage für Reinigungszwecke ggf. zu demontieren ist.

Verbindungsstücke dürfen nicht in andere Geschosse führen

Die Überbrückung von Geschossdecken durch Verbindungsstücke ist nicht zulässig. Aus diesem Grund müssen die Gasgeräte im Geschoss des Aufstellraumes an den Schornstein (die Abgasleitung) angeschlossen werden.

Brandschutz muss beachtet werden

Im Einfamilienhaus gibt es solche Brandschutzanforderungen grundsätzlich nicht. Wenn aber z. B. eine Gasfeuerstätte zusammen mit Feuerstätten für feste Brennstoffe in einem Heizraum installiert wird, darf der Feuerwiderstand der Wände und Decken des Heizraumes nicht durch die Abgasleitung zerstört werden. Diese ist dann in einem Schacht mit einem entsprechenden Feuerwiderstand zu führen. Abgasleitungen mit Feuerwiderstand gibt es kaum (auch eine rußbrandbeständige Abgasleitung aus doppelwandigem Edelstahl hat **keinen Feuerwiderstand**).

Überdruck darf nicht zu Gefahren führen

Es gibt mehrere Möglichkeiten, Gefahren durch Abgasanlagen, die im Überdruck betrieben werden, zu verhindern. Diese sind:

- die Räume, durch die die Abgasanlage führt, dauernd und wirksam lüften
- mindestens je eine Öffnung ins Freie von je 150 cm^2 je Raum, durch den die Abgasanlage führt, (nachgeschaltete Leitungen entsprechender Größe sind zulässig) anordnen; damit sind diese Räume nicht als Aufenthaltsräume nutzbar.
- die Abgasanlage in durchgängig belüfteten Schächten führen
- die Abgasanlage so herstellen, dass die zulässige Leckrate auf Dauer (Lebenszeit der Abgasanlage) nicht überschritten wird

Leckrate darf nicht in die Räume gesaugt werden

Wenn sich die untere Belüftungsöffnung von Schächten in Räumen mit Unterdruck befinden würde, wird die Leckrate (auch wenn sich diese eventuell deutlich über der zulässigen Größe bewegt) statt durch den Schacht ins Freie, in den Raum gesaugt. Dies muss verhindert werden.

unterschiedliche Prüfung der ausreichenden Dichtheit

Je nach Art der Verlegung der Leitung, der Art der Verbrennungsluftversorgung und der Dichtheitsanforderungen sind unterschiedliche Prüfungen möglich.

bei Verlegung im Gebäude im Schacht mit Belüftung ins Freie

Bei nicht verbrennungsluftumspülten Überdruck-Abgasleitungen mit der Gasdichtheits-/Druckklasse P1 und H1 in Gebäuden ist eine Druckprobe erforderlich, ausgenommen bei vollständig geschweißten Leitungen nach DIN 4133.
Zur Druckprobe für die Gasdichtheits-/Druckklasse P1 und H1 wird mit einem Dichtheitsprüfgerät in die oben und unten abgedichtete Abgasleitung Luft eingebracht, bis sich ein Druck von 200 Pa bei P1 und von 5000 Pa bei H1 einstellt. Unter Beibehaltung des Druckes wird festgestellt, welche Luftmenge über Undichtheiten entweicht. Bis zu einer Leckrate von 0,006 $l/(s \cdot m^2)$, bezogen auf die innere Oberfläche, gilt die Abgasleitung als ausreichend dicht.

zulässige Leckrate ungefährlich

Bei Einhaltung der zulässigen Leckrate nach DIN V 18160-1 (0,006 Liter je Sekunde und m^2 innerer Oberfläche der Leitung) entsteht keine Gefahr. Die Leckrate entspricht 21,6 Liter je Stunde je m^2. Dies entspricht bei einer Abgasleitung mit 10 cm innerem Durchmesser 6,78 l je Stunde und laufendem Meter – bei 10 m Länge im Raum einer Abgasmenge von rund 70 Litern Abgas je Stunde.
Das Problem ist vielmehr die nicht bekannte Dauerhaltbarkeit der elastomeren Dichtungen. Man weiß nicht, welche Leckrate in den Folgejahren austritt.

bei Verlegung außerhalb von Gebäuden

Bei nicht verbrennungsluftumspülten Überdruck-Abgasleitungen mit der Gasdichtheits-/Druckklasse P1, H1, P2 oder H2 außerhalb von Gebäuden und die als P2 bzw. H2 gekennzeichnet werden sollen, ist eine Druckprobe in der Regel nicht erforderlich, sofern optisch keine Mängel erkennbar sind.

bei Zuführung der Leckrate mit der Verbrennungsluft zum Gasgerät

Bei Überdruck-Abgasleitungen, die verbrennungsluftumspült sind, ist die Dichtheit der Abgasleitung durch Messung des O_2-Gehaltes in der Verbrennungsluft zu überprüfen. Die Abgasleitung gilt als ausreichend dicht, wenn

- bei Abgasleitungen, die die Mündung abdeckende Windschutzeinrichtungen besitzen (nicht frei ausmünden, so dass mit Rezirkulation von Abgas zu rechnen ist), der O_2-Gehalt in der Verbrennungsluft nicht um mehr als 2,0 Vol.-% und

- bei Gasgeräten der Art C_{12} und C_{13} (Ausmündung an der Fassade, so dass durch Windanströmung immer mit Rezirkulation von Abgas zu rechnen ist) der O_2-Gehalt in der Verbrennungsluft nicht um mehr als 2,0 Vol.-% und

- bei anderen Abgasleitungen der O_2-Gehalt in der Verbrennungsluft nicht um mehr als 0,4 Vol.-%

vom Bezugswert, der sich nach dem Selbstabgleich des eingesetzten Messgerätes ergibt, abweicht.

Schacht für Abgasleitung soll Brandausbreitung von Geschoss zu Geschoss verhindern

Nach Muster-Bauordnung müssen Geschossdecken (außer bei Gebäudeklasse 1) eine vorgeschriebene Feuerwiderstandsdauer haben. Leitungen dürfen durch diese Decken nur geführt werden, wenn sie die gleiche Feuerwiderstandsdauer haben (ausgenommen sind die Gebäudeklassen 1 und 2). Der z. B. die Abgasleitung umgebende Schacht hat eindeutig eine Brandschutzfunktion. Diese kann er nur erfüllen, wenn er einschließlich der Verbindungen an den Ecken geprüft wurde und dies mittels eines Prüfzeugnisses belegt ist. Ein vor Ort „frei Schnauze" aus Brandschutzplatten zusammengenagelter Schacht hat **keine** Feuerwiderstandsdauer.

„in Gebäuden" bedeutet, der Schacht muss bis durch die Dachhaut geführt werden

Wenn der Schacht verhindern soll, dass ein im Aufstellraum der Feuerstätte ausgebrochener Brand auf andere Teile des Gebäudes in darüber liegenden Geschossen übergreift, kann er nicht unter dem Dach enden. Daher ist die klare Aussage der Bauaufsichtsbehörden, dass der Schacht auch im Dachgeschoss die geforderte Feuerwiderstandsdauer haben muss. Die von den

Herstellern angebotenen Mündungsvarianten bei Gasgeräten Art C_3 erfüllen diese Forderung in der überwiegenden Zahl nicht. Zum Glück besteht diese Forderung nach MFeuV für Gebäude der Gebäudeklassen 1 und 2 nicht mehr.

Die Schachtanforderung entsprechend oben genannter Beschreibung existiert ebenfalls nicht, wenn das Dachgeschoss selbst Aufstellraum der Feuerstätte ist.

„eigener Schacht“ verbietet andere Nutzung

Zum Schutz der Abgasleitung dürfen diese Schächte nicht anderweitig genutzt werden. Bei Verlegung von Elektroleitungen könnte z. B. durch einen Kurzschluss ein Brand entstehen, der die Abgasleitung beschädigt. Außerdem ist eine Beschädigung der Abgasleitung bei Reparaturarbeiten wie z. B. einer in diesem Schacht verlegten Wasserleitung nicht auszuschließen.

Ausnahmen möglich, aber bei der Behörde zu beantragen

Ausnahmen vom „eigenen Schacht“ sind unter bestimmten Umständen möglich, bedürfen aber der Bescheinigung der zulässigen „Abweichung“ (in der MBO § 67) durch die untere Bauaufsichtsbehörde. Als Maßstab bzw. Handlungshilfe kann der Auszug aus der Niederschrift des AK „Haustechnische Anlagen“ zu dem Thema genutzt werden.

Nachträgliche Verlegung von Solarleitungen in bestehende Schächte für Abgasleitungen

Auszug aus Niederschrift 97. Sitzung AK „Haustechnische Anlagen“, 27./28.04.2004, Bremen

Der nachträglichen Verlegung von Solarleitungen in bestehende Schächte für Abgasleitungen steht die Regelung des § 7 Abs. 5 Muster-Feuerungsverordnung in der Fassung 24. Februar 1995, geändert durch Beschluss vom 18. September 1997 (und die entsprechenden Vorschriften in den Verordnungen der Länder) entgegen.
Da es sich um eine kostengünstige und unkomplizierte Ausführung mit länderübergreifender Relevanz handelt, wurde das Thema auf der 249. Sitzung der Fachkommission Bauaufsicht am 5./6. Februar 2004 behandelt. Im Vorfeld wurden die für Baurecht zuständigen Ministerien verschiedener Länder um Prüfung und Stellungnahme gebeten.
Diese hält eine Abweichung von § 7 Abs. 5 MFeuV zur Ermöglichung der nachträglichen Verlegung von Solarleitungen in bestehende Schächte für Abgasleitungen unter folgenden Voraussetzungen für vertretbar:

1. Die nachträgliche Verlegung von Solarleitungen in bestehende Abgasschächte wird auf Gebäude der Gebäudeklassen 1 und 2 (§ 2 Abs. 3 Satz 1 Nr. 1 und 2 MBO) und auf Solarleitungen mit dem Trägermedium Wasser beschränkt.

2. Die Wärmeabgabe von Solarleitungen sowie von Armaturen ist durch eine Wärmedämmung nach Maßgabe der Energieeinsparverordnung vom 16. November 2001, Anhang 5, Tabelle 1 zu begrenzen. Abweichend davon können aus bauaufsichtlicher Sicht die Mindestdicken der Wärmedämmung halbiert werden. Die Dämmschichten müssen gegen die maximal auftretenden Temperaturen in den Solarleitungen sowie gegen die Temperaturbelastung durch die Abgasanlage beständig sein.

3. Der sichere Betrieb der Feuerungsanlage ist durch eine Berechnung nach DIN EN 133841 März 2003 sicherzustellen.

4. Die Innenwandung des Schachtes muss glatt und ohne Vorsprünge sein. Eine allseitig ausreichende Hinterlüftung (Ringspalt) der Abgasleitung muss auch nach dem Einbau der Solarleitung gewährleistet sein. Die Standsicherheit der Abgasanlage und die dauerhafte Halterung der Solarleitungen und des Fühlerkabels müssen sichergestellt sein. Ein Kontakt zwischen der Abgasleitung und den wärmegedämmten Solarleitungen muss auf Dauer ausgeschlossen sein.

5. Der lichte Abstand zwischen Solarleitung (einschließlich Wärmedämmung) und Abgasleitung muss

   - bei rundem Querschnitt der Abgasleitung in rechteckigen Schächten mindestens 2 cm

   - bei rundem Querschnitt der Abgasleitung in runden Schächten mindestens 3 cm und

   - bei rechteckigem Querschnitt der Abgasleitung in rechteckigen Schächten mindestens 3 cm betragen

6. Die verbleibenden Querschnitte der Öffnungen in den Schachtwänden zur Durchführung von Solarleitungen sind fachgerecht zu verschließen.

7. Die Solarleitungen einschließlich ihrer Dämmung müssen in ihrer Temperaturbeständigkeit den Anforderungen an die Abgasleitung entsprechen.

Thematik durch MFeuV September 2007 wesentlich entschärft

Im Klartext bedeuten die Ausführungen, dass Beschädigungen der Abgasleitung sowie der Solarleitungen vermieden werden müssen. Außerdem darf weder die Funktion der Abgasleitung noch die des Schachtes beeinträchtigt werden.

Nach MFeuV September 2007 **sind in Gebäuden der Gebäudeklassen 1 und 2 keine Schächte für die Abgasleitung mehr gefordert, wenn diese nur durch eine Nutzungseinheit (z. B. Einfamilienhaus) führt.** Damit benötigt man bei diesen Gebäuden auch keine Ausnahme mehr.
Die Ausnahme ist somit nur noch nötig, wenn die Abgasleitung in einem Gebäude der Gebäudeklasse 1 oder 2 **durch mehr als eine Nutzungseinheit** führt.

Ausnahmen von der Forderung nach einem Schacht

Ein Schacht wird immer dann nicht gefordert (endlich), wenn er brandschutztechnisch keinen Sinn macht.

im Aufstellraum der Feuerstätte bei Einfachbelegung

Bei eigenen Abgasleitungen kann der Brand über die Abgasleitung in den Schacht gelangen. Da dieser aber bis über Dach führt, kann das Feuer nicht in andere Teile des Gebäudes gelangen.

bei Gebäudeklassen 1 und 2 keine Brandschutzanforderungen

Wie weiter oben bereits erwähnt, wird bei Gebäuden der Klassen 1 und 2 nicht gefordert, dass Leitungen die gleiche Feuerwiderstandsdauer wie die Decken haben müssen. Dies wird nun endlich auch in der MFeuV berücksichtigt. Wenn die Abgasleitung nur durch eine Nutzungseinheit führt, ist es unerheblich, ob sich das Feuer über den offenen Treppenraum, andere Installationsöffnungen oder über die Abgasleitung ins nächste Geschoss ausbreitet.

bei gemauerter Abgasleitung ist kein Schacht erforderlich

Wenn ein aus Mauerziegeln im Mauerverband errichteter Schornstein (der folglich bereits eine Feuerwiderstandsdauer von 90 Minuten hat) als Abgasleitung genutzt wird, ist es unsinnig, diesen aus Brandschutzgründen mit einem Schacht zu ummanteln.

mechanischer Schutz nötig

Wenn Abgasleitungen, die konzentrisch in Lüftungsleitungen geführt sind, nicht mehr in einem Schacht mit festgelegter Feuerwiderstandsdauer verlegt werden müssen, ist in begehbaren Bereichen ein Schutz gegen mechanische Beschädigungen erforderlich. Dies war bisher schon in der TRGI für Dachräume gefordert. In Wohnräumen ist ein Schacht dafür die beste Lösung. Der wesentliche Vorteil besteht jedoch darin, dass er weder eine Feuerwiderstandsdauer haben noch durch die Dachhaut geführt werden muss. Dieser Schacht kann demzufolge auf der Baustelle zusammengefügt werden.

gemeinsamer Schacht möglich, wenn Funktion dadurch nicht beeinträchtigt

Immer dann, wenn die Funktion (nämlich der Brandschutz von Geschoss zu Geschoss) nicht beeinträchtigt wird, können auch mehrere Abgasleitungen in einem Schacht verlegt werden.

Feuerwiderstand ist durch Prüfzeugnis nachzuweisen

Der Feuerwiderstand und die Verwendungsmöglichkeiten eines Schachtes sind durch ein Prüfzeugnis nachzuweisen. Dies wird erteilt, wenn z. B. auch die Verbindungen des Schachtes (das Zusammenfügen der einzelnen Schachtwände genau beschrieben und durch entsprechende Prüfungen bestätigt ist) die geforderte Feuerwiderstandsdauer aufweisen.

Auszug aus den „Beurteilungskriterien" des ZIV

Dies gilt nicht, wenn die Schächte aus klassifizierten Bauteilen nach DIN 4102-4, wie z. B. aus Bauteilen gemäß nachstehender Tabelle, hergestellt werden. Für die darin aufgeführten Schachtarten kann eine Feuerwiderstandsdauer von 90 bzw. 30 Minuten angenommen werden, sofern die Schächte durchgehend und insbesondere nicht durch Decken unterbrochen sind oder die gemauerten Schächte auf Betondecken aufgesetzt werden und die Fugen den Anforderungen an das Mauerwerk der Schächte entsprechen und die Betondecken mindestens die Feuerwiderstandsdauer der Schächte aufweisen.

Baustoffe und Formstücke	DIN	Mindest-Wangendicke in mm für Feuerwiderstandsdauer	
		90 Minuten	*30 Minuten*
Mauerziegel, Vollziegel + Hochlochziegel B	105-1	115 (100*))	115 (70)
Mauerziegel, Vollziegel + Hochlochziegel B, hochfeste Ziegel, Klinker	105-3	115 (100)	115 (70)
Kalksandsteine, Vollsteine, Lochsteine, Blocksteine, Hohlblocksteine	106-1	115 (100)	70 (50)
Kalksandsteine, Vollsteine, Lochsteine, Blocksteine, Hohlblocksteine, Vormauersteine, Verblender	106-2	115 (100)	70 (50)
Hüttensteine, Vollsteine, Lochsteine, Hohlblocksteine	398	115	115
Porenbeton-Blocksteine	4165	100 (75)	75 (50)
Porenbeton-Blocksteine, bei Verwendung von Dünnbettmörteln	4165	75 (75)	50 (50)
Vollwandige Formstücke aus Leichtbeton für die Außenschale (Rohdichte < 1,6 kg/m³)	18147-2	50	50
Formstücke aus Leichtbeton, einschalige Schornsteine	18150-1	100	100
Hohlblocksteine aus Leichtbeton	18151	95 (70)	50 (50)
Vollblöcke + Vollsteine aus Leichtbeton	18152	95 (70)	50 (50)

*) Werte in ( ) gelten für Wände mit beidseitigem Putz der Mörtelgruppe P IV nach DIN 18850-2 oder Putz aus Leichtmörtel nach DIN 18550-4

10.1.2 Fremde Bauteile

Standsicherheit, Brandschutz und Dichtheit dürfen nicht gefährdet werden

Abgasanlagen dürfen nicht unzulässig belastet werden. Als Träger von Antennen, Wasserspeichern usw. sind sie ungeeignet. Außerdem muss natürlich die vorgeschriebene Mindeststärke der Wangen (den Hohlraum umfassende Begrenzungen aus Mauerziegel, Keramik, Edelstahl, Kunststoff usw.) erhalten bleiben. Das Einbringen von brennbaren Baustoffen in Schornsteinwangen ist nicht zulässig.

Anlaufstrecke und möglichst kurze liegende Strecken

Besonders bei Gaswasserheizern, die auch im Sommer bei sehr hohen Außentemperaturen betrieben werden, ist es wichtig möglichst eine Anlaufstrecke (für die, denen der Begriff nicht mehr so geläufig ist, ein direkt über dem Abgasstutzen befindliches senkrechtes Abgasrohr) und kurze liegende Strecken zu haben.
Aus diesem Grund wurde die in der DDR selbst in neuesten (1989 neu erschienen) technischen Regeln vorhandene Öffnung für Mauerwerksschornsteine jetzt in die TRGI übernommen.
Ob die Bohrlöcher bei einer 12 cm dicken Wange 4, 4,5 oder 5 cm tief sind, sollte kein ernsthaftes Thema einer Diskussion sein.

10.1.3 Abstände von Abgasanlagen zu Bauteilen aus brennbaren Baustoffen

10.1.3.1 Allgemeines

im Wesentlichen Übernahme aus MFeuV

Die Abstände der Abgasanlagen wurden im Wesentlichen aus der MFeuV September 2007 bzw. aus DIN V 18160-1 übernommen. Sie sind lediglich etwas auf die Anforderungen an Abgasanlagen von Gasfeuerstätten abgestimmt.

Wärmedämmung verhindert Kühlung

Auch nur geringfügig anliegende Bauteile aus brennbaren Baustoffen dürfen nur an Abgasanlagen anliegen, wenn die aufgenommene Wärme wieder abgegeben werden kann. Aus diesem Grund ist ein Anliegen nicht zulässig, wenn die Wärmeabgabe durch Dämmmaterialien verhindert wird.

Dämmstoffe müssen für Temperaturen geeignet und formbeständig sein

Am günstigsten ist es meist, wenn die geforderten Zwischenräume belüftet, also zur Belüftung offen gehalten werden. Dabei ergibt sich nämlich eine umso bessere Kühlung, je wärmer die Abgasanlage wird. Dies ist eine logische Folge der Thermik im Zwischenraum (warme Luft steigt nach oben und zieht kalte nach, je wärmer umso schneller).
Wenn dies nicht möglich ist, z. B. in Decken, muss der Dämmstoff für die zu erwartenden Temperaturen geeignet und formbeständig sein. Dies ist am ehesten zu erwarten, wenn Dämmstoffe, die im Schornsteinbau oder im Ofenbau eingesetzt werden, genutzt werden. Normale Schlackenwolle wird bei hohen Temperaturen schnell in sich zusammenfallen. Dann verbleibt eine stehende Luftschicht mit wesentlich schlechteren, und **somit gefährlichen geringen,** Dämmeigenschaften.

10.1.3.2 Abgasleitungen außerhalb von Schächten

Abstände bildlich dargestellt

Die Abstände von Abgasleitungen außerhalb von Schächten sind nicht mehr nur wörtlich, sondern auch bildlich dargestellt. Dies erleichtert die Anwendung wesentlich.

Belüftung sehr wichtig

Die Forderung, die Abstände zur Belüftung offen zu halten, ist wesentlicher Bestandteil der Sicherheitsanforderung. Bei einer bis zum brennbaren Bauteil reichenden Wärmedämmung ist die Wärmeübertragung bei Dauerbetrieb wesentlich höher als bei einer Belüftung des Abstandes. Die Gefahr eines Brandes durch eine Abgasleitung mit einer Dauertemperatur des Abgases von z. B. 400 °C mit einer Wärmedämmung mit einer Dicke von 2 cm und 10 cm Abstand von dieser Dämmung zum brennbaren Baustoff ist wesentlich geringer als die der gleichen Leitung mit 12 cm Dämmung, die aber am brennbaren Bauteil anliegt.

10.1.3.3 Verbindungsstücke

bei Anschluss an Schornstein Rußbrand nicht auszuschließen

Werden Gasfeuerstätten an Schornsteine (d. h. an Abgasanlagen, an die auch Festbrennstofffeuerstätten angeschlossen sind) angeschlossen, ist in der Regel auch Ruß im Schornstein vorhanden, der sich ggf. entzünden kann. In diesem Fall wirken sich die extrem hohen Temperaturen auch auf die Verbindungsstücke der Gasfeuerstätten aus. Aus diesem Grund ist in diesem Fall auch der Einsatz von Aluminium für das Verbindungsstück nicht zulässig (siehe dazu auch Kommentar zu den Abschnitten 10.3.4 und 10.3.6.3.1).

Gasgerät mit Strömungssicherung nicht mehr mit 160 °C gleichgesetzt

Bei den sicherheitstechnischen Anforderungen, wie z. B. Abständen von Verbindungsstücken zu brennbaren Baustoffen, werden Gasfeuerstätten mit Strömungssicherung nicht mehr automatisch mit Gasgeräten mit einer maximalen Abgastemperatur bei Nennbelastung von 160 °C gleichgesetzt. Im Zuge der europaweiten Verbreitung von Gasgeräten kann es nicht mehr ausgeschlossen werden, dass auch Gasgeräte mit Strömungssicherung bei Nennleistung Abgastemperaturen über 160 °C haben.

10.1.3.4 Wanddurchführung von Verbindungsstücken

Dämmstoffe müssen für Temperaturen geeignet und formbeständig sein

Die Dämmstoffe müssen für die zu erwartenden Temperaturen geeignet und formbeständig sein. Dies ist am ehesten zu erwarten, wenn Dämmstoffe, die im Schornsteinbau oder im Ofenbau eingesetzt werden, genutzt werden. Normale Schlackenwolle wird bei hohen Temperaturen schnell in sich zusammenfallen. Dann verbleibt eine stehende Luftschicht mit wesentlich schlechteren, und **somit gefährlichen geringen,** Dämmeigenschaften.

senkrechte Spalten wirken wie Düsen

Werden die Dämmstoffe bei Wanddurchführungen durch mehrere senkrechte stehende „Scheiben" des Dämmstoffes zusammengesetzt, besteht die Gefahr, dass sich senkrechte Luftspalten bilden. Diese wirken wie Düsen, in denen die erhitzte Luft punktuell direkt auf den brennbaren Baustoff gelenkt wird. Diese Situation ist „brandgefährlich".

möglichst vorgefertigte Wanddurchführungselemente verwenden

Nicht nur aus diesem Grund empfiehlt es sich, vorgefertigte, mit einem Prüfbericht und ggf. einer allgemeinen bauaufsichtlichen Zulassung versehene Wanddurchführungselemente zu verwenden. Die Materialfrage ist geklärt; bei richtiger Verwendung gibt es keine senkrechten Spalten und wenn es in der Zulassung so steht, kann der Abstand vermindert werden.

10.1.4 Abstände von Abgasleitungen aus brennbaren Baustoffen zu Schornsteinen

bekanntes, aber häufig ignoriertes und noch nicht durchgängig geregeltes Problem

Abgasleitungen aus Kunststoff sind die heute gängigsten Abgasabführungen von Brennwertfeuerstätten. Dass Kunststoff brennbar ist, ist allgemein bekannt. Dass die Abgasleitungen jeweils eine obere Einsatztemperatur haben, ist ebenfalls bekannt. Trotzdem kommt es teilweise vor, dass eine Kunststoffabgasleitung direkt neben einer Schornsteinmündung endet.

MFeuV ist eindeutig, aber nicht differenziert

In § 9 Abs. 1 Nr. 2 MFeuV steht:

„Die Mündungen von Abgasanlagen müssen

1. den First um ...

2. Dachaufbauten, Gebäudeteile, Öffnungen zu Räumen und ungeschützte Bauteile aus brennbaren Baustoffen, ausgenommen Bedachungen, um mindestens 1 m überragen, soweit deren Abstand zu den Abgasanlagen weniger als 1,5 m beträgt

3. bei Feuerstätten ....“

Dies bedeutet natürlich auch, dass man brennbare Baustoffe nicht innerhalb dieser Mindestabstände installieren darf. Wer eine brennbare Abgasleitung in einem Schacht neben einem Schornstein (einer mit einer Feuerstätte für feste Brennstoffe belegten Abgasanlage) installiert, muss erstens darauf achten, dass der Mindestabstand der Abgasleitung zur Zunge (Trennwand zwischen beiden Zügen), die ja in diesem Fall Außenseite des Schornsteines ist, mindestens 5 cm betragen muss. Zweitens ist der Abstand der Mündung des Schornsteines zur brennbaren Abgasleitung (und ggf. der brennbaren Schachtabdeckung) zu beachten. Dies ist immer auch unter dem Gesichtspunkt eines möglichen Schornsteinbrandes zu betrachten, bei dem im Schornstein Temperaturen von ca. 1000 °C entstehen und die Flammen aus der Mündung schlagen können.

Bundesverband des Schornsteinfegerhandwerks (ZIV) empfiehlt

Da es dazu noch keine konkreten Vorgaben gibt, empfiehlt der ZIV in seinen „Kriterien zur Beurteilung der Tauglichkeit und sicheren Benutzbarkeit von Feuerungsanlagen“ die nachfolgend dargestellten Mündungsausführungen. Dabei ist auch berücksichtigt, dass neben dem Brandschutz noch die sichere Funktion der Gasfeuerungsanlage zu gewährleisten ist. Es darf kein Abgas der Feuerstätte für feste Brennstoffe in das Gasgerät gesaugt werden.

oberer Teil aus nichtbrennbaren Baustoffen

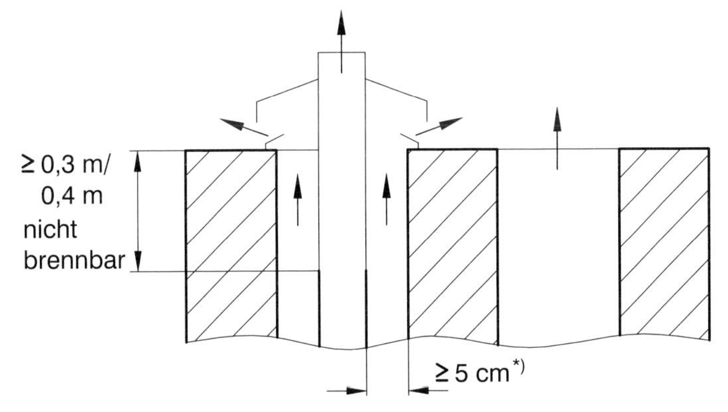

*) 5 cm Mindestabstand, da Abgasleitung großflächig angrenzender brennbarer Baustoff ist

Bild 10.1 – Mündungsausführung einer Kunststoffabgasleitung neben einem Schornstein, die im oberen Teil durch eine Abgasleitung aus nichtbrennbarem Baustoff ersetzt wurde (nur zulässig, wenn vom Hersteller so beschrieben)
nur für raumluftabhängigen Betrieb geeignet

Die Abgasleitung aus

- normal entflammbaren Baustoffen wird bis ca. 0,4 m,
- aus schwer entflammbaren Baustoffen wird bis ca. 0,3 m

unterhalb der Mündung des Schachtes aus nichtbrennbaren Baustoffen hergestellt. Dabei ist der obere Teil der Abgasleitung im und außerhalb des Schachtes und die Schachtabdeckung aus nichtbrennbaren Baustoffen beschaffen.

Schornsteinmündung überhöhen

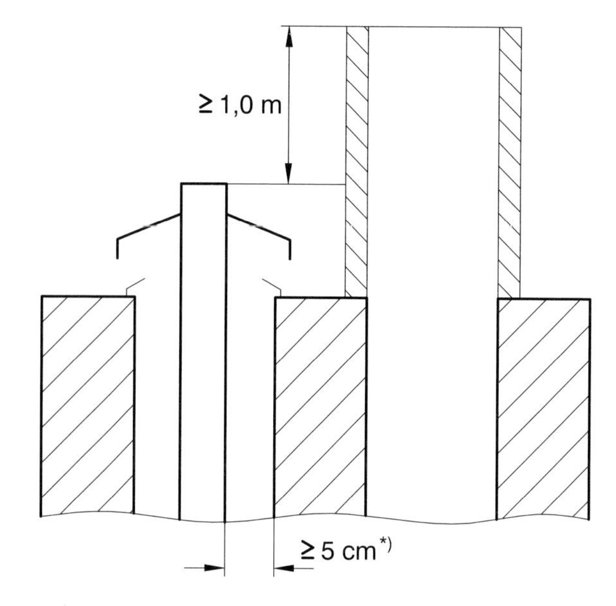

*) 5 cm Mindestabstand, da Abgasleitung großflächig angrenzender brennbarer Baustoff ist

Bild 10.2 – Mündungsausführung einer brennbaren Abgasleitung neben einem Schornstein – Überhöhung der Mündung des Schornsteins mit rußbrandbeständigen Baustoffen, die dann die brennbare Abgasleitung um mindestens 1 m überragt

gemeinsame Abströmplatte verhindert Rücksaugung

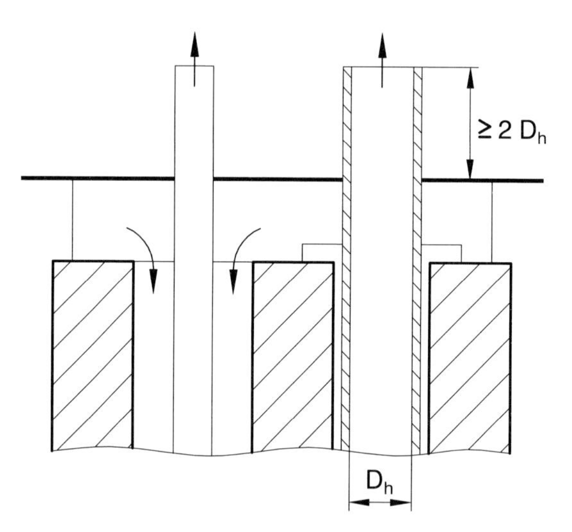

Bild 10.3 – Mündungsausführung einer Abgasleitung aus nichtbrennbaren Baustoffen neben einem Schornstein – gemeinsame Abströmplatte

Die Abgasleitung besteht aus nichtbrennbaren Baustoffen. Die Verbrennungsluft der Gasfeuerstätte wird unter einer gemeinsamen Abströmplatte zugeführt.

Überhöhung der Schornsteinmündung

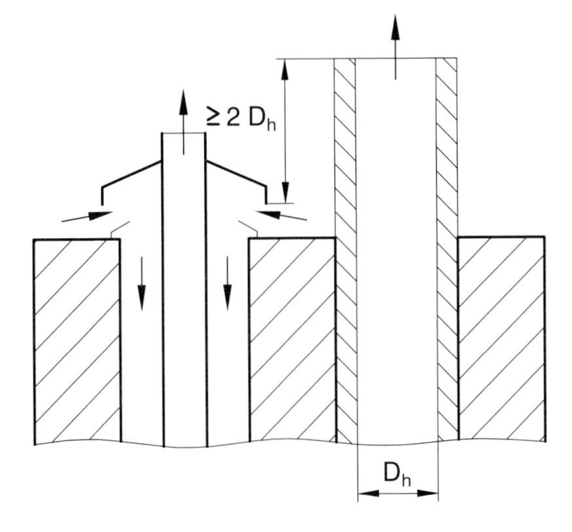

Bild 10.4 – Mündungsausführung einer Abgasleitung aus nichtbrennbaren Baustoffen neben einem Schornstein – Überhöhung der Schornsteinmündung

Die Abgasleitung besteht aus nichtbrennbaren Baustoffen. Die Schornsteinmündung ist um zweimal den Innendurchmesser des Schornsteines über die Zuluftzuführung der Gasfeuerstätte überhöht. Damit wird das Ansaugen von Abgas in die Verbrennungsluft weitestgehend verhindert.

10.2 Abgasabführung von Gasgeräten Art A

Auch bei Gasgeräten Art A müssen die Abgase ins Freie abgeführt werden. Dies wird jedoch nicht durch Abgasanlagen, sondern durch den Luftwechsel im Aufstellraum erreicht.

10.3 Abgasabführung von Gasgeräten Art B

10.3.1 Höhe der Abgasmündung über Dach

Störungen durch Windstau sollen vermieden werden

Mit einer ausreichenden Höhe der Abgasmündung über Dach soll erreicht werden, dass die Abgasabführung nicht durch Wirbel oder Winddruck beeinträchtigt wird. Dabei sind mehrfach belegte Abgasanlagen mit Gasgeräten Art B_1 anfälliger als Gasgeräte mit Gebläse. Die Mündung derartiger Abgasanlagen sollte daher bei einer Dachneigung über 20° grundsätzlich mindestens 40 cm über dem First liegen. Außerdem sollen die Abgase in den freien Windstrom geführt werden, ohne vorher zu Belästigungen oder Gefährdungen zu führen.

Abstand von 1 m zur Dachfläche bei Dachneigung über 20° ungenügend

Bei Dachneigungen > 20° ist die Anordnung der Abgasmündung von Gasgeräten Art B tiefer als 40 cm über dem First eine Unsitte, die der Betreiber häufig mit Funktionsstörungen der Abgasanlage bezahlt. Ein Abstand von 1 m zur Dachfläche genügt meist nicht, um eine einwandfreie Abgasabführung zu gewährleisten. Mindestens ein Meter zur Dachfläche bedeutet übrigens, dass ein mit einem Zirkel um die Abgasmündung geschlagener Kreis mit einem Radius von 1 m die Dachhaut an keiner Stelle durchdringen darf.

bei Unterdruck ist besonders die Berechnungsnorm zu beachten

Bei Abgasabführung im Unterdruck verhindert inzwischen die Berechnungsnorm DIN EN 13384-1 März 2006 das Schlimmste, indem sie bei Lage im ungünstigen Druckbereich die Berücksichtigung eines Winddruckes von 25 Pa in Inland-Regionen und von 40 Pa in Küsten-Regionen vorschreibt. Ein ungünstiger Druckbereich liegt z. B. vor, wenn die Mündung weniger als 0,4 über First liegt und der horizontale Abstand zur Dachfläche bzw. zur Projektionslinie des Dachfirstes weniger als 2,3 m beträgt.

10.3.2 Eigene Abgasanlage

eigene Abgasanlage ist optimal aber nicht immer möglich

Eine optimale Systemabstimmung ist nach wie vor nur bei Anschluss jeder Feuerstätte an eine eigene Abgasanlage (d. h. keine Mehrfachbelegung) möglich, weil dann keine Störeinflüsse durch andere Feuerstätten auftreten. In der Praxis steht jedoch nicht immer eine eigene Abgasanlage zur Verfügung. Daher sind die Kriterien, unter welchen Bedingungen eine gemeinsame Abgasanlage möglich ist, d. h. keine Beeinträchtigung der Funktion von Gasgeräten und Abgasanlage gegeben ist, von besonderer Bedeutung.

bei bestimmten Gasfeuerstätten unverzichtbar

Die Forderung, dass bestimmte Gasfeuerstätten grundsätzlich an eigene Abgasanlagen anzuschließen sind, hat ausschließlich funktionelle Gründe.

Winddruck an der Fassade hat erheblichen Einfluss auf Druckdifferenz

Ständig offene, ins Freie führende Verbrennungsluftöffnungen übertragen den je nach Wetterlage an der Fassade entstehenden Winddruck ungehindert auf den Aufstellraum. Je nachdem wie groß die Höhenunterschiede der Aufstellräume im Gebäude sind und ob die Räume auf der dem Wind zugewandten oder dem Wind abgewandten Seite liegen, treten erhebliche unterschiedliche Winddrücke auf. Diese können zu unkontrollierbaren Abgasmassenströmen (und vor allem Nebenluftströmen über Strömungssicherungen) führen. Eine vernünftige Berechnung ist nicht mehr möglich. Das Gleiche ist bei Aufstellräumen in großen Höhen im Gebäude (über dem 5. Vollgeschoss) der Fall.

im gleichen Aufstellraum gleiche Einflüsse des Winddruckes

Bei Aufstellung im gleichen Aufstellraum wirkt sich der Winddruck (da im gleichen Raum von gleichem Druck ausgegangen werden kann) auf alle Gasgeräte gleichmäßig aus. Aus diesem Grund ist dann der Anschluss an eine gemeinsame Abgasanlage zulässig.

ALD, gekipptes Fenster, verschließbare Verbrennungsluftklappe sind nicht gemeint

Außenluft-Durchlass-Elemente, gekippte oder geöffnete und mittels Sicherheitseinrichtung in Offenstellung kontrollierte Fenster sowie verschließbare Verbrennungsluftöffnungen ins Freie **sind keine „ständig offenen, ins Freie führenden Verbrennungsluftöffnungen**“. Die in derart mit Verbrennungsluft versorgten Räumen aufgestellten Feuerstätten dürfen an gemeinsame Abgasanlagen angeschlossen werden. Wenn dies nicht so wäre, müsste Nutzern von Räumen mit Feuerstätten an gemeinsamen Abgasanlagen grundsätzlich verboten werden, Fenster zu öffnen.

Deko-Gasfeuer sind offene Kamine (ohne Feuerraumtür) mit Brennstoff Gas

Offene Kamine sind offene Feuerstellen mit einem Rauchsammler und Abgasanlage. Durch den offenen Feuerraum werden Luftmengen in die Abgasanlage gesaugt, die die Funktion anderer an die gleiche Abgasanlage angeschlossener Feuerstätten zum Zufallsprodukt machen.

10.3.3 Gemeinsame Abgasanlage

10.3.3.1 Allgemeines

alle angeschlossenen Feuerstätten müssen sicher funktionieren

Voraussetzung für die Nutzung einer gemeinsamen Abgasanlage ist, dass die sichere Abgasabführung aller Feuerstätten gewährleistet ist. Außerdem darf, auch im Störungsfall, keine Gefährdung durch den Betrieb einer Feuerstätte entstehen. Aus diesem Grund dürfen an eine gemeinsame Abgasanlage nur Feuerstätten der gleichen Art angeschlossen werden (dies geht im Übrigen auch aus der Berechnungsnorm DIN EN 13384-1 März 2006 hervor). Beim gemischten Anschluss von Gasgeräten Art B_1 und Art B_2 würde das Abgas der Feuerstätte Art B_2 (ohne Strömungssicherung, aber mit Gebläse) bei einer Verengung der Abgasanlage ungehindert über die Strömungssicherungen der Gasgeräte Art B_1 in deren Aufstellräume eindringen können. Außerdem wirken sich Druckschwankungen am Abgasstutzen bei Gasgeräten ohne Strömungssicherung stärker aus als bei solchen mit Strömungssicherung. Die Gasgeräte mit Strömungssicherungen bewirken aber durch die ungeregelte Abführung großer Nebenluftmengen über die Strömungssicherungen (z. B. bei geschlossenem/geöffnetem Fenster) große Druckschwankungen in der Abgasanlage.

extreme Leistungsunterschiede

Die Schwierigkeit bei gemeinsamen Abgasanlagen besteht hauptsächlich darin, dass die Abgasanlage für die sichere Abführung der Abgase **aller angeschlossenen Feuerstätten bei Volllast,** aber auch für die sichere Abgasabführung **der geringsten Teillast nur einer Feuerstätte** geeignet sein muss. Dies funktioniert eigentlich nur noch bei Abgasanlagen, die für feuchten Betrieb geeignet sind.

Früher wurden bis zu 10 Feuerstätten angeschlossen, warum geht das nicht mehr?

Früher gab es den sogenannten „Hausschornstein". An diesen durften „Regelfeuerstätten" angeschlossen werden. Diese hatten „in der Regel" hohe Abgastemperaturen und hohe Abgasmassenströme, demzufolge eine Menge Energie in den Abgasen. Damit ließen sich an Schornsteinen mit lichten Querschnitten bis 1600 cm^2 (40 · 40 cm) problemlos 10 Feuerstätten betreiben. Den Begriff „kleinste Nennleistung" kannte keiner. Die Funktion wurde nur nach maximal anschließbarer Leistung beurteilt.

vorhandene Anlagen neu beurteilen

Was wird mit vorhandenen Feuerungsanlagen, bei denen viele Feuerstätten angeschlossen sind, die nach früheren technischen Regeln errichtet wurden, wenn Feuerstätten ausgetauscht werden müssen? Oftmals ist dabei dem Fachmann schon vorher bekannt, dass die jetzigen technischen Regeln nicht mehr erfüllt werden.

Können vorhandene Anlagen auch bei einem notwendigen Austausch von Feuerstätten erhalten werden?

Unter welchen Umständen solche Anlagen ggf. auch nach dem Austausch einzelner Feuerstätten weiterhin betrieben werden können, kann aus einer Veröffentlichung des DVGW gemeinsam mit dem ZIV abgeleitet werden. Diese stammt zwar schon vom Oktober 1992 und war ausschließlich für den Teil Deutschlands gedacht, der die ehemalige DDR ausmacht, enthält aber allgemeine Grundsätze, die noch heute gültig sind. Der Text ist an die heutige Situation angepasst. Die Ausführungen zu Verbundschornsteinen wurden weggelassen, da sie nicht mehr relevant sind.

Austausch von Gas-Durchlaufwasserheizern an mehrfach belegten Schornsteinen und Verbundschornsteinen

Nach den geltenden allgemein anerkannten Regeln der Technik ist es schwierig, mehr als drei raumluftabhängige Feuerstätten (Gasgeräte Art B) an eine Abgasanlage anzuschließen. In bestehenden Gebäuden sind in Übereinstimmung mit technischen Regeln, die früher allgemein anerkannt waren, oft mehr als drei Feuerstätten an einen gemeinsamen Schornstein angeschlossen, ohne dass Gefahren oder unzumutbare Belästigungen auftreten. Sollten bei solchen Anlagen - beispielsweise wegen Verschleiß vorhandener Feuerstätten – Feuerstätten ausgetauscht werden, ist abzuklären, inwieweit die höheren Belegungszahlen beibehalten werden können.

Es kann davon ausgegangen werden, dass die sichere Benutzbarkeit der mehrfach belegten Schornsteine auch nach dem Feuerstättenaustausch sichergestellt ist, wenn die folgenden Bedingungen erfüllt werden:

- Die vorhandene Anlage funktioniert mängelfrei.

- Die neue Feuerstätte ist wieder ein Gas-Durchlaufwasserheizer ohne gleitende Leistungsanpassung (nicht modulierend).

- Die neue Nennwärmeleistung entspricht der bisherigen (Abweichung max. 10 %).

- Der Abgasverlust der neuen Feuerstätte ist nicht geringer als 10 %.

- Die Summe der notwendigen Förderdrücke für die Zuluft, den Wärmeerzeuger und das Verbindungsstück ist nicht größer als bei der bisherigen Feuerstätte.

- Das ist in der Regel erreicht, wenn der Durchmesser des Abgasrohres nicht kleiner ist als der bisherige Durchmesser (bei kleinerem Abgasstutzen an der Feuerstätte ist ein Übergangsstück erforderlich) und die wirksame Höhe und die Länge des Abgasrohres sowie die Gegebenheiten der Verbrennungsluftzufuhr (z. B. kein Einbau von dichteren Fenstern) beibehalten werden.

Es wird dringend empfohlen, vor dem Austausch einer Feuerstätte die Funktionssicherheit und Mängelfreiheit der vorhandenen Feuerungsanlage zu überprüfen. Ist diese nicht gegeben, ist die Betriebssicherheit auch nach einem Feuerstättenaustausch nicht gewährleistet.

Wenn einzelne Punkte nicht eingehalten werden können, gibt es Möglichkeiten, verbessernd in das System einzugreifen. Siehe dazu auch die Kommentierung zu Abschnitt 10.3.5.1.
Wenn auch dies nicht hilft, verbleibt (wenn sich in jeder betroffenen Nutzungseinheit nur eine raumluftabhängige Gasfeuerstätte, auch keine anderen raumluftabhängigen Feuerstätten, befinden) noch die Möglichkeit der mechanischen Abgasabführung. Diese wird in DVGW-Arbeitsblatt G 626 geregelt und im Kommentar zu Abschnitt 10.3.5.2 behandelt.

Abluft absaugende Anlagen wirken auch über die Abgasanlage

Befinden sich in Nutzungseinheiten Abluft absaugende Einrichtungen, so können diese einen erheblich höheren Unterdruck als 4 Pa in diesen Nutzungseinheiten erzeugen. Wenn nun in dieser Nutzungseinheit eine Feuerstätte an eine gemeinsame Abgasanlage angeschlossen ist, besteht die Möglichkeit, dass über diese Feuerstätte Abgas anderer Feuerstätten in die Nutzungseinheit gesaugt wird.

bei Verriegelung Gefahr des Abgasaustritts

Wird der sichere Betrieb innerhalb der Nutzungseinheit durch eine gegenseitige Verriegelung abgesichert, kann die Luft absaugende Anlage bei Stillstand der Feuerstätte einen hohen Unterdruck im Aufstellraum der Feuerstätte entwickeln. Wenn dieser höher ist als der Unterdruck der Abgasanlage an dieser Stelle, kehrt sich die Strömungsrichtung um. Es werden Luft und Abgas anderer, zu der Zeit in Betrieb befindlicher, Feuerstätten in den Aufstellraum gesaugt.

Lösungen

Das Problem kann auf zwei Wegen gelöst werden. Entweder der Abgasweg zwischen Feuerstätte und senkrechtem Teil der Abgasanlage wird durch eine dicht schließende mechanisch betätigte Abgasklappe bei Stillstand der Feuerstätte verschlossen oder es wird nicht verriegelt, sondern für ausreichend nachströmende Außenluft gesorgt. Im zweiten Fall steigt der Unterdruck im Raum nicht über 4 Pa an. Es besteht somit keine Gefahr des Rücksaugens. Siehe dazu auch die Erläuterung zu Abschnitt 8.2.2.3.5.

Brandübertragung von Geschoss zu Geschoss muss verhindert werden

Wenn Feuerstätten mit metallenen Verbindungsstücken an einen gemauerten Schornstein angeschlossen sind, ist eine Brandübertragung von Geschoss zu Geschoss (nicht Rußbrand, sondern Schadenfeuer in einem Geschoss des Gebäudes) über den Schornstein sehr unwahrscheinlich. Das Feuer müsste über die Feuerstätte in das Verbindungsstück, von dort über den Schornstein durch das nächste Verbindungsstück und die Feuerstätte in das andere Geschoss. Dies ist höchst unwahrscheinlich.
Bei Abgasanlagen aus Kunststoff besteht aber die Möglichkeit, dass sich die Abgasanlage am Schadenfeuer entzündet und selbst brennend das Feuer ins nächste Geschoss überträgt. Dies ist zu verhindern.

10.3.3.2 Gasgeräte Art B_1 oder B_2

*entweder B_1 **oder** B_2*

Warum an eine gemeinsame Abgasanlage nur jeweils Gasgeräte Art B_1 **oder** Gasgeräte Art B_2 angeschlossen werden dürfen, wurde bereits unter 10.3.3.1 kommentiert.

eigenes Verbindungsstück, nicht gleiche Höhe

Grundsätzlich ist jede Feuerstätte mit einem eigenen Verbindungsstück an den senkrechten Teil der Abgasanlage anzuschließen. Dies vermindert die Störanfälligkeit der Abgasanlage.
Die früher festgelegten Mindestabstände zwischen den Einmündungen der Verbindungsstücke in einen Schornstein sind entfallen. Man vertraut auf den Sachverstand des Installierenden und möchte die Möglichkeit des Eingehens auf die örtlichen Verhältnisse möglichst wenig einschränken. Die gleiche Höhe der Einmündung bedeutet maximale Störung der Abgasströmung und ist deshalb nicht gestattet. Als Richtwert für den Abstand sollten weiterhin ca. 30 cm gelten.

6,5 m sind sinnvoll, aber kein Dogma

Die weiteren Einschränkungen für den Anschluss an eine gemeinsame Abgasanlage – kein größerer Abstand als 6,5 m zwischen der untersten und der obersten Feuerstätte – soll günstige und möglichst gleiche Betriebsbedingungen sicherstellen. Störungen bei der Abgasabführung sind zu vermeiden und die Auslegung der Abgasanlage ist praktikabel zu halten. Die Höhenunterschiede bedingen nicht nur unterschiedliche Druckbedingungen in der Abgasanlage, sondern auch wesentliche Unterschiede bei der Verbrennungsluftversorgung (der Winddruck auf die Fassade und damit die Druckverhältnisse im Aufstellraum werden mit steigender Höhe des Raumes immer problematischer).

richtig planen

Dies ist für den Anlagenplaner ein wichtiger Hinweis; so sollte also z. B. bei Anschluss von zwei Gas-Heizkesseln mit indirekt beheiztem WW-Speicher, die im Keller installiert sind, und einem Gas-Kombiwasserheizer in drei Geschossen möglichst nicht der Gas-Kombiwasserheizer mit unter der Decke liegender Abgaseinführung in der obersten Etage, sondern in einem der unteren Geschosse installiert werden.

es gibt sehr viele Anlagen mit größeren Höhendifferenzen

Da es in der Praxis sehr viele Anlagen gibt, die seit Jahren problemlos funktionieren, obwohl der Abstand der Einführung der Verbindungsstücke weit über 6,5 m liegt, ist die Forderung sehr weich formuliert und auch gleich eine Hilfe vorgesehen. Wenn eine solche Anlage in einem vergleichbaren Gebäude seit Jahren funktioniert, ist davon auszugehen, dass diese Anlage, bei gleicher Ausstattung, auch in dem nächsten Gebäude keine Schwierigkeiten machen wird. Das Risiko trägt selbstverständlich der Ersteller der Anlage.
Der Hinweis ist der DIN V 18160-1 entnommen und soll die Anwendung von Gasinstallationen in bestehenden Gebäuden möglichst wenig einschränken. **Fakt bleibt aber: Bei der Planung ist die kleinste mögliche Höhendifferenz zwischen den Einmündungen anzustreben.**

Die Möglichkeiten eines gemeinsamen Verbindungsstückes bleiben unverändert. Es ist zulässig, wenn die bewährten Kombinationen gewählt werden. Hierunter fallen in erster Linie die Kombinationen von Gas-Durchlaufwasserheizer und Gas-Raumheizer sowie Gas-Heizkesseln und Gas-Vorratswasserheizern.
Es sind aber auch andere Kombinationen möglich. Eine Begrenzung der Leistung gibt es bei gemeinsamen Verbindungsstücken nicht.

10.3.3.3 Gasgeräte Art B_3

Ausnahme von allgemeiner Regel

Die Möglichkeit, nach DVGW-Arbeitsblatt G 637-1 mehrere Gasgeräte Art B_3 oder C_8 anzuschließen, ist eine Ausnahme von der allgemeinen Forderung, nur Gasgräte jeweils gleicher Art an eine gemeinsame Abgasanlage anzuschließen. Die Festlegungen in DVGW-Arbeitsblatt G 637-1 fundieren auf umfangreichen, über Jahre andauernden Feld- und Laboruntersuchungen. Je nach den Daten der anzuschließenden Feuerstätten, dem Querschnitt und der Höhe der Abgasleitung sowie deren Wärmedurchlasswiderstandsgruppe können bis zu 5 Geräte an eine Anlage angeschlossen werden. Näheres ist DVGW-Arbeitsblatt G 637-1 zu entnehmen. Im Arbeitsblatt sind noch die ursprünglichen Bezeichnungen $D_{3.1}$ und $D_{3.2}$ verwandt.

Für den Anschluss raumluftabhängiger Geräte Art B_3 ist das Schutzziel 2, d. h. Raum/Leistungsverhältnis 4 m^3/1 kW $\dot{Q}_{NL}$ einzuhalten.

DVGW G 637-2 (A) aufgegeben, damit Mischung Art B_1 und B_3 oder C_8 hinfällig

Die Einsatzzahlen der Gasgeräte Art B_3 und C_8 sind verhältnismäßig gering. Die große Hoffnung, die auf eine mögliche „Gemischtbelegung" mit Gasgeräten Art B_1 und B_3 oder C_8 gesetzt wurde, ist beendet. Die anfänglich vorhandenen Sicherheitsbedenken konnten durch eine vom Schornsteinfegerhandwerk durchgeführte und wissenschaftlich ausgewertete großflächige Erfassung von Störungsfällen an Abgasanlagen zerstreut werden. Die Erarbeitung von Anschlusstabellen (vergleichbar denen in DVGW-Arbeitsblatt G 637-1) erwies sich aber schwieriger als gedacht. Außerdem konnten die Hoffnungen auf die Vorteile dieser Kombinationen nicht erfüllt werden. Das TK „Gasinstallation" hat daher, nach Rückfrage der Hauptgeschäftsführung des DVGW und mit den beteiligten Firmen, die Beendigung der Arbeiten an diesem Arbeitsblatt beschlossen. Ein verwertbares Ergebnis liegt nicht vor.

10.3.4 Gemischt belegte Abgasanlage

bei Anschluss an Schornstein Rußbrand nicht auszuschließen

Werden Gasfeuerstätten an Schornsteine (an Abgasanlagen, an die auch Festbrennstofffeuerstätten angeschlossen sind) angeschlossen, ist in der Regel auch Ruß im Schornstein vorhanden, der sich ggf. entzünden kann. In diesem Fall wirken sich die extrem hohen Temperaturen auch auf die Verbindungsstücke der Gasfeuerstätten aus. Aus diesem Grund ist in diesem Fall auch der Einsatz von Aluminium für das Verbindungsstück nicht zulässig (siehe dazu auch Kommentierung zu den Abschnitten 10.1.3.3 und 10.3.6.3.1).

Bedeutung wieder zunehmend

Die gemischt belegte Abgasanlage hatte über viele Jahre nur noch geringe Bedeutung (bzw. verlor auch in den neuen Bundesländern ständig an Bedeutung). Mit dem Boom der Verwertung nachwachsender Rohstoffe, vor allem des Holzes, hat sich der Trend gewandelt. Nicht in jedem Fall lässt sich ein Schornstein nachrüsten. Eine eventuelle Lösung heißt daher wieder Gemischtbelegung.

Was ist Gemischtbelegung?

Es handelt sich dabei um den gemeinsamen Anschluss von Gasgeräten Art B_1 und Feuerstätten für feste Brennstoffe (früher auch „Regelfeuerstätten" genannt) an einen gemeinsamen Schornstein. Hierfür ist ein Schornstein erforderlich.

einige Anforderungen an Schornsteine

Für Schornsteine gilt:

- An Schornsteine dürfen Feuerstätten für feste, flüssige und gasförmige Brennstoffe angeschlossen werden.

- Schornsteine müssen
  - gegen Rußbrand beständig sein
  - in Gebäuden, in denen sie Geschosse überbrücken, eine Feuerwiderstandsdauer von mindestens 90 Minuten haben (unabhängig davon, ob an die Geschossdecke Brandschutzanforderungen gestellt werden)

- unmittelbar auf dem Baugrund gegründet sein oder auf einem feuerbeständigen Unterbau errichtet sein bzw. auf einem Unterbau aus nichtbrennbaren Baustoffen errichtet sein, wenn
  · sie sich in Gebäuden der Gebäudeklassen 1 bis 3 befinden oder
  · sie oberhalb der obersten Geschossdecke beginnen oder
  · sie sich an Gebäuden befinden
- durchgehend und insbesondere nicht durch Decken unterbrochen sein und
- für die Reinigung Öffnungen mit Schornsteinreinigungsverschlüssen haben
- eine Sohle haben, die mindestens 20 cm unter dem untersten Feuerstättenanschluss angeordnet sein muss

Folgende wesentliche Punkte sind u. a. zu beachten:

Abgasanlage muss alle möglichen Betriebszustände „können“

- Die Abgasanlage muss für den alleinigen Betrieb jeder Feuerstätte (jeweils größte und kleinste mögliche Leistung) sowie für den gemeinsamen Betrieb aller Feuerstätten, die gleichzeitig betrieben werden können, geeignet sein.

Querschnitt nicht zu klein

- Der sich zwischen den Kehrungen an der Innenseite der Abgasanlage ansammelnde Ruß kann den lichten Querschnitt der Abgasanlage erheblich verringern. Dies wird problematischer, je kleiner dieser Querschnitt gewählt wird (deshalb lieber etwas größer wählen).

ggf. Nebenluft über Strömungssicherung bei alleinigem Betrieb der Feststofffeuerstätte verhindern

- Der Nebenlufteintritt über die Strömungssicherung der Gasfeuerstätte(n) (insbesondere wenn diese nicht in Betrieb ist) darf nicht dazu führen, dass der Unterdruck am Abgasstutzen der Festbrennstofffeuerstätte zu gering wird. Das Problem kann eine Abgasklappe (am besten eine dichtschließende mechanisch gesteuerte – ist jetzt nach Abschnitt 10.5.1 bei Gasgeräten ohne Zündflamme möglich) lösen.

Rußaustritt in Raum und Gasfeuerstätte verhindern

- Der bei der Kehrung des Schornsteins anfallende Ruß darf nicht zu unzumutbaren Verschmutzungen des Aufstellraumes der Gasfeuerstätte und der Gasfeuerstätte selbst führen. Auch dieses Problem löst die Abgasklappe.

Auslegung nach DIN 4759-1

Es werden auch wieder Anlagen nach DIN 4759-1 ausgelegt und erstellt. Nachfolgend ein Rundschreiben des ZIV zu dieser Problematik.

Rundschreiben des ZIV

Anwendung der DIN 4759-1 April 1986: „Wärmeerzeugungsanlagen für mehrere Energiearten – Eine Feststofffeuerung und eine Öl- oder Gasfeuerung und nur ein Schornstein, Sicherheitstechnische Anforderungen“

Diese Norm gilt für Feuerungsanlagen für Warmwasserheizungen oder für die Warmwasserversorgung, bei denen Abgase einer Feuerungseinrichtung für feste Brennstoffe und einer Feuerungseinrichtung für flüssige oder gasförmige Brennstoffe innerhalb der Feuerstätte, innerhalb eines gemeinsamen Verbindungsstückes oder innerhalb eines gemeinsamen Schornsteines zusammengeführt werden. Die Gesamtnennleistung der Wärmeerzeugungsanlage ist auf 100 kW beschränkt und es wird u. a. ein

Mindest-Schornsteinquerschnitt mit lichter Weite von 16 cm bei Feuerstätten zur Verbrennung mit festen Brennstoffen von 18 cm gefordert.

In einem konkreten Fall hatte ein BSM die Bescheinigung der sicheren Benutzbarkeit für eine solche Anlage verweigert, da der in der Norm vorausgesetzte Mindest-Schornsteinquerschnitt nicht vorhanden war. Daraufhin erklärte der Errichter, dass die Anlage nicht unter die DIN 4795 falle, sondern nur unter die DIN 18160-1. Der Technische Ausschuss vertritt dazu folgende Meinung:

Für die Anwendung der Norm gilt:

- Zunächst muss geklärt werden, zu welcher Bauart die Wärmeerzeugungsanlagen gehören (nach Tabelle 1 und Bild 1 bis 5) und welche Betriebsweise vorliegt. Dazu wäre zu klären, ob der ordnungsgemäße Betrieb einen Schornstein mit kleinerer lichter Weite als 18 cm erfordern würde.

- Unabhängig davon wird empfohlen, entsprechend der Norm für alle möglichen 4 Betriebsbedingungen (siehe Tabelle 4 der DIN 4759 für Betriebsweise A) eine Berechnung nach EN 13384-1 durchzuführen (Annahme für gemeinsamen Betrieb: Brennstoff Heizöl EL) mit der vorhandenen lichten Weite des Schornsteins, um die grundsätzliche Funktionsfähigkeit der Anlage zu überprüfen. Dazu werden die Wertetripel des Heizkessels für alle 4 Betriebsbedingungen benötigt.

- Falls der Funktionsnachweis bei diesen Betriebszuständen erbracht werden kann, sollte nicht auf einem Mindestquerschnitt bestanden werden.

10.3.5 Abgasabführung über Abluftleitungen von Lüftungsanlagen

MBO erlaubt Einleitung von Abgas in Lüftungsanlagen

Laut § 41 „Lüftungsanlagen“ Abs. 4 MBO November 2002 dürfen Abgase in Lüftungsanlagen eingeleitet werden.
„(4) [1]Lüftungsanlagen dürfen nicht in Abgasanlagen eingeführt werden; die gemeinsame Nutzung von Lüftungsleitungen zur Lüftung und zur Ableitung der Abgase von Feuerstätten ist zulässig, wenn keine Bedenken wegen der Betriebssicherheit und des Brandschutzes bestehen. [2]Die Abluft ist ins Freie zu führen. [3]Nicht zur Lüftungsanlage gehörende Einrichtungen sind in Lüftungsleitungen unzulässig.“

richtige Entscheidung, weil teilweise bewährte Praxis, aber nicht konsequent

Es ist richtig und konsequent, dass die bewährte Praxis, Abgas von Gasfeuerstätten über Lüftungsanlagen abführen zu können, weiterhin möglich ist. Es ist auch zu begrüßen, dass dazu nicht, wie früher erforderlich, eine baurechtliche Ausnahme eingeholt werden muss.

Es ist dagegen mutig, diese Lösung auch für Feuerstätten für feste Brennstoffe ohne größere Hürden zu ermöglichen. Dazu liegen bisher kaum Erfahrungen vor.

Es ist aber zumindest inkonsequent nicht wenigstens den Satz, „Diese Lüftungsanlagen müssen dann den Anforderungen an Abgasanlagen entsprechen", anzufügen. Das Thema sollte dann in der „Richtlinie über brandschutztechnische Anforderungen an Lüftungsanlagen" (LüAR) geregelt werden, was jedoch nicht geschehen ist.
In der Muster-Richtlinie Fassung September 2005 steht nun aber lediglich etwas über die gemeinsame Abführung von Küchenabluft und Abgas von Gasfeuerstätten über Lüftungsanlagen. Dabei wird unter anderem auf das DVGW-Arbeitsblatt G 634 verwiesen.

Rundschreiben des ZIV

Der Bundesverband des Schornsteinfegerhandwerks hat dazu seinen Mitgliedern folgende Information gegeben.

Behandlung von Lüftungsanlagen, in die Abgase eingeleitet werden; Bescheinigung der Tauglichkeit und sicheren Benutzbarkeit durch den Bezirksschornsteinfegermeister

Die Fachkommission Bauaufsicht hat die Anforderungen an Lüftungsanlagen, in die Abgase eingeleitet werden, im derzeitigen Entwurf der Muster-Richtlinie über brandschutztechnische Anforderungen an Lüftungsanlagen (Muster-Lüftungsanlagen-Richtlinie MLüAR) gestrichen. Dies würde bedeuten, dass theoretisch keinerlei bauaufsichtliche Anforderungen an derartige Lüftungsanlagen gestellt werden. Dies würde aber § 3 (1) MBO widersprechen, wonach Anlagen so anzuordnen, zu errichten, zu ändern und instand zu halten sind, dass die öffentliche Sicherheit und Ordnung, insbesondere Leben, Gesundheit und die natürlichen Lebensgrundlagen, nicht gefährdet werden.

TRGI hat diese Empfehlung als Muss übernommen

Der ZIV empfiehlt daher bis auf Weiteres, solche Lüftungsanlagen wie Abgasanlagen zu beurteilen. Diese Vorgehensweise sollte allerdings jeweils mit der obersten Bauaufsichtsbehörde des Landes abgestimmt werden.

10.3.5.1 Anschluss an einen Abluftschacht nach DIN 18017-1

Randbedingungen beachten

Es sind folgende Mindestanforderungen zu erfüllen:

- Der Abluftschacht muss den Anforderungen an Abgasanlagen entsprechen.

- Die Abgase der Gasfeuerstätten müssen gemeinsam mit der Abluft durch diesen Abluftschacht abgeführt werden. **Die separate Entlüftung eines solchen Aufstellraumes durch einen Abluftschacht und die Abgasabführung durch eine Abgasanlage ist nicht erlaubt.**

bezüglich Schutzziel 1 ist zu beachten

Um dem Leser das Suchen zu ersparen, werden hier noch einmal die Anforderungen bezüglich der Erfüllung des Schutzzieles 1 (Kommentierung zu 8.2.2.4.2.2.1) wiederholt.
Bei der Aufstellung von Gasfeuerstätten in derartigen Räumen ist es bezüglich der Erfüllung des Schutzzieles 1 absolut unerheblich, ob die Zuluftöffnung in einen Nebenraum führt – sogenannte „Berliner Lüftung", wie sie nach DIN 18017-1 März 1960 bis zur Nachfolgenorm im September 1983 als Alternative erlaubt war – oder am Ende eines Zuluftschachtes angeord-

„Kölner Lüftung“ – Zuluft aus Zuluftschacht

net ist – sogenannte „Kölner Lüftung“, wie sie in der DIN 18017-1 September 1983 und Februar 1987 nur noch als alleinige Möglichkeit der Zuluftversorgung genormt worden ist.

Abluftöffnung nicht obere Lüftungsöffnung bei Rauminhalt < 1 m^3 je 1 kW $\Sigma \dot{Q}_{NL}$ der Gasgeräte Art B_1

Ist der Rauminhalt derartiger innen liegender Aufstellräume < 1 m^3 je 1 kW $\Sigma \dot{Q}_{NL}$ der Gasgeräte Art B_1, darf die Abluftöffnung im Abluftschacht – durch den ja auch das Abgas nach Abschnitt 10.3.5.1 der TRGI abzuführen ist – nicht als obere Lüftungsöffnung zur Erfüllung des Schutzzieles 1 angesetzt werden. Da Abgasaustritt aus der Strömungssicherung immer auf Stau oder Rückstrom in der Abgasanlage zurückzuführen ist, kann die Abgasverdünnung über die gleiche (in diesem Fall gestörte) Anlage nicht erfolgen.

immer zwei Öffnungen zu Nachbarräumen

In beiden Fällen muss das Schutzziel 1 durch je eine obere und untere Lüftungsöffnung zu einem oder mehreren unmittelbar benachbarten Raum/Räumen erreicht werden. Während bei der sogenannten „Berliner Lüftung“ die Zuluftöffnung aus dem Nachbarraum nach DIN 18017-1 auch der unteren Lüftungsöffnung für das Erfüllen des Schutzzieles 1 entspricht, gilt dies bei der sogenannten „Kölner Lüftung“ für die Zuluftöffnung aus dem Zuluftschacht nicht, weil sie keine Öffnung direkt ins Freie ist und somit nicht der Abgasverdünnung dienen kann.

Frage

Welche Möglichkeiten gibt es für den Austausch von Gasfeuerstätten an Abluftschächte nach DIN 18017-1?

Antwort

bisher problemlose Funktion der Anlage?

Zunächst ist die Frage zu klären, aus welchem Grund Veränderungen an der Gasinstallation vorgenommen werden sollen. An dieser Stelle wird vorausgesetzt, die Anlage arbeitete bisher problemlos. Durch normalen Verschleiß müssen Gasgeräte ausgetauscht werden.

Verbrennungsluftversorgung – um welche Art der Lüftung handelt es sich?

Wie erfolgt die Verbrennungsluftversorgung der Gasfeuerstätte(n)? Bei der sogenannten, in der DIN 18017-1 Februar 1987 nicht mehr behandelten **„Berliner Lüftung“** wird die Zuluft über eine untere Öffnung aus einem Nebenraum angesaugt. Sie muss somit durch die Gebäudehülle (Außenfugen) in die Wohnung gelangen. Es bestehen damit alle Probleme der Verbrennungsluftzuführung raumluftabhängiger Gasfeuerstätten im Verbrennungsluftverbund über Außenfugen. Es ist also auch zu prüfen, ob Schutzziel 2 erfüllt wird oder ob weitere Maßnahmen erforderlich sind.

Bei der in der Norm noch behandelten **„Kölner Lüftung“** wird die Zuluft (zur Lüftung des innen liegenden Raumes) über einen Zuluftkanal in den Zuluftschacht und von dort in den Raum geführt. Wenn sichergestellt ist, dass sich die Öffnung des Zuluftschachtes beim Betrieb der Gasfeuerstätte(n) in Offenstellung befindet, hat man den großen Vorteil, dass ein erheblicher Teil der Verbrennungsluft direkt aus dem Freien zugeführt wird. Dass dieser Zuluftschacht intakt und der Querschnitt frei ist, kann aufgrund der nach Kehr- und Überprüfungsverordnung vorgeschriebenen regelmäßigen Überprüfung durch den BSM vorausgesetzt werden. Der Rest der Verbrennungsluft muss, wie bei der „Berliner Lüftung“, aus dem Raum-Leistungs-Verhältnis der Wohnung kommen.

Abgasabführung

Zur Abgasabführung steht in beiden Fällen der Abluftschacht als Einzelschacht je Wohnung zur Verfügung. Da dieser schon bisher als Abgasanlage genutzt und daher auch regelmäßig vom BSM überprüft wurde, kann grundsätzlich davon ausgegangen werden, dass er die Anforderungen an Abgasanlagen erfüllt und sich in einem ordnungsgemäßen Zustand befindet. Er muss folgende wesentliche Aufgaben erfüllen:

- Abführung der Abgase der Feuerstätte(n) und
- Abführung der Abluft zur Lüftung des innen liegenden Raumes und
- Ansaugen der für die Feuerstätte(n) erforderlichen Verbrennungsluft und
- Ansaugen der zur Raumlüftung erforderlichen Zuluft

Abgaswertetripel sind entscheidend

Als Motor für all diese Aufgaben dient der Auftrieb im Abluftschacht, der sich aus dem Dichteunterschied der Abluft-/Abgassäule im Schacht und der gleichgroßen Säule Außenluft ergibt. Es ist daher von entscheidender Bedeutung, ob die neue Gasfeuerstätte vergleichbare Abgaswerte (sogenannte Abgaswertetripel), Abgastemperatur, Abgasmassenstrom, erforderlicher Förderdruck bei maximaler und minimaler Leistung hat. Wenn ja, dürfte der Austausch problemlos sein. In der Regel wird die neue Feuerstätte einen besseren Wirkungsgrad haben, also den Energieinhalt des Brennstoffes besser in den Verwendungszweck (z. B. warmes Wasser) umsetzen. Diese Energie fehlt aber dann im Abgas zur Ankurbelung des Auftriebes im Abluftschacht.

das Abgas muss trocken sein und vollständig ins Freie gelangen

Es gilt zu berechnen und (besonders in Grenzfällen) auch ggf. zu prüfen, ob die sichere Abgasabführung auch mit der neuen Feuerstätte gewährleistet werden kann.
Bei den Feuerstätten in den unteren Etagen dürfte die Erfüllung der Druckbedingungen, Ansaugen der Verbrennungsluft, vollständige Abführung der Abgase, (aufgrund der großen wirksamen Höhe des Abluftschachtes) leichter zu erfüllen sein als in den oberen Etagen.
Bei den Feuerstätten in den oberen Etagen ist die Erfüllung der Temperaturbedingungen (Abluftschächte sind keine Abgasanlagen für den feuchten Betrieb), die Abgase dürfen im Abluftschacht nicht kondensieren, leichter zu erfüllen als in den unteren Etagen.

Welche Stellschrauben gibt es?

Wenn sich durch den geringeren Energieinhalt des Abgases Probleme ergeben, können folgende Maßnahmen helfen:

- Gasgeräte einbauen, die zwar nicht ganz so effizient sind, aber den Fortbestand der Anlage ermöglichen.
- Widerstände bei der Verbrennungsluftzuführung verringern (z. B. durch Einbau von Außenluft-Durchlasselementen – siehe dazu Kommentar zu den Abschnitten 9.2.2.4 und 9.2.3.1). Dies hat zusätzlich den Effekt, dass durch einen größeren Luftüberschuss im Abgas (als Folge des erhöhten Zuluftstroms) der Taupunkt gesenkt wird und der Schacht bei Stillstand der Gasfeuerstätte stärker durchströmt und damit getrocknet wird. Dabei wird allerdings auch „Wärme weggelüftet“.

- Wärmedämmung der Abluftschächte im Kaltbereich (im Boden und über Dach)

10.3.5.2 Anschluss an Zentralentlüftungsanlagen nach DIN 18017-3

neues DVGW G 626 (A)

Das DVGW-Arbeitsblatt G 626 „Mechanische Abführung von Abgasen für raumluftabhängige Gasfeuerstätten in Abgas- bzw. Zentralentlüftungsanlagen“ Oktober 2006 ist eine Kombination des bisherigen DVGW-Arbeitsblattes G 626 mit dem DVGW-Arbeitsblatt G 660 „Abgasanlagen mit mechanischer Abgasabführung für Gasfeuerstätten mit Brennern ohne Gebläse“ im Bereich bis 35 kW Nennleistung je Feuerstätte.

durch Umstellung auf mechanische Abgasabführung Gasgeräte erhalten

Unter Anwendung des DVGW-Arbeitsblattes G 626 (mit ergänzenden Hinweisen des DVGW) wurden nach der Wende sehr viele Verbundschachtanlagen mit Gas-Durchlaufwasserheizern sicherer und weniger störanfällig gemacht und somit erhalten. Ohne die Umstellung von der thermischen zur mechanischen Abgasabführung hätten die vorhandenen Probleme zum Austausch der Gasgeräte gegen Elektrogeräte geführt.

DVGW G 626 (A) bietet auch die Möglichkeit, anfällige Anlagen in innen liegenden Bädern zu erhalten

Ein Grund der Überarbeitung des DVGW-Arbeitsblattes G 626 ist die große Anzahl der in innen liegenden Bädern installierten Gasfeuerstätten mit thermischer Abgasabführung über Abgasschornsteine des Bades einerseits und thermischer Abluftabführung über einen Abluftschacht andererseits. Spätestens beim erforderlichen Austausch einer Gasfeuerstätte stellt sich die Frage, ob die Abgasabführung denn wirklich immer sicher ist und wo die nötige Verbrennungsluft herkommt? Genügen auch die geringeren Abgastemperaturen der neuen Gasfeuerstätte, um dieses komplizierte System sicher arbeiten zu lassen? Es gibt nur eine Lösung, den Einbau einer mechanischen Abgasabführung. Diese hat jetzt außerdem den zusätzlichen Gewinn einer kontrollierten mechanischen Entlüftung des innen liegenden Bades und damit eigentlich der gesamten Wohnung zur Folge. Die Wohnung wird für den Nutzer wesentlich aufgewertet.

Was ist technisch zu beachten:

- Es können Gasgeräte der Art B_{11BS} und B_{13BS} von der Stange – es sind also keine Sonderanfertigungen nötig – eingesetzt werden. Als Sicherheitseinrichtung dient der Konstantdruckregler des Lüfters. Er schaltet im Störungsfall ein Gas-Magnetventil direkt nach der Gas-Hauptabsperreinrichtung. Beim ausschließlichen Einsatz von speziell aus- bzw. nachgerüsteten Gasgeräten (die Möglichkeiten sind im Arbeitsblatt beschrieben) kann auf das Gas-Magnetventil verzichtet werden.

- In der Wohnung oder Nutzungseinheit, also in den lufttechnisch verbundenen Räumen, dürfen keine anderen raumluftabhängigen Feuerstätten und keine Ablufteinrichtungen, wie z. B. Dunstabzugshauben vorhanden sein.

- Der Lüfter muss mit einem Konstantdruckregler, der vom Hersteller des Lüfters geliefert und mit dem Lüfter abgestimmt ist, gekoppelt sein. Das Arbeitsblatt enthält eine Öffnungsklausel (es können auch andere vergleichbare Einrichtungen eingesetzt werden), die jedoch zurzeit nur theoretischer Natur ist, da nichts Vergleichbares bekannt ist.

- Mit Hilfe des Konstantdruckreglers und der Abgas-Drosseleinrichtung kann die abgesaugte Abluft- und Abgasmenge relativ konstant eingestellt werden. Die erforderliche Grundlüftung des Bades wird am Abluftventil eingestellt, die erforderliche Abgasmenge beim Betrieb des Gasgerätes als äquivalente Luftmenge mittels der Abgas-Drosseleinrichtung. Es wird, eine richtige Einstellung durch einen Fachmann vorausgesetzt, weder zu viel noch zu wenig abgesaugt. Außerdem wirken sich Störgrößen, wie vom Mieter willkürlich verstellte Abluftventile sowie durch Öffnen von Fenstern geänderte Druckverhältnisse in einer Wohnung, auf die anderen Wohnungen nicht aus.

- Durch den Konstantdruckregler ist es möglich, in die Abgasabführung thermische Abgasklappen einzubauen. Diese verhindern eine für den Nutzer störende und energetisch bedenkliche Absaugung der dem Abgasstrom äquivalenten Luftmenge während der Betriebspause des Gasgerätes.

- Die ausreichende Verbrennungsluftversorgung wird durch Messung des äquivalenten Luftvolumenstroms nachgewiesen. Die logische Aussage ist, wenn man bei ungünstigsten Voraussetzungen (alle Fenster und Türen geschlossen) eine ausreichende Abgasmenge abführt, muss ausreichend Luft von außen nachströmen. Bei zu dichten Wohnungen kann man über den Lüfter den Unterdruck im Raum erhöhen. Dies ist aber nur die zweitbeste Lösung von zwei Möglichkeiten. Man macht die Räume zu dicht und wendet elektrische Energie auf, um diese zu dichte Außenhülle wieder etwas undichter zu machen. Besser ist z. B. der Einbau geprüfter Außenluft-Durchlasselemente wie Fensterfalzlüfter. Diese ermöglichen nach der Installation ohne weitere Wartungsarbeiten einen gesunden Luftwechsel und eine bessere Verbrennungsluftversorgung ohne den übermäßigen Einsatz teurer Elektroenergie. Wenn man die richtigen Fensterfalzlüfter nimmt, bleibt die Schlagregensicherheit und Schalldämpfung der Fenster erhalten. Sie widersprechen auch den Anforderungen nach EnEV nicht.

10.3.6 Verbindungsstücke

10.3.6.1 Feuerungstechnische Anforderungen

Verbindungsstücke (Abgasrohre) müssen strömungstechnisch günstig ausgeführt werden (kurz, steigend, möglichst mit Anlaufstrecke) und nur geringe Wärmeverluste bewirken.

gemeinsame Verbindungsstücke zulässig

Gemeinsame Verbindungsstücke sind generell zulässig. Die alte Festlegung, dass der lichte Querschnitt des gemeinsamen Verbindungsstückes der 0,8-fachen Summe der Querschnitte der eigenen Verbindungsstücke entsprechen muss, besteht als Empfehlung weiter. Hierbei soll allerdings berücksichtigt werden, dass sich die Physik nicht geändert hat und gewisse Bedenken gegen die Zusammenführung von Verbindungsstücken von Gasgeräten Art B_1 wegen aufgetretener Funktionsstörungen weiterhin bestehen. Es sind deshalb vom Hersteller der Gasgeräte gelieferte und mit den Geräten typgeprüfte Zusammenführungen zu bevorzugen.

Das klassische Verbindungsstück wird immer seltener. Schon aus der Definition, dass der waagerechte Teil einer Abgasleitung zwischen Gasgerät und dem senkrechten Abgasrohr Verbindungsstück ist, ergibt sich, dass Ausführung und Bemessung häufig vom Gerätehersteller festgelegt werden.

Für klassische Verbindungsstücke gilt unverändert ein Mindestquerschnitt von 60 mm. Außerdem soll es in der Regel den gleichen Querschnitt wie der Abgasstutzen haben. Bei separater rechnerischer Bemessung kann davon allerdings abgewichen werden.

Wenn das Verbindungsstück einen größeren Querschnitt als die Abgasleitung hat, kann vor der Einführung eine Querschnittsanpassung erfolgen. Hierzu ist die Zustimmung des BSM einzuholen.

Bei Abgasanlagen, die gemeinsam mit der Feuerstätte zugelassen oder zertifiziert wurden (z. B. Gasgeräte der Art C_1 und C_3), ist davon auszugehen, dass die Bemessung der Abgasanlage bei der Prüfung zur Zertifizierung erfolgt ist. Damit ist keine gesonderte Berechnung nach DIN EN 13384 erforderlich.

10.3.6.2 Zusätzliche betriebliche Anforderungen

Reinigungsöffnungen sind grundsätzlich, nicht immer, erforderlich

Bezüglich der Anordnung von Reinigungsöffnungen in Verbindungsstücken gilt:

- Verbindungsstücke, die zum Zweck der Reinigung leicht abnehmbar sind, benötigen keine Reinigungsöffnung.

- Andere Verbindungsstücke müssen verschließbare Reinigungsöffnungen haben, die
  - an jeder Umlenkung mit mehr als 45° Richtungsänderung sowie
  - bei geraden Abschnitten von Verbindungsstücken
    - · bei festen und flüssigen Brennstoffen bei seitlicher Anordnung in Abständen von höchstens 2 m, bei Anordnung an der Stirnseite eines geraden Abschnittes 4 m
    - · bei gasförmigen Brennstoffen in Abständen von höchstens 4 m

  angeordnet werden sollen.

bei Überdruckabgasleitungen gibt es Ausnahmen

- Für Verbindungsstücke (waagerechte Abschnitte) von Überdruck-Abgasleitungen, an denen Gasfeuerstätten angeschlossen sind, genügt insgesamt eine Reinigungsöffnung (die untere Reinigungsöffnung des senkrechten Abschnittes), wenn
  - die Reinigungsöffnung sich im waagerechten Abschnitt maximal 0,3 m vom senkrechten Abschnitt entfernt befindet

- der waagerechte Abschnitt vor der Reinigungsöffnung nicht länger als 1,5 m ist und nicht mehr als zwei Bögen enthält
- der Abgasleitungsdurchmesser nicht mehr als 0,15 m beträgt und
- die Bögen einen Biegeradius größer oder gleich dem Abgasleitungsdurchmesser haben

Gegebenenfalls ist eine weitere Reinigungsöffnung in der Nähe der Feuerstätte erforderlich, wenn Kehrrückstände nicht in die Feuerstätte gelangen dürfen.

bis 4 m vereinfachte Überprüfung möglich

- Für Abgasleitungen von Gasfeuerstätten mit konzentrischer Verbrennungsluftzu-/Abgasabführung, die maximal 4 m lang und für Abgasabführung unter Überdruck bis ins Freie ausgelegt sind, ist eine Sicht- bzw. Prüföffnung ausreichend, sofern eine Sichtprüfung eines Teils der Abgasleitung möglich ist.
  Wenn aus diesem Grund von den allgemeinen Anforderungen an Reinigungsöffnungen abgewichen werden soll, wird empfohlen, in der Bescheinigung der Tauglichkeit und sicheren Benutzbarkeit von Feuerungsanlagen darauf hinzuweisen, dass die Anlage für Reinigungszwecke ggf. zu demontieren ist.

Kondensat muss abfließen können

Die Forderung, dass Verbindungsstücke mit Steigung verlegt werden müssen, bestand schon, als die Brennwerttechnik noch nicht aktuell war und stellt daher für den Praktiker keine neue Erkenntnis dar. Dazu gehört auch, dass Verbindungsstücke gegen die Strömungsrichtung der Abgase gesteckt werden sollen. Erfolgt bei Brennwertgeräten die Entwässerung des Verbindungsstückes zur Abgasleitung hin, wird der Hersteller dies in seinen Verarbeitungshinweisen, die generell zu beachten sind, sicher entsprechend berücksichtigen. Auf jeden Fall sind „Wassersäcke", d. h. Stellen wo sich Kondensat ansammelt, den Querschnitt vermindert und sich im Säuregehalt aufkonzentriert, zu vermeiden.

Bei längeren Verbindungsstücken besteht häufig die Gefahr, dass sie durch die Nutzung der Gebäude auseinandergezogen werden. Deshalb sind sie entsprechend zu befestigen und ggf. zusätzlich zu sichern.

10.3.6.3 Bautechnische Anforderungen

10.3.6.3.1 Baustoffe und Bauart

bei Anschluss an Schornstein Rußbrand nicht auszuschließen

Werden Gasfeuerstätten an Schornsteine (an Abgasanlagen, an die auch Festbrennstofffeuerstätten angeschlossen sind) angeschlossen, ist in der Regel auch Ruß im Schornstein vorhanden, der sich ggf. entzünden kann. In diesem Fall wirken sich die extrem hohen Temperaturen auch auf die Verbindungsstücke der Gasfeuerstätten aus. Aus diesem Grund ist in diesem Fall auch der Einsatz von Aluminium für das Verbindungsstück nicht zulässig (siehe dazu auch Kommentar zu Abschnitt 10.1.3.3)

Es sei noch einmal daran erinnert, dass **Aluminium** als Baustoff für Verbindungsstücke nur bei Gasgeräten Art B_1, also z. B. **nicht bei Gas-Gebläsekesseln**, zulässig ist.

10.3.6.3.2 Führung des Verbindungsstückes

Das Verbot, Verbindungsstücke in Decken, Wänden oder unzugänglichen Hohlräumen anzuordnen und sie in andere Geschosse zu führen, ist altbekannt. Die Gründe sind zum einen Brandschutzanforderungen und zum anderen die eingeschränkte Kontrollierbarkeit.

10.3.7 Abgasmündung von Gasgeräten Art B_4 oder B_5 an der Fassade

baurechtliche Ausnahme beachten

Sollen die Abgasmündungen von Gasgeräten der genannten Arten, wie in den schematischen Darstellungen gezeigt, an der Fassade münden, ist dazu eine „Abweichung" nach § 76 MBO bei der unteren Bauaufsichtsbehörde zu beantragen. Die Mündung an der Fassade bis zu Nennleistungen von 11 kW zur Beheizung bzw. 28 kW zur Warmwasserbereitung ist in der MFeuV nur für Gasgeräte Art C generell geregelt.

10.4 Abgasabführung von Gasgeräten Art C

Der große Vorteil der Gasgeräte Art C ist ohne Zweifel die Unabhängigkeit ihrer Verbrennungsluftversorgung von den Raumluftbedingungen des Aufstellraumes und der Wohnung. Mit den verschärften gesetzlichen Anforderungen – Energieeinsparungs-Verordnung mit Dichtheitsvorgaben an die Gebäudehülle – und den weiter gestiegenen Komfortansprüchen der Kunden ist die zunehmende Bedeutung für diese Gasgeräteart gegeben und nachdrücklich begründet.

10.4.1 Allgemeines

Mögliche Installationsarten von Gasfeuerstätten Art C

In der Regel werden die möglichen Installationsarten von Gasgeräten auf dem Typschild ausgewiesen. Das Typschild muss diese Angaben jedoch nicht zwingend enthalten. Die Angabe ist freiwillig. Der Hersteller entscheidet, ob er die Installationsarten auf dem Typschild angibt.

Installationsart muss in der Einbauanleitung beschrieben sein

Die zulässigen Installationsarten müssen jedoch in der Einbauanleitung des Herstellers beschrieben sein. Da diese Einbauanleitung Bestandteil der Prüfung des Gasgerätes bei einer anerkannten Prüfstelle war, kann davon ausgegangen werden, dass das Gerät auch für die dort beschriebenen Verwendungszwecke geeignet ist.

Installationsart C_6 ***muss*** *in der Einbauanleitung und kann auf dem Typschild genannt sein*

In der Regel werden die zulässigen Installationsarten eines Gasgerätes wie z. B. C_{13}, C_{33}, C_{43}, C_{53}, C_{63} und C_{83} auf dem Typschild ausgewiesen. Dies ist aber nicht immer der Fall. Irritationen entstehen immer dann, wenn ein Gasgerät z. B. an eine bestehende Abgasleitung angeschlossen werden soll. Dies ist grundsätzlich nur möglich, wenn es sich um ein Gasgerät Art C_{6x} handelt. Fehlt z. B. die Angabe „C_{6x}" auf dem Typschild, kann geprüft werden, ob diese Installationsart in der Einbauanleitung des Herstellers beschrieben ist. Ein Gasgerät ist auch als Art C_{6x} anzusehen, wenn dies in der Einbauanleitung des Herstellers beschrieben ist. Die Angabe auf dem Typschild ist freiwillig, die Nennung und Beschreibung der eventuellen Besonderheiten in der Einbauanleitung ist zwingend.

Es reicht allerdings nicht aus, wenn ein Gasgerät zwar für die Art C_{6x} geprüft wurde (auch wenn dafür eine Prüfbescheinigung vorliegt), dies aber nicht in der Einbauanleitung bzw. auf dem Typschild ausgewiesen ist. In diesem Fall kann nicht davon ausgegangen werden, dass das Gasgerät als Art C_{6x} geeignet ist.

Wiederverwendung von Abgasanlagen beim Austausch von raumluftunabhängigen Gasfeuerstätten

Unklarheiten beseitigt

Auf Initiative des ZIV wurde das Problem der Wiederverwendung von Abgasanlagen beim Austausch von raumluftunabhängigen Gasfeuerstätten im Technischen Komitee „Häusliche, gewerbliche und industrielle Gasanwendung" des DVGW behandelt. Zur genauen Erörterung fand eine Sitzung des speziell dazu ins Leben gerufenen DVGW-Projektkreises (PK) „Abgasleitungen" statt. Die im PK getroffenen Entscheidungen wurden inzwischen auch vom Technischen Komitee „Häusliche, gewerbliche und industrielle Gasanwendung" des DVGW bestätigt und mit dem DIBt abgestimmt.

es gibt klare Festlegungen

Es wurden folgende Festlegungen getroffen:

1. Gasgeräte der Art C_6:
Für den Anschluss eines neuen Gasgerätes der Art C_6 kann eine vorhandene Abgasleitung wieder verwendet werden, wenn sie eine eigene allgemeine bauaufsichtliche Zulassung hat, sich in einem ordnungsgemäßen Zustand befindet und die sichere Funktion der Feuerungsanlage z. B. durch Bemessung nach den gültigen technischen Regeln nachgewiesen ist.
Ist nicht mehr feststellbar bzw. nachweisbar, auf welcher Grundlage (allgemeine bauaufsichtliche Zulassung oder Bestandteil des Gerätes) die Abgasleitung eingebaut wurde, ist der Anschluss einer neuen Gasfeuerstätte an diese Abgasleitung nicht möglich [1)].

2. Gasgeräte der Art C_1, C_3 oder C_5:
Bei Ersatz von Gasgeräten der Art C_1, C_3 oder C_5 können vorhandene Abgasanlagen (Abgasleitungen oder Luft-Abgas-Systeme) nur wieder verwendet werden, wenn:

- der Hersteller des Gasgerätes in seiner Installationsanleitung nicht vorschreibt, dass grundsätzlich mit einem neuen Gasgerät auch eine neue Abgasanlage einzubauen ist,

- das neue Gasgerät von derselben Art (C_1, C_3 oder C_5) ist wie das zu ersetzende Gerät und

- die vorhandene Abgasanlage auch mit dem neuen Gerät als System zertifiziert ist. Die Abgasanlage wird somit praktisch zum Bestandteil des neuen Gerätes und geht damit in die Verantwortung des Herstellers des neu eingebauten Gasgerätes über.

Die Bescheinigung einer anerkannten Prüfstelle über die funktions- und sicherheitstechnische Überprüfung für bestimmte Kombinationen von Gasgeräten eines Herstellers mit genau bezeichneten Abgasleitungen des gleichen Herstellers oder anderer Hersteller genügt für die Wiederverwendung der Abgasanlage nicht. Es muss eine Systemzertifizierung der benannten Stelle (z. B. des DVGW) für die Kombination des Gasgerätes mit der Abgasanlage vorliegen.

In allen anderen Fällen können die vorhandenen Abgasanlagen für Gasgeräte der Art C_1, C_3 oder C_5 nicht wieder verwendet werden[1]. Es sind die zum neuen Gasgerät gehörenden, also mit diesem als System zertifizierten Abgasanlagen zu verwenden.

Anmerkung:
Zur Überprüfung der weiteren Verwendbarkeit sollte neben der optischen Prüfung der Abgasleitung grundsätzlich eine Dichtheitsprüfung durchgeführt werden. Erforderlichenfalls müssen Dichtungen gewechselt werden.

1) Eine Wiederverwendung der vorhandenen Abgasleitungen kann selbstverständlich auch dann erfolgen, wenn dies durch eine Zustimmung der obersten Bauaufsichtsbehörde im Einzelfall oder eine ähnliche Regelung der obersten Bauaufsichtsbehörde rechtlich abgesichert ist.

10.4.1.1 Abgasmündung über Dach

In diesem Abschnitt sind die grundsätzlichen Anforderungen für die Mündungen der Abgasabführungen von Gasgeräten Art C_1, C_3, C_4, C_5, C_8 und C_6 in der Ausführungsart der vorgenannten Gerätearten über Dach beschrieben.

0,40 m zur Dachfläche nicht bei C_4 im Unterdruck

Unabhängig davon genügt bei Abgasabführung mit Gebläse (das Abgas wird durch das Gebläse bis aus der Mündung abgeführt – also z. B. nicht C_4 mit Abgasabführung im Unterdruck) und einer Gesamtnennleistung von 50 kW ein Abstand zwischen der Mündung der Abgasleitung und der Dachfläche von mindestens 0,40 m.

Gesamtnennleistung gilt bei Aufstellung in einem Raum oder einer Nutzungseinheit

Gesamtnennleistung – siehe Begriffe Abschnitt 2.15.7 – ist die Summe der Nennleistungen der in einem Raum oder einer anderen Nutzungseinheit aufgestellten Feuerstätten. Nach dieser Definition ist folglich nicht z. B. die gemeinsame Abgasanlage der Maßstab, sondern der gemeinsame Aufstellraum oder die Nutzungseinheit. In der MFeuV wird bei der Verbrennungsluftversorgung auf die Nutzungseinheit, beim „eigenen Aufstellraum“ (also über 100 kW) auf den Aufstellraum abgehoben. Bei der Mündungshöhe über Dach ist kein Bezug erkennbar. Da das Schutzziel nicht klar erkennbar ist, sollte die Auslegung nicht zu eng gesehen werden. Wenn sich z. B. an den nebeneinander liegenden Giebeln zweier Gebäude, also direkt nebeneinander, die Dachheizzentralen dieser Gebäude befinden, können in jeder Dachheizzentrale jeweils 50 kW installiert sein und es genügen doch 0,40 m zur Dachfläche. Würden diese 100 kW in einen Raum für beide Gebäude installiert, ist ein Abstand von 1 m zur Dachfläche gefordert.

Beträgt die Gesamtnennleistung mehr als 50 kW, müssen die Mündungen den First um mindestens 0,40 m überragen oder von der Dachfläche mindestens 1 m entfernt sein.

Mindestens ein Meter zur Dachfläche bedeutet übrigens, dass ein mit einem Zirkel um die Abgasmündung geschlagener Kreis mit einem Radius von mindestens 1 m die Dachhaut an keiner Stelle durchdringen darf. Das Gleiche gilt natürlich für den Abstand von 0,40 m mit dem Radius von 0,40 m.

Abstände untereinander können vom Hersteller vorgeschrieben werden

Mindestabstände der Mündungen untereinander sind nicht bekannt. Schutzziel kann nur die Verhinderung der Beeinflussung der sicheren Funktion sein. Daher können sich nur aus Herstellerangaben unter Berücksichtigung des Ansaugens von Abgas über die Verbrennungsluft in die Feuerstätte oder durch Funktionsstörungen bereits installierter Anlagen Mindestabstände ergeben.

Warum nicht auch bei Art B mit Gebläse nur 0,40 m?

Die häufig gestellte Frage, warum bei Gasgeräten Art C mit Gebläse nur 0,40 m und bei Gasgeräten Art B mit Gebläse 1 m gefordert ist, ist schnell beantwortet. Bei Gasgeräten Art C sind die Mündungen der Verbrennungsluftleitungen und der Abgasleitungen grundsätzlich im gleichen Druckbereich dicht nebeneinander. Staudruck am Dach wirkt sich folglich auf beide Mündungen in gleicher Weise aus und hat damit keinen Einfluss auf die erforderliche Ventilatorleistung. Bei solchen Ausnahmen wie Art C_5 wird der sich durch den Winddruck zusätzlich ergebende Druckbedarf bei der Abgasabführung bei der Auslegung des Ventilators berücksichtigt und auch geprüft.

Der eine Meter bei > 50 kW kann nur einen anderen Grund haben. Bei großen Leistungen soll das Abgas möglichst schnell vom Gebäude weg und in den freien Windstrom gelangen.

10.4.1.2 Abstände zu Bauteilen aus brennbaren Baustoffen

bei modernen Gasgeräten meist Temperaturen der äußeren Leitung < 85 °C

Das Abstandsmaß von 5 cm ist weniger relevant, weil moderne Gasgeräte die Grenztemperatur von 85 °C nicht mehr überschreiten und demzufolge kein Abstandsmaß erforderlich ist. Voraussetzung ist jedoch die Bestätigung des Herstellers in seinen Einbauanleitungen und nicht eigene „Temperaturmessungen" des Anlagenherstellers vor Ort.

bei Geräten ohne Ventilator häufig weit höher als 85 °C

Aber Achtung: Bei Gasgeräten Art C_{11} und C_{31} können erheblich höhere Abgastemperaturen auftreten. Bei diesen Geräten muss mit dem thermischen Auftrieb in der Abgasanlage der Abtransport der Abgase und die Heranführung der Verbrennungsluft bewerkstelligt werden. **Abgastemperaturen von ca. 300 °C** in der Abgasleitung sind dabei keine Seltenheit. Der Abstand von 5 cm zum abgasführenden Teil erscheint unter diesen Umständen viel zu gering. Bei solchen Geräten muss unbedingt mindestens der in der Einbauanleitung des Herstellers genannte Abstand eingehalten werden. Im Zweifel sollte eine Messung der Oberflächentemperatur der die Abgasleitung umschließenden Lüftungsleitung durchgeführt und das Ergebnis nach Abschnitt 10.1.3.2 bewertet werden.

10.4.1.3 Abgasmündungen im Tankstellenbereich

Das Schutzziel ist klar formuliert.

10.4.2 Abgasmündungen von Gasgeräten Art C_1 an der Fassade

10.4.2.1 Allgemeines

Die gemeinsame Behandlung mit Bau- und Umweltbehörden auf der Grundlage technisch-wissenschaftlicher Untersuchungen führte zuerst zur Änderung April 1992 mit definierten Abstandsfestlegungen für Außenwand-Gasfeuerstätten mit Gebläse und dann, mit Geltung ab Beginn 1995, zu entsprechenden Festlegungen für Außenwand-Gasfeuerstätten ohne Gebläse (veröffentlicht in DVGW-Nachrichten Nr. 2, Juli 1995 und gwf „gas/erdgas" 9/95). Beide Änderungen sind jetzt im Abschnitt 10.4.2 eingearbeitet worden.

Grundsatz bleibt Abgasabführung über Dach

Die oben genannte Grundsatzforderung, dass Abgase über Dach abzuführen sind, steht auch nach den Festlegungen, unter welchen Bedingungen Außenwand-Gasfeuerstätten aufgestellt werden dürfen, unverändert fest. Es gilt nach wie vor: Außenwand-Gasgeräte sollen nicht die Regel sein, sondern nur eine sinnvolle Alternative, wenn eine Ableitung der Abgase über Dach nicht oder nur mit unverhältnismäßigem Aufwand möglich ist.

Wie bisher ist in diesem Abschnitt in Übereinstimmung mit der Muster-Bauordnung (MBO § 42 Abs. 3) der Grundsatz enthalten, dass die Abgase der Feuerstätten durch Abgasanlagen so abzuführen sind, dass keine Gefahren und unzumutbaren Belästigungen entstehen.

Dies wird unterstrichen durch § 9 der MFeuV Abs. 1, der sinngemäß aussagt, dass die Mündungen von Abgasanlagen über First oder über der Dachfläche enden müssen.

Ausnahmen sind in § 9 Abs. 2 MFeuV formuliert.

bei Neubau grundsätzlich kein unzumutbarer Aufwand

Damit ist für den Neubau der Ausnahmetatbestand grundsätzlich nicht gegeben, da die Über-Dach-Abgasabführung normalerweise eingeplant und ohne unzumutbar hohen Aufwand auch ausgeführt werden kann.

Relevant ist eine solche Möglichkeit als Alternative zur Über-Dach-Abgasabführung jedoch für alle Gebäude im Bestand.

Austausch ist kein Neubau

Der Austausch/Wechsel vorhandener Außenwand-Gasfeuerstätten (Gasgeräte Art C_1) führt bei der Interpretation der Ausnahmebedingungen häufig zu Diskussionen zwischen den Beteiligten (z. B. Betreiber, VIU, NB und BSM) aufgrund unterschiedlicher Meinungen und Interessenlagen.

In diesem Zusammenhang wird auf eine „Bauordnungsrechtliche Beurteilung der Abgasabführung über die Gebäudeaußenwand ins Freie" der Baubehörde der Freien und Hansestadt Hamburg vom 30. 9.1992 verwiesen, nach der auch in Schleswig-Holstein und Mecklenburg-Vorpommern verfahren wird.

besser eine neue Feuerstätte mit wenig Schadstoffausstoß an der Außenwand als eine alte kaum noch zu reparierende

„Bis auf Weiteres bestehen aus bauordnungsrechtlicher Sicht keine Bedenken dagegen, dass bei einem Austausch einer vorhandenen Außenwand-Gasfeuerstätte gegen eine neue, die Abgasabführung auch weiterhin an der bisherigen Stelle der Gebäudeaußenwand erfolgt."

Voraussetzung ist jedoch, dass

- die Nennleistung der neuen Feuerstätte zur Beheizung 11 kW und zur Warmwasserbereitung 28 kW nicht überschreitet (vgl. § 38 Absatz 4 Satz 4 HBauO; die Möglichkeit einer Ausnahme nach Satz 3 bleibt unberührt) und außerdem nicht größer ist als die der alten Feuerstätte und
- der jeweilige Bezirksschornsteinfegermeister im Rahmen des gastechnischen Anmeldeverfahrens der HGW (d. h. des NB) bestätigt, dass der geplante Feuerstättenaustausch nicht zu Gefahren oder unzumutbaren Belästigungen führen wird.

Hierbei sind folgende Gesichtspunkte berücksichtigt worden:

a) Die in § 38 Absatz 4 Satz 4 HBauO vorgeschriebene Beschränkung der Nennleistung auf 11 bzw. 28 kW muss von der neuen Feuerstätte grundsätzlich eingehalten werden.

b) Es kann davon ausgegangen werden, dass die bestehende Feuerstätte ohne Gefahren und unzumutbare Belästigungen betrieben wird. Durch den Feuerstättenwechsel wird die Abgassituation günstiger (geringere Abgas- und Schadstoffmenge), wenn die Nennleistung der Feuerstätte nicht erhöht wird.

c) Die Beachtung der in der Änderung der TRGI vom April 1992 enthaltenen Mindestabstandsmaße der Abgasmündungen zu Fenstern, die geöffnet werden können, Fassadentüren, Balkone und Lüftungsöffnungen hätte zur Folge, dass in sehr vielen Fällen Außenwand-Gasfeuerstätten nicht mehr möglich, d. h. eine Abgasabführung über Dach und eine Anpassung des Wärmeverteilnetzes für Heizung und Warmwasserbereitung an den neuen Feuerstättenstandort erforderlich wären. Diese Maßnahmen würden zu unverhältnismäßigen Mehrkosten führen, die in Einzelfällen bis zu einem Mehrfachen der Feuerstättenkosten betragen können.

Es wird gebeten, die Bezirksschornsteinfegermeister und die hiervon berührten Installationsunternehmen in geeigneter Weise von dieser Regelung zu unterrichten."

ZIV und ZVSHK stimmen diesen Aussagen zu

Diese praxisorientierte Beurteilung und Klarstellung wird auch von ZIV und ZVSHK getragen. Sie kann in vielen vergleichbaren Fällen hilfreich sein, so dass eigentlich unnötige Auseinandersetzungen unter Fachleuten vermieden werden können.

in Gewerbe- und Industriegebieten Leistungsbegrenzung meist nicht gerechtfertigt

Die Leistungsbegrenzung auf 11 bzw. 28 kW ist, bezüglich der Besonderheiten in Gewerbe- und Industriegebieten, häufig nicht notwendig. In der Sächsischen Feuerungsverordnung von 1998 war diese Leistungsbegrenzung entfallen. Die Entscheidung lag somit (da diese Grenzen nur noch in der TRGI – einer technischen Regel – standen) in den Händen der am Bau Beteiligten vor Ort. Leider ist diese Öffnung mit Umsetzung der MFeuV September 2007 wieder entfallen.

Der Absatz gibt jedoch Hinweise, in welchen Fällen ein Antrag auf „Abweichung" nach § 67 MBO bei der unteren Bauaufsichtsbehörde Erfolg haben dürfte.

10.4.2.2 Unzulässige Mündungen

Die gefahrlose und belästigungsfreie Abgasabführung ins Freie bedingt Verbote für bestimmte Mündungssituationen.

Allgemein gilt, dass in extrem windgeschützten Positionen Außenwand-Gasgeräte – ob mit oder ohne Gebläse – nicht aufgestellt werden sollten.

10.4.2.3 Mündungen an Gebäudevorsprüngen und Bauteilen aus brennbaren Baustoffen

Bei der Verringerung des Abstandes nach oben zwischen der Mündung und vortretenden Gebäudeteilen aus brennbaren Baustoffen von 1,50 m auf 0,50 m werden in der Praxis häufig die zu schützenden brennbaren Bauteile mit einer ca. 6 mm starken Platte aus nichtbrennbaren Baustoffen geringer Wärmeleitfähigkeit (z. B. „Promatec") in einem Abstand von 5 cm – hinterlüftet – verkleidet. Eine Platte aus Stahlblech ist z. B. für diesen Zweck nicht besonders geeignet.

Sachverstand geht über Verordnungstext

Bei Abgastemperaturen der Gasfeuerstätte (z. B. Brennwertfeuerstätte) bei Nennleistung unter 85 °C dürfte diese brandschutztechnische Forderung ins Leere laufen. Sie steht zwar auch so ähnlich in der MFeuV, dort aber auch im Zusammenhang mit Öffnungen zu Räumen. Wenn also die Mündung der Abgasleitung einer Feuerstätte mit einer maximalen Abgastemperatur von 85 °C nur 5 cm Abstand zu einem Bauteil aus brennbaren Baustoffen hat, kann nur ein „Formaljurist" aus brandschutztechnischen Gründen eine Vergrößerung des Abstandes fordern.

10.4.2.4 Mündungen nahe der Geländeoberfläche

Um einen sicheren Betrieb zu gewährleisten – z. B. bei Schneefall – und zum Schutz vor Verschmutzungen, darf das Abstandsmaß von 30 cm zwischen der Geländeoberfläche und der Rohrunterkante der Mündung nicht unterschritten werden.

10.4.2.5 Mündungen an begehbaren Flächen

Unter „festgelegten Geländeoberflächen" und „begehbaren Flächen" können grundsätzlich alle befestigten Geländeoberflächen – unabhängig von der Art der Oberflächengestaltung (z. B. auch Rasenflächen) – erfasst werden, denn begehbar sind sie grundsätzlich immer.

nur zu Arbeiten begangene Flächen sind nicht gemeint

Auch Flachdächer sind begehbar, aber (ausgenommen Dachterrassen) keine begehbaren Flächen im Sinne des Abschnittes 10.4.2.5.

Da die Abgasabführung der Gasgeräte Art C_{12} bzw. C_{13} nicht in den Tabubereich bis 2,0 m über der befestigten Geländeoberfläche münden darf, gilt das Gebot zum Anbringen stoßfester Schutzvorrichtungen nur für Gasgeräte Art C_{11}.

10.4.2.6 Mündungen von Gasgeräten Art C_{11}

Die baubehördliche Abstimmung über diese Abstandsmaße erfolgte im Anschluss an die in der Änderung April 1992 veröffentlichte Festlegung der Abstände für Außenwand-Feuerstätten mit Gebläse. Diese Festlegungen gelten seit Beginn 1995.

Bei Ansetzen des gleichen Verdünnungsfaktors als Beurteilungskriterium muss als Maß von Abgasmündung zu Fenster und Fassadentüren der gleiche Abstand wie zu Lüftungsöffnungen – d. h. 5 m nach oben und zu den Seiten jeweils 2,50 m – gelten. Für den klassischen Außenwand-Wasserheizer ohne Gebläse ist damit kaum noch ein Einsatzbereich gegeben.

10.4.2.6.1 Außenwand-Raumheizer

bei Raumheizern auch Mündung unter Fenster möglich

Dagegen hat der pragmatische Ansatz für die Gerätegruppe Außenwand-Raumheizer zu deren weiterer Installationsmöglichkeit in ihrer klassischen Einbauweise unter dem Fenster geführt. Gründe, Bedingungen und Einschränkungen sind:

- In dem zu beheizenden Raum besteht geringe Wahrscheinlichkeit, dass gerade das über dem betriebenen Raumheizer angeordnete Fenster geöffnet wird.

- Für diese Aufstellart kommen ausschließlich neue, besonders emissionsgeminderte Außenwand-Gasraumheizer zum Einsatz. Die Anforderungen für solche Gasraumheizer sind beschrieben in DIN 3364-1/A2 Entwurf Juni 1994 „Gasgeräte, Raumheizer; Begriffe, Anforderungen, Kennzeichnung, Prüfung“.

  In prEN 613 „Konvektionsraumheizer für gasförmige Brennstoffe“ sind NO_X-Klassen aufgeführt. In Übereinstimmung mit den Anforderungen dieses Abschnittes ist die entsprechende Klasse auszuwählen.

nicht übertreiben

Zur Verhinderung einer Konzentrierung von Abgasmündungen an den Fassadenflächen, z. B. einer Straßenbebauung, darf pro Mündung eine Fassadenfläche von 16 m^2 nicht unterschritten werden. Die Gesamtzahl von übereinander liegenden Abgasmündungen ist auf max. 4 begrenzt.

Fußnote endlich entfallen

Die Fußnote ist endlich entfallen. Damit entfällt auch die nicht sachlich zu begründende zeitliche Begrenzung. Fakt ist, die Feuerstätten sind nach wie vor eine baurechtliche Ausnahme und werden als neue Installationen kaum eingesetzt. Aber es gibt Situationen, da sind sie die einzige vernünftige Lösung, um Gas zur Beheizung anzuwenden. Der Zustand derartiger Feuerstätten hat sich in den letzten Jahren wesentlich verbessert. Seit mehreren Jahren werden durch das Schornsteinfegerhandwerk im Rahmen der Kehr- und Überprüfungsverordnung in allen Bundesländern regelmäßig Abgaswegüberprüfungen und CO-Messungen an diesen Geräten durchgeführt.

10.4.2.7 Mündungen von Gasgeräten Art C_{12} und C_{13}

Umfangreiche Feld- und Laboruntersuchungen, deren experimentelle Auswertungen und die Umsetzung in Rechenmodelle sowie die breite Diskussion in dem bei der Baubehörde eingerichteten Arbeitskreis „Abgasausbreitung bei Außenwand-Feuerstätten“ führten zu den in diesem Abschnitt angesprochenen Abstandsfestlegungen. Kernpunkte der Arbeitskreis-Tätigkeit waren dabei:

- die Ermittlung der Emissionssituation an Fassaden für repräsentative, realistische Betriebszyklen der Gasfeuerstätten

- die Festlegung eines allgemein akzeptablen und sicheren Grenzwertes

  Für die relevante Abgaskomponente NO_2 wird durch den Betrieb der Außenwand-Feuerstätte im Rahmen der zulässigen Toleranzen im Immissionsschutzrecht eine Erhöhung der Immission um höchstens 1 % der MIK-Werte genehmigt. Mit Anrechnung des zusätzlichen Verdünnungsfaktors bei möglichem Eintritt durch das geöffnete Fenster in den Aufenthaltsbereich von Menschen wurde der an der Fassade (außen vor dem Fenster) einzuhaltende Grenzwert der NO_2-Konzentrationserhöhung auf 5 ppm festgelegt.

Abstände sind durch Messungen bestätigt

Ab einer Höhe von 5 m oberhalb der Abgasmündung und in einem seitlichen Abstand von ca. 2,5 m ist eine Konzentrationserhöhung in dem gefährdungs- oder belästigungsrelevanten Bereich nicht mehr feststellbar. Daraus leiten sich die erforderlichen Mindestabstände zu Lüftungsöffnungen ab.

Besondere Wertigkeit kommt dem Abstandsmaß d zu, weil sich davon abhängig der wichtige seitliche Abstand a oder b zu direkt benachbarten Fenstern bzw. Fassadentüren ergibt.
An Fassadenecklagen oder bei Fassadenvorsprüngen kann das zu öffnende Fenster oder der Balkon gerade exponiert in ein Aufkonzentrationsgebiet hineinragen. Weiterhin ist die nicht auszuschließende Eisbildung an einer Fassadenfläche und eventuell auf Dauer eine Fassadenbeschädigung als nicht zumutbar anzusehen. Aus diesen Gründen ergaben sich größere einzuhaltende Abstände für diese Situationen gegenüber der glatten Fassade.

Wenn bei Ecklagen das Maß f bzw. e größer als 5,0 m ist, gelten wieder die Bedingungen für glatte Fassaden.

Es kann maximal eine Paar-Anordnung von Abgasmündungen an der gleichen Fassade akzeptiert werden. Der dann resultierende größere seitliche

Mindestabstand zu Fenstern/Fassadentüren (a_o) oder zur Querfassade (e_o) ergibt sich in Abhängigkeit von dem senkrechten Abstand dieser beiden Abgasmündungen untereinander.

Am Bild 15 bzw. Bild 18 der TRGI sei beispielhaft das Grundsätzliche zu dem Aufbau und der Lesbarkeit der Darstellungen erklärt.

- Über 5 m oberhalb der Abgasmündung hinaus ist eine Beeinflussung durch die Außenwand-Feuerstätte nicht mehr erkennbar. Hieraus resultiert der feste Wert c: mindestens 5 m.

- In einem festen Umkreis seitlich und oberhalb der Abgasmündung von b: Mindestens 1 m darf kein zu öffnendes Fenster/keine Fassadentür angeordnet sein. Die Abgasmündung kann bereits als neben der Oberkante des Fensters bzw. oberhalb des Öffnungsbereiches des Fensters angeordnet betrachtet werden, wenn die Achse des Abgasrohrs nicht tiefer als 25 cm als die Oberkante des Fensters liegt. Für diesen Fall gilt bereits der – je nach Fassadensituation – variable Abstand a bzw. a_u, a_o.

In den Bemessungen von jeweils Abstand a bzw. a_u, a_o rechts und links der Abgasmündungen erstreckt sich im Weiteren ein Tabustreifen über der (ggf. obersten) Abgasmündung von 5 m Länge, in dem die Anordnung eines zu öffnenden Fensters oder einer Fassadentür nicht zugelassen ist.

10.4.3 Gasgeräte Art C_3 und C_5

Werden durch die Leitungen für Verbrennungsluftzuführung und Abgasabführung im Gebäude Geschosse überbrückt, sind natürlich alle Anforderungen des genannten Abschnittes (wie z. B. die Führung in Schächten) zu beachten.

Anmerkung:
Werden die Gasgeräte Art C_3 und C_5 in Räumen aufgestellt, bei denen sich über der Decke lediglich die Dachkonstruktion befindet, gelten die beiden Aufzählungspunkte des Abschnittes 10.4.3.

Dabei muss die im ersten Punkt geforderte Verkleidung – normalerweise ein Schacht – eine Doppelfunktion erfüllen – sie dient sowohl dem Brandschutz als auch dem mechanischen Schutz.

mechanischer Schutz muss nicht mehr nichtbrennbar sein

Im zweiten Aufzählungspunkt wird nur ein mechanischer Schutz gefordert, der neben dem Schacht oder dem Schutzrohr grundsätzlich auch durch andere entsprechende bauliche Maßnahmen wie beispielsweise eine Abmauerung (Abseite) erreicht werden kann. Die Forderung, dass dieser mechanische Schutz aus nichtbrennbaren Bauteilen bestehen muss, war unlogisch und ist entfallen. Wenn der Dachboden wegen eines Schadenfeuers abbrennt, kann auch der mechanische Schutz mit verbrennen.

Abgas des Schornsteines darf nicht mit Verbrennungsluft des Gasgerätes angesaugt werden

Bei Abgasmündungen von Gasgeräten Art C_3 neben Mündungen von Schornsteinen oder anderen Abgasanlagen muss verhindert werden, dass Abgas der anderen Feuerstätten in schädlicher Menge über die Verbrennungsluft angesaugt wird. Dies kann erreicht werden, in dem eine der in Bild 10.2, 10.3 oder 10.4 dargestellten Mündungsvarianten gewählt wird; siehe dazu die Kommentierung zu Abschnitt 10.1.4 der TRGI.

10.4.4 Gemeinsame Abgasanlage für Gasgeräte Art C_4

In Verbindung mit den Ausführungen zu Gasgeräten Art C_4 Abschnitt 2.5.2.1 wurde diese Installationsart ausführlich behandelt. Dabei wurde auch auf das durch die DVGW-Merkblätter G 635 und G 636 mögliche standardisierte Verfahren verwiesen.

Nach DVGW-Merkblatt G 635 sind Gasgeräte der Art C_4 mit der Kennzeichnung Ux2 grundsätzlich für den Anschluss an LAS für Überdruckbetrieb vorgesehen. Nach Auskunft des DVGW sind diese Geräte aber auch für den Anschluss an LAS für Unterdruckbetrieb geeignet.

für Überdruck geeignete Gasgeräte Art C_4 können auch für Unterdruck eingesetzt werden

Die DVGW-Merkblätter G 635 und G 636 vom Januar 2001 regeln den Anschluss von Gasgeräten an ein Luft-Abgas-System (standardisiertes Verfahren). Bei der Kennzeichnung dieser Gasgeräte unterscheidet die letzte Ziffer der Abgaswertegruppe, ob es sich um ein Gerät für Überdruck oder für Unterdruck handelt. So bezeichnet die Kennzeichnung Ux2 ein Gerät für Überdruckbetrieb und Ux1 ein Gerät für Unterdruckbetrieb. Diese Kennzeichnung ist in der Installationsanleitung des Herstellers und üblicherweise auch auf dem Typschild vorhanden. Eine Doppelkennzeichnung, z. B. U11 und U12, ist meist nicht vorhanden. Aus diesem Grund kommt es in der Praxis zu Unklarheiten darüber, ob ein für den Überdruckbetrieb geprüftes und gekennzeichnetes Gasgerät auch an ein LAS im Unterdruckbetrieb angeschlossen werden kann.

Der ZIV hat den DVGW daher um Klärung gebeten. Nach Behandlung im Technischen Komitee „Häusliche, gewerbliche und industrielle Gasverwendung“ des DVGW wurde festgestellt, dass für den Überdruckbetrieb geeignete Geräte auch an Luft-Abgas-Systeme, die im Unterdruck betrieben werden, angeschlossen werden können. Dies ist möglich, da an die Geräte für Überdruckbetrieb höhere Anforderungen gestellt werden. **Sie erfüllen aber auch alle Anforderungen, die an Geräte für Unterdruckbetrieb gestellt sind.**

Bei der Ausführung eines LAS für Unterdruckbetrieb sind jedoch immer die Regelungen für Unterdruck-LAS (z. B. Abstände zwischen Geräten, Überströmöffnung) einzuhalten.

Da dieser Sachverhalt im DVGW-Merkblatt G 636 nicht beschrieben ist und eine Überarbeitung des Merkblattes in nächster Zeit nicht erfolgt, hat der DVGW das Beratungsergebnis in seinen Fachorganen bekannt gemacht. Damit kann es als Ergänzung bzw. Auslegung des DVGW-Merkblattes G 636 betrachtet werden.

ZIV und ZVSHK haben ihre Mitglieder entsprechend informiert.

Zur Erinnerung wird darauf hingewiesen, dass die einschenkelige Ausführung von Luft-Abgas-Anlagen (SE-duct, U-duct) für den Anschluss von Gasgeräten Art C_2 in Deutschland als Neuanlage nicht mehr zulässig ist, weil die MFeuV hierzu getrennte Schächte für die Verbrennungsluftzufuhr und die Abgasabführung vorschreibt.

10.4.5 Gemeinsame Abgasanlage für Gasgeräte Art C_8

Die Anschlussmöglichkeit für Gasgeräte Art C_8 wurde in Verbindung mit Installationen von Gasgeräten Art B_3 und dem DVGW-Arbeitsblatt G 637-1 behandelt.

10.4.6 Abgasanlage für Gasgeräte Art C_9

Reicht „normale“ Kehrung für Nutzung als Zuluftschacht aus?

Beim ZIV wurde angefragt, ob die Verfahrensweise, mit den üblichen Kehrwerkzeugen des Schornsteinfegerhandwerks alle anhaftenden Verbrennungsrückstände aus ehemaligen Schornsteinen zu entfernen, um für den so gesäuberten Schacht den ordnungsgemäßen Betrieb einer raumluftunabhängigen Feuerungsanlage zu gewährleisten, ausreichend ist.

Der Technische Ausschuss des ZIV hat für diesen Fall folgende Verfahrensweise festgelegt:
„Ehemalige Abgasanlagen von Feuerstätten für feste und flüssige Brennstoffe, die als Schächte von Gegenstrom-Abgasleitungen und somit für die Verbrennungsluftzufuhr von raumluftunabhängigen Feuerstätten genutzt werden sollen, lassen sich durch normale Kehrungen im Allgemeinen nicht ausreichend reinigen. Es wird empfohlen, vor Einbringen der Abgasleitung eine Reinigung durch besondere Reinigungsmethoden (Ausbrennen oder Ausschlagen) durchzuführen. Andernfalls sollte eine konzentrische Luft-Abgas-Leitung eingebaut oder die Anlage raumluftabhängig betrieben werden.“

10.5 Abgas-Absperrvorrichtungen (Abgasklappen), Nebenluftvorrichtungen, Abgas-Drosselvorrichtungen und Rußabsperrer

10.5.1 Abgas-Absperrvorrichtungen (Abgasklappen)

Der Begriff „Abgas-Absperrvorrichtungen“ wurde aus der DIN 3388-2 „Abgas-Absperrvorrichtungen für Feuerstätten für flüssige oder gasförmige Brennstoffe – mechanisch betätigte Abgasklappen“ übernommen. Im Gasfach ist nach wie vor der Begriff „Abgasklappe“ richtig. Funktion und Anwendungsbereiche sind seit vielen Jahren bekannt und bewährt.

CE-Zeichen statt DIN-DVGW-Zeichen als Verwendbarkeitsnachweis

Neu ist der Verwendbarkeitsnachweis für Abgasklappen. In den TRGI ’86/96 war noch die DIN-DVGW-Kennzeichnung genannt. In der Zwischenzeit müssen bei der Prüfung **motorisch gesteuerter Abgasklappen** mehrere EG-Richtlinien beachtet werden. Dies sind z. B. Maschinenrichtlinie, Niederspannungsrichtlinie, elektromagnetische Verträglichkeitsrichtlinie. Die

Prüfung wird, wie auch die der **thermisch gesteuerten Abgasklappen**, in einer Prüfstelle, die von einer benannten nationalen Zertifizierungsstelle autorisiert ist, durchgeführt. Mit einfacheren Worten sind dies in Deutschland die vom DVGW autorisierten Prüfstellen für Gasgeräte. Bei positivem Prüfergebnis erhält der Hersteller von der DVGW-Zertifizierungsstelle eine Baumusterprüfbescheinigung nach der EG-Gasgeräterichtlinie und ist damit berechtigt das CE-Zeichen am Produkt anzubringen.

Thermisch gesteuerte Abgasklappen für hohe Abgastemperaturen nach DIN 3388-1 sind nur noch als Bestandsschutz für vorhandene, ältere Gasfeuerstätten und als Ersatzteil hierfür zulässig.

Abgasklappe muss zum Gasgerät passen

Für moderne Gasgeräte dürfen nur gerätegebundene, thermisch gesteuerte Abgasklappen nach DIN 3388-4 verwendet werden. Sie dürfen nur bei Gasfeuerstätten mit Strömungssicherung eingebaut werden und zwar nur hinter der Strömungssicherung. Ob eine Abgasklappe verwendet werden darf bzw. welche Abgasklappe für eine Gasfeuerstätte geeignet ist, kann aus den Unterlagen der Hersteller für Abgasklappe und Gasgerät entnommen werden. Aus gegebener Veranlassung wird darauf hingewiesen, dass der Einbauanlage der Abgasklappe nach der Einbauanleitung des Herstellers besondere Beachtung zu schenken ist, damit z. B. das Bimetall schnell und ausreichend erwärmt wird und der Öffnungsvorgang der Absperrteile nicht behindert wird.

zur Vermeidung von zu viel Falschluft nützlich

Die Diskussion über Sinn und Nutzen von thermisch gesteuerten Abgasklappen soll hier nicht aufgegriffen werden. Der in DIN V 18160-1 empfohlene Einbau bei gemeinsamen Abgasleitungen (insbesondere bei knappen lichten Querschnitten) zeigt aber, dass sie zur Stabilisierung der Druckverhältnisse am Abgasstutzen häufig erfolgreich eingesetzt werden können.

Alle Einbauten in Abgaswege, die nicht zur Gasfeuerstätte gehören, sind mit dem Bezirksschornsteinfegermeister abzusprechen, d. h. auch der Einbau von Abgasklappen, thermisch und mechanisch gesteuert, wenn sie hinter der Strömungssicherung installiert sind.

Beschränkung auf Gas-Feuerstätten mit Brenner mit Gebläse aufgehoben

Mechanisch betätigte Abgasklappen gibt es als dichtschließende Abgasklappen und als Abgasklappe mit einem freien Restquerschnitt von 2 bis 7 % des Gehäusequerschnitts. Die Verwendung dichtschließender Abgasklappen war bisher auf Gas-Feuerstätten mit Brenner mit Gebläse beschränkt. Diese Beschränkung war zumindest für Gasgeräte Art B_1 und B_4 ohne Zündflamme nicht mehr zu begründen. Der Anwendungsbereich wurde daher erweitert. Natürlich darf auch jetzt eine „Schornsteindurchfeuchtung“ nicht zu befürchten sein.

Herstellerangaben beachten

Mechanisch betätigte Abgasklappen dürfen nach den Angaben des Herstellers der Gasgeräte hinter der Strömungssicherung eingebaut werden. Die Beachtung der Herstellerangaben ist besonders wichtig. Eine falsche Schaltung oder eine nicht für das Gasgerät geeignete Abgasklappe (z. B. zu schnell schließend) kann zum unzulässigen Abgasaustritt in den Aufstellraum bzw. auch zum Überhitzen von Armaturen etc. beim Austritt von Verbrennungsgasen auf Brennerhöhe führen.

Einbau vor Strömungssicherung nur möglich, wenn auch so geprüft

Werden mechanisch betätigte Abgasklappen vor der Strömungssicherung eingebaut, gelten sie als Bestandteil der Gasfeuerstätte. Das bedeutet, ein nachträglicher Einbau ist nur zulässig, wenn der Gerätehersteller im Rahmen der Typ-Prüfung bei der DVGW-Prüfstelle die Gasfeuerstätte bereits zusammen mit der Abgasklappe hat prüfen lassen. Es darf somit nur ein Fabrikat verwendet werden, das der Gerätehersteller als geeignet bezeichnet (dies ist im Allgemeinen dann auch als Zubehör zur Gasfeuerstätte lieferbar) und für das in der Installationsanleitung der Gasfeuerstätte die richtige Schaltung angegeben ist. Gründe sind, dass ggf. der zusätzliche Widerstand in der Auftriebsstrecke des Gasgerätes nicht stören darf, dass die Schaltung im Sicherheitskreis des Gasgerätes eine sichere Funktion gewährleisten und dass das Schließverhalten der Abgasklappe auf das Gasgerät abgestimmt sein muss.

Auch bei Gasgeräten mit Brennern mit Gebläse dürfen nicht beliebige, mechanisch betätigte Abgasklappen eingebaut werden. Hier sind ebenfalls die Herstellerangaben für das Gasgerät bzw. den Brenner zu beachten (z. B. Schaltung derart, dass bei Vor- und ggf. Nachspülzeiten die Abgasklappe geöffnet ist; generelles Verbot des Eingriffs in Sicherheitskreise des Gasgerätes).

bei Luft absaugenden Einrichtungen und Mehrfachbelegung ist dichtschließende Abgasklappe erforderlich

In Abschnitt 8.2.2.3 sind Maßnahmen beschrieben, wie ein sicherer Betrieb von Gasfeuerstätten gewährleistet werden kann, wenn mechanische Entlüftungseinrichtungen oder Wäschetrockner Luft aus den Nutzungseinheiten absaugen, in denen raumluftabhängige Gasfeuerstätten aufgestellt sind.
Ist ein Gasgerät Art B_1 an eine gemeinsame Abgasanlage angeschlossen, nützt z. B. eine Verriegelung des Gerätes mit einer Dunstabzugshaube nichts, weil ja Abgase von anderen Feuerstätten über die Strömungssicherung angesaugt werden könnten. Dem wird durch Einbau einer mechanischen Abgasklappe vorgebeugt, die von der Dunstabzugshaube gesteuert wird und so zu schalten ist, dass das Gasgerät nur bei offener Abgasklappe betrieben werden kann. Hierfür müsste die Abgasklappe eigentlich dichtschließend sein. Dies war andererseits für Gasgeräte Art B_1 nicht zulässig. Daher wurde als Kompromiss mit Zustimmung der obersten Bauaufsichten im DVGW-Arbeitsblatt G 670 für diesen Anwendungsfall eine mechanische Abgasklappe mit freiem Restquerschnitt vorgesehen. Diese Einschränkung ist jetzt nicht mehr erforderlich, wenn die Gasgeräte keine Zündflamme haben.

10.5.2 Nebenluftvorrichtungen

Nebenluftvorrichtungen nach DIN 4795 waren eine häufig zum Erfolg führende, preisgünstige Maßnahme der Anpassung der Abgasanlage an die Feuerstätte, wenn ausreichender Unterdruck vorhanden ist. Dabei ist bei Abgasleitungen das beabsichtigte Zuführen von Nebenluft zulässig und stellt keinen unkontrollierten, die Betriebsverhältnisse störenden Falschlufteintritt dar.

Es gibt

- selbsttätig arbeitende Nebenluftvorrichtungen, in der Norm kurz als „Zugbegrenzer" bezeichnet

- zwangsgesteuerte Nebenluftvorrichtungen
- kombinierte Nebenluftvorrichtungen

Zugbegrenzung ist inzwischen größtes Einsatzgebiet

Zugbegrenzer haben die Aufgabe, einen zu großen Unterdruck in der Abgasanlage abzubauen. Bei ausreichendem Unterdruck dienen sie auch der Austrocknung der Abgasanlage in Stillstandszeiten der Feuerstätte. Sie müssen zur Anpassung an die Feuerstätte einstellbar sein. Ein Einstelldruck unter 10 Pa (0,1 mbar) ist nicht zulässig. Es muss sichergestellt sein, dass bei einem Druck von weniger als – 10 Pa der Zugbegrenzer geschlossen ist.

Sie werden nach der Luftleistung in die Gruppen 1 bis 6 eingeteilt, die wiederum Querschnitten der Abgasanlage von 100 – 750 cm^2 zugeordnet werden. Daraus ergibt sich, dass Zugbegrenzer der Abgasanlage anzupassen sind und dementsprechend vorzugsweise oberhalb der Einführung des Verbindungsstückes (im Aufstellraum der Feuerstätte) in die Abgasleitung eingebaut werden sollten.

grundsätzlich nur bei eigener Abgasanlage

Nebenluftvorrichtungen sind nur bei eigener Abgasanlage zulässig (Ausnahme bilden lediglich die Strömungssicherungen oder sonstige zur Feuerstätte gehörende Zugbegrenzer bei gemeinsamer Abgasanlage). In Verbindungsstücke eingebaute Zugbegrenzer sind ebenfalls sehr wirkungsvoll, wenn der Querschnitt der Abgasleitung nicht wesentlich größer als der des Verbindungsstückes ist. In diesem Fall soll der Zugbegrenzer möglichst nahe der Abgasleitung eingebaut werden. Einer Ausnahme, den Zugbegrenzer unterhalb der Einführung des Verbindungsstückes in den „Abgasschornstein" einzubauen, kann ein Bezirksschornsteinfegermeister nur zustimmen, wenn mindestens ein ausreichender Abstand zur Sohle der Abgasanlage eingehalten wird.

Das Verbot von selbsttätigen Nebenluftvorrichtungen bei gemeinsamen Abgasanlagen bringt in der Praxis manchmal Schwierigkeiten bei empfindlichen Gasfeuerstätten, z. B. Kachelofenheizeinsätzen. In solchen Einzelfällen sind Ausnahmen mit dem zuständigen BSM abzustimmen.

Zwangsgesteuerte Nebenluftvorrichtungen sind mit Hilfsenergie gesteuerte Bauteile, die während der Stillstandszeit der Feuerstätte eine Öffnung freigeben, durch die Nebenluft in die Abgasanlage strömt. Diese Funktion ist besonders gut, wenn ausreichend Luft in den Aufstellraum nachströmen kann. Sie sind in das Verbindungsstück einzubauen und werden in die Gruppen A bis F für Durchmesser des Verbindungsstückes bis 30 cm eingeteilt. Dabei gilt die Gruppe A bis zu 13 cm Durchmesser.

Kombinierte Nebenluftvorrichtungen beinhalten, wie der Name schon sagt, beide Funktionen, d. h. Zugbegrenzer und zwangsgesteuerte Funktion während der Stillstandszeit.

Nebenluftvorrichtungen werden verwendet für:

a) **Erzielung konstanter Druckverhältnisse am Abgasstutzen der Feuerstätte. Bei herkömmlichen Gas-Gebläsekesseln sollten sie eigentlich Standard sein. Die optimale Einstellung eines herkömmlichen Gas-Gebläsekessels ist nur bei konstanten Druckverhältnissen am Abgasstutzen möglich. Ohne Zugbegrenzer bewirken Witterungseinflüsse ständige, z. T. erhebliche, Druckschwankungen.**

b) Senkung der Taupunkttemperatur

c) Erhöhung der Abgasgeschwindigkeit

d) Durchlüftung der Abgasleitung zum Zwecke der Austrocknung während der Stillstandszeiten des Brenners

bei kleiner Leistung und niedriger Abgastemperatur kaum Nutzen

Vom ZIV wurden Arbeitsblätter erstellt, in denen die rechnerisch ermittelte Wirkung von selbsttätigen Nebenluftvorrichtungen bezüglich b) und c) als Anpassungsmaßnahme von Abgasleitung und Gasgerät in Diagrammen dargestellt wird (Arbeitsblätter Nr. 801 und 802 des ZIV). Hieraus wird deutlich, dass die Wirkung von selbsttätigen Nebenluftvorrichtungen bei Gasgeräten kleiner Leistung und mit niedrigen Abgastemperaturen sehr begrenzt ist und daher die Bedeutung von Zugbegrenzern in der Zukunft nicht mehr besonders groß sein wird.

10.5.3 Abgas-Drosselvorrichtungen und Rußabsperrer

Drosselvorrichtungen sind Bauteile in Abgasstutzen oder Verbindungsstücken zur Erhöhung des Strömungswiderstandes im Abgasweg, die von Hand verstellbar sind. Sie müssen einen Mindestquerschnitt freilassen. Dass solche Einrichtungen für Gasfeuerstätten verboten sind, versteht sich von selbst – sonst wäre jede Anpassung von Gasgerät und Abgasanlage ja überflüssig.

Das Gleiche gilt für sogenannte „Rußabsperrer“, die verhindern sollen, dass beim Fegen von Schornsteinen Ruß in die Wohnungen dringt. Hiergegen muss der BSM geeignete Maßnahmen ergreifen. Rußabsperrer, die unter Umständen vom Betreiber geschlossen würden, sind unzulässig.

Handbetätigte Absperrklappen sind als einzige Ausnahme beim Einbau dekorativer Gasfeuer in bestehende offene Kamine zulässig, wenn sie dort schon vorher vorhanden waren. Die in Abschnitt 10.5.1 beschriebenen Sicherheitsvorkehrungen sind jedoch unbedingt einzuhalten.

Nicht betroffen von diesen Verboten sind Drosseleinrichtungen, die vom Fachmann eingestellt und festgesetzt werden, wie z. B. für mechanische Absauganlagen entsprechend den DVGW-Arbeitsblättern G 626/G 660.

10.6 Abführung der Luft und der Abgase bei Gas-Haushaltswäschetrocknern

Bei der Installation von gasbeheizten Haushaltswäschetrocknern treten häufig Fragen zur Abgasabführung auf.

Die Regelung der TRGI zu Gas-Wäschetrocknern ist auf Haushaltswäschetrockner mit einer maximalen Wärmebelastung von 6 kW begrenzt.

Beim Gas-Haushaltswäschetrockner mit einer maximalen Wärmebelastung von 6 kW kann die Abführung des Abgases gemeinsam mit der Abluft, als Abluft-/Abgas-Gemisch über eine vom Hersteller mitgelieferte bzw. benannte Leitung, nach außen erfolgen. Hierbei sind bezüglich der Ausführung der Mündung Belästigungen auszuschließen. Diese Leitung einschließlich ihrer Mündung unterliegt nicht den Anforderungen einer Abgasanlage.

11 Inbetriebnahme der Gasgeräte

Herstellervorgaben beachten

Die Inbetriebnahme hat nach den Vorgaben des Herstellers des Gasgerätes zu erfolgen.

Arbeitsgänge vor Inbetriebnahme

Insbesondere sind vor der Inbetriebnahme des Gasgerätes folgende Arbeitsgänge erforderlich:

- Reinigen, Entlüften und Füllen der wasserführenden Rohrsysteme
- Entfernen von Transportsicherungen
- Anbringung von Verkleidungen und Wärmedämmungen
- Prüfung der Verbrennungsluftzuführung
- Prüfung der Abgaswege
- Kontrolle der richtigen Gasgerätekategorie und des Gasanschlussdruckes
- Überprüfen, ggf. Einstellung, der richtigen Wärmebelastung
- Funktionskontrolle
- Prüfen der Sicherheitseinrichtungen
- Messung der Einstellwerte, Abgasverluste nach 1. BimSchV sowie CO-Messung
- Erstellung eines Inbetriebnahmeprotokolls

Erst nach diesen Arbeitsgängen erfolgt die Inbetriebsetzung und die Freigabe für die zweckbestimmte Nutzung des Betreibers durch den Bezirksschornsteinfegermeister.

Nach der Musterbauordnung (MBO) § 82 Abs. 2 dürfen Feuerstätten, Verbrennungsmotoren und Blockheizkraftwerke erst in Betrieb genommen werden, wenn der Bezirksschornsteinfegermeister die Tauglichkeit und sichere Benutzbarkeit der Abgasanlagen bescheinigt hat. In den Landesbauordnungen ist diese Regelung in gleicher oder ähnlicher Form übernommen.

Probebetrieb ist keine Inbetriebnahme

„Inbetriebnahme" in diesem Sinne ist die Zuführung der Feuerungsanlage zu ihrer zweckbestimmten Nutzung. Mit der Bescheinigung wird der Betrieb für den Nutzer freigegeben. Dies ist in der Regel der Zeitpunkt der Übergabe der Anlage an den Betreiber. „Probeweise Inbetriebsetzung" zum Zwecke der Einstellung und Einregelung der Feuerungsanlage vor Ausstellen der Bescheinigung des Bezirksschornsteinfegermeisters ist möglich, wenn die Kriterien der vorangegangenen Abstimmung der am Bau Beteiligten (z. B. Bauherr/Betreiber, Fachhandwerker, Bezirksschornsteinfegermeister) erfüllt sind. Die am Bau Beteiligten haben sich über den vorgesehenen Zeitpunkt der Inbetriebnahme rechtzeitig abzustimmen.

11.1 Einstellen und Funktionsprüfung der Gasgeräte

Herstellerangaben

Zufriedenheit des Betreibers

Auf die besondere Bedeutung der Einbau- und Bedienungsanleitungen ist in diesem Kommentar bereits in anderen Zusammenhängen mehrmals hingewiesen worden. Von der exakten Einstellung und Funktionsprüfung hängt im Wesentlichen ab, wie effektiv die Umwandlung des Gases in Wärme geschieht und wie zufrieden der Betreiber mit seiner Gasanlage auf Dauer sein wird.

Energieeinsparung

„EnEV"

Der Hinweis auf die Vorschriften zur Energieeinsparung bezieht sich hauptsächlich auf die gültige Energieeinsparverordnung und das Energieeinsparungsgesetz, das von der Bundesregierung erlassen worden ist.
Darüber hinaus ist die „1. Bundes-Immissions-Schutz-Verordnung – 1. BimSchV" zu beachten, weil sich durch die Begrenzung der Abgasverluste bei Heizwertgeräten ebenfalls Energieeinsparungsanforderungen für weitere Gasgeräte ergeben, die von der EnEV nicht erfasst sind.

Aus der Fülle der in diesen Verordnungen aufgeführten Bestimmungen sind besonders die Bereiche „Begrenzung der Abgasverluste" und „Einbau und Aufstellung von Wärmeerzeugern" hervorzuheben.

Vollzug

Unternehmererklärung

Der Vollzug der Energieeinsparverordnung obliegt der Bauaufsicht der einzelnen Bundesländer und ist durch die entsprechenden Verordnungen geregelt. In einigen Bundesländern sind in diesen Verordnungen bestimmte Teile des Vollzuges auf das Schornsteinfegerhandwerk übertragen. Auf die Unternehmererklärung zur EnEV, die der Ersteller der Anlage dem Bauherrn auszustellen hat, wird hiermit besonders hingewiesen.

BimSchV-Messung

Die Prüfung der Einhaltung der Abgasverlustgrenzwerte der 1. BimSchV ist durchzuführen. Diese ersetzt jedoch nicht die Überwachung durch das Schornsteinfegerhandwerk.

Einstellung nach maximaler Heizlast

Gasgeräte für Heizzwecke sind auf die maximale Nennbelastung nach der Heizlastberechnung des Gebäudes einzustellen. Die vorgenommene Einstellung ist als Zusatz zum Typschild in dauerhafter Form aufzubringen.

Einstellung nach Wärmebedarf für Trinkwassererwärmung

Gasgeräte für die Trinkwassererwärmung werden auf die größte Wärmebelastung eingestellt.

werkseitige Einstellung

Gasgeräte, die vom Hersteller bereits werkseitig eingestellt worden sind, müssen vom VIU nach der Kontrolle der vorliegenden Gasart nur noch der Funktionsprüfung unterzogen werden.

Gebläsebrenner
Prüfprotokoll CO, CO_2

Die Funktionsprüfung für Gasfeuerstätten mit Brenner mit Gebläse nach DIN EN 676 sollte sich im Rahmen eines Prüfprotokolls u. a. besonders auf den CO- und CO_2-Gehalt im Abgas beziehen sowie Sicherheits- und Vorspülzeit und Luft- und Gasmangelsicherung umfassen. Diese Prüfung ist auch während des Betriebes weiterer raumluftabhängiger Feuerstätten durchzuführen.

Prüfung bereits bei der Planung

Nicht erst vor der Inbetriebnahme des bereits aufgestellten und angeschlossenen Gasgerätes, sondern schon bei der Planung der Gasinstallation sollte bereits festgestellt werden, ob das vorgesehene Gasgerät für den Wobbeindex des zur Verfügung stehenden Gases und den vorhandenen Anschlussdruck geeignet ist.

11.2 Funktionsprüfung der Abgasanlage bei Gasgeräten Art B_1 und B_4 (raumluftabhängige Gasfeuerstätten mit Strömungssicherung)

wichtigste Prüfung

Abgasabführung und Verbrennungsluftzuführung

Mit dem Einbau von Fenstern und Außentüren mit besonderen Dichtungen – sogenannte „fugendichte Fenster und Außentüren“ – und von Innentüren mit 3-seitig umlaufenden Dichtungen bzw. mit den in seiner Auswirkung gleichzusetzenden entsprechenden nachträglichen Abdichtungen hat die Bedeutung der Funktionsprüfung der Abgasanlage und ihre exakte und sorgfältige Durchführung in außergewöhnlichem Maße zugenommen.

Unterdruck in der Abgasanlage

Nachweis

Durch den Unterdruck in der Abgasanlage werden die Abgase nicht nur einwandfrei abgeführt, auch das Nachströmen der Verbrennungsluft in den Aufstellraum wird dadurch bewirkt. Die störungsfreie Abgasabführung ist ein wichtiger Nachweis für die ausreichende Verbrennungsluftversorgung im Sinne des Schutzziels 2 von raumluftabhängigen Gasfeuerungsstätten mit Strömungssicherung.

11.2.1 Sichere Abgasabführung

5 Minuten wegen Anfahrzustand der Abgasanlage

Bei der Inbetriebnahme von Gasfeuerstätten mit Strömungssicherung ist die Einstellung einer bestimmungsgemäßen Abgasabführung von der Temperatur der Abgas-/Luftsäule in der Abgasanlage und der Außentemperatur abhängig. Bei warmer Abgasanlage und niedrigen Außentemperaturen werden die Abgase sofort vollständig abgeführt. Bei kalter Abgasanlage und hohen Außentemperaturen kann dies etwas länger dauern. Möglichst lange Anlaufstrecken und kurze liegende Strecken wirken sich positiv auf das Anfahrverhalten aus.

Prüfung auf Abgasaustritt

Beharrungszeit

Im Anfahrzustand der Gasfeuerstätten kann es deshalb vorkommen, dass aus der Strömungssicherung so lange Abgas austritt, bis die Luftsäule im Schornstein praktisch „angeschoben" ist. Deshalb darf mit der Beurteilung der sicheren Abgasabführung erst nach 5 Minuten begonnen werden, für die keine Zeitdauer gefordert wird, weil der Schornstein erst danach seine volle Funktionstüchtigkeit sowie den Beharrungszustand erreicht.

Prüfzeit

Trotzdem sollte eine angemessene Prüfzeit eingehalten werden, um kurzzeitige atmosphärische Einflüsse (böige, drehende Winde u. a.) mit zu erfassen und labile Anlagen zu erkennen.

Tauplatte, Tauspiegel

Abgasaustritt kann am besten durch elektronische Abgastester oder flüssigkeitsgefüllte Tauplatten festgestellt werden. Einfache Tauspiegel haben sich als nicht ausreichend geeignet herausgestellt.

Prüfung bei Betrieb aller Feuerstätten

Sind in einer Wohnung/Nutzungseinheit neben Gasfeuerstätten weitere raumluftanhängige Feuerstätten für feste oder flüssige Brennstoffe vorhanden, sollten während der Funktionskontrolle der Abgasanlagen sämtliche gleichzeitig betreibbaren Feuerstätten in Betrieb sein. Weil das in der Praxis nicht immer möglich ist, wird mindestens der Betrieb aller gleichzeitig betreibbaren raumluftabhängigen Gasfeuerstätten – also solcher mit, als auch ohne Strömungssicherung – gefordert.

*Wieso bei gleichzeitigem Betrieb mindestens aller **Gas**feuerstätten?*

Aus diesem Grund steht „mindestens aller **Gas**feuerstätten". Das bedeutet aber nicht, dass man die anderen Feuerstätten unbeachtet lassen kann und soll. Es muss umso gewissenhafter geprüft werden, ob die Maßnahmen zur ausreichenden Verbrennungsluftversorgung für **den gleichzeitigen Betrieb aller Feuerstätten** (wenn nicht eine Verriegelung besteht) ausgelegt sind.

Raumluft absaugende Einrichtungen beachten

Die Raumluft absaugenden Einrichtungen können sehr gefährliche Störquellen bei der sicheren Abführung der Abgase raumluftabhängiger Feuerstätten sein. Deshalb muss der Fachmann bei der Inbetriebsetzung der Feuerstätten auch kontrollieren, ob Beeinflussungen von Lüftungseinrichtungen erfolgen können.

keine Veränderung der Einstellung

Mit größter und kleinster Wärmeleistung ist jedoch keine Änderung der eingestellten Nennleistung im Nennleistungsbereich der einzelnen Gasfeuerstätten verbunden. Darunter ist nur die sich ergebende Wärmeleistung unter Berücksichtigung von Verriegelungen und modulierender Fahrweise zu verstehen.

thermisch gesteuerte Abgasklappen

Werden bei vorhandenen Gasfeuerstätten nachträglich thermisch gesteuerte Abgasklappen nach DIN 3388-4 eingebaut, ist nach Abschnitt 11.2.1 Absatz 1 genauso wie zuvor beschrieben zu verfahren. Ebenso ist zu prüfen, ob vorhandene thermische Abgasklappen für die betreffende Gasfeuerstätte geeignet sind.

Schutzziele 1 und 2 müssen eingehalten werden

Im Zusammenhang mit der Aufstellung von Gasfeuerstätten mit einer Einrichtung zur Abgasüberwachung wird darauf hingewiesen, dass diese Einrichtung nicht von der Einhaltung der Bedingungen für die Schutzziele 1 und 2 entbindet.

Abgasaustritt

Tritt während der Prüfung Abgas aus der Strömungssicherung aus, so ist der einwandfreie Betrieb bezüglich der ordnungsgemäßen Abgasabführung und dem Nachströmen ausreichender Verbrennungsluft im Sinne des Schutzzieles 2 nicht sichergestellt.

Ursachen

Die Ursache der Rückströmung kann demzufolge sowohl in der Abgasanlage, aber auch in nicht ausreichender Nachströmung von Zuluft in den Aufstellraum, z. B. durch übermäßig dichte Fenster, Außentüren und Innentüren, liegen.

nachträglich eingebaute Gasbrenner ohne Gebläse

Für die Prüfung am Aufstellungsort von Feuerstätten mit nachträglich eingebauten Gasbrennern ohne Gebläse gilt das DVGW-Arbeitsblatt G 623.

11.2.2 Funktionsprüfung der Abgasüberwachungseinrichtung der Art „BS“

Prüfung der AÜE grundsätzlich Aufgabe des VIU

Die Prüfung der Funktion von Abgasüberwachungseinrichtungen der Art „BS“ ist eine Aufgabe des VIU. Ob auch der BSM die Funktion der AÜE prüfen muss, ergibt sich aus der LBO bzw. der jeweiligen Kehr- und Überprüfungsverordnung des Bundeslandes.

bei Deko-Gasfeuern und Installationen nach DVGW G 626 (A) auch grundsätzliche Aufgabe des BSM

Bei dekorativen Gasfeuern wird die AÜE in der Regel durch den Installateur nach den Angaben des Herstellers in einem vorhandenen offenen Kamin platziert. In diesen Fällen ist es besonders wichtig, dass geprüft wird, ob die AÜE bei Abgasaustritt reagiert, aber bei vollständigem Abzug der Abgase nicht wegen zu starker Erwärmung das Gerät abschaltet.

Bei Installationen nach DVGW-Arbeitsblatt G 626 ist die Funktion der AÜE besonders wichtig und daher bei jeder Abgaswegüberprüfung durch den BSM zu prüfen.

11.3 Unterrichtung des Betreibers

Einweisung für einen bestimmungsgemäßen Betrieb

Damit der Betreiber in die Lage versetzt wird, das Gasgerät bestimmungsgemäß zu betreiben und in einem betriebsfähigen Zustand zu halten, hat der Ersteller ihn pflicht- und vertragsgemäß über die Funktion zu informieren und gründlich einzuweisen.

Die VOB Teil C DIN 18381 differenziert, welche Unterlagen über Betrieb, Bedienung und Instandhaltung dem Auftraggeber bei der Abnahme unaufgefordert zu übergeben sind.

Bedienungsanleitung des Herstellers ist unverzichtbar

Die Bedienungsanleitung des Gasgeräteherstellers ist für die Einweisung des Betreibers heranzuziehen und diesem zu übergeben.

Einweisungsprotokoll erstellen
Hinweis auf Inspektions- und Wartungspflichten

Die Einweisung ist durch ein Inbetriebnahme- und Einweisungsprotokoll zu dokumentieren (siehe Anhang 5 B).
Bei dieser Gelegenheit ist der Betreiber auch auf seine Pflichten hinsichtlich einer regelmäßigen Inspektion hinzuweisen (siehe Anhang 5 C). Unter Verwendung der Inspektions- und Wartungsanweisungen des Gasgeräteherstellers sind dem Betreiber die Tätigkeiten und die Intervalle der Inspektions- und Wartungsarbeiten aufzuzeigen.

Austausch von Verschleißteilen

Die Geräteteile, die aufgrund der Wartung ausgebaut und als Verschleißteile ausgetauscht werden müssen, sind zu benennen.

Inspektion und Wartungsverpflichtungen

In einem Wartungsvertrag sollten die einzelnen Arbeitsschritte aufgeführt sein, damit der Betreiber den Umfang erfassen kann.

Abschluss eines Wartungsvertrages ist zu empfehlen

Ein inspiziertes und gewartetes Gasgerät erfüllt die Sicherheitsanforderungen; ein wirtschaftlicher Betrieb wird sichergestellt und Störungen zu Zeiten, in denen man sie nicht brauchen kann, werden nahezu ausgeschlossen.

Hinweise auf sichere Verbrennungsluftversorgung und Abgasabführung

Bauliche Veränderungen, die Auswirkungen auf die Verbrennungsluftversorgung und Abgasführung und damit auf die Sicherheit und Gebrauchstauglichkeit haben können, sind ebenso dem Betreiber bekannt zu geben.

12 Weitergehende und/oder spezifische Anforderungen bei der Aufstellung von gewerblich genutzten Gasgeräten bzw. Gasgeräten, die besonderen Einflüssen ausgesetzt sind oder spezielle Abgasabführungen besitzen

DVGW G 631 (A) dringend überarbeitungsbedürftig

Das DVGW-Arbeitsblatt G 631 „Installation von gewerblichen Gasverbrauchseinrichtungen" datiert aus Juni 1977; es ist veraltet und wird in Kürze überarbeitet werden.

zu einigen Fällen Aussagen des ZIV

Auf Anfragen seiner Mitglieder hat der Bundesverband des Schornsteinfegerhandwerks zu einigen Fragen der Abgasabführung von gewerblichen und industriellen Anlagen in Rundschreiben Stellung genommen. Diese Rundschreiben sind nachfolgend sinngemäß wiedergegeben. Außerdem gibt es ein gemeinsam mit dem ZIV erarbeitetes, und durch ein Rundschreiben ergänztes, Heft der Firma Miele zur Abgasabführung gewerblicher Wäschereimaschinen.

Abgasabführung von direkt befeuerten Lackier- und Trockenkabinen, Verwendbarkeitsnachweise, Abstände zu brennbaren Baustoffen

Bei direkt befeuerten Lackier- und Trockenkabinen wird die Fortluft zusammen mit den Abgasen z. B. von Gasflächenbrennern abgeführt, so dass nach MBO § 41 (4) die Abgasabführung formal als Lüftungsanlage gilt, in die Abgas eingeleitet wird. Deshalb können die für Abgasanlagen geltenden Anforderungen, wie z. B. Nachweis der Verwendbarkeit für Abgasanlagen, Vorgaben für Abstände zu Bauteilen aus brennbaren Baustoffen, nicht ohne Weiteres übernommen werden.

Abgasleitung kann Bestandteil der Kabine sein

Oftmals erfolgt die Abgasabführung von direkt befeuerten Lackier- und Trockenkabinen durch integrierte Leitungen, die somit Bestandteil der Lackier- und Trockenkabinen sind. Sie benötigen daher keinen eigenen Verwendbarkeitsnachweis, sondern der Verwendbarkeitsnachweis für die gesamte Feuerungsanlage gilt auch für die Abgasabführung. Je nach Bauart kann dies eine CE-Kennzeichnung entweder nach der Gasgeräterichtlinie oder nach der Maschinenrichtlinie sein, was aus den technischen Unterlagen hervorgehen muss.

gewerbliche Anlagen müssen CE-Zeichen haben

Bei üblichen gewerblichen Anlagen als Serienfertigungen erfolgt die CE-Kennzeichnung nach der Gasgeräterichtlinie durch eine anerkannte Zertifizierungsstelle (z. B. in Deutschland der DVGW). Grundlage dafür ist eine EG-Baumusterprüfbescheinigung, die nach Prüfung eines Baumusters durch eine Prüfstelle erteilt wird. In der Regel haben solche Anlagen serienmäßig hergestellte Gasgebläsebrenner, die ebenfalls nach der Gasgeräterichtlinie CE-gekennzeichnet sind.

für Anlagen in Industrie gilt Gasgeräterichtlinie nicht, sondern Maschinenrichtlinie

Für Geräte, die speziell zur Verwendung bei industriellen Verfahren bestimmt sind, gilt die Gasgeräterichtlinie nicht. In der Regel handelt es sich dabei um Anlagen, die nicht in Serie, sondern nach den individuellen Wünschen des Kunden/Betreibers vor Ort erstellt werden. Auch die Brenner (meist Gasflächenbrenner) werden vom Errichter, z. B. der Lackier- oder Trockenkabine selbst hergestellt. Bei diesen Anlagen erfolgt die CE-Kennzeichnung auf Basis der Maschinenrichtlinie durch den Hersteller nach Erstellung einer Risikoanalyse, deren Erkenntnisse auch in der Montage- und Betriebsanleitung ihren Niederschlag finden.
Da es keine konkrete Abtrennung zwischen gewerblichen und industriellen Anlagen gibt, sollte im Zweifelsfall die Kennzeichnung nach Maschinenrichtlinie akzeptiert werden.

Montage- und Betriebsanleitung beachten

Die Angaben in der Montage- und Betriebsanleitung sind zu beachten. Sofern erforderlich, sind hier die notwendigen Abstände zu brennbaren Baustoffen dokumentiert. Weitere Prüfungen und Zertifikate benötigen diese Anlagen nicht.

Die Festlegung der Abstände von abgasführenden Bauteilen zu brennbaren Baustoffen wird durch das maximale Temperaturniveau bestimmt, das in der gemeinsamen Fortluft-/Abgasabführung vorherrscht. Da die Abgase durch die Fortluft aus der Lackier- und Trockenkabine im Regelfall stark verdünnt und abgekühlt werden, sind in den meisten Fällen nur geringe oder keine Abstände zu brennbaren Bauteilen erforderlich.

Abgasabführung bei gewerblichen gasbeheizten Wäschetrocknern

gewerbliche Wäschetrockner nicht mit Haushaltstrockner vermischen

Bei der Installation von gasbeheizten gewerblichen Wäschetrocknern treten häufig Fragen zur Abgasabführung auf. Von Herstellern und Betreibern von Wäschereien wird oft irrtümlich behauptet, dass es sich um Abluft, nicht um Abgas handelt. Dabei wird auch auf die Regelung zu Gas-Haushaltswäschetrocknern verwiesen.

Wann Abluft, wann Abgas?

Diese Ausführungen sollen Klarheit darüber schaffen, unter welchen Voraussetzungen nach Beimischung von Abluft zum Abgas innerhalb des Wäschetrockners das Gemisch als Abgas und wann es als Abluft zu betrachten ist.

Im Allgemeinen gilt:
- In der Regel ist davon auszugehen, dass es sich bei dem Gemisch gewerblicher gasbeheizter Wäschetrockner um Abgas handelt. Diese Abgase sind mittels geeigneter Abgasanlagen über Dach abzuführen.

- Wenn aus den Herstellerunterlagen ersichtlich ist, dass das Verhältnis von ca. 50 m³/h Luftvolumenstrom je 1 kW Nennbelastung überschritten wird, dann kann von Abluft mit Abgasbestandteilen ausgegangen werden. Es gelten dann die Anforderungen an Abluftanlagen.

Schreiben DVGW an Wäschereibetrieb

Die Regelung der TRGI zu Gas-Haushaltswäschetrocknern sind auf Haushaltstrockner mit einer maximalen Belastung von 6 kW begrenzt.
Dieses ergibt sich aus einem Schreiben der DVGW-Hauptgeschäftsführung Bereich Gasverwendung vom 30.11.2004 an einen Wäschereibetrieb, worin es unter anderem heißt:
„Anforderungen zu dem gasseitigen Anschluss und zu den verbrennungsluftseitigen Notwendigkeiten sind in DVGW-Arbeitsblatt G 600 (DVGW-TRGI) gegeben. Über die Abgasseite – hier Abführung der Abgase in Verdünnung gemeinsam mit der feuchten Trocknungsluft nach außen ins Freie – gibt weder die TRGI noch das spezifische (veraltete) DVGW-Arbeitsblatt G 631 ausreichend Auskunft.“

Aussage ARGEBAU

Bauaufsichtlich muss auch diese hier praktizierte Form der Abgasabführung im Gemisch mit Trocknungsluft, bei Geräteleistungen über 6 kW, als „Abgasanlage“ betrachtet werden. Zu einer anderen Einordnung kann erst ab einem Verdünnungsverhältnis von 75 m³/h Luftvolumenstrom je kW Nennbelastung des Trockenautomaten (siehe dazu das Ergebnis in der 55. Sitzung des ARGEBAU-Arbeitskreises „Haustechnische Anlagen“ der Fachkommission Bauaufsicht am 12./13.04.1988 in Hamburg) eine Öffnungsmöglichkeit erkannt werden. Aus einer aktuelleren Diskussion mit dem gleichen Arbeitskreis zur Abklärung notwendiger Anforderungen bei Gas-Haushaltswäschetrocknern im Jahr 1997 leitet sich ein Verhältnis von ca. 50 m³/h Luftvolumenstrom je kW Nennbelastung ab. Beim Haushaltswäschetrockner mit einer maximalen Wärmebelastung von 6 kW kann die Abführung des Abgases gemeinsam mit der Abluft über eine vom Hersteller mitgelieferte bzw. benannte Leitung nach außen erfolgen. Hierbei sind bezüglich der Ausführung der Mündung Belästigungen auszuschließen; diese Leitung einschließlich ihrer Mündung unterliegt nicht den Anforderungen einer Abgasanlage.“

gasbeheizte Wäschereimaschinen sind Gasfeuerstätten

Die Abgasabführung gasbeheizter Wäschereimaschinen ist, wie auch die anderer Gasfeuerstätten, grundsätzlich in den Landesbauordnungen, den Feuerungsverordnungen der Länder und in dem DVGW-Regelwerk geregelt. Als Zusatzinformation kann das von Miele Professional in Zusammenarbeit mit dem ZIV erstellte und jedem Kollegen zugegangene Heft „Miele-Wäschereimaschinen mit Gasheizung“, Stand Juni 1998, Grundlage der Beurteilung sein. Dabei ist aber ergänzend die Anlage 1.1.24 aus dem Rundschreiben

6/1998 an Innungen und Landesinnungsverbände vom 15. Dezember 1998 zu beachten. Die in den genannten Unterlagen getroffenen Aussagen treffen im Wesentlichen auch für andere gewerbliche Wäschereimaschinen zu.
Der Inhalt dieser Information ist mit dem Obmann des Technischen Komitees „Gasinstallation" des DVGW abgestimmt.

Kapitel V Betrieb und Instandhaltung

13 Betrieb und Instandhaltung

wiederkehrende Prüfpflicht diskutiert

Bereits im Jahr 1989 wurde anlässlich der Novellierung der M-FeuVO und der Musterbauordnung in dem bauaufsichtlichen Arbeitskreis „Haustechnische Anlagen“ der ARGEBAU über die Aufnahme einer wiederkehrenden Prüfpflicht für häusliche Gasinstallationen in die Verordnungen diskutiert. Als Ergebnis umfangreicher Beratungen gemeinsam mit DVGW und BGW (heute BDEW) verzichtete der Verordnungsgeber auf die Einführung einer Vorschrift zur wiederkehrenden Prüfung und schrieb dem DVGW die Aufnahme von Festlegungen zu Betrieb und Instandhaltung mit den zugehörigen Aufgaben des Betreibers für den sicheren dauerhaften Betrieb seiner Gasinstallation ins Aufgabenheft für die weitere Regelwerksgestaltung.

DVGW erstellt daraufhin „TRGI-Teil 2 Betrieb“

Verordnungsgeber verzichtet auf verordnungsrechtliche Regelung

Mit dem Angebot einer Muster-Broschüre „Hausschau“ zur Verteilung an die Gaskunden durch die Gasversorgungsunternehmen (heute Netzbetreiber) und der Veröffentlichung des DVGW-Hinweises G 600/II „TRGI-Betrieb“ im Juni 1994 bewahrte sich das Gasfach weiterhin die Möglichkeit, die Anforderungen an den Betrieb von Gasinstallationen eigenverantwortlich zu regeln; ein darüber hinausgehender öffentlich-rechtlicher Handlungsbedarf war und ist auch heute nicht erforderlich.

nur halbherzige Regelwerksübernahme und Umsetzung in der Praxis

Sowohl die damit bezweckte Information an die Kunden als auch die Durchführung von beispielsweise wiederkehrenden Gebrauchsfähigkeitsprüfungen der Leitungsanlagen wurden jedoch zu verhalten aufgegriffen und sind keineswegs flächendeckend praktiziert worden. Zudem stellten sich die zunächst gewählten Vorgaben in dem DVGW–Regelwerksblatt mit „dringender Empfehlung“ zur wiederkehrenden Überprüfung von erdverlegten Leitungen und der „Empfehlung“ zur Prüfung der Innenleitungen (siehe die Abschnitte 2.2.1 und 2.2.3 in „TRGI-Betrieb“) als zu unbestimmt und unverbindlich dar.

Mit dem zunehmenden Auftreten von Fremdinstitutionen mit warnendem Einwirken und dem teils bundesweiten Anbieten von Gasleitungsüberprüfungen offenbarte sich die offene Flanke für Kritik und Angriffe hinsichtlich der Aussagekonsequenz im DVGW-Regelwerk. Folgerichtig konnte durch sukzessive Schritte, wie u. a.

neue Angebote, Umsetzungen und Bekenntnisse

- Aufnahme des separaten Hinweises „TRGI-Betrieb“ als eingebundene Anlage 2 in die TRGI ’86/96
- Initiierung und Einrichtung von Aktion und Angebot „Gas ganz sicher“ durch das SHK-Handwerk ab etwa 2004
- Erarbeitung und Abstimmung der DVGW-Position zum „sicheren Betrieb von Gas-Hausinstallationen“ im März 2004

Qualitätssicherung auch für Instandhaltung

- Initiierung und Erarbeitung eines neuen DVGW-Arbeitsblattes G 1020 „Qualitätssicherung für Planung, Ausführung und Betrieb von Gasinstallationen“, Entwurf August 2007 eine Situation geschaffen werden, mit der nun mehr und mehr Klarheit und Eindeutigkeit in den Regelwerksaussagen des DVGW dargestellt ist.

NDAV erklärt den Anschlussnehmer/Betreiber als Verantwortlichen

Die Nachfolgeregelung der AVBGasV durch NDAV mit der jetzt in § 13 direkt ausgedrückten Verknüpfung von Verantwortungszuordnung an den Betreiber mit den technischen Anforderungsvorgaben durch den anerkannten Regelsetzer DVGW ermöglicht es nun dem DVGW, die ihm obliegenden Aufgaben mit eindeutigen Ansprachen im Regelwerk darzustellen. Bei dieser Zuordnungsverdeutlichung in der NDAV verbleibt jedoch die Verpflichtungs- und Haftungssituation für alle Beteiligten unverändert.

neutrale Auflistung von erforderlichen Instandhaltungsmaßnahmen

Die TRGI führt an dieser Stelle – siehe den Abschnitt 13.3 – in neutraler Auflistung die wichtigsten aus technischer Sicht für sinnvoll und richtig erkannten Instandhaltungsmaßnahmen an den Betreiber in Bezug auf die betreibereigene Gasinstallation auf. Durch Befolgen dieser Beachtungspunkte kommt der Betreiber seiner ihm vom Gesetzgeber auferlegten Verkehrssicherungspflicht ausreichend nach.

Verzicht auf Instandhaltung bedeutet nicht per se einen Mangel nach NDAV § 15 (2)

Die im Folgenden abgedruckte DVGW-Position „Der sichere Betrieb von Gas-Hausinstallationen“ erklärt die hauptsächlichen technischen Zusammenhänge und resultierenden Ableitungen. Eindeutig ersichtlich ist der Sachverhalt, dass aus dem Nichtbefolgen des 12-jährigen Überprüfungsturnus keineswegs per se auf das Vorliegen eines gefährlichen Zustandes der Gasleitungsanlage geschlossen werden kann. Eine Vollzugsnachhaltung über die durchgeführte Überprüfung der jeweiligen Kundenanlage durch den NB oder auch das VIU ist somit weder berechtigt noch als Anforderung ableitbar. Ein Mangel nach NDAV § 15 (2) ist als generelle Zuordnung nicht gegeben und kann sich nach wie vor einzig auf eine spezifische Veranlassung und die spezifische Feststellung beziehen.

DVGW-Position zur ausreichenden Erfüllung der Verkehrssicherungspflichten

Der sichere Betrieb von Gas-Hausinstallationen

Der DVGW-Hinweis „TRGI-Betrieb“ als Anlage 2 des Arbeitsblattes G 600 (DVGW-TRGI) sowie die aus TRGI-Betrieb für den Kunden entwickelte Broschüre „Erdgas – mit Sicherheit! Hausschau“ stellen die **DVGW-Position zur ausreichenden Erfüllung der Verkehrssicherungspflichten** dar.

In der häuslichen Gasanwendung werden die Gasanlagen (Leitungsanlage und Gasgeräte einschließlich deren Verbrennungsluftzuführung und Abgasabführung) von gasfachlichen Laien in deren Verantwortung betrieben. Dieser Tatsache wird durch die Forderung einer weitestgehenden Eigensicherheit aller Einrichtungen Rechnung getragen. An die Materialien der Gasleitungsanlage einschließlich ihrer Bauteile sowie an die Qualifikation der die Anlagen erstellenden und an diesen arbeitenden Personen werden solche Anforderungen gestellt, dass diese Einrichtungen – den bestimmungsgemäßen Betrieb vorausgesetzt – dauerhaft sicher sind. Die Dauerhaftigkeit versteht sich dabei im Verhältnis zur Lebensdauer des Gebäudes, umfasst also mehrere Jahrzehnte. Als eine zusätzliche permanente Sicherheitsmaßnahme wird das an die Kunden verteilte Erdgas von den Gasversorgungsunternehmen odoriert. Etwaige Undichtheiten können damit durch den Gasgeruch rechtzeitig vor Eintreten einer Gefahr erkannt werden.

Während das durch eine zugelassene neutrale Stelle eignungsgeprüfte und zertifizierte Gasgerät durch seinen Betrieb/seine Nutzung eine Veränderung des Sollzustandes erfährt, die die Notwendigkeit von Inspektionen und eventuell der Wartung begründet, unterliegt hingegen die Kunden-Gasleitungsanlage einschließlich ihrer Bauteile alleine aufgrund der Durchleitung von trockenem Erdgas bei einem Druck von ca. 22 mbar keiner Abnutzung und somit keiner Zustandsänderung im Laufe ihrer Betriebszeit entsprechend der Lebensdauer des Gebäudes. Sehr wohl können jedoch die Außenbedingungen, wie z. B. bauliche Maßnahmen, Mitbenutzung der Gasleitungen für nicht betriebsgerechte Zwecke und Weiteres solche Negativauswirkungen auf die Leitungsanlage ausüben, die deren Betriebstauglichkeit schwächt oder im schlimmsten Fall die Leitung sogar zur Gefahr werden lässt.

Die Auswertung der vom DVGW seit über 20 Jahren geführten und mit den Energiereferaten der Länder jährlich abgestimmten Schadens- und Unfallstatistik weist folgendes Bild über Schadens- und Unfallschwerpunkte aus:

> Neben dem menschlichen Versagen, dort insbesondere die vorsätzlichen Eingriffe in Gasanlagen, sind als unfallauslösende technische Mängel vor allem solche in Zusammenhang mit Gasgeräten und Abgasanlagen festzustellen. Demgegenüber spielen Mängel an Leitungen und Armaturen als Unfallauslöser nur eine weit untergeordnete Rolle.

Trotzdem versteht es der DVGW als seine Aufgabe, auch den Restrisikobereich auf diesem Gebiet möglichst zu minimieren. Dies bedeutet die Notwendigkeit der Kunden-Information und -Sensibilisierung über die ordnungsgemäßen und bestimmungsgemäßen Rand- und Betriebsbedingungen hinsichtlich der Gasanlage in seinem Eigentum oder Mietobjekt. Als fachliche Grundlage hierfür ist für die Gasversorgungsunternehmen und die Vertragsinstallationsunternehmen die TRGI-Betrieb erarbeitet worden. Die Umsetzung daraus für die Kunden selbst stellen z. B. die Broschüren „Erdgas – Mit Sicherheit! Hausschau" und „Odorblatt" dar, welche jedem Kunden durch seinen Gasversorger oder in dessen Auftrag z. B. durch den Installateur oder den Bezirksschornsteinfegermeister vorliegen sollten. Inhalt dieser Mitteilungen sind die spezifischen Beachtungspunkte und Veranlassungsvorgaben zur Absicherung des dauerhaften und sicheren Anlagenbetriebes. Es werden sinnvolle Zeitabstände für wiederkehrende Überprüfungen bzw. Kontrollen vorgegeben. Mit ihrer Hilfe sollen Sensibilität und Verantwortungsbewusstsein des Gaskunden für die Sicherheit seiner Gasanlage verstärkt und es ihm erleichtert werden, seinen gesetzlichen Verpflichtungen (Verkehrssicherungspflicht) nachzukommen.

Für den Gaskunden trifft die rechtliche Vermutung über seine **ausreichend** erfüllten Verkehrssicherungspflichten dann zu, wenn er den folgenden Punkten verantwortungsgerecht nachkommt:

- Jährliche Hausbegehung (Inaugenscheinnahme) – spezifische Fachkenntnisse sind hierfür nicht notwendig – anhand einer Checkliste (siehe die Broschüre „Hausschau") entweder durch den Gaskunden selbst oder durch Fremdbeauftragung.

- Einhaltung der regelmäßigen Gasgeräte-Inspektion nach den Herstellerangaben. Bedarfsorientiert werden sich somit notwendige Wartungsarbeiten durch ein Vertragsinstallationsunternehmen (VIU) oder ein zertifiziertes Wartungsunternehmen ergeben.

- Beauftragung eines Vertragsinstallationsunternehmens (VIU) mit der Gebrauchsfähigkeitsprüfung der Leitungsanlagen spätestens alle 12 Jahre.

Jeder festgestellte Gasgeruch muss selbstverständlich zur unverzüglichen Information an das Gasversorgungsunternehmen führen und es müssen die Verhaltensmaßregeln bei Gasgeruch befolgt werden.

Bonn, März 2004

13.1 Allgemeines

Grundlage für eine Betreiberinformation

Informationsweitergabe durch den Netzbetreiber als Vorgabe aus der NDAV

Da die Betreiber die notwendigen technischen Regeln nicht kennen und als „technische Laien" die Inhalte auch im Zusammenhang nicht verstehen, dient Kapitel V der TRGI denjenigen, die eine Informationsaufgabe an den Betreiber haben, als Grundlage. Gemäß § 4 der NDAV ist der Neukunde als Betreiber bei Vertragsabschluss zur Gaslieferung über die Verordnung und die ergänzenden Bestimmungen des Netzbetreibers zu informieren. Außerdem sind vom DVGW einige entsprechende Informationsmittel erstellt worden, die bereits von den Netzbetreibern vielfach an die Betreiber zur Kenntnis gegeben werden, wie z. B.

DVGW-Informationsbroschüren

- „Wegweiser für die Hausschau" bzw. „Erdgas – mit Sicherheit"
- „Der richtige Umgang mit Erdgas"
- Checkheft „Die intelligente Inspektion"
- Odorkarte „Ein Hauch von Erdgas"
- „Verhalten bei Gasgeruch"

Bild 13.1 – Broschüre „Erdgas – mit Sicherheit!"

Informationspflicht des SHK-Handwerks aus dem Werkvertragsrecht VOB

Das VIU als Anlagenersteller hat den Betreiber zur Erfüllung seiner Sorgfaltspflichten in die Bedienung seiner haustechnischen Anlagen einzuweisen und mit der Betriebsweise vertraut zu machen.

Eigentlich ist diese Forderung eine Selbstverständlichkeit und Voraussetzung, dass der Betreiber in die Lage versetzt wird, die ihm übergebenen Anlagen zu betreiben und in einem betriebsfähigen Zustand zu halten. Der Ersteller ist nach Werkvertragsrecht in der Pflicht, über die Funktion der Anlage, insbesondere auf Sicherheits- und Sicherungsgeräte und Armaturen den Betreiber gründlich einzuweisen.

Die VOB-Teil C „Allgemeine Technische Vertragsbestimmungen (ATV) DIN 18381“ differenziert, welche Unterlagen über Betrieb, Bedienung und Instandhaltung dem Auftraggeber bei der Abnahme unaufgefordert zu übergeben sind, dazu gehören:

Nebenleistungen sind z. B. Betriebs- und Wartungsanleitungen

- Alle für einen sicheren und wirtschaftlichen Betrieb erforderlichen Betriebs- und Wartungsanleitungen:
  - Prüfbescheinigungen und Werksbescheinigungen
  - Protokolle über Dichtheitsprüfungen
  - Protokoll zur Einweisung des Wartungs- und Bedienungspersonals
  - Herstelleranweisungen, soweit diese vorliegen
- Dokumentation über die erdverlegten und verdeckt verlegten Gasleitungen

Diese Unterlagen müssen dem Betreiber auch ohne separate Vergütung vom Anlagenhersteller übergeben werden.

besondere Leistungen sind z. B. Revisionszeichnungen und Stromlaufpläne

Zeichnungen, Stromlaufpläne, Ersatzteillisten und anderes sind nur dann zu erstellen und zu übergeben, wenn sie in der Leistungsbeschreibung ausdrücklich als besondere zu vergütende Leistung aufgeführt sind.

ZVSHK-Betriebsanleitung Gasinstallation

Damit mögliche notwendige rechtliche Auseinandersetzungen zwischen Betreiber und VIU bei Nichtbeachtung der Betriebs-, Inspektions-, Wartungs- und Instandhaltungsverpflichtungen geklärt werden können, sollten die Unterlagen mit Protokollen, die von beiden Vertragspartnern unterschrieben sind, vorliegen. Hierzu hat der Zentralverband eine Betriebsanleitung „Gasinstallation“ erstellt, in der die Informationen, die der Betreiber für einen funktionstüchtigen und sicheren Betrieb benötigt, enthalten sind.

Bild 13.2 – Betriebsanleitung Gasinstallation

Eine weitere Maßnahme ist der Gassicherheitscheck des Sanitär- und Heizungshandwerks.

durch Weiterbildungsmaßnahmen der Fachverbände immer auf aktuellem Kenntnisstand

In Ergänzung zur jährlichen Hausschau, die der Betreiber regelmäßig selbst durchführen kann, analysiert und kontrolliert der SHK-Fachbetrieb im Rahmen des Sicherheitschecks die gesamte Gasinstallation im Kundenbereich. Hierzu gehören eine Leckmengenmessung und eine Prüfung des Zustands der Leitungen. Mit einer Checkliste werden weitere Anlagenteile sowie die Verbrennungsluft und Abgasabführung geprüft. Entsprechende Prüfprotokolle und Bewertungen werden dem Betreiber ausgestellt und, wenn notwendig, Instandsetzungsmaßnahmen angeboten.

Bild 13.3 – Broschüre „Gas – ganz sicher!"

BSM-Information

Gleichermaßen informieren die Bezirksschornsteinfegermeister unter Weiterem auch, z. B. mit der Informationsschrift „Mit Sicherheit optimal heizen", über Hinweise zur Abgaswegüberprüfung und CO-Messung und mit dem Flyer „Worauf Sie nach dem Einbau neuer Fenster achten sollten" über wichtige Zusammenhänge zwischen Baumaßnahmen und dem weiterhin ordnungsgemäßen Gasgerätebetrieb.

13.2 Anlagen des Netzbetreibers

NDAV, § 5

Netzanschluss als Anlagen des NB

Anlagen des Netzbetreibers sind der „Netzanschluss", welcher nach NDAV § 5 das Gasversorgungsnetz mit der Gasinstallation des Anschlussnehmers verbindet.

Zum Netzanschluss (= Hausanschluss entsprechend DVGW-Regelwerk) gehören die Netzanschlussleitung (Hausanschlussleitung, HAL), eine ggf. vorhandene Absperreinrichtung außerhalb des Gebäudes, Isolierstück, Hauptabsperreinrichtung (HAE) und ggf. ein Haus-Druckregelgerät.

und der Gaszähler

Das Druckregelgerät und der in der Regel noch hinzukommende Gaszähler können auch – wie es in den meisten Fällen zutrifft – hinter dem Ende des Netzanschlusses, d. h. hinter der HAE, innerhalb des Bereichs der Kundenanlage, d. h. in der Gasinstallation, eingebaut sein (siehe Bild 1 im Abschnitt 2.3 „Leitungsanlage“ der TRGI).

Der Netzanschluss und der Gaszähler sind Betriebsanlagen des NB bzw. beim Gaszähler auch des Messstellenbetreibers und werden ausschließlich von ihm instand gehalten, erneuert, geändert, abgetrennt und beseitigt.

Der Anschlussnehmer (= Betreiber) darf keine Einwirkungen auf die Betriebsanlagen des NB vornehmen oder vornehmen lassen und muss sie vor Beschädigung schützen.

Sichtkontrolle auch der Betriebseinrichtungen des NB durch Betreiber

Die jährliche Sichtkontrolle durch den Betreiber bezieht sich, soweit möglich, auch auf diese Betriebseinrichtungen (siehe Anhang 5 C, Nr. 1). Beschädigungen dieser Betriebseinrichtungen, insbesondere undichte Absperreinrichtungen oder Druckregelgeräte sowie das Fehlen von Plomben sind dem NB sowie beim Gaszähler ggf. auch dem Messstellenbetreiber, unverzüglich mitzuteilen.

Zugänglichkeit für Netzbetreiber

Der Betreiber muss diese Anlagen dem NB sowie beim Gaszähler ggf. auch dem Messstellenbetreiber zugänglich halten.

13.2.1 Hausanschluss

ergänzende Betriebseinrichtungen des NB nach DVGW G 459-1 (A)

Ergänzend zu den Bestandteilen des Hausanschlusses (= Netzanschluss in NDAV) wird in diesem Abschnitt der TRGI auch noch die Hauseinführung benannt. Zu der Hauseinführung können nach dem DVGW-Arbeitsblatt G 459-1 beispielsweise noch Mantelrohre, Rohrkapseln, Festpunkte, Ausziehsicherungen, Werkstoffübergänge von PE auf Metall gehören. Sind im Bereich der Kundenanlage Hinweisschilder z. B. für die Hauseinführung oder für Absperreinrichtungen vorhanden, müssen diese erkennbar und ablesbar gehalten werden.

Gasströmungswächter in der Hausanschlussleitung

Mit dem Beiblatt zum DVGW-Arbeitsblatt G 459-1 vom Dezember 2003 gehört ggf. noch ein „selbsttätig schließendes Bauteil“ (z. B. Gasströmungswächter nach DVGW-VP 305-2) zu den zusätzlichen Elementen in der Hausanschlussleitung. Soweit technisch möglich, sollte dieses immer zum Einsatz kommen.

13.2.2 Hauptabsperreinrichtung

Die Hauptabsperreinrichtung gehört ebenfalls zu den Betriebseinrichtungen des NB und muss von ihm instand gehalten werden.

Ergänzung zur Erschwerung der Manipulation – mit Schlüssel verschlossene Tür

Die Zusatzanforderung hinsichtlich „der mit Schlüssel verschlossenen Tür“ wurde zur Erschwerung der Manipulation an Gasinstallationen mit den Ergänzungen zu den TRGI ’86/96 im August 2000 bereits in das Regelwerk aufgenommen.

Der scheinbare Widerspruch, einerseits im Notfall die Gaszufuhr schnell unterbrechen zu können und andererseits einen unkontrollierten Zugang zur Hauptabsperreinrichtung durch Unbefugte zu vermeiden, wurde durch die neue Regelung gelöst. Auch in dem DVGW-Arbeitsblatt G 459-1 und in der NDAV werden hierzu eindeutige Hinweise gegeben.

DVGW G 459-1 (A) Absperrung in der Regel auch von außerhalb der Gebäude möglich

Das DVGW-Arbeitsblatt G 459-1 „Gas-Hausanschlüsse" schreibt seit 1998 vor: „Bei neu zu errichtenden Hausanschlussleitungen nach diesem Arbeitsblatt muss die Gasversorgung von Gebäuden bei Gefahr (unkontrolliert ausströmendes Gas oder Brand im Gebäude) von außen ohne Tiefbauarbeiten unterbrochen werden können" (siehe DVGW-Arbeitsblatt G 459-1, Ausgabe Juli 1998, Seite 10). Hiervon ausgenommen sind Wohngebäude geringer Höhe, also Ein- und Zweifamilienhäuser, die als Gebäude mit nicht allgemein zugänglichen Räumen ohnehin von den hier behandelten Maßnahmen der Zusatzabsicherung nicht betroffen sind.

Laut NDAV § 8 Abs. 1 müssen Hausanschlüsse „ ... zugänglich und vor Beschädigungen geschützt sein". Das Gebot der Zugänglichkeit gilt im Verhältnis zwischen NB und Hauseigentümer.

Regelung in NDAV § 8 Abs. 1

Das Gebot, die Hausanschlüsse, so auch die meist im Gebäude installierten Gas-Druckregelgeräte und Gaszähler, vor Beschädigung zu schützen, verlangt, den Zugang auf autorisiertes Personal des NB, auf Störungsdienste wie auch z. B. Feuerwehr und auf den Hauseigentümer zu beschränken und unbefugte Dritte vom Zugang auszuschließen. Zugangsmöglichkeiten für das Personal des NB sind durch die beim Hauseigentümer, Hausmeister vorhandenen Schlüssel für die verschlossene Zugangstür gegeben. Im Notfall dient entweder die vorne dargestellte Absperrmöglichkeit von außen zur schnellen Unterbrechung der Gaszufuhr oder – bei trotzdem notwendiger Betätigung von innen – ist zur Gefahrenabwehr der Schaden einer aufgebrochenen Tür immer akzeptabel. Sollte durch die massive Bauweise der Tür die Werkzeugausrüstung des Bereitschaftsdienstes für ein schnelles Aufbrechen der Tür nicht ausreichen oder z. B. bei einer Stahltür der Werkzeugeinsatz wegen Bedenken der Funkenbildung nicht möglich sein, so kann für solche Einzelfälle ein Schlüsselkasten bzw. Schlüsseltresor zur Anwendung kommen. Mit dem Schlüsselkasten ist das Schutzziel verbunden, dass dieser entweder nur durch Autorisierte zu öffnen ist – denkbar wäre ein besonderer Schlüssel, der nur Hauseigentümer, Gasversorger und Feuerwehr zur Verfügung steht – oder ansonsten ein lautloses Öffnen nicht möglich ist.

13.2.3 Gas-Druckregelgerät

Instandhaltung nach DVGW G 495 (A)

Für die Instandhaltung von in Betrieb befindlichen Gas-Druckregelungen gilt das DVGW-Arbeitsblatt G 495.

Eine Instandhaltung nach DVGW-Arbeitsblatt G 495 muss vorgenommen werden, um sicherzustellen, dass

- die Gas-Druckregelung und deren Bauelemente die für ihren Bestimmungszweck erforderliche Zuverlässigkeit aufweisen
- die Gas-Druckregeleinrichtung und deren Bauelemente mechanisch in einwandfreiem Zustand sind und keine Undichtheiten aufweisen

- die Druckregelung und -absicherung auf die richtigen Drücke eingestellt sind

- die Bauelemente richtig eingebaut und gegen Schmutz, Flüssigkeiten, Einfrieren sowie andere Einflüsse geschützt sind, die ihre Funktion beeinträchtigen können

Instandhaltungstätigkeiten und Unregelmäßigkeiten müssen aufgezeichnet werden. Als Unregelmäßigkeit ist jede Störung in der Gas-Druckregelung anzusehen.

Zuständig für die Instandhaltung ist der NB.

13.2.4 Gaszähler

Eigentum des NB oder Messstellenbetreibers

Der Gaszähler kann entweder im Eigentum und damit im Verantwortungsbereich des NB oder eines Messstellenbetreibers sein.

Der Betreiber muss vermittelt bekommen, dass er an der Gasmesseinrichtung keine Eingriffe oder Manipulationen vornehmen darf und sicherstellen muss, dass eine Zugänglichkeit zur Ablesung oder Auswechslung ohne Schwierigkeiten möglich ist.

13.3 Anlagen des Betreibers (Gasinstallation)

NDAV § 13 Anschlussnehmer bzw. Betreiber ist der Verantwortliche

Für den ordnungsgemäßen Betrieb und die ordnungsgemäße Instandhaltung der Gasanlage hinter der Hauptabsperreinrichtung (= Gasinstallation) mit Ausnahme der Betriebseinrichtungen, wie in den Abschnitten 13.2.3 und 13.2.4 beschrieben, ist der Anschlussnehmer bzw. Betreiber verantwortlich. Auch wenn der Anschlussnehmer die Anlage ganz oder teilweise einem Dritten vermietet oder sonst zur Benutzung überlassen hat, so bleibt er zusätzlich verantwortlich.

Werkvertragsrecht der VOB verlangt, dass der Anlagenersteller den Betreiber einweist

Für den sicheren und wirtschaftlichen Betrieb einer Gasinstallation sind dem Betreiber nach VOB DIN 18381 die erforderlichen Bedienungs- und Wartungsanleitungen (siehe z. B. ZVSHK-Betriebsanleitung Gasinstallation) zu übergeben. Zur Erfüllung seiner Obliegenheiten und Sorgfaltspflichten ist der Betreiber durch den Anlagenersteller in die Bedienung der Anlage einzuweisen und mit ihrer Betriebsweise vertraut zu machen (siehe Anhang 5 B). Insbesondere ist auf Anlagen hinzuweisen, bei denen die dauerhafte Funktion nur sichergestellt ist, wenn regelmäßige Inspektionen bzw. Wartungen durchgeführt werden, wie z. B. bei Gasgeräten (siehe Anhang 5 C).

Dem Betreiber muss vermittelt werden, dass regelmäßige Kontrollen, Inspektionen und qualifizierte Wartungen die Betriebs- und Funktionssicherheit erhöhen, die Nutzungsdauer verlängern sowie ggf. Bauschäden und außerplanmäßige Instandsetzungen vermeiden lassen.

Ausführende von Inspektion, Wartung und Instandsetzung sind grundsätzlich die VIU sowie für Gasgeräte auch die Wartungsunternehmen nach DVGW-Arbeitsblatt G 676. Entsprechend NDAV § 13 sind diese Arbeiten ebenfalls – auch wenn in den weiteren Unterabschnitten dieses Abschnittes 13.3 nicht immer explizit darauf hingewiesen wird – dem dafür qualifizierten Personal des NB gestattet.

13.3.1 Leitungsanlage

Aufteilung in Leitungsanlagenabschnitte Innenleitungen und Außenleitungen

Weil die Maßnahmen für den Betreiber bei den einzelnen Leitungsbereichen unterschiedlich sind, erfolgte eine Unterteilung in Innenleitungen, erdverlegte Außenleitungen und freiverlegte Außenleitungen.

Die Achtungspunkte aus den technisch bedingten Zusammenhängen sowie die resultierenden Konsequenzen sind in diesem TRGI-Kapitel so dezidiert aufgeführt, dass die Kommentierung sich im Weiteren auf wenige Zusatzanmerkungen bzw. -hinweise beschränken kann.

13.3.1.1 Innenleitungen

Grundsätze bei baulichen Veränderungen und täglichem Umgang mit Gasinstallationsteilen

Zunächst einmal sind für den Betreiber die allgemeinen Grundsätze beschrieben, die er z. B. bei baulichen Veränderungen und im täglichen Umgang mit Bauteilen der Gasinstallation wie z. B. biegsamen Gasschlauchleitungen beachten muss.

Kontroll- bzw. Überprüfungszeiträume

Als Weiteres sind Kontroll- bzw. Überprüfungszeiträume aufgeführt, die er zum einen durch Sichtkontrolle selbst ausführen kann. Zum anderen sind dies die Gebrauchsfähigkeits- bzw. Dichtheitsprüfung, welche ein VIU im Zeitraum von 12 Jahren durchführt.

Sichtkontrollen durch den Betreiber

Die Maßnahmen, die der Betreiber im Rahmen der Sichtkontrolle selbst durchführen kann, sind im Anhang 5 C beschrieben.

Außerdem sind in der Broschüre „Erdgas – mit Sicherheit!" und „Erdgas Jahres-Check" Betreiberhinweise hierzu gegeben.

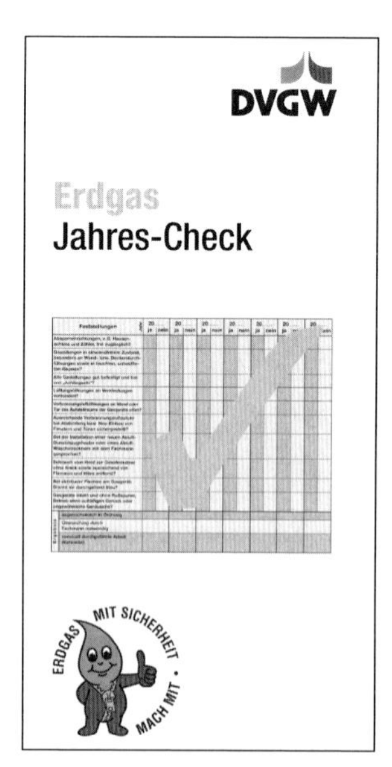

Bild 13.4 – Erdgas Jahres-Check

Gebrauchsfähigkeits- bzw. Dichtheitsprüfung durch VIU

Die Feststellung der Gebrauchsfähigkeit bzw. Dichtheit hat der Betreiber alle 12 Jahre von einem VIU, z. B. im Rahmen der Maßnahme „Gas – ganz sicher!“, durchführen zu lassen.

Anleihe aus DVGW G 465-1 (A)

Diese „Prüfung auf Dichtheit“ wurde aus dem DVGW-Arbeitsblatt G 465-1 „Überprüfen von Gasrohrnetzen“, in dem es im Abschnitt „Anschlussleitungen“ wie folgt heißt: „Innerhalb des Gebäudes liegende Leitungsteile der Hausanschlussleitung von der Mauerdurchführung bis einschließlich Hauptabsperreinrichtung sind mindestens alle 12 Jahre auf Dichtheit und ordnungsgemäßen Zustand zu überprüfen“, auf die Innenleitungen hinter der HAE sinngemäß übernommen.

Prüfung der Gebrauchsfähigkeit in Abschnitt 5.6.4.3 beschrieben

Die Durchführungsvorgaben für die Gebrauchsfähigkeitsprüfung sind im Abschnitt 5.6.4.3 beschrieben.

Lösungsmittel können Kunststoffrohre schädigen

Der Hinweis, dass Farbanstriche bei Kunststoffrohrleitungen nicht zulässig sind, soll den Werkstoff gegen mögliche Schäden, z. B. durch Lösungsmittel in Farben, schützen.

13.3.1.2 Erdverlegte Außenleitungen

Information durch Anlagenersteller

Der Anlagenersteller muss den Betreiber über die in diesem Abschnitt gegebenen Verhaltensmaßnahmen bei vorhandenen erdverlegten Außenleitungen informieren. Nur durch solch eine Information kann er, z. B. bei der Bepflanzung seines Gartens, dem nachträglichen Errichten eines Gartenhäuschens oder Anlegen eines Gartenteichs, überhaupt von den Vorgaben für einen sicheren Betrieb seiner erdverlegten Außenleitung etwas wissen und sich daran halten.

Bestandspläne sind dem Betreiber zu übergeben

Vermessung der Leitungen zu Bezugspunkten empfehlenswert

Es muss selbstverständlich sein, dass der Anlagenersteller dem Betreiber bei der Übergabe einen Bestandsplan übergibt, in dem die erdverlegten Außenleitungen mit einer Vermessung zu nachvollziehbaren Bezugspunkten eingetragen sind.
Zudem muss der Betreiber darauf aufmerksam gemacht werden, dass er die Bestandsunterlagen in einer Bauakte aufbewahrt und bei Bedarf auch dort hineinschaut, bevor Erdarbeiten, Bepflanzungen oder Errichtung von Gebäuden auf seinem Grundstück erfolgen.

Überprüfungszeiträume

Bei erdverlegten Außenleitungen wurden die Überprüfungszeiträume in Anlehnung an das DVGW-Arbeitsblatt G 465-1 nach den Betriebsdrücken festgelegt und zwar:

- 4 Jahre bis 100 mbar
- 2 Jahre über 100 mbar bis 1 bar

Bei erdverlegten Leitungen zu Gasgeräten im Freien, wie z. B. Gasgrill, Gasstrahler oder Gaslaterne, die mit einem Betriebsdruck bis maximal 100 mbar betrieben werden, ist der Überprüfungszeitraum für die Gebrauchsfähigkeit bzw. Dichtheit auf 12 Jahre festgelegt worden.

Prüfverfahren und Maßnahmen nach Abschnitt 5.6

Das jeweilige Prüfverfahren sowie die daraus folgenden Maßnahmen sind dem Abschnitt 5.6 zu entnehmen.

Hinsichtlich der Ausführungssicherstellung bei den erdverlegten Verbindungsleitungen empfiehlt sich die Kontaktaufnahme/Vertragsabsprache mit dem NB, so dass z. B. im Zuge der Überprüfung von Hausanschlussleitungen auch die kundeneigenen erdverlegten Verbindungsleitungen vom Hauptgebäude zum Hinterhaus in den Prüfturnus und die Prüfabwicklung mit einbezogen werden können.

13.3.1.3 Freiverlegte Außenleitungen

Wie bereits bei den vorstehenden Abschnitten beschrieben, ist der Betreiber über die allgemeinen Grundsätze für den sicheren Betrieb der freiverlegten Außenleitung zu informieren.

Überprüfungszeitraum 12 Jahre

Der Überprüfungszeitraum für die Gebrauchsfähigkeit bzw. Dichtheit ist wie bei den Innenleitungen auf 12 Jahre festgelegt worden.

13.3.2 Gasgeräte

allgemeine Grundsätze

Dem Betreiber sind die in diesem Abschnitt beispielhaft beschriebenen Grundsätze für einen sicheren Betrieb seiner Gasgeräte zu vermitteln.

Mängel und fehlerhafte Funktionen müssen zu einer Instandsetzung führen

Außerdem werden Mängel und fehlerhafte Funktionen aufgezeigt, bei deren Feststellung der Betreiber eine Instandsetzung durch ein VIU oder ein Wartungsunternehmen nach DVGW-Arbeitsblatt G 676 „Qualifikationskriterien für Gasgeräte-Wartungsunternehmen" veranlassen muss.

Damit Störungen und außerplanmäßige Instandsetzungen vermieden werden, ist dem Betreiber zu empfehlen, regelmäßige Inspektionen und Wartungen durch ein VIU oder ein Wartungsunternehmen nach DVGW-Arbeitsblatt G 676 durchführen zu lassen. Die Gasgerätehersteller, die im Bundesindustrieverband Deutschland Haus-, Energie- und Umwelttechnik e. V. (BDH) organisiert sind, empfehlen, in Abstimmung mit dem Zentralverband SHK, zwischen Inspektion und Wartung zu unterscheiden.

BDH- und ZVSHK-Empfehlung: jährliche Inspektion und bedarfsorientierte Wartung

Zur Aufrechterhaltung der Funktionssicherheit und der energetischen Qualität wird mindestens eine **jährliche Inspektion** durch ein SHK-Fachunternehmen empfohlen. Wird bei der Inspektion ein Zustand festgestellt, der **Wartungsarbeiten** erforderlich macht, sollten diese **bedarfsabhängig** durchgeführt werden. Selbstdiagnoseeinrichtungen sind hinsichtlich der Verlängerung der Inspektionsintervalle nur zu berücksichtigen, wenn alle inspektionsrelevanten Funktionen selbstüberwachend sind.

Verschleißteile vorsorglich austauschen

In Ersatzteillisten kennzeichnet der Hersteller diejenigen Bauteile, die einem natürlichen Verschleiß unterliegen, als Verschleißteile. Darüber hinaus wird bei Überschreitung der Nennlebensdauer von sicherheitsrelevanten Komponenten deren Austausch empfohlen. Dies kann im Rahmen des bedarfsabhängigen Wartungsumfanges oder eines separaten Instandsetzungsauftrages zur Aufrechterhaltung der Funktionssicherheit, z. B. durch den

Austausch sicherheitsrelevanter Komponenten, erfolgen. Diese Arbeiten sind separat mit dem Kunden zu vereinbaren.

Vertrag beim Zentralverband erhältlich

Der Zentralverband SHK hat in Übereinstimmung mit den Herstellern des BDH den

„Vertrag über die jährliche Inspektion und bedarfsorientierte Wartung für Wärmeerzeuger, Trinkwassererwärmer und deren Anlagenkomponenten“

erstellt. Dieser Vertrag ist im Block à 50 Blatt im Durchschreibeverfahren beim Zentralverband SHK erhältlich.

13.3.3 Verbrennungsluftversorgung und Abgasanlage

Der BSM überprüft zwar auf der Grundlage der Kehr- und Überprüfungs(ver)-ordnungen der einzelnen Bundesländer die Einrichtungen und Maßnahmen für die Verbrennungsluftversorgung sowie die Abgasanlage regelmäßig in den vorgeschriebenen Zeitabständen, aber dennoch muss der Betreiber entsprechend der Grundlagen der nachfolgenden Abschnitte aktiv mit dazu beitragen, dass die Sicherheit gewahrt bleibt.

13.3.3.1 Verbrennungsluftversorgung und Abgasverdünnung raumluftabhängiger Gasgeräte

Viele in diesem Abschnitt aufgeführten Funktionszusammenhänge und Beachtungspunkte sind im Laufe der Jahre durch Fehlverhalten der Betreiber bekannt geworden.
Aus dieser Erkenntnis heraus muss der Betreiber diese Erfahrungen vermittelt bekommen, damit er bei Modernisierungsmaßnahmen oder sonstigen Veränderungen weiß, worauf er für einen sicheren Betrieb zu achten hat.

13.3.3.2 Abgasabführung raumluftabhängiger Gasgeräte

Betreiber soll BSM und VIU unterstützen

Auch bei der Abgasabführung von raumluftabhängigen Gasfeuerstätten kann der Betreiber den BSM und das VIU durch richtiges Verhalten und eine anerzogene Sensibilität für einen sicheren Betrieb aktiv unterstützen.

13.3.3.3 Verbrennungsluftversorgung und Abgasabführung raumluftunabhängiger Gasgeräte

Wie bereits in den zuvor stehenden Abschnitten beschrieben, muss der Betreiber seinen Anteil für einen dauerhaft sicheren Betrieb beitragen.

13.4 Hinweise auf Auswirkungen baulicher Maßnahmen oder schädlicher Einwirkungen auf Gasinstallationen

Beratung der Betreiber durch Fachleute

Weil der Betreiber ein fachtechnischer Laie ist und die Auswirkungen von baulichen Veränderungen oder Schönheitsreparaturen nicht kennt, muss ihm angeraten und angeboten werden, dass er sich an die jeweiligen Fachleute wendet, bevor er solche Arbeiten ggf. im „Do-it-yourself-Verfahren“ ausführt.

Den im Bau und mit Haus-/Wohnungseinrichtungen tätigen Gewerken sowie z. B. Architekten und Bauplanern sollten die in diesem Abschnitt aufgeführten Hinweise zur Kenntnis gegeben werden.

13.5 Verhalten bei Störungen, Brand sowie bei Gasgeruch

13.5.1 Allgemeine Grundsätze

wichtigster Grundsatz: ***Gasgeruch muss dem NB gemeldet werden***

Der wichtigste Grundsatz ist, dass Gasgeruch unverzüglich dem NB gemeldet werden muss.

Wie der Betreiber Störungen an den Empfänger, den NB oder das VIU meldet oder wie er sich bei Brand oder Gasgeruch verhalten soll, ist in den nachfolgenden Abschnitten angesprochen. Insbesondere bei größeren Gasinstallationen hat der Betreiber einen Maßnahmenplan für Notfälle zu entwickeln und vorzuhalten.

für die NB gilt zudem DVGW GW 1200 (A)

Die TRGI kann dabei nicht der Platz sein, um für den NB den notwendigen Organisationsaufbau und die einzuleitenden Operationen bei Gasgeruchsmeldungen oder anderen Störungshinweisen zu regeln. Dazu muss u. a. auf das DVGW-Arbeitsblatt GW 1200 verwiesen werden.

Für die Vorgehensweise des Fachpersonals am Störungsort sind eventuelle Hilfestellungen als verbindliche Regelwerksaussagen, fußend auf dem Einvernehmen zwischen dem TK „Gasinstallation" und u. a. dem Arbeitsgremium der Gasspürer (Messgerätehersteller und Dienstleistungsanbieter), noch zu erarbeiten; siehe dazu auch die ausführliche Kommentierung zu Abschnitt 5.6.4.3.

Hilfestellung zu Verhalten bei Gasgeruch

In Abschnitt 13.5.4 und 13.5.5 sind die Maßgaben zum richtigen Verhalten bei Gasgeruch innerhalb von Gebäuden (die Türen und Fenster sind zu öffnen) und außerhalb von Gebäuden im Freien (die Türen und Fenster sind zu schließen) aufgeführt. Diese stellen das Muster dar, zur Übernahme durch die NB und auch Messstellenbetreiber für eine plakative Kurzinformation an den Betreiber über die Hauptbeachtungspunkte bei Gasgeruch, z. B. als Zähleranhänger.

13.5.2 Inhalt einer Störungsmeldung

detaillierte Angaben erleichtern eine schnelle Hilfe

Damit der Empfänger einer Störungsmeldung sofort und zielorientiert handeln kann, muss derjenige, der die Meldung abgibt, die wichtigsten Daten verfügbar haben, bevor er die Meldung, z. B. telefonisch, weitergibt. Neben den hier aufgeführten Daten können auch weitere Daten, z. B. bei Störungen an Gasgeräten, von Bedeutung sein.

Gasgeräte, Fabrikat, Typ und Baujahr sowie der festgestellte Mangel können dem Fachbetrieb helfen, eine Schadensbeurteilung durchzuführen und ggf. den richtigen Kundendienstmonteur mit dem Ersatzteil, welches vermutlich die Ursache für die Störung ist, zum Kunden zu schicken.

13.5.3 Verhalten bei Brand

Feuerwehr bei Brand alarmieren

Wenn ein Brand festgestellt wird, muss es selbstverständlich sein, dass der Betreiber als Erstes die Feuerwehr alarmiert.

Danach sollte er auch die Gas-Hauptabsperreinrichtung schließen, wenn er dies, ohne sich selbst in Gefahr zu bringen, realisieren kann.

bei brennendem Gas auch NB verständigen

Wenn brennendes Gas festgestellt wird, darf der Betreiber keine Löschversuche anstellen, sondern muss außer der Feuerwehr auch den NB verständigen.

13.5.4 Verhalten bei Gasgeruch in Gebäuden

Der erste Grundsatz, unverzüglich den NB zu verständigen, wurde bereits in Abschnitt 13.5.1 beschrieben. Als Weiteres sind für den Betreiber wichtige Hinweise aufgeführt, wie er sich selbst und ggf. auch weitere Personen am besten schützen kann, bis der Bereitschaftsdienst des NB eintrifft.

13.5.5 Verhalten bei Gasgeruch im Freien

Wenig anders als bei Gasgeruch im Gebäude muss der Betreiber sich bei Gasgeruch im Freien verhalten. Wichtig ist in diesem Fall, dass Fenster und Türen in umliegenden Gebäuden geschlossen werden.

13.5.6 Verhalten bei Abgasaustritt aus raumluftabhängigen Gasfeuerstätten

bei Abgasaustritt Gerät außer Betrieb nehmen

Dem Betreiber muss der Hinweis gegeben werden, dass er, wenn er Abgasaustritt feststellt, meistens durch Geruch, sofort handelt, indem er das Gasgerät außer Betrieb nimmt. Durch Schließen des Geräteabsperrhahns stellt er sicher, dass das Gerät nicht aufgrund einer Reglerfunktion selbsttätig wieder in Betrieb geht, z. B. beim Öffnen einer Warmwasserarmatur oder Anforderung von Wärme über den Außenfühler der Heizung.

VIU verständigen

Damit dieser Mangel behoben wird, muss das VIU verständigt werden, das die Ursache ermittelt und Störungen am Gasgerät behebt.

BSM bei Mängeln an Abgasanlage benachrichtigen

Sollte der Mangel an der Abgasanlage oder im Bereich der notwendigen Verbrennungsluftzufuhr liegen, wird sich der BSM mit der Störungsbeseitigung zu befassen haben.

13.6 Gesetzesbezug

aus der Musterbauordnung § 3

Verantwortung der Bauausführenden und der Eigentümer/Betreiber

Der Text dieses Abschnittes ist der Musterbauordnung § 3 entnommen. Eindrucksvoll zeigt dieser Verordnungstext, dass nicht nur die Bauausführenden die baulichen Anlagen „**anzuordnen, zu errichten** und ggf. **zu ändern**" haben, so dass Sicherheit und Ordnung, insbesondere Leben und Gesundheit usw., eingehalten werden, sondern auch der Eigentümer/Betreiber mit in der Verantwortung steht, indem er die Anlagen „**instand zu halten**" hat, so dass die genannten Anforderungen sichergestellt werden.

Damit wird die Verpflichtung der Betreiber deutlich herausgestellt, die „Gasinstallation“ entsprechend Kapitel V bestimmungsgemäß zu betreiben und nach den anerkannten Regeln der Technik instand zu halten.

NDAV § 13 nimmt ebenfalls den Anschlussnehmer in die Verantwortung

Diese Forderung wird auch mit der Niederdruckanschlussverordnung § 13 vom Anschlussnehmer/Betreiber verlangt.

Anhang 1 – Auszüge aus dem „Zweiten Gesetz zur Neuregelung des Energiewirtschaftsrechts" (Energiewirtschaftsgesetz EnWG) vom 07. Juli 2005

Während die TRGI '86/96 hinsichtlich des Aufrufes und der Bezugnahme auf das DVGW-Regelwerk als einer „allgemein anerkannten Regel der Technik" noch auf die „Durchführungsverordnung des Energiewirtschaftsgesetzes" im Bundesgesetzblatt Jahrgang 1987 zurückgreifen mussten, kann nun hinsichtlich der Vermutungswirkung über die ausreichende Sicherheit bei Einhaltung der technischen Regeln des DVGW auf den Gesetzestext selbst Bezug genommen werden. In § 49 „Anforderungen an Energieanlagen" des „Gesetzes über die Elektrizitäts- und Gasversorgung (Energiewirtschaftsgesetz – EnWG), Juli 2005" heißt es in Absatz (2):

Legitimierung des DVGW-Regelwerkes direkt aus EnWG

„Die Einhaltung der allgemein anerkannten Regeln der Technik wird vermutet, wenn bei Anlagen zur Erzeugung, Fortleitung und Abgabe von

1. Elektrizität die technischen Regeln ...
2. Gas die technischen Regeln der Deutschen Vereinigung des Gas- und Wasserfaches e. V.

eingehalten worden sind."

Mit der zwischenzeitlich durchgeführten Novellierung des EnWG verfolgt die Bundesregierung bezüglich der technischen Anforderungen an Energieanlagen vor allem die beiden Ziele Rechtsvereinfachung und Europäisierung. Damit verbunden ist nun der Sachverhalt, dass künftig von der Erfüllung der Anforderungen auch dann auszugehen ist, wenn die Anlagen oder ihre Bestandteile nach den Vorschriften eines anderen Mitgliedsstaates der EU rechtmäßig hergestellt und in Verkehr gebracht worden sind und die gleiche Sicherheit gewährleisten. Eine mit der EU-Kommission abgestimmte Beweislastregelung erlaubt den zuständigen deutschen Behörden, in begründeten Einzelfällen, die Erfüllung dieser Anforderungen nachzuprüfen.

Anhang 2 – Abdruck der „Verordnung über die Allgemeinen Bedingungen für den Anschluss und dessen Nutzung für Gasversorgungen in Niederdruck" (Niederdruckanschlussverordnung – NDAV) vom 01. November 2006

Nach der Marktöffnung im Bereich der leitungsgebundenen Energieversorgung und der Einführung des Netzzuganges Dritter in das Energiewirtschaftsgesetz ist aus dem früher 2-seitigen Verhältnis zwischen Tarifkunden und Energieversorger nun mehr ein 3-seitiges Verhältnis zwischen Kunden, Energielieferanten und Netzbetreibern geworden.

Dieser nun mehr 3-seitigen Rechtsbeziehung ist der Gesetzgeber mit dem Erlass der Netzzugangsverordnung nach § 24 EnWG und durch die Aufgliederungen der bisherigen AVBGasV in jeweils zwei Rechtsverordnungen nachgekommen:

- Verordnung über die Allgemeinen Bedingungen für den Anschluss und dessen Nutzung für Gasversorgung in Niederdruck (Niederdruckanschlussverordnung – NDAV) vom 1. November 2006

- Verordnung über die Allgemeinen Bedingungen für die Grundversorgung von Haushaltskunden mit Gas aus dem Niederdrucknetz (Grundversorgungsverordnung – GasGGV) vom 1. November 2006

NDAV als Nachfolgeverordnung von AVBGasV

Hinsichtlich der TRGI-Relevanz stellt nun die NDAV die Nachfolgeverordnung der bisherigen AVBGasV dar.

Nach § 13 NDAV ist der Anschlussnehmer/Kunde für die ordnungsgemäße Errichtung, Erweiterung, Änderung und Instandhaltung der Gasanlage hinter der Hauptabsperreinrichtung, mit Ausnahme des Druckregelgerätes und der Messeinrichtungen, die nicht in seinem Eigentum stehen, verantwortlich.

Dem Betreiber (Anschlussnehmer) obliegt nach § 13 NDAV und seiner Verkehrssicherungspflicht die Verantwortung für die Sicherheit der gesamten Gasinstallation hinter der HAE mit Ausnahme des Gas-Druckregelgerätes und der Messeinrichtungen, die nicht in seinem Eigentum stehen. Der Betreiber sollte vom Netzbetreiber über diese Verantwortung informiert und es sollten ihm Empfehlungen gegeben werden, wie er die Sicherheit einzuhalten hat bzw. sicherstellen kann.

Während die NDAV sehr wohl gegenüber der bisherigen AVBGasV neue Möglichkeiten schafft – wie z. B. die Aufgabenübergabe durch den NB an einen Netzdienstleister, die Netzservicegesellschaft (NSG) oder die ermöglichte Betriebszuständigkeit für die Messeinrichtung, den Gaszähler, durch einen Messstellenbetreiber (MSB) anstatt des NB – blieben jedoch die TRGI-relevanten Verordnungen, Festlegungen und Zuordnungen im Wesentlichen unverändert.

An dieser Stelle muss unbedingt eine durch die Verordnungsbenennung implizierte Irritation durch den Begriff „Niederdruck"-Anschlussverordnung aufgeklärt werden. Diese leider nicht mehr korrigierte unzutreffende Namensgebung ist eindeutig der etwa parallelen Erarbeitung mit der Niederspannungsanschlussverordnung geschuldet. Während die „Niederspannung" bis zu 1 kV den Bereich der häuslichen und vergleichbaren Verwendung widerspiegelt, trifft dieses für die Gasanwendung im Tarifkundenbereich sowohl für „Niederdruck" als auch für „Mitteldruck" entsprechend der klassischen Druckstufenbenennung zu. Da somit der Geltungsbereich der TRGI mit dieser NDAV trotzdem im Gesamten erfasst ist, wird diesem Sachverhalt nun auch in den TRGI-Formulierungen mit ausschließlich den jeweiligen Druckbereichsansprachen und der Nennung der klassischen Begriffe nur noch als Begriffserklärungen zur Wiedererkennungsmöglichkeit durch den „alten TRGI-Kenner" entsprochen.

es geht um den Tarifkunden, (Niederdruckanschlussverordnung = irritierende Benennung)

Anhang 3 – Gesetze, Verordnungen und Technische Regeln

Zur Erleichterung für den Leser/Anwender der TRGI sind alle zitierten europäischen und nationalen Normen sowie die technischen Regeln des DVGW mit Volltitel aufgeführt. Daneben werden in der TRGI genannte und den Geltungsbereich sowie die Aufgabenstellung tangierende andere technische Regeln, Gesetze, Verordnungen, berufsgenossenschaftliche Regeln, Richtlinien aufgeführt. Zum Auffinden dienen die ebenfalls jeweils genannten Bezugsquellen.

Anhang 4 – Gebrauchsfähigkeitsprüfung – Feststellen der Gasleckmenge durch Messen des Druckabfalls mit Luft und Anwenden des rechnerischen oder grafischen Verfahrens

Leckmengenermittlung über Druckabfallmethode weiterhin möglich

Mit der Übernahme der Vorgaben zur Gebrauchsfähigkeitsüberprüfung aus dem DVGW-Arbeitsblatt G 624 in die DVGW-TRGI 2008 ist einerseits der neuen, besseren Gerätemesstechnik die ihr zukommende Bedeutung beigemessen worden, zum anderen liegt jedoch auch mit der klassischen Methode zur Leckmengenermittlung über die Druckabfallmethode deren Bewährtheit und Ausführungspraxis zu Grunde, so dass diese Vorgehensweise als gleichwertige Methode weiter aufrechterhalten und angeboten wird.

Die Grundlagen, um zu gleichermaßen verwertbaren Ergebnissen zu gelangen, sind u. a. selbstverständlich

eingrenzende Bedingungen für die „klassische Methode“

- der möglichst exakt bekannte Leitungsverlauf,
  Entgegen der Diagrammdarstellung im DVGW-Arbeitsblatt G 624 ist nun die Tabelle 1 zur Ermittlung der spezifischen Rohrinhalte in höherer Differenzierung aufgeführt, in dem jetzt noch neben dem Stahlrohr das Kupfer- bzw. Edelstahlrohr sowie noch Kunststoffrohre zur Inhaltsermittlung angeboten werden.

- und eine geringe Korrektur bei der Umsetzung des zu Grunde liegenden Berechnungsalgorithmus mit e-Funktion in die für den Anwender leichtere Diagrammdarstellung.
  Bei hohen Druckabfällen und kleinen Rohrinhalten zeichnet sich eine verstärkte Abweichung von den idealisierten Gleichungs-Randbedingungen ab. Dieser Effekt kann mit einem Abschneiden der für die Leckmengen-Ermittlungen möglichen Werte bei vorliegenden Rohrinhalten von < 3 l korrigiert werden.

Die Bestimmung eines belastbaren korrekten Wertes bei vorliegender Rohrleitungssituation mit kleinen Leitungsquerschnitten (z. B. Kupferrohrleitungen 22 x 1,0 mit weniger als 10 m Länge) muss damit der durchzuführenden Ermittlung mit Leckmengenmessgerät vorbehalten bleiben oder es ist das Ergebnis entsprechend der Annahme eines Rohrinhaltes von mindestens 3 l zu übernehmen.

Referenzbedingungen je nach tatsächlichem Betriebsdruck beachten

Es sei noch auf die Fußnote 32 in diesem Anhang hingewiesen. Bei tatsächlich an der Gasinstallation vorgefundenen Ruhedrucken von höher als 30 mbar – das leicht gealterte Druckregelgerät wird diesen Wert bei Schließdruck noch etwa einhalten – ist sehr wohl die korrekte Bezugsumrechnung angesagt, da dann ja bereits die tatsächliche Leckgasaustrittsmenge um fast 50 % und mehr über dem ermittelten Wert mit „normalem“ (22 mbar bzw. 23 mbar) Berechnungsbezug liegt.

Anhang 5 – Mustervorlagen Protokoll über Belastungs- und Dichtheitsprüfung, Inbetriebnahme- und Einweisungsprotokoll, Hinweise für Instandhaltungsmaßnahmen

Kopiervorlagen in TRGI

Die Protokollformulare, Anhänge 5a und 5b, wie auch das beidseitige Hinweisblatt Anhang 5c sind zur Weitergabe an den Betreiber bestimmt und können/sollen als Kopiervorlage zur Vervielfältigung benutzt werden. Auf die Protokolle zur Ergebnis- und Feststellungsdokumentierung wird in Abschnitt 5.6 der TRGI hingewiesen. Abschnitte 5.7.2 „Unterrichtung des Betreibers" und 13 „Betrieb und Instandhaltung" machen auf die notwendige Betreiberunterweisung entsprechend Anhang 5c oder die inzwischen angebotenen zahlreichen Informationsbroschüren aufmerksam.

Inspektionen im Sinne von Anhang 5 sind die durch ein VIU durchzuführenden Überprüfungen an Gasinstallationen, ob der Zustand der Anlage eine Wartung erforderlich macht. Hinsichtlich der Gasgeräte-Instandhaltungen werden Überprüfungen und Arbeiten auch durch Wartungsunternehmen mit DVGW-Zulassung nach DVGW-Arbeitsblatt G 676 durchgeführt.

Die gesetzlich vorgeschriebene Abgaswegüberprüfung (diese umfasst neben dem Abgasweg in der Regel auch die Verbrennungsluftzuführung und den Heizgasweg) und Überprüfung der Abgasanlagen durch den BSM fallen im weiteren Sinne auch unter den Begriff „Inspektion". Da dies aus dem Text vor der Tabelle nicht hervorgeht, wurde es in der Tabelle deutlich gemacht.

Anhang 6 – Beispiele zur Bemessung der Leitungsanlage – Tabellenverfahren

Im Anhang 6 sind Beispiele zur Anwendung des Tabellenverfahrens aufgeführt. Die zeichnerischen Darstellungen wurden mit Ablesehilfen und Erläuterungen versehen, die den Bezug zu den im Abschnitt 7.3 dargestellten Tabellen herstellen. Die Beispiele sind somit selbsterklärend und für den Anwender nachvollziehbar.

Die Berechnung und die Dokumentation der Ergebnisse von Einzelzuleitungen und Verbrauchsleitungen mit bis zu 5 Gasgeräten können auch mittels der in der TRGI dargestellten Formblätter erfolgen.

modulares System für die Bemessung

Mit dem modular aufgebauten Bemessungsverfahren können alle Gasinstallationen im Geltungsbereich der TRGI ausgelegt werden. Zur Darstellung des Berechnungsverfahrens und Erläuterung der Anwendung werden an dieser Stelle weitere Beispiele aufgeführt und dabei auf die Grundzüge des Verfahrens, der Bestimmung der Druckverluste der Bauteile und der einzelnen Bemessungsschritte eingegangen.

Beispiele zur Verdeutlichung

Zusammenstellung von weiteren Beispielen

Beispiel 1: Einfamilienhaus mit Kombiwasserheizer, Herd, Grill

Beispiel 2: Kombiwasserheizer, Etagengaszähler

Beispiel 3: Heizkessel 90 kW sowie Kombiwasserheizer und Herd

Beispiel 4: Einfamilienhaus mit Raumheizern, Durchlaufwasserheizer, Herd und freier Steckdose; Vergleich des Tabellenverfahrens mit einer Software-Lösung

Beispiel 5: Hallenheizung mit 8 Deckenstrahlern

Beispiel 6: zwei Gasinstallationen mit der Verlegung einer erdverlegten Grundstücksleitung vom Vorderhaus zum Hinterhaus

Beispiel 7: Industrieanlage mit zwei Heizkesseln je 600 kW, 50 mbar Geräteanschlussdruck

Beispiel 8: vier Wohnungen mit Gasgeräten, Zentralheizung, Gaszähler im Keller

Beispiel 9: vier Wohneinheiten mit Zählern im Keller und Zählerregelgeräten; Gegenüberstellung der Bemessung nach dem Diagrammverfahren und Berechnung mit Tabellenverfahren

Beispiel 10: Kaskade mit vier Wandgeräten

Beispiel 11: Kunststoffrohrleitungsanlage, System REHAU Rautitan, Mischinstallation

Beispiel 1

EFH mit KWH, H, Grill

Einfamilienhaus mit Kombiwasserheizer 25 kW im Dachgeschoss sowie Gasherd, angeschlossen über Gassteckdose und Gassteckdose für einen Grill im Außenbereich. Leitung bis zum Gaszähler in verzinktem Stahl DN 25, mittlere Reihe, danach in Kupfer.

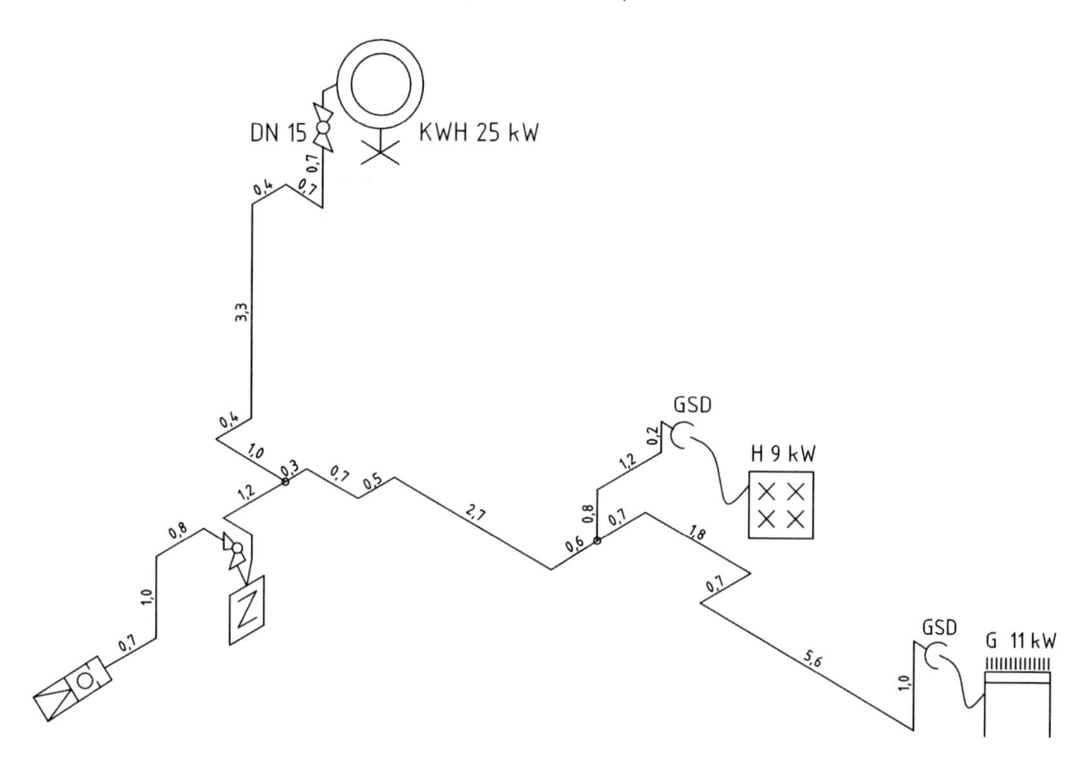

Bild A6 1.1 – Räumliche Darstellung

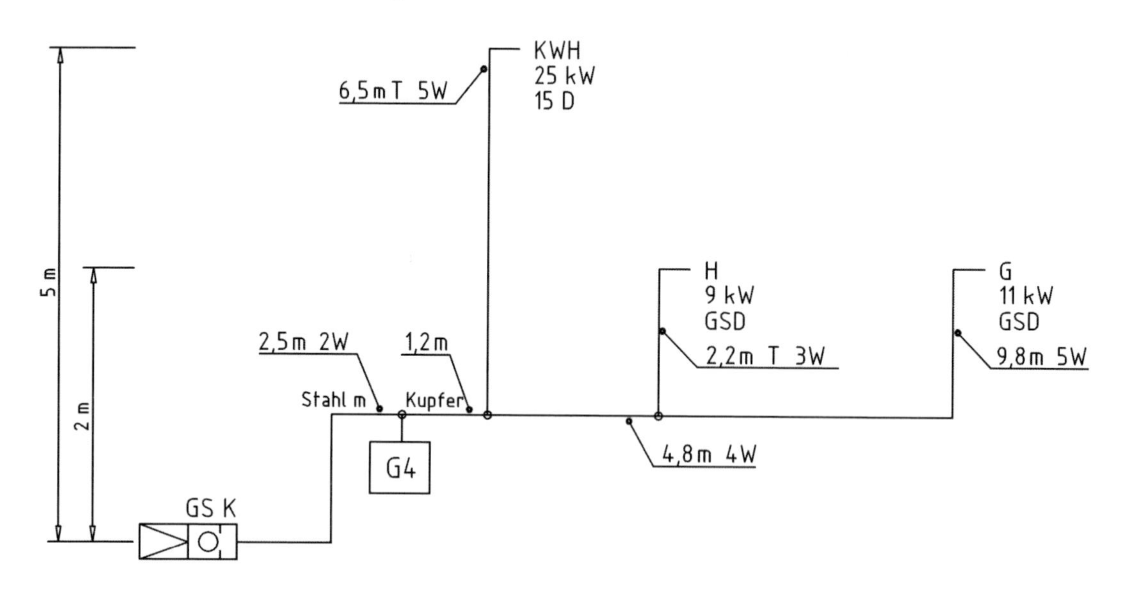

Bild A6 1.2 – Schematische Darstellung

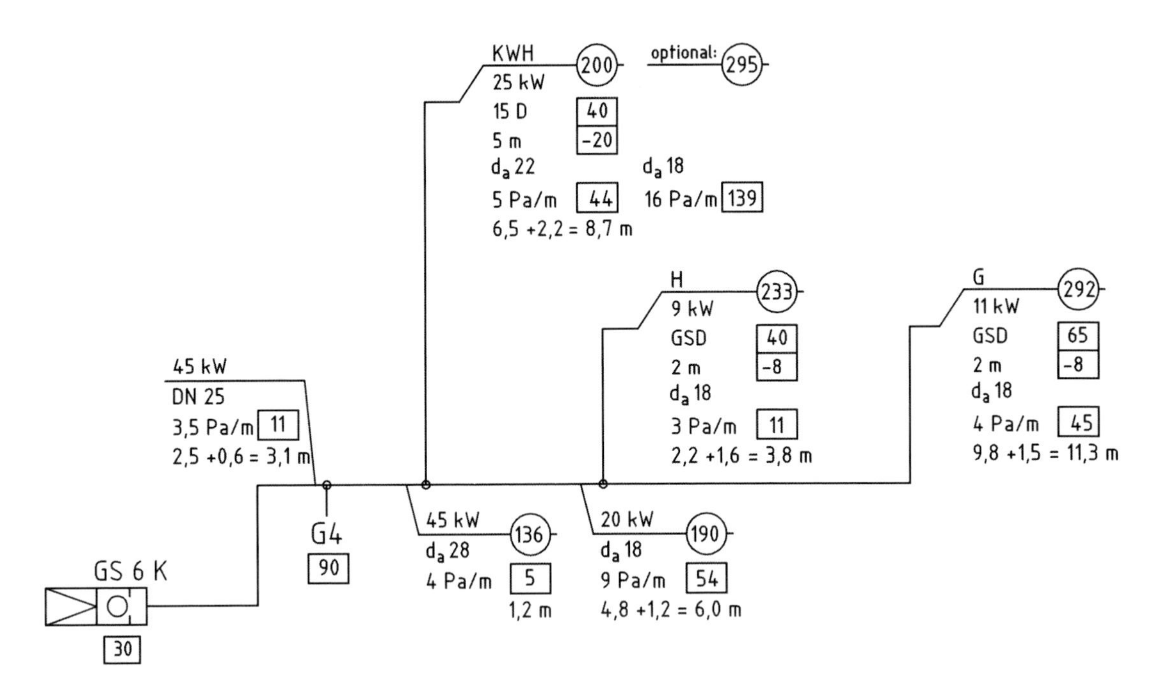

Bild A6 1.3 – Schematische Darstellung mit Ergebnis der Bemessung

Anmerkungen:

- Die zur Installation des Gaszählers erforderlichen Formteile sind in Δp_{ZG} enthalten.
- Nach Tabelle 15.1 ist als Erstauswahl für die Leitung zum KWH die Dimension d_a 22 gewählt. Der Gesamtdruckverlust beträgt in diesem Fall 200 Pa.
- Die Nachrechnung mit der nächstkleineren Dimension d_a 18 ergibt bei einem höheren R-Wert für diese Teilstrecke einen Druckverlust von 139 Pa. Der Gesamtdruckverlust ist mit 295 Pa kleiner als 300 Pa. Diese Optimierung ist also möglich.
- Da mit GS 6 K abgesichert, wird zur Vermeidung von Zusatz-GS d_a 18 als kleinste Leitung gewählt (Tabelle 13.2.1).
- Für die Leitung zur Gassteckdose des Herdes wäre auch d_a 15 möglich (Δp_{ges} = 249 Pa). Dann wäre aber ein Zusatz-GS erforderlich gewesen.
- Die Gassteckdose auf der Terrasse wurde, da bekanntes Gerät, mit 11 kW angesetzt.

Beispiel 2

Etagengaszähler mit KWH

Wohngebäude mit drei Etagen. Zentrales Gas-Druckregelgerät. Gaszähler auf der Etage, Kombiwasserheizer sowie eine Gassteckdose in der Erdgeschosswohnung. Material Kupfer, GS M im Keller und GS K in den Wohnungen.

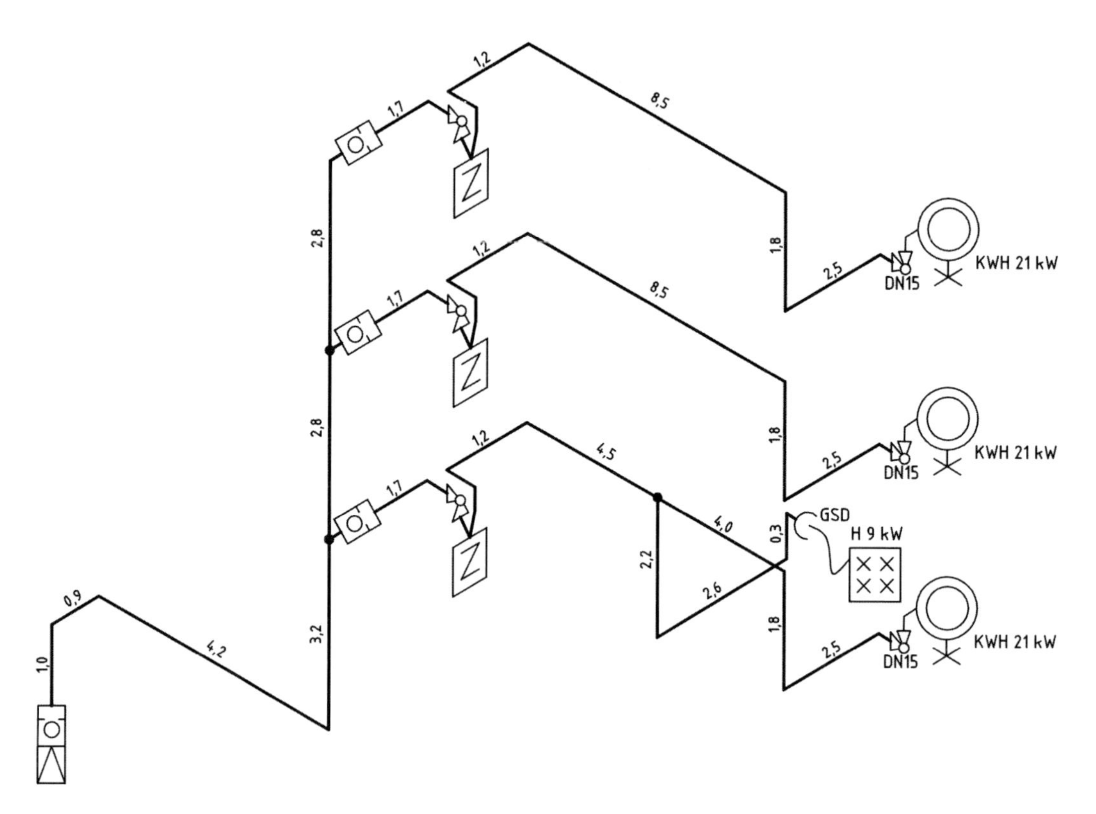

Bild A6 2.1 – Räumliche Darstellung

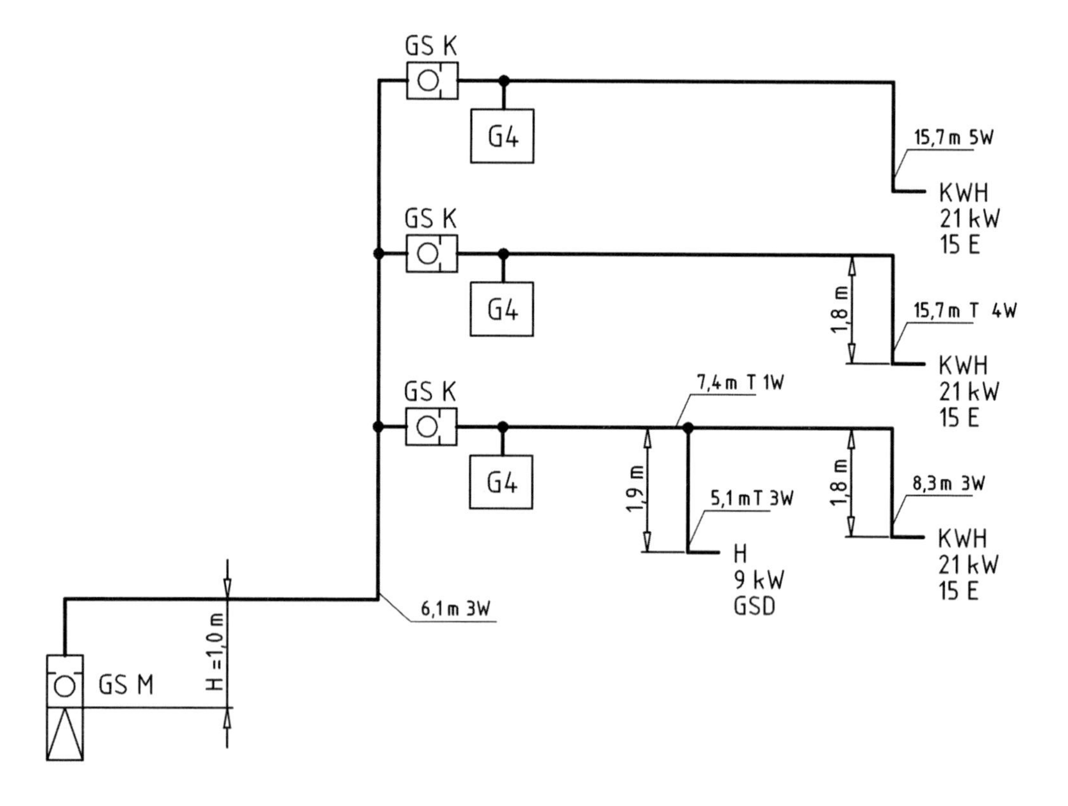

Bild A6 2.2 – Schematische Darstellung

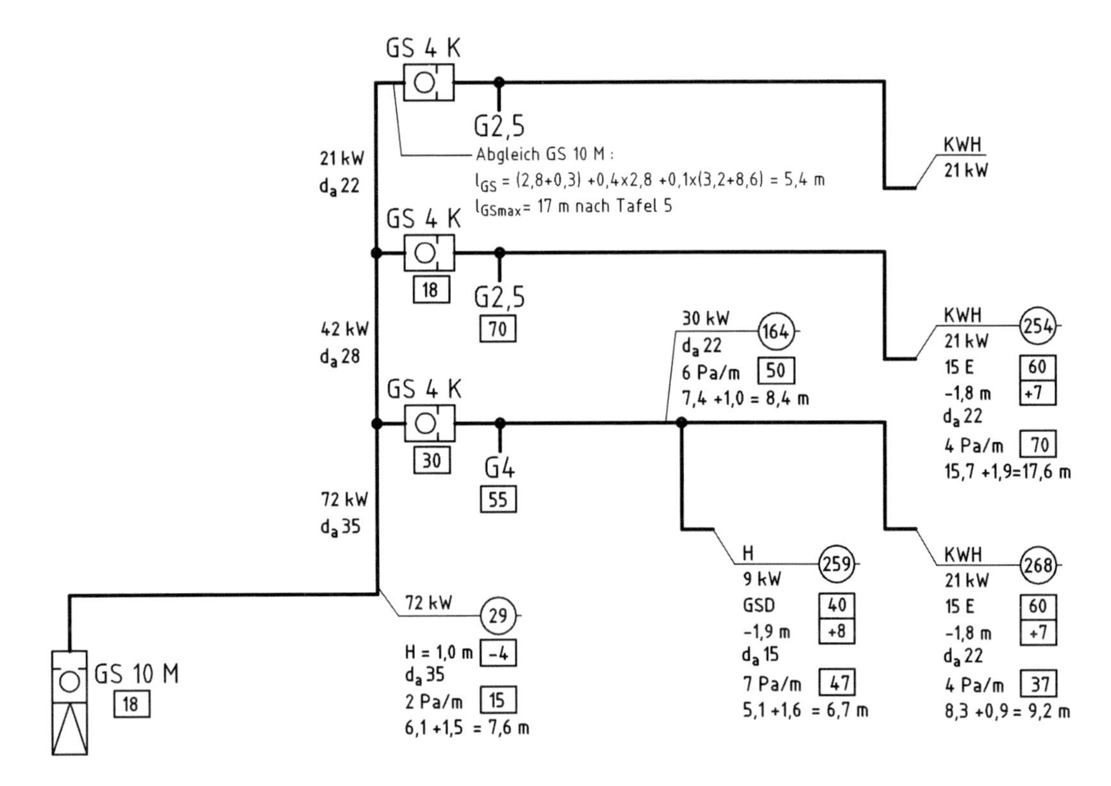

Bild A6 2.3 – Schematische Darstellung mit Ergebnis der Bemessung

Anmerkungen:

- Steigleitungen in Verteilungsleitungen werden bei $R \leq 5$ Pa/m abgelesen. Der Druckgewinn durch Höhe gleicht dadurch in etwa den Druckverlust durch Rohrreibung aus.

- Bei dem Abgleich des GS M sind die Längen der Steigleitungen jedoch mitzuzählen.

- Die Berechnungslänge l_R der letzten Steigleitung ist geringfügig kleiner als die der davor liegenden (Längenzuschlag Winkel statt T-Stück).

- Da der Eingangsdruck (Übertrag aus der Verteilungsleitung) für alle Verbrauchsleitungen durch die oben beschriebene Auswahl der Steigleitung gleich ist, müssen gleiche Installationen nur einmal gerechnet werden.

- Die letzte Steigleitung d_a 22 könnte auch als Verbrauchsleitung gerechnet werden. Dann müsste jedoch auch das oberste Geschoss separat gerechnet werden, wobei die Höhe dann vom T-Stück H = 1 m statt - 1,8 m beträgt.

- Horizontale Verteilungsleitungen werden bei $70/l_F$ ausgewählt, jedoch nicht größer als 5 Pa/m. Bis 14 m ist $70/l_F > 5$ Pa/m, d. h. die Auswahl ist bis $l_{max} = 14$ m direkt bei ≤ 5 Pa/m vorzunehmen.

- Für den ersten GS gibt es drei Optionen:
  - bei GS 10 K, kleinstes Rohr d_a 22 braucht nach Tabelle 13.2.1 der TRGI nicht abgeglichen zu werden
  - bei GS 10 M, kleinstes Rohr d_a 28 braucht die reduzierte Länge nicht berechnet zu werden, da l_{GSmax} nach Tabelle 27 der TRGI mit 50 m erkennbar größer ist
  - bei GS 10 M, kleinstes Rohr d_a 22 ist der Abgleich vorzunehmen (l_{GSmax} nach Tabelle 27 TRGI maximal 17 m)

Beispiel 3

90 kW HK mit KWH und H

Größerer Heizkessel, dazu Kombiwasserheizer und Gasherd. Vorstellbar z. B. in einer Schule mit Hausmeisterwohnung oder Jugendherberge mit Küche. Zusatz-GS, Material Kupfer.

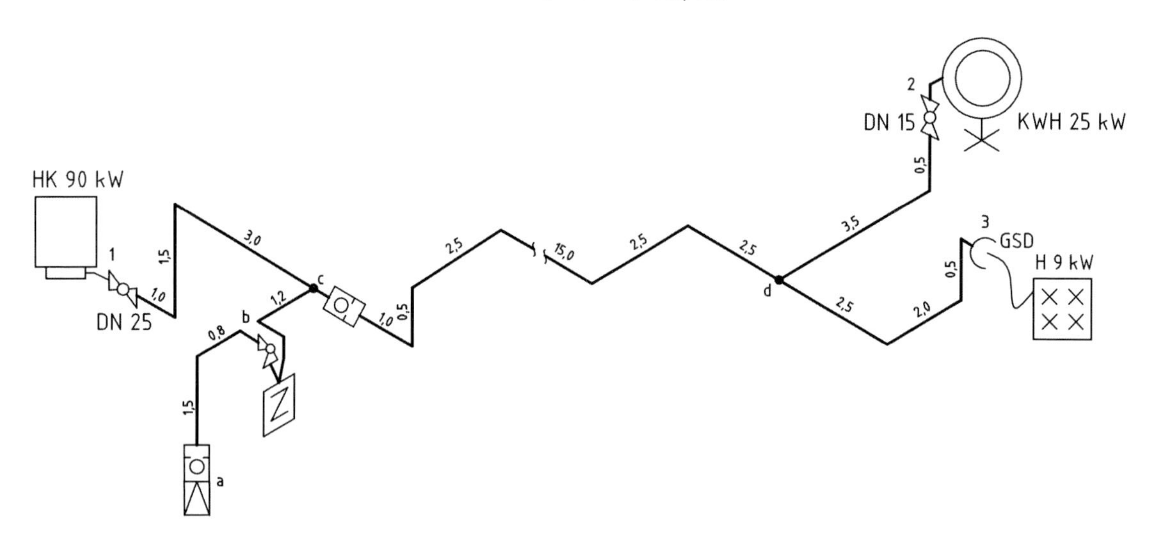

Bild A6 3.1 – Räumliche Darstellung

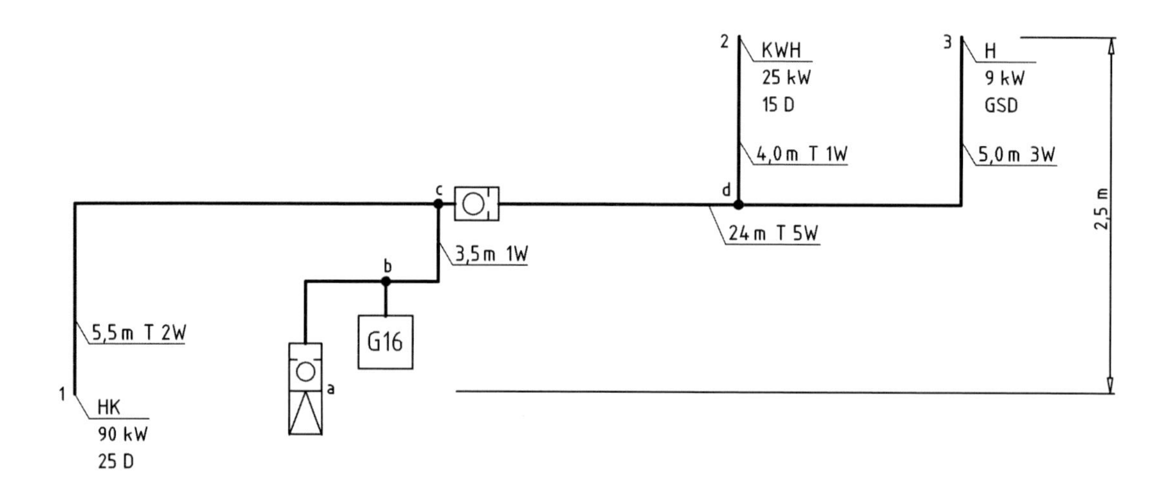

Bild A6 3.2 – Schematische Darstellung

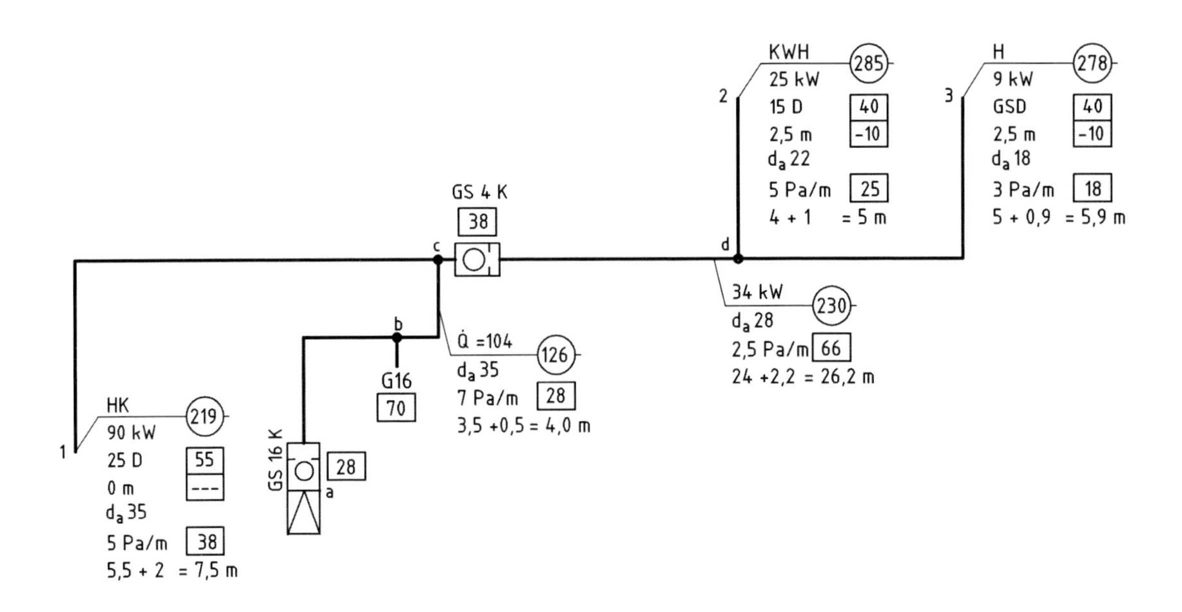

Bild A6 3.3 – Schematische Darstellung mit Ergebnis der Bemessung, Variante A

Anmerkungen: Variante A

- TS a-b-c kann als eine TS gerechnet werden, wenn Rohrart und Nennweite vor und nach dem Zähler gleich sind.
- TS a-c hat eine gesonderte Gleichzeitigkeit, weil 90 kW > 40 kW. Die Belastung Q = 90 kW + 0,4 · 34 kW ist zu berechnen und alle Werte (GS, G16 und R) sind in Tafel 1 abzulesen.
- TS c-d hat normale Gleichzeitigkeit nach Tafel 2.
- Die Erstauswahl mit R ≤ 10 Pa/m führt bei üblichen Abmessungen zum Ziel. Teilstrecken mit Berechnungslängen über 14 m sollten aber gleich eine Nennweite größer gewählt werden (hier TS c-d 24 m).
- Für den Fließweg zu 3 reicht es immer noch nicht ganz. Zweckmäßigerweise ist dann die TS mit dem größten R zu erhöhen. Hier haben TS a-c und TS d-3 gleichermaßen R = 7 Pa/m.
- Naheliegend ist es, TS d-3 auf d_a 18 zu bringen, weil die anderen Fließwege ordnungsgemäß sind.

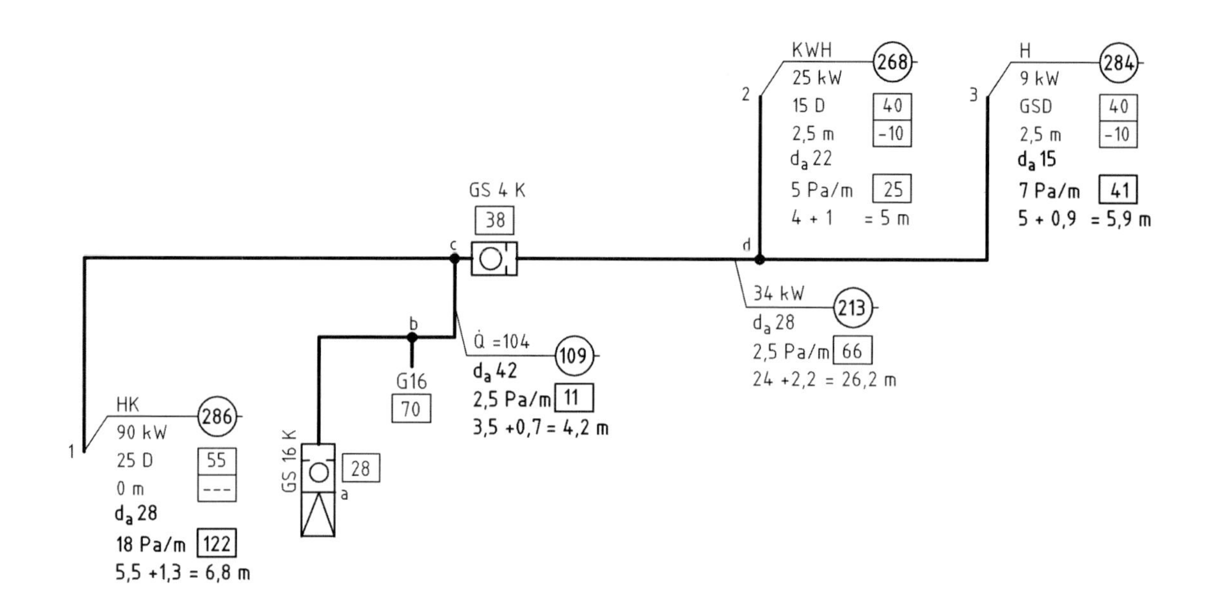

Bild A6 3.4 – Schematische Darstellung mit Ergebnis der Bemessung, Variante B

Anmerkungen: Variante B

- Es kann aber auch TS a-c erhöht und d_a 15 unverändert gelassen werden (Variante B). Dies ermöglicht es sogar, TS c-1 in d_a 28 auszuführen. Die gegenüber der Variante A nicht veränderten Werte sind dünn gezeichnet.

- Ein GS-Abgleich ist nicht nötig, alle Fließwege haben die nach Tabelle 13.2.1 erforderlichen Abzweigleitungen.

- Wäre ein GS 16 M eingesetzt (z. B. GDR mit GS), müsste nach Tafel 5 abgeglichen werden.

Formblatt 1.3 für 3 bis 5 Gasgeräte   Rohrart: Kupferrohr

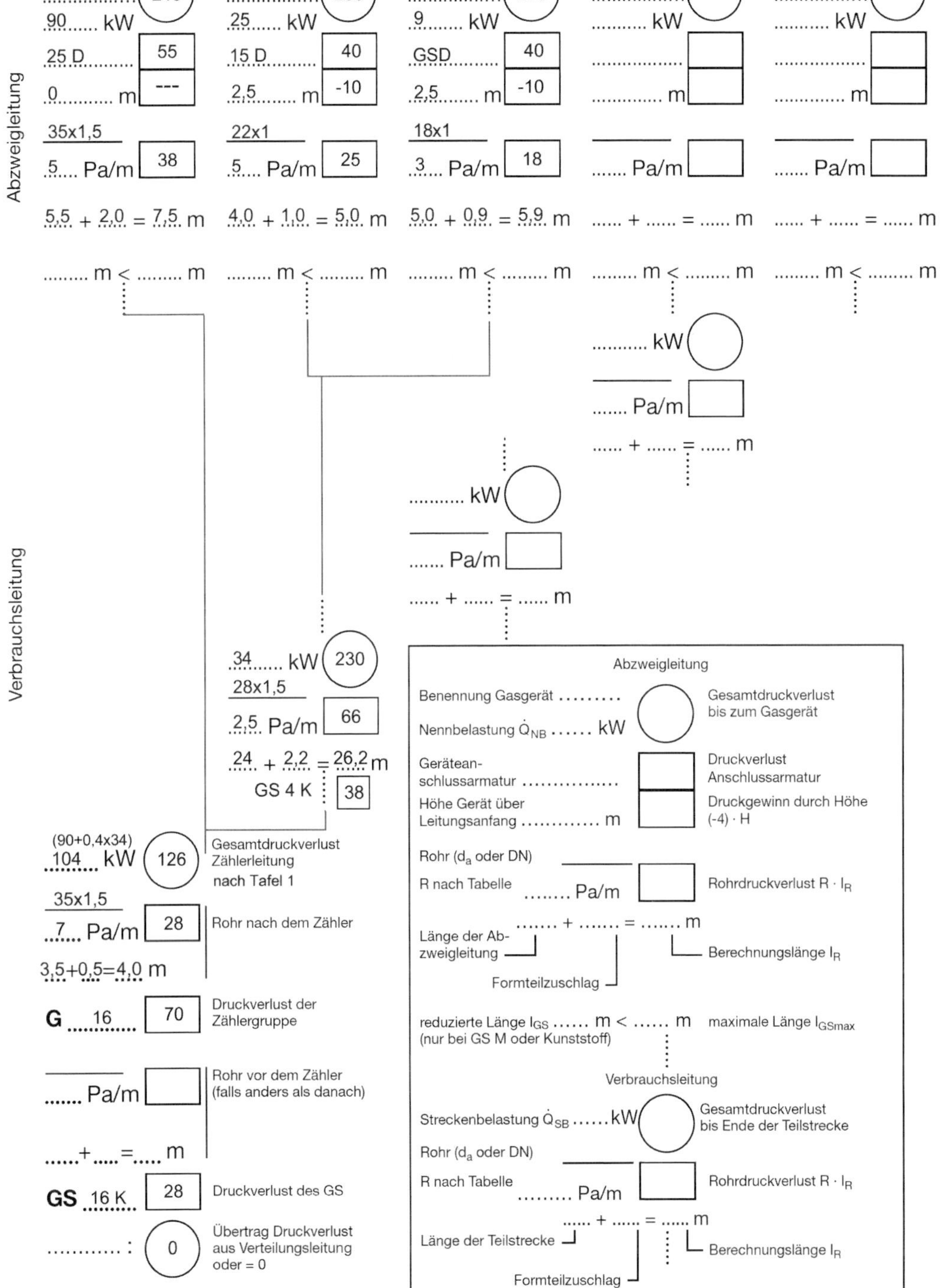

Bild A6 3.5 – Formblatt für Variante A

Beispiel 4

EFH mit RH, DWH, H und freier Steckdose

Einfamilienhaus mit vier Raumheizern, Durchlaufwasserheizer, Gasherd und Gassteckdose auf der Terrasse. Gasströmungswächter im Gas-Druckregelgerät. Material: Stahl mittlere Reihe

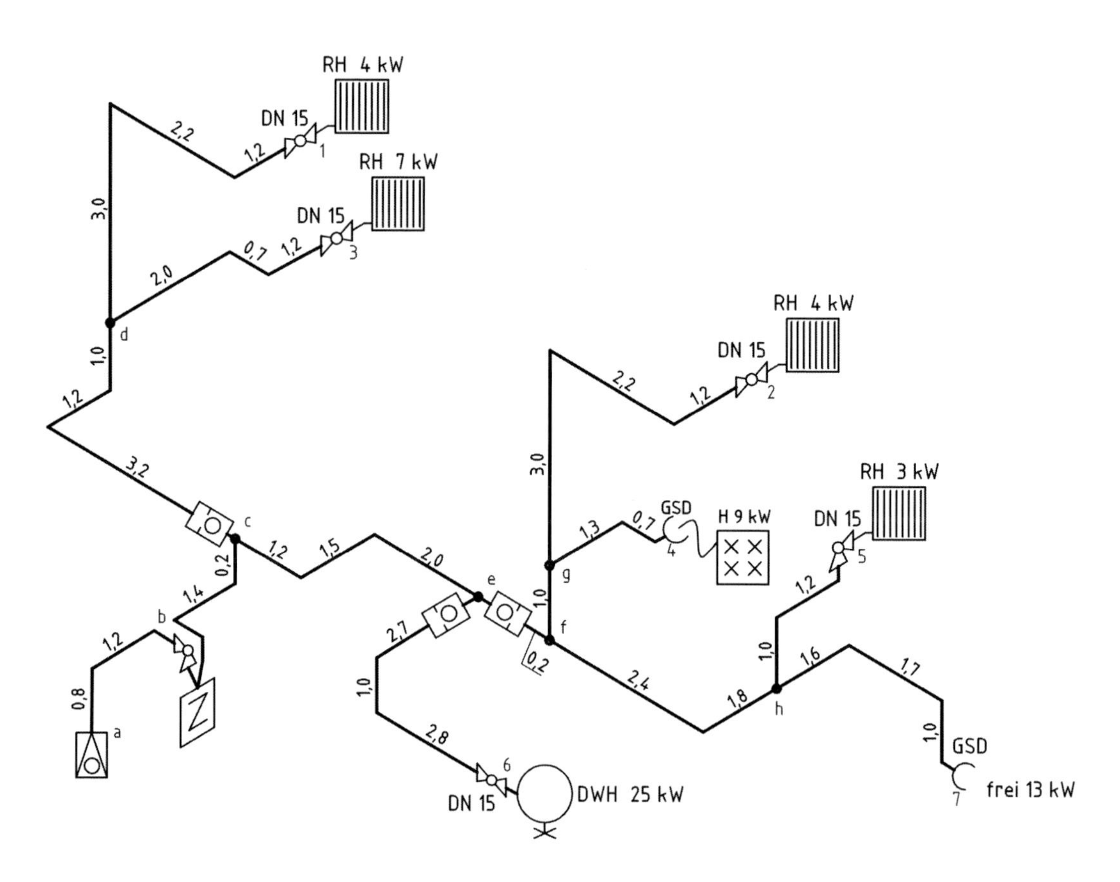

Bild A6 4.1 – Räumliche Darstellung, Variante A

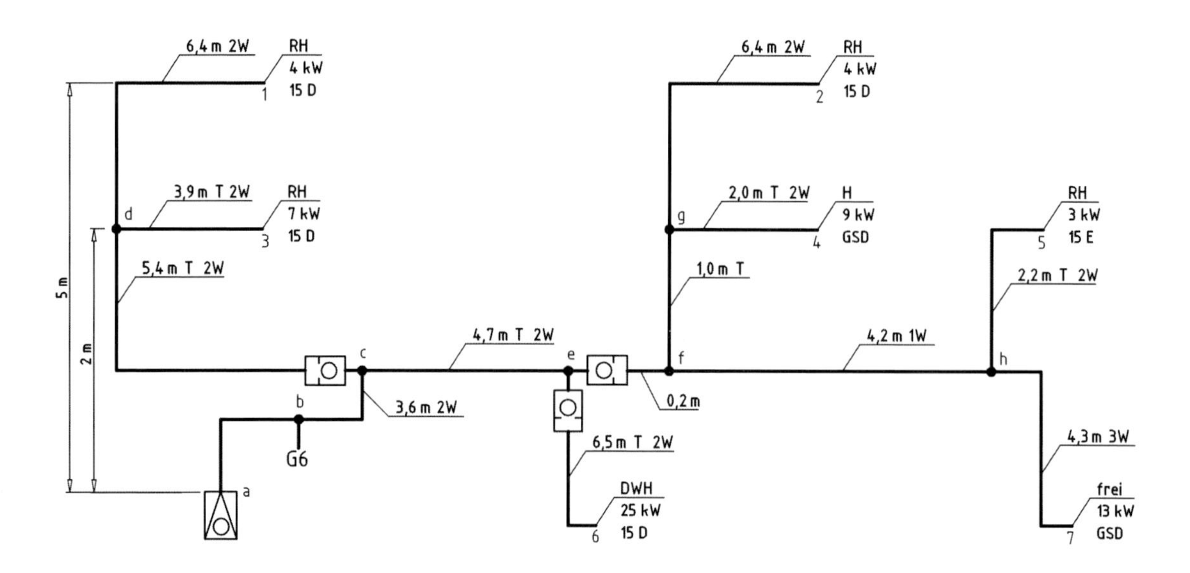

Bild A6 4.2 – Schematische Darstellung, Variante A

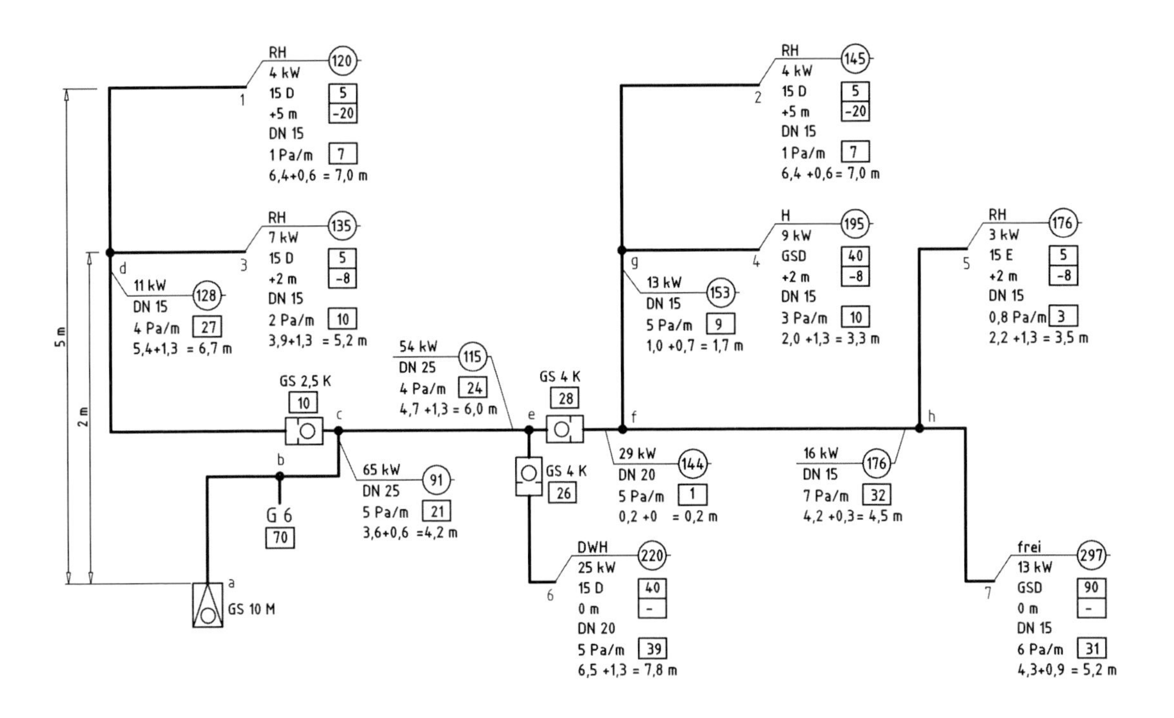

Bild A6 4.3 – Schematische Darstellung mit Ergebnis der Bemessung, Variante A

Anmerkungen:

- Den GS-Abgleich für GS 10 M kann man bei Gerätearmaturen DN 15 nicht in Durchgangsform und erst recht nicht in Eckform durchführen, da in Tafel 5 bei GS 10 M nicht enthalten. Durch den Druckverlust der Armatur wird der Schließvolumenstrom des GS nicht erreicht.

- Folglich Gruppenabsicherung bei c-d und e-f und Einzelabsicherung in e-1.

- Die Zusatz-GS werden belastungsbezogen nach Tabelle 13.1 (Abzweigleitung) bzw. Tabelle 13.2 (Gruppenabsicherung) ausgewählt.

- Der in Tafel 5 für Verteilungsleitungen angegebene Wert gilt auch für Verbrauchsleitungen, wenn durch den GS keine Abzweigleitungen mit Geräteanschlussarmaturen gesichert werden, sondern alle Fließwege durch Zusatz-GS gesichert sind (wie in diesem Beispiel).

- Wird der GS hinter dem Gas-Druckregelgerät installiert, trägt er zum Druckverlust (16 Pa nach Tabelle 13.2) bei. Der Gesamtdruckverlust zur Außen-Gassteckdose wäre zu hoch. Die Nennweite der TS mit 16 kW (sie hat auf dem Fließweg zur Außen-GSD mit R = 7 Pa/m den größten R-Wert) wäre auf DN 20 zu erhöhen.

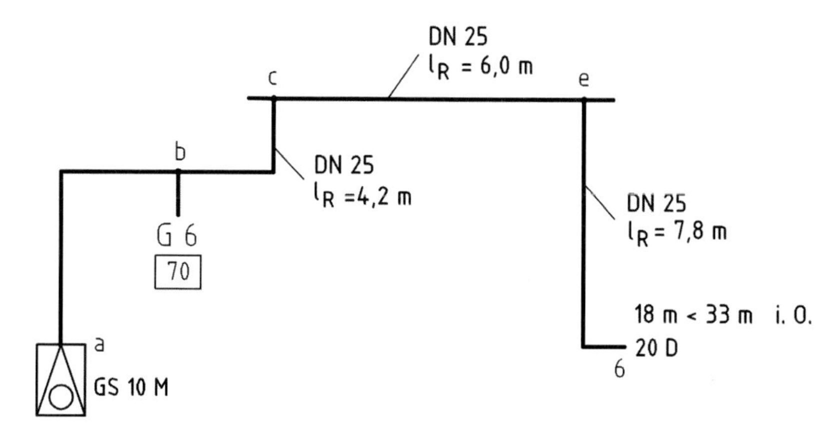

Bild A6 4.4 – Schematische Darstellung mit dem Ergebnis der Bemessung (Ausschnitt), Variante B

- Der GS in der Abzweigleitung e-6 (DWH) kann entfallen, wenn diese in DN 25 mit Geräteanschlussarmatur DN 20 ausgeführt wird;
  Abgleich: l_{GS} = 7,8 + 6,0 + 4,2 = 18 m; 18 m kleiner als l_{GSmax} mit 33 m.

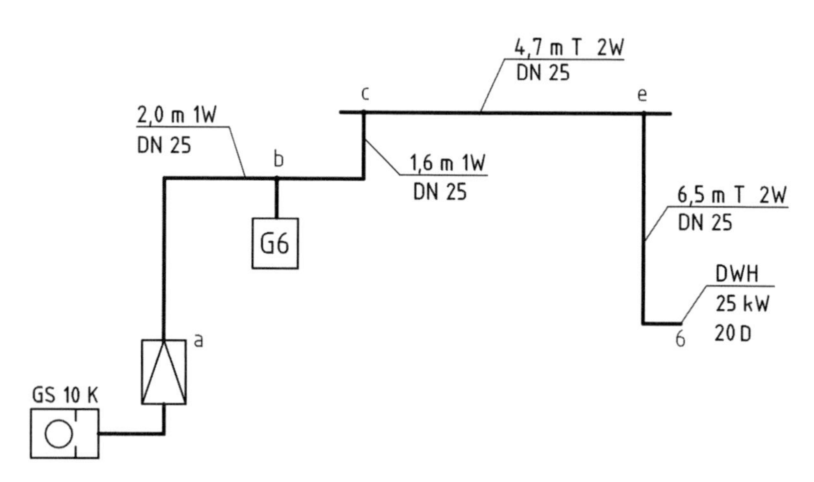

Bild A6 4.5 – Schematische Darstellung mit Ergebnis der Bemessung (Ausschnitt), Variante C: GS K vor dem Gas-Druckregelgerät

- Wird der erste GS statt im Gas-Druckregelgerät (GS M) als GS-K vor dem Gas-Druckregelgerät installiert, ändert sich am Ergebnis der Nennweiten nichts.

- Auf den Zusatz-GS zum DWH kann nach Tabelle 13.2.1 verzichtet werden.

In den Tabellen der Tafeln wurden Rundungen und Zusammenfassungen z. B. von Materialarten (Kupfer und Edelstahl, Stahl mittlere und schwere Reihe) vorgenommen. Es wurden jeweils die ungünstigsten Werte genutzt. Diese Zusammenfassungen waren in Hinblick auf ein praktikables „von Hand“ durchzuführendes Bemessungsverfahren notwendig. Die Bemessung nach diesem Verfahren führt immer zu funktionierenden Anlagen. Im Grenzfall sind aber zusätzliche Reserven enthalten.
Für die zwei Bemessungsziele „zulässiger Gesamtdruckverlust“ und „GS-Abgleich“ sind außerdem oft mehrere gleichwertige Kombinationen von Gaszähler und Nennweiten der Teilstrecken und Anschlussarmaturen möglich.

Bei der Berechnung mittels Software können andere Ergebnisse als nach dem Tabellenverfahren der TRGI herauskommen. Dies liegt zum einen darin begründet, dass nach DVGW-Arbeitsblatt G 617 gerechnet wird, also auf Rundungen und zusammenfassende Vereinfachungen, die in den Tabellen vorgenommen wurden, verzichtet wird.
Die Software wählt von den möglichen Kombinationen nach eigenen, nicht in DVGW-Arbeitsblatt G 617 vorgegebenen, Kriterien aus.

Das Beispiel wurde mit der Software „Sc.gas" nachgerechnet. Diese Software setzt die Vorgaben des DVGW-Arbeitsblattes G 617 entsprechend um. Sie wurde bei der Entwicklung des Tabellenverfahrens der DVGW-TRGI 2008 im Rahmen von Kontrollrechnungen benutzt. Es zeichnen sich weitere Softwareprogramme verschiedener Hersteller auf der Grundlage des DVGW-Arbeitsblattes G 617 am Markt ab; zum Teil offene Programme, die für alle Materialien und Bauteile verschiedener Hersteller angewandt werden können, zum Teil herstellerbezogene Programme, die nur für Rohrsysteme bzw. zur Auswahl bestimmter Bauteile dieser Hersteller eingesetzt werden können.

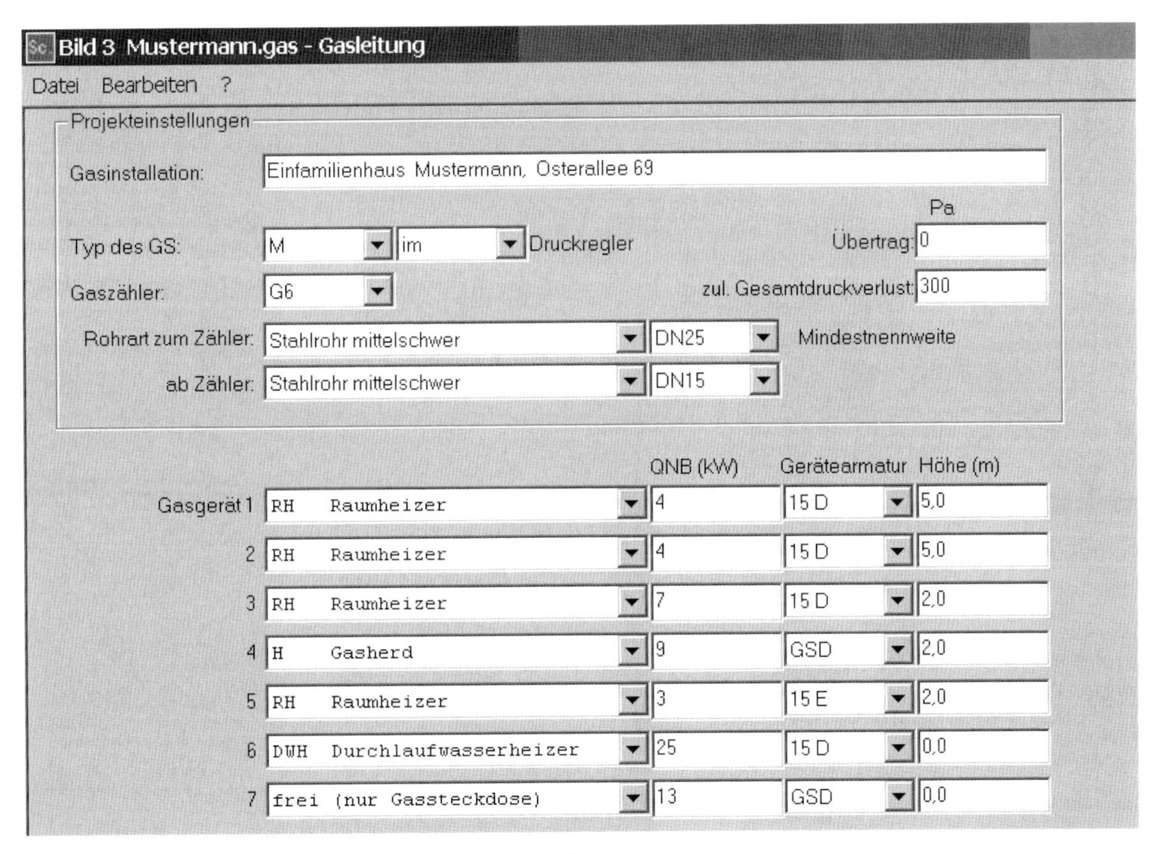

Bild A6 4.6 – Geräteerfassung mittels Software „Sc.gas"

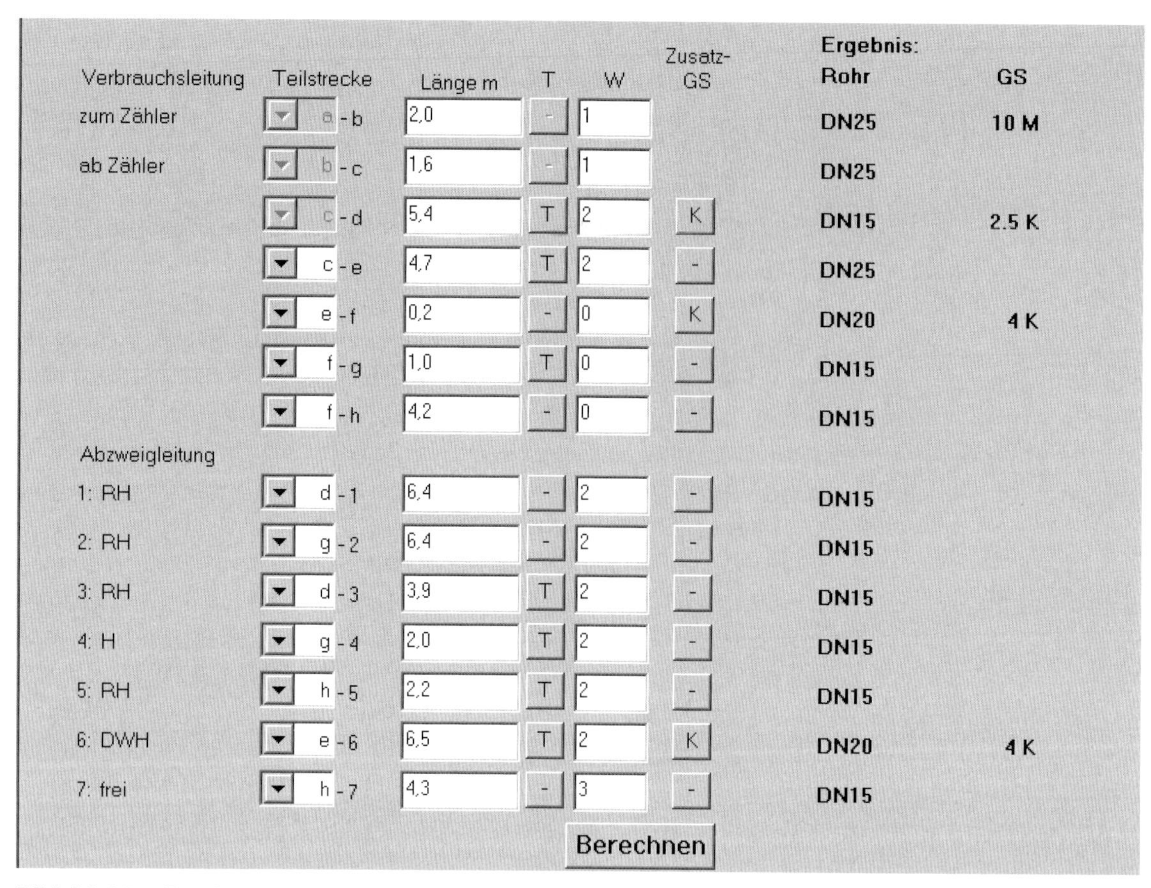

Verbrauchsleitung	Teilstrecke	Länge m	T	W	Zusatz-GS	Ergebnis: Rohr	GS
zum Zähler	a-b	2,0	-	1		DN25	10 M
ab Zähler	b-c	1,6	-	1		DN25	
	c-d	5,4	T	2	K	DN15	2.5 K
	c-e	4,7	T	2	-	DN25	
	e-f	0,2	-	0	K	DN20	4 K
	f-g	1,0	T	0	-	DN15	
	f-h	4,2	-	0	-	DN15	
Abzweigleitung							
1: RH	d-1	6,4	-	2	-	DN15	
2: RH	g-2	6,4	-	2	-	DN15	
3: RH	d-3	3,9	T	2	-	DN15	
4: H	g-4	2,0	T	2	-	DN15	
5: RH	h-5	2,2	T	2	-	DN15	
6: DWH	e-6	6,5	T	2	K	DN20	4 K
7: frei	h-7	4,3	-	3	-	DN15	

Bild A6 4.7 – Ergebnis der Berechnung

Die Nennweiten und die Auswahl und Anordnung des GS aufgrund der Softwareberechnung stimmen mit dem Ergebnis der Tabellenrechnung bei allen Teilstrecken überein. Da die Software genau nach DVGW-Arbeitsblatt G 617 rechnet, zeigt das, dass die vereinfachten und gerundeten Tabellen selbst bei einem so verzweigten System zu exakten Ergebnissen führen.

Im Falle „GS K vor dem Gas-Druckregelgerät" zeigt sich jedoch ein Unterschied in TS e-6: Die Teilstrecke kann in DN 20 mit Durchgangs-Geräteanschlussarmatur DN 15 ohne Zusatz-GS installiert werden.

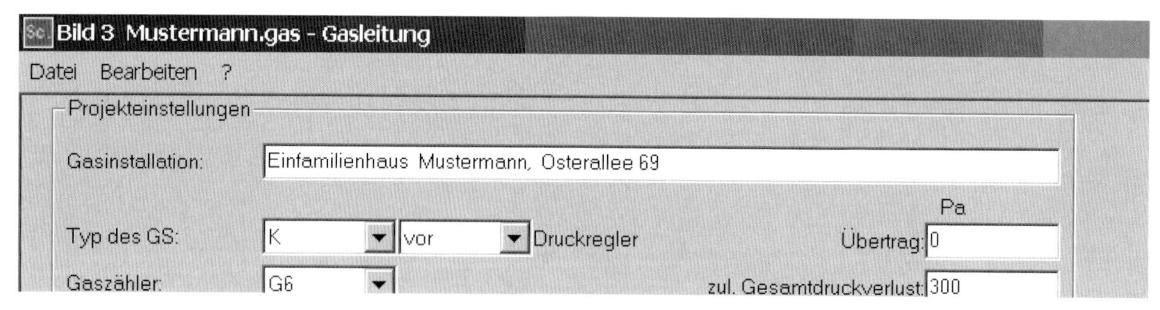

Bild A6 4.8 – Geänderte Voreinstellungen GS K vor Gas-Druckregelgerät

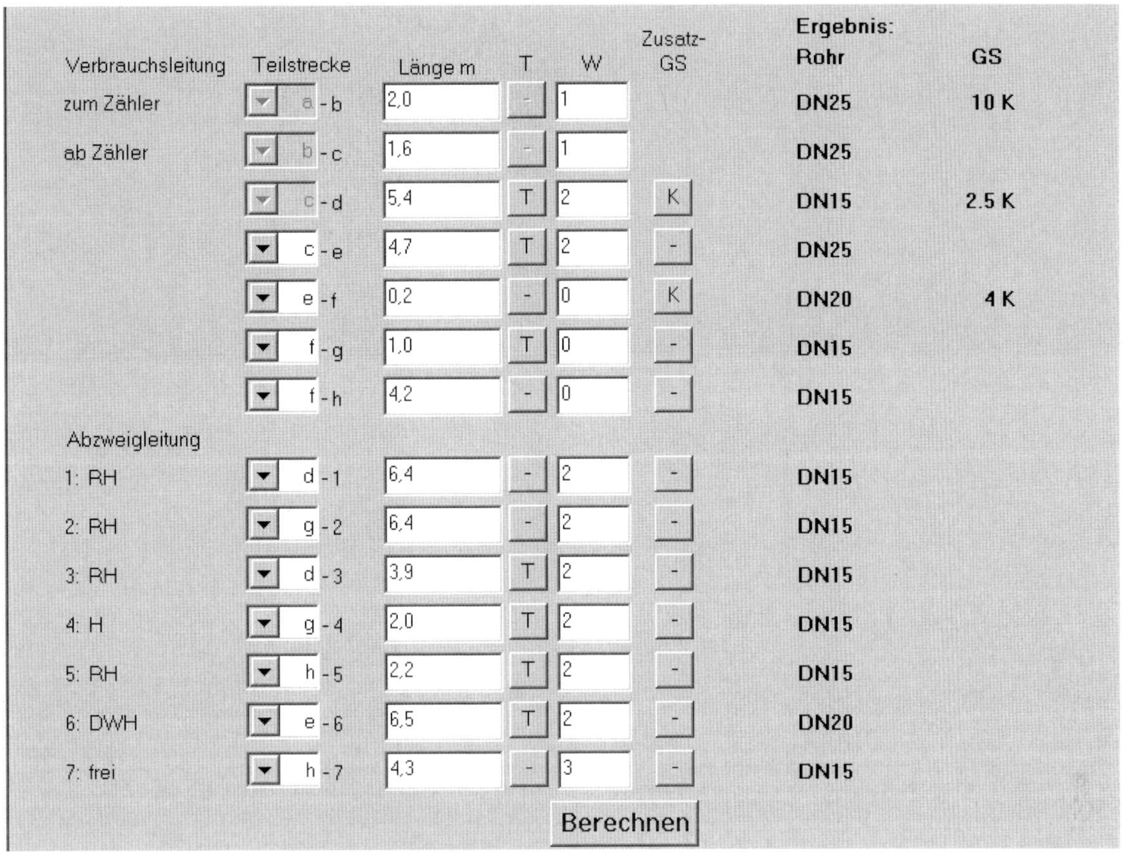

Verbrauchsleitung	Teilstrecke	Länge m	T	W	Zusatz-GS	Ergebnis: Rohr	GS
zum Zähler	a - b	2,0	-	1		DN25	10 K
ab Zähler	b - c	1,6	-	1		DN25	
	c - d	5,4	T	2	K	DN15	2.5 K
	c - e	4,7	T	2	-	DN25	
	e - f	0,2	-	0	K	DN20	4 K
	f - g	1,0	T	0	-	DN15	
	f - h	4,2	-	0	-	DN15	
Abzweigleitung							
1: RH	d - 1	6,4	-	2	-	DN15	
2: RH	g - 2	6,4	-	2	-	DN15	
3: RH	d - 3	3,9	T	2	-	DN15	
4: H	g - 4	2,0	T	2	-	DN15	
5: RH	h - 5	2,2	T	2	-	DN15	
6: DWH	e - 6	6,5	T	2	-	DN20	
7: frei	h - 7	4,3	-	3	-	DN15	

Berechnen

Bild A6 4.9 – Ergebnis der Berechnung: Nennweiten

Die Nennweiten entsprechen wiederum denen des Tabellenverfahrens. Auch entfällt der Zusatz-GS in der Teilstrecke e-6. Die Geräteanschlussarmatur kann jedoch wie in der Eingabemaske vorgegeben in 15 D ausgeführt werden.
Dies wäre nach Tabelle 13.2.1 nicht möglich gewesen, da beim Abgleich des GS 10 K die kleinste Abzweigleitung, bei der ein GS nicht erforderlich ist, mit DN 25 vorgegeben ist. Dies bedeutet für die Geräteanschlussarmatur DN 20 (vgl. DVGW-TRGI 2008, Abschnitt 7.3.4.1, Anmerkung 3. Punkt).

Das Ergebnis der Software-Berechnung weicht von der Tabelle 13.2.1 ab, weil diese Tabelle die Materialarten der metallenen Rohre zusammenfasst und auch längere Fließwege berücksichtigt. Man spart die aufwendige Berechnung der reduzierten Länge der Fließwege um den Preis, in einigen Fällen eine Nennweite höher zu wählen.

Bei der Software-Berechnung des GS-Abgleichs kann auch in anderen Fällen, wie etwa bei einer anderen Zählergröße, die Ermittlung der reduzierten Länge von Tabelle 13.2.1 und Tafel 5 abweichen.

Beispiel 5

Hallenheizung 8 Strahler

Hallenheizung mit acht Deckenheizstrahlern zu je 40 kW. Gewerbliche Nutzung. Mischinstallation Stahl/Kupfer. Gaszähler G40.

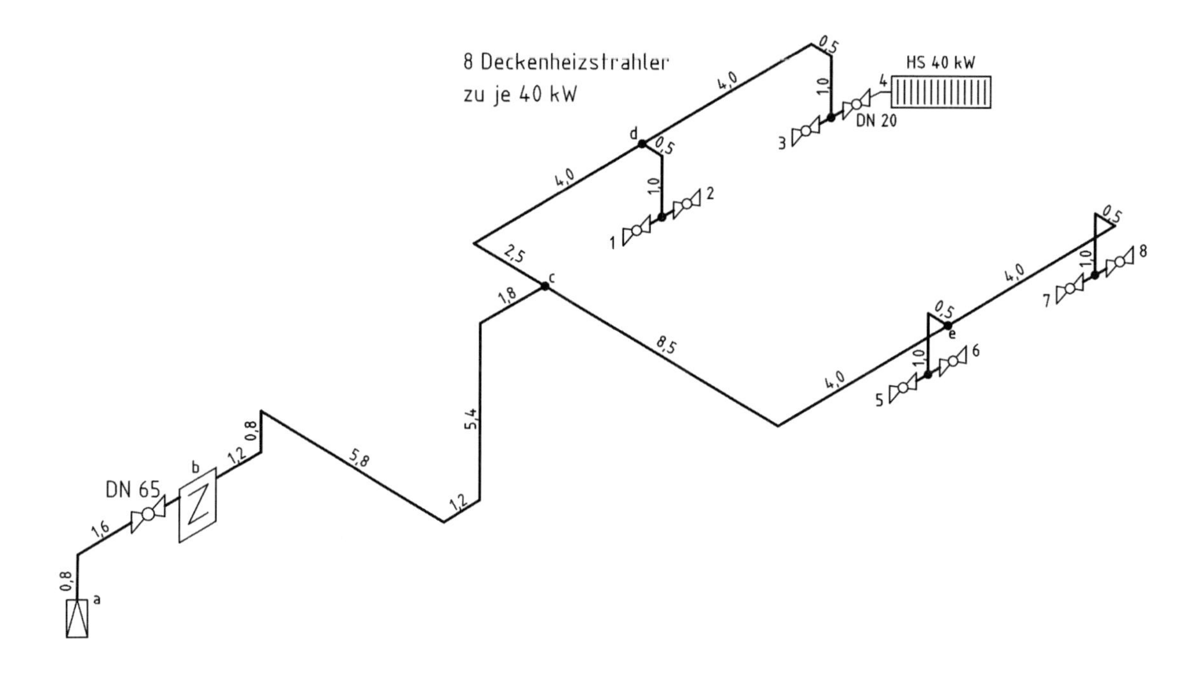

Bild A6 5.1 – Räumliche Darstellung

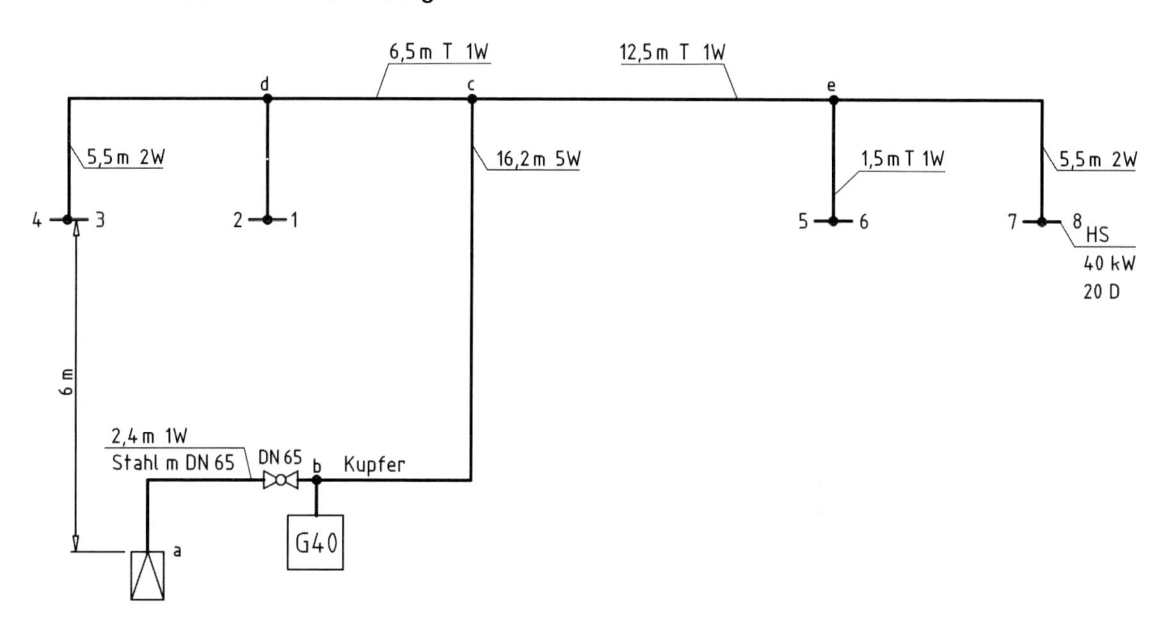

Bild A6 5.2 – Schematische Darstellung

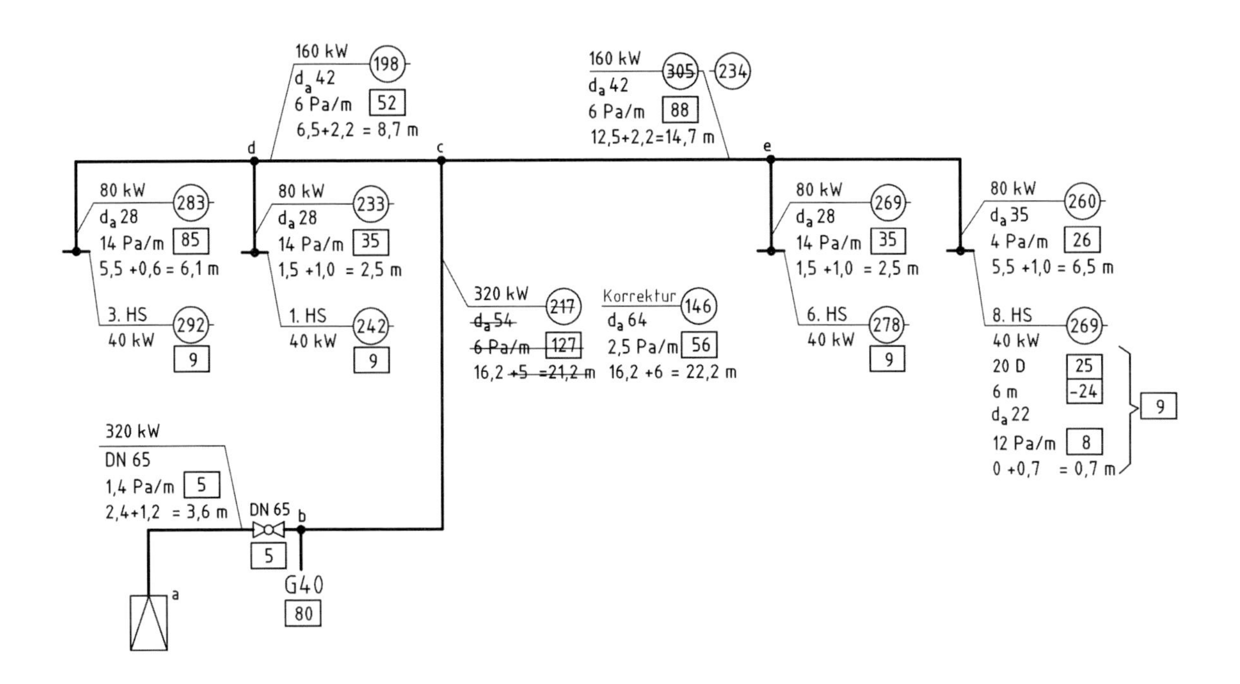

Bild A6 5.3 – Schematische Darstellung mit Ergebnis der Bemessung

Anmerkungen:

- Gewerbliche Nutzung, daher keine Gasströmungswächter.
- Obwohl der einzelne Strahler 40 kW Belastung hat, ist hier mit Gleichzeitigkeit = 1 gerechnet worden, da die gleichzeitige Nutzung gegeben ist. Ablesung somit in Tafel 1.
- Der Gaszähler G40 ist nach Tabelle 14.3 auszuwählen.
- Der Druckverlust der Zählerarmatur wird in Tafel 4, Tabelle 24.1 abgelesen.
- Die Abzweigleitung besteht nur aus T-Abzweig (l_{TA} = 0,7) und Geräteanschlussarmatur 20 D.
- Druckverlust und Gewinn durch Höhe sind bei allen acht Strahlern gleich und werden zusammengefasst (9 Pa).
- Von den Paaren 1/2, 3/4, 5/6 und 7/8 braucht nur jeweils eines berechnet zu werden, da sie gleich aufgebaut sind.
- Es ist zweckmäßig, zuerst den längsten Fließweg zum Strahler 8 zu summieren. Aufgrund der Feststellung, dass bei TS c-e nach Erstauswahl schon 305 Pa erreicht werden, kann vor den weiteren Berechnungen gleich TS b-c korrigiert werden.
- Die Druckreserve gestattet es, die an kürzeren Wegen liegenden HS 1 bis 6 in d_a 28 auszuführen. Die Erstauswahl war d_a 35, welche aber nur für HS 7/8 nötig ist.

Beispiel 6

Verlegung Vorderhaus/Hinterhaus

Mitversorgung eines Hinterhauses ohne Kellergeschoss. Erdverlegte Grundstücksleitung aus PE-Rohr SDR 11. Einführung ins Gebäude mittels flexibler Hauseinführungskombination. Gas-Druckregelgerät mit GS M, Mischinstallation Stahl, PE, Kupfer.

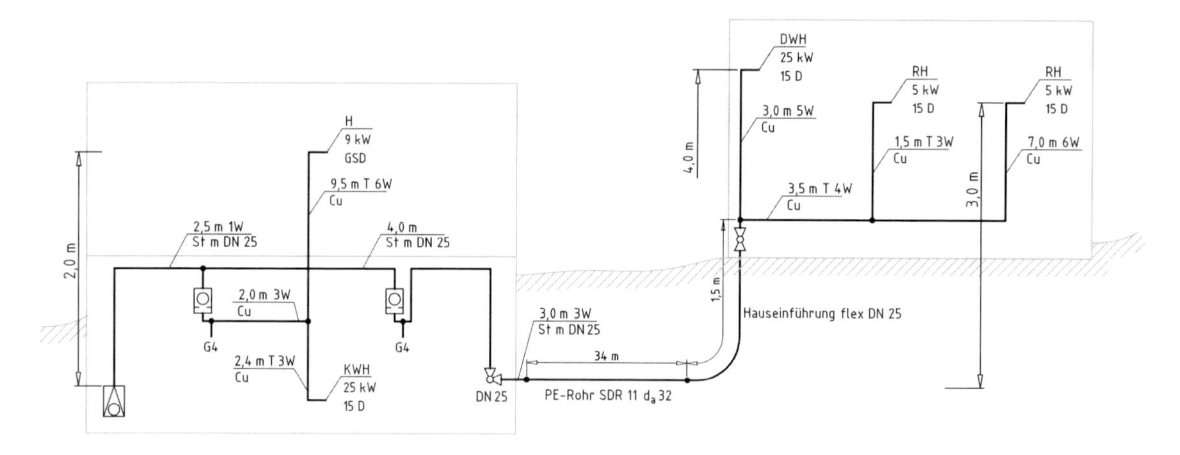

Bild A6 6.1 – Schematische Darstellung

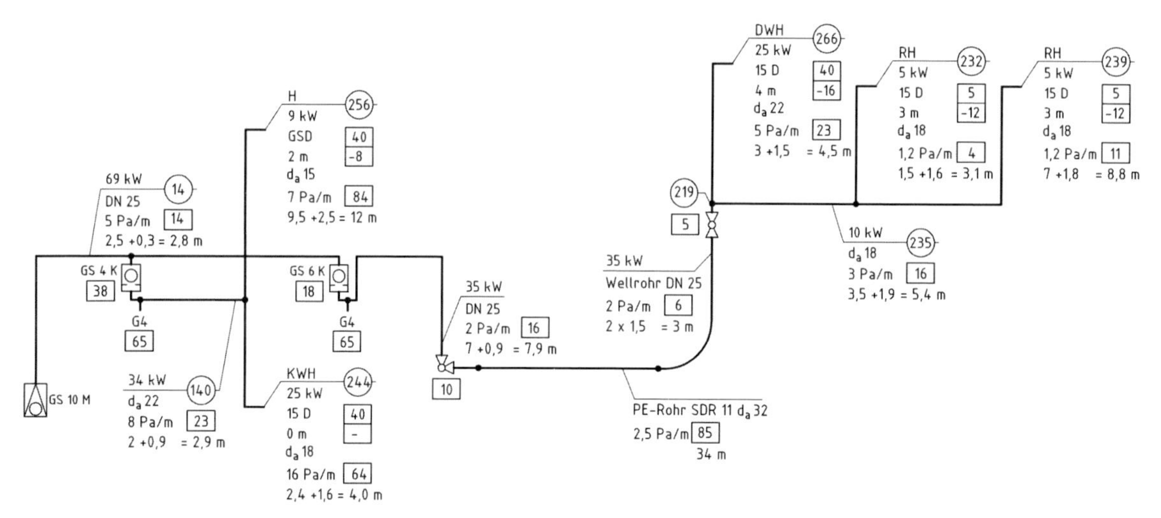

Bild A6 6.2 – Ergebnis der Bemessung

Anmerkungen:

- Für die Mischinstallation Stahl/Kupfer sind die Bemessungsvorgaben nach Abschnitt 7 auf die Verwendung der GS Typ K angewiesen. Die beiden GS in den Gaszähleranschlussarmaturen müssen Typ K sein.
- Der erste GS kann dagegen vom Typ M sein (hier im GDR, somit kein Druckverlust), da bis zu den Zusatz-GS einheitlich Stahlrohr verlegt wurde.
- Tafel 5 ergibt für GS 10 M und Verteilungsleitung DN 25 ein l_{GSmax} = 55 m. Diese Länge ist größer als 2,8 m, somit in Ordnung.

- Da bei 35 kW ein GS 6 K nötig ist, müssen die Verbrauchsleitung 10 kW und die beiden Abzweigleitungen 5 kW im Nebenhaus d_a 18 haben (hinsichtlich des Druckverlustes wäre d_a 15 ausreichend). Zur Verlegung von d_a 15 müsste in die Verbrauchsleitung 10 kW ein Zusatz-GS 2,5 K eingebaut werden.

- Für die 1,5 m lange flexible Hauseinführung DN 25 wird, aufgrund fehlender herstellerseitiger Druckverlustangaben für das Wellrohr der Hauseinführungskombination, bei Stahl, mittlere Reihe DN 25, der R-Wert abgelesen und als Berechnungslänge der doppelte Wert der Wellrohrlänge eingesetzt (l_R = 3 m). Diese Verdopplung der Länge berücksichtigt überschlägig die Druckverluste des Wellrohres in der HEK. Diese Vereinfachung ist nur bei kurzen Wellrohrstücken, nicht aber für Wellrohrinstallationen zulässig.

Beispiel 7

erhöhter Anschlussdruck, Industrie

Industrieanlage mit zwei Heizkesseln je 600 kW, Brenneranschlussdruck 50 mbar, Ausgangsdruck Gas-Druckregelgerät 75 mbar, Turbinenradgaszähler G100, Stahlrohr, schwere Reihe.

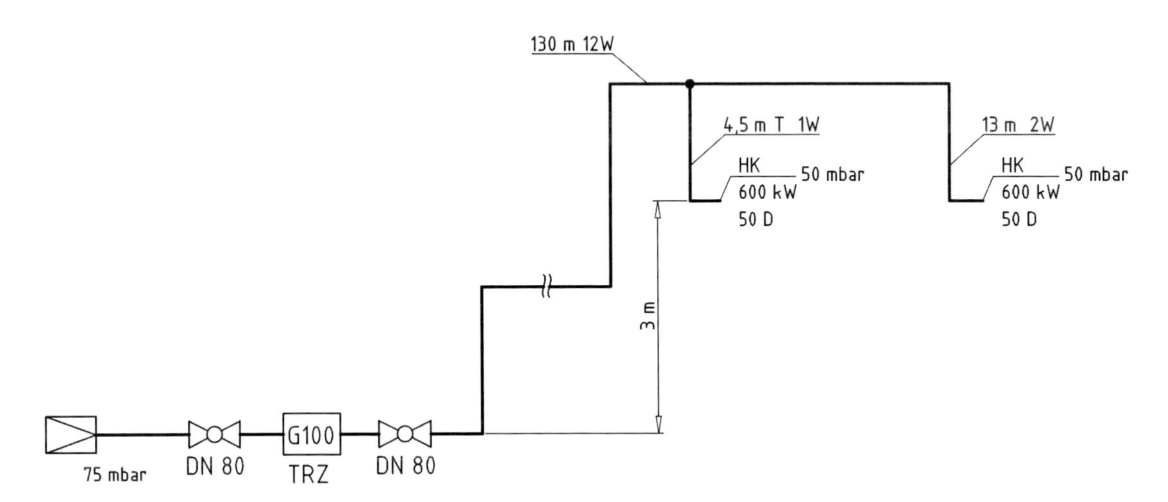

Bild A6 7.1 – Schematische Darstellung

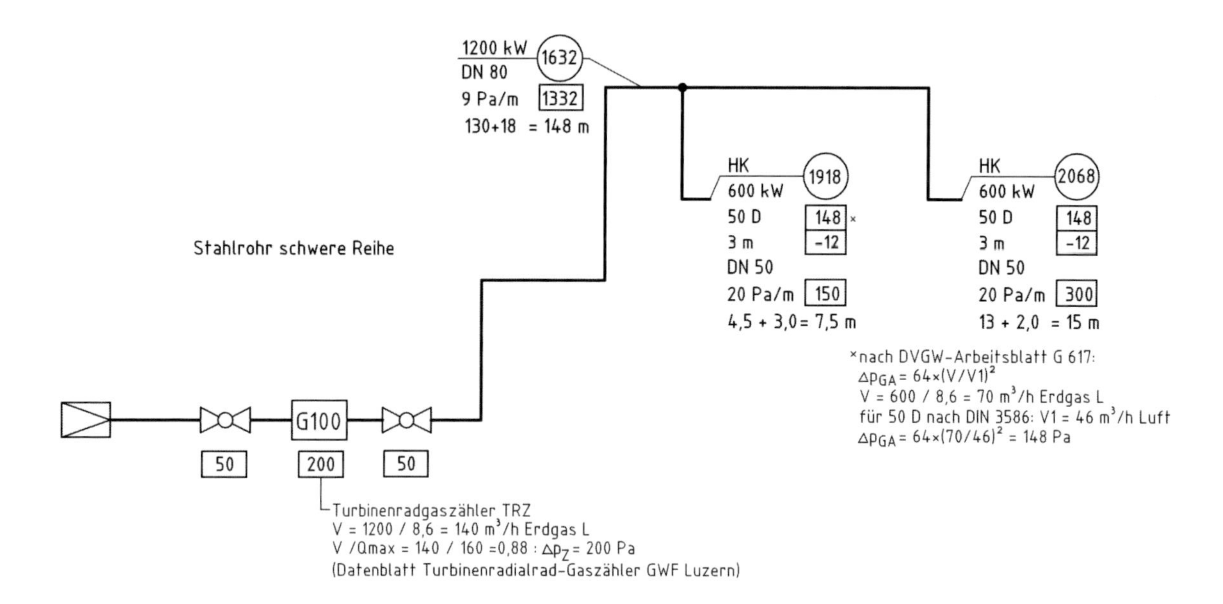

Bild A6 7.2 – Ergebnis der Bemessung

Anmerkungen:

- Die zur Verfügung stehende Druckdifferenz ist 2500 Pa.
- Da der zulässige Gesamtdruckverlust im Beispiel wesentlich über 300 Pa liegt, stoßen die Ablesetabellen der TRGI an ihre Grenzen.
- Ermittlung der Druckverluste der Armaturen nach DVGW-Arbeitsblatt G 617. Nennbelastung 600 kW ist in der Tabelle 17 für 50 D nicht mehr ablesbar.
- Belastungsabhängiger Druckverlust des Turbinenradgaszählers G100 nach Angaben des Herstellers bzw. des Netz- oder Messstellenbetreibers.
- Keine Gleichzeitigkeit, Q_{NB} > 40 kW, siehe Fußnote a Tafel 2.
- Beispiel für Stahlrohr, schwere Reihe, also Tafel 4, Tabelle 25.1.
- Von der Nennweite abhängige Längenzuschläge für Formstücke nach Tabelle 18.
- Als 2. Variante wären eventuell auch Geräteabsperrarmaturen ohne TAE nach DIN EN 331 möglich, da für den Industriebereich die TAE nicht generell gefordert ist.

Formblatt 1.2 für 2 Gasgeräte

Rohrart: Stahlrohr schwere Reihe
zul. Druckverlust 75 mbar -50 mbar = 2500 Pa

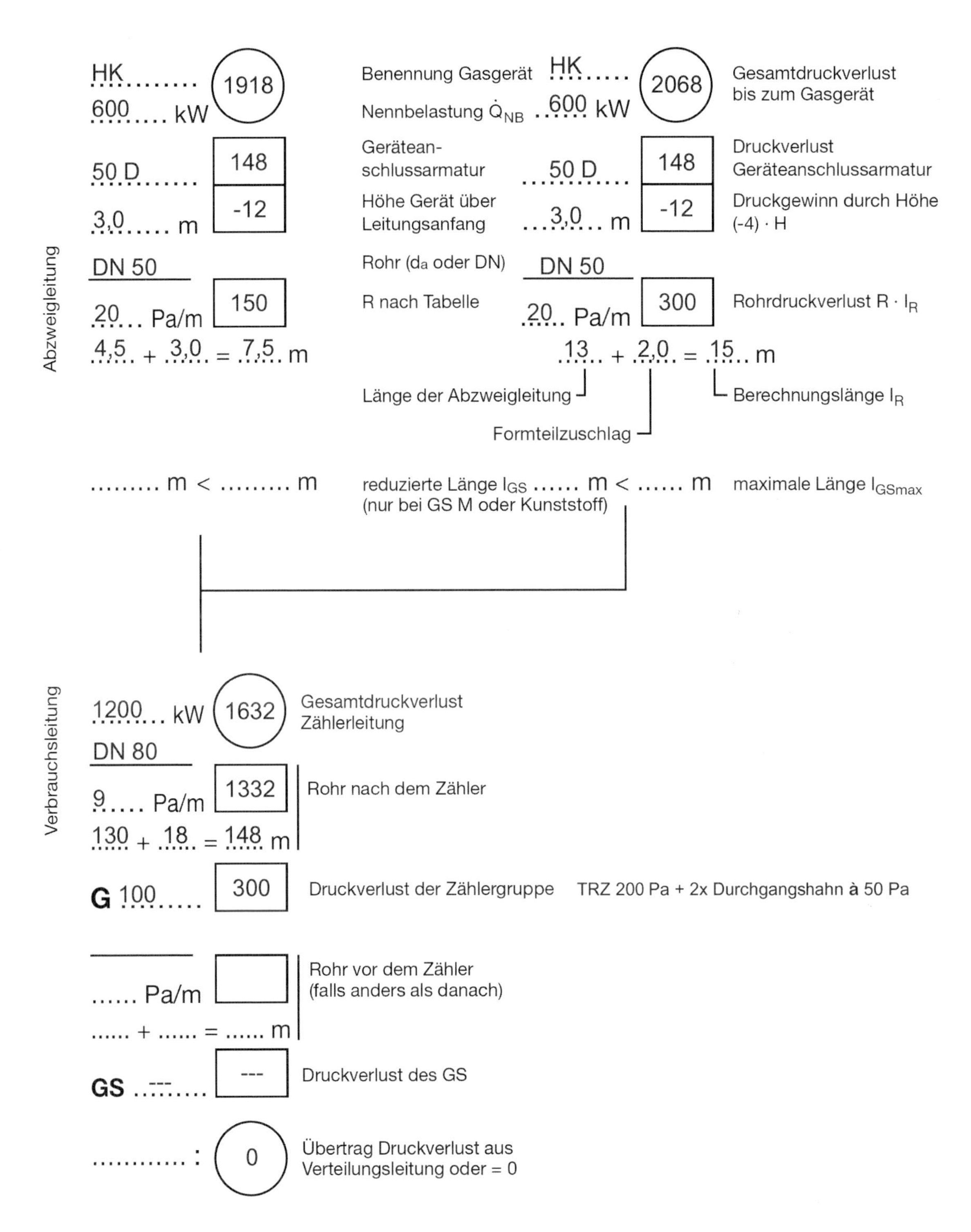

Bild A6 7.3 – Formblatt

Beispiel 8

4 Wohnungen: Gaszähler im Keller

Wohngebäude mit Wohnungen mit unterschiedlichen Gasgeräten in den Wohnungen und einem Heizkessel. Zentrales Gas-Druckregelgerät. Stahlrohr bis zur Gaszähleranlage. Gaszählerreihenanlage mit Zähleranschlusseinheit DN 40. Gaszählereckanschlussarmaturen mit integriertem GS K. Gaszähler G4, Leitungen hinter den Gaszählern in Kupfer.

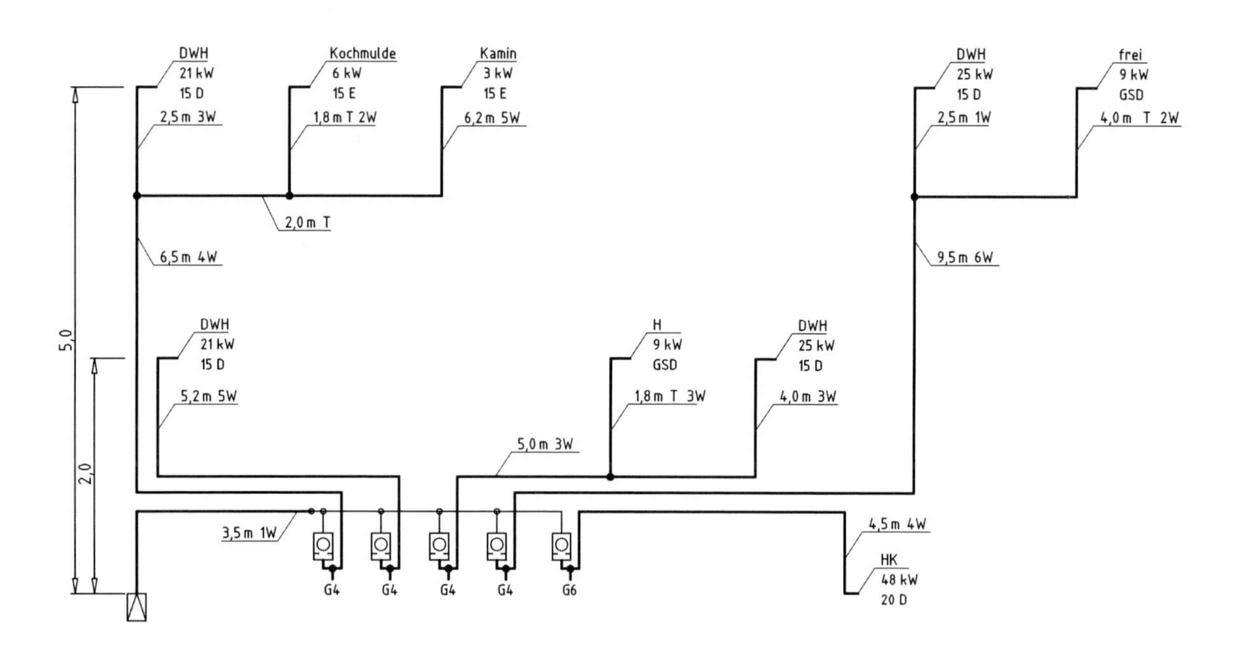

Bild A6 8.1 – Schematische Darstellung

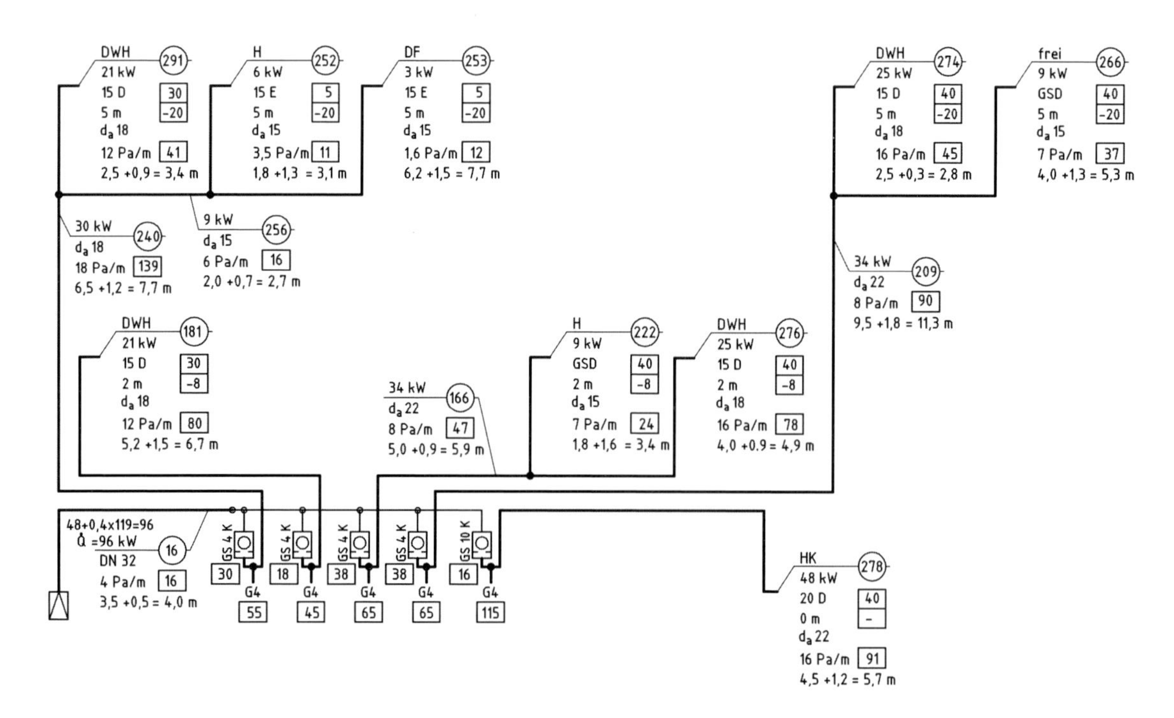

Bild A6 8.2 – Ergebnis der Bemessung

Anmerkungen:

- Sondergleichzeitigkeit in der Verteilungsleitung wegen der Kesselgröße (48 kW > 40 kW).
- Ein GS am Anfang der Verteilungsleitung entfällt, weil die Summenbelastung mit 48 + 119 = 167 kW größer als 138 kW ist. GS werden stets nach der Summenbelastung, also ohne Gleichzeitigkeit, ausgewählt. Die Streckenbelastung = 96 kW enthält die gesondert berechnete Gleichzeitigkeit.
- Die sich bei der Erstauswahl mit R ≤ 10 Pa/m ergebenden Nennweiten können an einigen Stellen zu kleineren Nennweiten verändert werden.
- Die Zähleranschlusseinheit DN 40 ist in der Druckverlustberechnung für die Gaszählergruppe enthalten.
- Bei Zähleranschlusseinheiten gilt für die Vorgabe, dass in Fließrichtung gesehen ab der HAE die Rohrleitung nicht größer werden darf, nicht.

Beispiel 9

Zählerregelgeräte; Unterschiede Tabellen- bzw. Diagrammverfahren

Vier Wohnungen mit Kombiwasserheizern. Gaszähler jeweils G4 im Keller mit Zählerregelgerät. GS 16 M hinter der HAE, Material Kupfer.

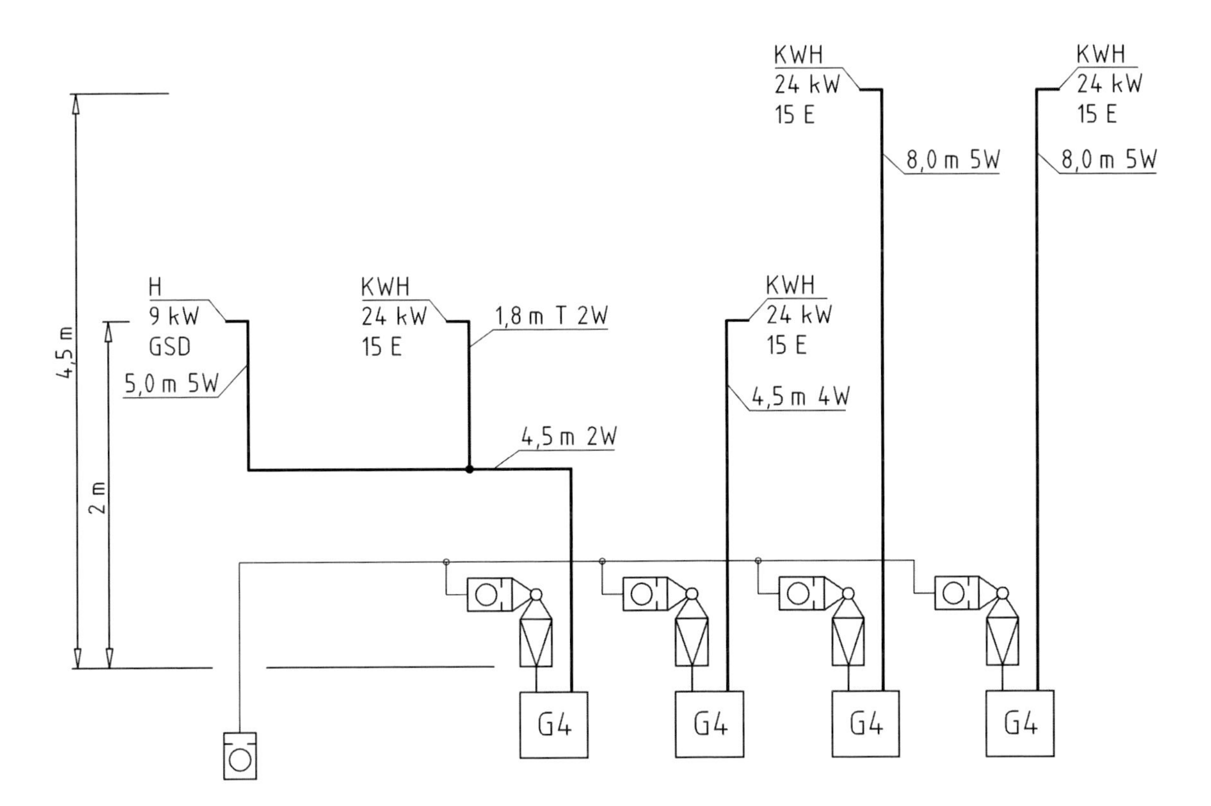

Bild A6 9.1 – Schematische Darstellung

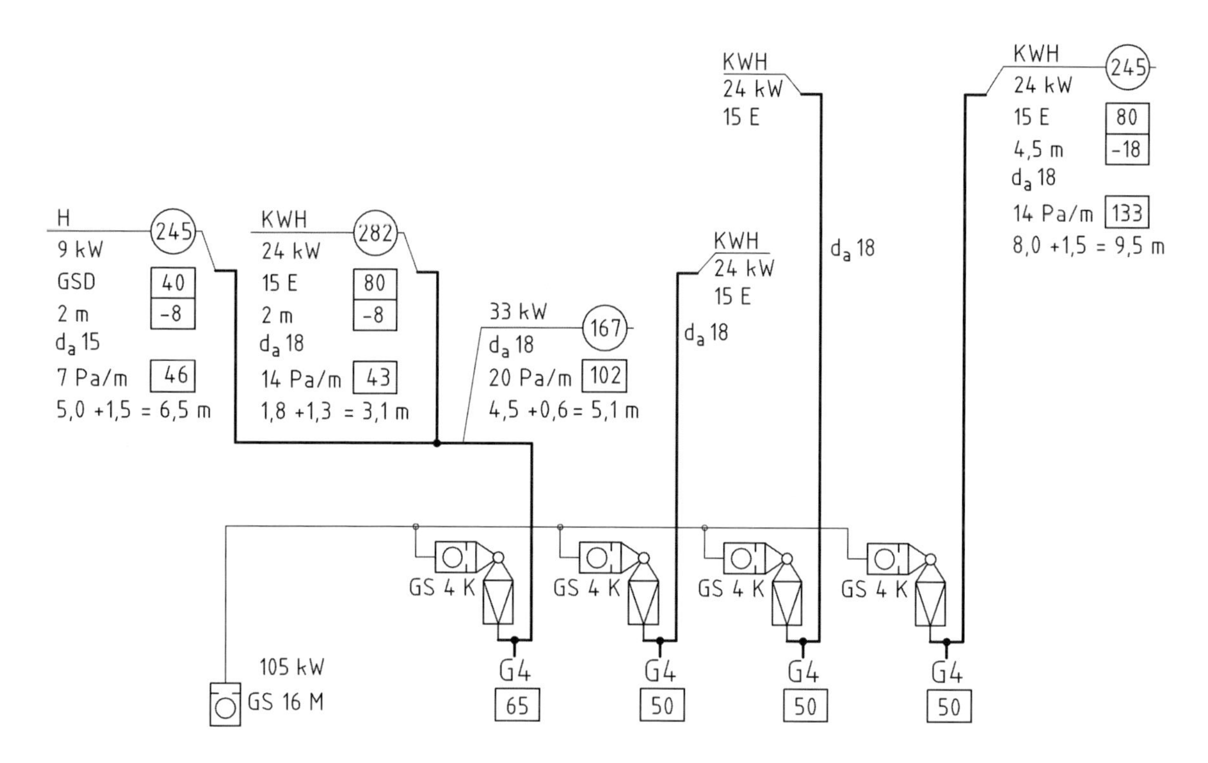

Bild A6 9.2 – Ergebnis der Bemessung

Anmerkungen:

- Zu einer exakten Dimensionierung der Leitung vor den Zählerregelgeräten muss die zur Verfügung stehende Druckdifferenz bekannt sein. Im Druckbereich bis 100 mbar kann diese Leitung dann nach DVGW-Arbeitsblatt G 617 berechnet werden.

- Als Richtwert ist bis 200 kW d_a 28 bzw. DN 25 und bis 500 kW d_a 35 bzw. DN 32 zu wählen.

- Der erste GS wird nach Belastung aus Tabelle 13.2 gewählt (hier GS 16 M).

- Die drei Einzelzuleitungen können nach Diagramm 1 ausgewählt werden: Kurve W = 16 (5 bzw. 4W + 8W für 15 E statt 15 D, nächstgrößere W-Kurve ist 16) ergibt für 24 kW bei d_a 18 ein l_{max} = 6,4 m, d. h. die Leitungen mit 8 m wären d_a 22, die Leitung 4,5 m wäre d_a 18.

- Bei Berechnung der 8-m-Leitung nach dem Tabellenverfahren ergibt sich aber mit optimierter Auswahl die Nennweite d_a 18 mit einem Δp_{ges} = 245 Pa. Der Unterschied hat folgende Gründe:
  - Die Kurve des Diagramms 1 bei 24 kW ist mit einem Gaszähler G2,5 berechnet. Dieser hat nach Tabelle 14.1 85 Pa Druckverlust. Installiert wurde jedoch ein G4 mit 50 Pa Druckverlust, ergibt +35 Pa „Druckgewinn".
  - Der GS 4 K liegt hier im Beispiel vor dem Druckregelgerät, geht also in den Druckverlust nicht mit ein. Im Diagramm ist dieser jedoch enthalten (+24 Pa nach Tabelle 13.1).

- Der Druckgewinn durch Höhe (-18 Pa) ist im Diagramm nicht enthalten.
- Im Diagramm wird also insgesamt mit +77 Pa mehr Druckverlust gerechnet.
- Zusammen mit den nach dem Tabellenverfahren errechneten 245 Pa sind das 322 Pa. Das Diagramm lässt daher d_a 18 nicht zu.

Das Beispiel macht den Unterschied der Verfahren deutlich.

Beispiel 10

Kaskade, 4 Wandgeräte

Kaskade mit 4 Heizkesseln, Wandgeräte, Kupferinstallation.

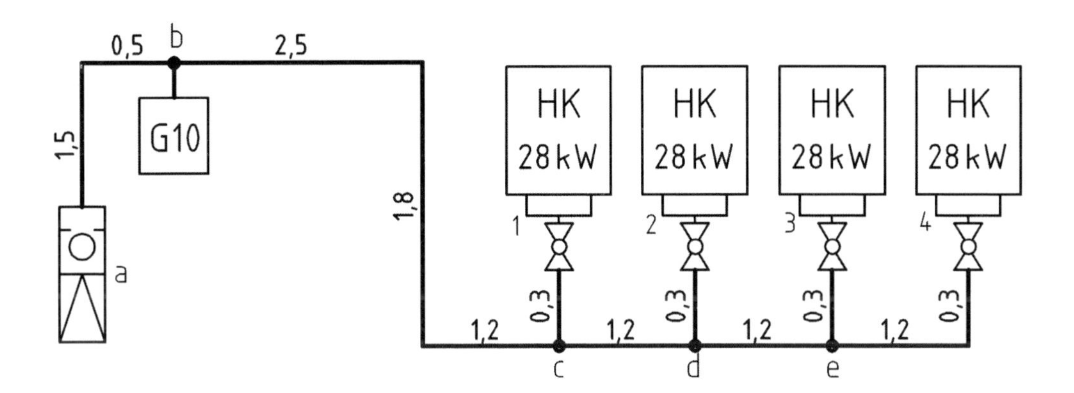

Bild A6 10.1 – Schematische Darstellung

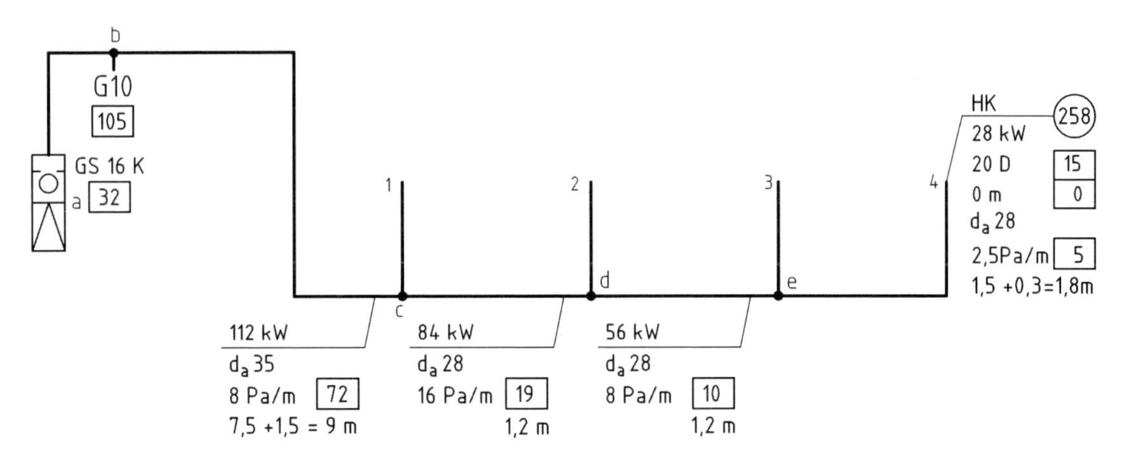

Bild A6 10.2 – Ergebnis der Bemessung, Variante A

Anmerkungen:

- Da alle Kessel gleichzeitig laufen können, sind alle Druckverluste nach Tafel 1 zu bestimmen.
- Bei gleichen Verbrauchern, gleicher Geräteanschlussarmatur und gleichem d_a der Abzweigleitung braucht nur der längste Fließweg mit < 300 Pa nachgewiesen zu werden.

Anmerkungen: Variante A

- Erster GS ist GS 16 (Summe 112 kW). Auswahl des GS nach Tabelle 13.1 (extrapoliert), da Kaskadenschaltung und die Geräte nacheinander starten.

- GS 16 K reicht aus, wenn alle Abzweigleitungen d_a 28 und die Anschlussarmaturen DN 20 aufweisen (Tabelle 13.2.1 und Abschnitt 7.3.4.1 Anmerkung 3. Punkt der DVGW-TRGI 2008).

- Es würde auch GS 16 M reichen: $l_{GS} = 4{,}2 + 0{,}4 \cdot 9 = 7{,}8$ m. Nach Tafel 5 bei 20 D/d_a 28: $l_{GSmax} = 9$ m. Mit GS 16 K wird nur der Abgleich eingespart.

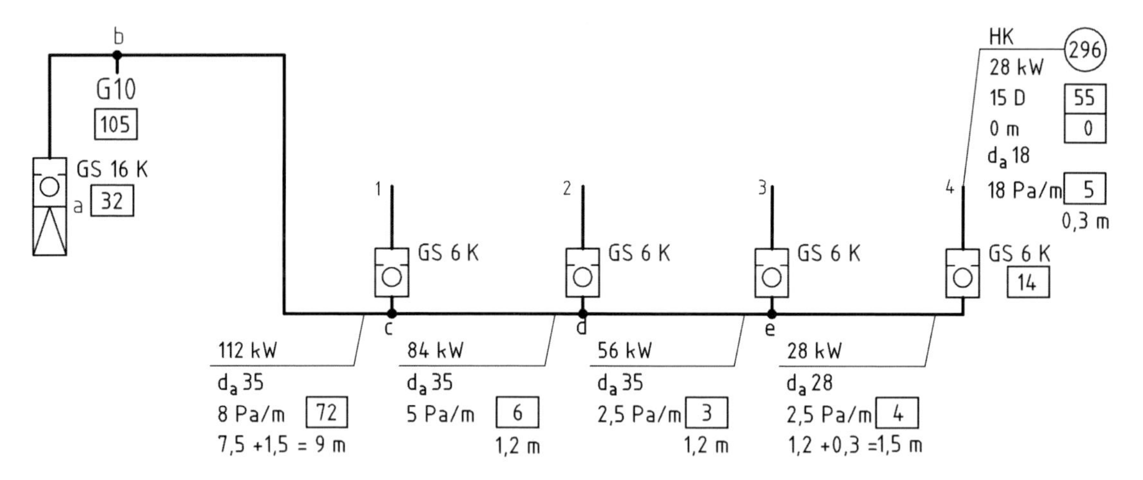

Bild A6 10.3 – Ergebnis der Bemessung, Variante B

Anmerkungen: Variante B

- Erster GS ist GS 16 (Summe 112 kW). Auswahl des GS nach Tabelle 13.1 (extrapoliert), da Kaskadenschaltung und die Geräte nacheinander starten.

- GS 6 nach Tabelle 13.1 vor jedem Gerät. Wird der letzte GS auch vor dem Gerät angeordnet, so ist bis dorthin d_a 28 zu legen.

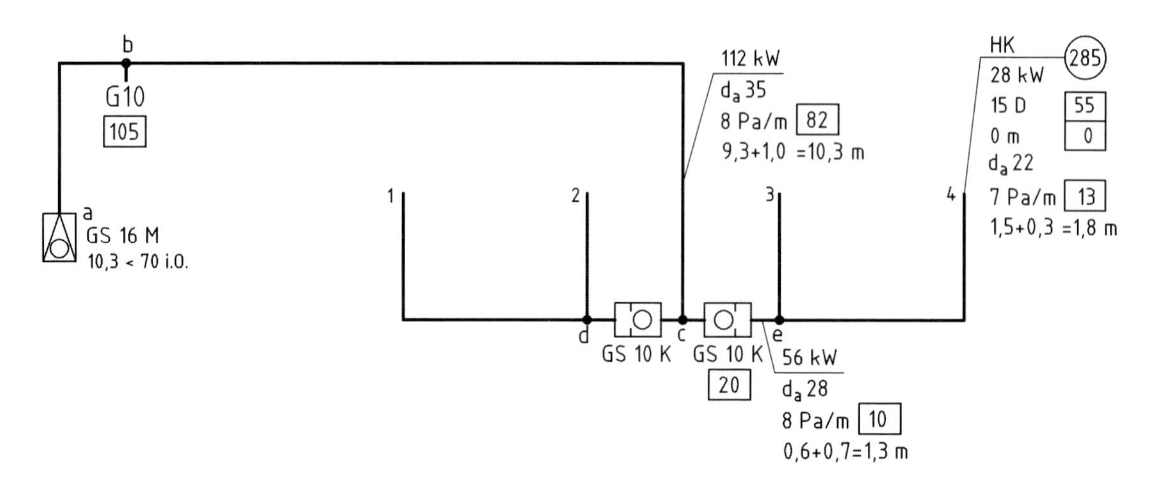

Bild A6 10.4 – Ergebnis der Bemessung, Variante C

Anmerkungen: Variante C

- GS 16 M im Gas-Druckregelgerät und Installation von zwei Zusatz-GS 10 K.

- Abgleich des GS 16 M nach Tabelle 27 (wie für Verteilungsleitung). l_{GSmax} = 70 m; l_{GS} = 10,3 m und somit kleiner als 70 m. Die Überprüfung der Wirksamkeit der Zusatz-GS 10 K nach Tabelle 13.2.1 ist in Ordnung, da kleinste Abzweigleitung d_a 22.

Beispiel 11

Kunststoffrohrsystem

Einfamilienhaus mit Kunststoffrohrsystem Rautitan von REHAU. Bis zum Gaszähler Stahl mittlere Reihe. Kombiwasserheizer 26 kW und Gasherd. T-Stück-Installation. Leitung zum Herd gebogen.

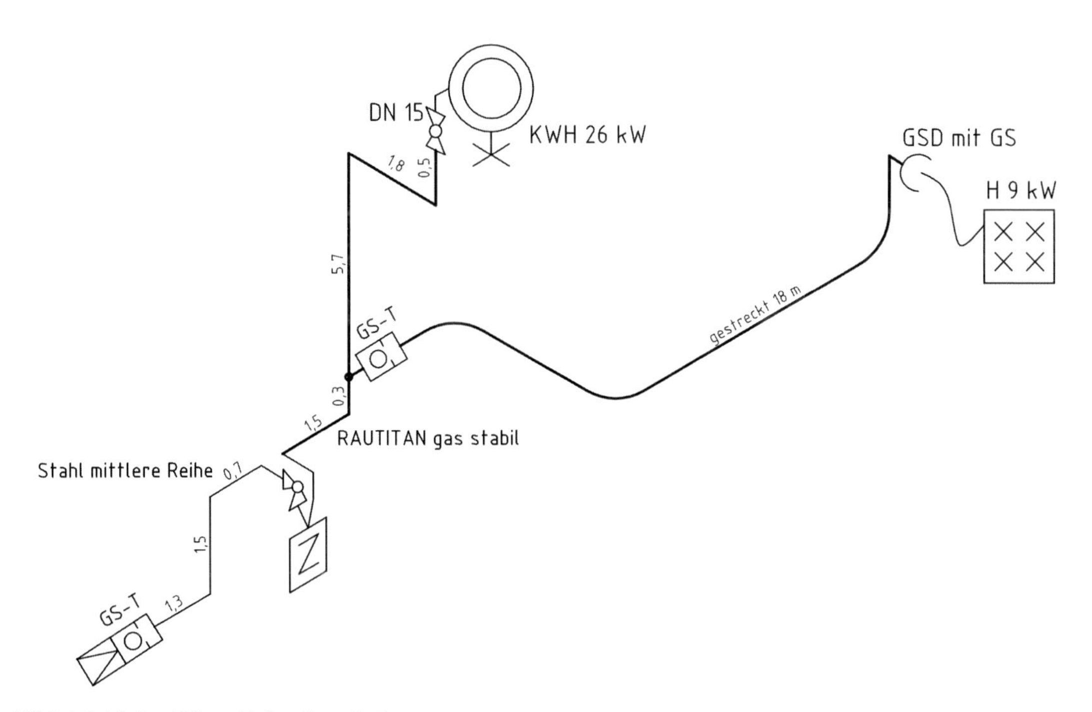

Bild A6 11.1 – Räumliche Darstellung

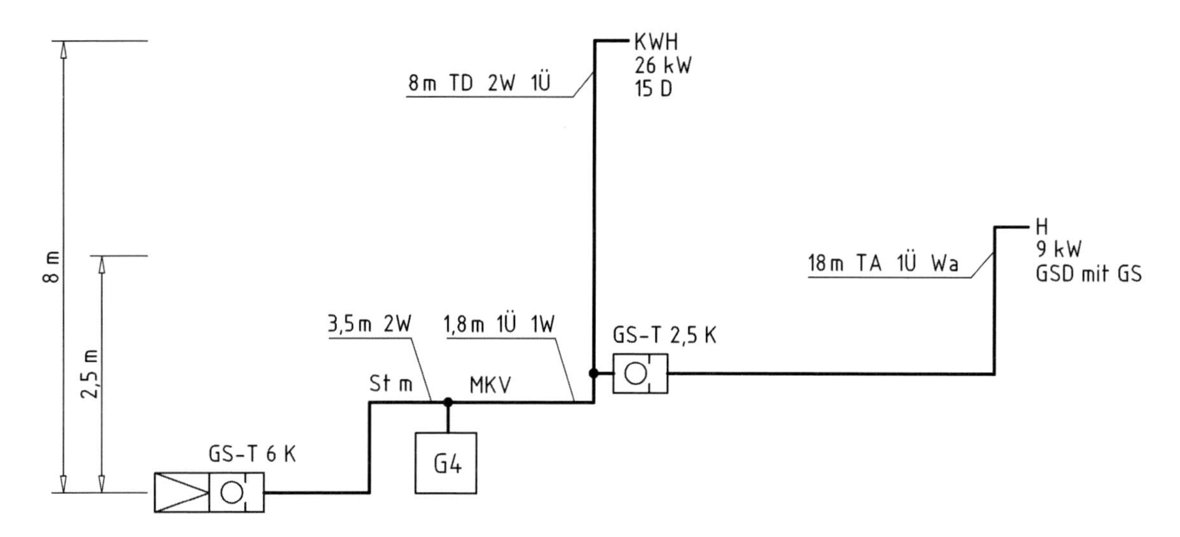

Bild A6 11.2 – Schematische Darstellung

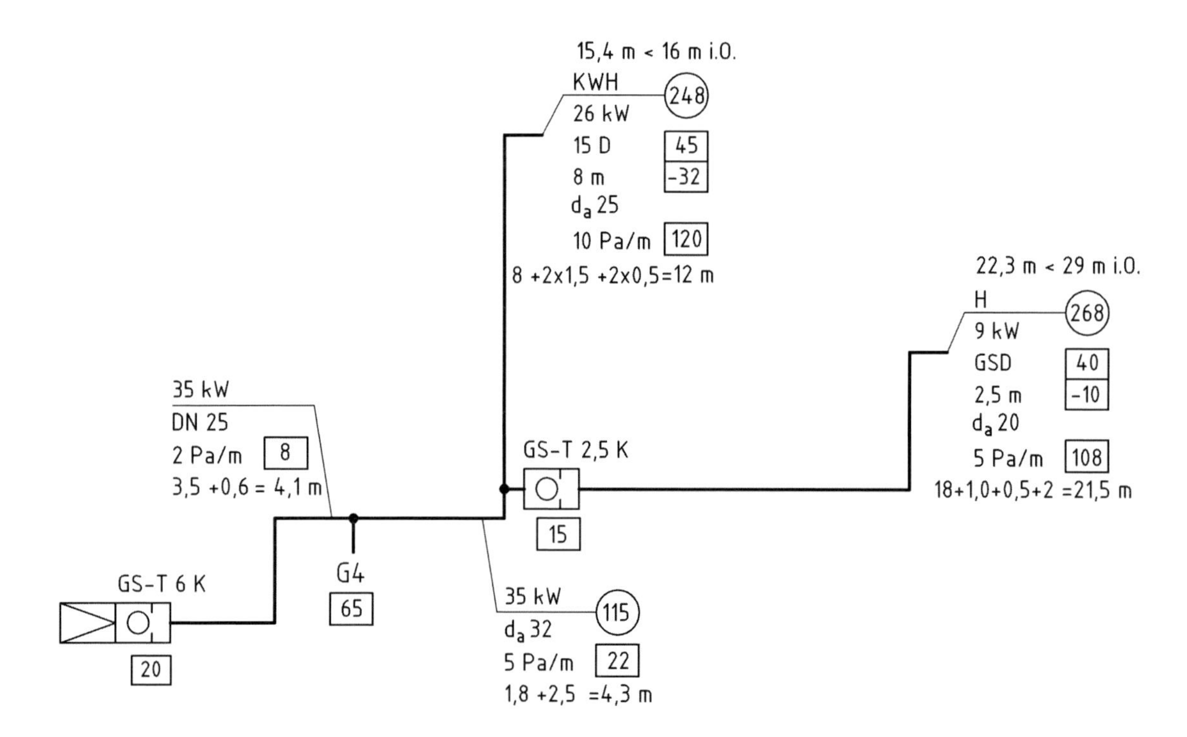

Bild A6 11.3 – Ergebnis der Bemessung

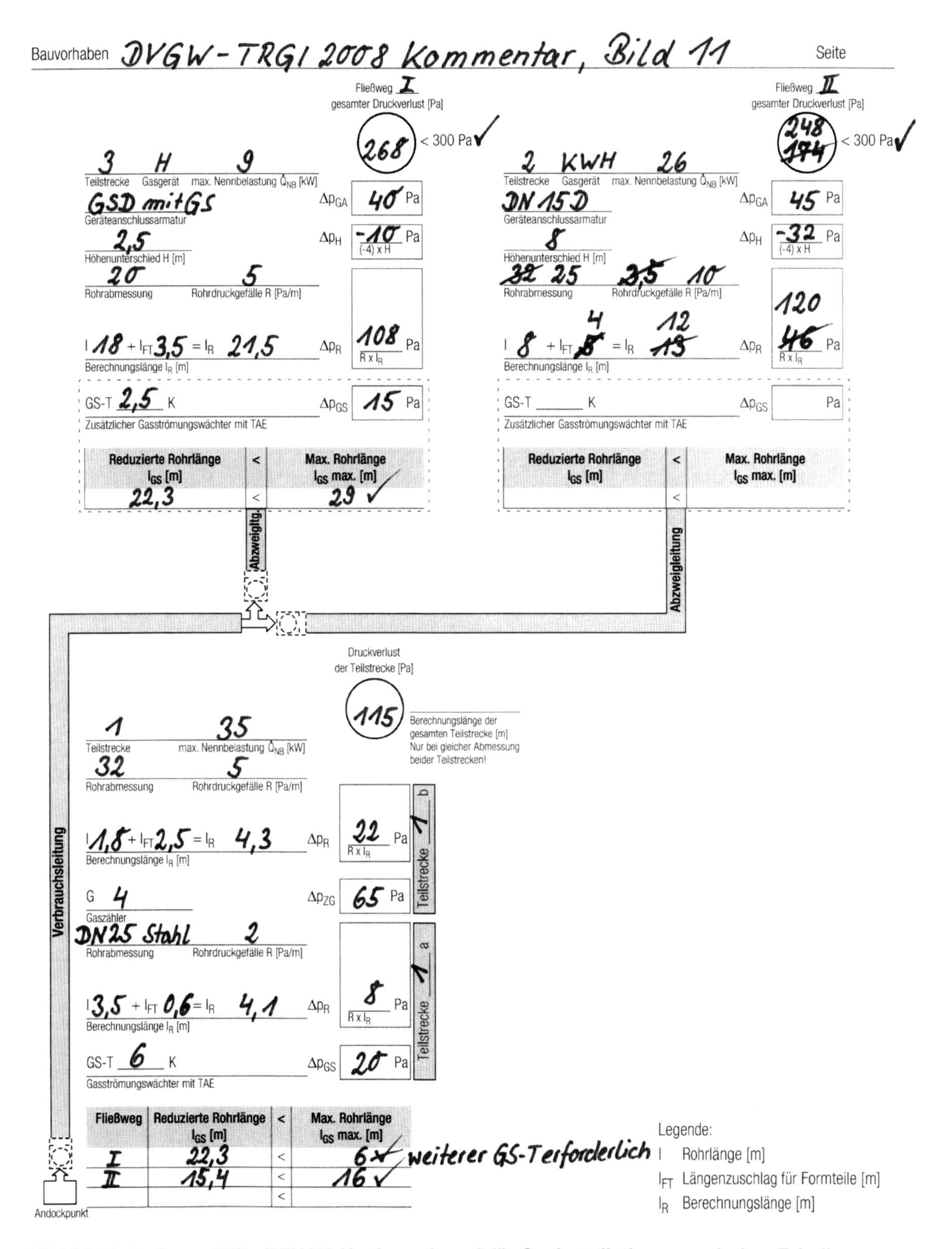
Bauvorhaben DVGW-TRGI 2008 Kommentar, Bild 11 Seite

Fließweg I
gesamter Druckverlust [Pa]
268 < 300 Pa ✓

3 H 9
Teilstrecke Gasgerät max. Nennbelastung $\dot{Q}_{NB}$ [kW]
GSD mit GS
Geräteanschlussarmatur
Δp_{GA} 40 Pa
2,5
Höhenunterschied H [m]
Δp_H -10 Pa (-4) x H
20 5
Rohrabmessung Rohrdruckgefälle R [Pa/m]
l 18 + l_{FT} 3,5 = l_R 21,5
Berechnungslänge l_R [m]
Δp_R 108 Pa R x l_R
GS-T 2,5 K
Zusätzlicher Gasströmungswächter mit TAE
Δp_{GS} 15 Pa

Reduzierte Rohrlänge l_{GS} [m]	<	Max. Rohrlänge l_{GS} max. [m]
22,3	<	29 ✓

Fließweg II
gesamter Druckverlust [Pa]
~~248~~ 174 < 300 Pa ✓

2 KWH 26
Teilstrecke Gasgerät max. Nennbelastung $\dot{Q}_{NB}$ [kW]
DN15D
Geräteanschlussarmatur
Δp_{GA} 45 Pa
8
Höhenunterschied H [m]
Δp_H -32 Pa (-4) x H
~~32~~ 25 ~~3,5~~ 10
Rohrabmessung Rohrdruckgefälle R [Pa/m]
l 8 + l_{FT} ~~5~~ 4 = l_R ~~13~~ 12
Berechnungslänge l_R [m]
Δp_R 120 ~~46~~ Pa R x l_R
GS-T ____ K
Zusätzlicher Gasströmungswächter mit TAE
Δp_{GS} Pa

Reduzierte Rohrlänge l_{GS} [m]	<	Max. Rohrlänge l_{GS} max. [m]
	<	

Abzweigltg.
Abzweigleitung

Druckverlust der Teilstrecke [Pa]
115
Berechnungslänge der gesamten Teilstrecke [m]
Nur bei gleicher Abmessung beider Teilstrecken!

1 35
Teilstrecke max. Nennbelastung $\dot{Q}_{NB}$ [kW]
32 5
Rohrabmessung Rohrdruckgefälle R [Pa/m]
l 1,8 + l_{FT} 2,5 = l_R 4,3
Berechnungslänge l_R [m]
Δp_R 22 Pa R x l_R
G 4
Gaszähler
Δp_{ZG} 65 Pa
Teilstrecke 1 b
DN25 Stahl 2
Rohrabmessung Rohrdruckgefälle R [Pa/m]
l 3,5 + l_{FT} 0,6 = l_R 4,1
Berechnungslänge l_R [m]
Δp_R 8 Pa R x l_R
GS-T 6 K
Gasströmungswächter mit TAE
Δp_{GS} 20 Pa
Teilstrecke 1 a
Verbrauchsleitung

Fließweg	Reduzierte Rohrlänge l_{GS} [m]	<	Max. Rohrlänge l_{GS} max. [m]
I	22,3	<	6 ✗ weiterer GS-T erforderlich
II	15,4	<	16 ✓
		<	

Andockpunkt

Legende:
l Rohrlänge [m]
l_{FT} Längenzuschlag für Formteile [m]
l_R Berechnungslänge [m]

Bild A6 11.4 – Ausgefüllte REHAU-Kopiervorlage 2 für Gasinstallationen nach dem Tabellenverfahren; 2 Gasgeräte – Basisformblatt

Bauvorhaben *DVGW-TRGI 2008 Kommentar, Bild 11* Seite

Längenzuschlag für Formteile

Formteil	Abmessung 20	25	32	40	Teilstrecke 3, Abm. 20: Formteil Anzahl	Summe	Teilstrecke 2, Abm. 32: Formteil Anzahl	Summe	Teilstrecke 1b, Abm. 32: Formteil Anzahl	Summe	Teilstrecke 1a, Abm. DN25 Stahl: Formteil Anzahl	Summe
Kupplung, Gewindeübergang (R/Rp), T-Stück Durchgang	0,5 m				x I	= 0,5	x II	= 1,0	x I	= 0,5	x	=
Winkel 90°, T-Stück Abzweig, Verteilerausgang	1,0 m	1,5 m	2,0 m	2,5 m	x I	= 1,0	x II	= 4,0	x I	= 2,0	x	=
Wandwinkel	2,0 m			-	x I	= 2,5	x	=	x	=	x	=
Σ Längenzuschlag für Formteile l_{FT} [m]						3,5		5,0		2,5		0,6

Formteil	Abmessung 20	25	32	40	Teilstrecke Zähler, Abm. 25: Formteil Anzahl	Summe	Teilstrecke, Abm.: Formteil Anzahl	Summe	Teilstrecke, Abm.: Formteil Anzahl	Summe	Teilstrecke, Abm.: Formteil Anzahl	Summe
Kupplung, Gewindeübergang (R/Rp), T-Stück Durchgang	0,5 m				x II	= 1,0	x	=	x	=	x	=
Winkel 90°, T-Stück Abzweig, Verteilerausgang	1,0 m	1,5 m	2,0 m	2,5 m	x II	= 3,0	x	=	x	=	x	=
Wandwinkel	2,0 m			-	x	=	x	=	x	=	x	=
Σ Längenzuschlag für Formteile l_{FT} [m]						4,0						

Berechnung der reduzierten Rohrlänge l_{GS}

Fließweg **I** beinhaltet Teilstrecken *1; 3* abgesichert durch GS-T *6* K
Abmessung: 20 (Referenz) / — (40 %) / 32 (10 %)
Berechnungslängen l_{R1} [m] l_{R2} [m] l_{R3} [m] Reduzierte Rohrlänge l_{GS}
21,5 + 0,4 x — + 0,1 x 8,4 = 22,3 [m]

Fließweg **I** beinhaltet Teilstrecken *(1); 3* abgesichert durch GS-T *2,5* K
Abmessung: 20 (Referenz) / — (40 %) / 32 (10 %)
Berechnungslängen l_{R1} [m] l_{R2} [m] l_{R3} [m] Reduzierte Rohrlänge l_{GS}
21,5 + 0,4 x — + 0,1 x 8,4 = 22,3 [m]

Fließweg **II** beinhaltet Teilstrecken *1; 2* abgesichert durch GS-T *6* K
Abmessung: 25 (Referenz) / 32 (40 %) / (10 %)
Berechnungslängen l_{R1} [m] l_{R2} [m] l_{R3} [m] Reduzierte Rohrlänge l_{GS}
12 + 0,4 x 8,4 + 0,1 x ___ = 15,4 [m]

Fließweg ___ beinhaltet Teilstrecken ___ abgesichert durch GS-T ___ K
Abmessung: Referenz / (40 %) / (10 %)
Berechnungslängen l_{R1} [m] l_{R2} [m] l_{R3} [m] Reduzierte Rohrlänge l_{GS}
___ + 0,4 x ___ + 0,1 x ___ = ___ [m]

Fließweg ___ beinhaltet Teilstrecken ___ abgesichert durch GS-T ___ K
Abmessung: Referenz / (40 %) / (10 %)
Berechnungslängen l_{R1} [m] l_{R2} [m] l_{R3} [m] Reduzierte Rohrlänge l_{GS}
___ + 0,4 x ___ + 0,1 x ___ = ___ [m]

Fließweg ___ beinhaltet Teilstrecken ___ abgesichert durch GS-T ___ K
Abmessung: Referenz / (40 %) / (10 %)
Berechnungslängen l_{R1} [m] l_{R2} [m] l_{R3} [m] Reduzierte Rohrlänge l_{GS}
___ + 0,4 x ___ + 0,1 x ___ = ___ [m]

Fließweg ___ beinhaltet Teilstrecken ___ abgesichert durch GS-T ___ K
Abmessung: Referenz / (40 %) / (10 %)
Berechnungslängen l_{R1} [m] l_{R2} [m] l_{R3} [m] Reduzierte Rohrlänge l_{GS}
___ + 0,4 x ___ + 0,1 x ___ = ___ [m]

Fließweg ___ beinhaltet Teilstrecken ___ abgesichert durch GS-T ___ K
Abmessung: Referenz / (40 %) / (10 %)
Berechnungslängen l_{R1} [m] l_{R2} [m] l_{R3} [m] Reduzierte Rohrlänge l_{GS}
___ + 0,4 x ___ + 0,1 x ___ = ___ [m]

Bild A6 11.5 – Ausgefüllte REHAU-Kopiervorlage 6 für Gasinstallationen nach dem Tabellenverfahren; Ermittlung Längenzuschläge für Formteile l_{FT} und reduzierte Rohrlänge l_{GS}

Anmerkungen:

- Für die Bemessung der Kunststoffrohre ab Zähler wurden die Tabellen 12-5 bis 12-16 der im Internet zur Verfügung gestellten REHAU-Planungsunterlagen (Seite 47-49) verwendet.
- Leitung bis Zähler DVGW-TRGI 2008 Tafel 2, Stahl mittlere Reihe.

- Es sind Gasströmungswächter GS K mit integrierter TAE gefordert.

- Zu den von Metallsystemen bekannten Längenzuschlägen T-Abgang (T) und Winkel (W) kommen bei Kunststoffsystemen je nach System weitere Formteilzuschläge hinzu. Dies können sein: T-Durchgang (TD), Übergangsverbinder (Ü), Wandwinkel mit angesetztem Übergangsverbinder (Wa) sowie Kupplungen (K).

- In der REHAU-Tabelle 12-14 sind alle Durchgänge (Kupplung, T-Durchgang und Übergang) mit 0,5 angegeben. Winkel und T-Abgang sind zusammengefasst, jedoch vom Durchmesser abhängig. Der Wandwinkel hat einen separaten Wert und ist nur bis d_a 25 vorhanden.

- Für den bei Kunststoffrohren immer notwendigen GS-Abgleich muss die Länge der Stahlleitung bis zum Zähler mit berücksichtigt werden. Bei Mischinstallationen Metall/Kunststoff zur Überprüfung von l_{GSmax} ist die Nennweite äquivalenter Kunststoffrohrleitungen für das Metallrohr nach Tab. 21.1 der TRGI anzusetzen.

- Für den Abgleich des Zusatz-GS ist bei der Ermittlung der reduzierten Länge l_{GS} die Länge des gesamten Fließweges bis zum Gas-Druckregelgerät zu berücksichtigen.

Anhang 7 – Beispiele zur Bemessung der Leitungsanlage – Diagrammverfahren

Die Beispiele einer Einzelzuleitung aus Kupfer sowie einer Verteilerinstallation in Kunststoff und deren Auslegung nach Diagrammen sind mit Ablesebeispielen und Zusatzinformationen versehen und dadurch selbsterklärend. Weitere Erläuterungen zum Diagrammverfahren siehe Abschnitt 7.4 der DVGW-TRGI 2008.

Anhang 8 – Prinzipschaltbilder zur Erfüllung der Funktionsanforderungen bei gleichzeitiger Installation von raumluftabhängigen Gasgeräten und Luft absaugenden Einrichtungen

Rest aus DVGW G 670 (A)

In diesem Anhang sind die Anforderungen an Bauteile zur Absicherung des gefahrlosen Betriebes bei gleichzeitiger Installation, die möglichen Vorrangschaltungen, Nachrüstmöglichkeiten für Gasgeräte und die Schaltbilder enthalten. Es ist praktisch der nicht in den Abschnitt 8.2.2.3 übernommene Teil des früheren DVGW-Arbeitsblattes G 670.

Bauteile müssen Verwendbarkeitsnachweis haben

Alle im Zusammenhang mit der gleichzeitigen Installation von raumluftabhängigen Feuerstätten und Luft absaugenden Einrichtungen eingesetzten Bauteile (Bauprodukte) müssen einen Verwendbarkeitsnachweis haben. Die einzelnen Möglichkeiten sind unter 2.3.1 dieses Anhangs aufgezählt. Bei den eigenständigen Sicherheitseinrichtungen ist es als Besonderheit eine allgemeine bauaufsichtliche Zulassung. Für diese Bauprodukte gibt es bisher keine europäischen oder deutschen Normen.

Zulassung, wenn vorhanden

Das Erfordernis der Zulassung ergibt sich aus der Eintragung in die Bauregelliste B Teil 2 (unter Nr. 1.3.8). Diese wird im DIBt geführt. Im gleichen Institut werden nach entsprechendem Antrag und Prüfung des Produktes bei einer zugelassenen Prüfstelle die Zulassungen erteilt. Die Eintragung in die Liste B Teil 2 ist aber offensichtlich einfacher und schneller zu realisieren als diesem Sachverhalt auch mit der Erteilung der Zulassungen nachkommen zu können.

Was tun, wenn kein Produkt mit Zulassung existiert?

Vor dem Kauf und dem Einbau eines Produktes, das keine allgemeine bauaufsichtliche Zulassung besitzt, sollte man zuerst beim DIBt nachfragen, ob es Bauprodukte dieser Art gibt, die eine solche Zulassung haben.
Bei „Sicherheitsabluftsteuerungen zur Überwachung der Fensterposition während des gleichzeitigen Betriebes einer raumluftabhängigen Feuerstätte und einer Entlüftungseinrichtung“, kurz auch „Fensterkontaktschalter“ oder „Fensterkippschalter“ genannt, gibt es zum Zeitpunkt der Erstellung des Kommentars ein Produkt mit der Zulassung Nr. „Z-85.2-1“ vom 30. März 2006. Für andere hier behandelte „eigenständige Sicherheitseinrichtungen“ sind Zulassungen bisher nicht bekannt.

lange vor dem DIBt war der DVGW aktiv

Auf Anfrage des ZIV bestätigte bereits im Jahr 2000 das DVGW-Technische Komitee „Gasinstallation“, dass es sich z. B. bei Fensterkontaktschaltern um sicherheitsrelevante Bauteile handelt. In der Folge wurde in einem kleinen Arbeitskreis die DVGW-VP 121 (zurzeit Stand Juli 2004) erarbeitet. Seit dieser Zeit werden die oben genannten „eigenständigen Sicherheitseinrichtungen“ bei den Prüfstellen des DVGW auf der Grundlage bzw. in Anlehnung an diese DVGW-VP geprüft und entsprechende Prüfberichte ausgegeben.

bei der Absicherung von Gasgeräten genügt praktisch ein DVGW-Zeichen als Nachweis der bestandenen Prüfung nach DVGW VP 121 (P)

Formaljuristisch sind andere Möglichkeiten der Absicherung als die mit dem Fensterkippschalter mit der oben genannten Zulassung nicht zulässig. Praktisch ist bei Gasgeräten der Einbau einer Sicherheitseinrichtung, die ein DVGW-Zeichen als Nachweis über eine bestandene Prüfung nach der DVGW-VP 121 hat, möglich.
Aus der Niederschrift der 96. Sitzung des AK „Haustechnische Anlagen" der ARGEBAU geht hervor, dass das DIBt ermächtigt wurde, die Sicherheitseinrichtungen in die Bauregelliste B Teil 2 aufzunehmen, da die Möglichkeit einer DVGW-Zertifizierung sich auf den Einsatz im Zusammenhang mit Gasgeräten beschränken würde. Ob es aber gewollt war, die Eintragung in die Liste vorzunehmen, ehe es auch nur eine einzige derartige Zulassung gibt, ist aus dem Protokoll nicht zu erkennen.

Besitz eines Prüfberichtes genügt nicht

Der Besitz eines Prüfberichtes über eine bestandene Prüfung nach DVGW-VP 121 genügt nicht als Verwendbarkeitsnachweis. So wie bei Gasgeräten die Verwendbarkeit erst durch Anbringung der CE-Kennzeichnung nach Gasgeräterichtlinie (als Folge der Erteilung der Baumusterprüfbescheinigung) als nachgewiesen gilt (auch hier genügt der Prüfbericht über die bestandene Prüfung nicht), ist diese auch bei den Sicherheitseinrichtungen erst mit Erteilung der Baumusterprüfbescheinigung (als Grundlage für das DVGW-Zertifizierungszeichen) bzw. der allgemeinen bauaufsichtlichen Zulassung (als Grundlage für das Ü-Zeichen) nachgewiesen.

Anhang 9 – Beispiel zur Anwendung von Diagramm 7 für die Herstellung des „unmittelbaren Verbrennungsluftverbundes“ zur ausreichenden Verbrennungsluftversorgung

Ausführungen zu diesem Beispiel finden sich im Kommentar zu den Abschnitten 9.2.2.2 und 9.2.3.1.

Anhang 10 – Beispiel zur Anwendung von Diagramm 7 für die Herstellung des „mittelbaren Verbrennungsluftverbundes“ zur ausreichenden Verbrennungsluftversorgung

Ausführungen zu diesem Beispiel finden sich im Kommentar zu den Abschnitten 9.2.2.2 und 9.2.3.1.

Abkürzungsverzeichnis

Verwendete Abkürzungen:

A	Anschlusswert
AE	Absperreinrichtung
AG	Ansprechdruckgruppe der Sicherheitseinrichtung
ALD	Außenluft-Durchlasselement
AS	Raumluftüberwachungseinrichtung (atmosphere sensity)
AÜE	Abgasüberwachungseinrichtung
BGR	Berufsgenossenschaftliche Regeln
BHKW	Blockheizkraftwerk
BImSchV	Bundes-Immissionsschutzverordnung
BS	Thermische Abgasüberwachungseinrichtung (blocked safety)
BSM	Bezirksschornsteinfegermeister
BZ	Brennstoffzellen-Heizgerät
D	Durchgangsform
DF	Dekoratives Gasfeuer für offene Kamine
DN	Nenn-Durchmesser
DV	Durchführungsvariante
DWH	Gas-Durchlaufwasserheizer
E	Eckform
E	Einstellwert
EnEV	Energieeinsparverordnung
EnWG	Energiewirtschaftsgesetz
ETS	Erdgas-Kleintankstelle
F 30, F 90	Feuerwiderstandsfähigkeit 30 min, 90 min
G	Gasgrill
G	Gas (Regelwerk)
G	Gaszählergröße (z. B. G4)
GA	Geräteanschlussarmatur
GasGGV	Niederdruck – Gas – Grundversorgungsverordnung
GR	Gas-Druckregelgerät
GS	Gasströmungswächter
GSD	Gassteckdose
GS-T	Gasströmungswächter Typ K mit TAE kombiniert
GW	Gas und Trinkwasser (Regelwerk)
H	Gasherd
H	Höhe
HAE	Hauptabsperreinrichtung
HAL	Hausanschlussleitung
HEK	Hauseinführungskombination
HH	Gas-Heizherd
HK	Gas-Heizkessel
HS	Gas-Heizstrahler
HTB	Höhere thermische Belastbarkeit
K	Kupplung
KG	Gas-Klimagerät
KS	Gas-Kühlschrank
KWH	Gas-Kombiwasserheizer
L	Gaslaterne
L	Leistung
L	Luft
LAS	Luft-Abgas-System
MBO	Musterbauordnung
MFeuV	Muster-Feuerungsverordnung (bisher M-FeuVO)
MLAR	Muster-Leitungsanlagen-Richtlinie
MOP	Maximal zulässiger Betriebsdruck (maximum operating pressure)
MSB	Messstellenbetreiber
NB	Nennbelastung
NB	Netzbetreiber
NDAV	Niederdruckanschlussverordnung
NL	Nennleistung
NSG	Netzservicegesellschaft
OP	Betriebsdruck (operating pressure)
RH	Gas-Raumheizer
RLV	Raum-Leistungs-Verhältnis
SAV	Sicherheitsabsperreinrichtung
SB	Streckenbelastung
SBV	Sicherheits-(Leckmengen) Abblaseeinrichtung
SG	Schließdruckgruppe des Gas-Druckregelgerätes
SO	Gas-Saunaofen
SV	Sachverständiger
T	In Kombination mit TAE
T	Thermisch erhöht belastbar
TA	T-Stück 90°-Abzweig
TAE	Thermisch auslösende Absperreinrichtung
TD	T-Stück Durchgang
TS	Gas-Terrassenstrahler
Ü	Übergangsverbinder
UEG	Untere Explosionsgrenze
VIU	Vertragsinstallationsunternehmen
VOB	Verdingungsordnung für Bauleistungen
VP	Prüfgrundlage (Regelwerk)
VWH	Gas-Vorratswasserheizer
W	Winkel
WLE	Gas-Warmlufterzeuger
WP	Gas-Wärmepumpe
WT	Gasbeheizter Haushalts-Wäschetrockner
Z	Gaszähler
ZG	Zählergruppe

Stichwortverzeichnis

C

D

E

F

G